眼动研究心理学导论

——揭开心灵之窗奥秘的神奇科学

General Introduction to the Eye Movement Research：

A Magic Science to Explore the Mystery of the Window on Mind

闫国利　白学军　编著

科学出版社

北　京

内 容 简 介

本书对眼动分析法在心理学研究中的应用进行了详细而又系统的介绍。全书共分10章：第一章从眼动的基础知识入手，介绍人的视觉和眼动的基本模式；第二章对眼动记录方法的发展和现状进行了评述；第三章介绍阅读的眼动过程；第四章主要介绍眼动控制中的眼跳；第五章主要介绍以眼动为指标的阅读理解过程的研究成果；第六章介绍国内外中文阅读的眼动研究成果；第七章介绍眼动在图画观看、视觉搜索和模式识别中的研究成果；第八章对真实情景知觉的眼动研究进行介绍；第九章阐述用眼动指标研究其他心理活动的情况，如视错觉、双关图形、问题解决、个性特征等；第十章综述应用心理学的眼动研究。此外，本书还设有知识栏、推荐读物、眼动名著简介、眼动名人堂、眼动研究大事记、眼动研究专业词汇、2000年以来的研究生眼动论文目录，增加了本书的趣味性、可读性和工具性。

本书可供大专院校心理学专业的本科生、研究生和从事眼动研究的人员阅读和参考，对从事广告业、网页设计、可用性测试领域的工作者也具有一定的参考价值。

图书在版编目(CIP)数据

眼动研究心理学导论：揭开心灵之窗奥秘的神奇科学/闫国利，白学军编著.—北京：科学出版社，2012.1
ISBN 978-7-03-033037-6

Ⅰ.①眼… Ⅱ.①闫…②白… Ⅲ.①眼动-研究 Ⅳ.①B842.2

中国版本图书馆CIP数据核字(2010)第261815号

责任编辑：马 跃 / 责任校对：张怡君
责任印制：张 伟 / 封面设计：蓝正设计

科学出版社 出版
北京东黄城根北街16号
邮政编码：100717
http://www.sciencep.com
北京凌奇印刷有限责任公司 印刷
科学出版社发行 各地新华书店经销
*
2012年1月第 一 版 开本：787×1092 1/16
2022年1月第五次印刷 印张：24 3/4
字数：590 000

定价：108.00 元

(如有印装质量问题，我社负责调换)

序

眼睛是心灵的窗户，通过揭示心灵的窗户可以了解人的心理。

眼动分析法提供了人在进行心理活动过程中的眼球运动数据，所以，可以借此对人的心理活动进行精细地分析。由于认知心理学的兴起，越来越多的心理学家以眼动为指标探索人类心理活动的奥秘。

中文阅读的眼动研究第一篇论文是由留美中国学生沈有乾1925年在美国《实验心理学》杂志上发表的，其题目是“竖排版和横排版中文阅读的眼动研究”。由于种种原因，我国的眼动研究起步较晚，在20世纪五六十年代，国内只有几项眼动研究的报告。进入80年代以来，我国一些大学的心理系、教育系和科研机构陆续从国外购进了眼动仪，并初步开展了一些研究工作。近20年来，国内在眼动研究领域已经取得令人可喜的成果。

西方的眼动研究开始于19世纪末，一直是心理学家经久不衰的研究兴趣之一，同时也是国外心理学研究中的热门领域。在欧洲，眼动研究学者每两年举行一次眼动大会。第一届欧洲眼动大会1981年由Rudolf Groner在德国的伯恩发起。经过20多年的发展，它的规模和范围早已超越了欧洲大陆的界限，成为全世界眼动研究学者的一个盛会。欧洲眼动大会对于推动欧洲乃至世界的眼动研究起着十分重要的作用。目前，欧洲眼动大会已经召开了15届。

为了推动国内眼动研究的发展，加强国内眼动研究领域专家之间的相互沟通和交流，我觉得在中国召开同类的大会也非常必要。因此，我们在教育部人文社会科学重点研究基地天津师范大学心理与行为研究院，于2004年首次召开中国国际眼动大会。我们希望这次大会成为连接国内外眼动研究专家的一个纽带，同时也成为专家们交流思想、加强合作的重要平台。目前，这个眼动会已经召开了4届，它为推动中国的眼动研究起到重要作用。

随着眼动研究热潮在国内的兴起，当务之急是需要介绍眼动研究的基础知识、方法和理论。为此，闫国利教授和白学军教授在长期研究的基础上，完成了这部眼动研究的基础性专业著作，该书有如下几个特点。

第一，该书作者对国内外的眼动研究进行了系统的介绍、评述和总结，并对有关问题阐述了自己的观点，国内同类的著作还不多见。

第二，国内以眼动为指标的心理学研究和国内外关于中文阅读的眼动研究虽然为数不多，但作者对这方面的成果进行了比较详尽的分析和介绍，力求突出中国特色。其中不少研究是我所指导的天津师范大学心理与行为研究院的眼动研究团队在该领域的成果。

第三，作者在引用资料时，尽量给出详尽的文献出处，为读者进一步查阅资料提供了极大的方便，从而使本书具有一定的工具性。

闫国利教授和白学军教授曾经是我指导过的研究生，他们肯于钻研，勤奋刻苦，该书凝聚了他们的辛勤汗水。我认为，他们的这项工作是十分有意义的。最后，衷心希望我国的眼动研究事业蓬勃发展。

沈德立

2011 年仲夏于天津师范大学心理与行为研究院

目　录

第一章　人的视觉与眼动的基本模式

眼睛是人的重要感觉器官，它被人们美誉为心灵的窗户。人们很早认识到眼睛可以反映出一个人的心理活动。从现代汉语中的一些习惯表达中便可略见一斑：这个小姑娘有一双天真无邪的大眼睛；她含情脉脉地注视着他；他气得两眼冒火，双目圆睁；他目不转睛、聚精会神地观看着舞台上的演出；这个人贼眉鼠眼，眼珠滴溜溜乱转……这些心理活动都与人的眼睛有关。因此，我们可以通过观察一个人的眼睛来了解其心理。但是，要真正做到这一点并不容易。早在19世纪就有人通过考察人的眼球运动来研究人的心理活动。事实上，一百多年以来，心理学家们一直致力于不断改进眼动的记录装置，并通过分析记录到的眼动数据来探讨眼动与人的心理活动的关系。本书将从眼动的基本知识入手，向大家介绍眼动的记录方法，阅读过程中的眼动，阅读与眼动理解过程，中文阅读的眼动研究，眼动与图画观看、视觉搜索和模式识别及其发展研究，眼动的应用研究等内容。

第一节　眼睛的生理构造与眼动的生理机制

一、眼睛的构造

人眼的形状类似一个球状体，其直径大约为23mm，眼球的构造见图1.1。

眼球壁分为三层，最外层是纤维膜，中层是血管膜，内层是视网膜。最外层的纤维膜厚而坚韧，外层前1/6主要是由透明且无血管的结缔组织构成，这层透明组织称为角膜。光线从角膜进入眼内。眼球外层的其余部分是不透明的巩膜。纤维膜起保护作用。

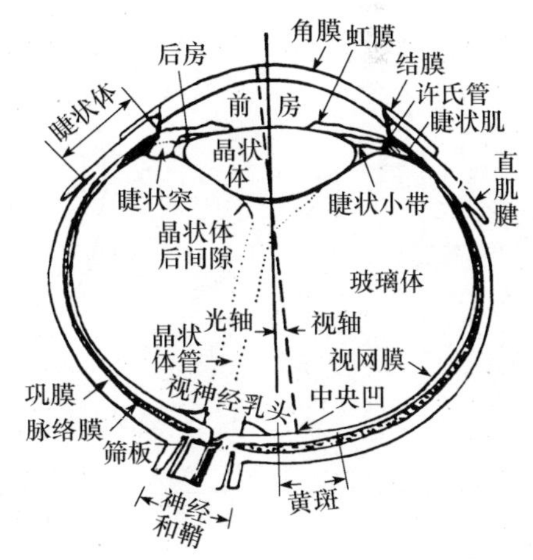

图1.1　人眼球的构造图(右眼)

眼球壁的中层是血管膜，位于巩膜内面。血管膜又分为脉络膜、睫状膜和虹膜三部分。脉络膜位于眼球壁的后2/3，其主要功能是供给眼球营养，吸收眼球内散射的多余光线。睫状体的前方连接虹膜根，后与脉络膜相延续。虹膜为血管膜的前部，是圆盘状的薄膜，中央有一圆孔，称为瞳孔，是光线进入眼球的通路。瞳孔借助虹膜的括瞳肌和缩瞳肌来括张和缩小，借此控制进入眼内的光量。

视网膜是眼球壁的最内层。视网膜由三层神经细胞组成，第一层是光感受细胞，主要包括锥状细胞和棒状细胞。锥状细胞接受强光及色光刺激，主要在白天视物时起作用。棒状细胞对弱光很敏感，在暗光时起作用。从图1.2、图1.3中可以看出，锥状细胞主要分布在视网膜的中央凹附近，越靠近网膜边缘锥状细胞越少。相反，棒状细胞在网膜上中央凹附近少，在离中央凹 20°的地方最多。锥状细胞在中央凹处每平方毫米有 140 000～160 000 个，到中央凹 25°处只剩下几十个了。而棒状细胞在中央凹中心完全没有，离中央凹 20°处则每平方毫米有 160 000 个，详见表 1.1。

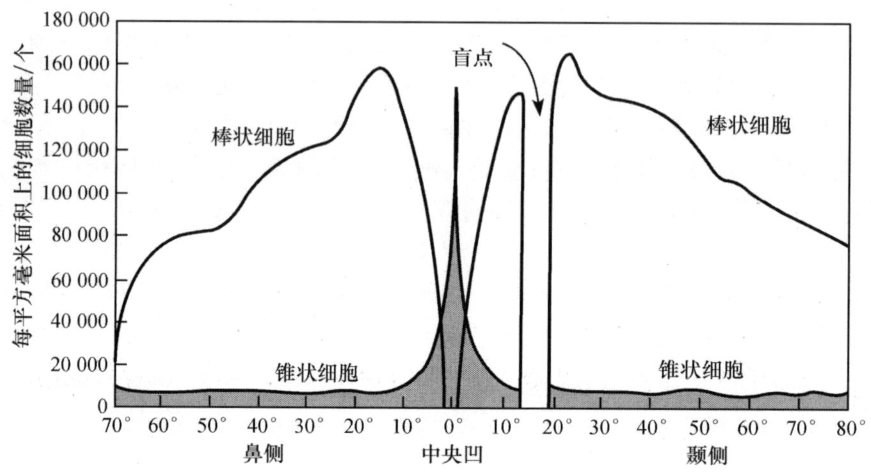

图 1.2　锥状细胞和棒状细胞分布图

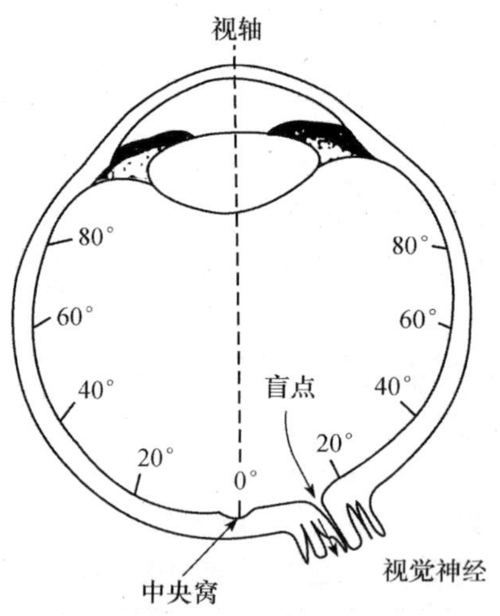

图 1.3　锥状细胞和棒状细胞分布图

表 1.1　两种感光细胞数量、分布及功能

项　目	锥状细胞	棒状细胞
数量/个	600 万	1200 万
在网膜上的位置	网膜中心	网膜边缘
在暗光线下的敏度	低	高
对颜色的敏度	高	低

资料来源：Myers，1986。

视网膜的第二层是双极细胞和其他细胞，第三层是节状细胞，它与双极细胞连接。

眼内容物包括房水、晶状体和玻璃体，三者都是透明的，具有屈光作用。外界物体的光线透过角膜，穿过瞳孔，经房水、晶状体和玻璃体折光装置的折射，落在视网膜上，穿过视神经纤维的节状细胞、两极细胞，引起锥状细胞和棒状细胞的变化，之后这两种感光细胞又反过来影响两极细胞和节状细胞，从而引起视神经纤维的冲动，沿着视神经通路，传到大脑皮层中枢引起视觉。

二、眼动的生理机制

眼球在眼眶里，有三对眼肌控制眼球的运动，它们协调活动控制着眼球的上、下、左、右方向的运动，三对肌肉的协调活动可使眼球以角膜顶端后方 13.5mm 处为中心转动，每对眼肌控制眼球在一个平面上转动，三对眼肌的略图如图 1.4 所示。

这三对眼肌为：内直肌（medial rectus muscle）和外直肌（lateral rectus muscle），上直肌（superior rectus muscle）和下直肌（inferior rectus muscle），上斜肌（superior oblique muscle）和下斜肌（inferior oblique muscle）。当内直肌和外直肌收缩时，眼球向内外方向转动；上直肌收缩，眼球向上内方向转动，下直肌收缩，眼球向下内方向转动。上斜肌收缩，眼球向下外方回转，下斜肌收缩，眼球向上外方回转。

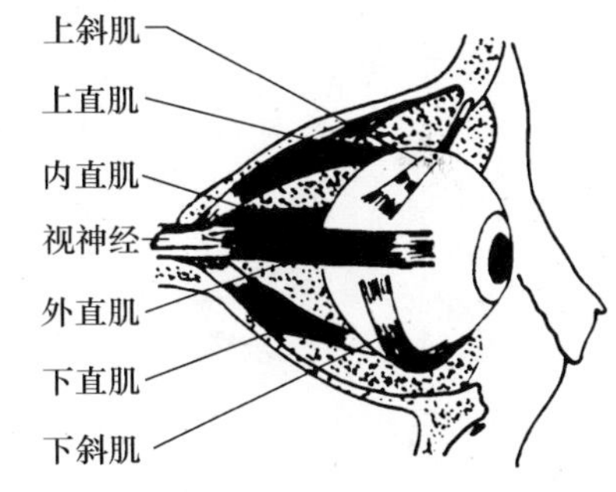

图 1.4　眼肌示意图

眼球运动的范围约为 18°，超过 12°时就需要头部运动的帮助。两个眼球的活动是很协调的，它们总是向同一方向运动。当头部固定不动时，用两眼追视一个出现在偏左或偏右前方的物体时，两眼的运动程度可能不同，但它们的差别也是极微小的。所以，许多眼动仪往往只记录一只眼球的运动轨迹。

第二节　眼动的基本模式

人的眼球运动有三种基本的类型：注视、眼跳和追随运动。为了看清楚某一物体，两只眼睛必须保持一定的方位，才能使物体成像在视网膜上，这种将眼睛对准物体的活动称为注视。为了获得和维持对物体最清楚的视觉，眼睛还必须进行跳动和追随运动。下面具体介绍这三种基本类型的眼动。

一、注视

注视（fixation）的目的是将眼睛的中央凹对准某一物体。事实上，注视本身并不像它字面上的意义那样准确，当眼睛注视一个静止的物体时，它并不是完全不动的，而是伴有三种眼动：漂移（drift）、震颤（tremor）和微小的不随意眼跳动（involuntary saccade）。

漂移是不规则的、缓慢的视轴变化。漂移经常伴有震颤。震颤是一种高频率、低振幅的视轴振动（oscillatory movement）。当对静止物体上某一点的注视超过一定的时间（0.3～0.5s），或当注视点在视网膜上的成像由于漂移而离中央凹过远时，就会出现小的不随意眼跳。对于后一种情况，这种小的不随意眼跳可以起到校正作用。但并不是所有的注视都伴有不随意眼跳，当长时间地注视一个静止物体时，就会伴有漂移、震颤和不随意眼跳。

（一）漂移

视轴的漂移是Dodge在1907年发现的，他认为没有固定不变的注视点，与其称为注视点倒不如称为注视区（fixation field）。后来许多眼动研究都证实了眼动中漂移现象的存在。有人（Yarbus，1967）在实验中要求被试注视一个点，同时记录其眼动，从眼动记录中可以使我们十分清楚地看到漂移（图1.5）。图1.5中记录的是被试注视某一个固定不动点时的眼动情况。可以看出，注视过程的视轴漂移是一种不规则的运动。需要指出的是，在这个注视过程中，注视点的成像一直是在中央凹上。

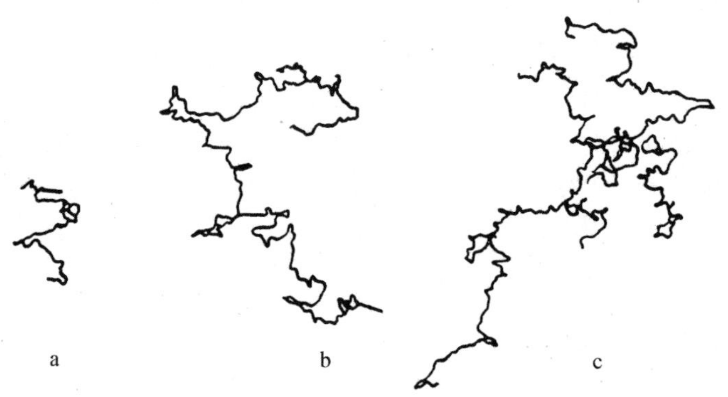

图1.5　对一个静止的点的注视（Yarbus，1967）

a. 注视10s；b. 注视30s；c. 注视1min

漂移速度差异很大，从每秒0分度至30分度。道奇还研究了在自由观看静止物体时，漂移次数与漂移时间的关系。5名被试欣赏一幅画，图1.6是5名被试的2000次漂移的分配情况，该图的横坐标是漂移的持续时间，纵坐标是漂移的分配次数。

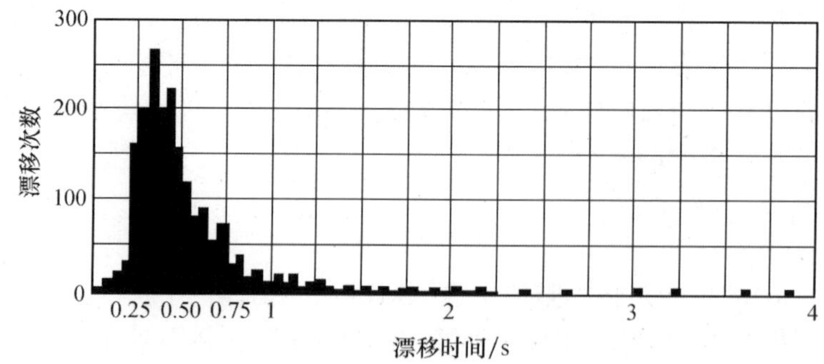

图1.6　5名被试的2000次漂移的分配情况（Yarbus，1967）

从图1.6中可以看出，当漂移时间超过0.20s时，漂移的次数明显增加，而漂移时不随意跳动占注视总时间的3%。在自由欣赏一幅画时，不随意跳动占注视总时间的3%～5%。

（二）眼震颤

眼震颤的振幅很低，而频率较高，这使眼震颤的记录变得很复杂。最早记录眼震颤的人是 Adler 和 Fliegelman(1934)，后来又有人(Ratliff and Riggs,1950;Ditchbum and Ginsborg,1953)对眼震颤进行了记录。正如前面提到的，任何眼漂移都伴有震颤，但这两种形式的眼动是独立的。Yarbus 的研究表明：眼震颤的振幅为 20～40 秒度，震颤的频率通常为每秒 70～90 次。

（三）不随意眼跳动

许多研究者认为，双眼跳动在持续时间、振幅和方向上是相同的。微小的不随意眼跳动是 Dodge(1907)首次发现的。图 1.7 是一个被试的 1000 次微小的不随意眼跳与振幅的关系。图 1.7 显示的是一个被试的结果，横坐标是眼跳的振幅，纵坐标是眼跳的次数。从图 1.7 中可以看出，大部分小的眼跳振幅为 1～25 分度(minute of angle)。

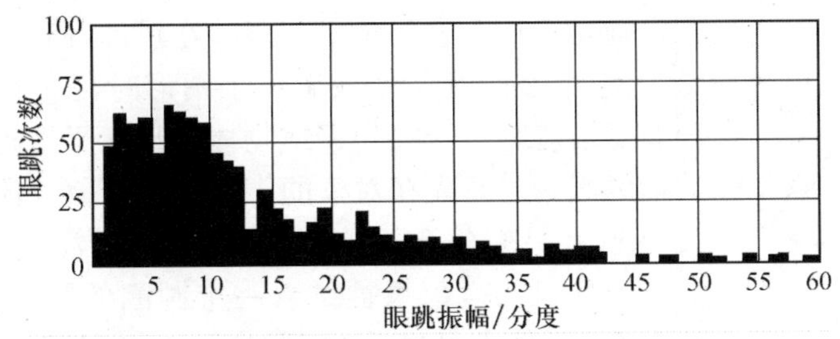

图 1.7　不随意眼跳与振幅的关系

以上介绍了在注视时产生的三种微小眼动，它们的作用如何？有关研究发现，这些微小的眼动在短时间内会影响视敏度。有人(Ratliff,1952)做了如下的实验：以 75ms 的速示测验考察被试的视觉敏度，同时记录眼睛的震颤。结果发现视敏度越差，眼漂移的幅度越大，眼震颤越大。

知　识　栏

人的眼睛有很多不随意的眼跳。它们的作用是什么？如果没有了这些小的不随意眼跳，结果会怎样？有人使用稳定网膜像的技术(stabilized images on the retina)对微小的眼动进行了研究，详见图 1.8。

Riggs 等(1953)使用隐形眼镜，使光线反射到被试前面的幕上。在暗室条件下，被试所看见的只是一点从他自己眼上安装的小镜子里反射出来的光。当眼睛运动时光也随之运动。另外再用几个透镜使光与眼睛在同一视角运动。也就是说，无论眼睛怎样运动，在网膜上的成像均是静止的。在这种情况下，被试会觉得那一点白光在几秒钟内便消失

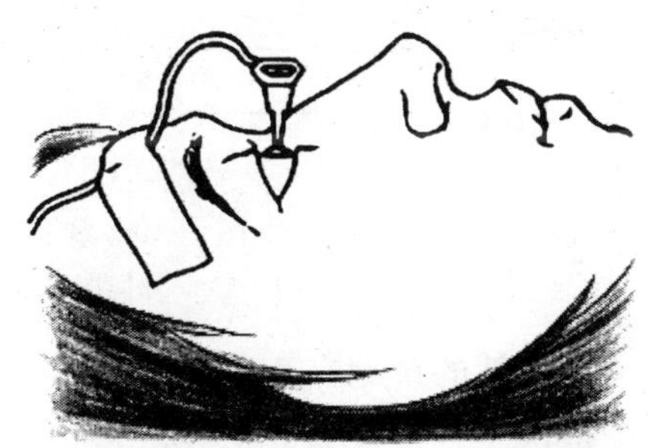

图 1.8　网膜像固定技术示意图

了，因为被刺激的网膜相应区域发生了对光的适应现象。

从上述实验可以看出，视网膜上某一固定位置经过一定时间的刺激后，可以很快地适应，其结果会造成视觉模糊甚至会消失。微小的眼动对于维持视觉映像，避免视网膜因注视产生的局部适应有重要意义。

在实际生活中，在长时间注视一个静止物体的时候，一般不会出现网膜的适应现象，这主要是由于注视时的微小眼动可以经常改变视网膜上的被刺激部位，避免了视网膜的适应，提高了视觉能力。

二、眼跳

(一) 眼跳

眼球的跳动(saccade)是巴黎大学的Javal教授发现的。saccade在法语是急动、跳动之意。眼跳动的功能是改变注视点，使下一步要注视的内容落在视网膜最敏感的区域——中央凹附近，这样就可以清楚地看到想要看到的内容了。通常我们不容易觉察到眼睛在跳动，而觉得是在平滑地运动。例如，在阅读文章或看一个图形时，我们往往认为自己的眼睛是沿着一行行的句子或物体的形状平滑地运动。事实上，我们的眼睛总是先在对象的一部分上停留一段时间，注视以后又跳到另一部分上，再对新的部分进行注视。图1.9是有人(Stratton，1902)记录被试看一个圆圈的眼动轨迹。从图1.9可以看出，被试在观看时，眼睛并不做圆周运动，而沿直线跳动，中途有一些注视点。

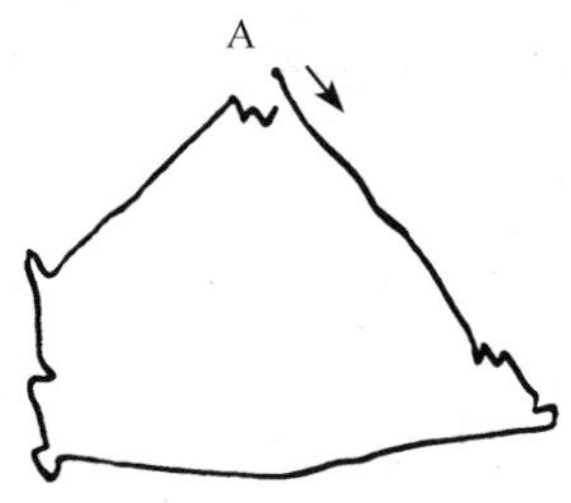

图1.9　眼睛观看一个圆圈时的眼动轨迹

Yarbus(1967)也有类似的发现。他要求被试观看几何图形，如长方形、三角形、圆形和线段，观看时，要力求沿着图形的轮廓平稳地移动眼睛，不要跳跃地看，同时记录其眼动。实验结果发现，眼动轨迹是由许多停顿和小的眼跳组成(见图1.10)，而这些眼跳是个体意识不到的。

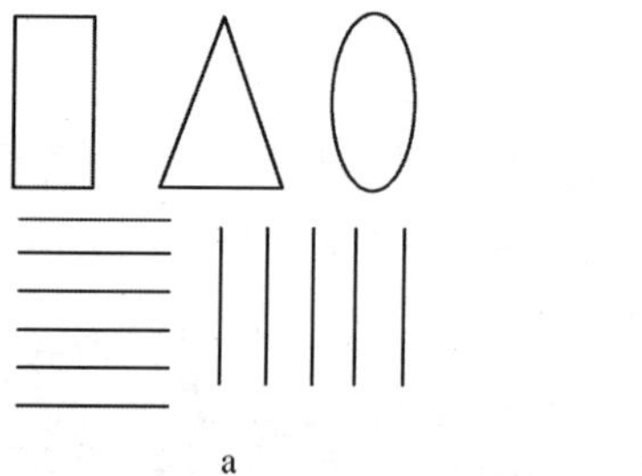

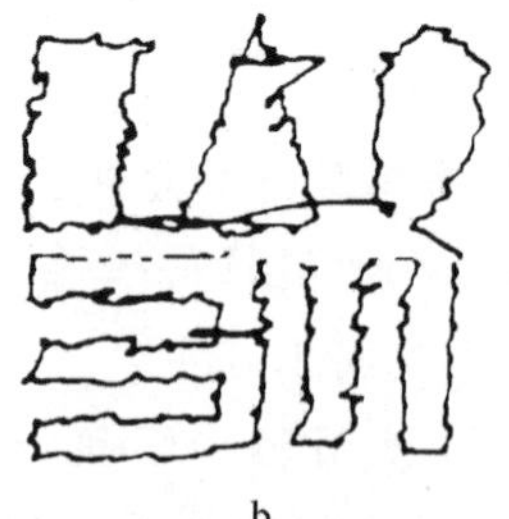

图1.10　观看几何图形时的眼动轨迹(Yarbus，1967)

a. 几何图形；b. 被试观看这些几何图形时的眼动轨迹

眼睛的跳动有两个特点：第一，双眼的每次跳动几乎是完全一致的；第二，眼跳动的速度很快。有人(Gerathewohl and Strughold，1954)研究了眼动速度，见表1.2。

表 1.2　眼睛运动不同距离所需的时间　（单位：ms）

运动方向	眼睛运动距离				
	5°	10°	15°	20°	25°
水平	35	65	84	96	104
垂直	35	63	84	108	—
倾斜(45°)	35	65	90	115	—

资料来源：荆其诚等，1987。

表 1.2 中的数据是几百次实验的平均结果。从表 1.2 中可以看出：水平方向从 5°～20°的运动需要 35～96ms，垂直方向从 5°～20°的运动需要 35～108ms，倾斜方向从 5°～20°的运动需要 35～115ms，倘若眼睛运动的距离较短，如 5°、10°或 15°时，眼睛的运动方向对运动所需的时间影响不大，但当眼睛运动的距离较长时，运动的方向不同，所花费的时间也不同。水平方向运动所用的时间较少，少于垂直方向和倾斜方向 20°的运动时间。还有人（White and Eason，1962）考察了眼睛沿着水平方向运动不同距离时的潜伏期和运动时间，结果如表 1.3 所示。这一结果同表 1.2 的结果相似，运动时间随距离而增加。

表 1.3　眼睛水平方向运动的反应时间　（单位：ms）

运动方向		左 40°	左 20°	左 10°	右°10	右 20°	右 30°
右眼	潜伏期	293	253	242	249	247	276
	运动时间	122	88	71	74	90	121
	总合	415	341	313	323	337	397
左眼	潜伏期	288	248	236	253	254	283
	运动时间	134	93	73	67	81	111
	总合	422	341	309	320	335	394

资料来源：荆其诚等，1987。

Yarbus（1967）的研究表明：在一般知觉情况下，眼睛跳动的距离通常不超过 20°。最小的眼跳动距离为 2～5 分度。当眼跳动距离为 20°时，其最快的速度为每秒 45°。此外，眼跳的持续时间随眼跳距离的变化而变化，对于小于 1°的眼跳，其持续时间为 10～20ms，当眼跳距离为 20°时，其持续时间为 60～70ms。还有的研究（Dodge and Benedict，1915；Miles，1924，1929；Miles and Laslett，1931）发现：眼球的跳动速度随被试的机体状态而改变，想睡觉的时候或喝酒后，眼动速度变慢。另有研究（Diefendorf and Dodge，1908）提出，对边缘视觉刺激的眼跳动平均反应时间是 195ms，个人平均数最短是 125ms，最长是 235ms。

以上介绍的内容主要是对成人的研究。但是，儿童眼动的特征和成人眼动有些不同。学龄前儿童在维持注视过程中显示出较高频率的微小眼跳和漂移；眼跳潜伏期通常较长，并且当扫视一个场景时，学龄前儿童眼跳的准确性通常低于成人。然而，儿童、成人甚至是婴儿的注视时间频率分配图（frequency distributions of fixation durations）都是相同的。虽然老年人注视时间频率的分配看上去和中年人的一样，但眼跳的潜伏期是随着年龄增加的。

（二）眼跳潜伏期

在进行眼跳之前，需要时间去计划和实施它，这个时间即眼跳潜伏期（saccade latency)。有研究表明,眼跳潜伏期至少要 150～175ms,眼跳的计划过程是与阅读的理解过程并行的。Rayner(1998)认为,关于眼跳潜伏期,有如下几个问题需要注意。

第一,计算眼睛在何时运动和向何处运动是独立的决策过程(separate decision processes)。第二,虽然在简单反应时实验中的眼跳被描述成是反射性的活动,但也有证据表明认知过程会影响潜伏期。第三,眼跳潜伏期的增加通常会使目标定位的准确性增加。第四,当眼跳瞄准的目标中包含有两个密切联系的元素时,第一次的眼跳会落在两个元素中间的某个位置上。如果其中的一个元素较长或强度较大(或较亮),那么眼跳就倾向定位于更靠近这个元素的位置。第五,当一个注视点先于一个目标的出现而消失时,潜伏期缩短。

三、追随运动

当我们观看一个运动的物体时,如果头部不动,为了使眼睛总是注视在这个物体上,眼睛就要追随这个对象移动。此外,还有一种眼球追随运动(pursuit movement)情况,即当头部或身体运动时,为了注视一个运动物体,眼球要做与头部或身体运动方向相反的运动。这时,眼球的运动实际上是在补偿头部或身体的运动,故这种眼动也称补偿眼动(compensatory movement)。上述两种追随眼动的目的都是使被注视物体的成像落在中央凹上。

眼追随运动的过程是怎样的呢?假设一个被注视的物体开始运动。物体的影像便离开中央凹,这时,眼球跳动一次重新注视它。如果被注视的物体继续运动,眼的跳动就变为追随运动。不过,追随运动很容易过快或过慢,因此需要眼跳进行校正,使追随运动回到目标上去。

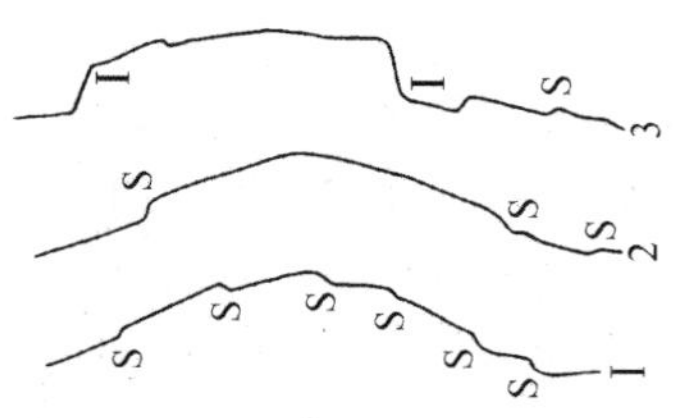

图 1.11　眼睛的追随运动

图 1.11 是 Dodge(1907)对被试眼睛追随钟摆运动的三个记录。记录的摄影胶片是上下运动的。当眼睛向右侧追随钟摆时,并不是完全平稳的追随运动,而是伴有许多微小的校正跳动 S。当钟摆被挡住时,眼睛基本上处于停顿的状态 I,追随运动被打断,视线落在后面,当钟摆再露出来时,眼睛就作出一次大跳动,再继续追随钟摆的运动。

在追随运动中,眼球运动速度和方向主要与所注视物体的速度和方向有关。但是当注视对象走得过远时,眼球追随到一定程度,就来一次跳动,把视线转回到起点,再注视新的对象,继续追随。

有研究表明,当物体运动速度为 50～55°/s 以下时,眼睛是以追随运动跟踪物体的,当物体的运动速度较快而看不清楚时,追随运动中便有眼跳参与。因为单纯靠追随运动不能保证对物体的清晰知觉。被注视的物体运动速度较快时,如果眼球跳动的方向和速度与物体运动方向和速度相一致,我们就会看清楚物体。眼睛跳动一次需要 40～50ms,约相当于 300°/s 的角速度。有时虽然眼的跳动速度比刺激物的速度大,但是在眼睛由追随运动改变为跳动的时候,可能有一个阶段眼动的速度与物体运动的速度相符合,从而为清楚地分辨物体创造条件,因为眼睛辨认简单的物体只需要几毫秒。

推荐读物

荆其诚，焦书兰，纪桂萍．1987．人类的视觉．北京：科学出版社：40，41

杨雄里．1996．视觉的神经机制．上海：上海科学技术出版社：3-23

Yarbus A L. 1967. Eye Movements and Vision. New York：Plenum Press：107-113

眼动名著简介

《眼动和视觉》

Eye Movements and Vision

本书由苏联学者 Alfred L. Yarbus 著，由 Basil Haigh Lorrin A. Riggs 翻译成英文，Plenum Press 1967 年出版。

目录

第一章　方法

第二章　对网膜相对静止的物体的知觉

第三章　注视固定物体的眼动

第四章　眼跳

第五章　对在空间变化固定物体位置的物体的眼动

第六章　知觉运动物体的眼动

第七章　知觉复杂物体的眼动

此书是在眼动研究历史上影响较大的一部著作。Yarbus 于 20 世纪五六十年代进行眼动研究。在眼动研究领域，他做了很多开创性的工作。他首次探讨了眼跳对复杂图形的加工。他发现眼动模式与观看的任务有关。在观看人面的眼动研究中，他发现人们集中注视的部位是眼睛、嘴。他还发明了吸盘，可以附着在眼睛上，借此记录人们的眼动。他的很多经典实验结果，至今仍然被人们所引用。

眼动名人堂

路易斯·埃米尔·贾瓦尔（Louis Emile Javal，1839～1907 年），法国眼科专家，早年是一名土木工程师。1863 年改学医学，并于 1868 年在巴黎大学获得了学位。毕业后到了柏林，师从于奥尔波特。在普法战争中以医师身份在部队服役。1878 年成为索邦神学院眼科学实验室主任直至 1900 年。贾瓦尔在 45 岁时患了青光眼，由于手术不成功，1900 年双眼失明。在全盲的状态下他工作到最后一刻，死于胃癌。

贾瓦尔的研究主要集中于视觉缺陷方面，这与他自身患有青光眼及姐姐患有斜视有关。因对眼生理机制的研究及对斜视所做的治疗而闻名，对眼科治疗具有突出贡献。贾瓦尔和他的学生一起，发明了早期的角膜测量仪，命名为 Javal Schiötz Ophthalmometer，这一装置可用来测量眼角膜表面的曲度，也可用来测量散光的广度和轴心线。贾瓦尔在 1879 年发现，阅读时眼睛不是连续运动的，而是跳动的。被公认为 19 世纪末描述和使用“眼跳”的第一人。他对阅读中的眼跳现象极感兴趣，想通过观察后像来研究眼动，但发现技术上极度困难。于是试图在眼部固定羽毛在烟鼓上进行记录，或在眼部固定小镜子记录其反射的光线。通过自己对眼跳的测量和理解，在此领域发表了一系列具有里程碑意义的论文。贾瓦尔在1854～1939年与他的助手一起研究了视觉与散光，在视追踪方面也作出了重要贡献。贾瓦尔也关注学校保健学，提倡世界语，强调这一语言对盲人的重要性。

第二章　眼睛运动的记录方法

第一节　眼动记录方法的历史回溯

早在 19 世纪就有人通过考察人的眼球运动来研究心理活动。如何准确地记录人的眼球运动，这是眼动研究至关重要的问题。近一百多年来，心理学家及有关专家们一直致力于改进眼动记录技术的工作，进行着不懈的努力和探索，并取得了一定的成就。下面介绍 20 世纪 90 年代以前的几种主要眼动记录方法。

一、观察法

（一）直接观察法

用肉眼直接观察被试的眼动情况是一种比较原始的眼动研究方法。Javal 在 1897 年曾用一面镜子直接观察被试的眼动。实验时，为了避免被试分心，主试站在被试后面，观察被试眼球在镜子中的运动情况。Landolt 在 1891 年研究被试阅读法文和德文的眼动时，也使用了与此基本相同的方法。7 年以后，Erdmann 和 Dodge(1898)也使用类似的方法，他们把镜子靠近被试的书本，平放在桌上，被试面对光坐着，主试在桌子的对面从镜子中观察被试的眼动。Miles(1928)使用窥视孔法(peep-hole method)，在被阅读的材料中间挖一个直径为 0.25 英寸①的小孔。主试与被试面对面坐着，主试为被试拿着材料并挡住自己的脸，主试可以通过小孔观察被试阅读该文章时的眼动。此法有 4 个优点：第一，主试可以在离被试很近的位置进行观察；第二，主试可以从正面直接观察被试的眼动，这比通过一面镜子进行观察更为直接、更精确；第三，与当时的其他方法相比，主试可以更精确地判断出被试的注视位置；第四，由于主试的面部是在阅读材料背后，故可以减少被试分心。对于儿童和有不良阅读习惯的被试来讲，这一点非常重要。Freeman 1916 年设计了一种装有镜子的小型头盔，使主试可以在被试身后进行观察。此法与 Javal 的原理是一样的。但是单纯用肉眼观察只能看到幅度比较大的眼动，如果眼动幅度为 1°，主试就很难观察到。于是，有人借助光学仪器来获得眼睛的放大图像，增加了观察的准确性。

Ohrwall 1912 年使用了一架显微镜，放在离被试很近的地方，将显微镜的镜头对准被试眼睛中的一根小血管，主试注意观察血管的移动，借此来了解眼动情况。后来，有人(Gassovskii and Nikolskaya，1941)也使用同样原理研究幅度较小的眼动，研究者使用显微镜观察血管分叉处的运动情况来研究眼动。有人(Newhall，1928)用放大到一定倍数

---

① 1 英寸≈2.54cm，后同。

的透镜研究眼动。由于现成的光学仪器往往不能用于眼动研究，所以人们开始自己制造专门用于眼动研究的光学仪器，如有人(Park，1936)使用测角计(goniometer)研究注视过程中的眼动。

（二）后像法

在某些情况下，人们可以借助后像自己观察眼动。Helmholtz 和其他早期的生理学家均利用后像法进行过研究。有些早期的眼动实验(Dodge，1907；Helmholtz，1925；Duke-Elder，1932；Barlow，1952)都是用后像来做的。用后像法可以研究注视、眼跳和观察复杂物体时的眼动。后来，人们将闪光灯用于后像法，使被试产生的后像更为完善。闪光灯的高亮度和短暂的刺激时间(小于 0.001s)使被试可以产生比较清晰的持续时间较长的后像。下面是一个使用后像法进行的眼动小实验：主试使被试产生一个十分清晰的后像，也称为参考标志。后像可能是一个十字、一条直线或一个小三角形。然后让被试注视纸幕上的一点，纸幕是一张绘图纸或画有一个格子的纸。在注视过程中，被试同时注意观察后像相对注视点及格子的运动，并注意后像的运动轨迹。由于后像是稳定在视网膜上的，在纸幕上后像的移动反映了眼动的情况。已知眼与纸幕之间的距离及后像在纸幕上移动的距离，就可以粗略地计算出注视时眼动的角度。在该实验中，要求后像必须十分清楚，且后像越小、越清晰，对眼动的计算就越精确。

还有一种方法研究注视过程中的眼动。被试注视一个狭长开口的中间一点，在狭长开口两端的后面各放置一只闪光灯泡。两个灯泡按事先设置的时间间隔闪烁。在这种情况下，由狭长开口两端产生的后像似乎在相互换位，通过换位的幅度可以分析出注视时眼动的情况。

有人(Landolt，1891)研究了观察静止物体时的眼动。被试坐在一间暗室里，在其视野范围内有一个被微光照射的物体，在物体的旁边有一小束很强的光线，被试注视那个物体或沿着物体的边缘观看一段时间，随后，关掉这束光。这时，被试可以产生后像。主试可以借助于亮光产生的一系列后像来判断眼动的特征。每个单独的后像均与一个注视点对应，两个临近注视点的间隔就是眼跳动。

还有一些实验(Lamansky，1869)通过闪光灯研究眼动过程中注视点的变化。视野中除一小束亮光外，周围是全黑的或是非常暗的。当被试的眼睛从点到点移动的时候，每一动作都带着一道白光随眼动的方向移动。如果光的刺激是间断的，每秒闪动 120 次，那后像的光带便成为一连串的白点，每一点代表 1/120s。在眼动照相法未发明之前，用这种方法可以得到比较准确的眼动速度的数据。

观察法是一种比较简单的方法，它简单易行，比较方便。但它只能对眼动进行比较粗略的了解，结果不够精确。所以，现在已经很少有人用这种方法研究眼动了。但是作为一种小实验，如果在没有仪器的情况下想让人们了解眼动方面的知识，观察法不失为一种好方法。

二、机械记录法

眼动的机械记录，是指眼睛与记录装置的连接是由机械传动实现的。这种记录方法大致可分为两种类型。

(一) 利用角膜为凸状的特点

通过一个杠杆传递角膜的运动情况。杠杆的支点固定在被试头部，杠杆光滑一端在轻微的压力下，轻触已被麻醉过的眼球表面，杠杆的另一端在运动着的纸带上进行记录。实验时，被试头部通常用支架固定。Ohm(1914)和 Cord(1927)均使用过上述方法。

有人使用气动的方法记录眼动。在一个眼镜架上装设一个小橡皮囊，橡皮囊轻轻挨靠在眼睑上，橡皮囊的开口处连接橡皮管通达到马利气鼓。眼睛的运动触动皮囊，使皮囊内部压力发生改变，这个变化可以沿着橡皮管传到记录装置。

(二) 使用小型环状物

环状物的中心有一个小孔，被试可以通过该小孔看外面的物体。环状物吸附在被麻醉过的眼角膜上，环状物与一个细杠杆或一根线连接，借此将眼动情况传到记录装置。德国罗斯托克大学的 Ahrens 博士将一个轻型的象牙环状物附在阅读者的角膜上，并将一根硬鬃毛与环状物连接，鬃毛的另一端在一个烟熏鼓上记录。他虽然没有成功，但给后人很重要的启示。

继 Ahrens 之后，哈佛大学的 Lough 博士及布朗大学的 Delabarre 教授将熟石膏制成的环状物附在角膜上，进行了一些眼动记录，但未进行阅读中的眼动研究。还有人(Delabarre，1898；Huey，1908)把石膏制成的环状物进行特殊处理，在不妨碍被试视觉的条件下盖在角膜上，为了防止疼痛，角膜表面经过药物麻醉，石膏环状物上接一小棒或细线与描绘指针连接。在 Huey 使用的记录装置中，将石膏环状物用砂纸进行打磨，并准确轻柔地附着在角膜上。角膜经过麻醉后，对戴上的环状物没有什么不方便的感觉。被试的一只眼睛上戴着环状物，可以通过环状物上的一个圆孔看到阅读材料，而另一只眼睛没有戴该装置，可以自由地进行阅读。一个由火棉和玻璃制成的管状杠杆与一个铝质记录指针连接，该记录指针对眼睛的一点微弱运动就可以作出迅速反应，并在记录纸上记录下来。进行实验时，被试头部被固定在一个支架上以防其头部的移动会干扰记录效果，该支架还可以防止被试的眼睑影响环状物。研究者将该装置的质量和摩擦力降低到了最低限度，眼睛驱使该装置的力量不足 0.5g，眼睛直接承受的质量不足 1/7g，在进行阅读实验时，被试通常意识不到眼睛上所戴的装置。

Orschansky(1899)使用铝制环状物。在实验中将一个小镜子装在环状物上，并将反射的光投射到屏幕上以研究眼动，他是首次利用反光来研究眼动的人。

眼动的机械记录法十分复杂，而且实验结果准确性较低，所以这种方法已被淘汰。

三、光学记录法

(一) 利用反光记录眼动

利用反光记录眼动时，首先要将一个小镜子附着在被试眼睛上，光线射向镜子，光源的光圈有一个狭缝或一个小孔，被反射的光又射向感光记纹鼓(photo kymograph)的感光带上，被反射的光线随着眼球的运动而变化，并在记纹鼓上记录下来。在实验时，被试

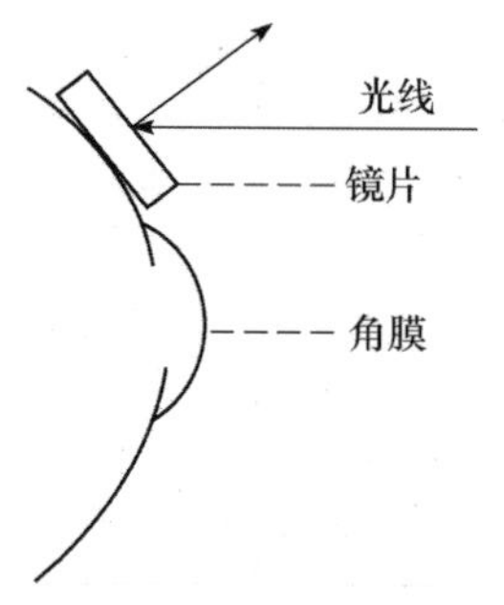

图 2.1 附着在眼球上的镜面

头部被支架固定，眼睛被麻醉，用胶带将眼皮分开。

利用反光记录眼动，主要是解决如何将镜子附着在眼睛上这个问题。Orschansky(1898)将镜子安装在铝制的环状物上。有人把镜子粘在铝制的环状物上，将环状物与镜子一起附着在巩膜或角膜上，将一束光线投射到小镜子上，眼动时记录镜子反射出来的光线变化，该装置可以分别记录水平方向和垂直方向的眼动，如图 2.1 所示。

有人(Adler and Fliegelman，1934)直接将反光镜附着在巩膜上。他们使用了一个直径为 3mm 的小薄镜子，将镜子放置在巩膜上(眼睛事先用药物进行过麻醉)。被试用一个手指放在眼睑上，以防止眼睑合闭，用此种方法可以记录水平方向上的眼动。

有人(Ratliff and Riggs，1950)利用相同的原理记录眼动。他们让被试戴上一片隐形镜片。隐形镜片是安装在眼睑内部、扣在角膜上面的薄层弧形镜片，类似现在的隐形眼镜，它随着眼球的移动而移动。在隐形镜片的表面贴上一块小镜子，光源射到镜子再反射到感光记纹鼓或运动胶片底版上。当被试发生眼动时，小镜子也随着运动，于是所反射的光线便投影在照相底版上。使用隐形镜片可以不麻醉眼睛，被试感觉也舒服一些。后来，许多研究人员(Ginsborg，1952；Ditchburn and Ginsborg，1953；Armington and Ratlff，1954；Nachmias，1959，1960；Krauskopf et al.，1960；Riggs and Niehl，1960)在研究中均使用了隐形镜片，隐形镜片可以用于单眼及双眼的眼动记录，还可以同时记录眼睛的垂直运动和水平运动。有人对使用隐形镜片记录眼动的方法进行了改进，他在隐形镜片上增加了一个长柄，如图 2.2 所示。增加这个长柄可以使镜子上避免沾有眼睛的分泌物(如眼泪等)，使光线从一个十分洁净的光学表面上反射回去。

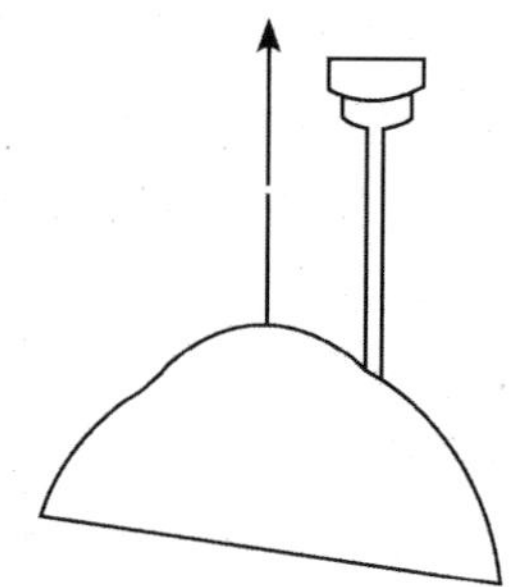
图 2.2 带有长柄的隐形镜片

20 世纪 50 年代，有人(Yarbus，1954)使用了橡胶制成的吸盘，吸盘上有排气用的小室，通过挤出小室内的空气使小室内的压力降低，这时吸盘便可以附着在眼球上并随着眼球移动。吸盘上带有一片小镜子可以反射光线，记录眼睛的运动。他通常所用的吸盘装置有 8 种之多，其中质量较轻的为 0.02g，较重的为 0.7g，见图 2.3、图 2.4。

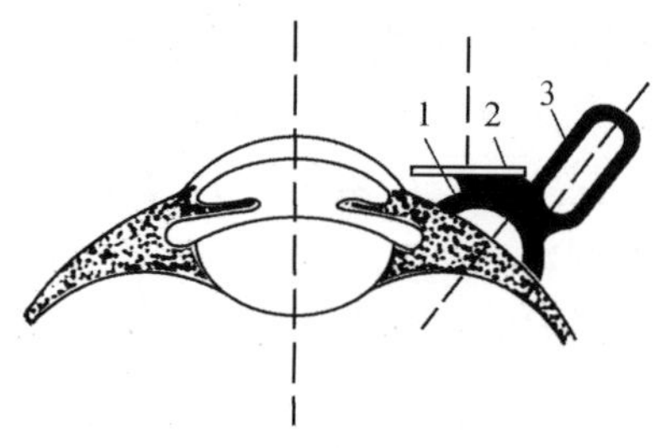

图 2.3 Yarbus 使用的吸盘示意图

利用反光记录眼动是一种比较灵敏的记录方法，但它的不足是：第一，对被试的要求严格，如 Yarbus 做实验时，要求被试的眼睛要大，眼睑裂要长，眼球结膜对麻醉药不过敏。当使用 Yarbus 的眼动记录装置时，还需要用胶布条将被试的眼睑分开，如图 2.5 所示。第二，记录过程中容易产生偏差。图 2.6 是 Yarbus 使用这种眼动仪记录的眼动轨迹。

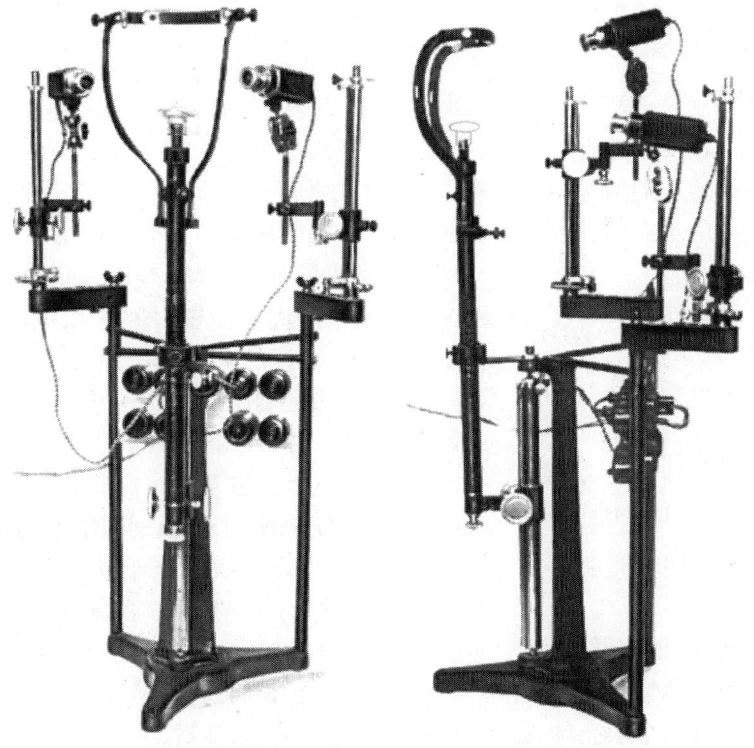

图 2.4　Yarbus 使用过的眼动仪(Yarbus,1967)

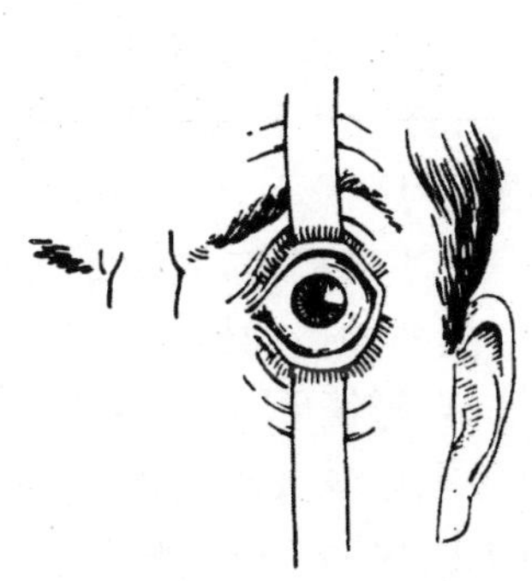

图 2.5　使用 Yarbus 的眼动记录装置时用胶布条将被试的眼睑分开的情形(Yarbus,1967)

76

Увы, мой стих не блещет новизной,
Разнообразьем перемен нежданных.
Не поискать ли мне тропы иной,
Приемов новых, сочетаний странных?

Я повторяю прежнее опять,
В одежде старой появляюсь снова.
И кажется, по имени назвать
Меня в стихах любое может слово.

Всё это оттого, что вновь и вновь
Решаю я одну свою задачу:
Я о тебе пишу, моя любовь,
И то же сердце, те же силы трачу.

Всё то же солнце ходит надо мной,
Но и оно не блещет новизной.

图 2.6　一名被试阅读莎士比亚十四行诗时的眼动轨迹(Yarbus,1967)

（二）普通照相法与电影电视摄像法

当人进行阅读时，眼睛会产生运动，可以通过普通的照相或电影摄影机或电视将眼动情况拍摄下来。在使用这种方法时，关键是要找到一个静止的参照点，将参照点和眼睛某一特定位置连续运动的情况一起拍摄下来，以便进行分析。图 2.7 是一个使用电影摄影记录法记录眼动的示意图，图 2.7 有助于我们了解使用电影摄影法记录眼动的过程。

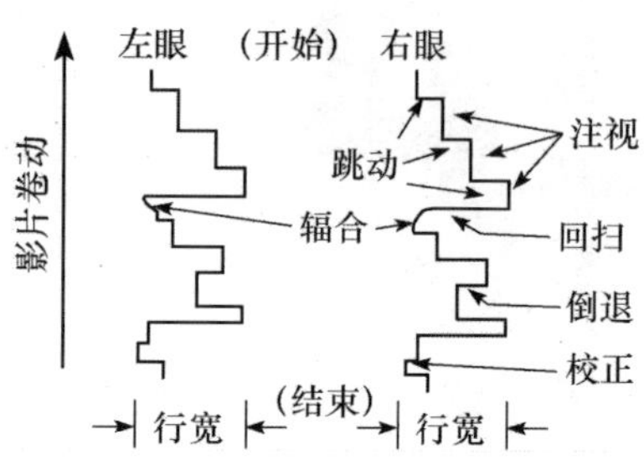

图 2.7　使用电影摄影法记录的眼动示意图

因为影片是向上卷动的，所以记录是从上至下进行。直线的长度代表注视时间的长短，横线表示横向眼动的宽度。阅读的宽度与位置已在每只眼睛的记录下标明，记录的上端说明，在每一行的阅读中有 4 次注视和 3 次眼跳，在第二行中还有 1 个回视。

Dodge 和 Cline 在 1901 年首次使用照相法研究眼动。他们用底片拍摄了一系列的眼睛运动照片。通过分析这些照片可以了解被试眼动的特点。有人（Judd et al.，1905）使用进一步的方法，对被试的眼和部分面部进行连续拍摄（每秒拍摄 9 张）。实验时，将一小块涂了薄蜡的白色颜料点在角膜上，被试不会有不舒服的感觉，白颜料也不易移动位置。被试将头放在头靠里，头靠起固定头部的作用。头靠上有两个小亮球，摄影时，这两个小球作为参照点。有了参照点，有了角膜运动情况，便可以分析被试的眼动情况。

有人（Karslake，1940）在一个半透明的镜子后面拍摄被试的眼动情况，被试要通过这面镜子观看物体。在这种方法中，仪器放在镜子的后面，所以被试觉察不到，这就避免了在实验过程中由于仪器引起的分心。

有人（Barlow，1952）使用下述方法记录眼动：在被试角膜的边缘上点一小滴直径为 0.1mm 的汞，在前额上也点一滴同样大小的汞，用显微镜将这两滴汞的图像投射出来并记录在运动着的电影胶片上。实验时，被试的头部被固定，前额上那滴汞起参照点的作用，角膜上的那滴汞的运动反映了被试的眼动情况。

有人（Tiffin and Fairbanks，1937）设计了一个在影片上同时记录眼动和声音的仪器（图 2.8）。当被试双眼向读物 R 方向看的时候，光源 P 发光至角膜，通过透镜 Q 沿 PC 路径反射到 T 的感光影片上。在 V 处有一个马达将胶卷 E 从 S 绕过 T 传送到 U。声音从 H 筒经 G 管传入示波器 A，这部分仪器的光是由 C 处的小镜反射到影片上，与眼动记录分开。阅读时头部运动的记录方法是：L 是戴在被试额头上的一个小玻璃镜，光源 K 发光至 L 经透镜 I 顺 J 线反射到 T 的影片上。时间指标是由一个 60 周率的振动器 N 来记载，它在 M 处使头部光线断续。B 是聚光窗，O 是把嘴板，用于固定头部，透镜 I 用于记录头部运动。

还有人（Higgins and Stultz，1953）在运动的电影胶片上记录被放大 26 倍的巩膜血管图像。实验时，选择被试巩膜上的两条血管，一条血管的主要走向是水平方向的，另一条血管的主要走向是垂直方向的，可以分别用于记录被试眼睛的水平运动和垂直运动。用紫外线照射被试的这两条血管，以便电影摄影机的拍摄。在被试的鼻子上做一个标记，以这个标记作为参照点，可以考察被试头部的运动。

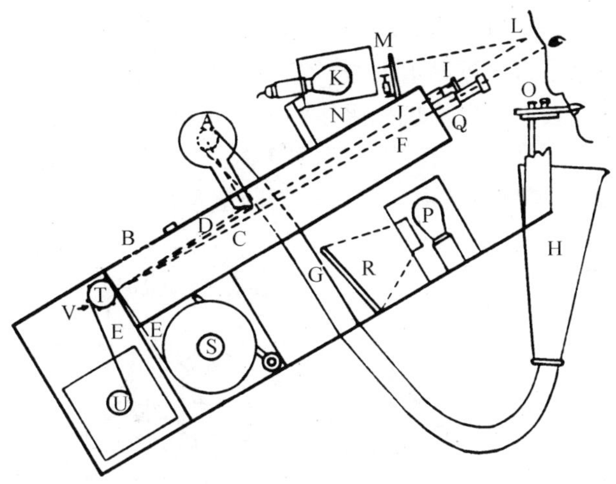

图 2.8　可同时记录眼动及声音的仪器示意图

有人(Grings,1954)利用角膜的反射来记录眼睛的运动,并且胶片可以立即冲洗完毕。图 2.9 是一架眼动记录照相仪。

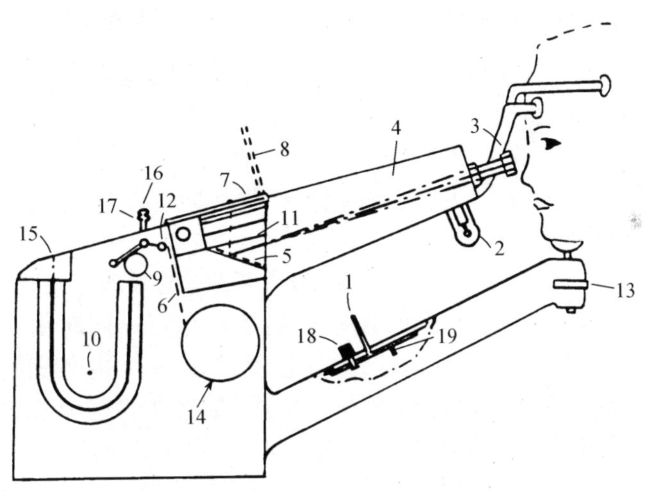

图 2.9　眼动记录装置

主要部件:2. 光源;3. 目镜筒;5. 反射镜面;6. 胶片;7. 观察屏幕;9. 转动轴;10. 冲洗箱;14. 胶片存储器;15. 胶片出口

有人(Mackworth and Mackworth,1958)发明了一种电视眼动记录法(图 2.10)。他们用一架电视摄像机将刺激景物拍摄下来,同时导入到两个电视屏幕上放映。被试观察第一个屏幕上的景物,并用一个光源射到他的眼睛角膜上,角膜的反射被另一架电视摄像机拍摄下来,导入第二个屏幕。于是在第二个屏幕上便出现刺激景物及眼动的光点轨迹。主试可以清楚地看到注视点在刺激景物上移动的情景。实验时,使用把嘴板和支架固定被试的头部,被试直接注视刺激景物。该装置能够记录的最小眼动为 1°,不适合记录较小的眼动。

后来,Shackel(1960)进一步发展了电视记录方法(图 2.11)。他把一架电视摄像机安装在被试的头顶上,被试可以自由的观察任何方向的刺激景物,所看到的景物呈现在电视屏幕上。在被试的一只眼睛附近贴上电极,用眼电记录法记录眼动时的电位变化,并呈现在示波器上。再用第二架电视摄像机拍摄示波器上的光点运动,并引入到放映景物的同一个电视屏幕上。于是屏幕上既有被观察的景物,又有代表眼动的光点运动轨迹。用Shackel的方法可以记录观察者自由运动时的眼动记录情况。

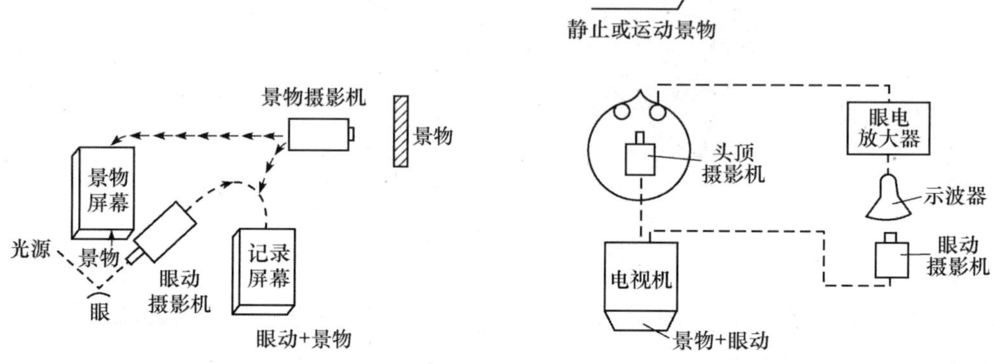

图 2.10 Mackworth 的电视眼动记录装置　　图 2.11 Shackel 的电视结合眼电的眼动记录装置

Mackworth 和 Thomas(1962)也使用头顶上安装摄像机的方法,记录了被试自由观察时的眼动轨迹。被试头顶上是一架特制的双镜头电影照相机,一个镜头摄取前方的景物,另一个镜头通过折射系统延伸在被试的左眼前面,镜头处有一照射角膜的光源。当眼动时,角膜的反射光被摄入镜头,并记录在拍摄景物的同一胶片上。所以,电影胶片上既有被观察的景物,又有左眼的运动轨迹。

Llewellyn-Thomas 等(1968)对 Mackworth 1958 年的眼动记录装置进行了改进。角膜反射控制着电视屏幕上光点的移动,该光点就是注视点。同时由一组光电管监视着这个电视屏幕上光点的移动情况。这组光电管控制一个电传打字机(teletype machine),它可以将眼动的变化情况打印出来。此外,新改进的这个装置还可以让被试观看电视上所呈现的刺激,而这些刺激是由来自光电管的信号控制的。例如,当被试改变注视区域时,该区域的刺激就消失(blackout),产生一个人工中央盲点(artificial central scotoma)。也就是说,被试往哪里看,哪里的刺激显示就会消失;反之,也可以使电视上所呈现的刺激随着眼动的变化而变化。这种装置的灵敏度和速度均不能令人满意,所以它还不能用于记录较小的眼动。不过,这种技术可以同其他比较精确的眼动记录方法结合起来使用。

(三) 角膜反光法

角膜反射着落在它表面上的光,因为角膜是从眼球体的表面凸出来的,所以在眼球运动过程中,角膜对来自固定光源的光的反射角度也是变化的,即眼球运动时,角膜反光也随之变化。这样就可以通过记录角膜反光来分析眼动。

较早用角膜反光记录研究眼动的人是 Dodge 和 Cline(1901)、Stratton(1902,1906)。Dodge 所使用的眼动记录仪的具体情形如下:让平行光照射在人的眼球上,再让角膜反射出来的光进入摄像机，摄像机的感光胶片匀速移动，这样就可以把角膜反射出来的光点移动轨迹拍摄下来，这个轨迹就是眼动轨迹，Dodge 的这种仪器通常称为光记纹鼓(图 2.12)。Dodge 和 Cline 用上述方法研究了注视、追踪及阅读时的眼动。

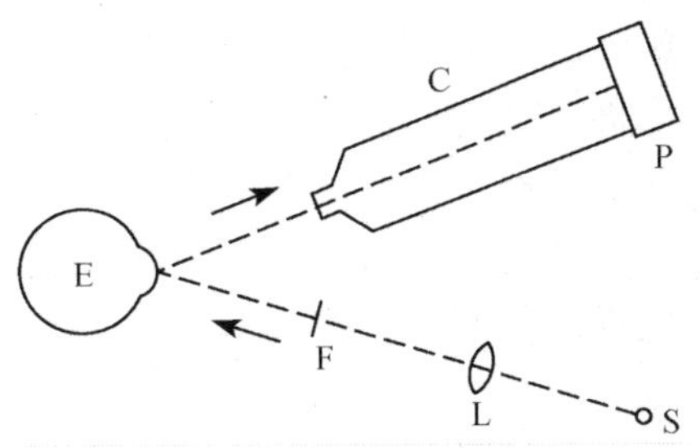

图 2.12　Dodge 使用的眼动仪示意图
S. 光源；P. 底片；C. 照相机；
L. 凸透镜；E. 眼球；F. 蓝色滤光片

有人(Stratton，1902，1906)利用普通照相法记录了角膜反光的运动情况。他使用了普通静止的照相方法，排除其他所有光源，摄取角膜反光，可以得到准确的眼动的简单记录。Stratton 使用这种装置研究了被试观察几何图形时的眼动。后来，角膜反光的照相记录方法有了改进，有了专门的仪器。有人(Tinker，1913；Taylor，1937)设计了一种仪器用于记录人在阅读时双眼的角膜反光。有人(Clark，1934)设计了可同时记录角膜反光的水平运动和垂直运动的仪器。还有人(Hartridge and Thomson，1948)设计了一种用于研究注视的眼动仪，为了避免头动对记录的影响，还设计了雪花石膏制成的帽子，光源及其他的光学仪器固定在上面，帽子被牢固地安置在被试的头上。电影摄像机以每秒 60 张的速度将光源和角膜反光同时拍摄下来。

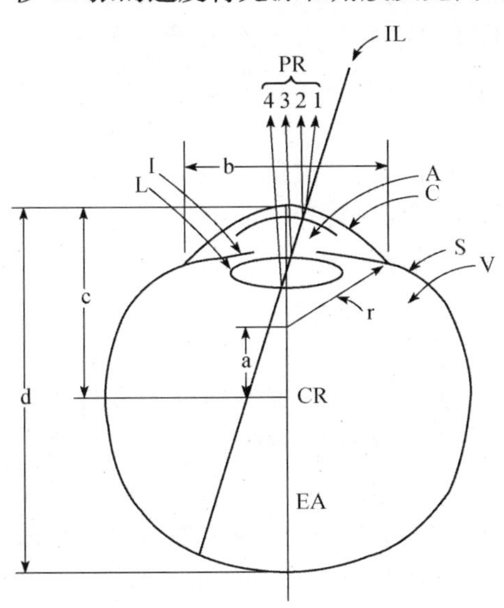

图 2.13　普金野图像

PR. 普金野反射；1. 角膜前表面的反射；2. 角膜后表面的反射；3. 晶状体前表面的反射；4. 晶状体后表面的反射——几乎与第一普金野图像大小相同且形成于相同平面，但是由于晶状体后部折射指数的改变，亮度低于第一普金野图像亮度的 1%；IL. 入射光线；A. 水状体；C. 角膜；S. 巩膜；V. 玻璃状液；I. 虹膜；L. 晶状体；CR. 转动中心；EA. 眼轴；a≈6mm；b≈12.5mm；c≈13.5mm；d≈24mm；r≈7.8mm

有人(Lord，1948，1951，1952；Lord and Wright，1948，1949)使用了光电法记录角膜反光。实验时，被试的头固定在头靠上，在被试的上下牙之间有一块把嘴板(bite bar)。一束波长为 365mμm 的紫外线光照在角膜上，角膜反射回来的光落在一块半透明的铝化镜子上，落在铝化镜子上的光束被分为两部分，一部分照在一个垂直的屏幕上，另一部分照在一个水平放置的屏幕上，每个屏幕后均有一只光电管，其中一只监测角膜反光在垂直方向上的变化，另一只监测角膜反光在水平方向上的变化。光电管所产生的电流被输送到直流放大器，然后传入阴极射线示波器中，通过示波器可以了解眼动情况。

有人(Cornsweet and Crane，1973)利用普金野图像来记录眼动。普金野图像是由眼睛的若干光学界面反射所形成的图像(图 2.13)。角膜所反射出来的图像是第一普金野图像，从角膜后表面反射出来的图像比较微弱，称为第二普金野图像，从晶状体前表面反射出来的图像称为第三普金野图像，第四普金野图像是由晶状体后表面的反射所构成的图像。当眼睛转动时，第一和第四普金野图像也跟着运动，但它们所运动的距离不同。而当眼睛移动时，它们运动的距离相同。因此，如果追踪这两个图像，则根据这两个图像之间的距离变化就可以精确地测量眼球的转动而不受移动的影响。经过红外线照射后所反射的第一和第四普金野图像通过两面镜子反射到两个光探测器上。通过对这两个普金野图像的测量可以确定眼注视位置。用普金野图像进行眼动测量的仪器称为双普金野眼动仪(Double-Purkinje Eye Tracker)，是 20 世纪 70 年代初问世的。

该仪器由 Cornsweet 和 Crane(1973)开发，此后又有了进一步的发展，有人(Clark，1975)撰文描述了该仪器的具体发展情况。目前双普金野眼动仪是世界上精度最高的眼动仪之一。

还有人使用虹膜-巩膜反射法(iris-scleral reflection method)也称虹膜-角膜边界探测法(limbic sensing method)研究眼动。虹膜和巩膜之间存在着明显的界线，使它们对红外线的反射也存在差别。巩膜比虹膜能够反射更多的外界入射光，被反射的光线通过红外探测器来监测，探测器可以探测被试的垂直眼动和水平眼动。根据虹膜和巩膜对红外线反射的变化来判断眼动。该技术的优点是它的输出是电信号，并且易于与计算机连接。

有人(Johansson and Backlund，1960)将利用角膜反光原理制造的眼动仪安装在被试的头部，该仪器的质量为 0.68kg，被试戴着它没有不适的感觉。由于该仪器允许被试在比较大的视角范围内注视，所以该仪器可以用于研究汽车司机或飞机驾驶员的眼动。不过这种仪器的精度不高，所以不能研究比较小的眼动。

角膜反光法是一种重要的眼动记录方法，这种方法的优点是被试的眼睛不用戴任何装置，使实验更趋于自然。目前，国外许多阅读方面的眼动实验都是用这种方法进行的，国际上不少生产眼动仪的公司均有利用角膜反光原理制成的产品。

(四) 光电记录法

较早用光电法研究眼动的人是 Dohlman(1935)。他将一个光源及一个光电管固定在被试头上，并将一个胶质环状物吸附在被试的眼睛上(眼睛经过麻醉)。胶质环状物上有一个遮蔽物，它可以阻断一部分反射光线落在光电管上。遮蔽物可以在水平眼动发生时，调节眼睛反射光线的多少。记录被放大的光电电流，通过电流变化来判断眼动。后来又有人(Drischel and Lange，1956；Drischel，1958)使用了这种方法。具体方法如下：将红外光线照在被试的眼睛上，有一半的光线落在巩膜上，另一半落在虹膜上，虹膜的吸光能力比巩膜强。由于眼睛反射的光线落在光电管上，眼睛的运动使落在光电管上的光线发生变化，落在光电管上的光线变化与眼动有直接关系。光电管所产生的电流被输送到放大器，然后进入示波器上进行照相记录。

有人(Cornsweet，1958)投射一个形状为长方形的光到网膜的视盘(optical disc)上，视盘上覆盖着有髓鞘的神经纤维，它们有着良好的反光性能。反射的光线由光电倍增管放大，呈现在阴极射线示波器上。由于视盘中的血管比周围较明亮的背景吸收了更多的光，所以，光点经过血管的时候，示波器上就出现波动，主试可以对示波器上的变化情况进行照相记录。图 2.14 是一个被试视盘的一部分。用这种方法可以精确地记录到 10 弧度的微小眼动。但该方法只能记录水平方向的眼动，并且还要求被试的视盘上要有足够多的垂直方向的血管经过。

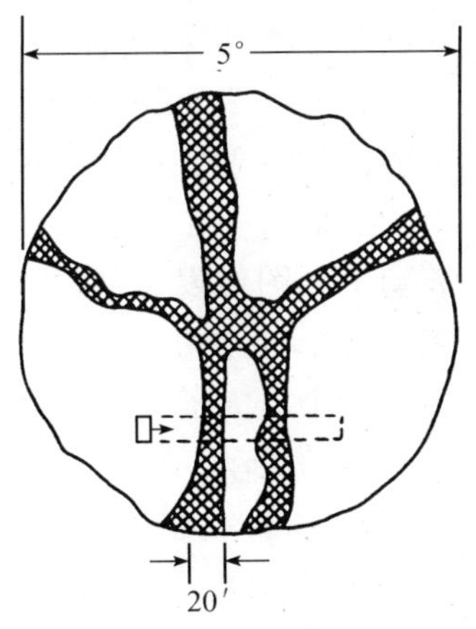

图 2.14　被试的视盘

有人（Rashbass，1960）根据眼球表面的不同反射系数，通过光电倍增管、放大装置及阴极射线精确地记录了眼动。巩膜和角膜对光的反射能力是不同的，利用这种差异来控制阴极射线管的光点（spot）位置，使该光点一直对准在角膜和巩膜的边缘处，光点随着眼的移动而移动。图 2.15 是 Rashbass 所用方法的示意图。图 2.15 中的阴极射线管和镜片是可调的，当被试直接向前看的时候，光点在阴极射线管的中央，该光点正好落在角膜和巩膜的边缘处。光电管放置在眼睛的近处，吸收被试眼睛散射回来的光（scattered light）。如果眼睛转向左侧，光点会落在巩膜上，被散射回去的光就增加。反之，当眼睛转向右侧观看时，光点则落在角膜上，被散射回去的光则减少。由光电管接收的这些光的反射变化被用来调节光点的位置，使其落在巩膜和角膜的边缘处。第二个光电管（图 2.15 中未画出）用来监测阴极射线管上光点的强度变化。该仪器的这些反馈系统保证了光点能够迅速地落在巩膜和角膜的边缘处，但只能记录被试水平方向上的眼动。经过对眼动记录结果的照相分析表明，该仪器适用于记录比较大的眼跳及研究眼跳和追随运动的关系等问题。

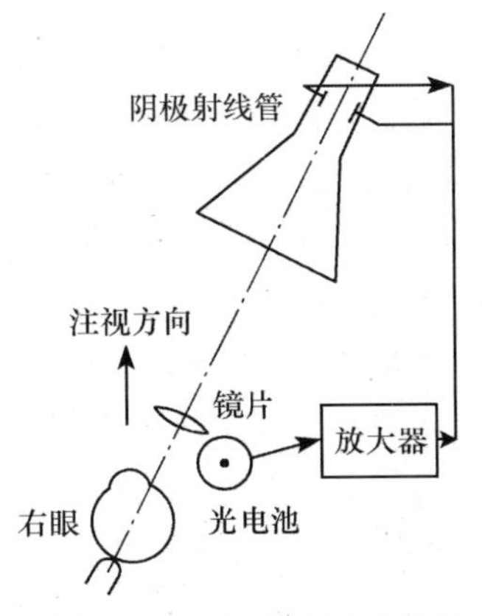

图 2.15　光电眼动记录设备

有人（Stark et al.，1962）使用了光电法记录眼动。如图 2.16 所示：用两个闪光灯泡照射虹膜。另外，将两个光电管安装在一个特制的眼镜上，它们接收来自角膜和虹膜边界散射回来的光。

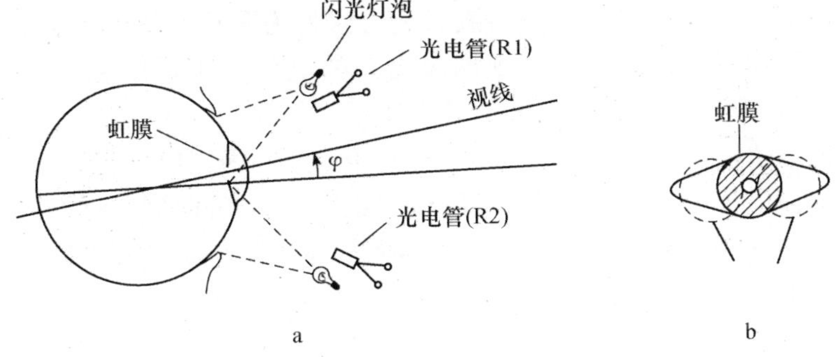

图 2.16　Stark 等使用的光电记录装置

Gaarder（1960）使用了隐形镜片，该镜片上附有一个小反光镜，镜子反射的光线照在一只光电管上。这种方法可以将水平方向和垂直方向的眼动都记录下来。20 世纪 80 年代，光电法仍被人们用于记录眼动。美国的 ASL 公司生产的 EYE-TRAC Model 106 型和 200 型眼动仪就是用光电原理设计的，这种眼动仪可以进行阅读方面的研究。其特点是操作简单、价格便宜。

有人(Vladimirov and Khomskaya,1961)还使用下述方法:通过光学系统,将被试眼睛的图像投射到一块毛玻璃上,毛玻璃被一个垂直的隔板分成两部分,在每部分毛玻璃的后面有一个光敏电阻,光敏层牢牢地固定在毛玻璃上,水平方向的眼动使其在毛玻璃上的图像发生移动,并导致落在光敏电阻上的光线强度发生变化。光敏电阻被连接在一个电路中,它的输出电压的变化与眼动呈一定的比例关系,这种电压变化被输送到一个放大器中。用这种方法所记录的水平眼动的准确性为1°~2°,它只适用记录角度大的眼动。

此外,有人在眼动仪中使用了光电传感器(photo-electric transducer)记录被试的眼震颤(tremor)。Byford(1959,1962)的眼动记录装置中也使用了光电传感器。

四、电流记录法

(一)电流记录法

眼球运动可以产生生物电现象。角膜和视网膜的新陈代谢是不一样的,角膜部位的代谢率较小,网膜部位的代谢率较大,所以,角膜和网膜间就形成了电位差(corneo-retinal potential difference)。角膜对网膜来说是带正电的,网膜对角膜来说则是带负电的。当眼睛注视前方未发生眼动时,可以记录到稳定的基准电位(baseline potential),当眼睛在水平方向上运动时,眼睛左侧和右侧之间的电位差会发生变化,当眼睛在垂直方向上运动时,则在眼睛上侧和下侧的电位差会发生变化。电位变化的测定是将一对电极装在相应的皮肤位置上,然后将电信号放大在灵敏的电流计上读出来或显示在阴极射线示波器上进行照相记录,也可以通过记录仪直接描记下来。现在较多的是用墨水记录仪(ink-writing system)记录。当眼动发生时,相应电极之间的电位会发生变化,墨水记录笔就会在记录纸上记下这种变化。这种记录方法可以记录到离开注视点70°的眼动,其准确率为1.5°~2.0°。由于眼睛的运动与电位变化之间存在着对应关系,所以通过分析记录结果,可以很容易地了解眼动情况。这种记录眼动的方法称为眼动电图记录法(electrooculography,EOG)。通常所记录的角膜和视网膜之间的电位差比较稳定,一般均为0.40~1mV这个范围内。图2.17是EOG的记录原理。

图2.17记录的是双眼向左移动时的电位变化情况。图中的"+"、"-"表示电极的正、负,横的标尺表示在图2.17上这样一段横向距离为1s的时间,纵的标尺为这样一段纵向距离的电位变化了160μV,图2.17上的度数表示眼睛向左移动的距离。

图2.18记录的是双眼向右移动时的电位变化情况,说明双眼向右移动了30°。

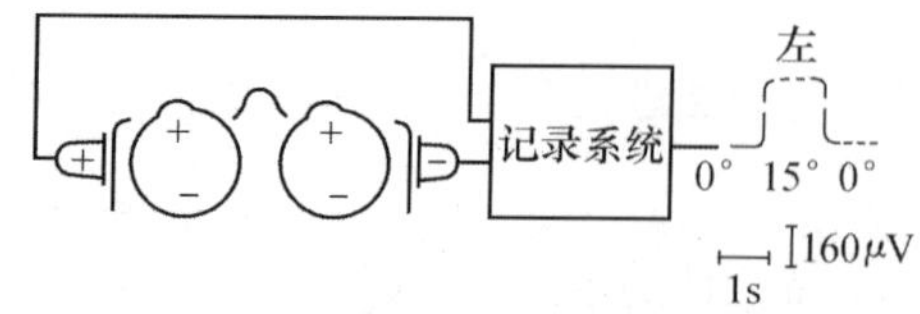

图2.17 双眼向左移动时的电位变化示意图

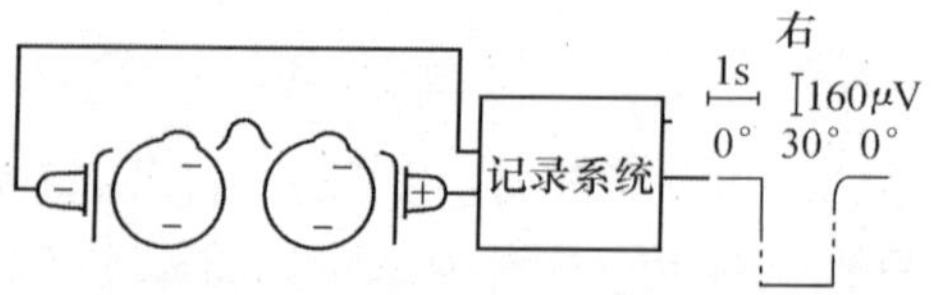

图2.18 双眼向右移动时的电位变化示意图

在图 2.19 中,电极 1 和 2、3 和 4 是用于记录垂直方向眼动的,电极 5 和 6、7 和 8 是用于记录水平方向眼动的,G 是接地电极,接地电极位于耳朵后面的乳突区(mastoid area)。

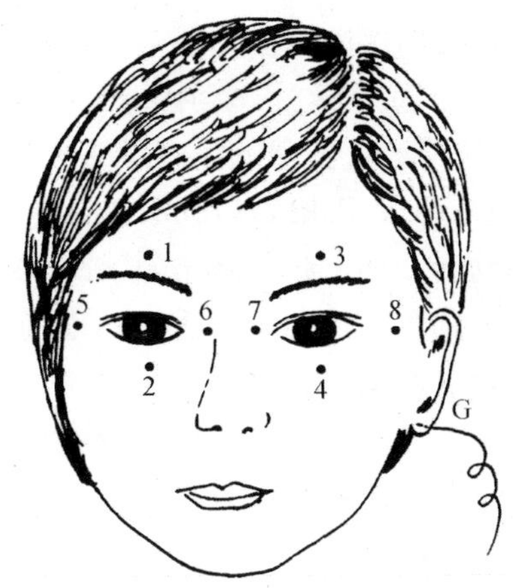

图 2.19 记录 EOG 时电极的放置情况

以上介绍了眼动图记录法的基本原理和方法。事实上,早在 20 世纪二三十年代就有人用 EOG 进行研究,下面介绍一些有关的实验研究。有人(Schott,1922;Meyers,1929;Jacobson,1930)比较早地利用电流记录法研究眼动。有人(Miles,1939)使用电流记录法进行研究发现,明适应会引起角膜-网膜电位差增加,而暗适应则会引起角膜-网膜电位差减小。有人(Carmichael and Dearborn,1947)用这种方法进行了阅读疲劳实验。实验情形如下:被试坐在隔离室中,连续阅读 6h,一对电极记录阅读中眼的横向运动,另一对记录眼的垂直眼动。所有眼动都记录在一个墨水记录仪上。

20 世纪 50 年代末,有人(Ford et al.,1959)改进了电流记录法,该记录装置可以同时记录水平和垂直的眼动。

用电流记录法研究眼动有两个优点:第一,头部的运动不会影响记录结果;第二,记录时,不用直接接触眼睛。但这种方法也存在不足:用这个方法所记录的不是眼球的实际运动情况,而是电位差的相对数值,需要进一步的推算才能把眼动的确切运动情况计算出来。同时每个人的电位差不同,个别差异很大,甚至同一个被试在不同的实验中也存在差别。有人(Shackel,1967)提出这种记录方法有三个问题:第一,EOG 的信号太弱,有时会给记录带来困难;第二,皮肤电位的频率范围与 EOG 信号的频率范围是相同的;第三,由于电极放置不稳定或电极与皮肤的接触不佳,会影响记录结果的准确性。总之,电流记录法是一种比较好的方法,但是,在技术上却相当复杂。

(二) 电磁感应法

20 世纪 60 年代,有人(Robinson,1963)首创了电磁感应法。此法可以监视双眼的运动情况。具体方法如下:将被视的眼睛麻醉,把一个装有探察线圈的隐形镜片吸附在眼睛上。线圈中存在感应电压,通过对感应电压的检测,可以精确地测量水平方向和垂直方向的眼动。有人(Collewijn et al.,1975)发明了一种由硅橡胶制成的柔性强的小环,它可以戴在眼的边缘,探察线圈装在环中,硅橡胶环的应用使电磁感应法得到了较大的改善(图 2.20)。但是,此法还存在不足:价格昂贵;眼睛戴上隐形镜片后会引起

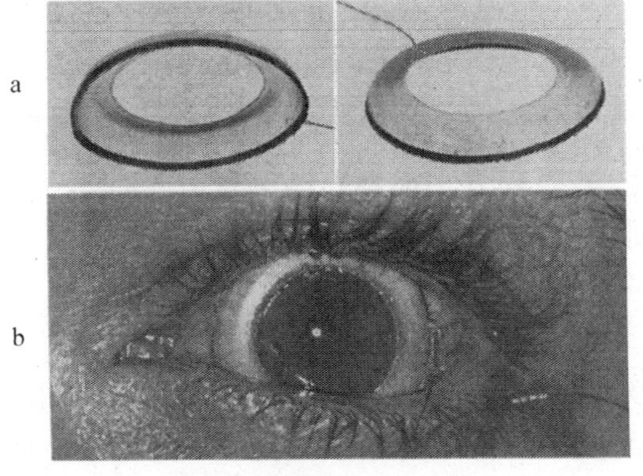

图 2.20 电磁记录装置(Collewijn et al.,1975)

轻微的疼痛，有时，还会使视敏度下降。80 年代有人（Kenyon，1985）发明了一种质地较软的隐形镜片，其中装有探察线圈，使用这种方法不必施行局部麻醉。目前，荷兰 SKALAR 公司就生产磁感应眼动记录系统，它使用的是硅质隐形镜片。后来，有人（Reulen and Bakker，1982；Bour et al.，1984）又改进了原来的技术，使用双磁感应法（double magnetic-induction method，DMI）。此法取消了探察线圈中的导线，这样就大大减轻了被试在实验中的不适，也消除了导线易断对眼动记录的影响。不过，在使用这种方法时，要求被试的头部不能移动。

电磁感应法是目前最精确的眼动记录方法之一，但是由于被试需要配戴隐形镜片，在研究中经常有不适的感觉。因此，这种方法主要用于动物的眼动研究。

以上介绍了几种不同的眼动记录方法。眼动记录是一项十分复杂的技术，随着科学技术的进步，眼动记录技术不断完善，特别是电子计算机在眼动记录中的广泛应用，使眼动记录技术有了长足的进步。眼动仪在心理学研究中也越来越显示出其重要的作用。就笔者掌握的材料来看，目前，世界上不少公司已经将眼动仪商品化。下节将介绍国外当代的眼动仪产品。

知　识　栏

近一百多年来，科学家们一直在千方百计、孜孜不倦地探求改进眼动记录技术的途径。正是这种不懈的努力，使得眼动仪的设计不断人性化，操作和使用越来越简单，从而吸引越来越多的心理学家在阅读和信息加工的眼动研究领域忘我的探索。如果您对眼动记录技术的进步和发展感兴趣，您可以阅读由 L. R. Young 和 D. Sheena 于 1975 年撰写的眼动记录技术综述（*Surveys of eye movement recording techniques*）一文。在该文中，作者介绍了主要的眼动记录技术，解释了这些记录方法的原理并分析了这些方法的优点和不足。该文主要介绍了如下几个内容：第一，介绍了不同类型的眼动；第二，眼动的哪些特征使其能够被记录下来以及眼动记录的主要原则；第三，使用新技术进行的眼动记录方法；第四，选择记录方法时应考虑的问题；第五，将不同的眼动记录技术进行了比较。

第二节　当代眼动记录方法与眼动仪

一、国外开发与生产眼动仪产品的现状

眼动仪是一种比较复杂的大型心理学精密仪器，国外在 20 世纪初就已经开始研制眼动仪。到现在，眼动记录技术已经发展得比较完善，很多公司已经将眼动仪开发成产品。下面简单介绍一些国外著名公司按照不同原理制造的眼动仪产品。

（一）光学记录法

根据角膜和瞳孔的反光法原理生产的眼动仪：美国应用科学实验室（ASL）生产的 504 型和 501 型眼动仪。ASL Model H6 系统的控制元件小巧精致，可安装于可调头带上。场景使用彩色摄像头进行记录，该摄像头可安装在头带或固定三脚架上。固定的场

景摄像头(非头部固定)具有独特优势,可形成更稳定的高质量图像,且无需佩戴在头部,减少了安装调试的繁冗过程。眼球和场景摄像头捕捉到的图像显示在两个外接19英寸显示器中。该产品还配有ASL EYEPOS操作软件和EYENAL离线数据分析软件程序,安装至台式计算机或笔记本电脑中。ASL推出了VR头盔内嵌式眼动系统(VR6),ASL可以集成微型眼动光学模块到虚拟现实(VR)的头盔显示器(HMD)里面。

加拿大SR公司生产的Eyelink2000型眼动仪是超高速、高精度的眼动追综系统,采样频率为2000Hz,是目前采样率最高的眼动分析设备。该系统的眼动采集装置在被试前方的显示器下部,被试头部不带任何装置,所以该类型的眼动仪也称为非接触式的眼动仪。该系统的特点是速度快、精度高、定标简单迅速。该仪器配有可视化实验设计软件——Experiment Builder。它用于生成各种刺激,软件设计灵活,适用于无编程经验的初学者。该仪器还配有数据回放软件——Data Viewer可以用于眼动数据的分析和输出。

瑞典的Tobii眼动仪也是使用该原理生产的眼动仪。Tobii眼动追踪系统提供了世界领先的非接触式眼动追踪解决方案。不需要任何头戴装置或头托,也不需要外置的眼动摄像机,Tobii眼动仪使用高效方便,定标只需数秒即可完成,容易掌握和学习。Tobii眼动仪有很好的便携性,只需一个手提箱就可带到所需场合,5min即可安装完毕。Tobii Studio是多功能分析软件,不仅可记录原始的眼动数据文本格式,还具有电子表格、柱状图、热点图、兴趣区间划分等高级数据分析功能,并可对多个被试的眼动数据进行叠加比较并导出数据。

除上面介绍的眼动仪之外,目前利用此原理生产的眼动仪还包括:法国Metrovision公司生产的MonVOG1型和MonVOG2型眼动仪、美国Fourward Optical Technology公司生产的第六代双普金野眼动仪、德国SMI公司生产的HED型(头戴式)、RED型(桌面式)和Hi-Speed型眼动仪等。美国LC技术公司生产的Eye gaze communication system也是利用此原理生产的眼动仪(图2.21),它可以帮助不能用手进行计算机键盘操作的患者用眼睛代替手来操作键盘,注视屏幕上显示的键盘,选择哪一个键就用眼睛注视哪一个键,计算机就会有所反应。这为手有残疾的患者操作计算机带来了福音。

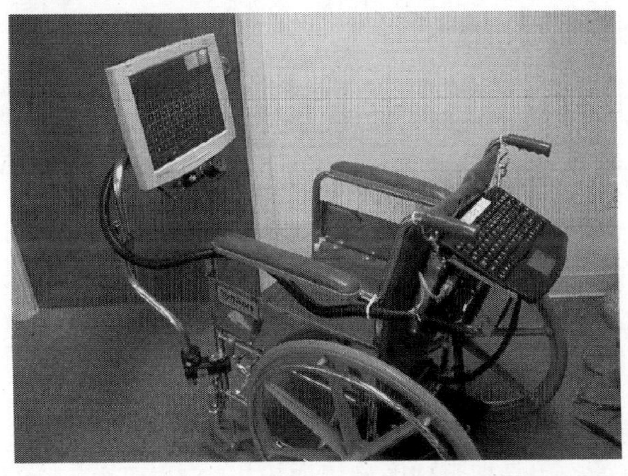

图2.21　利用眼动仪帮助手有残疾的患者打字的装置

根据虹膜-巩膜反射法原理生产的眼动仪有 ASL 公司 310 型眼动仪和荷兰的 IRIS 型眼动仪。

（二）电流记录法

目前，法国的 Metrovision 公司生产使用电流记录法研制的 Model Mon EOG 眼动仪。这种眼动仪不能够记录和分析眼动轨迹和瞳孔直径，但是可以记录水平方向和垂直方向的眼动情况及幼儿的眼动轨迹。

（三）电磁感应法

目前，根据该原理生产的眼动仪是荷兰 SKALAR 公司生产的磁感应眼动记录系统（Sclera Search Coils System），它被应用在神经生理学、阅读和神经病学和视觉研究领域。

二、国内眼动仪的研制和开发现状

（一）张名魁和孙复川等研制的眼动仪

虽然国内在眼动仪研制与开发方面起步比较晚，但是，我国的有关专家在眼动记录技术领域一直进行着不懈的探索。20 世纪 80 年代末，中国科学院上海生理研究所的张名魁和孙复川等研制了红外光电反射眼动测量系统。它通过红外发光管、光敏管发射和接收眼球左右运动时角膜与巩膜反射红外光线大小的变化来测量眼动。该设备已接近国外文献报道的先进水平，有利于推广到生物学研究领域和医学临床应用。

（二）西安电子科技大学研制的头盔式眼动仪

20 世纪 90 年代，西安电子科技大学研制的头盔式眼动仪——西电 3B 型头盔（箍）式眼动测量仪（Eye Movement Measure System），该眼动仪是一种中精度的双眼眼动仪，它用红外摄像法的原理获取双眼的图像，用高速信号处理的方法实时提取瞳孔中心的坐标，再与外景图像叠合。其主要组成部分及相互连接线如图 2.22 所示。

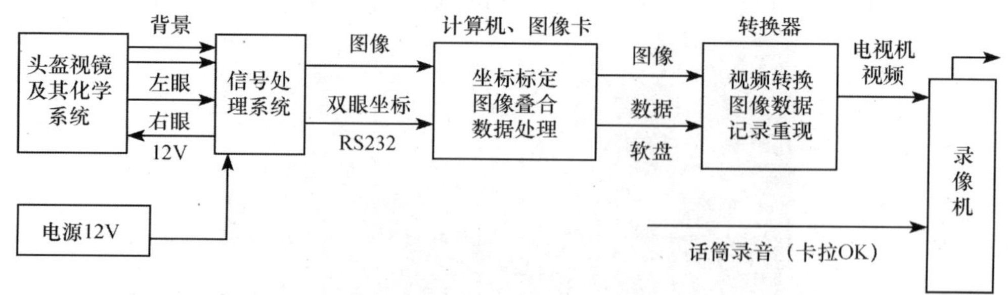

图 2.22　头盔式眼动仪工作原理图

该仪器包括如下几个系统。

1. 头箍及光学系统

头箍和光学部分的作用是把眼球图像提取出来，它主要由三个微型摄像机和红外光学反射镜系统组成，使红外光和可见光走不同的光路，眼球图像是靠红外信号提取的，受试者对外界景物的观察不受任何影响。为了避开昂贵的光学加工，研究者采取了面阵成像的方案。其优点是可以利用现成的部件，制造工艺较简单，价格大大下降；缺点是取样频率较低，是电视的场频，也就是每秒 50 次。另外，信号处理比较复杂，后者由于利用了最新的电子技术而得到弥补。

头箍上的三个摄像机中，两个分别提取右眼和左眼的图像，另外一个指向前方，摄取视场内的外景图像。左右眼球图像信号分别送到瞳孔中心提取部分，而背景视场摄像机信号则直接送给计算机。研究者为背景摄像机提供两种镜头，其视角分别为 24°和 36°，整个头箍的质量约为 0.25kg。

2. 瞳孔中心提取系统

瞳孔中心提取系统的作用是实时提取瞳孔中心的 x，y 坐标。它包括了前级的模拟电路和后级数字信号处理电路，数字电路部分采用了 10 000 门的可编程门阵列 FLEX10K10 作为核心。它的基本原理如下：在图像扫描过程中对黑电平部分进行计数，当它达到了某个设定的门限值后，就记下黑电平边缘点的两组 x，y 坐标，当再次扫描达到这个设定的门限值时，再记下黑电平边缘点的两组 x，y 坐标，把这四点的 x，y 坐标值取平均就得到了中心点的坐标，也就是瞳孔中心的坐标。这个方案的优点是可以实时的提取坐标，不需要经过复杂的图像处理，它的缺点是对于睫毛、眼帘和瞳孔尺寸比较敏感。获得右眼和左眼的坐标以后，电路把它编组、排队，变成一个串行的数据。用串行通信的方法通过两根导线连续不断的发给计算机，从而使人与计算机之间的连线减少到了最低限度。电路板是一个独立的机盒，放在计算机附近。

3. 视景和瞳孔坐标叠加系统

头箍上的视场摄像机信号直接送到计算机中的图像卡，数字信号处理部分送出来的双眼瞳孔中心 x，y 坐标通过两根线接到计算机的串口上。计算机经过软件把输入的串行数据分解恢复取出，通过适当的坐标变换使之与视场摄像机的坐标相匹配。然后送入图像卡并形成右眼和左眼不同的标志与图像卡的外景图像相迭合，在计算机的显示器上显示出来。同时，瞳孔中心的 x，y 坐标也被转变成一个数据文件，记录在计算机硬盘或软盘上。

由于人的个体差异和每次戴头箍时的位置差别，眼球摄像机和外景摄像机间的匹配参数会有某些不同，因此，需要进行标定操作。另外，系统还有检查的软件，这些都包含和集成在统一的系统界面中。

4. 图像和数据记录系统

这部分由计算机-电视机图像转换器和录像机组成，计算机-电视机图像转换器把监视器视频信号转为电视视频信号，以便用录像机记录下来。经过改装后的录像机声音通道可以同时记录实验过程中的解说和命令，在重放磁带时，系统就能恢复实验过程的图像和声音。而数据文件则记录在计算机磁盘中，在实验过程中应该用语音录下数据文件的文件名，以便管理。

5. 数据后处理软件

用这个软件可以把实验的结果作数据处理并绘制成各种曲线和图形，以便快速地分析并产生形象图形。眼动仪数据后处理软件是用 MATLAB 语言编程的，它能把眼动仪测量的数据文件和背景的图像文件相结合，绘制成如下图形：

(1) 注视点轨迹图（可有加背景和不加背景两种图形）；

(2) 注视点分布密度的三维图；

(3) 注视点分布密度的等高线图；

(4) 注视点分布的平面图（有加背景和不加背景两种图形）；

(5) 注视点分布密度的圆图（可有加背景和不加背景两种图形）；

(6) 眼动速度向量轨迹图；

(7) 时间-眼动速度曲线图；

(8) 眼动总速度及 x，y 速度分布直方图。

懂得 MATLAB 语言的用户，还可以自行开发和扩展它的功能。

有人（袁慧晶等，2005）提出一种用于鸟类视觉行为学实验的眼动测量的图像分析方法。采用基于遗传算法的多级灰度值聚类法分割普通 CCD 捕捉的视频图像，用区域生长法标记连通域粗略定位瞳孔区域，并利用瞳孔的近似圆形的几何特性修补光源反射影像形成的孔洞。在此基础上进行边缘检测，利用边缘像素的灰度分布特点修正瞳孔轮廓，采用重心法定位瞳孔中心。用该方法对实验环境照度下捕捉的图像和红外光源辅助照明的图像进行了分析，并与主动轮廓线方法对比。实验结果表明，该方法对眼睛特征的先验知识依赖程度低，抗噪声能力强，瞳孔中心定位精确。我国的研究者在研制眼动仪方面取得了一定的成绩，但是，在眼动仪商品化方面尚需要进一步完善。目前，随着我国心理学事业的深入发展，很多大学和科研机构都需要购置眼动仪进行研究，盼望更多国产的眼动仪能够早点问世并实现商品化，以应国内科研机构之需。

三、眼动记录技术发展的特点与趋势

第一，计算机在眼动记录技术中的广泛应用，使得该技术经历了一次技术革命。随着计算机在眼动记录技术中的广泛应用，眼动仪无论是在记录速度还是在精度上都有了很大的提高，一些早期的、精度较低的眼动记录方法已被淘汰。

第二，眼动记录技术的发展使实验情境更趋于自然，大大改进了研究的生态学效度。在心理学早期的阅读研究中，被试往往需要在眼睛上戴某些装置，在一定程度上影响了实验的结果，而现在的眼动仪，要求被试坐在椅子上注视前方的阅读材料或者在被试头部戴上头盔装置，被试在实验时没有不适的感觉，使阅读情境更接近于自然的阅读情境。此外，眼动仪可以直接安装在汽车或者飞机模拟器上，考察被试的眼动情况。例如，SMI 公司生产的 iView X HED 型眼动仪就可以安装在汽车和飞机模拟器中使用。

第三，眼动仪与其他仪器联合使用，使得人们对心理现象的生理机制的研究更深入了一步。例如，美国 ASL 公司的 504 型眼动仪和 SMI 公司的 MeyeTrack 型眼动仪可以与 fMRI 联合使用。

眼动技术能有效推测个体的内在认知过程，但是却不能直接揭示信息加工的生理机制，而脑电指标却可以反映大脑信息加工的生理过程。

有学者认为，未来很有必要考虑如何将眼动与 ERP 记录两种技术相互结合起来。一方面，可以使用ERP数据来考证眼动研究中的许多结论，如眼动效应到底发生在词汇期还是后词汇期。另一方面，眼动和ERP的结合有助于寻找正常阅读中眼跳的电生理学标志。

关于眼动和ERP的结合，Sereno和Rayner最近提出了两种可能实现的方法，其一是记录阅读过程中的EEG，并使用EOG来测量眼动。也就是，估算出眼睛在文本上的停留位置，并提取眼跳结束时的EEG平均数据（而ERP则是提取刺激开始时的EEG平均数据），这样就产生一个眼跳相关电位。其二是在多个独立实验中，采用相似的实验材料，直接比较实验所得到的眼动数据和ERP数据，词频效应、语境预视（预期）效应、词汇歧义效应以及重复阅读效应都可采用这个方法来检验。

关于眼动和fMRI的结合，有关专家也进行了努力。近年来有一些研究通过使用眼动仪和fMRI同步考察阅读中的眼动与功能性脑成像。例如，Gamlin和Twieg(1997)开始从事为高场功能性核磁共振成像研究设计一个联合视觉呈现和眼动追踪系统的项目。这个项目的目的在于研究眼跳的神经控制、立体视觉和深度知觉、单眼的平滑追踪等。目前，可能是由于价格太昂贵，这种将眼动仪和脑成像结合在一起的仪器尽管已经开发出来，但没有被广泛应用。

Ozyurt等(2001)在step范式和gap范式中使用功能性核磁共振仪进行研究。在完成任务的过程中，磁共振眼动仪记录眼跳活动。刺激材料呈现在一个磁共振扫描仪前端的屏幕上。这个实验的结果表明，在纹状皮质和纹外视区皮质、额叶眼动区、补充运动区、顶叶皮层和角回及额叶岛盖、右前额10区，有显著的与任务相关的活动。这种类型的研究有助于确定注意行为中脑的功能结构。

第四，眼动记录技术朝多样化、多用途发展。随着科学技术的不断发展，一方面，人们将原有的记录技术不断改进，并不断地探索新的更加理想的眼动记录方法；另一方面，眼动仪的用途也朝多用途发展。眼动仪不单纯用于基础研究和临床研究中，它也可以具有非常重要的实用价值，如美国LC技术公司生产的Eye Gaze Communication System就是利用眼动仪帮助脑损伤患者、脑瘫患者、脑干中风患者等用眼睛操作计算机。

知　识　栏

第一届欧洲眼动大会(The 1st European Conference on Eye Movements，ECEM)是1981年由Rudolf Groner、Dieter Heller和Henk Breimer在德国发起的。这次大会是一个跨学科的大会，参加者是使用眼动仪进行研究的不同领域的专家。每两年在欧洲不同的地方举办一次眼动大会。

尽管第一届欧洲眼动大会的规模非常小，但是它的召开具有两个重要的意义：第一，它标志着眼动研究的繁荣时期即将到来；第二，它是连接各国眼动研究专家的一个纽带。欧洲眼动大会虽然冠以“欧洲”二字，但是，它的规模和范围早已超出了欧洲的界限，成为全世界眼动研究专家的一个盛会。它也是各国眼动研究专家交流思想、加强合作的重要平台。2007年8月19～23日，在德国的波斯坦举办了第14届欧洲眼动大会。来自世界27个国家的400多名学者参加了这次大会。这次大会吸引了来自心理学、认知和视觉神经科学、计算机和医学等其他应用领域的相关学科的专家学者。据统计，这次大会上的口头报告和张贴报告超过300篇。天津师范大学心理与行为研究院的白学军和闫国利教授作为中国代表参加了这次大会并做了口头报告，题目是："Reading spaced and unspaced Chinese text：Evidence from eye movements"。第15届欧洲眼动大会于2009年由Simon P. Liversedge教授组织，在英国的Southampton大学举行。下面是历届欧洲眼动大会举办的时间、地点及论文集。

第1届，1981. 9. 16～19，瑞士

论文集：Groner R，Menz C，Fisher D F，et al. 1983. Eye Movements and Psychological Functions：International Views. Hillsdale：Lawrence Erlbaum Associates

第2届，1983. 9. 19～23，英国

论文集：Gale A G，Johnson F. 1984. Theoretical and Applied Aspects of Eye Movement Research. Amsterdam：Elsevier Science Publishers B. V.

第3届，1985. 9. 24～27，法国

论文集：O'Regan J K，Levy-Schoen A. 1987. Eye Movements. From Physiology to Cognition. Amsterdam：Elsevier Science Publishers B. V.

第4届，1987. 9. 21～24，德国

论文集：Lüer G，Lass U. 1987. Fourth European Conference on Eye Movements. Volume 1：Proceedings. Toronto：Hogrefe

Lüer G，Lass U，Shallo-Hoffmann J. 1998. Eye Movement Research，Physiological and Psychological Aspects. Göttingen：Hogrefe

第5届，1989. 9. 10～13，意大利

论文集：Schmid R，Zambarbieri D. 1991. Oculomotor Control and Cognitive Processes. Normal and Pathological Aspects. Studies in Visual Information Processing. Volume 2. Amsterdam：Elsevier Science Publishers B. V.

第6届，1991. 9. 15～18，比利时

论文集：Ydewalle G，Van Rensbergen J. 1994. Visual and Oculomotor Functions. Advances in Eye Movement Research. Studies in Visual Information Processing. Volume 5. Amsterdam：Elsevier Science Publishers B. V.

第7届，1993. 8. 31～9. 3，英国

论文集：Findlay J M，Walker R，Kentridge R W. 1995. Eye Movement Research. Mechanisms，Processes and Applications. Studies in Visual Information Processing. Volume 6. Amsterdam：Elsevier Science Publishers B. V.

第8届，1995. 9. 6～9，英国

第9届，1997. 9. 23～26，德国

论文集：Becker W，Deubel H，Mergner T. 1997. Current Oculomotor Research. Physiological and Psychological Aspects. Heidelberg：Springer-Verlag

第10届，1999. 9. 23～25，荷兰

第11届，2001. 8. 22～25，芬兰

论文集：Hyönä J，Munoz D，Heide W，et al. 2002. The Brain's Eye：Neurobiological and

Clinical Aspects of Oculomotor Research. Oxford:Elsevier Science

Hyönä J,Radach R,Deubel H. 2003. The Mind's Eye. Cognitive and Applied aspects of Eye Movement Research. Amsterdam:Elsevier Science Publishers B. V.

第12届,2003.8.20～24,英国

论文集:Roger D G. 2007. Eye Movements. Oxford:Elsevier

第13届,2005.8.14～18,瑞士

第14届,2007.8.19～23,德国

第15届,2009.8.23～227,英国

推荐读物

Rayner K. 1978. Eye movements in reading and information processing. Psychological Bulletin,85(3):618-660

Rayner K. 1998. Eye movement in reading and information processing. Psychological Bulletin,124(3):373-422

Rayner K. 2009. The thirty fifth sir frederick bartlett lecture:Eye movements and attention during reading,scene perception,and visual search. Quarterly Journal of Experimental Psychology,62:1457-1506

Yarbus A L. 1967. Eye Movement and Vision. New York:Plenum Press

Young L R,Sheena D. 1975. Surveys of eye movement recording techniques. Behavior Research Methods and Instrumentation,7:397-429

眼动名著简介

《眼动追踪方法论》

Eye Tracking Methodology

该书作者是 Anddrew Duchowski,由 Springer 出版社出版。

目录

第十章　台式眼动仪系统的软件开发
第十一章　台式眼动仪系统的校准
第十二章　眼动数据分析
第三部分:眼动追踪方法论
第十三章　实验设计
第十四章　实验指导
第十五章　个案研究
第四部分:眼动追踪应用
第十六章　眼动追踪技术应用的类型
第十七章　神经科学和心理学
第十八章　工业工程和人的因素
第十九章　市场/广告
第二十章　计算机科学
第二十一章　结论

这本书是一本眼动研究的入门书。它从眼睛结构的基本知识入手,系统介绍了眼动仪的追踪系统、眼动追踪方法论和眼动的应用研究。该书于2003年出版了第一版,2007年第二版问世,它是眼动研究初学者必看的书籍。

眼动名人堂

雷蒙德·道奇(Raymond Dodge,1871～1942)是美国经验主义心理学家,出生于马萨诸塞州,在威廉姆斯大学接受教育并获得学位,后到达德国哈雷大学与爱尔德曼一起研究阅读心理学,获得博士学位。1898年返回美国成为威斯敏斯特大学的一名教授,在那里度过了他的学术生涯。

道奇曾对前庭习惯化这一研究课题倍感兴趣,试图了解旋转后的眼动情况,他设计了一个装置:在闭合的眼睑下安装一小块镜子来记录反射出的眼动,证实了缺乏视觉注视时,眼球震颤随着反复的旋转而下降。道奇是一位杰出的心理学实验仪器设计师,是记录阅读中眼动的先驱者。他发明的摄影眼动记录装置,为眼动研究中仪器的使用奠定了基础,而且,极大地影响了现今眼动追踪技术的发展,现今的眼动追踪仪就得益于道奇的伟大发明。道奇探索了眼动与视知觉的关系,发现阅读中眼睛并非连续移动,而是伴有停顿。道奇区分了水平眼动的5种类型:眼跳(saccade)、追随运动(pursuit)、补偿(compensatory)、反作用补偿(reactive compensatory)、双眼复合(convergence)。

第三章　阅读的眼动过程

第一节　阅读研究方法

随着认知心理学的兴起，人们对阅读的研究也不断深入，特别是近年来的技术进步使阅读研究方法得以不断改善。例如，用于研究阅读的眼动仪比以前更加先进。早期在阅读研究中使用眼动仪时，被试往往需要在头部戴某些装置，如隐形镜片，有的实验甚至需要对有关的部位进行局部麻醉。这既给被试带来许多不便，又使实验条件与正常的阅读情境相差很远。随着技术的进步，被试在进行眼动实验时不需要在眼睛上戴任何装置，只要坐在椅子上，注视呈现在屏幕上的阅读材料即可，这种阅读情境更接近自然阅读情境。而且，眼动仪与电子计算机的联机使用，使眼动数据的分析更为快捷。随着计算机技术的迅猛发展，一些阅读实验可以在计算机上进行，增加了实验的精度。目前阅读心理学研究中比较常用的方法大致可分为三类，分别是阅读时间法（reading time method）、任务判定法（decision method）和命名法（naming method）。

一、阅读时间法

这种方法是用阅读时间作为研究阅读的一个指标，通过分析阅读时间来揭示阅读者的理解过程。对阅读时间的解释主要是基于 Just 和 Carpenter（1980）提出的两种理论假设。第一个是即时加工假说（immediacy assumption），该假说认为，读者只有在对所注视的词完成所有的加工后（包括对词的编码、选择词义、搞清楚指代关系、搞清楚词在句子和语段中的作用等），眼睛才继续向前移动，进行下一步阅读。第二个是眼-脑假说（eye-mind assumption），该假说认为，被试对某个词的注视与对该词的心理加工是同时进行的。也就是说，被试所加工的词正是他所注视的那个词。所以，对某个词的总注视时间就是对该词的加工时间。

阅读时间法包括如下几种具体的方法：眼动记录法、移动窗口法、固定窗口法、累积窗口法及指定法。

（一）眼动记录法

眼动记录法主要是在被试阅读时，通过眼动仪记录他们在阅读过程中的眼动轨迹。关于眼动仪在第二章已经有详细的介绍，这里不再赘述。使用眼动仪可以获得阅读时的许多重要数据，如注视位置、注视时间、注视次数、回视、眼跳等。眼动数据可用于研究从字词水平到课文水平的心理加工问题。

在阅读研究中，最普遍使用的方法是在阅读过程中记录眼动。这一方法具有两个特殊的优势：①它实时提供了与注意有关的加工的详细记录；②它允许被试在没有干扰的情况下进行阅读。当然，眼动记录法也存在一些问题。例如，如何圆满解释用眼动记录法获得的数据，使其客观地反映阅读理解过程，就是一个十分重要且存在一定争议的问题。从下一节开始，将详细介绍以眼动为指标的有关心理学研究。

（二）开窗口法

在开窗口法中，将文章呈现在计算机屏幕上的一个窗口，窗口的大小由主试设置。当读者按键时，文章的后继部分就会在窗口中出现。两次按键之间的时间间隔就是阅读时间。窗口内可显示一整篇文章或单独的句子、短语或单词。有几种开窗口的具体方法，现在予以简单介绍。

1. 移动窗口法

移动窗口法(moving window method)是指在计算机屏幕上呈现一篇文章，除了窗口内显示的文字是正常的，单词没有变化之外，窗口外文章的每个字母都由同一字母掩蔽，但保留字间距。被试可以通过按键来使窗口移动到下面的单词。每按一次键，先前看过的词就被掩蔽掉，后面的新词就会出现。新词出现的速度由读者用按键方式控制。

有人(McConkie and Rayner，1975)将眼动仪技术与窗口技术结合起来，创造了一种更为先进的移动窗口技术。眼动仪与一台计算机连接，计算机同时还与一个阴极射线管(CRT)连接，阴极射线管用以呈现刺激，眼动数据每毫秒记录一次。实验时，在阴极射线管上呈现一篇被掩蔽的文章，当读者注视文章时，注视点周围的一定范围(即窗口，其大小由主试设定)的掩蔽内容被恢复成正常的文本，当被试眼睛移动时，刚才看过的内容又被掩蔽，新的注视点周围又会出现同样范围的正常文本。总之，无论读者往哪里看，哪里都会出现一定范围的正常文本。窗口的移动是通过眼动来控制的。这种方法与其他的窗口技术相比，有着更大的优越性。他们用这种技术进行了一系列重要的实验，并且得出了许多重要的结论。

国内有人(舒华等，1996)采用移动窗口技术对中文阅读过程中的字词识别进行研究。被试是 8 名大学生，阅读 8 篇科学文章(内容涉及物理、化学、生物、天文、地理等学科)。其中 4 篇是读者比较熟悉的科普文章，另外 4 篇是专业性较强的文章，一般读者不熟悉。实验是在 386 计算机上用移动窗口技术进行的，窗口的呈现以词为单位。实验开始时，文章的开头处是一个“十”字注视点，被试按下反应键，第一个词呈现，代替该位置上的下划线，被试再按键时，第二个词呈现，取代原来的下划线，而第一个词消失，该位置变成空白。被试自己按键控制词的呈现速度，每次按键，后一个词呈现，前一个词消失，计算机自动记录词的呈现时间。实验结果采用多重回归模型进行分析。该实验为被试内设计，其中因变量是每个词的平均阅读时间，自变量为可能影响字词识别的 6 个因素，它们是字的笔画数、词的词频、词中包含的字数、词的概念重要性、句子界限(位置中的词被分成 4 类：在逗号尾的、在句号尾的、在段落尾的和在句子中的)、文章的难度。实验结果表明：①在移动窗口条件下，读者在阅读中对词是即时加工的，词的注视时间受词频、词中包含字数等词本身特性的影响，因而，可以在一定程度上反映词的加工过程，词的概念重要性表明，词加工的时间还受到它在理解文章中的重要性的影响；②中文阅读存在着界限效应，其中，段尾的效应最大，句号尾效应次之，逗号尾效应最小，表明词的注视时间受来自文章整合等理解的高级过程的影响;③与较易的文章相比,读者阅读较难的文章时,词的平均加工时间增加,界限效应也增加。这再次表明,阅读过程中的字词识别过程是受字词、句子、文章等多水平因素影响的。还有人(陈烜之和熊蔚华,1995)使用移动窗口技术考察了中文的阅读,他将原来用按键控制窗口的移动改为由鼠标控制,使被试的阅读速度大幅度提高至接近正常阅读时的情况,改变了由于按键使被试无法以正常的速度阅读的不足。

2. 固定窗口法

固定窗口法(stationary window method)是指在实验中,词是在屏幕上某一固定位置(即窗口)上被连续地呈现。有人(Aaronson and Ferres,1984)使用固定窗口法进行了阅读研究。

3. 累积窗口技术

累积窗口技术(cumulative window method)与移动窗口法不同,按键后,新词出现,而刚看过的词并不被掩蔽,仍然停留在屏幕上,在这种实验条件下被试可以进行回视。

4. 指定法

在指定法中(pointing method),被试使用鼠标器将光标指向计算机屏幕的某一位置,即可以看到这个位置上的词,而其他词则部分地被掩蔽,之所以说是部分地被掩蔽,是因为词的长度、形状信息仍然保留着。被试可以根据自己的需要将光标指向后继内容,也可以指向自己已经看过的内容,所以,在使用指定法时,被试可以进行回视。

开窗口法是阅读时间法中的一种重要的方法。与眼动记录法相比,开窗口法有着自己的长处。在一些阅读研究中,用开窗口法采集的阅读时间模式与用眼动仪获得的阅读时间模式基本一致,这种一致性说明移动窗口技术是有效的。开窗口法通常比用眼动记录法节省费用,并且可以在任何一台计算机上进行,所以,它在阅读研究中占有重要的地位。但是开窗口法也有其不足。有人(舒华等,1996)认为这种不足主要表现在以下几点:第一,在正常阅读中,读者会跳读过一些不重要的词,而在移动窗口条件下,被试必须阅读文章中每一个词;第二,正常阅读条件下,被试常常出现回视,而在有些开窗口法中,被试通常不能回视;第三,在开窗口的实验条件下,被试用按键启动下一个词以代替眼动。因此,按键潜伏期中包含手动按键的时间。由于上述差异的存在,可能会导致在开窗口法的实验条件下对词的平均阅读时间加长。因此,我们在使用开窗口法时,应该注意上述问题。

二、任务判定法

任务判定法是指要求被试对某一个问题迅速作出判断,通过考察反应时来分析被试的心理加工情况。判定法主要有以下两种。

(一) 词汇判定法

词汇判定法(lexical decision method)要求被试阅读一串字母,如 candles 或 assintart,并判定这个字母串是否为一个英语单词。有两个键供被试选择,当该字母串是一个英语单词时就按 Y 键,不是时按 N 键。被试按键的延迟时间反映了他对该词的心理加工时间。

有研究(Gordon,1983)表明,对熟悉单词的延迟时间较短。还有人(Gough and Stewart,1970)在实验中呈现长短不同的字母串,结果发现,对 4 个字母的词比对 6 个字母的词的判定时间少 35ms。有人用词汇判定法研究了语境词对单词识别的影响。实验中给被试呈现如下的字母串,其中有的是英语单词,有的不是,共有 5 种情况。

(1) Nurse—Doctor(这是两个有意义联系的单词)

(2) Bread—Doctor(这是两个无意义联系的单词)

(3) Wine—Plame(前面一个是单词,后面一个不是)

(4) Plame—Wine(前面一个不是单词,后面一个是)

(5) Pable—Reab(两个均不是单词)

每对词连续地呈现,每次只呈现一个,要求被试判断第二个字母串是不是英语单词。实验结果表明,当两个字母串是英语单词,而且两者之间有意义联系(第一种情况)时,被试对第二个字母串的判断时间要比两个单词之间无意义联系(第二种情况)时的判断时间短 40～50ms。语境词(每对词中的第一个词)也称启动词,语境词的语义使目标词(每对词中的第二个词)的语义表征被快速激活,加快了单词识别的速度。

国内许多学者在有关的研究中也使用了词汇判定法。例如,有人用汉字进行关于词频对字词识别影响的研究。给被试呈现一些频率不同的汉字双字词,也呈现一些双字非词,如“退立”,要求被试尽快判定它们是不是词。实验结果表明,对高频词的判定时间短,而对低频词的判定时间长,两者相差 94.73ms。

词汇判定任务也用于考察课文水平的启动效应和精细推理(elabarative inferences)。

(二) 再认法

再认法(recognition method)是指被试在阅读一段文章的过程中,或者刚读完一段文章后,给他呈现一个或两个目标词,然后要求被试用按键反应来确认该目标词是否出现过。例如,有人(McKoon and Ratcliff,1986)使用再认法考察读者在加工课文时是否对可预测的事件进行了推断。实验中使用了如下的句子:

The director and the cameraman were ready to shoot closeups when suddenly the actress fell from the 14th story.

(导演和摄影师已经准备好拍摄女演员的特写镜头,这时她突然从十四层楼上摔了下来)。

测试词:dead(死)

给被试呈现上面的一个句子后,让其判断句子中是否出现过“死”这个词,正确答案为“否”。

在再认法中,被试也可以得到反馈。有时,也告知被试反应速度。对目标词的再认延迟时间被认为反映了目标词引起的概念激活。阴性目标词,即课文中没有出现过的词,被用于探测被试是否进行了推测,如果进行了推测,往往会增加反应的延迟时间。

再认法被广泛地应用于研究阅读过程中的推断(inference)、前后照应(anaphoric references)及各种课文表征等问题。

总之,判定法在阅读研究中被广泛地应用。这种方法的优点在于可以使实验者对若干变量进行严格的控制，包括目标词在课文中出现的位置、启动词与目标词的非同步呈现(stimulus onset asynchrony，SOA)控制等。另外，对概念激活也可以进行比较准确的评价。不过，判定法也存在着不足，判定法会引入一些与实验目的无关的心理操作，从而影响实验结果的精确性：①被试在实验中为了增加反应的准确性往往会采取某些策略；②呈现探测词会干扰读者的阅读过程；③通常，判定法包括两个任务：一个是理解句子，另一个是对目标词作出反应。所以，被试在阅读过程中要兼顾两者。而这两项任务都需要一定的资源，这样，两者之间就可能会存在相互干扰。

三、命名法

在命名法中，要求被试阅读一段文章，随后，呈现一个视觉的目标刺激，要求被试用语言回答。回答的方式有读出该目标词，或用一个词作答，或在 Stroop 测验中命名颜色。命名法比判定法更趋于自然，也就是说，读出一个词比判断一个字母串是否为单词显得自然。

最广泛使用的命名法是词命名法(word naming method)，在这种方法中，要求被试阅读计算机屏幕上呈现的刺激。屏幕上最先出现一个视觉信号以提示目标刺激马上要出现。提示信号呈现约 500ms，要求被试尽可能快地读出目标刺激。反应时通常用音键开关装置来记录。

命名法被用于研究从单词水平到课文水平的加工。例如，在词水平上，有人(Stewart et al.，1969)在实验中向被试呈现 3～10 个字母长度的词，测量从呈现这个词到开始读出这个词之间的时间。结果发现，对于 3 个字母的词的命名需要 615ms，而对 10 个字母的词的命名则需 693ms。还有人(Ferreira and Clifton，1991)发现，在句子水平上，命名的延迟时间与被试已经记住的句子结构呈一定的函数关系，句子内部的短句结构树形图越复杂，被试的反应延迟时间就越长。在课文水平上，命名法被成功地用于揭示许多加工过程，如前后照应、精细推理等。

我国也有人在对汉字的认知研究中使用了命名法。例如，有人研究了词频对汉字认知的影响。他们使用命名法，要求被试正确、尽快地读出实验中呈现的汉字。结果表明，汉字的频率在汉字的识别中是一个重要的变量。汉字的命名反应时随着汉字频率的提高而降低，两者的关系可以表示为以下的公式：

$$r = (-0.045)\log f + 0.943$$

式中，r 为命名的反应时；f 为汉字的频率。用这个公式可预测不同汉字的命名的反应时，其误差只有 0.0013～0.012ms。

以上介绍了几种主要的阅读研究方法。应该说明的是，在使用任何一种研究方法时都要慎重行事。阅读时间法反映了一个阅读者在加工一篇课文时加工负荷量的变化，但是并不能直接反映和揭示内部的过程。判定法可以直接用于评价激活状态，有助于了解在理解过程中产生的表征的结构。命名法与判定法有着同样的不足：在这两种条件下，正常的阅读过程受到干扰。总之，目前尚没有一个比较完善的阅读研究方法。因此，在进行阅读研究中，应注意以下两点。

(1) 在阅读研究中，使用多种研究方法，来验证同一理论假设。尽管这会使研究费时费力，但是，这样做可以弥补不同方法的不足，增加了实验结果的可靠性。

(2) 在解释用不同阅读研究方法得到的数据时，要慎重行事。通常，使用不同的研究方法，可以获得倾向一致的结果。但是，有时使用不同研究方法得出的结论不同。这时，要慎重分析实验结果，找出原因，不可轻易下结论。

第二节 阅读的眼动研究历史

一、西方阅读的眼动研究历史

阅读是人们日常学习和生活中一项十分重要的认知活动，它是人们获得知识、增长经验的重要手段之一。了解阅读中的认知过程对于提高阅读效率、促进语文教学、解决中小学生存在的阅读问题具有重要意义。上一节讲述了阅读的几种重要研究方法。事实上，对于阅读最直接的研究方法之一，是以眼动为指标的眼动分析法。西方对阅读的眼动研究历史已有一百多年了，它可以分为 4 个阶段，第一个阶段是从 19 世纪末到 20 世纪的最初 10 年，第二个阶段是从 20 世纪 20 年代到 50 年代末，第三个阶段是从 20 世纪 60 年代到 80 年代。第四个阶段是从 20 世纪 90 年代到现在。下面具体地予以介绍。

第一阶段：从 19 世纪末到 20 世纪的最初 10 年。这个阶段是基础研究阶段。在这个阶段中发现了许多阅读中眼动的基本事实。在这个时期出版了三部著名的阅读心理学方面的著作。第一部是 1897 年 Quantz 出版的《阅读心理学中的问题》，它系统研究了阅读过程，并涉及了默读时嘴唇的动作、阅读速度和眼音距(eye-voice span)问题。

眼音距也称视音距、视读广度。它是指在阅读中，从看见字到读出它之间的时间间隔。眼音距的大小也可以用看到和读出的字数的差异来表示，即已经看见的但还没有读出的字数就是眼音距。Quantz 采用了遮盖法，即在阅读中，主试突然将材料遮住，要求被试尽可能地回忆下面的材料。后来也采用突然关闭照明以代替遮盖材料。眼音距可以反映阅读的心理加工过程。通常将眼音距同眼动结合起来进行研究。眼音距的大小受材料性质和读者的阅读技能影响。材料熟悉或阅读技能越高，阅读时的眼音距越大，阅读速度也就越快。

1906 年 Dearborn 出版了《阅读心理学：关于阅读节奏和眼动的实验研究》，该书探讨了阅读中注视次数、注视时间、回视、注视位置及注视疲劳等问题。该书在当时是比较深入探索阅读中眼动问题的一部著作。

1908 年 Huey 出版了《阅读的心理学和教育学》，该书被认为是在这个时期内对阅读过程进行了最有创见性的分析，且对阅读做了最综合研究的一部著作。有人(Buchner，1909)认为，这本书最引人注目的特点就是它逐步地把科学和实践结合起来，对眼动速度、注视停留时间和每行注视次数等问题进行了详细地研究。

Javal(1878)首次发现阅读中的眼跳。他还推测，在眼睛运动时，是不能阅读的，甚至不能直接看到单词、字母，只有在注视停留期间才能进行上述活动。他认为，每 10 个字母有 1 次注视，也就是说，注视 1 次可以看清楚 10 个字母。Javal 发现眼注视是随行移动的，且一行文字的上半部分对阅读是最重要的。他通过观察发现，注视点是在小写字母的中间或上部移动的。他的研究结果并非都是结论性的，但他的功绩在于，他在眼动的阅读研究领域中有许多属于第一的发现，并且这些发现起到了抛砖引玉的作用。Javal 由于眼睛失明而未能继续进行研究，后来他开始从事盲文阅读的研究。与 Javal 教授一起工作的 Lamare 通过下述方法对每次注视获得的内容进行了研究。Landolt 在巴黎大学继续了这项实验研究。他发现，在一般的阅读距离内，每次注视停留可以看 1.55 个字。对外文的阅读需要更多的注视停留，而且小的眼动容易疲劳。他还发现，眼动次数似乎与每行的字数有关，而与视角无关。

在德国 Halle 大学，Erdmann 和 Dodge 采用镜子直接观察的方法研究了阅读中的眼动，并将结果于 1898 年发表。他们发现，当同一个读者阅读容易、熟悉的内容时，注视次数减少，每行的注视次数差别不大。在阅读熟悉的英文版哲学论文时（行长 83mm），随着对文章内容的熟悉程度，美国人 Dodge 每行注视 3～5 次。德国人 Erdman 阅读一篇熟悉的德文科普文章，其每行的长度为 122mm，每行平均注视次数为 5～7 次。阅读外文时，注视次数增多。Erdman 在校对时，注视次数是一般阅读的 2 倍。在写作时，大约每两个字母就有一次注视。他们发现第一次注视大都在行内发生，而最后一次注视则离行尾较远。

Lamansky 测量了一般眼动速度。Dodge 1898 年也重复了 Lamansky 的实验，其结果与 Lamansky 的不同。Dodge 的研究结果是：阅读中一次眼动的时间为 15ms，前进式的眼跳距离为 2°～7°，回视眼跳的范围是 12°～14°。

Huey 认为，在 1897～1898 年的阅读心理学研究中，单凭直接观察很难得到下述内容的准确结果：阅读速度、阅读中的眼动次数、注视停留时间等问题。他认为，Javal 有关注视点在小写字母的中间及顶部的观点是不正确的，注视点不只停留在这两个部位。Huey 对不同字体阅读的眼动进行研究，结果发现，字体越小每行的注视次数越多。他还发现，阅读中，前进式的眼动所用的时间是比较稳定的，而与句长关系不大。每行的注视次数为 4～7 次，每次前进的眼动所需要的绝对时间通常为 40～48ms。回视运动通常需要 51～58ms。对于比较快的读者来说，注视停留时间约为 185ms，而注视停留时间的差异很大。Huey 发现，阅读时间大部分花在注视上了，而眼动本身并未用多少时间。

前面谈到，Lamansky 所测到的眼动速度与 Dodge 的不同。Dodge 后来用照相法测到的阅读速度更慢，且个体差异很大。他的结果同 Huey 的结果比，前者的注视时间短。Dodge 发现，2°～7°的前进式眼跳平均用 23ms，12°～14°的回视眼跳约用 41ms。Dearborn 使用 Dodge 的照相法验证了 Dodge 的结果。

在眼动发生时，人们能否知觉到字母或单词？这个问题在当时存在很大的争论。Cattell 教授认为，在眼动发生时，存在着知觉过程。Dodge 和 Erdmann（1898）则持相反的观点。Dodge（1900）发现，在被试眼动时呈现一行行的文字，被试只能看到一条灰色色带，而无法分辨清楚字母或单词。哥伦比亚大学的 Woodworth 教授引证如下的事实：当物体以与眼动相同的速度运动时，被试就可以看清楚物体。所以，他认为眼动发生时不存在感觉缺失问题。

1906 年，在 Dearborn 出版的《阅读心理学》一书中，他总结了在哥伦比亚大学用 Dodge 的照相法对阅读中注视停留的研究成果。他的结果与早期实验者的研究基本相同，但是他也有新的研究发现：①一般而言，在一行中的注视停留次数越多，注视停留的时间就越短，反之亦然。②每行注视次数的差异很大，而对阅读较慢的人或在阅读较慢的情况下，差异就更大。③眼睛很容易形成每行注视固定次数的"运动习惯"，而不受阅读内容的影响。他认为，容易形成眼睛的这种运动习惯是阅读较快的读者与较慢的读者的一个特征区别。④短行中的平均注视停留时间比长行中的平均注视停留时间短，每行中的第一个注视停留时间比其他的注视停留时间长。⑤接近句尾时，注视停留时间比平均停留时间长，但不及句首第一次注视停留时间长。⑥当其他条件恒定时，同一被试或不同被试之间存在的阅读速度差异主要与下面的问题有关：被试是否容易形成有规律的有节奏的眼动。这种眼动的特点是：第一，每行的注视次数相同；第二，注视停留时间的长短有序，每行的第一次注视停留时间最长，其次是接近行尾的那个注视停留时间。⑦在排版时，一行文字长度应该为75～85mm，这样有利于读者阅读。

Dearborn还对注视位置进行了研究，他发现，被试注视的准确位置可能是单词的任何一部分，或者是单词之间的空格。他认为，注视点通常落在这样一点上，它可以将同时知觉到的字母看成是一个单词或短语结构。虚词、前置词短语和关系从句需要较多的注视。而对名词、形容词，特别是读者比较熟悉的单词和短语，读者可以跳跃过去。他对9～11岁的儿童进行研究表明，儿童较成人注视次数多，注视时间长。这些儿童注视时有些不稳定，而且存在一些回视。

Dearborn也考察了疲劳对阅读的影响。他发现，经过一天的用眼工作，阅读者的注视次数较第二天早晨增多，注视时间增长。因此，眼疲劳会减慢阅读速度。有人(Landol)的研究表明较小距离的眼跳动也容易使读者疲劳。

第二阶段：从20世纪20年代到50年代末。在Huey的《阅读的心理学和教育学》一书出版之后不久，阅读心理学的研究逐步从基础研究转移到了阅读教学和阅读测验方面。特别是在20年代以后，行为主义在心理学界渐渐占统治地位，阅读的眼动研究开始从基础研究转向应用研究。在这个阶段，虽然有一些实验属于基础研究，但主要是大量的应用研究，特别是在教育等领域的应用比较多。下面分几个方面介绍有关的研究成果。

(一) 阅读过程中的眼动分析

1. 注视的研究

有人(Arnold and Tinker，1939)对注视停留进行了系统的研究。他们发现，识别一个字母平均用157ms，眼跳结束后，要准确地注视一个句号平均用172ms，在不同阅读情况下，平均注视停留时间为217～404ms，在阅读中出现较长的注视时间可能是由于需要对阅读材料进行理解。还有人(Luckiesch and Moss，1942b)的研究发现，平均注视停留时间约为150ms。Tinker对这个结论提出了异议，他认为，Luckiesh和Moss的结论不具代表性，因为在阅读理解的情况下，平均注视时间不可能那样短。

Tinker认为，在阅读过程中，注视停留时间随所阅读材料的不同而不同。阅读容易的散文时平均注视时间是220ms，阅读科技文章时的平均注视时间是236ms，阅读客观题测验时的平均注视时间为270～324ms。一般而言，成人在进行一般阅读活动时，其注视时间在250ms左右。

有人(Bayle,1942)对九年级和十年级儿童的回视进行研究。结果发现,回视通常有如下6种:第一种是在一行中的第一个注视点之后出现回视,目的是进行阅读调整(adjustment);第二种是当视觉范围过大而在一行中进行的调整;第三种是验证刚才阅读过的内容;第四种是在字词分析过程中所出现的回视;第五种是在短语分析过程中出现的回视;第六种是在重新检查整行句子时而出现的回视。实验发现,回视是由于没能理解词义或没能将一个词的词义同上下文整合起来时发生的。研究者认为,在分析性阅读(analytical reading)中,回视是阅读过程中不可缺少的部分。

2. 注视广度的研究

注视广度(fixation span)是指一次注视所能够了解的内容的多少。注视广度越大,注视次数越少,也就会使阅读速度加快。

有人(Buswell,1937)认为,注视广度是衡量成熟阅读者的重要指标,较窄的注视广度表明阅读不成熟。有人(Luckiesh and Moss,1941)考察了字体对注视广度的影响,他发现,当字体从4点字体(point type)到10点字体时,注视广度则有所减小;当行宽从13派卡(1pica约为4.2mm)到21派卡和29派卡时,注视广度则有所增加。有人(Gray,1956)比较了正常阅读者在阅读14种语言(阿拉伯语、缅甸语、汉语、英语、法语、希伯来语、印度语、日语、朝鲜语、西班牙语、泰国语、尼日利亚土语等)文字时的眼动。这些语言(除内瓦哈语)叙述的内容是相同的,在被试朗读和默读两种条件下记录其眼动。结果表明,一次注视平均能看到2~3个词。

3. 眼跳的研究

在阅读中,眼跳的速度是比较一致的。在眼跳发生过程中,没有清晰的视觉。有人(Bell and Weir,1947)认为,这种抑制现象发生的原因是在皮层。还有人对眼跳进行了研究,结果如下:①无论是在阅读中的眼跳还是在视野中的其他眼跳,它们的基本特征是一致的;②个体在眼跳速度上存在着很大差异;③在较大幅度的眼跳中,其最快速度比在较小幅度眼跳中的眼跳速度要小;④在阅读中,眼跳时间为10~23ms,回扫(return sweep)为40~50ms;⑤在大多数阅读情境下,眼跳要占6%~8%的阅读时间,余下的92%~94%的阅读时间是注视。

4. 有节奏的阅读与有节奏的眼动

有节奏的阅读(rhythmical reading)与有节奏的眼动(rhythmical eye movement)是两个密切关联的问题。

有人(Buswell,1937)认为,一个熟练的阅读者在阅读时,眼动是有节奏的。不过,他还承认,阅读习惯是比较灵活的,而且,在有些情况下,需要进行回视。Taylor(1937)还提出了发展“节律性的从左到右的眼动”技能。在当时的一些非实证性的文献资料中,十分强调在阅读中进行有节奏的眼动,即眼睛沿着阅读材料向前运动,而且每行要有相同的注视次数。持这种看法的人主要是基于以下的观点:有效的阅读者之所以有效,是因为他能够很容易建立起有节奏的眼动习惯,而且适当的字体利于形成和培养有节奏的眼动。Sisson(1937)对有节奏的阅读进行了定量研究,其结果似乎不支持所谓的有节奏的阅读。Tinker(1946)认为,提倡“有节奏阅读”不仅无意义,而且有害。一直强调有节奏的眼动是高效率阅读的特征,从而使人们将注意指向了眼动。这样,导致人们过于强调外周的眼动而忽视了中枢的因素。有人(Walker,1938)对一些优秀阅读者的眼动进行了研究,并没有发现他们存在有节奏的眼动。Dixon 的研究发现,在他所使用的优秀阅读者被试中,只有几个被试存在有节奏的眼动。由此看来,有节奏的眼动研究并不是熟练阅读者的共同特征。

5. 边缘视觉的研究

过去,人们一直强调边缘视觉(peripheral vision)在阅读中的作用。边缘视觉所知觉到的线索不仅可以预知后来的词和短语,而且可以指导下次注视停留的位置。有人(Grone,1942)用速示法研究了边缘视觉与阅读中眼动的关系,结果发现,在左边缘视野内获得较高的知觉分数通常与快速阅读、较少的注视次数和较短的注视时间有关,而在右边缘视野内获得较高的知觉分数通常与较慢的阅读速度、较多的注视和较长时间的注视有关。回视频率与知觉分数没有显著的相关。

6. 阅读材料的横排版和竖排版的研究

20 世纪 20 年代,沈有乾曾经以眼动为指标对阅读横排版和竖排版的中文阅读材料进行了研究。Tinker 1958 年对被试阅读英文横排版和竖排版的材料也进行了眼动研究。被试为 10 名大学生,给他们 6 周的时间进行阅读竖排版英文材料的训练。练习之前,用照相法记录被试阅读横排版和竖排版英文材料时的眼动。用于练习的阅读材料是 42 段 300 字的短文。6 周练习结束后,记录被试阅读横排版和竖排版英文材料时的眼动。结果发现:①练习前,垂直阅读比水平阅读慢 50%;而在练习后,则只慢 21.8%。②练习前,垂直阅读时有较少的注视次数和回视次数及较长的注视时间。通过练习,使注视和回视的次数显著减少。研究者认为,长期以来形成的阅读习惯使水平阅读具有优势。如果通过长期的练习,有可能使垂直阅读等同于或优于水平阅读。

(二) 在教育和其他领域的眼动研究

1. 学生阅读不同科目内容时的眼动研究

有人(Seibert,1943)考察在阅读不同学科内容时的眼动。让八年级的学生阅读算术、传记、惊险小说、自然科学、历史和地理方面的内容。当被试阅读不同科目时,眼动模式也有所不同。不过,有些学生在阅读所有的科目时均使用了相同的眼动模式,这说明被试缺乏阅读的灵活性。还有人(Stone,1941)以大学一年级新生为被试,让他们阅读数学、生物、英语、教育心理学、自然科学和社会科学,结果发现,当被试阅读不同科目时,眼动差异显著。

在 Dixon(1951)的一项研究中,被试分为两组,一组是物理、历史和教育专业的教授,另一组是这三个专业的研究生,每组被试有 16 人。每个人的阅读材料是本专业的一篇文章,此外,再阅读其他两个专业的文章各一篇。这些文章的难度基本相同。被试在阅读时,用照相法记录眼动。结果发现,被试在阅读自己专业的文章时,眼动效率很高。所以,对阅读材料的熟悉程度是决定阅读效果的一个重要因素。在相同的指导语下,被试在阅读非专业的材料时,眼动模式没有什么不同。Ledbetter(1947)考察了 60 名十一年级的学生阅读英语、数学、自然科学和社会科学时的眼动情况。主试通过平衡以下几个因素,将不同学科的阅读材料难度进行控制(字数、句子长度和语法结构)。结果发现,阅读不同科目的材料时,眼动模式有显著不同。阅读诗歌和数学材料时的眼动模式比阅读其他材料时的眼动模式要复杂。研究者承认,对实验材料所进行的难度控制不一定有效。在一项未发表的研究中,Klare 等(1958)对 30 名大学生阅读不同难度的科技材料时的眼动进行研究。结果发现,被试在阅读较容易的科技材料时,其注视和回视次数显著减少,当阅读较难的材料时,注视和回视次数显著增加。所以,如果以眼动为指标进行考察,材料难度同阅读效率之间是一种相反的关系。

2. 眼动模式的个体差异研究

在《视觉心理学》(Brandt,1945)一书中引用了如下的研究成果:成绩好和成绩差的学生在阅读几何、代数、算术、地理等科目时的眼动情况。有人(Anderson,1937)比较了 50 名阅读成绩好和 50 名阅读成绩差的读者在阅读难度不断增加的材料时的眼动模式。还有人(Taylor,1937)发现,学习成绩不同的学生之间的眼动存在明显差异。

3. 特殊被试的眼动研究

有人对口吃者的眼动模式进行了研究,但是研究者们的意见并不一致。有的人(Moser,1938)认为,在默读中,口吃者的眼动模式不如一般儿童那样有效。但是也有人(Hamilton,1940)没有发现上述差异。前者认为口吃导致了阅读困难,而后者则指出口吃者在默读时并不受影响,口吃者和正常读者在默读时的眼动是相同的。在 Moser (1938)的研究中发现,当口吃被试在朗读(oral reading)时,出现了不同的眼动模式。

有人(Grone,1936)对耳聋儿童的眼动进行了研究。结果发现耳聋儿童的眼动模式同听力正常儿童的眼动模式有所不同。特别是在阅读发展水平上,尽管他们的注视时间随年级的增加而减少,但是,其注视和回视频率则有所增加,然后再减少。最为常见的回视是发生在一行的开始。

4. 不同阅读方式的研究

在这里,不同的阅读方式主要是指朗读和默读(oral versus silent reading)。从心理学的角度讲,朗读和默读的认知过程是不同的。有人(Anderson and Swanson,1937)以大学生为被试,考察他们在默读和朗读时的眼动差异。被试分为阅读熟练者、不熟练者和随机选取的大学生共三组。在默读时,注视次数和回视次数较少,注视时间较短。相对而言,熟练的阅读者在朗读和默读上的眼动模式差异较大,而不熟练的阅读者在这两种阅读模式上的差异较小。对于不熟练的阅读者来说,在这两种阅读模式下的眼动模式比较一致。Buswell(1937)研究了成人在朗读过程中的眼动,结果发现,眼音距广度(eye-voice span)是考察朗读水平的一个灵敏的指标,眼音距广度越大,阅读就越成熟。

5. 其他

有人(Gilbert,1940)对 6 名儿童学习拼写(spelling)进行了三年之久的跟踪研究,结果发现儿童在知觉习惯上有较大的发展变化,在注视时间上变化较小,但是在注视次数和回视频率上则有所减少。在另一项研究中(Gilbert and Gilbert,1942),被试是四年级、五年级和六年级的学生,对他们学习拼写时的知觉速度和知觉准确性进行训练,训练前后记录他们的眼动。结果发现,通过训练,被试对每个字的知觉时间变短、注视次数和回视次数都有所减少,但是注视持续时间则没有变化。

阅读的眼动研究成果为五线谱阅读的研究奠定了基础。五线谱是目前通常采用的器乐作品的记谱法，从心理学角度而言，阅读五线谱是一个复杂的认知过程，通过这一认知过程，演奏者可以了解音乐的调式、音型、节奏及和弦关系等内容。因此，看乐谱是一项专业性较强的活动，它包括垂直方向和水平方向的眼动。有人(Lowery，1940)发现，人们在看乐谱时，注视持续时间有差异，而注视频率没有差别。Weaver(1943)对 15 名训练有素的音乐家看乐谱演奏钢琴时的眼动进行了照相记录。结果发现，①每次注视 1～2 个音符；②看乐谱的注视持续时间比看文字时的长；③注视持续时间同读乐谱时间的相关是 0.82～0.89，注视频率和阅读时间之间的相关是 0.27～0.58。而在阅读文字时，注视频率和阅读时间之间有较高的相关。Tinker 对这些实验进行了总结并将它与普通的文字阅读进行比较，得出如下的结论：①若将一个音符与一个单词对应，则乐谱和文字阅读的注视广度大致相同；②回视的作用与一般文字阅读时的回视作用相同；③当乐谱比较复杂时，眼动模式也随之复杂；④阅读乐谱时，出现垂直方向和水平方向两种眼动，而文字阅读则没有垂直方向的眼动；⑤在文字阅读中，注视频率是阅读速度的最好指标，但是在乐谱阅读中，注视停留是最好的指标。

有人(Morgan，1939)对眼动与遗传的关系进行研究发现，随机配成对的被试之间眼动数据的相关为 $r=0.04\sim0.24$，而异卵双生子为 $r=0.24\sim0.53$，同卵双生子为 $r=0.61\sim0.72$。其中，注视停留时间在双生子之间的相关最高。在后来的一项研究(Jones and Morgan，1942)中发现，随机配对者的眼动数据之间的相关为 $r=0.105$，异卵双生子的相关为 $r=0.435$，同卵双生子的相关为 $r=0.530$。这些实验结果支持下述观点：阅读中眼动模式不完全是由训练决定的，遗传因素起一定作用。

情绪对眼动模式有一定的影响。有人(Strongin et al.，1941)发现，当被试等待一次电击时，眼动的效率降低 10%，双眼调节也受到影响。还有人(Warren and Jones，1943)研究被试在实验室和在一个较高的地方阅读时的眼动差异。结果发现：①在两种情况下，被试在注视频率、回视频率和注视持续时间上没有显著差异；②在高处阅读时，恐高症者的注视出现了很不稳定的特征。此外，还有人(Bell，1939；Tinker and Paterson，1940)对阅读不同字体时的眼动轨迹进行了研究。

在第二个阶段，有大量关于眼动训练方面的研究。当时，人们认为眼动是熟练阅读的重要决定因素。如果让阅读落后儿童使用优秀阅读者的眼动模式，则他们的阅读熟练程度也会改进。人们采用了不同的眼动训练方法。

总之，在第二个阶段，随着眼动记录技术的不断发展，人们进行了大量且广泛的眼动应用实验研究，取得了丰硕的成果。但是到了 20 世纪 50 年代末期，眼动研究成果有所减少。Tinker 在 1958 年撰文指出，在过去的 20 年里，后 10 年的眼动研究比前 10 年的眼动研究少 40%。他在文章中流露了悲观情绪，他认为，眼动研究的前景并不乐观。已有的眼动研究已到了报酬递减阶段(diminishing returns)，阅读过程的眼动研究已完成了它的主要使命。他指出，有许多研究者似乎对阅读的眼动研究的文献资料并不了解，一些被他们作为新发现而发表的成果实际上早被前人的研究发现并公开发表。50 年代末期以后，眼动研究逐渐减少，有人认为，Tinker 的这篇文章使阅读的眼动研究停滞了 20 年。

第三阶段：从 20 世纪 60 年代到 80 年代。20 世纪 50 年代中期到 80 年代，西方心理学界出现了一个新流派,即认知心理学。到了60年代之后发展迅速。阅读本身也是一个复杂的认知过程,它自然受到了认知心理学家的重视。特别是70年代,Carpenter和Just、Levy-Schoen、O'Regan、McConkie和Rayner等重新将眼动分析法引入了心理学研究。出现这种情况的原因如下:第一,试图为将认知技能分成几部分的理论提供有用的数据。有研究(Sternberg,1975;Posner,1978)表明,从逻辑上讲,识字是一种独立的加工阶段,在阅读一篇文章时,需要进行实时测量(on-line measure),这种测量是一种直接测量,它提供了连续的眼动数据,运用这些数据,我们可以对被试的阅读过程进行精细地分析。当然,通过以总阅读时间为指标可以研究阅读中的一些问题,但这种测量方法是间接测量。相比之下,眼动测量提供了一种直接的连续的测量,可以使研究者进行精细地分析。第二,心理语言学的发展使认知心理学家进一步探索阅读过程中更深入的问题。Tinker持一种悲观的态度,放弃了眼动分析法,这是错误的。事实上,阅读者的注视模式与文章的词汇、语义和句法特征有着十分密切而复杂的关系。通过对眼动的实时测量,使我们可以在比较自然的阅读条件下获得被试对文章信息加工时的眼动数据,并将眼动数据与认知过程对应起来。这有利于深入分析阅读过程,解决阅读过程的若干理论问题。第三,眼动记录仪与计算机的联机使用,使眼动数据的记录、分析更加准确、快捷。同时,计算机的使用使主试可以对视觉刺激的呈现做随意的加工处理,大大方便了实验。

第四阶段:20世纪90年代至今。进入90年代后,国外阅读的眼动研究大有方兴未艾之势,这个阶段的特点是,研究者们提出了许多著名的眼动理论模型来解释阅读过程。著名的学者Keith Rayer教授认为,目前我们已经进入了眼动研究的第四个阶段,其特征是复杂的眼动计算模型(sophisticated computational model)在该领域广泛使用。我们将在以后的章节介绍相关的眼动理论。

知 识 栏

目前国内越来越多的心理学工作者和相关领域的科研人员开始对阅读的眼动研究产生浓厚的兴趣。而且,我国学者在国外发表的眼动研究论文也不断增加,这是一件十分令人兴奋的事情。但是,也存在这样一个问题:就是很多人虽然有了一些非常好的选题,但是对于相关文献的查阅存在一定的问题,很多研究者认为自己的研究前人没有做过,或者研究非常少,而这种观点是由于没有全面了解前人的相关研究文献。在1958年的综述中,Tinker曾经批评到,有许多研究者似乎对阅读的眼动研究的文献资料并不了解,一些被他们作为新发现而发表的成果实际上早被前人的研究发现并公开发表。为了避免这类问题,在这里向对眼动研究感兴趣的研究人员推荐下面几篇重要文献:

(1) Tinker M A. 1936. Eye movements in reading. Journal of Education Research, 30: 241-277

(2) Tinker M A. 1946. The study of eye movements in reading. Psychological Bulletin, 43(2):93-120

(3) Tinker M A. 1958. Recent studies of eye movements in reading. Psychological Bulletin, 55(4):215-231

(4) Rayner K. 1978. Eye movements in reading and information processing. Psychologi-

cal Bulletin,85(3):618-660

(5) Rayner K. 1998. Eye movement in reading and information processing. Psychological Bulletin,124(3):373-422

(6) Rayner K. 2004. Future directions for eye movement research. 心理与行为研究,2(3):489-496

(7) Rayner K. 2009. The thirty fifth Sir Frederick Bartlett lecture:Eye movements and attention during reading,scene perception,and visual search. Quarterly Journal of Experimental Psychology,62:1457-1506

在第一篇文章中,Tinker 对 1935 年以前阅读的眼动研究进行了综述。第二篇文章对 1935～1944 年阅读的眼动研究成果进行了综述。第三篇文章对 1945～1957 年的阅读的眼动研究成果进行了综述。第四篇文章对 1958～1978 年的眼动研究进行了综述。20 世纪 60 年代中期,随着认知心理学的兴起,眼动分析技术重新被重视起来,人们使用该技术进行了大量的认知过程研究。这篇文章综述了阅读和其他认知加工任务的眼动研究成果。这些认知任务包括图画观看(picture viewing)、视觉搜索、问题解决等。此外,该综述还关注了眼动记录技术上的革命性突破——眼动仪与计算机的联机使用。第五篇综述的时间跨度为 1979～1998 年。这篇文章总结了阅读和其他认知加工任务的眼动研究成果。阅读方面,主要综述了如下几个方面的研究:第一,阅读中眼动的基本特征;第二,阅读的知觉广度;第三,眼跳过程中的信息整合;第四,阅读过程中的眼动控制;第五,阅读的个体差异(包括阅读困难者的眼动研究)。除了阅读之外,作者还对其他认知任务包括乐谱阅读、打字过程中的阅读、视觉搜索等方面的眼动研究进行了综述。在第六篇文章中,对未来阅读的眼动研究方向(阅读、场景知觉和视觉搜索)进行了预测。第七篇文章考察了 1998～2008 年在如下几个方面的研究:知觉广度、预视效应、眼动控制、眼动模型。同时,也探讨了场景知觉和视觉搜索的问题。文章也探讨了真实场景任务和视觉-情境范式的问题。

以上是几篇初涉眼动研究领域的同仁需要阅读的几篇重要文献综述,相信读者阅读完上述几篇综述之后,一定会对阅读和信息加工的眼动研究的历史和今后发展方向有一个比较全面的了解。

二、中文阅读的眼动研究历史

汉字是方块字,与英语相比,它有着自己的特点。它结构紧凑,且有着独特的音、形、义。汉字的特殊性决定着英语阅读的眼动研究结果并不一定适用于汉语阅读时的眼动。有关对中文阅读的眼动研究将在第六章中进行详细介绍。

第三节　阅读过程中的眼动

前面已经介绍过眼动的几种基本形式。但是阅读过程中的眼动有其特殊性,故在此列专节予以介绍,阅读过程中的眼动形式主要有以下几种。

一、注视

人们在阅读中主要是在注视期间获得信息的，在注视时间上有着较大的差异，就英语阅读而言，有人(Rayner，1978)认为，对熟练的阅读者来讲，平均注视时间为200～250ms。不过，在不同被试之间，甚至就一个被试而言，他们的平均注视时间都有很大的差异。同一阅读者在阅读一段文章时其平均注视时间为100～500ms。

对中文阅读研究而言，早期的研究发现(Shen，1927)，每次注视的时间平均为294ms，还有人研究发现(Chen et al.，1998；Inhoff et al.，1999)，中文阅读的平均注视时间为230ms左右，笔者的一项研究发现(Yan et al.，2006)，中文阅读的平均注视时间为233ms。

二、眼跳

眼跳(图3.1)是指从一个注视点到下一个注视点的运动。眼跳一旦开始，眼睛就不能改变运动方向，直到这次眼跳结束为止。眼跳在阅读中占10%的时间，平均眼跳距离为7～9个字符空间(相当于2°视角)。

眼跳的持续时间与眼跳距离有关，2°眼跳用时10～20ms，在眼跳之间，存在着相对稳定的注视。有研究(Dodge and Cline，1901)考察了三个被试进行较大的眼跳所需要的时间，结果见表3.1。

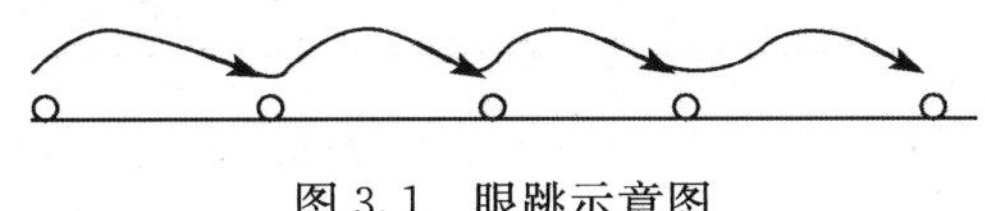

图3.1 眼跳示意图

表3.1 不同距离的眼跳所需要的时间

运动距离/(°)	运动时间/ms	运动距离/(°)	运动时间/ms
5	29	20	55
10	39	30	80
15	48	40	100

从表3.1可以看出，眼跳距离越大，所用的时间就越长。早期的研究证明(Dodge，1900)：在眼跳过程中，人的视知觉能力明显下降。后来的一些证据(Volkmann，1962；Volkmann et al.，1968)也支持这一点，并发现视知觉能力明显下降的现象不仅存在于眼跳过程中，同时也存在于眼跳刚刚开始之前和刚刚结束之后。

英文阅读研究中，眼跳距离通常使用字母数。中文阅读研究中，眼跳距离通常用汉字的个数来表示。

阅读时，在眼跳过程中不能获得任何视觉信息。那为什么在眼跳过程中不能获得信息？第一，在眼跳过程中，眼睛运动很快，刚才注视的内容在视网膜会变得模糊不清。但是，我们并不会意识到任何模糊不清的东西。因此，肯定存在一个机制抑制眼跳过程中视网膜的信息的获得。一种可能的机制(Holt，1903)是“中枢麻醉”(central anesthesia)，当大脑知道眼睛将要或正在进行眼跳时，它会向视觉系统发出指令，使其忽视来自眼睛的输入，直到眼跳结束。事实上，有证据(Matin，1974)表明，在眼跳中(或眼跳开始之前和结束之后)，阈限有所提高。许多年以来，“中枢麻醉”被认为是解释眼跳中信息获得受抑制的主要机制。但是，后来的一些实验提出了另一种模式。有人证明(Uttal and Smith，

1968)，在某些环境下，可以在眼跳过程中知觉到视觉刺激。有一个实验(Campbell and Wurtz，1978)，只在眼跳过程中呈现某刺激，在眼跳之前和之后使实验室变得完全漆黑，被试可以知觉到刺激的模糊图像。如果在眼跳之前和之后没有视觉刺激，则可以看到模糊的图像，这说明通常我们在阅读时，在眼跳之前和之后所获得的信息掩蔽了在眼跳过程中获得的信息。

总之，不能得出这样的结论：在阅读的眼跳过程中不能获得任何视觉信息。但是，实验也证明，如果在眼跳过程中获得了什么信息，这些信息对阅读来说也不十分重要。有人(Wolverton and Zola，1983)在被试每次眼跳过程中将阅读内容进行掩蔽，被试没有察觉出来，且这种掩蔽也未影响阅读。

我们已经了解，眼跳的目的是将新的阅读内容呈现在中央凹视觉区内，因为单凭副中央凹视觉和边缘视觉是不能进行阅读的。在阅读过程中，大多数词是能被注视到的，但是也有许多单词被跳读过去了。例如，有研究(Just and Carpenter，1983)发现，当被试阅读科技文章时，他们注视了83%的实词和38%的功能词。另外，词长影响一个词是否被跳读的频率和概率，见表3.2。

表3.2 词长与注视一个词的频率、概率的关系

	单词中的字母数														
	1	2	3	4	5	6	7	8	9	10	11	12	词间空格	句间空格	标点
注视该词的频率	0.081	0.233	0.341	0.505	0.642	0.846	0.963	0.997	1.037	1.167	1.259	1.424	0.144	0.156	0.053
注视该词的概率	0.077	0.201	0.318	0.480	0.588	0.724	0.792	0.817	0.851	0.922	0.920	0.973	0.120	0.140	0.053

有人(Rayner，1998)比较了阅读、视觉搜索、场景知觉、乐谱阅读和打字任务中的平均注视时间、眼跳距离，具体情况见表3.3。

表3.3 阅读、视觉搜索、场景知觉、乐谱阅读和打字任务中的平均注视时间、眼跳距离比较

任　务	平均注视时间/ms	平均眼跳距离	任　务	平均注视时间/ms	平均眼跳距离
默读	225	2(约8个字母)	场景知觉	330	4
朗读	275	1.5(约6个字母)	乐谱阅读	375	1
视觉搜索	275	3(约12个字母)	打字	400	1(约4个字母)

三、回视

大多眼跳(不包括从每行行尾到下一行的眼动)是前进式的，即从左向右运动，即向前的眼跳(forward saccade)回视(图3.2)。也称为向后的眼跳(backward saccade)，是指眼睛又退回到刚才注视过的内容上。

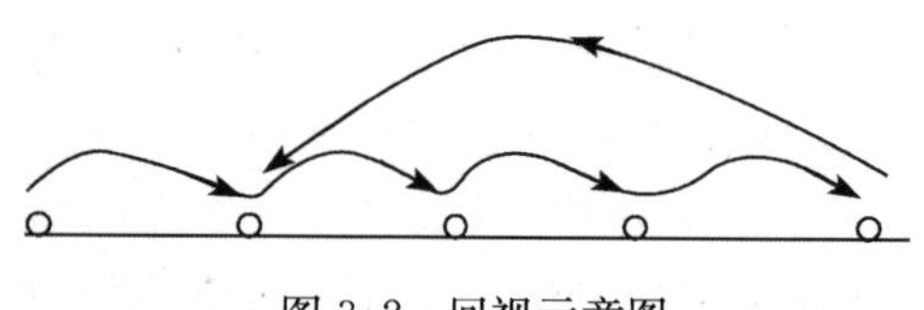

图3.2 回视示意图

在英文阅读中，大多数的眼跳都是从左向右的，但阅读者并不是一直向前的阅读；10%～15%的眼跳是回视(regression)。

有人(Frazier and Rayner，1982)认为，回

视有三种形式:第一,前进式的回视,即回到句子的开始再重新阅读一遍。第二,后退式的回视,即对刚才读过的内容从右到左逐字再次阅读。第三,选择式回视。通过眼跳回到被错误地理解的句子成分上。在上述三种策略中,从信息加工的角度讲,最不经济的是后退式的回视,因为它需要多次的注视。不过,如果被试不知道目标词或短语在什么位置,后退式的回视策略是最好的。在这三种策略中,效率最高的策略是选择性的回视,被试有针对性地重新阅读那些理解错误的句子成分。

回视有助于对文章进行深层次的加工。一般认为,回视发生的原因有:①理解课文时出现困难、理解出现错误、阅读时漏掉了重要内容。②当句子中有“前面照应”(anaphoric reference)这种语法现象时,也容易出现回视。前面照应是指用一个语法的代用词指代前面一个词或一组词。例如,张老师是一个优秀教师,她待人十分和气。在这个句子中,用“她”代替张老师,这种现象就是前面照应。③在阅读一些歧义句时很容易出现回视。

在熟练的阅读者中,回视只占阅读时间的10%~20%。有人对读者进行调查发现,儿童的眼动中有25%是回视,成年人中有15%是回视。

四、回扫

读者从一行的句尾到下一行的句首虽然也是一种从右到左的眼动,但是它又有别于回视,为了与回视区分开,故把这种活动称为回扫(return sweep)。

有人指出(Rayner,1998),从一行的结尾到下一行开始的回扫(图3.3),经常是由于阅读者没有达到要注视的目标而向左做一些微小的矫正运动。由于矫正的眼跳会出现于回扫之后,因此就不能假设阅读者的注视会位于一行的开始。相反,在一行中第一次和最后一次注视一般分别位于这一行从两端开始的5~7个字母的位置上。因此,一行的第一次注视要比其他的注视时间长,而最后一次注视要短些,而且,阅读者倾向不注视两句话之间的空格。

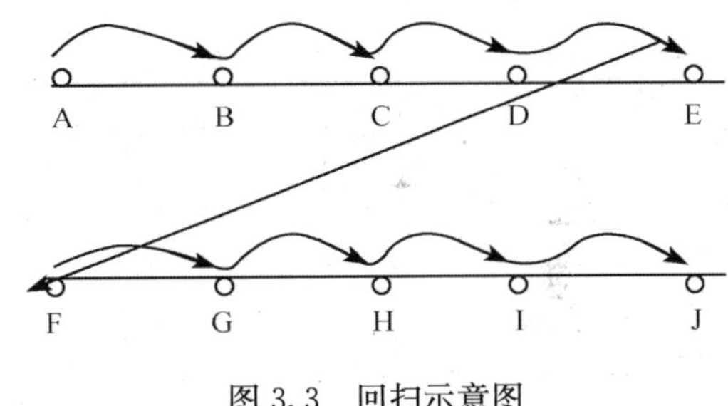

图3.3　回扫示意图

第四节　阅读过程中常用的眼动分析指标

阅读是一个重要的认知加工过程,阅读的眼动研究已经有100多年的历史了。通过眼动研究,研究者可以在比较自然的阅读条件下获得被试对文章进行信息加工时的眼动数据,并将眼动数据与认知过程对应起来,它为阅读研究提供了一个比命名法、词汇判断法等更具有生态学效度的变量。大量的研究结果表明,读者的注视模式与文章的词汇、语义和句法特征有着十分密切而复杂的关系。当前,眼动记录技术和眼动数据的分析技术都获得了长足的发展,眼动分析法也更加广泛地应用到了阅读研究中。

眼动分析法的一个关键问题是如何针对不同的研究课题,选取相应的眼动数据作为指标并对它们进行分析。我们将在以往研究的基础上,对阅读中眼动指标的问题进行探讨,并重点介绍阅读研究中常用的眼动指标。

图 3.4 是眼动数据记录样例,用来说明阅读中眼动的情况。

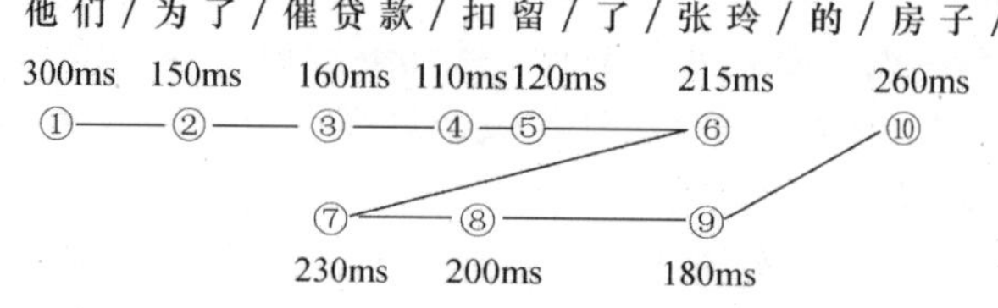

图 3.4 眼动数据记录样例

①～⑩的序号代表了注视的先后顺序,其上面和下面所标的数字(单位为毫秒)分别代表了不同的注视时间,如第一个注视点落在"他们"上,注视时间 300ms。中间的连线代表眼跳的过程及方向。从图 3.4 中还可以看出,眼球除了向右的运动,还有向左的运动,这种眼睛在同一行内从右向左的运动称为回视,图 3.4 中⑥～⑦的运动就是回视。阅读的眼动分析通常可分为对字的分析,即以单个的字作为分析单位(如对"留"的注视情况的分析),以及对区域的分析,即以单个区域作为分析单位(如对"催贷款"的注视情况的分析),下面将分别加以介绍。

一、基于字/词的分析

如果阅读者总是对一个字/词仅仅注视一次,那么问题就简单多了。用所测量到的对这个字/词的注视时间就是加工时间。事实上在阅读中,阅读者可能对某个字/词只注视一次,也可能会注视好几次,还可能跳过这个字/词,直接看下一个字/词。针对这些情况,尤其是受到多次注视的字/词,应该使用什么样的测量指标？下面将介绍相关的一些指标。

(一) 阅读时间

1. 单一注视时间

单一注视时间(single fixation duration)是指第一遍注视中,有且只有一次注视时的注视时间。单一注视时间是字词识别中语义激活阶段的良好指标。如果对所有字词的阅读都有单一注视时间,那么对阅读的认知研究会简单得多。但事实是,阅读中有的字/词得到了单一注视(图 3.4 中的①和②),有的字/词受到多次注视(图 3.4 中的"房"得到了两次注视),而有的字/词却被跳过(如图 3.4 中的"了")。

2. 首次注视时间

首次注视时间(first fixation duration)是指读者第一次注视该字/词的时间,在图 3.4 中①～④以及⑥、⑩分别是对应的 6 个词的首次注视时间,如"扣留"的首次注视时间为 110ms。通常认为首次注视时间代表了对词的早期识别过程以及对词的加工难度的敏感。国外的一些实验发现,当控制了英文单词的长度时,低频单词的首次注视时间比高频单词的长。同样,读者对歧义句中歧义单词的首次注视时间比没有歧义的句子中同一位置单词的首次注视时间长。以首次注视时间为早期加工指标的研究很多,是阅读研究中比较常用的一个指标。

如果阅读者第一次看到关键字时只有一次注视，这时首次注视时间是初始加工的良好指标。但如果目标词比较复杂或者阅读者不熟悉，读者第一次看到该词时，通常会有多个注视点，如图 3.4 中对“扣留”的注视。在这种情况下，第一次看到该词时所做的几个注视都代表着初始加工，这时应使用凝视时间作为指标。

3. 凝视时间

凝视时间(gaze duration)是指在阅读者注视点落到另外一个词上之前，对当前所注视字的总注视时间。在图 3.4 中，在注视点跳出“扣留”之前，有④和⑤两个注视点，因此“扣留”的凝视时间为 230ms。如果在注视点跳出某个词之前对该词只有一次注视，那么该词的凝视时间就等于该词的首次注视时间，如图 3.4 中“他们”的凝视时间和首次注视时间均为 350ms。有研究者认为(Just and Carpenter，1993)，凝视时间是测量对一个词的加工时间的最好指标。但一些研究者(Reinhold and Malik，2004)对此持怀疑态度。

研究者(Liversedge，1998)对首次注视时间和凝视时间的关系做了大量的研究，发现两者反映的加工过程有很大的相关。当阅读者加工某个词(如低频词)遇到困难的时候，他们可能会延长对该词的首次注视时间，也可能对该词进行两次以上的注视。

Inhoff(1984)提出首次注视时间和凝视时间测量的是不同的认知加工过程。他认为，首次注视时间和凝视时间都受词的频率的影响，但只有凝视时间受词的可预测性(predictability of word)的影响。因此，他认为，首次注视时间测量的是词汇通达(lexical access)的时间，而凝视时间则不仅反映了词汇通达的时间，还反映了对文章内容的整合过程。

Rayner 和 Pollatsek(1987)认为，根据实验所得的数据，如果一个认知操作(cognitive operation)非常迅速，那么它会影响首次注视时间，如果认知操作慢一点，它就会影响凝视时间。

4. 总注视时间

总注视时间(total fixation duration)是指读者对某个字/词所有注视时间的总和。它反映了加工该字/词的时间。在图 3.4 中，对“他们”的总注视时间为①，“催贷款”的总注视时间为③与⑦注视时间之和，由于考虑了再读时间，这是一个晚期注视时间的指标。如果在某个字/词上发现了总注视时间上的效应，而在早期的指标(如首次注视时间和凝视时间)没有差异，那么可以认为对该字/词的相对后期的加工上存在差异。总注视时间也类似于传统的反应时、词汇判断、命名等传统方法测得的结果，是阅读研究中常用的指标之一。

以上几种指标都是对注视时间变量(fixation duration measures)的分析，反映的是对所注视内容的认知加工情况。下面介绍某个字/词被跳读时所使用的分析指标。

(二) 眼跳

从一个注视点到另一个注视点的运动称为眼跳(saccade)。在图 3.4 中，阅读者的注视点从⑨(张玲)跳到⑩(房子)，中间的“的”这个词被跳读。

被跳读的字/词的加工时间一直是一个有争议的问题。当某个字/词被跳读时，可能阅读者在这个字/词的前一次注视中已经对这个字/词进行了加工。Just 和 Carpenter (1980)在凝视时间分析中，将没有被注视的词赋值为 0ms。然而，这种做法并不合适，在跳过这个词之前的那次注视已经对该词进行了一定时间的加工，而不应该是 0ms。因此在数据分析时，忽略被跳读的字/词或者给它们赋零值是不恰当的。对此，有两种解决方法，一种是记录对字/词的阅读概率。另一种方法是在分析目标字/词的注视时间时，把目标字/词左侧 3 个字符内的注视点的注视时间也算在内。

对于眼跳本身，也有一些数据可以作为测量指标。与眼跳相关的主要指标具体包括以下几个。

1. 眼跳距离

眼跳距离(saccade distance)反映了信息提取情况。眼跳距离大，说明被试一次注视所获得的信息相对较多，阅读效率较高；眼跳距离小，说明被试对材料的阅读具有一定的困难。因此，它是反映阅读效率和加工难度的指标。

2. 眼跳时间

关于眼跳时间(saccade duration)是否应该计算在凝视时间里，研究者有不同的看法，有人认为，眼跳过程中对视觉输入的敏感性降低(眼跳抑制现象)，信息的加工受到抑制，眼跳时间不应包含在注视时间内。但也有人认为，眼跳过程中对之前注视内容的认知分析仍在继续，因而注视后的眼跳时间在测定认知过程时，也应该作为眼动研究的变量包括在之前的注视时间中。

一般认为，对于只有单个目标词的注视，眼跳时间很短，即使加上也不会影响结果。而对于较大的眼跳，可能有利于对不同条件的分析。

3. 眼跳时间和凝视时间的关系

眼跳时间是否应该被包含在凝视时间内，这是一个有争议的问题。大多数研究者都按照 Just 和 Carpenter(1980)做法，在计算凝视时间时只使用注视时间的值而不考虑眼跳的时间。然而，Irwin(1998)近来指出在眼跳过程中词汇加工仍然继续进行而且眼跳时间应被加入到凝视时间的计算中。有人认为(Rayner，1998)这是一条合理的建议。

如果眼跳时间被加入到凝视时间中，那么词间眼跳时间应如何处理？眼跳时间是应被加入到刚刚注视的那个词上还是应被加入到下一个目标词上呢？这个问题还没有得到解决。

二、基于区域的分析

在对实验结果进行分析时，研究者可能将一个句子分为几个区域，每个区域有一个或多个字。在对这些区域进行分析时，研究者常常会采用以下一些指标。

（一）回视

回视(regression)是指在对目标区域的第一遍注视后，对该区域进行再阅读。图 3.4 中的注视点⑦就属于对“催贷款”的回视。与回视相关的主要指标具体包括以下几个。

1. 回视路径时间

回视路径时间(regression-path duration)指的是从某区域的首次注视开始到最早一

次从这一区域向右的运动之前的所有注视时间之和。在图 3.4 中，对“张玲”一词的回视路径时间为⑥～⑨注视时间的总和。它包含了从首次注视到向右注视之前的所有注视活动，是反映后期加工的良好指标，在分析句子的精细加工过程的研究中，这一指标非常有用(Liversedge,1998;Calvo,2001;Calvo et al.,2001)。在图 3.4 的例句中，读者在读到“张玲”时，遇到了理解上的困难，出现选择性回视。这一区域的回视路径时间比它的首次注视和总注视时间更能反映发生在这一区域的效应。

2. 重读时间

重读时间(re-reading time)是指对特定区域进行再阅读时所用的时间，等于回视路径时间减去在这一区域的第一遍加工时间，它是反映对信息进行深入加工的指标。图 3.4 中，对“张玲”的重读时间为⑦～⑨注视时间的总和。阅读困难的词时可能会产生重读，有人(Kliegl et al.,2004)认为低的语境预期性可能是产生重读的关键。

3. 第一遍回视

第一遍回视(first pass regression)是指对目标词区域完成第一遍注视后，从该区域向左的回视。研究者(Calvo et al.,2001)在结果分析时通常是计算读者作出第一遍回视的概率。它可以反映读者在读到目标词区域时遇到了加工困难。

4. 回视次数

回视次数(regression count)包括两种类型：回视出次数(regression out count)和回视入次数(regression in count)。

回视出次数是指注视点落到某个区域时开始，从该区域发生回视的次数，该指标反映了被试在该区域发现问题的情况。

回视入次数是指回视落入某个区域的次数，有研究发现(Kliegl et al.,2004)，语境预期性低的词有更多的回视入次数。

（二）阅读时间

如何测量读者对文章中的一个特定区域的加工时间是一个主要的问题。如果分析的单元是基于一个区域(即大于一个词)，那么第一次经过那个单元的总注视时间，即第一遍阅读时间(first pass reading time)则是一个非常主要的分析指标。当分析这样的区域时，区分该区域的第一遍阅读时间和第二遍阅读(重新读)时间(second pass reading time)是非常必要的。

1. 第一遍阅读时间

第一遍阅读时间(first pass reading time)是指在阅读者注视点落到另外一个区域之前，对当前所注视区域的所有注视点的注视时间之和。它反映了对信息进行早期加工的时间。例如，在图 3.4 中，对区域“扣留”的第一遍阅读时间为 330ms。

2. 第二遍阅读时间

第二遍阅读时间(second pass reading time)是指阅读者在某个区域进行第一遍阅读之后，注视点再回到该区域与注视点再次离开该区域之间所有注视时间之和，它反映了对信息进行后期加工的时间。图 3.4 中，对区域“扣留”的第二遍阅读时间为 200ms。

3. 总阅读时间

总阅读时间(total reading time)是指对某个区域的所有阅读时间之和。它反映了对信息的总加工时间。区域"扣留"的总阅读时间为330ms加上200ms,即530ms。

以上介绍的都是阅读研究中常用的指标。除了这些,阅读中还有一些不常用但与阅读者加工过程有一定关系的指标,如瞳孔直径和眨眼,这两个指标将在下一节进行介绍。

第五节 瞳孔变化、眨眼与心理活动

一、瞳孔变化与心理活动

瞳孔变化是眼动变化中的一个重要指标,它在一定程度上反映了人的心理活动情况,目前,国外生产的眼动仪许多都能够记录眼动时的瞳孔直径变化。也有专门用于测量瞳孔直径变化的瞳孔测量仪(pupillometer)。本节将专门介绍国外以瞳孔直径为指标的心理学研究成果。

1960年,Hess和Polt在《科学》杂志上发表了一篇题为《瞳孔大小与视觉刺激的兴趣值的关系》的文章,此后,人们不断地探索瞳孔变化同人的高级认知活动之间的关系。下面分几个方面进行介绍。

(一)瞳孔的生理结构及功能

瞳孔位于眼球内的角膜和晶状体之间,是由巩膜围成的一个孔隙。瞳孔的直径可以变化,一般为1.5~8.0mm,最大面积可相当于最小面积的30倍。巩膜内有环形排列的瞳孔括约肌(也称缩瞳肌)和发射状排列的瞳孔散大肌(也称扩瞳肌),瞳孔括约肌受动眼神经中副交感神经支配,收缩时使瞳孔缩小,瞳孔散大肌受动眼神经中交感神经支配,收缩时使瞳孔散大。

瞳孔是光线进入眼球的通路,瞳孔直径变化的作用是调节射入眼内的光量。在生理状态下,有两种情况能使瞳孔大小发生变化:第一种是看强光时,瞳孔缩小,看弱光时,瞳孔扩大。当外界光线较暗时,瞳孔会扩大,增加进入眼睛的光亮,使视网膜得到足够的刺激强度,帮助分辨物体,当外界光线较亮时,瞳孔会缩小,减少进入眼睛的光亮,使视网膜不受过强的刺激,起到保护视网膜的作用。第二种情况是在看远物体时瞳孔放大,增加进入眼睛的光亮,看近物体时,瞳孔会缩小,减少进入眼睛的光亮,使成像清晰。

(二)瞳孔大小的测量方法

人在不同情绪状态下或从事不同的活动时瞳孔大小会发生变化,人们开发了实用可靠的仪器来对瞳孔大小进行准确的测量。对瞳孔测量的一个难点是人在清醒状态下,瞳孔大小不断地变化,变化幅度在1mm左右。早期对瞳孔大小进行测量的方法有两种,一种是红外照相法(infrared photography),这种方法可以在较暗的光线下记录被试的瞳孔大小。另一种是光电法(photoelectric method),该方法通过测量从被试虹膜上反射回来的光来记录瞳孔大小。但是这两种早期方法的共同弊端就是操作麻烦、记录结果不精确。

有人(Hakerem,1967)认为,当时最好的瞳孔记录仪就是 Lowenstein 瞳孔记录仪(Lowenstein pupillograph),该仪器利用对虹膜的红外扫描来判定被反射回来光的多少,可以测量两只眼睛的瞳孔直径和瞳孔直径变化的速度。Hess(1965)也设计了一种仪器记录瞳孔直径。它包括一个摄影机,一个投影器,一个屏幕及一面镜子,见图 3.5。

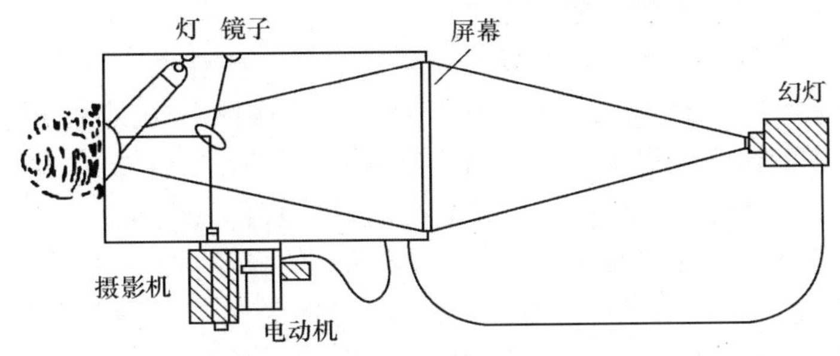

图 3.5　Hess 使用的瞳孔变化记录装置

由于使用了红外胶卷(infrared film),该仪器可以记录不同颜色眼睛的瞳孔直径。实验中,被试向一只观察箱内观看,里面是主试呈现的图片。用一面镜子把被试眼睛的影像反射给一架电影摄影机,由它来拍摄瞳孔,摄影机以每秒两张的速度记录被试瞳孔的大小。开始,先向被试呈现一张控制片,这张控制片的亮度和随后呈现的刺激片完全一致。将呈现控制片时所拍摄的瞳孔平均大小与呈现刺激片时所拍摄的瞳孔平均大小进行比较,作为对每张刺激图片进行反应的评分。实验时,每个刺激图片呈现 10s,摄影机以每秒两张的速度拍摄瞳孔图像,每个刺激拍摄 20 张瞳孔图像。这 20 张瞳孔直径的平均值就是被试看该刺激图片时的瞳孔直径。Hess 的这种记录瞳孔大小的技术被认为是最经济的。但是,由于该技术要求对瞳孔直径的图像逐幅(frame-by-frame)统计,加之进行手工统计时可能出现错误,所以,Hess 的这种方法比较费时,且结果的可靠性令人置疑。

当代人们所使用的瞳孔测量技术是以视频信号为基础的瞳孔测量仪。该电子设备使用了一个闭路电视系统来监测眼睛,并通过信号处理器测量和显示瞳孔的大小。该设备中,有一个低强度的红外光源用于照射眼睛,还有一个低亮度的特制摄像机记录瞳孔的大小。新近的一项技术可以对瞳孔直径进行即时记录,所记录的结果可在计算机上进行即时分析。使用这种方法,可以获得被试在进行某种特定任务时的瞳孔直径,称为任务-诱发瞳孔反应(task-evoked pupillary responses,TEPR),这种技术可以确定瞳孔大小与某一特定事件的关系。

(三) 瞳孔大小与疲劳

有人(Lowenstein and Loewenfeld,1964)指出,当一个人在充分休息之后,其瞳孔直径最大,当人疲劳时,瞳孔直径变小,在入睡前瞳孔直径最小。Hess(1972)曾提醒实验者注意,在研究瞳孔大小时,应避免连续地呈现刺激,因为疲劳会导致瞳孔直径缩小。

(四) 瞳孔大小与情绪、动机和态度

1. 瞳孔大小与情绪

在文学作品和日常生活中,眼睛常常被人们比作心灵的窗户,事实上,人的瞳孔变化

可以反映人的情绪变化。达尔文在《人类和动物的表情》一书中，将由眼睑和眉毛的活动而形成的眼睛睁大和变窄作为人类情绪的表征。20世纪初，科学家们开始注意瞳孔直径的变化这个问题。有人发现，从事心理活动时人的瞳孔的大小有很大变化，这种变化似乎与所进行的活动有关。有人提出瞳孔的大小可能是中枢神经系统的标志。还有人指出，恐惧和欣喜等情感通常伴有瞳孔的变化。

上面介绍的一些成果基本都是观察的结果或只是一些观点。事实上，比较系统和严格的实验要从Hess在1960年的研究工作开始，将瞳孔测量方法应用于心理学研究的人也是Hess，他早期的研究吸引了许多心理学家来研究瞳孔大小与人的心理活动的关系。较早的一项实验是以Hess的助手为被试进行的，给他看一些图片，其中一张是女人像，其他的都是风景图片。当呈现那张女人像时，发现他的瞳孔明显地扩大了。

Hess早期的绝大部分实验是把瞳孔大小同视觉刺激的兴趣值和情绪表现联系起来。在一项实验中，被试为6名无子女被试，其中一名单身女性、一名已婚女性、三名单身男性和一名已婚男性。让他们观看5种图片：婴儿、母与婴、半裸男性、半裸女性和风景。结果发现，当看到一张半裸女性图片时，男性被试比女性被试的瞳孔扩张得多，而对于婴儿图片和母婴图片或半裸男性的图片，则女性被试表现出较大的反应。还有实验（Hess et al.，1965）发现，男性同性恋观看男性裸体时的瞳孔直径要大于观看女性裸体时的瞳孔直径，而异性恋的瞳孔变化则刚好相反。Hess认为，这些瞳孔变化反映了被试的兴趣。

此外，Hess发现，某些令人厌恶的刺激引起瞳孔收缩，跟某些有趣的或令人愉快的刺激引起的瞳孔放大现象一样，具有普遍性意义。例如，在一项实验中，当被试看到一幅斜眼或瘸腿儿童的图片时，发现被试有一种强烈的负性反应，瞳孔缩小了。在另一项实验中，被试所看的刺激图片包括：战场上阵亡的士兵、集中营中成堆的尸体以及一具被杀害的匪徒的尸体。结果表明，一些被试的瞳孔产生了较大的收缩，而另一些被试则发生了非常不同的反应。Hess(1972)认为，瞳孔对刺激反应具有一个连续性，从对愉快事件或感兴趣的事件时瞳孔扩大到最大，一直到对不愉快事件或使人厌恶的事件时瞳孔收缩至最小。

不过，有许多人对Hess的观点提出了反对意见。有人（Loewenfeld，1966）考察了各种感觉和心理刺激，并得出结论，除了增加光强度之外，没有任何刺激可以引起瞳孔收缩。Woodmansee(1967)的研究发现，当要求14名女大学生观看一幅令人毛骨悚然的谋杀现场图片时，其中13名大学生的瞳孔并没有收缩，而是变大了。另一项研究（Libby et al.，1973）发现，不愉快的视觉刺激比愉快的视觉刺激所引起的瞳孔增加幅度要大。Janisse(1974)的发现表明，瞳孔大小同情绪情感的强度成正比，但是并没有发现令人不愉快的刺激可以使人的瞳孔缩小的现象。

从上述的研究可以看出，愉快的刺激可以引起人的瞳孔扩大，这个结论得到了大部分实验的支持。但是，令人不愉快的刺激是否一定引起人的瞳孔缩小，尚存在争论。

2. 瞳孔大小与动机

瞳孔变化也可以用来研究动机。在实验中，给被试看一些食物的图片，10名禁食4h、5h的被试，其瞳孔反应比在实验前一小时内吃过饭的另外10名被试大2.5倍，这两个组的平均反应分别是11.3%和4.4%。

3. 瞳孔大小与态度

Hess认为,让某个人讲出他对一个人、一个概念或一种事物的内心的态度常常是困难的,瞳孔反应的测量则可以考察这种态度。一个人所表示的态度和他所做的"瞳孔测量"所表明的态度之间的相关可以有很大的不同,这取决于研究的课题。例如,在一项研究中,用5张食物图片对64名被试进行了实验,记录被试的瞳孔变化,同时要求被试将这些食物按从喜欢到不喜欢的顺序加以排列。把口头报告同其瞳孔反应加以配对比较时,发现有61个正相关,这种结果若按机遇计算在100万次中只能有一次。在一项实验中,主试先确定被试对一张照片的瞳孔反应,然后要求被试读一些关于这个人的材料,再把瞳孔反应测定一次,最后,比较先后两次测定的分数。有一次实验让被试阅读的材料说明照片上的那个人是奥斯维辛集中营的头子,结果发现,当再次测定对这张照片的瞳孔反应时,由于阅读了那段材料,被试的瞳孔反应发生了变化,说明被试对这个人明显产生了否定的态度。

从以上介绍的研究来看,瞳孔变化可以用来研究人的情绪、动机和态度,并且将这些心理活动量化,这对于深入了解人的心理活动有重要意义。

(五) 瞳孔大小与非言语交往

Hess(1975)认为,瞳孔大小在非言语交往(nonverbal communication)中是很重要的。在实验中,向一组20名男性被试呈现一系列图片,其中有两张是一位漂亮的青年妇女的照片。这两张照片经过技术处理后使那位妇女的瞳孔在一张照片上显得大,一张上显得小,除此之外没有其他任何差别。结果发现,对瞳孔大的那张照片比对瞳孔小的那张照片的平均反应强2倍以上。男性被试评价瞳孔大的那幅照片时说,照片上的女人温柔、有女性美、漂亮;而对瞳孔小的那幅照片评价是,照片上的女人很尖刻、自私、冷酷。实验结束后,询问被试时,多数人都说两张照片是相同的,没有人注意到两张照片在瞳孔大小上的区别。Hess的其他一些研究表明,被试通常将较大的瞳孔与愉快的面孔联系起来,而将较小的瞳孔与生气的面孔联系起来。大的瞳孔与吸引人、兴奋等特征相联系,小的瞳孔与相反的特征相联系。

不过,也有人(Janisse,1977)对上述的实验结果提出异议。他认为,在上述这些研究中,并没有排除由于对光的反射而导致的瞳孔变化这个因素。Hess又发展了另一种技术:要求被试在人面的线条画上画出瞳孔。结果发现,被试通常在愉快的人面图上画比较大的瞳孔,在悲伤的人面图上画比较小的瞳孔。在这项研究中,被试有成人也有儿童,而得出的结论是比较一致的。Hicks等进行了几项实验来验证Hess的假说。在一项研究中,Hicks等(1979)以223名大学生为被试,要求他们在高兴和愤怒的人面图上画出人的眼睛。他们的确发现,被试在高兴的人面图上画出的瞳孔比在愤怒的人面图上画的瞳孔明显地要大。这个结论与Hess的结论是一致的。在Hicks的这个实验中,瞳孔变化没有男女性别差异。在另一个实验(Williams and Hicks,1980)中,使用在愉快和愤怒人面图上画眼睛的方法进行研究,结果发现,女性和浅颜色眼睛的被试比男性和深颜色眼睛的被试的瞳孔反应更灵敏。

Hess 和 Petrovich(1978)提出,眼睛颜色和瞳孔反应是否灵敏之间的关系可能是由于一些进化机制(evolutionary mechanism)或文化背景的影响所致。有研究(Tarrahian and Hicks,1979)支持文化背景对瞳孔反应灵敏性影响的假说。研究者发现,在年龄较小的阶段,伊朗儿童比美国儿童的瞳孔反应灵敏,这可能与文化有关。伊朗妇女的头部通常是蒙起来的,所以在公共场合,只能使用眼睛进行交际。而在美国文化中,眼睛在进行交际时的作用就比前者小。所以,在这种情况下,文化因素影响了瞳孔反应的灵敏程度。

(六)瞳孔变化与心理负荷

心理负荷(mental workload)也称心理工作负荷,是指单位时间内人体承受的心理活动工作量,它是反映监视、控制、决策等活动工作量的重要指标。目前,存在多种评定心理负荷的技术,它们有主任务分析法、辅助任务测量法、生理测量法和主观评定法。在生理测量法中,瞳孔直径变化是其中的一个重要指标。在人们进行心理活动时,瞳孔变化的数值与个体进行心理活动的努力程度有紧密关系。这方面的研究是从 Hess 和 Polt 开始的。

1. 瞳孔大小与知觉

1)知觉任务难度对瞳孔大小的影响

有人(Kahneman and Beatty,1967)发现,瞳孔大小与被试完成的音高辨别任务的难度有关。在实验中,给被试一个音高的标准刺激,然后再给被试一个音高的比较刺激,要求被试对这两个音高进行比较。结果表明,当辨别难度增加时,被试瞳孔扩大的幅度也比较大。有人(Hakerem and Sutton,1966)测量了人对视觉阈限刺激的瞳孔反应。在实验中,当被试没有觉察到视觉刺激时,或当没有要求被试觉察较弱的光刺激时,被试往往没有瞳孔扩大的变化。不过,当要求被试觉察是否有闪光时,他们能够准确地辨别出闪光,同时,出现了瞳孔扩大的现象。Beatty(1975)发现,在阈限测定实验中,只有当阈限刺激被觉察到时,才出现瞳孔扩大的现象。所以 Beatty 得出结论,瞳孔的扩大反映了神经系统激活的变化,这种激活伴随有知觉的加工活动。

2)刺激概率对瞳孔大小的影响

有人(Friedman et al. ,1973)发现,刺激出现的概率影响瞳孔的大小。当刺激出现的概率较大时,该刺激引起的瞳孔变化比较小;当刺激出现的概率比较小时,该刺激引起的瞳孔变化就比较大。有人(Qiyuan et al. ,1985)考察了听觉刺激的出现概率对瞳孔大小的影响。他们证实了听觉刺激的出现概率影响瞳孔大小变化。他们还发现,取消被试期望出现的刺激会导致被试的瞳孔扩大。这个发现说明,瞳孔变化的出现并不一定需要某一个物理刺激引起,有时,对某种期望出现的刺激所形成的心理表象也会导致瞳孔大小发生变化。

在另一项研究中,Beatty(1982)要求被试觉察随机出现的目标音调(target tone),实验持续进行 48min。结果发现,随着实验时间的增加,被试的成绩逐渐下降,同时,瞳孔大小的变化幅度也逐渐变小。

2. 瞳孔变化与记忆

在 Hess 之后,又有人对瞳孔直径同心理负荷的关系进行了研究。其中比较有影响的是 Kahneman 和 Beatty,他们认为,瞳孔扩大是心理努力的敏感指标。他们的研究包括：短时记忆中复述和回忆时瞳孔的变化，双音延时辨别任务中瞳孔的变化和回忆熟悉的电话号码时瞳孔直径的变化。在一项研究中（Kahneman and Beatty，1967），以每秒钟3～7个数字的速度念给被试听一些数字串，2s的间歇之后，要求被试以同样的速度复述那个数字串。研究者发现，每给被试听觉呈现一个数字，被试的瞳孔直径就有所增加，整个数字串呈现完，瞳孔直径最大。当被试复述字母串时，每复述出一个数字，瞳孔直径就会变小，当最后一个数字复述完毕后，瞳孔直径就恢复到它当初的最小值。在2s的间歇期间，瞳孔扩大的数值与数字串中的数字个数有关，当数字串中有7个数字时，瞳孔直径最大（4.1mm），当数字串中有3个数字时，瞳孔直径最小（3.6mm）。研究者认为，随着即时心理加工负荷的不同，瞳孔直径的变化也不同。

在另一项研究中（Beatty and Kahneman，1966），研究者发现，当从长时记忆中提取数字时，瞳孔直径发生了与上述情况相同的变化，如要求被试回忆一个熟悉的电话号码。实验中，给被试一个线索（如家或办公室），要求回忆一个电话号码。结果发现，每报告出一个数字，瞳孔直径就会有所减小。Kahneman及其同事的许多研究表明，如果给被试呈现一系列刺激要求其进行加工时，就会出现瞳孔直径逐渐变化（扩大或缩小）的现象。在后来的研究中（Kahneman and Wright，1971），当要求被试回忆全部刺激项目与要求回忆部分刺激项目时相比，前者的瞳孔变化较大。

3. 瞳孔变化与思维活动

20世纪60年代，有人（Hess and Polt，1964）在《科学》杂志上发表了题为《在解决简单问题的心理活动中的瞳孔大小变化》的文章，文章中介绍了一个实验。被试为5名，学历均在大学本科以上，要求他们进行4种难度的乘法心算，如7×8、8×13、13×14、6×23等。实验结果表明，问题刚一提出时，被试的瞳孔就开始放大，当问题得到解决时瞳孔直径达到最大，然后就迅速开始缩小，直到说出答案，瞳孔的大小就恢复到原来的水平。与提出问题前的5幅瞳孔照片上的平均瞳孔直径比较，发现当问题难度增加时，他们的瞳孔直径均有所增加。对于这4种任务，瞳孔直径平均放大率分别是10.8%、11.3%、18.3%和21.6%。在Hess对单词拼写进行的研究中也有类似的发现：瞳孔的最大值总是跟最难拼写的词相关联，在解字谜时也出现了这种反应。Hess认为，解字谜时的情境同决策时的心理活动没有什么太大的区别，瞳孔反应对于研究决策过程，以及确定一个人决策的能力都具有参考价值。

Ahern和Beaty（1979）研究了能力不同的被试在心算时的瞳孔变化。被试为39名大学生，根据学业能力倾向测验（scholastic aptitude test，SAT）成绩将他们分成两组，一组是高分数组，有22人，一组是低分数组，有17人。被试的任务是进行心算。心算的题目有3个难度：容易的题目中，被乘数是6、9，乘数是12、13或14；中等难度的题目有2种情况，在第一种情况中，被乘数为11～14，乘数也为11～14，在第二种情况中，被乘数为6～9，乘数为16～19；在最难的题目中，被乘数为11～14，乘数为16～19。被试按压一个键后，就会听到心算的题目，记录从被试按键到回答问题这段时间的瞳孔变化。实验结果表明：①当被乘数呈现以后，无论题目难度如何，被试均表现出一致的瞳孔扩大趋势，紧接着便有一个较轻微的瞳孔收缩。当呈现乘数时，瞳孔有较大的扩张，这种扩张趋势在以后的解题过程中一直保持着。对于容易的题目来讲，被试的瞳孔大小在解题过程中，又回到了原来最初的值(baseline)。②在解题过程中,问题难度和被试的能力水平均影响瞳孔变化的大小和变化模式。经过统计分析表明,题目难度越大,瞳孔扩张也就越大。在解决三种难度的问题时,低分数组比高分数组的瞳孔直径扩张大。这说明同样难度的任务,对于智力水平高和智力水平低的被试来讲,其加工负荷不同,前者小,后者大。

Kahneman 和 Beatty 在《科学》杂志上发表了题为《心理活动中的知觉缺陷》的文章,介绍了一项思维活动对知觉影响的研究。被试为 17 人,要求他们同时进行数字转换和字母觉察两项任务,主试以每秒钟一个数字的速度通过录音机向被试听觉呈现 4 个数字,被试在停顿 1s 后,跟随录音机预先录好每秒一次的节拍,报出各自加工后的 4 个数字。刺激显示屏位于被试前方 40cm 处,从听觉数字呈现前 1s 开始以每秒钟 5 个字母的速度闪现字母,并在被试口头回答数字后 1s 停止显示。此时,被试要报告是否曾呈现过字母 K。此外,还做了只进行数字转换或只进行字母觉察的对比实验。对被试的奖惩办法是根据被试对字母 K 的觉察情况,击中与正确否定均奖励 1 分,错报时罚 5 分,漏报不罚。实验结果表明:①在 3 种实验任务中,被试的瞳孔均从刺激开始呈现即开始放大,并在给出口头答复时达到最大值随后减小;②3 种任务中,只作觉察任务时的瞳孔放大为最小,双重任务与只作数字转换几乎无区别;③从觉察字母 K 的作业水平来看,双重任务与只作觉察任务相比有显著差异,双重任务的漏报曲线与瞳孔放大曲线十分相似,都在字数加 1 和刚开始答数时达到峰值。通过实验,他们得出结论:数字转换与信号监视两重任务之间存在对抗性关系,而觉察受害更大。

Kahneman 和 Beatty(1978)还研究了认知水平与瞳孔大小的关系。实验是按 3 种规则判断呈现的字母对是否相同。这三种规则是:形义均相同,如 AA,称为“同类型”;字形不同但为同一字母,如 Aa,称为“同名类”;形名均不同但属同一预先规定的范畴,如元音相同或辅音相同,称为“同范畴类”。被试面前有两个按钮,一个是“相同”键,一个是“不同”键。当呈现上述三类刺激时,被试按“相同”键,当呈现的刺激不属于上述类型时,则按“不同”键。实验中,给被试呈现 144 个字母对,其中属于以上三类的各 24 对,另外 72 对是不符合以上三种类型的字母对。在主实验后,还有不需要编码与决策的控制实验,给被试连续呈现 16 个字母对,预先告知被试在刺激出现之后即按相同“按钮”。实验结果发现:①在实验阶段,无论是做相同反应,还是做不同反应,相对于控制实验来讲,瞳孔扩大非常显著;②对于都得到相同反应的同形、同名和同范畴三类字母对,瞳孔放大的幅度是有显著差异的。由小到大的顺序是同形类字母对最小,同范畴类字母对最大,瞳孔出现最大反应的潜伏期也有同样的顺序。

4. 瞳孔大小与语言加工

有人(Pavio and Simpson,1966)研究了想象过程中的瞳孔变化情况。实验中,要求被试根据给出的抽象事物词和具体事物词来进行想象。实验发现,在进行想象时,瞳孔直径变大。当根据抽象事物词(如“自由”)进行想象时,被试的瞳孔变化大,而当根据具体事物词(如“房子”)想象时,瞳孔变化小。而且,当根据抽象事物词进行想象时,达到瞳孔最大值所需要的时间要长,这可能是因为根据抽象词进行想象比较困难所致。有人(Stelmack and Mandelzys,1975)研究了不同性格的人对禁忌词、情绪词和中性词的瞳孔反应。被试的性格用艾森克人格问卷(Eysenck's personality inventory)来测量,按性格分为三组,分别是内向组、外向组和居中组。给被试呈现 12 个禁忌词(如“娼妓”)、12 个情绪词(如“呕吐”)和 24 个中性词(如“田野”)。结果发现,内向的被试对这三类词的瞳孔反应是三组中最大的。

也有人(Carver,1971)发现,当被试听难度不同的文章时,瞳孔直径没有变化,所以他提出,瞳孔直径不能作为一个人是否加工语言的客观指标。不过,大多数这方面的实验与 Carver 的结果不一致。Stanners 等(1972)的研究结果发现,当通过录音机向被试呈现比较复杂的句子时,被试的瞳孔直径有较大的增加。在另一项研究中(Ahern and Beatty,1981),要求被试加工语法难度不同的句子,结果发现,语法越复杂,瞳孔变化越大。

Beatty(1982)在一项研究中考察了句子的语言结构(linguistic organization)对瞳孔直径变化的影响。句子是由 6 个词组成的,每个句子有三个结构水平。第一个水平的句子是标准句子(standard sentence),这类句子有明确的意义。如“盲人应该过着平静的生活吗?”(Should blind people lead quiet lives?)。第二个水平的句子是不规则句子(anomalous sentence),这类句子有着正确的句法结构,但是语义结构混乱,即句子中使用的词不对,整个句子无明确的意义,如“许多瞎玫瑰惹了大麻烦”(Many blind roses play heavy trouble)。第三个水平的句子是杂乱的句子(scrambled sentence),这类句子的句法结构和语义结构都是混乱的,如“下雨儿童牛奶金色通常奖章”(Rains children milk golden usually medals)。要求被试首先听这三种句子,中间有一个间歇,然后让被试复述这三种句子。实验结果发现,当听正常句子时,被试瞳孔变化不大;当听不规则句子时,瞳孔变化较大;当听杂乱的句子时,瞳孔变化最大。图 3.6 是当被试听和复述这三类句子时的瞳孔变化情况。

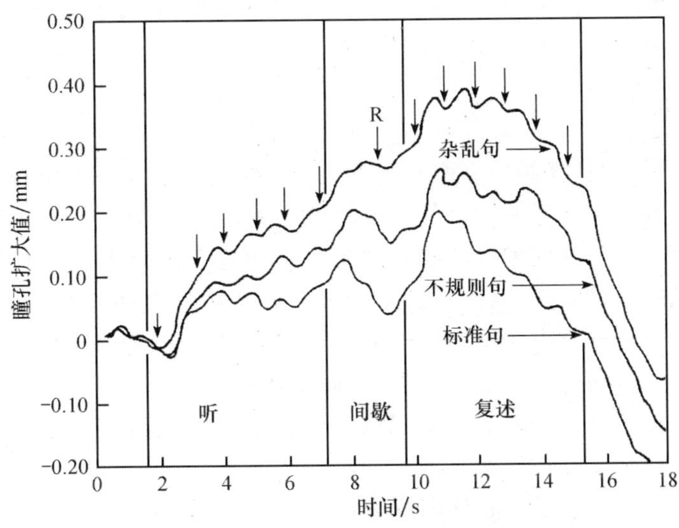

图 3.6 听和复述三种不同句子对瞳孔大小变化的影响

空心箭头处表示词的呈现,实心箭头处表示记时

从图 3.6 中可以看出,在听这三种句子时,按引起瞳孔变化程度从小到大的顺序排列,它们是标准句、不规则句和杂乱句。在复述句子时,复述每种句子时的心理负荷是不

同的，复述杂乱句子时的心理负荷最大，所以其瞳孔变化最大，其次是复述不规则句，最后是复述标准句。句法结构和语义结构可以减小句子复述任务的心理负荷。

后来的一项研究（Just and Carpenter，1993）考察了瞳孔变化与句子加工之间的关系。被试为 76 名大学生，要求他们阅读较简单的句子和较复杂的句子，同时记录他们的瞳孔变化。结果发现，加工复杂句子比加工简单句子的用时长，而且瞳孔在加工复杂句子时比加工简单句子时的变化大。研究者认为，在阅读理解过程中，瞳孔大小变化可以作为心理加工的强度（intensity）指标。

从以上介绍的大部分实验看，人们在进行信息加工活动时，瞳孔直径会发生变化。而瞳孔直径变化幅度的大小又与进行信息加工时的心理努力程度密切联系。当心理负荷比较大时，瞳孔直径增加的幅度也较大。瞳孔直径的变化为测量信息加工时的心理负荷提供了一个量的指标。

总结上述实验，可以得出如下几点结论：①在完成与认知有关的任务时，信息加工负荷（information-processing load）的大小与任务难度可以引起瞳孔直径增加。这些认知活动包括：短时记忆活动、语言加工、思维、知觉辨认等。②动机、兴趣、态度等因素也可以引起瞳孔直径的变化。比较公认的事实是，愉快的视觉刺激可以引起瞳孔的扩大，但是，令人不愉快的刺激是否一定能引起瞳孔直径的收缩尚有争论。③随着疲劳程度的增加，人的瞳孔直径会缩小。从早晨到深夜，随着疲劳程度的增加，人的瞳孔是逐渐缩小的。④瞳孔大小同非语言交往之间的关系也没有定论。

虽然人们对瞳孔变化与高级心理活动之间关系的探讨已经有数十年的历史，但是，由于种种原因，对这个问题的研究还较少，许多问题尚有待进一步探讨。所以，对瞳孔与人的心理活动关系的研究还处于研究的初级阶段。随着瞳孔测量技术的发展，对这个问题的研究必将进入一个新的阶段。

二、眨眼与心理活动

眼动仪通常也可以记录被试在眼动过程中的眨眼情况。眨眼（blink）时，上下眼睑相触，眼睛暂时隐在其后。人类和大多数脊椎动物都有眨眼现象。一般认为，眨眼有三种，一种是随意性的眨眼，另外两种是不随意的眨眼。随意性的眨眼是人有意识地暂时闭上眼睛。不随意的眨眼有两种，一种是保护性的，当人遇到有潜在危害性的视觉刺激，如强光时会眨眼；还有一种是不由自主发生的眨眼。据有关研究（Tecce，1992），眨眼每天约有 15 000 次。在安静、放松的状态下，人的平均眨眼频率是每分钟 15～20 次。Tecce 认为，在通常情况下，成人每分钟只需要 2～4 次眨眼就可以使眼球保持湿润，所以，从生理学角度上讲，大多数眨眼是没有必要的。

根据有关研究表明，眨眼与心理因素有着紧密的联系。例如，当一项任务需要被试高度注意时，则眨眼频率变低。人在阅读过程中，眨眼频率可以降低到每分钟 3 次。当被试在时间压力下或其他的焦虑状态下，眨眼频率则有所提高。当被试在识记数字时出现错误，或放弃比较难的问题解决任务，他们的眨眼频率会提高。当一个人顺利地解决了问题，处于一种放松状态时，其眨眼频率降低。研究者认为，眨眼频率提高通常与消极的情绪相联系，而眨眼频率降低则与较愉悦的心理状态相联系。下面具体介绍一些国外的有关研究成果。

(一) 眨眼与认知活动

一些认知活动会使眨眼频率提高。有人(Andreassi,1973)比较了被试在解决字谜问题时和在放松休息时的眨眼频率,结果发现,在解决问题时的眨眼频率显著高于休息时的眨眼频率。Tecce(1992)的研究表明,当人在回答面试问题或进行交谈时,眨眼频率提高。

研究发现,当被试在阅读时,会抑制眨眼的发生。如果读者对所阅读的材料感兴趣时,这种抑制眨眼现象更加明显。当被试翻页时,会出现一系列的眨眼活动。在一项研究中(Goldstein et al. ,1985),实验者比较了被试在完成视觉任务和听觉任务时,眨眼频率和持续时间的差别。结果发现,在完成视觉任务时的眨眼频率较低,眨眼持续时间较短。有人(Bauer et al. ,1985)认为,眨眼抑制(blink suppression)现象的出现,是由于认知加工需要将注意集中在与任务有关的刺激上。他们在实验中,研究了被试在完成听觉辨别任务时的眨眼情况。结果发现,眨眼的出现时间被推迟了,直到对刺激的反应完成之后才出现眨眼。因此,可以看出,眨眼频率和眨眼持续时间可能与诸如决策和辨别任务的认知活动有关。

有人(Fogarty and Stern,1989)发现,眼跳和眨眼之间有着一种有趣的关系。眨眼与眼跳在时间上是以一种十分微妙的关系联系在一起的,这种联系可以使视觉信息加工过程中受到的干扰减少到最小。

(二) 眨眼与焦虑

Tecce(1992)的研究表明,眨眼频率高通常反映消极的情绪状态,如紧张、焦虑和疲劳等。Tecce 提出了所谓的"尼克松效应"(Nixon effect):在尼克松进行辞职发言过程中,当谈及他被迫离开总统职位时,他每分钟眨眼 50 次,还出现了每秒钟 3 次的眨眼。这一切反映了他由于辞职引起的焦虑和消极情绪,表现为眨眼频率的提高。Tecce 发现,伴随不佳业绩而产生的消极情绪通常与眨眼次数的增加相联系。另外,积极的情绪状态通常伴有眨眼频率的降低。Tecce 还发现,当人成功地解决问题时,或当通过催眠使人到达放松状态时,被试的眨眼频率均有所降低。Tecce 认为,这些结论支持所谓的快乐-眨眼假说(hedonia-blink hypothesis),该假说认为,眨眼频率的降低与愉快的情绪情感相联系,而眨眼频率的提高与不愉快的情绪状态相联系。

瞳孔直径和眨眼在一定程度上反映了人的心理活动情况。虽然人们对瞳孔变化与高级心理活动之间关系的探讨已经有一段时间了,但是,由于种种原因,许多问题尚有待进一步探讨。目前,国内的一些研究也在使用这个指标。但是,使用该指标也存在一定的问题。因为影响瞳孔变化有关的因素较多,如生理因素、认知加工负荷、情绪等。如何确定实验中出现的瞳孔变化是由哪种因素引起的,是一个十分复杂的问题。可能正是由于这个原因,国外使用瞳孔直径这个指标的实验研究非常之少。

以上两节对眼动研究中常用的分析指标进行了评价,笔者认为有如下几个问题需要注意。

(1) 眼动指标的理论基础还不成熟,任何对一个词加工时间进行单一的测量都不能全面地反映读者对阅读材料的认知加工过程。应该根据研究的需要对特定区域选择不同的指标进行深入分析，这是分析眼动数据时最有效的策略。Rayner(1998)认为，使用多种指标对目标词进行详尽的分析，如使用首次注视时间、单一注视时间、凝视时间、注视概率、注视次数，同时考虑从目标词区域外到目标词的眼跳距离、从目标词到目标词区域外的眼跳距离和溢出效应，通过这些方式才能对阅读过程作出合理的推论。

(2) 通常可以根据自己的实验目的选择多个指标进行分析。

(3) 眼动指标的选择有一定的灵活性。眼动中的各种分析指标很多，也有各自最适用的范围，不同的研究可以根据实验的特点进行选择。

(4) 目前国内眼动的阅读研究中，使用的指标比较单一，因此可能会遗失一些有效信息，同时在部分眼动指标的界定上也比较模糊。对这些指标的深入探讨有利于推动对眼动数据的利用和分析。

(5) 由于瞳孔直径和眨眼这两个指标尚不十分成熟，而且，它们并不是认知加工的敏感指标，国外的研究很少使用，建议研究者慎用。

第六节 阅读知觉广度

一、阅读知觉广度概述

在阅读过程中，眼睛在一秒钟内要移动四五次，眼睛通过眼跳从一个位置跳到一个新的注视位置。眼睛跳动的原因是由于从一个已有的注视点上所获得的信息是有限的，所以，需要跳到一个新的位置上去获得新的信息。在默读印刷文字时，通过一次注视到底能获得多少信息？一次注视所获得的信息多少指的就是阅读知觉广度。在阅读中，有人(Rayner，1978)将视网膜划分为三个区域：中央凹视觉区(foveal region)、副中央凹视觉区(parafoveal region)和边缘视觉区(peripheral region)。在视网膜不同的区域可以获得不同的信息。中央凹视觉区与读者注视点呈1°～2°的视角，在这个区域内，视敏度高，可以看清楚许多内容。在中央凹以外，视敏度显著下降，被试在中央凹以外识别字的能力不如中央凹处。副中央凹视觉区与读者注视点大约呈10°视角。边缘视觉区包括副中央凹视觉区以外的全部区域。

二、阅读知觉广度的测量方法

(一) 速示器技术

用速示器给被试快速呈现一个句子，要求被试报告所看到的一切。由于句子呈现的时间极短，如呈现100ms或200ms，所以排除了被试在注视刺激时发生眼睛移动的可能性。通过这种技术得到的数据就是被试一次注视所获得的信息。从某种意义上说，这种技术模拟了阅读中的一次注视。有人(Marcel，1974)要求被试在速示器上阅读一段文章中的一个片段，当他们看到最后一个词的时候，要求他们把该词大声朗读出来。朗读该词会导致这个文章的片段在速示器上全部消失，100ms之后，在刚被朗读过的单词的右侧呈现了一些词，呈现时间为200ms。被试的任务是尽可能多地报告出第二次呈现所看到的单词。当这些单词是随机排列而无任何联系时，被试只能报告出两个多一点的词(大致相当于 13 个字符空间)。当这些单词之间有联系时，被试报告出了三四个单词(大致相当于 18～26 个字符空间)。由于后一种条件下的刺激接近正常的文章，因此，阅读知觉广度大致为三四个单词。

但是，用这种方法确定阅读知觉广度有三个问题。第一，文章片段的消失到第二次刺激词的出现之间的间隔与正常阅读情景是不符的；第二，没有监视眼睛的注视位置，所以，实验者不知道被试的眼睛实际上在看哪里；第三，主试无法控制被试是否有意地进行了猜测。例如，在 Marcel 的实验中，当呈现接近正常的英语词序的刺激时，被试可能根据前后词之间的联系对后面的词进行了猜测。使用随机排列单词的方法克服了上述问题，但是又与正常的阅读情境相差甚远。

还有人(Feinberg，1949)用速示的方法测量阅读知觉广度。在实验中，要求被试注视某一点，然后，要求被试识别呈现在离注视点不同距离上的刺激。通过这种方法得到的知觉广度为两三个单词，或 10～20 个字符。这种方法的长处在于，通过在视野内使用单个的单词，可以避免出现猜测，得到比较可靠的阅读知觉广度。较早就有人(Woodworth，1938)提出此法的不足，后来又得到了 Sperling(1960)的验证。Sperling 证实，被试看到的内容要比保持和报告出来的内容多。因此，被试报告出来的东西并非是其所看到内容的全部。总之，使用速示法不能得到比较精确的阅读知觉广度。

(二) 原始“窗口”技术

该技术是在一次注视中，通过移动文章被掩蔽部分或窗口，借此来控制任一时刻被试所能看到的文章。有人(Poulton，1962)将全篇文章掩蔽，只是在一个移动的窗口内才出现看得见的文本。窗口在被掩蔽的文章上移动，每次只能看到部分内容。窗口的大小及移动速度是可以控制的，在实验时，要求被试阅读窗口内的内容，同时记录眼动。还有人(Newman，1966；Bouma and deVoogd，1974)使用了与上述过程相反的方法：要求被试固定注视位置，使文章在屏幕上从右到左移动，窗口大小通过改变每一时刻在屏幕上的字母数来控制。

这些研究都发现，较小的窗口对阅读的干扰较大。但是，这些技术也存在一定的问题，因为它们打乱了正常的阅读，读者正常的眼动受到限制。在前一种方法中，读者不得不跟着移动的窗口阅读，在后一种情况中，读者要保持注视一个位置。在这两种实验情境下，读者无法进行回视，而回视是正常阅读中的常见眼动现象。

(三) 平均法

上述两种方法均破坏了正常的阅读情境，因此，它们所得到的阅读知觉广度数据存在一定的问题。如果直接从正常的默读情境下计算知觉广度，结果会更可靠一些。有一种简单的方法(Taylor，1965)，即计算出平均每次注视所看到的字母数。具体方法是，记录被试在阅读中的眼动，然后用单词数除以阅读这些单词所用的注视次数。Taylor 使用这种方法得出熟练阅读者的阅读知觉广度为 1.11 个词。这种方法比较简单，而且正常的阅读过程不受影响。但是，这种方法所基于的假设是错误的。该假设是，在连续的注视中注视范围没有重叠。换言之,它的假设是,任一个单词或字母只被注视一次。显然,这种假设是不正确的。

(四) 动态窗口技术

较早使用该技术的是 McConkie 和 Rayner(1975)。这种技术既可以操纵一次注视给被试呈现的文章的多少,又可以使被试在比较自然的情境下阅读,被试可以随意移动自己的眼睛看自己想看的地方,研究者使用该技术进行了一系列的研究。在一个阴极射线管(CRT)上进行刺激显示的变化。将眼动仪与一台计算机连接,同时计算机也与 CRT 连接。计算机每毫秒采集一次眼动数据,同时计算机根据被试的眼注视位置来控制 CRT 上的文章呈现部分。通过这种技术可以比较准确地获得阅读知觉广度。

在第一项实验中(McConkie and Rayner,1975),将原始文章中的每个字母均用“X”代替,即保持了单词长度的信息和标点符号的信息,但改变了单词形状的信息。在实际的实验中,被破坏的文章呈现在 CRT 上。不过,当被试注视第一行时,屏幕显示发生变化,在一定的区域内(如注视点左侧和右侧为 8 个字符空间),该范围的“X”则被原始文章的字母所代替。有正常课文呈现的区域称为“窗口”。当读者进行眼跳时,那些字母又变成了“X”,而在新注视点周围的窗口区域内,“X”被原始文章中的字母所代替,被试注视哪个区域,哪个区域就会出现该变化。因此,不论读者看哪里,被试都有一个窗口的正常文章可供阅读,图 3.7 是被试在窗口条件下的连续 4 个注视点的情况。

```
1. Xxxxhology means persxxxxxxx xxxxxxxxx xxxx xxxx xxxxxxx.    Xxxx xxx
                *
2. Xxxxxxxxxx xxxxs personality diaxxxxxx xxxx xxxx xxxxxxx.    Xxxx xxx
                          *
3. Xxxxxxxxxx xxxxx xxxxxxxxxxx xiagnosis fromhanx xxxxxxx.     Xxxx xxx
                                          *
4. Xxxxxxxxxx xxxxx xxxxxxxxxxx xxxxxxxxx xxomhand writing.     Xxxx xxx
                                                    *
```

图 3.7 被试在窗口条件下的连续 4 个注视点的情况

因为实验中所使用的仪器十分精密,所以在 CRT 上改变显示时,所用时间不超过 5ms,速度之快,读者往往觉察不到变化的过程。本研究的基本假设是,当窗口大小变得比读者的知觉广度小时,阅读会受到影响。通过改变窗口的大小及位置,主试可以确定读者是从文章的哪个区域上获得有用的信息。通过改变窗口外区域的信息种类,保持或掩蔽各种在阅读中可能起作用的信息,就可以分析出读者在一个视野区域内获得信息的种类。

在 McConkie 和 Rayner(1975)的最初实验中,他们使用的窗口为 13 个、17 个、21 个、25 个、31 个、37 个、45 个和 100 个字符空间(当窗口为 100 个字符时,每行的文字几乎全部都呈现出来了)。如 3.8 图所示,在窗口为 17 个字符时,被试直接注视的那个字母所在的单词能够完整呈现。例如,注视 diagnosis 中的 d,在两侧各有 8 个字符位置。文章被掩蔽的形式有 6 种。该文章有 500 字,告知被试事后进行理解测验。

```
   Graphology means personality diagnosis from hand writing.  This is a
1. Xxxxxxxxxx xxxxx xxxxonality diagnosis xxxx xxxx xxxxxxx.  Xxxx xx x
2. Xxxxxxxxxxxxxxxxxxxxxonality diagnosisxxxxxxxxxxxxxxxxxxxxxxxxxxxxx
3. Cnojkaiazp wsorc jsnconality diagnosis tnaw kori mnlflra.  Ykle le o
4. CnojkaiaqpawsorcajsnconalIty diagnosisatnawakoriamnlflrqaaaYklealeao
5. Hbfxwysyvo tifdl xiblonality diagnosis abyt wfdn hbemedv.  Awel el f
6. Hbfxwysyvoatifdlaxiblonality diagnosisaabytawfdnahbemedvaaaAwelaelaf
```

图 3.8　掩蔽文章的 6 种形式

第一种：用 X 代替窗口外单词的字母，保留单词之间的空格；第二种：用 X 代替窗口外单词的字母，不保留单词之间的空格；第三种：用类似的字母代替窗口外的字母，保留单词之间的空格；第四种：用类似的字母代替窗口外的字母，不保留单词之间的空格；第五种：用不同的字母代替窗口外的字母，保留单词之间的空格；第六种：用不同的字母代替窗口外的字母，不保留单词之间的空格

McConkie 和 Rayner 发现，缩小窗口对阅读速度有较大的影响，但对被试回答关于课文的理解问题却无影响。当窗口为 7 个字符时，被试只能看到一个多一点的单词，在这种条件下，使阅读速度降低 60%，但是，他们仍能正确理解所读的内容。有人(Rayner and Bertera，1979)发现：只有当窗口仅为 1 个字符时，被试的理解才受到影响。那么窗口多大时，被试才能正常的进行阅读和理解呢？实验结果为 31 个字符，即注视点两边各有 15 个字符位置。当窗口小于 31 个字符时，阅读速度就降低。后来的许多实验(DenBuurman et al.，1981；Rayner and Bertera，1979；Rayner and Pollatsek，1981)均证实了这个结论。

因此，被试是从离注视点 15 个字符空间的范围内获得某种有用信息的，读者不能获得这个范围之外的信息。但是得到的是什么信息呢？在 31 个字符范围内，被试提取的是语义信息，还是部分字母信息，或者单词长度的信息(单词长度信息可以帮助被试选择下一次注视的位置)？McConkie 和 Rayner 不仅考察了在不同距离上可以获得什么样的信息，还考察了人们使用单词边界信息的情况。他们比较了窗口外两种刺激显示，一种显示是单词中的所有字母均用 X 代替，但保留单词之间的空隙；另一种情况是单词之间的空格用 X 代替。通过比较这两种情况可以看出，离注视点多远距离上的单词间空格填充后会影响阅读。当窗口大小为 25 个字符空间或不足 25 个字符空间时，保留窗口外单词之间空格的阅读速度比不保留的阅读速度快。换言之，当窗口为 31 个字符或更大时，保留与不保留窗口外单词之间空格的阅读速度没有差别。因此，在离注视点 15 个字符空间的范围内，被试使用单词之间的空间信息来指导眼睛运动到下一个注视位置上。

他们也考察了单词和字母信息的使用情况，研究了被试在多远的距离上可以获得单词和字母形状的信息。他们对窗口外的单词进行两种处理：一种是将原来单词中的字母用形状类似的字母代替；另一种是用形状不同的字母代替。如果在某种大小的窗口时，这两种条件下的阅读效果有差异，就说明被试是在该窗口范围外提取了字母或单词形状的信息。研究数据表明，获得字母形状信息的距离不如获得单词边界信息的距离远，因为被试只能在左右各 10 个字符的范围内获得字母形状的信息。

McConkie 和 Rayner(1975)对阅读知觉广度的左右对称性进行了研究。在他们最初的实验中，注视点两侧呈现的正常课文的长度是相同的，所以不可能了解读者是否从哪一

侧获得了更多的信息。为了考察阅读知觉广度的对称性,他们(1976)将窗口的左右边界与注视点之间的距离进行改变,结果发现,对于阅读英语的读者来讲,知觉广度的左右范围是不对称的,右侧比左侧大,对于这个问题,研究者(Rayner et al.,1982)进行了进一步的研究。他们比较了上述两种条件下的阅读,第一种是注视点右侧靠窗口的区域是用能够看见的字母数量来定义的;第二种是注视点右侧靠窗口区域是用被注视的单词的数量来定义的。在第一种情况下,注视点右侧能看见的单词数量随着注视点的不同而不同,而且经常可以看到单词的部分字母。而在第二种情况下,注视点右侧的单词数量是不变的,但字母的数量随注视点的不同而不同。一般来讲,将同等数量的字母分别在上述两种条件下呈现,如果单词的完整性是重要的,那么在第二种情况下的阅读成绩应该好于第一种情况;如果单词的完整性是不重要的,则在这两种条件下的阅读成绩没有差异。结果证实了后者,即单词的完整性是不重要的,见图 3.9。

窗口大小	句子	阅读速度(字数/min)
控制组	An experiment was conducted in the lab. *	348
0W (3.7)	An experiment xxx xxxxxxxxx xx xxx xxx. *	212
1W (9.6)	An experiment was xxxxxxxxx xx xxx xxx. *	309
2W (15.0)	An experiment was conducted xx xxx xxx. *	339
3W (20.8)	An experiment was conducted in xxx xxx. *	339
3L	An experimxxx xxx xxxxxxxxx xx xxx xxx. *	207
9L	An experiment was xxxxxxxxx xx xxx xxx. *	308
15L	An experiment was conducxxx xx xxx xxx. *	340
21L	An experiment was conducted in txx xxx. *	342

图 3.9 对阅读知觉广度左右对称性的研究

* 代表注视点;1W 代表注视点右侧有一个单词,3L 代表注视点右侧有三个字母,其余类推。括号内的数代表在以单词数定义窗口大小时能够看到的平均字母数

Rayner 等 1982 年的研究发现,注视点右侧的有效视野是由能看得到的字母数来决定的,而不依赖于单词的完整性。这说明在阅读中,读者从副中央凹区域获得了不完整的单词信息,这个结论与以前的研究是一致的。以前的研究表明,单词开始字母的形状是通过副中央凹获得的。Rayner 等(1982)进一步提供了读者使用边缘视觉上单词的不完整信息的证据。他们要求被试在下面三种条件下阅读句子:①只有被注视的词看得见,而注视点右侧的单词中的字母均被其他字母所代替;②被注视的单词和注视点右侧的那个单词是看得见的,而其他单词中的字母均由别的字母代替;③被注视的那个词和注视点右侧单词的不完整信息是可见的。在③条件下,只让被试看到注视点右侧那个单词中的开始一个、两个或三个字母。结果表明,当注视点右侧单词的开始三个字母可见时,该单词的其余字母被外形相似的字母所代替,这时的阅读速度与当注视点右侧的那个单词完全可见时的阅读速度相差不大。这个结果说明,在阅读中使用了不完整的单词信息,而且对一

个单词的加工不是通过一次注视来完成的。实验结果还表明，读者可以从离注视点 9 个字符的距离上获得字母信息。这些实验使用的是单个的句子，以文章为实验材料（Underwood and McConkie，1985）也得到了类似的结果。

动态窗口技术证明，在注视点右侧 15 个字符空间范围以外的信息对正常的阅读是没有用的。另一种方法——动态掩蔽技术（moving-mask technique）也证实了这一点，动态掩蔽技术和动态窗口技术刚好相反，正常的文章内容显示在视野中央的外部，视觉掩蔽与读者的眼动是同步的，读者的中央凹获得不了信息。因此，中央凹视觉完全被掩蔽，见图 3.10。

An exXXXXXXX was conducted in the lab.
*
An experiXXXXXXX conducted in the lab.
*
An experimenXXXXXXXnducted in the lab.
*

图 3.10　动态掩蔽技术示例
星号代表注视点的位置

有研究使用该技术（Rayner and Bertera，1979）发现，当中央凹视觉（即注视点周围的 7 个字符）被掩蔽时，读者仍可以通过副中央凹进行阅读，但是阅读速度每分钟仅为 12 个字。当中央凹视觉和部分副中央凹被掩蔽时（即掩蔽注视点周围的 11～17 个字符），读者几乎无法进行阅读。被试只是觉察到在中央凹视觉和副中央凹视觉之外有一些单词，或至少知道有一些字母串，但无法说出它们是什么。被试能够辨别出短小的功能词，如 the、and 和 a，尤其是当这些功能词在句首或句尾时。被试在掩蔽中央凹视觉和副中央凹视觉的条件下进行阅读所犯的错误说明，他们除了在副中央凹获取字母形状和单词长度信息外，还获取单词的开始字母的信息（有时是结尾字母信息），并且试图利用所获得的信息来建构句子的含义。

自从动态窗口技术发明以来，人们还使用该技术研究了其他语言的阅读知觉广度。有人（O'Regan，1980）用动态窗口技术研究了法语阅读的知觉广度，还有研究（DenBuurman et al.，1981）考察了荷兰语阅读的知觉广度，他们的结果与英语研究结果大致相同。

日语是一种混合语，是由形态字符（morphemic character）（日本汉字）和拼音字符（syllabic character）（平假名）构成的。有人（Ikeda and Saida，1978；Osaka，1987）用窗口技术研究日语阅读，他们发现，知觉广度为注视点右侧 6 个字符的位置。因此，对日语来说，如果将一个日语字与一个英语字母等同看待，则前者的知觉广度明显小于后者。但是，日语文章中的字明显比英语文章的字紧凑，因此在阅读日语时每次注视可获得比较多的信息。Osaka 和 Oda（1991）在另一项研究中发现，阅读者在垂直方向印刷材料上的知觉广度为 5～6 个字符空间。Osaka（1993）随后的研究发现，水平阅读和垂直阅读知觉广度都是不对称的。Osaka（1993）还发现（采用移动掩蔽技术），当视觉中心的 4～6 个字母被掩蔽时，日语阅读者有很大的阅读困难。

三、影响阅读知觉广度的因素

阅读知觉广度受到很多因素的影响，读者的年龄、阅读材料的难度、工作记忆容量和不同的书写系统都会影响阅读知觉广度。

（一）年龄

Rayner（1986）的研究发现初学阅读者的知觉广度大约为注视点右侧 11 个字符空间，

熟练阅读者(大学生)的知觉广度为注视点右侧 14～15 个字符空间。Underwood(1982)在比较了阅读成绩好和差的五年级学生后却发现两者的知觉广度没有差异，只是在具体的眼动指标上有区别，这似乎说明读者的知觉广度不受阅读能力的影响。有人(Häikiö et al.,2009)对芬兰语研究表明,8 岁的芬兰儿童字母识别广度大概为注视点右侧 5 个字母,10 岁的儿童大概是 7 个字母,而 12 岁和成人读者则为 9 个字母。在不同年龄组里面,阅读速度快的读者比慢的读者的字母识别广度更大,表明阅读快的读者不像阅读慢的读者那样,将大部分的加工资源集中在中央凹注视词。这些研究给我们一个整体的认识,即阅读知觉广度会随着年龄的增长而增大。

（二）阅读材料的难度

研究表明,材料难度影响阅读知觉广度。在 Rayner(1986)的实验中,小学四年级学生和大学生阅读两种句子,其中一种是符合小学生阅读水平的句子,另一种是适合大学生阅读的句子。发现句子难度影响知觉广度大小。当句子难度较大时,读者需要更多的注意加工落在中央凹区域的单词,使其知觉广度变小。Henderson 等(1990)采用边界范式来考察中央凹加工难易度对阅读知觉广度的影响,实验发现,当中央凹加工困难时,副中央凹所获得的信息比中央凹加工容易时所获得信息更少,因此增加中央凹加工难度会导致知觉广度变小。该结论得到 White 等(2005)的实验的验证。闫国利等(2008a)考察了大学生阅读难易中文句子的知觉广度,发现阅读容易材料时的知觉广度为 5 个字,而难材料是 3～5 个字。这些研究都有力地说明材料难度对阅读知觉广度有重要的影响。

（三）工作记忆容量

工作记忆对阅读知觉广度有重要作用。Kennison 和 Clifton(1995)考察了工作记忆容量是否会影响副中央凹预视效应。结果表明,虽然读者的工作记忆并没有显著地影响副中央凹预视效应,然而,实验发现阅读知觉广度小的读者与阅读知觉广度大的读者相比较,他们在预视和目标词上,需要更多的阅读时间和凝视时间,阅读更困难。Osaka 和 Osaka(2002)用移动窗口范式考察了不同工作记忆的读者阅读日文的知觉广度。结果表明,当窗口变小,阅读时间明显增加。与低工作记忆容量的读者相比较,高工作记忆容量的读者在窗口小于阅读知觉广度条件下阅读时间更短,注视时间更少,理解率更高。当减少副中央凹预视时,高工作记忆容量的读者比低工作记忆容量的读者表现出更强的信息整合能力。关善玲和闫国利(2007)考察了在不同移动窗口大小下,不同工作记忆容量读者的阅读情况。结果表明与低工作记忆容量读者相比,高工作记忆容量读者能够更好地整合文章信息,进行更有效的阅读。这些研究表明,工作记忆容量能有效地影响阅读知觉广度。

（四）不同书写系统

阅读知觉广度也受到不同的书写系统的影响。例如,Pollatsek 等(1981)研究以色列人阅读从右到左方向排版的希伯来语言时,其知觉广度的左侧范围大于右侧范围;但是阅读英文时,知觉广度右侧范围大于左侧范围。可见双语读者能根据阅读材料的性质灵活地改变眼动模式,以适应当前阅读需要。Osaka(1987,1992)对日语阅读的研究发现,由日语汉字(表意)和平假名(表音)构成的文本阅读知觉广度大于仅由平假名构成的文本阅读知觉广度。由日语汉字和平假名共同构成的文本(这是标准的日语文本)的知觉广度为注视点右侧7个字符空间,而对于仅由平假名构成的文本的知觉广度为注视点右侧5个字符空间。Osaka和Oda(1991)的研究发现,读者在阅读垂直方向的日语文本时,知觉广度为五六个字符空间。Osaka(1993)随后的研究发现,水平阅读和垂直阅读的知觉广度都是不对称的。以上这些研究表明,不同的书写系统影响读者眼动和阅读知觉广度。

四、关于阅读知觉广度的几个问题

Rayner将阅读知觉广度分为三种,第一种是总的阅读知觉广度(total perception span),这个广度是指读者能够在其中获得有用信息的有效区域;第二种是字母识别广度(letter identification span),在该区域内,被试可以有效地获得字母信息;第三种是识别广度(word identificaton span),是指读者可以有效获得识别词的信息的区域。一般而言,总的知觉广度要比字母识别广度大,字母识别广度又比词识别广度大。因此,关于不同类型的阅读知觉广度问题也需要在今后进一步探讨。

根据以往阅读知觉广度研究的成果,今后国内阅读知觉广度的研究需要注意以下几个问题。

(一) 影响阅读知觉广度因素的问题

目前,虽然对影响阅读知觉广度的一些因素进行了研究,但是,影响阅读的因素很多,如被试的选择(如聋哑人、语文学优生和学困生等)、实验材料的性质等,这些问题都值得我们去深入探讨。

(二) 阅读知觉广度范围内获取行间信息的问题

阅读知觉广度的另外一个非常重要的问题就是读者是否能从文章的第二行获得信息。有人(Inhoff and Briihl;1991;Inhoff and Topolski,1992)通过让读者阅读来自目标段落的一行,但是忽视一个干扰行(来自一个相关的段落),同时记录眼动。结果表明,他们能够从当前阅读行的下一行中获得信息,但是,读者不能够从下一行中获得语义信息。Pollatsek等(1993)用移动窗口范式对该问题作了进一步探讨,研究得出了同样的结论。在英语阅读中发现读者不能够从下一行获取一些信息,但是中文阅读的情况如何,还有待进一步研究。

(三) 中文阅读知觉广度的单位问题

国外英语阅读知觉广度窗口大小用字母为单位,那么中文阅读知觉广度窗口大小的单位应该是字还是词?目前的研究均是以字为单位的,但是,这种做法是否合适是值得商榷的。因为,在阅读中我们通常会由双字词的首字词而预期到整词。双字词在汉语词汇中占总词数的80%以上,双字词在汉语的词汇与句子构成中出现的频率高于其他的多字词或单字词。越来越多中文眼动研究发现了词效应,如Yan等(2006)研究发现,中文阅读者对高频词的注视时间比低频词短，对高频词的跳读率显著大于低频词；Rayner 等(2005)的实验发现中文阅读者对低预期词的注视时间显著长于高预期词，对高预期词的跳读率显著大于低预期词；Bai 等(2008)考察了词切分对阅读绩效的影响，发现词的切分没有促进阅读，但是对阅读也未产生任何程度上的干扰，但是字切分和非字切分影响阅读，表明汉语阅读的基本单位是词，而不是单个的字。Rayner 等(2007)在 E-Z 读者模型的背景下模拟了中文阅读者的眼动行为，在建模工作中发现词是中文阅读的分析单位。这些研究表明中文阅读者的阅读是以词为基础进行的而不是以单字为基础。那么阅读知觉广度时是以字为单位，还是以词为单位更合理？如果以词为单位，操作起来又十分困难，因为中文中有单字词、双字词和三字词等。因此，这是值得我们深入探讨的问题。

(四) 第二语言阅读知觉广度的问题

第二语言读者的阅读知觉广度是否和第一语言读者一样？与自己的母语阅读知觉广度相比较是否存在差异？闫国利等(2008a)对国内大学生阅读英文材料的知觉广度进行了研究，结果表明，大学生英语阅读的知觉广度是注视点右侧 8 个字符的空间，与母语阅读者比较起来，第二语言读者的知觉广度更小。这说明与第一语言读者相比，仍存在一定的差距。总之，开展第二语言阅读知觉广度的研究，可以深入了解第二语言阅读过程中的眼动特点和认知加工水平，揭示第二语言阅读过程的本质，同时为第二语言教学的改革提供心理学依据。

(五) 眼动指标使用的问题

当前不同的研究者选择用来测量阅读知觉广度的眼动指标并不一致。如有研究者采用回视概率，但也有人认为回视概率这个眼动指标不稳定；有的实验研究采用注视次数、向右眼跳次数和阅读速度等眼动指标，而也有实验研究没有采用。不同的眼动指标反映着不同的认知加工过程。指标的不一致，会影响实验结果。因此，有必要对测定阅读知觉广度所使用的眼动指标进行规范化，使研究结果更可靠。

第七节　阅读过程中的眼动控制

阅读速度、平均注视时间和眼跳距离会随着阅读材料难度的不同而不同。在阅读比较难的材料时，阅读速度会减慢，平均注视时间增加，平均眼跳距离减少，回视次数增加。那么，在一次注视中，是什么因素控制注视时间增加，随后的眼跳距离变短，并可能出现回视，本节将讨论有关的问题。

关于眼动的控制模式中有两种观点：一种是直接控制模式(direct control)，该模式主张，完成了对当前所注视的词的识别，就意味着眼睛接到了进行下一步运动的信号，眼睛开始运动。被试通过从当前被注视词获得的视觉信息来决定眼睛下一步向哪里运动。另一种是认知控制模式(cognitive control)，该模式认为，眼动的控制是基于从刚才读过的课文中获得的信息，而不一定必须是由正在注视的单词获得的信息决定。

一、认知控制模式的证据

在一次注视中，为什么这次注视停留这么长的时间？为什么下一次注视眼跳停在那个位置上？目前我们还不能完全解释这些现象。不过如果我们了解影响注视时间和眼跳距离的各种变量，就可以对可能调节眼动行为的主要过程进行推测。

（一）眼跳距离的控制

有很多的证据表明，一个单词的字母数与读者所注视的位置之间存在着紧密的关系。有人(Rayner and McConkie，1976)计算了对不同长度单词的可能注视位置，以及对相同长度单词中可能被注视的字母。他们发现，当单词长度增加时，注视该单词的可能性也随之增加。他们还发现，在一个由4～7个字母组成的单词中的字母被注视的可能性要比在一个由4个以下或7个以上字母组成的单词中的字母被注视的可能性要大。他们还发现，短单词中的字母被注视的次数较少，因为短单词常被跳读过去。而且，与在中等长度单词中的字母比，在长单词中的字母并不被经常注视，因为在长单词中有信息的冗余度(redundancy)。另外，对单词的注视位置并不是盲目的，有研究(Rayner，1979；O'Regan，1981；O'Regan et al. ，1984；McConkie and Zola，1984)发现，在一个单词的开始与结尾之间存在一个偏好注视位置(preferred viewing location)。而且，有人(Rayner，1975a)发现眼睛一般不停留在句子结尾的句号或空白上。此外，读者对单词中字母的注视次数要比对单词之间的空白注视的次数多。有人(Abrams and Zuber，1972)还发现，读者根本不注视插在课文中间的几个字符大小的空白处。

上面是对注视位置的分析。认知控制的另一个指标是眼跳的长度，注视点右侧的单词对眼跳的长度有影响。有研究(O'Regan，1975；Rayner，1979)发现，当注视点右侧的单词较长时，读者眼跳的距离也变长，当注视点右侧单词短时，眼跳距离也变短。这表明，眼动对单词的长度是很敏感的。有人(Morris，1987)提出了更直接的证据：在一项实验中，在被注视单词N右侧，被试所能获得的唯一信息就是第$N+1$个单词的长度信息(第$N+1$个单词中的字母均被X所代替)。尽管在注视第$N+1$个单词之前它的字母均由X代替，但是，第$N+1$个单词越长，从第N个单词开始的眼跳距离就越长。因此，单词长度本身就对眼跳大小有影响。

（二）注视时间的控制

我们已经知道，何时作出眼睛运动及向何处运动的决定是受两种信息控制的：一种是低水平的视觉信息，如空间位置，另一种是高水平的信息，如文章的意义。那么，是什么因素控制着读者对单词的注视时间？

第一，对低频词的注视时间要比对高频词的注视时间长。第二，注视时间与该单词在句子中的作用有关系。例如，句子中的动词被注视的次数比名词多。另外，在有句法歧义(syntactic ambiguities)的句子中，当读者读到歧义词(Frazier and Rayner，1982)时，其注视时间增加。第三，对根据上下文可预测性高的词的注视时间比低的词的注视时间短。第四，有研究(Rayner and Duffy，1986)发现，歧义词(lexically ambiguous，即一个单词有两种或两种以上的意义，如 bank）会导致较长的注视时间。第五，凝视时间（gaze durations），即在眼睛离开该单词之前注视它所用的总时间受先行词搜索过程的影响很大。先行词搜索的过程就是为代词找它的先行词。例如，如果你阅读一段文章，并在一句话中遇到了“鸟”这个词，它会引发你搜寻已经建立起来的文章表象，你会察觉在两个句子之前曾谈及知更鸟的问题。有许多实验表明，指代词和被指代词之间的距离影响被试对该词的注视。当距离增加时，对该词的总注视时间增加。第六，注视时间有赖于读者正在阅读一句话的位置，或一行的位置。对从句或句子的结尾单词的注视时间要短于对句子或从句里面的单词的注视时间。句子和从句的这种句尾效应（wrap-up effects）反映了与句子和从句理解有关的额外加工（additional processing）。单词在一行文字中的位置也对注视时间有影响，与其他注视点相比，第一个注视点的时间较长，最后一个注视点的时间较短。

二、直接控制模式的证据

从上述讨论中可以看出，对文章的认知加工的确影响眼动模式，眼动中存在一些认知控制。有人提出了直接控制的论据：对高频词，如 church（教堂）的注视时间较短，而对低频词，如 mosque（清真寺）的注视时间较长。但是这个证据并不十分令人信服。因为，有可能是在前一次注视中，中央凹侧视觉已经完全识别出教堂这个词了。事实上，在正常的阅读条件下，读者很难确定某一个信息是从哪次注视得来的。也就是说，要从一个完全自然的阅读情境中得到直接控制的证据是绝对不可能的，只能通过实验来获得。

（一）对眼跳的直接控制

有人（Rayner and Pollatsek，1981）为眼跳的直接控制提供了可靠的证据，他们使用了窗口技术，窗口随注视点不同而不同。他们发现，在一次注视中，当有正常文章的窗口大小从 9 个字符增加到 17 个字符再到 33 个字符时，该次注视之后的眼跳距离显著增加。由于窗口大小是完全不可预测的，则眼跳距离的变化一定是受在该次注视中实际看到的文章影响。他们还考察了注视点 N 之后的眼跳距离是否受注视点 $N-1$ 时窗口大小的影响。事实上，注视点 $N-1$ 的窗口越大，注视点 N 之后的眼跳越长，说明眼动存在直接控制。

（二）对注视时间的直接控制

Rayner 和 Pollatsek（1981）在每次眼跳结束后呈现一个视觉掩蔽，这种掩蔽有效地延迟了文章的呈现。该实验的假设是，如果注视时间有赖于目前这次注视所编码的信息，那么延迟文章的呈现将增加注视时间，所增加的时间应与文章的延迟时间大致相同。为了证实注视时间有赖于目前这次所遇到的文章呈现延迟，他们将每次注视的文章延迟时间随机安排。结果有明显的证据支持直接控制，随着每次的文章延迟呈现时间的增加，注视持续时间也增加。

注视持续时间的增加如果与文章延迟呈现的时间相等，则更能说明直接控制。假设当识别单词后，眼睛就开始移动，那么，如果将文章延迟呈现 200ms，则注视时间也应该同样延迟 200ms。Rayner 的研究并未完全证明这一点。在他们的一项研究中，每次文章延迟呈现时间是相同的,注视持续时间的增加与延迟时间大致相同(注视延迟时间比文章延迟时间短一些);而在另一项研究中,每次文章延迟呈现的时间是随机的,注视持续时间的增加要比文章延迟呈现时间短得多。在后来的一项实验(Morrison,1984)中,上述两种实验条件中注视的延迟时间要比文章呈现的延迟时间略长。所以,从这个实验结果看出,眼睛似乎并不是常常等待目前所注视的词加工完之后才继续向前运动。

推荐读物

Tinker M A. 1946. The study of eye movements in reading. Psychological Bulletin, 43(2):93-120

Tinker M A. 1958. Recent studies of eye movements in reading. Psychological Bulletin, 55(4):215-231

Rayner K. 1978. Eye movements in reading and information processing. Psychological Bulletin,85(3):618-660

Rayner K. 1998. Eye movement in reading and information processing. Psychological Bulletin,124(3):373-422

Rayner K. 2004. Future directions for eye movement research. 心理与行为研究,2(3):489-496

眼动名著简介

《阅读的心理学和教育学》

The Psychology and Pedagogy of Reading

1908 年,Edmund Burke Huey 出版了《阅读的心理学和教育学》一书,出版社是 MIT 大学出版社,下面的目录是根据 1924 年的版本翻译。

导论

第一部分:阅读心理学

第一章　阅读的奥秘与问题

第二章　阅读中眼睛的作用

第三章　一次注视中能知觉到的阅读内容

第四章　对阅读中视知觉的实验研究

第五章　阅读中知觉过程的本质

第六章　阅读时的内部言语和言语的心理、生理特点

第七章　内部言语在阅读中的作用

第八章　对阅读内容的解释与字义的本质

第九章　阅读速度

第二部分:阅读和阅读方法的历史

第十章　阅读的开始:用手势和图画来帮助理解

第十一章　字母表和按照字母符号的阅读

第十二章　书籍印刷的发展
第十三章　阅读方法和教科书的发展历史回溯
第三部分:阅读教育学
第十四章　初学阅读者的阅读方法和阅读内容
第十五章　著名教育家有关早期阅读的观点
第十六章　如何在家里学习阅读
第十七章　在学校里如何学习阅读
第十八章　作为一门学科的阅读
第十九章　阅读的内容;青春期的阅读
第四部分:阅读卫生学
第二十章　阅读疲劳
第二十一章　对印刷书籍和课本的卫生要求
结论
第二十二章　阅读和印刷的未来
参考书目
索引

单从书目上也不难看出,这本书所涉及的内容十分全面。这也从一定程度上解释了为什么直到今天,人们对它的评价仍然很高。这本书对当时的阅读心理学的研究成果进行了全面的总结,在当时十分受欢迎,仅 1908～1924 年,该书就印刷 17 次之多。直到现在,它仍被认为是关于阅读的最全面和最容易理解的一部著作。

《阅读心理学》

The Psychology of Reading

作者是 KeithRayner,Alexander Pollatsek,该书于 1989 年由 Lawrence Erlbaum Associates 公司出版。

目录

第一章　绪论和基本知识
第二章　书写系统
第三章　单词识别
第四章　眼睛的功能
第五章　阅读中的眼动控制
第六章　内部语言
第七章　单词和句子
第八章　语篇的表征
第九章　初学阅读
第十章　阅读的发展阶段
第十一章　阅读困难
第十二章　快速阅读、校对和个体差异

Keith Rayner 和 Alexander Pollatsek 是活跃在阅读眼动研究世界舞台上的两棵常青树，这两位作者以眼动为工具，研究信息加工过程。特别是 Keith Rayenr 教授的著述颇为丰富，硕果累累。他曾经撰写了 1958～1998 年关于眼动研究新进展的综述，发表在 *Psychologcial Bulletin* 上。目前，《阅读心理学》这本专著的修订版已出版。

眼动名人堂

海林·埃瓦尔德(Hering Ewald，1834～1918)，德国生理学家，生于德国萨克森州旧盖斯多夫小镇，就读于莱比锡大学，师从韦伯和费希纳，深受缪勒的影响。著有《生理学概论》、《两眼视觉学说》、《光觉学说》等。

1862～1865 年任莱比锡大学讲师，1870～1895 年任布拉格大学生理学教授，后任教于莱比锡大学。19 世纪 60 年代从事视觉的空间知觉研究，反对赫尔姆霍茨的经验论。其学说侧重现象的观察和描述，开创了格式塔心理学知觉论的先河。

海林对于眼动方面有广泛的研究，他的眼动观点在 1942 年被译成英文。海林的研究关注双眼的运动，强调两只眼睛是作为一个单一的单元移动。他提出了“平等神经分布规律”(the law of equal innervation)，就是当一只眼睛移动时，另一只眼睛以相等的振幅和速度向相同或相反的方向移动。在视觉方向上，双眼视觉方向的中心称为中心眼(cyclopean eye)。另外，他区分了远距离视觉和近距离视觉的眼动。

海林引入了“后像”(afterimage)来研究眼动，他认为真实的表像和后像之间的眼动情况可以反映眼睛的运动。他使用了一种独特的测量工具，类似于一个微型的听诊器。他把这个“微型听诊器”放置在眼皮上，去听眼部肌肉的声音。他发现，在个体观察的整个过程，可以听到非常短的、钝的、不规律间隔的击打声。这些声音源于眼动过程中眼部肌肉的收缩。在对后像的研究中，他发现每一次击打声与后像的位移相一致。因此，海林第一次描述了眼动的不连续性。更有意义的是，他还把这种技术应用于阅读中。他发现，尽管我们认为眼睛似乎是沿着一条线稳定的滑动，但是击打声却显示了眼球的运动其实是不平稳的。另外，对赫尔姆霍茨的把嘴板(bite bar)的改良也是他对眼动研究的贡献之一。

第四章　眼动控制中的眼跳

我们时刻都在感受着来自周围世界的各种刺激，并以此来指导自己的行为，而在这大量的信息中，大约有80%来自视觉，也就是说，视觉系统是外部信息进入大脑的主要通道。由于视觉的重要性，心理学家们很早就开始注意到眼动系统、眼动特征及其规律的心理学意义。而近年来，获益于计算机的发展和眼动仪的出现，利用眼动技术对视觉-眼动系统的信息加工机制的研究规模和涉猎领域在国内外迅速扩展，其中，眼动系统是如何根据视觉任务的要求对眼跳加以调整从而获取信息也成为一个获得较多关注的领域。本章主要阐述的是关于眼跳这一重要的眼球运动方式及其相关研究。

第一节　眼跳概述

一、眼动与视觉-眼动系统

人眼在对静止或运动物体进行观察时，会同时进行着多种形式的眼动，从而获取大量的视觉信息。从视觉认知心理学的角度来说，可以认为眼动是视觉-眼动系统在一定刺激下的输出。刺激的方式不同，诱发的眼动信号形式也不同，参与眼动系统的神经通路、生理解剖构成以及发生眼动的机制均不同，据此可把视觉-眼动系统分为两类。

（一）反射性眼动系统

反射性眼动系统也称前庭眼动系统，是通过刺激前庭系统诱发眼动。由于从刺激信号（输入）到眼动（输出）不受大脑（意识）的控制，通常属于反射性动作。刺激的突然出现可以引发外源性的眼跳，即反射性眼跳（reflexive saccade）。

（二）主动性眼动系统

主动性眼动系统也称眼球运动系统，除前庭眼动系统外，其他的刺激信号都需通过皮层中枢（包括皮层视觉区、颞下回皮层、后顶叶皮层、前额叶皮层、视上丘等脑区）的作用，下行到脑干眼动核才能启动眼球运动。在这个过程中，意识会起到一定的作用，故称为主动性眼动系统。

主动性眼动系统产生的眼睛运动包括三类基本运动方式，即注视（fixation）、平滑追踪运动（smooth pursuit movement）和眼跳。这里提到的眼跳不是由外界刺激诱导的，而是源于大脑内部指令，是内源性的，即自主性眼跳（voluntary saccade）。眼睛在对物体（静止的或运动的）进行观察时，总是同时进行多种形式的眼动。通过三种不同形式的运动，眼睛才能完成对对象的瞄准和连续动态观察，从而保证清晰的视觉输入。

二、眼跳概述

眼跳，又称眼跳动，即眼球在注视点之间产生的跳动，是受中枢神经系统控制的有规律的随意运动，表现为眼球的注视点或注视方位的突然改变。人类和其他动物在观看一个场景的时候，眼睛并不像想象中那样是固定的，而是会四处移动，不断地对场景中感兴趣的部分进行定位，在大脑中建立与场景相对应的心理地图(mental map)，并在视网膜上建立与场景对应的拓扑结构的眼跳地图(saccade map)。而眼跳的功能就是改变注视点，使下一步注视对象的成像落在视网膜最敏感的区域——黄斑部的中央凹附近，从而有助于个体清楚地看到想要看到的对象。

当注视对象含有位置信息时，就可以作为刺激引起眼跳。在眼跳的过程中，一般不能在视网膜上形成刺激的清晰像，但可以获取刺激的时空信息，所以眼跳可以实现对视野的快速搜索和对刺激信息的选择。此外，眼跳还是一种联合运动，即双眼同时移动，且双眼的跳动情况基本上是一致的。

另外，眼跳机制有两个重要的特点。第一，射弹式控制(ballistic control)，即中枢神经系统通过对视觉目标位置作出计算，发出信号，通过眼肌给眼球一定的加速度和作用时间，引起眼球的快速跳动，而一旦眼动开始后，直到结束都不再控制其运动参数，如果眼动终止位置(即眼跳落点)有偏差再发第二次信号，如此反复直至眼跳落在所要求的注视点上。第二，采样控制(sampling data control)，即中枢视觉系统在对眼球运动进行控制时，并不是连续地对信号进行处理，而是对目标位置信息作采样，一旦采集到数据就进行计算并发出跳动控制信号，而在采样计算期间，对任何信息不起反应。另外，眼跳还具有增益适应性(gain adaptation)，即经过一定的练习，就能随刺激位置的规律性变化而改变眼球跳动的幅度。

三、眼跳的生理机制

有关眼跳的生理机制目前也已经有了比较明确的结论，与之有关的脑区主要包括后顶叶(posterior parietal cortex，PPC)、额眼区(frontal eye field，FEF)、背外侧前额叶(dorsolateral prefrontal cortex，DLPC)、基底神经节(basal ganglia，BG)、小脑(cerebellum，CB)和上丘(superior colliculus，SC)等区域。

其中，最重要的是位于前额叶的额眼区。该区域负责将视觉信息转为眼跳指令，并通过向上丘的投射来有意识地驱动眼跳。它和视觉的腹侧通路和背侧通路均有密切的联系，与视觉目标的选择有关，负责视觉注意的外源性定位，使注意自动定位到突显物上，为眼跳提供目标位置信号。

具体到单个神经元水平，有研究发现，眼跳这一眼睛运动是由网状结构中的冲动神经元(burst neurons，BN)的激活引起眼周肌肉运动神经的活动而引发的。在水平眼跳之前和眼跳时，正中旁桥的网状结构(PPRF)中的 BN 释放一个短的运动电压，而内侧纵束的间质核尾侧(riMLF)在进行垂直眼跳的时候放电。BN 受到全部暂停神经元(omnipause neurons，OPN)的强烈抑制，OPN 位于网状结构的脑桥尾侧的核内脊。在向某一方向作出眼跳之前和眼跳持续时间之内，OPN 在眼跳运动和暂停之间以一个较高的频率放电，因此，在眼跳产生回路(circuit)中，OPN 的角色就相当于一个闸门(gate)，其活性似乎可以反映出大脑对眼睛运动的最终决定，即保持注视还是产生一次眼跳。

有研究还发现，在作出眼跳之前和眼跳持续时间内，在注视持续和暂停期间内，SC 中间层尾侧的神经元受到激活。氨基丁酸激动剂蝇蕈醇(GABA agonist muscimol,与癫痫发病机制存在某种关系)的受损引起的对于这些神经元的人为抑制会导致猴子在记忆引导的眼跳任务中不能够维持注意,这就使大部分这种反射性眼跳的潜伏期都处于快眼跳的范围。因此可以认为,SC 中的注视神经元与眼跳相关的神经元是互相抑制的。与脑干中的 OPN 不同,SC 中的注视神经元会以变化的频率释放动作电位。在注视点刚呈现时,以及在一次眼跳刚刚发生之后,在很多注视神经元中均会发现最高的放电频率,这种放电频率的提高可能会阻止进一步的眼跳的发生,并且有助于保持一定时间的注视。

四、分析眼跳的常用指标

定量分析眼跳运动的动力属性常使用眼跳的潜伏期(latency)、持续时间(duration)、幅度(amplitude)、速率峰值(peak velocity)和精确性(accuracy)这几个指标。

以往研究显示,眼跳发动的潜伏期受到不同眼跳类型的影响,如对于无预期的目标,眼跳发动的潜伏期为 200ms 左右,而视觉引导的眼跳发动的最短潜伏期为 110～130ms。眼跳的持续时间一般为 20～200ms,且主要取决于眼跳的幅度。眼跳的幅度是指眼睛跳动期间眼睛运动的距离(常以视角值计),头部固定的眼跳幅度最高可达 90°,而正常的眼跳幅度一般为 2 分度到 20°,超过 20°的眼跳往往会伴随头部运动。眼跳的速度很快,速率峰值可达每秒 400°～600°(猴子的眼跳速率峰值更高,可达每秒 1000°),对于幅度小于 60°的眼跳,随着幅度增大,眼跳速率也会增大。

五、系列眼跳

前面提到的都是针对单次眼跳或称单眼跳(single saccade)进行的描述,而在日常生活中我们所面对的实际视觉场景往往非常复杂,目标常和干扰物混合在一起或者是有多个目标,计划一个直达目标的眼跳的可能性很小,往往需要进行一系列眼跳来对其中的重要信息进行提取和加工。很多时候,眼跳并不是一个独立的单元,而是以连续序列的形式出现,然而很大比例的眼动研究将系列眼跳中的单眼跳的细节特征作为主要的研究对象,忽视了系列眼跳中各个眼跳彼此间的关系及其相互影响,这使研究的外部效度在很大程度上受到了限制(杨永胜和丁锦红,2008)。

系列眼跳是一种特定的眼跳计划模式,可能是单向性的(unidirectional),也可能指向多个方向(multidirectional),最终将视线集中于最后的目标。它普遍存在,对正常人来说,很多情况下都会产生,日常的阅读和图片扫描中的系列眼跳就是很好的例子。

眼跳计划的模型一般假设,系列眼跳的最后阶段是通过 SC 的活动完成的,它是产生眼跳的中心。SC 接收广大皮质区域的信息输入,其中较为重要的是 FEF、SEF 和后顶叶皮质中的侧顶区(LIP)。

在已有的系列眼跳研究中,争论的焦点是系列眼跳以何种方式执行,即系列眼跳是由一个整体眼跳计划控制,还是每个眼跳都由自己的计划独立控制,也即前一次眼跳执行完之后,下一次眼跳计划才刚刚开始。越来越多的实验证据表明,系列眼跳中相邻眼跳的计划和执行在时间进程上有一定程度的重叠。

第二节　常见眼跳研究范式

一、常见单次眼跳任务范式

常见的以单次眼跳作为实验任务的实验范式主要有以下 6 种。

(1) 朝向眼跳任务(prosaccade task),又称视觉引导性眼跳任务(visually guided saccade task,VST),要求被试的眼睛跳向一个视觉刺激(突现或静止目标),通常作为研究其他类型眼跳的基线。

(2) 反向眼跳任务(antisaccade task),又称反眼跳任务,要求被试的眼睛远离一个视觉目标刺激,即被试需抑制对外部新出现目标的反射性眼跳,并朝相反的方向作出自主性的眼跳,是研究抑制控制的一种常用范式。

(3) 记忆引导的眼跳任务(memory guided saccade task),要求被试的眼睛移向事先要求记住的区域,而此时先前呈现过的视觉目标刺激已经消失。生理心理学家们通过记录控制眼跳的相关大脑皮层区域的活动,发现大脑可以通过空间更新(spatial update)的机制在某种程度上控制眼动系统,从而作出正确的眼跳。

(4) 预测性眼跳任务(predictive saccade task),要求被试的眼睛以预测其运动轨迹的方式对一个运动物体保持注视。这种情况下,眼跳落点通常能够与规律运动的物体所移动到的位置相重合,或者是提前到达预测位置。

(5) 延迟眼动任务(delay-saccade task),要求被试在信号提示后稍等片刻,然后才朝所指定的方向作出相应的眼动。该任务同样用来研究抑制控制,被试早动的百分率可以反映出抑制问题的严重程度。

(6) 反应/不反应任务(go/no go task),要求被试根据目标刺激出现前的不同线索提示,在目标刺激出现后,向目标作出眼跳,或者是保持眼睛在原位置不动,即在 no go 的条件下,要求被试抑制眼睛跳向目标的优势性反应。该任务类似于中止日常生活中的习惯行为,与抑制控制能力密切相关,同样常用以研究抑制控制。

下文将对朝向和反向眼跳任务范式做进一步详细介绍。

二、朝向眼跳范式

(一) 范式及其变式简介

朝向眼跳任务常用实验程序为:实验开始时,被试将视线盯着计算机屏幕中心的一个注视点,然后,一个目标将在注视点左边或右边出现,被试被要求去看向目标刺激,即作出朝向目标刺激的眼跳(pro-target saccade)。这是一种反射性眼跳(reflexive saccade),受刺激驱动的外源性反应(overt response),是一种自下而上的加工,不受意识控制。

为了不同的研究目的,研究者们发展出了许多朝向眼跳范式的变式,总结起来,主要是通过以下某一种方式或者是多种方式相结合来达到自己的研究目的。

1. 变化单个目标刺激的特征

针对不同的被试或者不同的研究目的,选用不同的目标刺激(如圆点、拓扑结构图片、情绪面孔、玩具图像等），或者是把刺激物的特征（如大小、颜色、明度等）作为自变量，探讨不同特征对于眼跳的不同影响等。

2. 增加单个目标刺激出现位置的可能性

常用的方式有把目标刺激可能出现的方向（即目标相对于屏幕中心的方位，如在中心点的右侧、正上方、左下方与水平线成45°夹角等）或者偏心距（eccentricity，即目标距离屏幕中心的距离远近）之一，或者是两者共同作为自变量，每次只在多个可能位置中的某一个位置上呈现单一的目标刺激；或者是在两个（多为镜像位置）或多个位置上设置方框，目标物突现在其中一个方框内以捕获注意等。

3. 增加一个或多个干扰刺激

常用的方式是要求被试以刺激物的特征（如同时呈现多个不同大小、不同颜色或不同明度的刺激物）或特征的变化（如同时呈现多个相同的刺激物，其中一个在大小、颜色、明度等特征上发生变化）来区分目标物和干扰物，或者变化干扰物与目标刺激的相对位置（如研究RDE效应，即remote distracter effect等）。

4. 变化注视点或者刺激物呈现的时间

常用的方式包括改变注视点的呈现时间（fixation interval）、注视点消失到目标刺激出现之间的时间间隔（即gap effect，又称offset-onset effect）或者是目标刺激呈现的时间（target presenting time）等。

5. 变化目标在不同位置出现的频率

常用的方式包括单纯操纵目标出现与否（如在一定比例的实验中，有目标刺激在一个方框内突现，其余的实验中则不出现），或者是变化目标在不同位置出现的频率（等同或者不同）等。

6. 增加自主性控制因素

常用的方式为当注视点消失后，在原先呈现注视点的位置呈现一个表示方向的箭头，要求被试根据箭头的指向作出眼跳，此时，被试的眼跳既受到外周刺激的注意捕获，又受到对于箭头方向的自上而下加工的影响，已经不是单纯的反射性眼跳了。

7. 与其他单一眼跳范式相结合

前面提到的go/no go任务其实就是朝向眼跳与抑制眼跳相结合的一种范式。又如研究间隙效应（gap effect）时，往往采用间隙条件（gap condition）、重合条件（overlap condition）、无间隙条件（no-gap condition，又称null condition，step condition）相结合，详见图4.1所示。另外还可与反向眼跳任

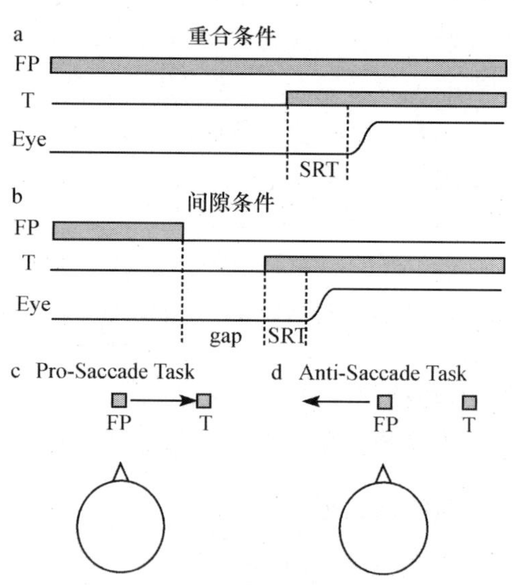

图4.1 重合和间隙条件下的朝向和反向眼跳范式（Munoz et al.，1998）

FP表示注视点；T表示目标；EYE表示被试的眼睛；SRT表示目标出现后到被试作出眼跳之间的间隔时间，即眼跳潜伏期。其中，图a表示重合条件（overlap condition），中心注视点在目标呈现时仍然存在。图b表示间隙条件（gap condition），中心注视点在目标呈现前200ms时消失。图c表示朝向眼跳任务，即要求被试看目标。图d表示反向眼跳任务，即要求被试看与目标在水平线上反方向的位置

务相结合,将在下文对反向眼跳变式的总结中进行详细介绍。

(二) 朝向眼跳的生理机制

朝向眼跳需要至少两步加工过程,即目标选择(target selection)和运动准备(motor preparation)。Dafoe等(2007)也曾提出,朝向任务可能也包括但是并不依赖于自主的计划性眼跳,而且由于在刺激位置和眼跳的目标之间有一种直接的感觉驱动的关系,因此,朝向眼跳潜伏期通常都比较简短,经常包括快速的眼跳(express saccade),其潜伏期不包括或者只包括最小的决策加工。

诸多的研究得到了较为一致的结论,即朝向眼跳的加工过程主要是由SC中的注视细胞(fixation cell)与运动细胞(movement cell)以一种相互抑制的方式所控制的。当某一个刺激呈现并被注视时,眼跳地图上对应区域内的注视细胞本身得到高度激活,并会对运动细胞的活性进行抑制,此时眼跳就不易发生。而当该注视刺激消失,尤其是同时或者是之后在另外一个位置上又出现了新异刺激时,之前被高度激活的注视细胞的活性降低,它们对运动细胞的抑制就会被解除,而且新刺激对应区域内的注视细胞又得到了高度激活,此时就很容易向新刺激所在位置发生眼跳。因此,什么时候以及向哪里产生反射性眼跳是由这两类细胞共同决定的。

此外,来自fMRI、MEG和ERPs的研究都得出了类似的结论,即朝向眼跳的两个加工过程激活的脑区包括额叶FEF、顶叶脑沟的顶眼区(parietal eye field in the intraparietal sulcus,IPS)以及颞叶中部区域(human middle temporal complex,MT+),而且在目标刺激出现之后,这三类区域的神经活动在时间上呈现出一定的序列性,即从枕叶、颞叶(MT+)到顶叶(IPS),最后再到额叶(FEF)。

(三) 朝向眼跳的影响因素

由于朝向眼跳是一种非常简单的视觉任务,完成任务的准确率非常高,因此除了其生理机制之外,研究者们主要关注的是哪些因素会影响到朝向眼跳的潜伏期,以及刺激物特征对于眼跳的影响。例如,在刺激物的诸多特征中,哪些可以影响眼跳,哪些不能影响眼跳;在多种特征共同影响眼跳的情况下,哪种特征对影响眼跳具有相对的优先性,哪种对影响眼跳有较大的贡献率等。

早期的一些以猴子和猩猩等高级动物为被试的经典研究显示,朝向眼跳的潜伏期主要取决于视觉驱动(visuo-motor)所需要的时间,以及FEF内的运动神经元活性要达到的某个特定的阈限(threshhold)。不过更多近期的以人类为被试的研究显示,对于朝向眼跳的潜伏期而言,感觉加工过程(sensory processing)也会起到一定的影响作用,尤其是当目标难以辨别(如目标出现位置有多种可能性、预测性较低时),或者是在视觉搜索任务中需要作出多次眼跳以发觉目标的时候。Carpenter(2004)还曾提出,至少有两类因素影响对视觉刺激作出反应的潜伏期:低水平因素(low level factors),如目标刺激的明度、对比度等;高水平因素(high level factors),如作出眼跳时的压力或者刺激出现的可能性等。

朝向眼跳类似于视觉搜索任务中的外源性眼跳,外源性刺激物本身的特征对于朝向眼跳具有较大的影响,这种影响主要是通过影响被试的注意捕获实现的。外源性刺激主要是指前注意信息，是刺激物所具有的基本特征。一般来说，研究中涉及的特征可以分为静态和动态两类，静态特征主要包括刺激物的颜色、大小、形状、方向、明度、深度等属性，动态特征则主要包括刺激物的突现或消失、运动等。对前注意信息的知觉是无意识的，不受意识支配。Irwin 等(2000)的研究发现，突现(新物体)可以最有效的捕获注意和引发眼动；明度增加的作用虽然不如新物体的出现那样强，但它仍然可以捕获注意；而 Theeuwes 等(2003)研究了颜色靶子—形状干扰和形状靶子—颜色干扰的作用，发现附加的特异颜色也可以引起强的注意和眼动捕获，而形状对颜色则没有这种影响。说明虽然在一些研究中颜色不能捕获注意或引发眼动，但在一些情况下颜色同突现一样可以捕获注意。这些研究可能存在一个共同的解释，即刺激的显著程度影响对注意的捕获，进而影响朝向目标的外源性眼跳。

除此之外，时间变量对于朝向眼跳的影响也受到极大关注。例如，最早由 Saslow (1967)提出的间隙效应及其后的相关研究中，间隙(gap)条件下，在周围视野的目标出现之前，注视点首先消失，即注视点消失与周围视野目标的出现之间存在时间间隔，而重叠(overlap)条件下，周围视野的目标出现时注视点不消失而是一直存在，即两者之间没有时间间隔。关于间隙效应的研究得到了比较一致的结论，即被试在间隙条件下对目标的眼跳潜伏期比重叠条件下的眼跳潜伏期要短(潜伏期减小的量即间隙效应量)，而且间隙大约为 200ms 时，对目标的眼跳潜伏期最短，大于或小于这个时间，眼跳潜伏期都会增加。

关于目标刺激的空间位置对于朝向眼跳的影响将在下文中进行详细阐述。

三、反向眼跳范式

(一) 范式及其变式简介

反向眼跳任务常用实验程序为：实验开始时，被试将视线盯着计算机屏幕中心的一个注视点，然后，一个目标将在注视点左边或右边出现，被试被要求不去看目标点，而是朝相反的方向移动眼睛。这是一种自主性眼跳(voluntary saccade)，是受感觉驱动(sensorimotor)的内源性反应(covert response)，需要自上而下加工的参与，即需要意识的控制。

在大量的探索认知机制的反眼跳研究中，被试被要求忽略目标幅度，只是简单地看与目标相反的方向即可，即为简单反眼跳任务(simple antisaccade task，SAT)。而 Hallett 在 1978 年首次提出反向眼跳这一眼动范式时，包括在他和同事早期的研究中，被试都被要求不要去看首先出现的具有线索提示作用的目标刺激(cue-target)，而是向该刺激水平方向上距屏幕中心方向相反、距离相等的位置作出眼动。换句话说，在最初的反眼跳任务中，指导语要求被试避免作出朝向目标的眼跳，并且作出一次镜像反眼跳，即镜像反眼跳任务(mirror antisaccade task，MAT)，现在广泛使用的简单反眼跳任务可以认为是镜像反眼跳任务的一类非常重要的变式。

此外，类似于朝向眼跳，反向眼跳范式的诸多变式也主要是通过以下某一种方式或者是多种方式相结合来达到自己的研究目的，如前所述，包括变化单个目标刺激的特征，增加单个目标刺激出现位置的可能性，增加一个或多个干扰刺激，变化注视点或者刺激物呈现的时间，变化目标在不同位置出现的频率，增加自主性控制因素，或者与其他单一眼跳范式相结合。简单的反向眼跳流程图参见图 4.1。

下面对朝向和反向眼跳任务相结合的范式及其变式进行一些详细介绍。这两种范式相结合的变式又可以划分为两类：一类是每种任务成组出现(task blocked)，在组间进行顺序平衡即可，这种结合的方式对被试眼跳的影响不大，一般作为后面提到的这种变式研究的基线；另一类是将两种任务在一组内混合(mixed trials)，这主要是通过给被试增加一个二级任务(secondary task)实现的，通常是在目标刺激出现前，先向被试呈现一个线索刺激(cue)，如直接呈现表达任务要求的文字(towards，backwards)，或者要求被试根据线索的颜色或者形状等特征来判断接下来要进行的是朝向眼跳还是反向眼跳，即相当于给被试又增加了刺激辨别或者是工作记忆的二级任务。

（二）反向眼跳的生理机制

成功地完成一次反向眼跳通常需要三个基本过程，即抑制优势反应(inhibition of a prepotent response)，计划产生(generation)正确眼跳和执行(execution)眼跳。Dafoe 等(2007)也曾提出，正确地作出反眼跳，首先要抑制自动的朝向目标的眼跳，接着向一个无刺激的位置组织自主眼跳。这样，刺激位置和眼跳目标位置是不同的。事实上，由于该任务中要求的矢量(大小和方向)倒转，加工刺激的脑区与加工反应的脑区相反。因此，反眼跳允许感觉驱动和对方向的控制加工分离。

类似的诸多研究得到了较为一致的结论，即反眼跳是由 FEF 与 SC 共同控制的。FEF 主要负责将获得的视觉信号进一步转化为眼跳指令，并根据任务及意愿的需要，通过向 SC 中的注视细胞发送抑制指令或激活指令，达到降低或提高相应区域内注视细胞活性水平的目的，即 FEF 通过 SC 的投射，共同有意识地控制自主性眼跳。而且这种控制作用基本上不受注视刺激存在与否的影响，也就是说，FEF 向 SC 发送的内部指令能够削弱外在视觉刺激对 SC 中注视细胞的影响，并且对什么时候及向哪里产生自主性眼跳起着主导性作用。目前普遍认可的反向眼跳任务中的几条神经生理回路及其关系见图 4.2。

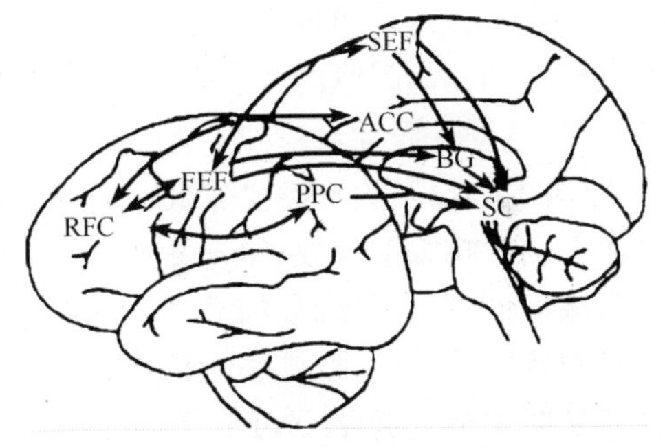

图 4.2　反向眼跳产生的神经机制(Everling，1998)

ACC-anterior cingulated cortex-前扣带回；BG-basal ganglia-基底神经节；FEF-frontal eye field-眶额叶；PEC-Prefrontal cortex-前额叶皮层；PPC-posterior parietal cortex-后顶叶；SC-superior colliculus-上丘；SEF-supplementary eye field-附属眼区

Matsuda 等(2004)通过功能性磁共振成像的研究发现，在朝向眼跳任务中，FEF、PEF、SEF(supplementary eye field)以及左侧晶状体核(left lenticular nucleus)和双侧枕骨皮层(bilateral occipital cortices)等都被激活，并且这些区域在反向眼跳任务中也同样都得到激活。Sato(2003)的研究发现，位于前额叶的 FEF 中存在两类神经，一类神经主要对特异子进行优先反应，另一类神经主要负责选择眼跳的落点位置。Hanes(2001)的研究发现额叶(FEF)和上丘(SC)之间存在着交互作用，同样的结构参与了刺激驱动的和目标驱动的眼跳过程。Eenshuistra 等(2007)具体分析了反向眼跳的神经环路，指出共有三个系统参与反向眼跳：基本的眼跳注视系统，在眼跳开始前对干扰物进行抑制，主要负责该功能的脑区位于 SC；计划性眼跳发动系统，该系统一方面计划、酝酿眼跳，另一方面抑制不正确的眼跳，负责脑区主要在 FEF；选择性抑制系统，负责脑区有 DLPC 和 BG 环路。

（三）反向眼跳的影响因素

反向眼跳的理论研究较为关注的是额叶抑制假说（assumption of the frontal inhibition），即制止错误的朝向目标的眼跳发生的一个假设机制。与朝向眼跳相比，反向眼跳的发动明显较慢，而且被试经常作出方向错误的眼跳，即发动了朝向目标的眼跳。错误眼跳的百分率表示了对反射性眼跳抑制的失败，正确眼跳潜伏期的增加反映了成功抑制所必需的调节要求。利用反眼跳范式及其变式的眼动测量法能够为抑制功能的评定提供十分有用的工具，因为外显的眼动反应能够避免被试生理或心理异常所伴随的动作和语言发展上的问题，这些问题通常会影响许多实验室任务，同时，视觉线索效应、视觉系统及相应的神经基础也较容易理解。利用反眼跳任务，研究者发现 ADHD（attention-deficit hyperactivity disorder，即注意力缺陷多动障碍，俗称多动症）儿童、OCD（obsessive-compulsive disorder，即强迫症）儿童、学习障碍儿童、精神分裂症患者、抑郁症患者、额叶损伤患者和老年痴呆症患者等特殊人群都存在抑制困难。

前面提及的简单反眼跳任务中，研究者们主要关注的是方向错误，即被试违反指导语作出的错误的朝向眼跳的百分比，不对反向眼跳作出幅度方面的要求。显然，简单反眼跳只关注方向，这样在眼动记录和分析时更为简单。而镜像反眼跳任务明显地比简单反眼跳任务有更多的要求，因为它需要被试持续地更新眼跳目标位置的方向和幅度信息。通常认为这种负荷会影响眼跳参数，如眼跳潜伏期和精确性。众所周知，前线索（pre-cueing）（提供方向或者幅度信息）会降低眼跳潜伏期。Allik 等（2003）的研究也显示，只对方向或幅度两者之一作出要求的时候，眼跳潜伏期会缩短。此外，镜像反眼跳任务在精确性方面有要求，但是没有实时的感觉引导（on line sensory guidance）。镜像反眼跳任务要求眼跳落在一个虚拟的（virtual）目标上，这种类型的眼跳与记忆引导的眼跳有类似的特征。关于这种镜像反眼跳任务中幅度上的精确性还没有细致的研究，国内田静等（2009，2011）对此进行了初步探讨。

研究者们对于时间变量对反向眼跳的影响也进行了一些研究。仍以间隙效应为例，在反眼跳等自主性眼跳中也会发现显著的间隙效应，不过效应量小于反射性眼跳，Crevits 等（2005）认为这是因为 FEF 参与了自主性眼跳，使 SC 中注视细胞在注视点消失的情况下也保持高激活水平，抑制了注视点消失效应（fixation offset effect，FOE）。Munoz（1992）有关猴子的神经心理学研究发现，反射性眼跳的 FOE 依赖于 SC 中注视细胞活性的变化，而 Machado 等（2000）发现，自主性眼跳的 FOE 依赖于 FEF 中注视细胞活性的变化。

除此之外，朝向眼跳和反向眼跳任务的结合也会对眼跳产生一定的影响。对于任务成组（task blocked）变式来说，突现刺激能够自动地把被试的注意引向其所在的空间位置，从而加快对这个位置上的刺激的加工。如果这个突现刺激是靶子（即朝向眼跳任务），那么反应将会加快；如果是干扰刺激（即反向眼跳任务），那么它将会明显地妨碍对其他位置上靶子的加工，即妨碍反向眼跳的加工，这样就造成反向眼跳正确潜伏期比朝向眼跳正确潜伏期显著增长，错误率显著增高。而在混合试验(mixed trials)变式中，除了前面提及的这种外周刺激物会对不同类型眼跳产生影响之外，还存在至少两种其他的影响因素，其一就是二级任务对于眼跳任务的影响，由于被试需要辨别、判断并记忆线索及其意义，这样就会给眼跳加工带来一定的认知负荷，从而造成两种眼跳任务的潜伏期和错误率上都出现变化；其二则是由于朝向眼跳和反向眼跳试验在一组内是随机出现的，这样就造成下一次试验对于被试而言具有不可预测性，那么当被试进行的是转换任务(即下一次试验与前一次试验属于不同任务)时，相对于重复任务(即前后两次试验为同一任务)而言，两种眼跳的潜伏期都会出现不同程度的增长，即产生转换代价(switch cost)。

关于目标刺激的空间位置对于反向眼跳的影响将在下文中进行详细阐述。

四、朝向和反向眼跳任务中的方位效应

在眼跳任务中，除了前面提到的一些影响因素外，目标刺激的空间位置对于朝向和反向眼跳也必然存在着某种影响。此类研究中，单纯对目标方向进行分析的称为方向效应(direction effect)，单纯对目标偏心距进行的分析称为偏心距效应(eccentricity effect)，或称幅度效应(amplitude effect)，而方位效应(direction-eccentricity effect，或 direction-amplitude effect，或称 interaction)，指的是对这两者的交互作用进行的联合分析研究，即在一个实验中，同时将目标方向和偏心距作为自变量进行操纵。

研究表明，空间因素对视觉信息的加工存在一定的影响，即信息呈现的视野位置在视觉注意中扮演着重要角色，这一点已经得到了广泛共识。“基于空间”的注意理论认为人脑不能同时对视野范围内的所有刺激进行有效的加工，加工的情况与注意的位置有关。Posner(1982)发现有效线索提示对空间任务有明显的促进作用，以此提出了注意的“聚光灯”模型。Eriksen 等(1986)在 Posner 研究的基础上，提出了“透镜”模型，该模型把注意资源的空间分布看作连续的、逐渐变化的。尽管这些模型的具体内容不尽相同，但它们有一个共同的出发点，即认为在不同的视野位置上，注意或眼动受不同信息的影响情况存在差异。

此外，在一次正确反向眼跳的执行过程中，被试需要对目标位置的幅度和方向这两个方面的信息都作出准确的区分，这点已经得到了广泛的认可，不过关于这两个加工过程之间的关系目前却存在着较大的争议。来自神经心理学研究的证据显示，这两个加工过程是同时在 FEF 和 SC 这两个脑区或其中一个脑区内进行的，即是平行加工的。而行为研究的结果却显示，对于幅度和方向的加工过程是专门化即精确分工的，不过两者至少有一部分是重合的。

Bell 等(2000)发现，对于猴子来说，眼跳潜伏期和错误率依赖于目标位置。刺激位置的多样性增加了其不确定性，并且改变了感觉和控制加工的相对重要性。如果刺激只有一个可能的位置，那么很容易产生预期，导致潜伏期缩短，不论是朝向眼跳还是反眼跳，因为不论是感觉信息还是控制需求都需要在实验间进行变化。相反的，增加位置和偏心距的变化，可以减少预期性，并且增加在朝向眼跳和反向眼跳任务中产生自主眼跳的抑制需求量。

(一) 目标刺激方向对于眼跳的影响(方向效应)

目标刺激的方向(direction)是指目标相对于屏幕中心的方位，通常提及的包括水平

(上、下视野)和垂直(左、右视野)两种情况。Previc(1990)假设,灵长类动物偏向于对位于上半部网膜的刺激作出较快的眼跳,因为这个区域表征个人以外的空间,可能包括食物或者敌人等重要信息,而下半部网膜表征的是个人周围的空间。下半部网膜表征的区域更多地需求熟练的运动机能,因而需要更多的视觉加工。而且,下半部视野提供更为丰富的视觉刺激,因此,上半部视野的潜伏期较短,下半部视野的潜伏期较长。Dafoe 等(2007)的研究结果进一步发现,潜伏期与目标偏心距之间是相互独立的关系,但不论是朝向眼跳还是反向眼跳任务中,水平方向的眼跳潜伏期都短于垂直方向的,而当刺激呈现在上视野时,反眼跳的方向错误多于下视野,当刺激呈现在右视野时,反眼跳的方向错误多于左视野。而 Evdokimidis 等(2006)的研究却显示,在特定偏心距下,目标在左视野、右视野并不会对眼跳幅度产生影响。

(二) 目标刺激偏心距对于眼跳的影响(偏心距效应)

目标刺激的偏心距或离心率(eccentricity)是指目标距离屏幕中心的远近,以视角计。

1. 不同视觉区内的信息加工

根据目标刺激距离屏幕中心的远近,较常使用的一种粗糙的划分方法是由 Rayner(1978)在其阅读研究中首先提出的,即可以将落在视网膜上的一行文字划分为三个区域:中央凹视觉区(foveal region)、副中央凹视觉区(parafoveal region)和边缘视觉区(peripheral region)。中央凹视觉区与读者注视点呈 1°～2°的视角,在这个区域内,视敏度高;在中央凹以外,视敏度显著下降,被试识别呈现在中央凹以外的文字的能力不如识别呈现在中央凹以内的能力强,副中央凹视觉区与读者注视点大约成 10°视角,边缘视觉区包括副中央凹视觉区以外的全部区域。在视网膜不同的区域上可以获得不同的信息。外周视野信息对阅读起到重要影响,Henderson 等(2003)提出对物体的语义加工只能在中央凹和副中央凹上进行。Pomplun 等(2001)使用“窗口”范式对副中央凹和边缘视野的线索效应进行了研究,结果显示,在视野的不同位置上可以加工不同特征的信息,如颜色信息可以在 5°乃至 10°视角以外都可以得到加工,而方向信息则不能在 5°视角以外得到加工。

2. 偏心距效应

目前提到的偏心距效应(eccentricity effect)多是指在视觉搜索或者是单次眼跳任务中出现的一种现象,即眼睛对目标的定位难度随着目标离注视点的距离增加而加大,也有人称为离心现象。这种效应主要体现的是目标偏心距对于眼跳的潜伏期、方向错误率、速率以及眼跳幅度等一系列指标的影响。

在朝向眼跳和反向眼跳研究中又称幅度效应(amplitude effect),因为目标偏心距的变化会引起眼跳幅度相应的变化,从而进一步影响其他眼跳指标,或称序列效应(range effect),即目标偏心距会使前面提及的这几个指标出现一种序列性的变化。以探索偏心距效应为目的的研究通常会对目标偏心距作出较为细致的划分,选用的目标偏心距多为 0.5°～15°视角范围内 1°～2°的增幅变化,并往往涉及所有的视觉区。

Evdokimidis 等(2006)的研究中使用了朝向眼跳任务、简单反眼跳任务以及镜像反眼跳任务,结果显示,如果要求被试进行的是简单反眼跳任务,即不对目标位置作出精确要求,那么目标偏心距不会影响方向错误率,但影响潜伏期,主要是由于对目标位置的额外加工要求会延迟执行反眼跳的起始时间，但是此时，观察不到被试眼跳幅度随目标位置出现的变化。如果要求被试进行的是镜像反眼跳任务，那么通常会在反向眼跳任务中发现类似于朝向眼跳任务中的辨距不良（dysmetria）现象，即对于较近目标会出现眼跳超幅（hypermetria），而对于较远目标则会出现眼跳不足（hypometria），不过这种现象在反向眼跳任务中会表现得更加明显。

第三节 眼跳与心理过程

眼跳与心理过程的关系一直是眼动研究的一个关键问题，下面将从三个方面对这个问题进行一些简单分析。

一、眼跳与注意

有些研究者认为，内在的注意捕获（covert attention capture）是有条件的，受自上而下的控制，而这种自上而下的控制对外在的眼动捕获（overt capture）却不起作用，他们认为眼动捕获不能作为注意捕获的指标。而有些观点则认为，在内在的注意和眼动之间存在着一定的联系。应该说这是近20年来争论的一个热门话题。

在注意与眼动关系的研究中一个具有重要地位的理论是“注意的前运动理论”（premotor theory of attention），它认为注意转移伴随着眼跳准备（Eimer et al.，2005）。Hoffman（1995）发现，被试注意位置和眼跳的方向必须是同样的，这表明视觉的空间注意机制对产生自主的眼跳发挥重要作用。当然对此观点也存在许多争议。例如，来自神经科学领域的研究发现了一些两者在神经基础上的差异。近来Sato（2003）研究发现，FEF中存在两类神经，一类神经主要对特异子进行优先反应，另一类神经主要负责选择眼跳的落点位置。这两种神经类型的存在说明视觉选择和眼跳选择是不同的加工过程。但不容忽视的是，很多研究都发现，在执行指向某一位置的眼动之前事先伴随着注意的转移。

有些更细致的研究揭示着注意和眼跳的关系，如Dore-Mazars（2005）指出“注意指向实际的眼跳落点位置，而非计划位置”；又如Godijn等（2003）认为“在眼跳之前注意平行分配到眼跳目标上，并有更多的注意分配到了第一眼跳目标上”。同时从一些研究（Irwin et al.，2000）的结果来看，眼动指标和反应时反映出的结果确实是一致或类似的（在一些研究中，将反应时作为衡量内在注意的指标）。也就是说，传统的内在注意和由眼动反映出的外在注意（overt attention）具有某种内在的联系。这些研究得到了同样的结论，“眼动捕获伴随着注意捕获”（Ludwig et al.，2002）。此观点也得到了来自神经生理学研究的支持，Hanes（2001）的研究发现额叶和上丘之间存在着交互作用，同样的结构参与了刺激驱动和目标驱动的眼跳过程，如与眼跳相关的FEF神经直接投射到SC，从而抑制反射性的刺激驱动的眼跳。

尽管更多的人接受了注意与眼动具有内在的一致性这一观点，但同时，也有些研究发现，刺激驱动和目标驱动的因素对不同反应的影响是不同的。Ludwig等（2002）发现，突现对眼跳存在影响，但对一般的反应却没有影响。然而，Peterson等（2002）对其他一些不要求眼动的视觉搜索任务（non-singleton search task）进行了比较，发现在需要眼动的情况下突现的作用减弱了。他们认为这与被试的模式化的眼动方式有关，当被试眼动的模式化较强时，他们会在突现呈现之前形成眼跳计划，从而抑制了指向突现刺激的眼跳，同时他们认为尽管突现并不能总是捕获外在的注意，但可以捕获内在的注意。

二、眼跳与记忆

丁锦红等(2006)指出，过去的若干年里，研究者们提出了各种模型去解释眼动过程中的活动特点，如阅读中的 E-Z 读者模型、图形知觉的扫视路径模型等，这些模型都有工作记忆参与，因此，眼动与记忆之间的关系是显而易见的，它至少涉及了记忆的编码过程与记忆的形成过程。

研究者认为，睡眠的功能之一就是加工和形成记忆痕迹。虽然在睡眠过程中，人的快速眼动睡眠与记忆的关系尚无定论，但是睡眠可以提高人的学习和记忆，这是人们已有的共识。至于在觉醒状态下，人的眼动与记忆是否相关呢？这一问题的答案也是肯定的。

（一）眼跳与视觉信息整合

眼睛在进行跳动的时候，大脑会将以前记忆阶段的眼睛运动情况也考虑进去，作为参考，以形成新的眼跳计划，这就是所谓的预览效应。它说明信息会在跨眼跳记忆(trans-saccadic memory)中保存，并与下一个注视所获得的信息进行整合。在眼睛向曾经记忆过的目标跳转之后，接着还会有一个多余的跳动。这个多余的跳动是在没有反馈的情况下使视线更加接近目标。因此，额外的网膜信号在眼睛向记忆过的目标移动的过程中的作用是很小的。有研究发现，在视觉记忆中，同样会产生错误，这些错误不取决于是否有眼动存在，甚至与计划也无关，这说明，这种效应是知觉性的，而不是感觉运动水平上的。进一步研究表明，目标呈现与对其位置判断之间的时间间隔是产生上述现象的重要原因，两者之间的时间间隔显著增强了空间压缩量的大小，进而产生这种效应。因此，视觉记忆中的位置错误随时间不同而成单调的系统变化。这取决于观察者在目标呈现时或之后很短时间内对固定位置的持续的注视。

（二）眼跳与视觉搜索

视觉搜索过程就是将实时获得的信息与工作记忆中的信息进行比较，两者匹配时搜索便成功。在此过程中，如果刺激与工作记忆中的搜索目标相似，它就会被注视。一旦刺激被注视，那么，在之后的跳动过程中被再一次注视的可能性就将减小。这一过程就是返回抑制(inhibition of return，IOR)。但有人发现，被试经常会再一次地注视曾经被注视过的项目，这种现象反映了记忆功能的有限性。人们在阅读过程中，眼睛对文章内容的注视时间取决于目标词的熟悉性和文字所能提供的信息。阅读者能够判断文章中的哪些部分是关联的，并使用熟悉的信息去推测新词的意义。当眼睛朝向曾经记忆过的目标只需一次跳动时，这是受意识控制的；而多次跳动就未必受意识控制了。短时记忆系统引导着注意焦点，它能够有助于将视线重新迅速集中到刚刚注视过的目标上。从眼睛跳动来看，工作记忆在人的优势行为反应抑制方面起着决定性作用。当目标附近存在一个分心刺激时，眼跳往往会落在目标和分心刺激之间，这种效应称为整体效应(global effect)，它是空间加工过程中眼睛跳动的主要特性。眼睛的这一跳动被称为主眼跳(primary saccade)，有研究发现，主眼跳的位置取决于视觉系统获得目标信息的程度，该过程与用于空间知觉和对记忆诱导的眼跳进行调整的过程有所不同。

三、反向眼跳与抑制

大量研究(Abel and Douglas，2007；Bojko et al.，2004；Butler et al.，1999；Eenshuistra et al.，2004；Klein et al.，2000；Nieuwenhuis，2000；Olincy，1997；Sweeney，2001)表明老年人在反向眼跳任务中更难抑制住优势的、反射性的朝向眼跳，与青年人相比，老年人出现更多方向性错误且正确眼跳反应时更长。反眼跳任务中表现出认知成绩的下降是由于老年人抑制能力衰退直接导致、或是由于老年人工作记忆容量下降间接导致、或是由于老年人更容易忽视目标导致、或是由于老年人选择反向眼跳任务能力下降间接导致？关于这一点，不同研究者提出了各种不同的解释。而其中得到广泛认同的是 Hasher 和 Zacks 等在 1978 年提出的基于认知老化的抑制衰退理论。该理论认为，抑制能力的衰退是导致整体认知老化的主要原因。随着个体年龄的增长，抑制加工能力逐渐衰退，一些无关因素更容易进入到工作记忆中，使其效率降低，容量减少，从而导致整个认知过程的衰退。Hasher 等还进一步提出，抑制能力的衰退主要体现在三个方面：①抑制无关信息进入工作记忆的能力下降；②从工作记忆中删除与当前任务无关信息的能力下降；③抑制优势反应的能力下降。

Butler 等(2006)运用反眼跳范式考察了老年人和青年人完成反向眼跳任务时的认知操作成绩，结果发现，在需要抑制优势反应时，老年人眼跳反应时显著加长、错误率显著增多。线索类型(难的外周线索、易的中心线索)不影响青年人和老年人正确朝向眼跳的反应时，也不影响青年人反向眼跳的正确反应时，但却导致老年人正确反向眼跳的反应时显著增加，说明随着任务难度加大，优势反应抑制需求增多，需要更长时间才能抑制住优势反应对注意的捕获，于是外周线索条件下正确反向眼跳反应时显著加长，支持抑制衰退理论。

近年来神经生物学的研究也证实前额叶功能容易随年龄增长而衰退，抑制能力与前额叶密切相关。因此，认知抑制能力对反向眼跳任务中年龄差异的影响尤其重要。对脑损伤患者的研究发现(Everling et al.，1998)，前额叶病变后，个体易发生多动、很难抑制不适宜的行为反应等现象。脑成像的研究发现，被试完成包含抑制任务的过程中，分心信息出现时前额叶和扣带回前部等脑区的激活明显增加(Olk，2006)。

推荐读物

Rayner K. 1998. Eye movement in reading and information processing. Psychological Bulletin，124(3)：373-422

Rayner K. 2004. Eye movements，cognitive process，and reading. 心理与行为研究，2(3)：482-496

Rayner K. 2009. Eye movements and attention in reading，scene perception，and visual search. The Quarterly Journal of Experimental Psychology，62(8)：1457-1506

眼动名著简介

《阅读的心理学和语言理解》

The Psychology of Reading and Language Comprehension

作者是 M. A. Just，和 P. P. Carpenter，该书于 1987 年由 Allyn Bacon 公司出版。

目录

第一章　阅读理论绪论
第二章　眼动和词编码
第三章　词汇结构和词的通达
第四章　词汇获得
第五章　句法结构和句法加工
第六章　语义分析
第七章　课文推理的理解
第八章　对课文延伸的理解
第九章　阅读的计算机模拟
第十章　正字法：正字法的结构及其对阅读的影响
第十一章　阅读入门：解码过程和教学
第十二章　阅读困难：特征和原因
第十三章　课文学习
第十四章　快速阅读
第十五章　个体差异

该书的作者就是著名的眼-脑假说的提出者。作者以眼动仪为工具，从事阅读和语言理解的研究已经有 15 年的历史了，这本书中有很多研究成果都是来自他们的实验室。

眼动名人堂

埃蒙德·伯克·德拉巴尔（Edmund Burke Delabarre，1863～1945）

1863 年出生于美国缅因州的多佛，是布朗大学心理学系名誉退休教授。他的大学生活从布朗大学开始，后来转到艾姆赫斯特学院，1886 年在那里获得了学士学位。1887～1888 年他在柏林大学学习，1888～1890 年在哈佛大学学习并于 1889 年获得文学硕士学位。1890～1891 年在弗莱堡大学学习获得哲学博士学位。1891 年他受聘成为布朗大学心理学助理研究员，1892 年开始在布朗大学工作，在此期间他申请离职到索邦神学院（巴黎大学的前身）进行学习。1896 年他正式被提升为布朗大学的教授。1932 年他从布朗大学退休。1896～1897 年在芒斯滕伯格教授离职期间，他担任哈佛大学心理学实验室的主任。

德拉巴尔在眼动研究中的贡献可以从以下几个方面来说明：①他是第一批成功设计能够有效记录眼动装置的心理学家之一。②他使用杠杆装置连接到熟石膏眼罩上，并把眼球的运动记录到烟纸鼓记波器上，从而使微小的眼球运动也可以被很准确地记录下来。

第五章 阅读理解过程的眼动研究

第一节 解释阅读过程的眼动理论模型

读者已经了解了阅读过程中眼动的一些基本知识。事实上，以眼动为指标考察阅读过程是心理语言学和阅读心理学研究的一个重要领域。在该领域的研究中，最关键的一个问题就是如何将眼动过程与阅读时读者的心理活动对应起来，阅读过程的眼动理论就是试图解决这一问题的。由于眼动过程与阅读时的心理活动过程并不是简单的一一对应关系，因此心理学家们根据自己的研究成果，提出了各自的眼动理论来解释阅读过程。本节拟介绍几个比较有影响的眼动理论。

一、早期的阅读眼动模型

（一）视觉缓冲器加工理论

这个理论由 Bouma 和 de Voogd 于 1974 年提出，他们认为阅读课文的局部特征不直接影响读者的眼动过程。在阅读课文过程中，眼睛是按照固定的速度向前移动的，注视时间的长短不能反映该注视点所注视内容的难度。因为每次注视时，读者都提取视觉信息，并存储在工作记忆的缓冲器中。在阅读过程中，注视点虽然已经移动到课文的下一个地方，但是大脑对已存储在缓冲器中的内容的加工仍然进行着。在阅读过程中，被提取的信息不断地输送到工作记忆的缓冲器中。因为工作记忆对信息的处理能力是有限的，所以，当所加工的内容难度过大时，缓冲器中的内容就来不及加工。这时，眼睛移动的速度就会降低下来，使在缓冲器中的信息得以加工。所以他们认为，课文内容的难易只是影响注视课文的总时间，而每个注视点的持续时间与所注视课文内容的难易没有关系。

总之，该理论主张在阅读过程中，读者的眼动过程同认知加工过程之间没有关系。这种观点是不对的。后来有许多实验发现，在阅读过程中，每个注视点的持续时间的久暂与正在阅读的内容是有关系的。

（二）Just 和 Carpenter 的直接假说和眼-脑假说

Just 和 Carpenter 于 1980 年发表了一篇著名的文章，题为《一种阅读理论：从眼注视到理解》。文章提出了一种阅读理解的理论模型，解释了大学生在阅读科技文章时眼注视的分配情况。该模型以眼动为指标考察了被试阅读时对词、句子和课文单元的加工情况。结果表明，在心理加工负荷（processing load）较大的地方（如加工低频词、句尾加工等内容），注视时间较长。该模型认为对每个词的总注视时间与同特征的不同加工水平之间呈函数关系。图 5.1 是一个大学生阅读一段科技文章时的注视情况。

1 2 3 4 5 6 7 8 9
1566 267 400 83 267 617 767 450 450
Flywheels are one of the oldest mechanical devices known to man.
1 2 3 5 4 6 7 8
400 616 517 684 250 317 617 1116
Every internal-combustion engine contains a small flywheel that
9 10 11 12 13 14 15
367 467 483 450 383 284 383
converts the jerky motion of the pistons into the smooth flow
16 17 18 19 20 21
317 283 533 50 366 566
of energy that powers the drive shaft.

图 5.1 大学生阅读一段科技文章时的注视数据

第一行的数字表示注视顺序数，第二行的数字表示对该词的凝视时间，其单位是毫秒

Just 和 Carpenter 发现：第一，从实验结果来看，被试几乎对每一个实词（content word）至少注视了一次，只是对一些短的功能词，如 the、of、a 等不予注视，从而指出了长期以来存在的一个误解：读者阅读时是逐词进行注视的。读者不会注视每一个词，只是注视课文中的一小部分词，可能是每两三个词中看一个。第二，存在的另一种误解是认为每次注视时间均大约为 250ms。事实上，实验结果并非如此，无论对每个词的一次注视时间还是总注视时间均存在很大的差异。例如，上例中对“flywheels”一词的凝视时间为 1566ms，而对“the”的凝视时间仅为 50ms。第三，凝视时间反映对该词的理解所需要的时间。第四，对句尾最后一个词的总注视时间较长，上例中对两个句尾词的加工时间分别为 450ms 和 566ms，这反映了在句尾处被试对整句进行信息综合。Just 和 Carpenter 提出了两种假说，它们是直接假说（immediacy assumption）和眼-脑假说（eye-mind assumption）。

1. 直接假说

读者在阅读文章时，试图对遇到的每一个实词（content word）进行解释，有时会冒着出错的危险对一些词进行猜测。这里的解释是指对所阅读的内容进行若干水平上的加工，如对词编码、选择词义、搞清指代关系、搞清楚词在句子中和语段中的作用等。直接假说认为对所阅读内容的各个水平上的加工不会延迟进行，而是即时进行的。

2. 眼-脑假说

只要被试正在加工这个词，就会注视它，也就是说被试所加工的词正是他所注视的那个词。所以对某个词加工的时间就是对该词的总注视时间。

有一些研究支持上述两种假说。Just 和 Carpenter(1978)发现，被试往往在需要较多加工的地方注视。上述两种假说除了在阅读研究中得到验证外，在空间问题解决研究中(Just and Carpente，1976)也得到了验证。但是，人们也对这两种假说提出了异议。首先，关于副中央凹预视效应（parafoveal preview effect）。当注视一个词时，被试还可以获得该词右侧词的部分信息，也就是说，对一个词的某些加工在注视它之前就已经完成了。这样，对一个词的凝视时间并不能精确地反映对这个词加工所需要的时间。其次，溢出效应（spillover effect）的存在。请先看以下的两个句子。

(1) The concerned steward calmed the child.

(2) The concerned student calmed the child.

这两个句子的唯一区别在于第一个名词，第一句为“steward”，第二句为“student”。这两个词音节数、字长都相同，只有词频不同。“steward”是一个低频词，而“student”是一个高频词。研究(Rayner and Duffy，1986；Inhoff and Rayner，1986)发现，对低频词的注视时间比对高频词的注视时间长 30～90ms。他们还发现，当前面一个词是低频词时，对后面一个词的注视时间长，当前面一个词是高频词时，对后面一个词的注视时间短，这种时间差别为 30～40ms。这个发现说明，读者对低频词的加工效应可能“溢出”到了对下一个词的加工，即溢出效应。这种溢出效应是很常见的，它的部分原因可能是没有预视造成的。当我们遇到一个较难加工的词时，我们的绝大部分注意力都集中在加工这个词上了，因而不能通过预视获得下一个词的信息。

综上所述，Just 和 Carpenter 的理论有一定的实验证据支持，但是同时也必须看到，该理论存在的不足，就是它不能解释对一个词的注视时间在多大程度上反映了对这个词的加工时间。因此我们需要一个理论来回答以下几个问题：第一，在一次注视过程中完成了哪些加工；第二，当未直接注视那个词时，完成了对那个词的哪些加工。

(三) 副中央凹加工理论

该理论认为，阅读过程中读者眼睛的注视范围可以分为两部分，一部分是中央凹注视的范围，另一部分是副中央凹注视的范围。当读者用中央凹视觉注视一个词时，其副中央凹视觉对注视点右侧的词也进行着信息加工，所以，读者在阅读过程中，有时注视点不是从当前注视的词上转移到旁边的那个词，而是跳过它，去注视第三个词。因而，在阅读过程中，被试对一些词不是直接注视的。但是，这并不表明未对这些词进行信息加工，事实上，读者是通过副中央凹视觉对其进行加工。此外，由于副中央凹视觉对注视点右侧的词进行了部分加工，所以，在阅读过程中，眼睛对一个词的注视时间受其前后词特征的影响。

(四)“聚光灯”理论

McConkie(1979)认为，可能存在一种独立于眼动的内部注意转移机制，这种注意转移机制像一个“聚光灯”，当我们进行阅读时，“聚光灯”会沿着阅读材料移动，当对词的加工遇到困难时，如遇到低频词，“聚光灯”就会停止移动。这时，就会有一个信号传到眼动系统，使眼睛移动至遇到困难的地方。

这个眼动理论的优点是简单明了。它的基本内容是当我们的内部注意机制在阅读遇到困难时，就会有信号使眼睛移动到出现困难的地方。但是，这个理论也存在着明显的不足，如果要等遇到了困难之后，才开始计划进行一次眼跳，这似乎使眼跳前的那次注视时间过长。此外，怎样作出以及何时作出“遇到困难”的判断均是比较模糊的概念。

二、新近的眼动理论

近几十年以来，心理学家们相继提出了一些新的眼动控制模型来解释在阅读过程中的眼动。有研究者(Rayner，1998)将眼动控制模型划分为两大类：眼球运动模型(oculomotor models)和加工模型(processing models)。这两类模型的主要争议是,眼动究竟是由低水平眼球运动策略(如肌肉收缩)所控制,还是由即时的认知加工过程所控制。眼球运动模型认为,在语言理解中,注视位置主要受低水平视觉因素的影响:文本的物理属性(如词长)、视觉特征(如视敏度)、眼球运动系统(如眼跳的准确性)等,而与高水平认知加工(如词汇、句法、语境等语言因素)只有间接关系。注视时间是由读者注视词的位置来决定的。加工模型则认为,词汇加工和理解过程等因素对眼动有重要影响,而低水平因素对注视时间的影响远远小于认知因素。加工模型认为,注视时间是由正在进行的语言加工决定的,而注视位置是由语言因素、视觉因素和眼球运动因素共同决定的。属于眼球运动模型的理论有:O'Regan 提出的战略-战术模型(strategy-tactics model)。属于加工模型的有:Morrison 的眼动理论模型、E-Z 读者模型、SWIFT 模型。尽管两类理论都有大量的实验证据支持,但是 Rayner(1996)认为,实验数据更多的是与认知模型一致而不是眼球运动模型。

语言因素在眼动控制中起的作用如何?不同的眼动控制理论主张不同。尽管人们据此将眼动控制的理论模型分成截然不同的两类,但是,这种划分似乎过于绝对。因此,近年来,又有人根据语言因素在眼动控制中所起作用不同,将眼动控制理论分为三类(Engbert et al.,2002):初级眼动控制理论(primary oculomotor control,POC)、注意梯度导向理论(guidance by intentional gradient,GAG)和序列性注意转移理论(sequential attention shift,SAS)。

初级眼动控制理论(POC)的基本假设是眼球运动主要由低水平因素,如文本编排、最初注视位置等驱动,其代表模型有 minimal control、strategy-tactics、push-pull 以及 Word Targeting 等模型。

注意梯度导向理论(GAG)认为,注意是有梯度的,所以在阅读时,读者加工的词不只是一个。有人认为(Reichle et al.,2003),由于注意在阅读过程中的分配问题是一个颇具争议的一个问题,所以,该类模型在今后探讨阅读中的注意分配研究中将起着重要的作用。其代表理论有:SWIFT 模型、Glenmore、Mr. Chips 和注意转移模型(Attention Shift),其中,影响最大的是 SWIFT 模型。

序列性注意转移理论(SAS)认为,注意是从一个字到另一个字被系列地分配的。其代表理论有:Morrison 的模型、E-Z 读者模型、EMMA 模型(eye movements and movements of attention,EMMA)和 Reader 模型,其中影响最大的是 E-Z 读者模型。

从 POC-GAG-SAS,越来越强调语言因素对眼动控制的影响。下面介绍一些主要的眼动控制模型。

(一) Suppes 等的模型

1. 最小控制模型(minimal-control)

这个模型认为(Suppes,1990,1994),注视时间或眼跳距离不受语言或认知因素的影响,而是由文章的物理特征决定的。

该模型主要用于解决数学任务的完成过程,所以并不适用于解释阅读过程,该理论在单词水平上适用,无法解释注视位置的分布或者最佳注视位置、词的预测性、溢出效应等其他阅读中的现象。

2. 眼动的几何推理引擎模型

解几何题是一个复杂的认知过程，解题者需经历：读题、构建图形、在已有图式中搜索、从记忆中提取相关内容、推理并计算等过程。眼动的几何推理引擎（oculomotor geometry reasoning engine，OGRE）模型就提供了这样一个理论框架，该模型是由 Epelboim 和 Suppes 提出的一种量化模型，它试图解释几何解题过程中的眼动规律并估计视觉工作记忆容量。

该模型的核心内容是视觉工作记忆，它负责短时储存由视觉感知到的客体，短时储存的记忆映像是有意义的并与当前的任务有关。在几何题中，角、线段、图形形状（如三角形）和文字内容等就是视觉感知的客体，记忆映像进入视觉工作记忆的机制就是眼动扫视（oculomotor scan），遗忘的机制就是当前扫视的对象和已存在于视觉工作记忆中的对象之间产生了干扰。

眼动的几何推理引擎模型把几何解题过程中的注视描述为一个泊松过程，并认为注视持续时间的分布服从 Γ 分布。该模型还认为，对给定的被试和题目，几何解题过程中视觉工作记忆容量是一个常数，某个新元素的记忆映像添加到视觉工作记忆中，原来存在于视觉工作记忆中的某个元素的记忆映像就会被覆盖，而且可以用该元素的记忆映像被覆盖的概率来估计视觉工作记忆的容量。OGRE 模型还定义了几何解题过程中的扫视路径，并认为扫视路径具有近似独立性。

如何评价 OGRE 模型呢？有学者（冯虹等，2005）从以下 4 个方面提出了自己的看法。

第一，OGRE 模型对深入了解几何解题的认知过程具有重要意义。在几何解题过程中，眼动同认知加工之间的关系极其复杂，眼动过程与解题时的心理活动并不是一一对应的关系，OGRE 模型是第一个解释几何解题过程中眼动的量化理论模型。研究者利用该模型比较好地解释了简单几何题的解题过程，该模型的提出为几何解题过程的研究开拓了一个新的方向。

第二，用眼动理论估计视觉工作记忆容量具有一定的创新性。视觉工作记忆是几何解题过程中的一个重要问题。以前对视觉工作记忆容量的估计都是要求被试完成简单的记忆任务，如回忆呈现过的物体等。OGRE 模型以眼动数据为基础，用量化的理论模型来估计视觉工作记忆容量，而且用该模型估计的结果与在其他实验条件下的估计结果基本一致。这种研究尚不多见，具有一定的创新。

第三，OGRE 模型应用范围的广泛性。OGRE 模型不仅可以解释几何解题过程，还可用于解释算术中的竖式计算、数学应用题的解题过程等，而且还可以被修正并推广应用到阅读过程中。该模型不像其他阅读过程的眼动理论那样把单个词作为阅读单位，它在解释阅读过程的眼动、估计视觉工作记忆容量时，把短句或短语等作为阅读单位，用重新扫视间的扫视次数分布来估计视觉工作记忆容量。

第四，OGRE 模型的不足。OGRE 模型也存在一些问题。首先，该模型在解释解题过程的眼动模式和估计视觉工作记忆容量时，其过程很繁琐；其次，该模型适用于解释简单几何题的解题过程，但不适用于解释复杂的几何题（如立体几何问题）的解题过程。因此，该理论还具有一定的局限性，需要进一步的完善。

（二）O'Regan的战略战术（strategy-tactics models）模型

该模型的提出是基于如下的两个事实：第一，如果读者的注视点落在单词中间稍靠左的位置时，即在最佳注视位置时（optimal viewing position），单词可以迅速地被识别。第二，如果读者的注视点落在该单词的最佳注视位置上，则读者很少再注视这个词。因此，该模型预测，读者在阅读中通常会采用两种策略（整体性策略和局部策略）进行阅读。具体而言，读者采用整体性策略（global strategy），尽量使眼睛落在每个单词的最佳视觉位置，然后进行注视；同时读者也会采取局部词内策略（local within-word tactics）：当眼睛没有落在最佳注视位置上，读者就会使眼睛移到单词的其他部分从而对该单词进行再注视。

该模型认为，影响眼动的最主要因素是读者在注视早期获得的非词汇水平的信息，即眼睛在一个词上的最初停留位置，如果注视点落在一个词的最佳位置（靠近词的中部），那么就只有一次注视。而当注视点落在一个不适宜的位置时，通常会有一次再注视。

O'Regan的模型存在的问题是，其所提出的每个词存在最佳注视位置的结论是从单词独立呈现的条件下获得的。而正常的阅读比起单词独立呈现条件下的识别要复杂得多。而且，该模型提出的局部词内策略的预测并没有得到实验的证实。

（三）word-targeting模型

这个理论基于如下的事实：读者通常注视单词的最佳注视位置，而且注视着陆位置的分布与眼跳距离和发起眼跳前的注视时间有关系。McConkie的模型认为，注视着陆位置的分布反映了眼球运动系统的噪声。眼球运动系统进行距离约为7个字符空间的眼跳，所以较长的眼跳达不到目标，而较短的眼跳会超越目标。

眼跳距离、发起眼跳前的注视时间和眼跳的准确性之间的关系导致McConkie等（1994）提出了一个精确的数学模型，用以说明这些变量是如何影响阅读中的眼跳着陆位置的。由于他们提出的模型没有解释语言过程如何影响注视时间，而且，该模型对眼动何时发生和向何处去这两个问题是分开来解释的，因此，它不能够解释注视的时间与空间位置的关系。

（四）push-pull模型

Yang和McConkie（2001）提出了推-拉（push-pull）模型。首先，该模型认为，眼跳的时间计划是由于眼球运动系统各种成分之间的相互竞争（推-拉）之后的结果导致的；其次，该模型认为，眼跳的时间计划是独立于词汇加工的。目前，词模型还不是一个计算模型。

（五）SWIFT模型

西方学者在对阅读过程中的认知加工与眼动行为的研究过程中，提出了多个眼动控制模型，其目的在于解释阅读时眼动与读者的心理活动的关系问题。国内学者（陈庆荣和邓铸，2006）对该模型也进行了介绍。

1. SWIFT 模型的基本原则

根据 GAG 理论，研究者构建了多个眼动模型，这些模型能较好地解释有关阅读中的眼动行为。最有代表性的是 SWIFT 模型（saccade-generation with inhibition by foveal targets，SWIFT），由德国心理学家 Engbert、Longtin 和 Kliegl 等于 2002 年提出。

SWIFT 模型的功能模块以 GAG 理论为指导，力图将认知和初级眼球运动结合起来考察阅读中的眼动行为，主要有三条基本原则。

(1) 一定注意范围内的分布式词汇加工。阅读过程中，词汇加工并非机械式的按照既定序列依次进行，而是分布式的，个体可以平行地加工若干个单词。

(2) 眼跳计划和目标选择的分离。Engbert 等认为，眼跳时间的选择独立于词汇的加工，它是一个随机的过程。

(3) 伴随中央凹目标抑制的眼跳机制，即眼跳触发是一个伴随着中央凹目标抑制的自主（随机）过程。

2. SWIFT 模型的两大功能模块

SWIFT 模型主要有两大功能模块：词汇加工（lexical processing）和眼跳计划（saccade programming），具体见图 5.2。

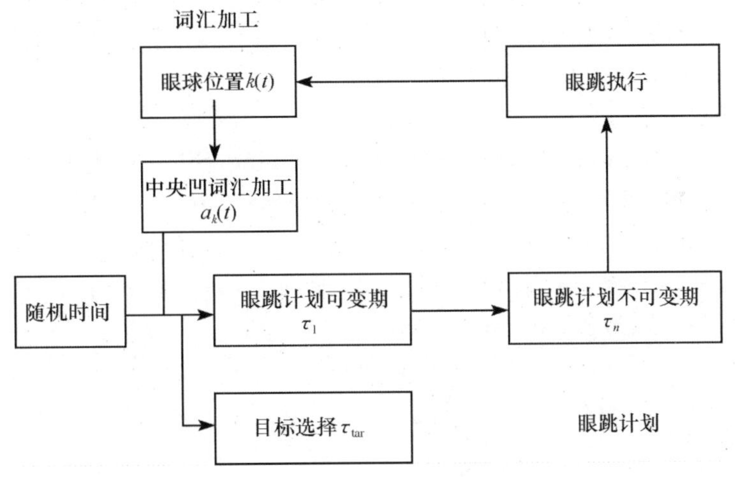

图 5.2　SWIFT 模型的功能模块

1) 词汇加工

词汇加工包括两个加工阶段：词汇的前加工阶段和词汇通达阶段。在实际建模时，令单词 n 在时间 t 上的词汇加工为 $a_n(t)$，因此在一个给定的句子中，所有单词的加工会构成一个数据集合$\{a_n(t)\}$（$n=1,2,3,\cdots,\mathrm{Nw}$）。

词汇的前加工阶段主要用来加工单词的一些基本的自然属性，如词长、首字母等。在这一阶段，词汇加工水平呈现出不断上升的趋势，即 $\mathrm{d}a_n/\mathrm{d}a_t>0$，并在前加工阶段的末端达到最大值。在词汇通达阶段，词汇加工从最大值不断衰减，即 $\mathrm{d}a_n/\mathrm{d}a_t<0$，直至加工完成，此时 $a_n(t)=0$。因此，在注意窗口内，当词汇加工完成后，如果某个单词还保持着一定的加工水平，即 $a_j(t)>0$，那么会对该词产生回视。

同时，SWIFT 模型强调词频和可预测性对词汇加工及眼动行为的影响。词频(frequency of word)是指一定范围的语言材料中词的使用频率，它影响对单词自下而上的加工。单词的可预测性(predictability of word)是指特定句子中，在前面的单词都已知的情况下，某个单词被猜测出来的概率，它影响对单词自上而下的加工。词汇加工难度是词频(f_n)和可预测性(P_n)的对数的线性函数，即

$$L_n = (1 - P_n)(\alpha - \beta \log f_n) \tag{5.1}$$

式中，α 和 β 分别是截距和斜率；$0 < P_n < 1$；L_n 是词汇的加工难度，它在很大程度上决定一个单词的加工水平、加工时间及其成为眼跳目标的可能性。

SWIFT 模型假设阅读过程中，阅读知觉广度是 4 个单词，强调分布式的词汇加工，力图重新审视注意的分配和眼动控制。分布式词汇加工过程中，单词的加工速度受其所在位置与注视点距离的影响，即离心率 ε 的影响。建模时，令加工速度为 λ，它是离心率 ε 的函数。同时，研究者认为在不同时间，注视点随眼球运动而不断发生变化，因此单词的离心率是时间的函数。

$$\varepsilon(t) = n - k(t) \tag{5.2}$$

式中，n 是单词的实际位置；k 是在 t 时的注视点位置。当 $\varepsilon=0$，也就是说在中央凹区域，单词的加工速度最快，即 $\lambda(0)=\max\{\lambda\}$。在一定注意范围内，随着离心率的增加，单词的加工速度显著下降，具体如式(5.2)所示，$\lambda(0)>\lambda(\pm1)>\lambda(2)$。对于阅读知觉广度外的单词，即 $\varepsilon<-1$ 或者 $\varepsilon>2$ 时，其加工速度 $\lambda=0$。

2) 眼跳计划

在 SWIFT 模型中，眼跳计划(saccade programming，SP)主要包括两种加工成分，分别是眼跳计划的可变期(τ_1，labile stage of saccade programming)和眼跳计划的不可变期(τn，nonlabile stage of saccade programming)。τ_1 和 τ_n 都服从 gamma 分布。根据 SWIFT 模型的基本假设，研究者测查出该模型的各项参数，其中 $\tau_1=128.6\text{ms}$，$\tau_n=41.6\text{ms}$，平均误差分别为 3.2ms 和 4.7ms。

$$\pi(\Omega, t \mid k) = \begin{cases} \dfrac{a_n(t)}{\sum_{m=1}^{k+2} a_n(t)} & \text{if} \quad n \leqslant k+2 \\ 0 & \text{if} \quad n > k+2 \end{cases} \tag{5.3}$$

眼跳目标选择是以一系列词汇加工，即$\{a_n(t)\}$为基础。在 SWIFT 模型中，眼跳目标选择发生在眼跳计划可变期的后半段。模型假设，如果在 t 时，注视单词的位置是 k，那么单词成为眼跳目标的可能性为 π。

式(5.3)中，π 代表单词 n 成为眼跳目标的可能性，当 $n\leqslant k+2$，$\pi>0$。

Engbert 等假设，在两次眼跳计划之间，有一个随机的时间间隔 ts。如果 $t=ts$，那么一次新的眼跳计划就开始，t 表示可变眼跳计划最终启动之后所用的时间。这个随机的时间间隔 ts，可能被中央凹的词汇激活 $a_k(t)$ 抑制了。这个抑制机制是通过词汇激活作用于这个随机的时间间隔而执行。

$$t = ts + \text{h}a_k(t) \tag{5.4}$$

式中，t 是一个新的眼跳可变程序的开始时间；h 是中央凹词汇加工的抑制强度，不是 $h\rightarrow\infty$，中央凹目标抑制也趋向于极值。

3. SWIFT-Ⅱ模型

2005年,Engbert等又提出了SWIFT-Ⅱ模型。SWIFT-Ⅱ模型比起旧版本,内容更为丰富和精确。其主要观点是单词的识别按空间分布的形式加工(spatially distributed process)。国内学者(刘丽萍等,2006)对这个模型也进行了介绍。

1) SWIFT-Ⅱ模型的理论假设

SWIFT-Ⅱ模型的理论假设包括了7个基本原则。

(1) 一定注意范围内分布的词汇加工原则。阅读过程中,词汇加工并非机械地按照既定序列依次进行,而是分布式的,即平行地加工若干个单词。

(2) 眼跳计划和眼跳目标的选择相互分离原则。Carpenter等经过神经生理学研究发现,在眼球运动中,"何时眼跳"(when)、"向何处眼跳"(where)都有特定的神经通路。"where"通路主要将信息向前投射到颞中回的视觉运动区,引导眼动和注意视觉的方向。而"what"通路主要将信息投射到颞叶下侧皮层,起到识别目的,它是眼跳计划的必要条件。

(3) 伴随着时间延迟的中央凹抑制而产生自发眼跳原则。眼跳计划的自发产生使得注视时间基本上是随机变化的,而这个随机加工过程被中央凹抑制加工调节。如果中央凹处加工的词汇较难,那么就会推迟后继的眼跳启动。

(4) 加工过程分为两阶段的眼跳计划原则。眼跳计划是一个两阶段的加工过程,分别是可变水平(labile level)和不可变水平(non-labile level)阶段。在可变阶段,眼动系统为下一次眼跳计划而准备。如果在可变阶段对一次眼跳计划的新的抑制导致了对初次眼跳计划的取消,那么开始一次新的眼跳计划。如果在可变阶段结尾,眼跳目标从激活场中被选择出来,那么在经历不可变阶段之后,这个眼跳计划就不会再被取消。

(5) 眼跳距离(saccade length)的系统误差和随机误差原则。眼动系统本身就会产生眼跳的误差,这些误差可以分成系统误差和随机误差。

(6) 注视错误定位矫正(error correction of misallocated fixation)原则。所谓的注视错误定位是指本无意注视某个词,但是却注视了它,即眼跳错误地落在了本来无意注视的词上。眼动的错误-矫正机制(error-correcting mechanism)可以在可变的眼跳阶段结束时对注视的错误定位进行矫正。

(7) 有意的眼跳幅度(intended saccade amplitude)调整眼跳潜伏的原则。Engbert等认为眼跳潜伏被有意的眼跳幅度所调整。在SWIFT-Ⅱ模型中,眼跳目标的选择在眼跳计划的可变阶段结尾才被执行,有意的眼跳幅度可能会影响不可变阶段的眼动,因而有意的眼跳幅度会影响眼跳的潜伏。

2) 对词汇加工的解释

Engbert等认为眼睛的运动和词汇的加工状态是联系在一起的,而且眼睛向哪里运动和什么时候运动是随着时间的变化而变化的,并主要依赖于之前的注视位置。也就是说词汇活动是一个动态的系统,这个动态的系统有一个灵活的目标选择机制,而这个机制就是词汇在两个阶段被加工。

SWIFT模型的一个关键概念就是空间分布的词汇加工。根据中央凹到副中央凹视敏度的衰减,Engbert等认为词汇的加工率在中央凹处最高而在外围衰减。大多数的SAS模型认为对下一个单词的加工是由于注意的转移。然而在SWIFT模型中,词汇的加工并不是一个严格的序列过程。

3）眼跳的解释

眼跳计划是一个包含可变阶段和不可变阶段的两阶段加工过程。首先，在开始一个眼跳计划后，就进入了一个平均时间为 τlab 的可变阶段。如果在此期间有另外的眼跳指令，可变阶段就会被取消。在可变阶段终止后，进入平均时间为 τnl 的不可变阶段。从可变阶段到不可变阶段的转变激发了眼跳目标的选择。眼跳的平均持续时间为 τex。眼跳计划的时间方案在眼跳计划开始后，首先会进入眼跳的可变阶段。可变阶段的结束，眼跳目标得以确定。最后，眼跳被执行随之注视位置也转移到一个新的地方。

4）眼跳的执行

（1）眼动的时间和位置。Engbert 等认为眼跳目标即使在眼跳计划启动后仍可以改变，即使眼跳的目标也可以改变。而 E-Z 读者模型则认为眼跳一旦启动，眼跳的目标就不能改变。眼跳目标的选择是所有被激活的单词之间竞争性的加工过程。Engbert 等假设眼跳目标的选择是一个随机加工过程。在时间 t 选择单词 n 作为眼跳目标的概率 $\pi(n,t)$ 可以由它的词汇激活值得到：

$$\pi(n,t) = \frac{a_n^\gamma(t)}{\sum_{j=1}^{\mathrm{N_w}} a_j^\gamma(t)} \tag{5.5}$$

指数 γ 是在目标选择加工过程中对随机性的测量。Engbert 等考虑到两种极端的目标词选择情况。$\gamma=0$：所有词汇激活值非 0 的单词的目标选择概率相等（随机的目标选择）；$\gamma\to\infty$：目标选择是确定性的，激活值高的词就是下一个眼跳目标。

（2）眼跳计划的抑制。根据 SWIFT-Ⅱ基本原则（3），眼跳时间的发起是一个随机过程，它被中央凹激活量调节。眼跳 i 的眼跳计划的发起时间用 t_i 表示。开始一个新的眼跳计划 $i+1$ 的指令会在间隔 Δt_i+1 之后发生。这个时间间隔会被中央凹词汇加工的抑制所延迟。如果

$$t > t_i + \Delta t_{i+1} + h \mid \mathrm{a}_k \mid_\tau \tag{5.6}$$

开始眼跳计划 $i+1$ 的下一个命令就会发起，h 表明了中央凹抑制加工的强度。Engbert 等认为时间延迟的中央凹抑制（time-delayed foveal inhibition）的概念也可解释成为加工的延迟效应（lag effects of processing）。

5）眼跳发生中的眼动错误

由于加工梯度受视敏度的限制，因此甚至一些小误差也会影响加工率。眼跳的越标（overshoot）及脱靶（undershoot），即眼跳越过了应该注视的目标单词及眼跳未达到应该注视的目标词，都可能导致对本无意去注视的单词的注视（图 5.3）。这些注视的错误登陆大部分可能发生在靠近单词边界的地方。而眼跳错误是眼动系统本身固有的。Engbert 等认为，这些被错误引导的眼跳会立即通过开始一次新的眼跳计划来矫正。

4. 对 SWIFT 模型的评价

Reichle 等（1998）认为 SWIFT 模型发展了 E-Z 读者模型，有助于推动研究者对阅读过程中注意和视觉控制的认识。陈庆荣等认为，较之于 E-Z 读者模型，SWIFT 模型进一

步加深了对阅读中眼动的理解，主要体现在以下几个方面。

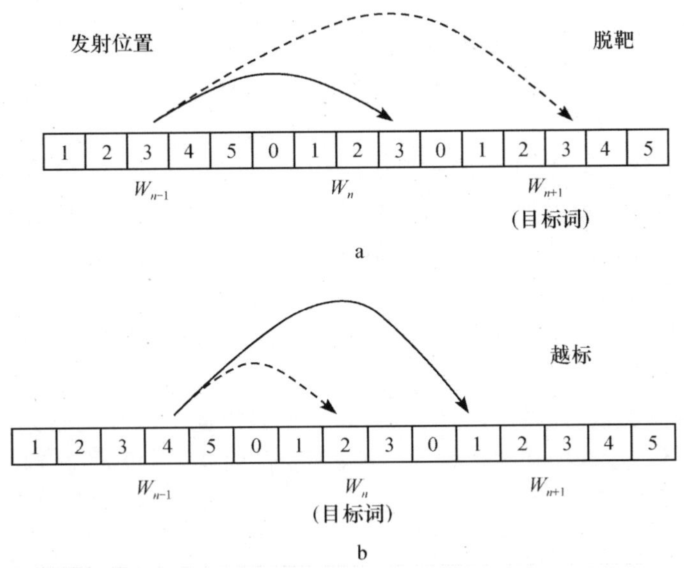

图 5.3　眼跳的错误登陆

W_{n-1}、W_n、W_{n+1}是指三个相邻的词长为 5 个字母、3 个字母、5 个字母的单词。“1～5”的 5 个数字代表单词中的字母及字母位置(如“1”代表单词中的第 1 个字母)；“0”代表两个相邻单词的边界。实线箭头标明眼跳错误登陆的位置；虚线箭头标明眼跳本来应该登陆的位置

(1) SWIFT 模型采用眼跳计划和眼跳目标选择分离的方法，推迟了目标选择的时间，通过计算机模拟发现注视时间只增加了 10～21ms，与实验结果的拟合度较好，从而在很大程度上克服了 E-Z 读者模型一直难以解决的问题。

(2) SWIFT 模型强调分布式的词汇加工，眼跳计划与眼跳目标选择的分离。在一定的注意窗口内，任何加工不充分的单词都是潜在的眼跳目标。另外，当一个单词在词汇加工窗口外时，其加工水平较低，通常不会立即对它产生更深入的词汇加工。不过，它仍是一个潜在的眼跳对象。该模型认为处在加工窗口之外，保持低水平词汇活动的单词会在句子末尾处产生一个长距离的回视，并进行再加工。

(3) SWIFT 模型根据眼跳目标选择激活的动态变化这个原则，将初级眼球运动和认知因素结合起来，认为眼跳计划和眼跳目标选择分离，视觉注意梯度分配，存在一定的自主性，注意分布观点更清楚明了。

(六) Glenmore：阅读中眼动控制的交互激活模型

在当前计算模型争论的基础上，Reilly 和 Radach 试图构建一个相对简单的理论模型——Glenmore 模型。“Glenmore”一词源于爱尔兰西南部海岸的一个偏远村庄。Glenmore 村庄是一个理想的避暑胜地，作者在那宁静幽僻的地方，利用一周的时间构建了该模型的主要内容，作者将其建立的模型称为 Glenmore 模型，该模型对阅读中眼动控制的一些现象作出简洁而合理的解释。

1. 基本假设

Glenmore 模型的基本假设是：在阅读过程中，读者的眼动是由低水平的视觉运动程序和高水平的认知加工共同决定的。低水平控制传递一个可靠的眼跳触发信号，触发信号又受到字母水平和词水平上语言加工的调节，在某种程度上还会受到更高水平（如句子和语篇）语言加工的影响。

受 Findlay 和 Walker 提出的眼跳产生式模型的启发，Glenmore 模型主张，眼跳目标的选择是通过平行加工以及在二维重要性地图（saliency map）内的竞争抑制来完成的。注视中心（fixate centre，FC）控制实际的眼跳触发，并调节来自不同认知加工路线的输入。当眼跳被触发时，目标客体将会在重要性竞争中处于优势地位，以赢者的身份出现，从而使眼跳到达目标位置。在阅读过程中，重要性地图为当前知觉广度内的某一位置赋予一个重要性向量值。

Glenmore 模型假设，在每次注视开始，低水平的视觉信息被编码为重要性向量（saliency vector），进行目标选择和眼跳触发，并且不受任何认知因素的影响。在注视过程中，代表词单元的重要性值随着输入的语言加工信息的变化而变化。假设一位读者正注视一个 7 个字母的单词（n）右半部分的某个字母，下一个单词（$n+1$）是一个包含 3 个字母的短词，单词 $n+2$ 还是一个 7 个字母的单词，那么在这种情况下，单词 $n+2$ 很可能具有最大的重要性值，成为下一次词间眼跳的目标词。如果单词 $n+1$ 很容易加工，其重要性会迅速下降，不被注视的可能性就增加；如果单词 $n+1$ 在副中央凹中难以加工，其重要性会迅速增强，并可能成为最具有吸引力的眼跳目标。当然，单词 n 也可能相当难以加工，在这种情况下，再注视单词 n 的概率将会增加。由于加工资源是有限的，单词之间便产生竞争，这为解释预视效应等现象提供了思路。这个例子也说明了在空间重要性框架内，“单词跳读”的概念将没有任何意义，因为这里不存在取消和再计划眼跳到单词 $n+1$ 的必要。

2. 模型的结构

Glenmore 模型的结构成分主要包括：输入模块、字母加工模块、单词加工模块、重要性地图、注视中心以及眼跳产生器（产生实际的眼跳运动），见图 5.4。可以看出，这些单元之间相互连接，形成加工网络。

输入模块是对当前知觉广度内信息的表征和注视位置附近视觉图形的编码。来自输入单元的视觉信息传入到字母和单词加工模块，在交互激活模型的框架内实现字母水平和词水平的加工。同时，视觉信息传入到重要性地图，通过计算知觉广度内某一位置的重要性值，从而实现自下而上的视觉激活与自上而下的单词激活之间的相互作用。

从字母和单词加工模块开始，信息向两个方向传输。字母单元激活是指向重要性地图，在此不断调整潜在眼跳目标的重要性值；同时，来自语言加工网络中具有一定兴奋性水平的反馈信息被传输到 FC。FC 模块决定何时执行一次新的眼跳。FC 和重要性地图动态地相互作用，其活动性决定了实际眼跳的触发。眼跳潜伏期之后，眼跳产生器模块执行眼跳，并总是指向具有最大重要性值的目标单词。

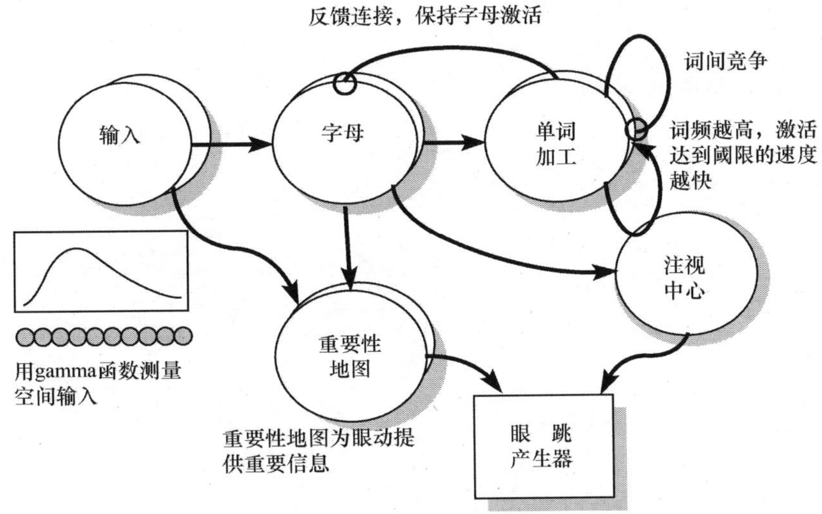

图 5.4 Glenmore 模型结构示意图

圆圈表示连接成分，矩形表示非连接成分。带有圆头的连接表示负连接，带有箭头的连接是正连接。从单词到字母之间的负连接用以保持字母单元的活动性，此时这些单元形成一个累积的高斯转换函数。由于受自下而上视觉输入的影响，自上而下的负连接将阻碍激活达到阈限的速度

Glenmore 模型的结构框架是比较简单的。在一次注视过程中，网络中所有单元随着时间的延长而不断积累其输入单元的活动性。在注视结束时，有些单元的活动性重新返回到零，而有些单元持续激活到下次注视中。从一次注视到下次注视的持续激活是溢出效应和预视效应实现的机制。每种单元都有与之相连的转换函数，它决定着从输入单元产生什么样的输出，以及这一过程怎样随时间的变化而变化。该模型运用了高斯和 S 形两种转换函数。在函数中，唯一可自由变化的参数是连接单元之间的权重。相同类型的权重（如从字母到词单元的权重）被赋予相同的数值。

图 5.5 详细地描述了 Glenmore 模型的主要成分。在图 5.5 中，相关单元的转换函数用相邻方框中的图形来表示。输入单元的活动性通过 gamma 函数（表示空间分辨率的变异性）来测量，其活动性扩散到字母单元（"what"通路）和重要性地图单元（"where"通路）。字母单元的活动性首先传到词单元，反过来，词单元也将其活动性反馈到字母单元，从而为字母单元提供了自上而下的支持，增强了字母单元激活的程度。从单词到字母的反馈权重为负值，因而接受大量反馈信息的字母单元能保持较长时间的激活。词单元的循环连接可以实现词频效应。词频越高或越熟悉的单词，其激活速度越快。

重要性地图单元维持输入向量的空间表征，它是眼跳目标选择中所运用的表征结构。FC 单元接受来自字母单元的输入，当 FC 单元的激活水平达到阈限时就会触发眼跳。FC 的活动性受字母单元的总活动性水平的调节，反过来，字母单元的总活动性水平又受词单元活动性水平的影响。FC 的阈限可根据总的策略因素，如阅读任务和材料难度而作出调整，实质上，阈限的变化决定了眼跳触发的早晚。

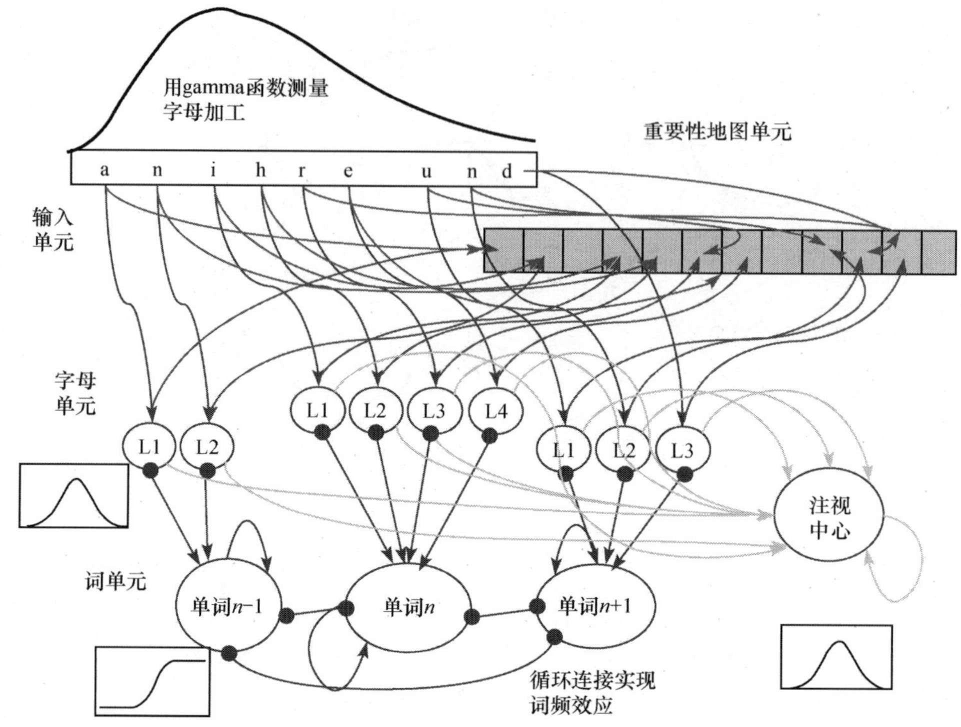

图 5.5　Glenmore 模型内部连接性的简明图解

3. 评价

1) Glenmore 模型的特点

该模型的独特之处在于运用重要性地图，为自下而上的视觉加工和自上而下的词汇影响之间的交互作用提供了竞争舞台。这两种因素共同作用，形成一种激活的模式，并成为选择眼跳目标词的依据。与以注意为基础的序列加工模型相对比，Glenmore 模型将决定何时发生眼跳与单词识别过程分离开来。同时，该模型考虑到语言加工对眼动决定的实质性影响。特别地，FC 模块激活的时间进程决定了眼跳触发是字母水平和词水平加工的函数。因此，对眼动的时空控制取决于低水平的加工因素，并受高水平认知因素的调节。

Glenmore 模型的一个重要特色是，在单个字母水平和词水平上讨论视觉和语言加工以及眼动控制。交互激活模型能够十分有效地解释多层次水平上加工单元之间平行激活和竞争抑制的时间进程，这一事实推动了交互激活网络的实现，使模型在整合单词识别和连贯阅读研究领域迈出了第一步。

2) Glenmore 模型与中文阅读

Glenmore 模型是当前涌现出的眼动控制模型家族中很有发展前景的一员。Reilly 等认识到单词平行加工和序列加工的局限性，致力于实现眼动控制的时空特征由视觉运动和语言加工共同决定的思想，对阅读中眼动控制的本质提出了非常有意义的观点。该模型对中文阅读过程中的眼动研究具有重要的参考价值。在中文阅读中，字词是句法和语法分析的基本功能单位，汉字识别受自下而上的视觉运动和自上而下的认知加工的交互影响。李栗和陈永明根据联结主义提出的交互激活竞争理论，建立了一个汉语句法分析的网络模型。模型用最少单元把任何短语、文法转换成网络表达，对单元之间的联结赋予适当权重，并成功应用于若干汉语基本句型的分析和歧义词的处理。这与 Glenmore 模型有相似之处，因此 Glenmore 模型对于建构汉语字词加工的眼动控制模型提供了新的视角。

需要指出的是，目前还没有研究者运用汉语材料对该模型进行验证，还需要对其在解释汉语加工适用性方面进行探讨。另外，该模型对单个字母和单词加工的眼动过程进行了精确而简洁地模拟与解释，但没有在句子水平上讨论视觉和语言加工以及眼动控制，因此还需要对模型在句子语境下单词加工的眼动过程的适用性加以进一步地验证。

（七）Morrison 的眼动理论模型

Morrison(1984)提出了一个精细的眼动理论模型用以解释阅读过程中的眼动。该理论保留了“聚光灯”理论中将内部注意机制比喻成一个聚光灯的思想，但是作了一定的修正。他认为，眼动是由于成功地加工引起的，而不是由于遇到困难引起的。Morrison 认为，内部注意机制一次只加工一个词(词 N)，使注意机制向下一个词(词 $N+1$)移动的信号是对前一个词的成功识别。当注意机制移动到下一个词的时候，就会有一个信号传到眼动控制系统，进而发生眼跳，使眼睛注视下一个区域。Morrison 的理论可以解释阅读过程中的一些重要现象。

1. 对副中央凹预视效应的解释

副中央凹预视效应是指当读者注视词 N 时，还同时可以获得词 $N+1$ 和词 $N+2$ 的某些信息。而 Morrison 认为，在眼动发生之前注意的焦点已经指向第 $N+1$ 个词上了。

2. 对注视持续时间的解释

Morrison 认为，在同一时间里可以计划出不止一次眼动。每次注意机制移动到一个新词上时，新的眼动信号就发出了，而不论先前发出的指令是否被执行了。这种情况就如同下面的情形：饭馆里的侍者(注意机制)不断地给厨师(眼动系统)新的饭菜订单，尽管老订单上的饭菜尚未做好。可以用图 5.6 来说明他的观点：假设在注视开始后注视的词 N 在 125ms 后被识别出来(紧随其后的是第一次注意转移)，在同一次注视开始 225ms 后，

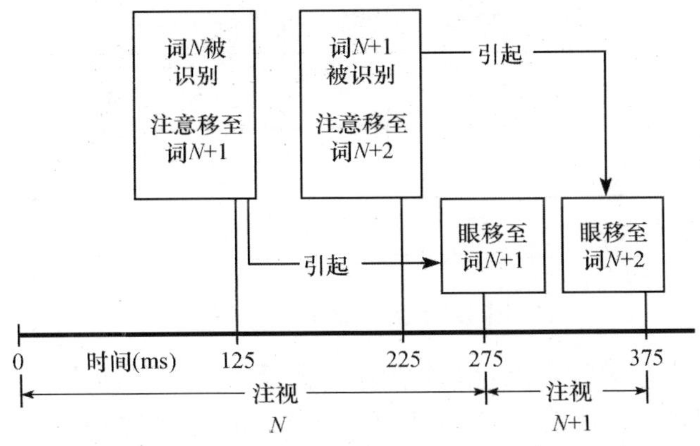

图 5.6　眼睛的注视过程

第 $N+1$ 个词被识别出来(紧随其后的是第二次注意转移)。假设注视第 N 个词的开始时间为零,则第一次眼动是在 125ms 时被计划好的,第二次眼动是在 225ms 时被计划好的。而执行这些计划也存在着延迟时间,假设是 150ms。那么,第一次眼动(结束了对词 n 的注视)是在 275ms(125ms+150ms)的时候执行的,第二次眼动(结束了对词 $N+1$ 的注视)是在注视词 N 的时候计划,而在 375ms(225ms+150ms)后执行的。由于两次眼动计划均是在注视词 N 的时候作出的,所以,注视点 $N+1$ 持续时间相对较短(持续时间只有 100ms)。

3. 对跳读的解释

跳读是指在阅读过程中,有些词根本就未被注视,而被跳越过去。事实上,这里所说的跳读就是一种眼跳。

有人(Becker and Jurgens,1979)做过如下实验:要求被试注视一个十字,然后眼睛随着十字的移动而移动。十字共移动两次。结果发现,当第一次移动和第二次移动之间的时间间隔相对较长时,被试的眼动先到第二个位置,然后再到第三个位置。这种模式同上述解释基本吻合。但是,当十字的第一次移动与第二次移动之间的时间间隔过短时,被试只进行一次眼动,即眼睛直接从第一个位置移动到了第三个位置上,而第二次眼动被完全取消。如果十字的两次移动之间的时间间隔略微长一些,则眼睛从第一个位置移动到第二个和第三个位置之间居中的位置上,表明第一次眼动被取消了,但是它影响着第二次眼动的停留位置。

上述实验支持下面的结论:在同一时间里,被试可以计划出一次以上的眼动。同时,似乎存在一种机制,如果所计划的第一次眼动和第二次眼动之间间隔过于短暂,该机制就会取消第一次眼动计划。在有些情况下,即使取消了第一次眼动计划,它仍然会影响下次眼动的距离,即眼跳的距离。

Morrison 认为,上述实验发现的现象在阅读中也是存在的。如果两次注意转移之间的时间间隔过短,则第一次眼动将会被取消,出现跳读现象,详见图 5.7。

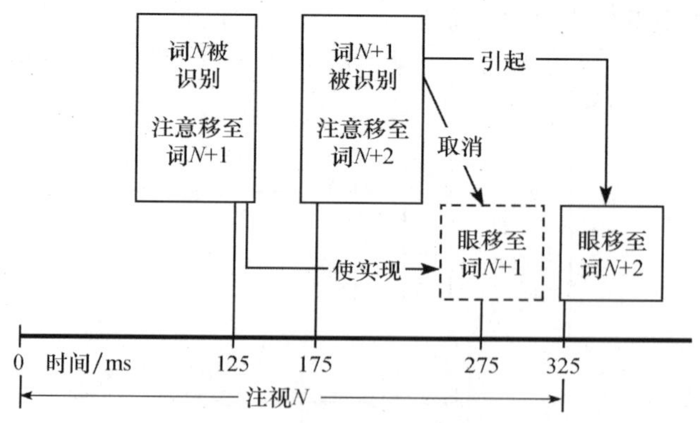

图 5.7 阅读过程中的眼跳

为了搞清楚图 5.7 中的观点,不妨举例如下:假设第 $N+1$ 个词为 the,当被试注意第 N 个词并且识别以后,注意就会转移至 the 上,the 会被很快地编码,紧接着第二次注意转移就会发生,转移到 $N+2$。这样,指向 the 的眼动将被取消,而直接指向 $N+2$,

即被试注视完第 N 个词后，通过眼动移至第 $N+2$ 个词，而第 $N+1$ 个词则被跳读过去。Morrison 认为，容易被跳读过去的词主要有短词、高频词和阅读时容易根据上下文推断出来的词。

Morrison 的理论是一个比较系统的理论，它可以解释一些眼动的基本事实，所以该理论为一些心理学家所接受。但是，他的理论也存在着不足：第一，不能解释为什么有的词被注视过若干次，为什么会出现回视（regression）。第二，不能解释注视停留位置是如何选择的。

与早期的眼动理论相比，新近的眼动理论不但对认知加工与阅读中眼动的关系进行了定性说明，而且进行了定量的描述。

（八）E-Z 读者模型

E-Z 读者模型（E-Z Reader Model）是由 Reichle、Pollatsek、Fisher 和 Rayner 在 1998 年提出的一种阅读加工模型。它在 McConkie 和 Morrison 的眼动理论模型的基础上，遵循“最简化”的原则，对认知加工与阅读中眼动的关系进行了更为精细地定性说明和定量描述，是一个非常著名的序列加工模型。随着阅读的眼动研究不断发展，该模型一直进行修改和完善。目前该模型已经发展到第十个版本。国内的一些学者（沈模卫等，2002；闫国利等，2003；胡笑羽等，2007）对这些模型进行了介绍。沈模卫等对该模型 1～5 版本进行了详细的介绍，胡笑羽等对该模型的 6～9 版本进行了详细的介绍。

1. 基本假设

E-Z 读者模型有如下几个一般性假设：

（1）阅读者会检查注视单词的熟悉度。

（2）对一个单词使用频率熟悉度检查的结束意味着启动了一次眼动程序。

（3）阅读者也参加词汇通达任务，完成这个任务比频率检查需要的时间长。

（4）词汇通达的完成是内部注意转移到下一个单词的开始信号。

（5）对常用词的频率检查和词汇通达要比不常用词更快。

（6）对可预测词汇的频率检查和词汇通达的时间，要比对不可预测词汇快一些。

2. E-Z 读者模型 7 简介

E-Z 读者模型 7 对模型的整体内容作了进一步的详细解释和补充，并在新的实验和模拟数据的基础上改进了公式及相关参数，新近模型都在模型 7 基础上作改进，所以在此从模型 7 开始介绍。

首先，在 E-Z 读者模型 7 中包括了 4 个主要的感知驱动系统，具体如下。

1）视觉加工

早期视觉加工阶段（visual processing）是单词完整信息被整合前的“前注意”阶段，平均耗时 $t(v)$ 符合神经传递到大脑皮层的基本时间的一个自由参数（90ms）。这一阶段的加工率会受视敏度的影响，所以其时长与单词的离心率 ε 及词长 N 成正比。

$$视觉加工 = t/(\varepsilon^{\sum i\_字母i-注视点\_/N}) \tag{5.7}$$

式中，t 为注视时间；N 为字母数；独立参数 ε（＝1.08），即单词的中心离中央凹注视位置越长，或单词越长，视觉加工时间越长。这就解释了注视点更靠近单词的中心以及词长效应等现象。

早期视觉加工的重要作用在于：①它帮助眼跳计划收集单词边界(word-boundary)信息(图5.9的虚线部分)。②其所得信息有助于高水平视觉区域的注意(聚光灯)和单词识别。因此单词识别开始于早期视觉编码完成之后。

2）单词识别

单词识别分为两步：第一步(L_1)是完成单词的正字法信息(熟悉度验证)的识别；第二步(L_2)是完成单词的音韵和语义信息的识别(词汇通达完成阶段)。由于E-Z读者模型7中加入了早期视觉加工阶段，模型中单词识别的最小时间无法确定，所以其预测的单词识别的潜伏期普遍偏长。

$t(L_1)$是词频的自然对数的线形函数[式(5.8)]。β_1(228ms)和β_2(10ms)是控制词频对$t(L_1)$的影响的独立参数。另外通过θ(=0.5)来减弱文章背景信息的预测性对$t(L_1)$的影响。之后的模拟显示$t(L_1)$符合γ分布(拟合度较高)。

$$t(L_1) = [\beta_1 - \beta_2 \ln(\text{词频})](1 - \theta\,\text{预测率}) \tag{5.8}$$

L_2开始进一步的单词加工。β_1和β_2控制词频的影响，但此影响被Δ(等于0.5)削弱了。与L_1不同的是，单词预测率对L_2的影响是完整的。也就是说，若通过文章背景信息单词可被预测出来，则$t(L_2)$为0。

$$t(L_2) = \Delta[\beta_1 - \beta_2 \ln(\text{词频})](1 - \text{预测率}) \tag{5.9}$$

3）注意

E-Z读者模型7中的注意指认知上的而非空间上的注意。E-Z读者模型强调注意的有序转移，因为只有随阅读材料转移注意，才能正确地理解文意。另外，模型通过将眼动与注意分离，解释了一些Morrison模型不能解释的问题。例如，关于副中央凹预视效应随着中央凹位置上的加工难度的增加而减弱的现象，E-Z读者模型的解释如下：当单词n被注视时，对单词$n+1$的副中央凹加工开始于在单词n的L_2阶段完成后，并在指向单词$n+1$的眼跳的发生时结束，所以单词n越简单(高频)，留给副中央凹加工的时间就越多，见图5.8。

在模型7中，注意序列分布的假设如下：单词n的L_2的完成导致了内部注意转移到单词$n+1$，对单词$n+1$的前加工阶段完成后便开始L_1，即注意转移是由单词识别的完成引发的。

4）眼动控制

E-Z读者模型在Becker和Jürgens实验的基础上提出眼动计划可分两步完成：①眼跳计划的不稳定阶段M_1。②眼跳计划的稳定阶段M_2。在E-Z读者模型7中，将M_1分为序列的两个子阶段：一般性系统准备子阶段(早期子阶段)和距离定位转化子阶段(晚期子阶段)。在M_1早期子阶段中，眼动系统开始启动。而在M_1晚期子阶段中，系统要计算当前注视点和眼跳目标位置间的距离——预期眼跳长度(intended saccade length)，并且要将距离这种空间单位转化成眼部肌肉所需的执行此次眼跳的力量单位。在模型7中，两个子阶段各占M_1时长的一半。在连续产生两个眼跳计划的情况下，第一个眼跳计划的早期子阶段及之前的准备阶段可以被第二个眼跳计划共享。

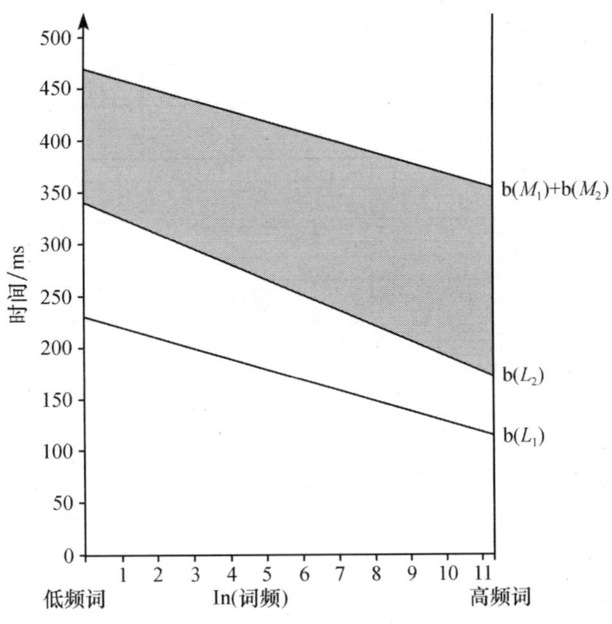

图 5.8　词频对副中央凹预视效应的影响

本图显示出词频是如何影响副中央凹预视效应的。底部的线代表单词加工的第一阶段耗时——$t(L_1)$，它是单词 n 的词频的自然对数的函数；中间的线代表对单词 n 的单词加工的第二阶段耗时——$t(L_2)$；顶端的线代表眼跳潜伏期，或发起一次从单词 n 到单词 $n+1$ 的眼跳时间。一般而言，眼跳潜伏期时长为常数$[t(M_1)+t(M_2)]$ ms——从单词 n 的单词识别第一阶段完成后开始。在 E-Z 读者模型中，副中央凹预视开始于单词 n 被识别且注意转向单词$n+1$ 之后。因此，如图阴影所示，副中央凹预视受限于 $t(L_2)$和 $t(M_1)+t(M_2)$之间的大小。因为 $t(L_1)$和 $t(L_2)$之间的差异随词频减少而增大，所以副中央凹预视广度也会随词频影响而减小

M_2 开始后必然产生眼跳，其完成时间符合 γ 分布。M_2 完成后，眼跳立即被执行。在 E-Z 读者模型 7 中，完成 M_1 和 M_2 这两个眼跳计划阶段的平均时间是分别为 187ms 和 57ms。为简化模型，眼跳时长则设为 $t(s)=25$ms(估算值)。

图 5.9 是 E-Z 读者模型 7 的示意图。图 5.10 说明了模型 7 的眼动控制假设。横轴为时间轴，水平的黑线代表在各个时间段被注视的单词(n，$n+1$，$n+2$)，箭头线表示指向不同单词(n，$n+1$，$n+2$)的眼跳计划过程的不同阶段。浅灰色箭头指 M_1 早期子阶段；中灰色指 M_1 晚期子阶段；深灰色箭头指 M_2 阶段；白色箭头指眼跳的执行阶段。虚线白色箭头指被取消的眼跳。

图 5.10(a)：单词 n 被注视时，计划并执行一次向单词 $n+1$ 的眼跳。

图 5.10(b)：单词 n 被注视时，对单词 $n+1$ 的眼跳计划开始，在这一计划还处于 M_1 的早期子阶段时，指向单词 $n+2$ 的眼跳计划就开始了。这时，第二个计划在第一个计划的基础上开始(耗时最短)，对单词 $n+1$ 的眼跳被取消，眼跳从单词 n 到单词 $n+2$(单词 $n+1$ 被跳读)。

图 5.10(c)：与 B 类似，但对单词 $n+2$ 的眼跳计划开始于单词 $n+1$ 的 M_1 的晚期子阶段时。这样对单词 $n+1$ 的注视就被取消，从单词 n 跳读到单词 $n+2$。而单词 $n+2$ 和单词 $n+1$ 的距离定位值不一样，所以新的眼跳计划会重新从 M_1 的晚期子阶段开始计划。

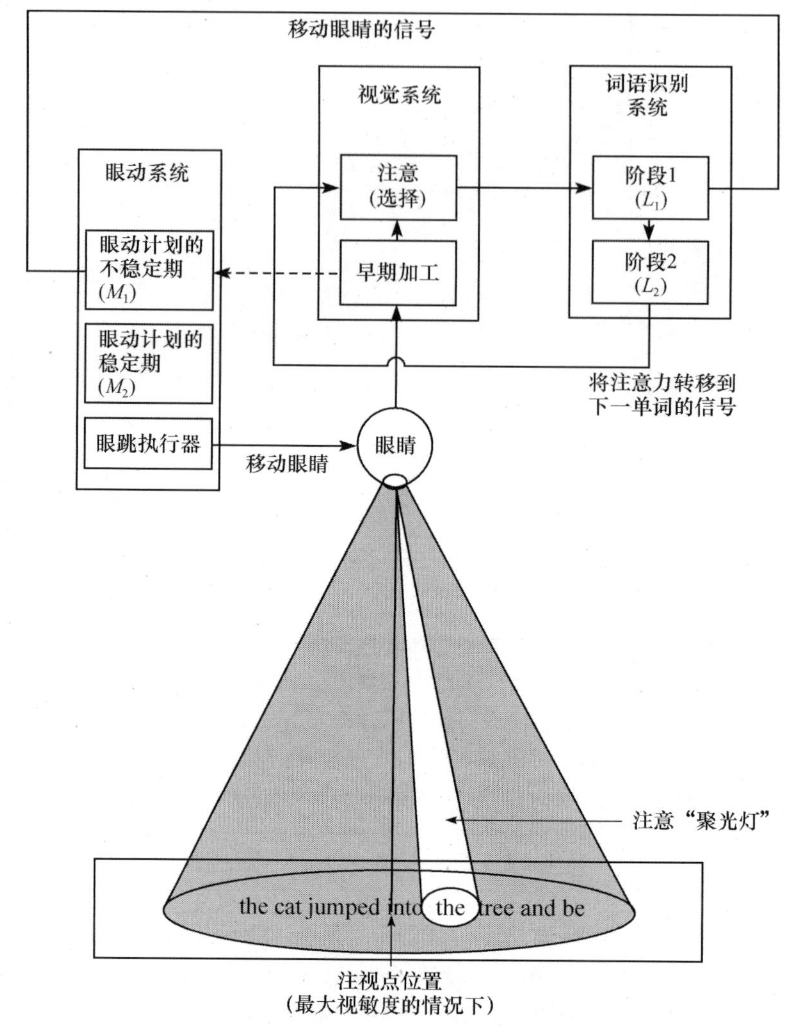

图 5.9 E-Z 读者模型 7 示意图

注视点位于单词“into”(中央凹处),其视敏度最佳;灰色覆盖的词语为可视的非注视点位置(副中央凹处);内部注意集中在白色聚光灯覆盖的单词“the”处。视网膜获取视觉特征,早期视觉加工阶段开始,之后速度由视敏度控制。眼动系统利用低空间频率的信息(如字的边界)去选择下个眼跳目标。高空间频率信息则传递到单词识别系统中,通过注意选择选出能够被单词识别系统识别出的单词。词语加工的 L_1 阶段通知眼动系统开始计划对下一单词的眼跳。词语识别的第二阶段(L_2)的完成则使得注意转向下一单词。眼跳计划从注意转移中分离出来,分为 M_1 和 M_2 两个步骤——眼跳的不稳定期(M_1)和稳定期(M_2),在 M_2 完成后眼跳便被执行。其中黑线代表视觉信息的流程,虚线代表眼动系统用以选择下一个眼跳目标的低空间频率信息,灰线代表在模型中各部分流通的信号指令

图 5.10(d):单词 $n+1$ 的眼跳计划发展到 M_2 时第二次眼跳计划开始。对单词 $n+1$ 的注视过程是完整的,从单词 n 到单词 $n+1$ 的眼跳会被执行。而由于前一次的眼跳在第二次计划还处于 M_1 的早期子阶段时就被执行了,所以第二次计划的 M_1 的晚期子阶段就没必要重来一次(符合原定的计划)。

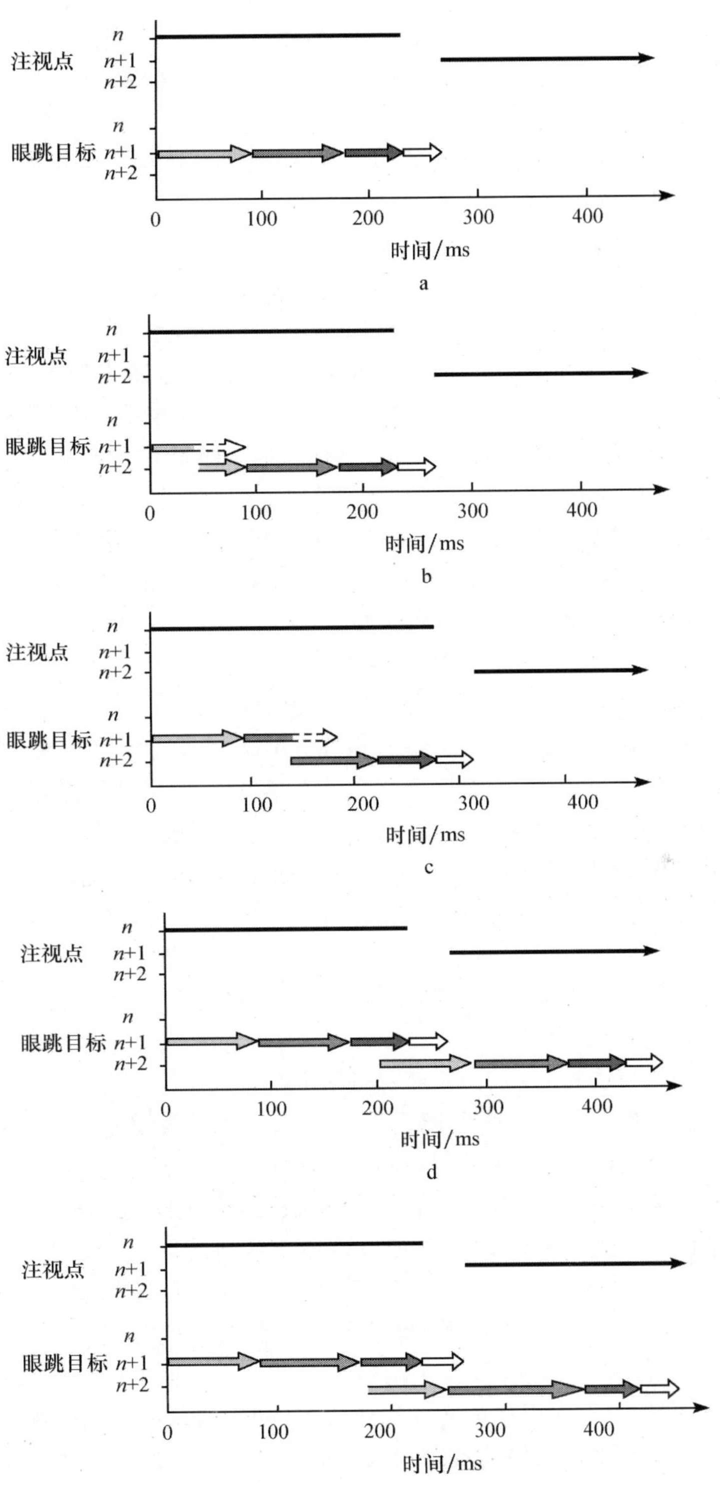

图 5.10　E-Z 读者模型 7 的 5 种加工过程

图 5.10e:第一次眼跳的执行发生于第二次眼跳计划的 M_1 的晚期子阶段。这样由于此时眼睛注视点移向了单词 $n+1$,所以要重新开始一个 M_1 的晚期子阶段,即延长了第二次计划的 M_1 时间。

另外,E-Z 读者模型关于误差问题的假设是,眼跳是直接指向目标单词的最佳注视位置的。然而,这些眼跳又可能产生系统误差和随机误差。所以,基本上眼跳会偏离既定位置。一般说来,每次眼跳由三部分组成:

$$\text{眼跳长度} = \text{ISL} + \text{SRE} + \text{RE} \tag{5.10}$$

式中,ISL 是指预期眼跳长度;SRE 是指系统误差;RE 是指随机误差。预期眼跳长度(intended saccade length,ISL)以字符为单位,指当前注视点(眼跳发射点)和眼跳目标位置(目标单词的中点)之间的距离。系统误差 SRE 是指,在英语阅读中,眼动系统习惯眼跳长度为 7 个字符。若预期眼跳长度大于 7 个字符,则实际操作中眼跳可能未及目标(undershoot);反之,若预期眼跳长度小于 7 个字符,则实际操作中眼跳可能会越过目标(overshoot)。平均而言,眼跳习惯长度与预期眼跳长度每差一个字符位置,实际眼跳便偏离目标半个字符位置,这便是系统误差 SRE。另外它还与眼跳发射点的注视时间有关,注视时间越长眼跳精度越大。SRE 的公式如下:

$$\text{SRE} = (\Psi - \text{预期眼跳长度})[\Omega_1 - \ln(\text{注视时间})/\Omega_2] \tag{5.11}$$

式中,Ψ 表示眼跳习惯长度(preferred saccade length),为 7 个字符。等式右边是眼跳习惯长度和预期眼跳长度的差值,它是眼跳发射点注视时间的自然对数的线性函数。自由参数 Ω_1 和 Ω_2 的值分别是 7.3 和 4。式(5.11)显示出了当眼跳计划长度比 7 个字符每少(多)一个字符长度时,实际眼跳长度平均会越过(或未及)目标位置半个字符长度。这种系统误差还受到眼跳发射点位置的注视时间影响,时间越长误差越小。

式(5.10)中的 RE 是指随机误差,这种误差属于常态分布,$\eta=0$,σ 见式(5.12)。该式表示了随机误差会随着眼跳计划长度的增加而有比例的递增,这种比例由自由参数 η_1 和 η_2 决定(参数值分别为 1.2 和 1.5)。

$$\sigma = \eta_1 + \eta_2 \text{ISL} \tag{5.12}$$

最后,关于再注视问题,E-Z 读者模型先前版本的主要假设是:眼动系统触发对注视过单词的眼跳计划,以便再次注视。当对此词的单词加工的第一阶段在眼跳计划的不稳定期结束之前还未完成,会导致对此词的再注视;反之,眼跳计划被取消,眼动系统开始计划对下个单词的眼跳计划。在眼跳计划和单词加工各自的第一阶段竞争(horse race)的基础上,模型可以对再注视率作出预测。然而,这一理论也存在问题——它未阐述(多次注视中的)首次注视时间和词频的关系(低频单词的首次注视时间非常小)。这使得竞争的假设有所限制。因此,E-Z 读者模型 7 调整了有关再注视自动产生的假设:再注视率不仅仅是个缺省值,而是受被注视单词的词长所决定(词长信息可由副中央凹处获得的空间频率信息来决定)。在注视时,眼动系统引发了再注视此词的一个 M_1 阶段的概率 p[式(5.13)]。$\lambda(=0.07)$是一个调整词长对再注视率影响的自由参数。这样模型就正确地预测出长的单词更容易被再注视。模型 7 还认为由于 L_1 越长,再注视 M_1 被取消的机会就越少,所以再注视在其 M_1 先于 $f(L_1)$完成的情况下才产生。由此预测出了低频单词的再注视率更高(低频单词的 L_1 比起高频单词的更慢)。另外，模型 7 还可以预测出再注视发生概率会由于实际眼跳未及或越过预定目标而升高。

$$p = \begin{cases} \text{词长} \times \lambda & \text{当(词长 } \lambda) < 1 \\ 1 & \text{当(词长 } \lambda) \geqslant 1 \end{cases} \tag{5.13}$$

3. E-Z 读者模型 9 简介

近来，在呈现随凝视变化的操作范式(gaze-contingent manipulations)的实验基础上，E-Z 读者模型发展出模型 8 和模型 9。而由于模型 8 更像是模型 9 的过渡模型，模型 9 采用了更加符合实际的参数，且运用在更多的实验之中(消失文本等)。所以在这里对最新的 E-Z 读者模型 9 进行详述。

E-Z 读者模型 9 基本遵循 E-Z 读者模型 7 的假设，但在参数设置上做了很多调整，使得模型更加精确；并在边界范式和呈现随眼动而变化范式的实验基础上，进一步探索有关模型的序列注意假设；还对各阶段的假设进行了更深入详尽的解释。

图 5.11 是模型 9 的示意图。从图 5.11 中可看出，模型 9 用更直观更详尽的方式描述了模型 7 确定的模型架构。另外还指出，L_1 和 L_2 的完成分别是眼跳计划和注意转换

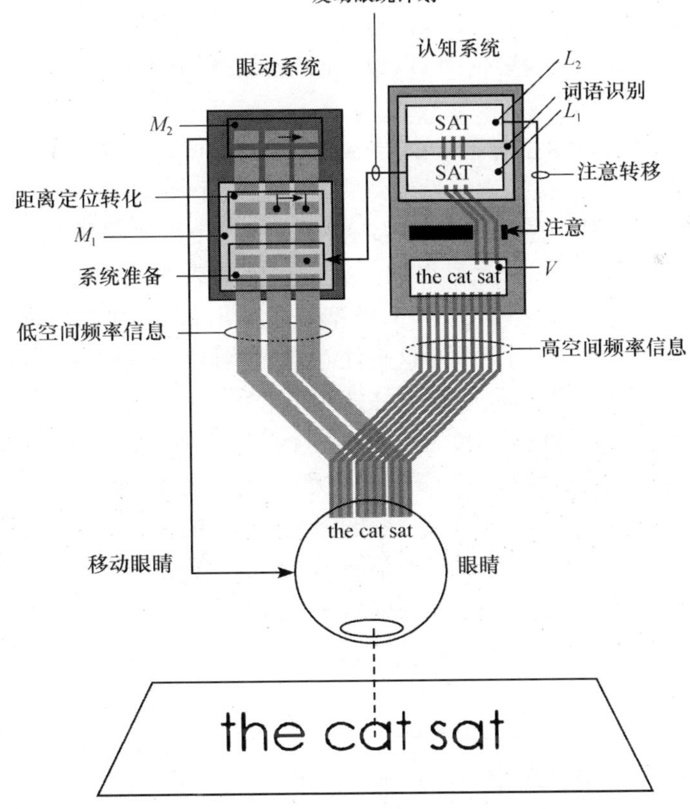

图 5.11　E-Z 读者模型 9 示意图

模型 9 以字符为基础说明了阅读中单词识别的过程。单词识别通过三个阶段完成：注意开始前的早期视觉加工阶段(V)、需要注意参与的单词加工 L_1 阶段和 L_2 阶段。L_1 和 L_2 的完成分别是眼跳计划和注意转换的开始信号，这两个信号是即时传入大脑的，并将此部分时间分别算到两个机制的运作时间内

的开始信号，这两个信号是即时传入大脑的，并将此部分时间分别算到两个机制的运作时间内了。

1）视觉加工

在E-Z读者模型的所有版本中，假设注意只是在单词加工阶段是序列的，视觉信息可以被平行加工，即视觉加工不受单词变量所影响，可被平行加工，但其加工质量受离心率影响。

模型9针对视觉加工的细节作了详细的介绍。在大量实验和模拟基础上，模型9设置视觉加工时间 $t(V)$ 为50ms。模型9认为，被提取的视觉信息在之后的加工中都是有效的，但若想对一个单词进行识别，则需要将内部注意落在这个单词上。这样，由于视觉加工信息可被平行加工，在单词 n 被识别之后，注意转换到下一个单词上，对单词 $n+1$ 的加工就可以利用之前视觉加工中提取的信息了。在视觉加工阶段，有一些单词信息能通过上下文背景被获得，并使得该单词有可能被预测出来。出于最简化原则，模型9假设这一概率等于该单词在填词任务中的预测率的平均值。这是由于实验表明，即使正确的单词信息并没有出现的情况下，读者也通常不会注视高预测率的单词。例如，在边界范式相关研究中，高预测率的目标单词在处于副中央凹预视情况下被一个字形完全不一样但词长一样的单词所代替时，其注视率很低。这说明在句子阅读中，会发生一些与单词识别平行进行的高水平言语加工，这些加工可以根据已形成的句意信息来填补空白。

2）单词加工

单词加工由一个空间性注意系统引导（spatial attentional system），每次只加工一个单词。在E-Z读者模型中，这一空间性注意一次覆盖一个整词，但对于多语素单词来说，一次只在一个语素。这种注意序列引导机制并非大脑内的“硬件”，而是一种最佳的阅读策略，是读者在早期阅读经历中就习得的。有许多证据表明文本顺序对阅读的重要性。对此，平行加工理论就无法解释了。另外，模型9还指出，在一些与单词特性有关的任务（如判断两个单词是否形似或同义）中，这种注意顺序就显得不是那么重要了，读者可能用及别的注意策略。对这些任务而言，序列注意加工假设也许不是最佳的。

模型9指出，虽然熟悉度验证和词汇通达两个阶段是序列的，但并没有必要作十分严格的界限划分。因为单词识别是一个复杂的过程，它包含了各种单词特征之间的竞争，其中有字母识别、字母串识别、语音代码活性和其他代码等的输入信息。据此模型认为，在加工系统中，熟悉度验证阶段可即刻获得整词辨认，并为眼动系统对下一个单词作出可靠的眼跳计划做准备；而词汇通达的完成则成为对下一个单词的注意转换的发生点，这样可以使得下一个单词的加工不受到前一个单词加工的影响。

（1）熟悉度验证。

模型9加强了预测性对 $t(L_1)$ 的影响。$t(L_1)$［式(5.14)］受词频和该单词在句子背景下的预测率所影响，词频和预测性越高，$t(L_1)$ 越短。

$$t(L_1)=\alpha_1-\alpha_2\ln(\text{词频})-(\alpha_3\ \text{预测率}) \qquad (5.14)$$

另外模型9认为熟悉度验证的完成速率与视敏度有关。在式(5.15)中，ε 是自由参数，N 是单词的字母数，即离注视点越近、单词越长和离注视点近且长的单词，其加工时间越多。

$$完成速率 = \varepsilon^{(\sum|字符—注视点|)/N} \tag{5.15}$$

(2) 词汇通达。

$t(L_2)$与$t(L_1)$是比例关系[式(5.16)]，这样可以解释溢出现象和副中央凹预视效应随中央凹单词难度增加而减少的现象。但它与视敏度无关，这是由于模型假设大部分的视觉加工在熟悉度验证结束时已经完成，词汇通达阶段更多采用的是抽象表征。

$$t(L_2) = \Delta t(L_1) \tag{5.16}$$

3) 眼跳计划

M_1 和 M_2 分别符合平均数为 100ms 和 25ms 的 γ 函数。M_1 下有两个子系统，ζ 为分配比例。眼跳的执行时间假设为 25ms。

4) 空间特性

利用副中央凹处获得的低空间频率信息获取眼跳位置，通常为单词中央。实际眼跳长度是眼跳计划长度、系统误差和随机误差之和[同式(5.10)]。

5) 再注视

模型 9 假设在注视一个单词时，会自动计划一个矫正型再注视的眼跳。在模型 9 中，再注视率是眼跳发射点到最佳注视位置之间的距离的函数，受 λ 调节。进一步看来，这也说明了长单词更易产生再注视现象。

模型 9 还假设做出是否要执行一个矫正型再注视眼跳的时间 $t(R)$，要长于获取足够信息以选择首次眼跳位置的时间，即 $t(R)>t(V)$。所以，注视一个单词时，再注视眼跳[符合式(5.11)、式(5.12)]发生的条件如下：①另一个不稳定的眼跳计划还未产生；②到下一单词的眼跳还没准备完毕。

$$p = \lambda\,|\,最佳注视点 - 首次登陆位置\,| \tag{5.17}$$

表 5.1　E-Z 读者模型 9 的参数值及其解释

模型成分	参　数	参数值	解　释
视觉加工	V	50	眼-脑延迟(ms)
	ε	1.15	影响 L_1 的视敏度参数
单词加工	α_1	122	截距：L_1 加工时间的最大值的平均数(ms)
	α_2	4	斜率：影响 L_1 加工时间的词频效应(ms)
	α_3	10	斜率：影响 L_1 加工时间的预测性效应(ms)
	Δ	0.5	L_1 和 L_2 的比例差值
	σ_γ	0.22	γ 分布的标准差($\sigma=.22\mu$)
眼跳计划	M_1	100	眼跳计划不稳定阶段的平均时间(ms)
	ξ	0.5	M_1 的两个子阶段时间的比例
	M_2	25	眼跳计划的稳定阶段的平均时间(ms)
	R	117	决定再注视的平均时间(ms)
	S	25	眼跳时间(ms)
	ψ	7	眼跳最佳长度(字符空间)
	Ω_1	7.3	截距：眼跳发射点的注视时间对系统误差的影响
	Ω_2	3	斜率：眼跳发射点的注视时间对系统误差的影响
	η_1	0.5	截距：眼跳随机误差成分(字符空间)
	η_2	0.15	斜率：眼跳随机误差成分(字符空间)
	λ	0.09	调整词长对再注视率的影响

模型 9 对假设的进一步阐述包括以下几点:①模型 9 对视觉前加工假设作了改进,并进行了深入的说明和检验。模型 9 利用在副中央凹上设置无效的视觉信息的方法(边界范式),检验早期视觉加工的相关假设,在实验结果的基础上,经过模拟验证,选取了 50ms 的值。另外,边界范式的结果还推动了发动计划的时间参量的修改。另外,边界范式的结果促使模型 9 对其他参数进行改进,特别是缩短了眼跳计划发动时间。模型 9 假设眼跳计划的发动时间为 125ms,这样加上视觉加工的 50ms,这与观测到的眼跳潜伏期 175ms 相符合。②关于注视间隙时的认知加工是何时开始,模型 9 采用连续加工模型(the continuous-processing model)的假设,认为单词加工一直持续至大脑接收到视觉信息已改变的信号为止,即当新的视觉信息(眼跳发生后的视觉信息)到达大脑后,副中央凹信息的单词加工才停止,直到中央凹信息到达大脑后,单词加工重新开始。这表示单词加工的间隙时间与眼跳时长(25ms)相等。③关于视觉注意在保留视觉信息上的作用,模型 9 认为注意的作用是将信息保存,以供单词系统进行选择加工。另外,关于注意是否在视觉信息被转化(进入短时记忆缓冲器)时起作用这一问题,在简单原则下,模型 9 假设转化加工属于熟悉度验证的一部分,从视觉编码转化到深层(如正字法、语音)的信息,为之后进行的深层加工做好准备。同时假设转化加工没有额外的时间,从读者将注意转向单词后便开始了。

4. 评价与展望

眼动控制模型是在大量实验数据和已观测到的眼动现象基础上提出来的,其目的是要解释和预测这些眼动现象。在这一原则下,E-Z 读者模型不断进行改进,并验证模型的相关假设及精确性,促进了许多相关研究。具体内容如下。

(1) 语形学加工(morphological processing)。复杂单词内的词素到底是平行加工还是序列加工?根据对芬兰语的研究,发现整词和词素的特性都对该单词的加工有影响。其中第一个词素的效应要早于整词和第二个语素。这一实验结果支持了连续加工假设,即认为单个词素先被加工,然后再参与到整词的意义识别中。根据这个结果,在 E-Z 读者模型 9 中,将单词加工水平扩展到词素加工水平上。

(2) Pollatsek 等近来检验了视觉加工和注意及单词加工之间的衔接过程。这使得模型 9 用公式阐明了以下假设:单词加工在眼跳时继续,之前注视点的视觉信息继续有效,直到新注视点的视觉信息变得有效为止。并认为此假设适用于阅读之外的任务。

(3) Reingold 和 Rayner 通过比较正常印刷的关键单词和模糊印刷的关键单词的识别,发现溢出效应并无显著差异。这一结果支持了 E-Z 读者模型将单词加工分为两阶段的假设。

(4) 当前的眼动控制模型主要致力于描述阅读时的策略,但鲜有关于读者是如何习得及发展相关的阅读策略的模型。为此,Reichle 等通过检验一个适应性阅读模拟器的眼动行为(该模拟器符合人类眼动模式)来习得阅读策略。在相关的限定下(限定一次只能加工一单词),该模拟器可以作出类似人类读者的行为。这说明熟练读者通过练习,可以习得运用有效的信息来作出何时眼动的决定的相关策略;通过这一模拟器的行为,有关何时眼动的决定可以反映出实时的单词加工,即实时的决定是在当前注视单词上完成了多少加工的基础上作出的。

(5) 新近的 ERP 实验结果也支持单词识别的早期阶段就触发眼动的假设。

E-Z 读者模型对其序列加工的假设进行了详细的说明，对各种加工情况作了精确的分析和预测。相比之下，平行加工模型对其平行加工过程的假设过于含糊。另外，平行加工模型假设从注视单词 n 开始就提取单词 $n+1$ 的信息，这不符合边界范式实验的结果(对单词 $n+1$ 是正常的和被任意字母取代这两种情况下的差异预测的过大了)。采用序列加工假设不光使得模型与许多阅读中的数据一致，而且也对诸如消失文本的现象提供了最简便的解释。

再次，模型在模拟实验的基础上设置了严格的参数，它们与相关的数据相一致，而且符合已知的视觉运动加工的研究成果(如眼-脑延迟和眼跳计划时间)。这使得模型可以较为精确地对眼动行为作出预测。特别是新近的模型对实时呈现材料加工的实验结果成功模拟，更进一步地证明模型关键参数的估计值是很精确的。

但是，Reichle 等也承认 E-Z 读者模型还存在一些缺点：①该模型忽视了更高级水平的语言加工在眼动中的作用；②模型还不能深入解释所有的阅读中引导眼动的加工，而只是描述了这些加工与眼动的结果之间的关系；③模型有关再注视的假设还有待完善。

通过以上分析可以看出，E-Z 读者模型确实为阅读中的眼动控制提供了一个较为完善的理论。模型是在眼睛追踪的实验数据基础上建立的。眼睛追踪技术已被证明是研究阅读最有效的工具，它利用眼动的数据来推论有关阅读中的认知加工。E-Z 读者模型在新的实验结果或是假设的基础上不断自我完善，不但对认知加工与阅读中眼动关系进行了定性地说明，而且进行了定量的描述。

在未来的发展上，E-Z 读者模型一方面将会在高水平语言加工的基础上，向“高水平指令”语言加工发展。同时，针对近十年中有关认知神经科学的理论和方法的神速进展，以及这种进展对以后阅读模型发展的指引作用，模型会考虑与这种新的数据信息相对应的问题。

最后要指出的是，各种眼动控制模型对于开展新的实验研究有一定的价值。各种模型发展至今已更具兼容性和完善性，不再像以前那样对不同的假设具有很强的排他性(如眼动控制模型的两个阵营——认知控制模型和眼球运动模型；关于注意的两个不同假设——序列加工和平行加工假设)见表 5.2。而 E-Z 读者模型作为一个发展较为成熟的眼动控制模型，对于引导今后的相关研究具有重要的作用。

表 5.2　不同模型对阅读现象的解释情况

	Minimal Control	Strategy Tactics	Word Targeting	Push-Pull	SWIFT	Glenmore	Mr. Chips	Attention Shift	E-Z Reader	Reader
	POC	POC	POC	POC	GAG	GAG	GAG	GAG	SAS	SAS
阅读现象	否	可	可	解释力有限	否	可	否	可	可	否
着陆位置分布	否	可	可	否	否	解释力有限	否	否	可	否
基于词的测量	解释力有限	否	否	解释力有限	解释力有限	可	否	解释力有限	可	解释力有限
词频效应	否	否	否	否	可	可	否	解释力有限	可	解释力有限

续表

	Minimal Control	Strategy Tactics	Word Targeting	Push-Pull	SWIFT	Glenmore	Mr. Chips	Attention Shift	E-Z Reader	Reader
副中央凹预视	解释力有限	否	否	否	解释力有限	可	解释力有限	解释力有限	可	否
溢出效应	否	否	否	否	否	可	否	否	可	否
跳读	否	否	否	否	可	可	否	解释力有限	可	否
预测性效应	否	否	否	否	可	可	否	否	可	可

资料来源：Reichle et al.，2003。

在阅读过程中，眼动同认知加工之间的关系十分复杂，人们已经提出了一些理论模型试图加以解释，这些模型都在一定程度上揭示了眼动与阅读之间的关系。但是，由于阅读本身是一个十分复杂的认知过程，要通过眼动去揭示这个过程也并非易事。所以，目前尚没有一个公认的比较理想的理论模型。相信随着阅读过程中眼动研究的深入，人们终将认识这一问题。

第二节　阅读过程中词加工的眼动研究

近些年来的眼动研究考察了影响词汇通达的一些变量。对一个词的注视情况可以反映该词的词汇特征。Rayner 等将影响词汇通达的变量划分为三个：词内变量、词变量和词间变量。现分别予以介绍。

一、词内变量

国外的许多眼动研究表明，一个词的最初几个字母在单词识别中起着重要的作用。有人（Lima and Pollatsek，1983）进行了如下的实验：单词的前半部分或后半部分被延迟呈现，要求被试识别单词。考察哪种情况被试受到的干扰大。结果表明，当前半部分被延迟呈现时，受到的干扰大。我们已经了解，在阅读过程中，存在着预视效应，即副中央凹可以获得在注视点右侧单词的最初几个字母的信息。有人（Lima and Inhoff，1985）选择了词频相同的词，但是这些词的最初两个或三个字母组合的频率是不同的。例如，dwarf 和 clown 的词频是相同的，但这两个单词开始的三个字母的组合频率是不同的。其中以 dwa-开头的单词是很少的，而以 clo-开头的字母是比较多的。他们发现，被试对以开头三个字母组合频率高的词的注视时间较短。

有研究考察了词形信息（morphological information）在单词识别中的作用。有人（Lima，1987）要求被试阅读一些句子，其中有些单词的词长和词频均是相同的。这些词有些是前缀词如 remind，有些是假前缀词如 relish。这两种词在副中央凹预视效应上是相同的，未发现差异。但是，当分别注视这两个词时，前缀词被注视的时间短，而假前缀词被注视的时间略长。还有人（Inhoff，1989）考察单词最初的词形信息的影响作用。被试阅读包含以下 6 个字母单词的句子：6 个字母组成的真复合词，如 cowboy、假复合词，如

carpet 以及控制词，如 mirror。尽管这些词的整词在词频上是相同的，但是组成假复合词的分词的词频明显高于组成真复合词的分词的词频。研究者发现，对假复合词的注视时间比对真复合词的注视时间短。

二、词变量

有许多研究表明，词频影响对该词的注视时间，即高频词被注视的时间短，而低频词被注视的时间长。早期的一些研究发现，低频词一般是长词，长的词受到的注视多，这种结果似乎混淆了词长与词频的作用。新近的一些研究控制了词长和词的音节数，甚至有人(Rayner and Duffy，1986)控制了单词最初两个或三个字母的组合频率，结果仍然发现注视时存在明显的词频效应。

虽然，改变不同性质动词的语义复杂性，对这些词的注视上未引起明显的差异。但是，通过眼动研究表明，对动词的注视时间长，对名词的注视时间短，说明动词比较难加工。

另外，也有人对歧义词进行了研究。有些词不只属于一个句法范畴，如 pardon 可以是名词也可以是动词。当读者阅读遇到了这类词，他们往往延迟对这些词的词类范畴归属(category assignment)，直到获得明确的信息。另一些词可能是多义词，如 boxer 既当拳击手讲，又是一种狗的名称。在阅读时遇到这类的词，根据前面获得的信息无法确定这个词具体的意思，则对这种词的注视时间长于对无歧义词的注视时间。人们对歧义词感兴趣的地方在于：对歧义词词义的获得是通过选择性通过(selective access)还是多词义通达(multiple access)。所谓选择性通达是指由语境指导读者对词义的正确通达。多词义通达是指歧义词的所有词义自动地被通达，语境只是影响所有词义通达后对词义的选择过程。

三、词间变量

许多研究表明，如果目标词可以通过前面的语境推断的时候，或者与文章前面出现的词具有语义上的联系时，对目标词的注视时间比较短。后来，有人(Sereno and Rayner，1992)研究了阅读过程中单词加工和启动效应，他们称之为快速启动(fast priming)。在阅读过程中，当眼睛在单词边界左侧时，在目标位置呈现一个随机字母串。当眼睛移过边界时，一个启动词被短暂地呈现，随后被目标词代替。研究者发现，当启动词呈现 30s 时，在启动词同随后呈现的目标词在语义上有紧密联系时，对目标词的注视时间比在语义上没有联系的情况下对目标词的注视时间较短。

研究者用对单词歧义性的分辨力(lexical ambiguity resolution)作为研究下述问题的指标：词是如何被整合进语篇的语境中去的。有些研究考察阅读中对歧义词的加工，这些研究试图将词汇效应与语境效应区别开来。研究结果表明，对歧义词的注视时间受下列三种因素的影响：第一，单词所处的语境的类型。没有歧义的信息可能在歧义词之前(属倾向性语境)也可能在歧义词之后(属中性语境)。第二，语境对歧义词词义的具体化。语境有时使用歧义词的常用词义，有时，使用的是它的非常用词义。第三，歧义词的类型。有的歧义词的两种词义都比较常用，有的歧义词的两种词义中，一种比较常用，另一种则不很常用。

为了解释以眼动为指标对歧义词阅读的研究，人们提出了两种模型。一种是重新组织通达模型(reordered access model)，是 Duffy 等(1988)提出的。另一种是整合模型(integration model)，是 Rayner 和 Frazier(1989)提出的。

综上所述，对一个词的注视时间可以反映对一个词的加工难度。但是，注视时间是反映出词汇接通过程，还是词汇通达后的综合过程(postlexical integration processes)，或者两者均能反映，现在尚存疑问。

第三节　阅读过程中句法加工的眼动研究

句法又称"造句法"，是语法学的组成部分之一，包括词组的构成、句子的构成、句子成分和句子类型等内容。大量的阅读研究表明，读者在进行阅读时，对课文进行着即时的结构分析，建构句子的语法结构表征。心理学家们以眼动为指标，对被试的句法加工进行了研究。这些研究主要有以下三个方面：第一，构成语法结构分析原则的本质是什么；第二，对句法复杂性(syntactic complexity)的测量；第三，在最初的句法分析中的语义和语用变量。下面分别予以介绍。

一、句法结构分析原则

人们提出了许多策略用以描述读者是如何确定句子结构的。有人(Frazier，1987)认为，读者是在句法知识的基础上对句子进行最初分析的。一个句子中的词被分析成短语成分，这个过程就称为句法分析(parsing)。因为课文有时包含暂时的句法歧义，读者在阅读时只进行了一种分析，但是后面的信息又使读者改变最初的分析，这种情形就被认为读者被带进了使之误入歧途的"园径"(garden path)，因此 Frazier 等提出的这种语法分析模型被称为园径理论。

园径理论中的两种原则比较受心理学家重视：第一是最小附加原则(minimal attachment)，该原则是指将每一个后面的词汇附加进现存的结构中，在句法树中尽可能少地加进新结点。第二个原则是就近关闭原则(late closure)，指当语法上能够允许时，将下面的词汇附加进正在加工的短语中去。这两种原则都假设，有关这个词的语法信息需要纳入整个句子结构中去。不过，关于其他的语法信息是否也影响语法分析，在不同的研究者之间则存在着分歧，即与某一个词有关的信息(如一个动词是及物的还是不及物的)是否影响最初的句法分析。

由于最小附加原则和就近关闭原则均是一般性的原则，所以可以用于句法建构中，也可以预测阅读在何时受到影响。有人(Frazier and Rayner，1982；Rayner et al.，1983)用眼动记录法对园径效应进行了研究。先请看下面的两个句子。

(1) We knew John well.(我们十分了解约翰)

(2) We knew John left.(我们知道约翰离开了)

两个句子的开始三个词是相同的。最小附加原则使读者在最初对 John 分析时，将其看成是动词 knew 的宾语，但是这种分析在第一句话成立，在第二句话中就不成立。在第二句中，John 是补语从句的主语，而不是 knew 的宾语。所以当读到 left 时，最初的分析就要重新进行，说明读者被带入了园径。这种情况可以通过眼动数据分析出来。尽管这两个句子中的相对应的词在词长和词频上都是相同的。但是读者对 left 的注视要比对 well 的注视时间明显的长。

二、语义复杂性

眼动研究可以帮助我们了解读者如何识别和解决暂时的句法歧义问题。目前，研究比较多的是用眼动为指标，考察在没有歧义的情况下，句法复杂性对句法分析的影响。有人(Holmes et al. ,1987；Kennedy et al. ,1989)提出，园径效应和回视分析是由于句法形式的复杂性所致，他们提出一个句子的补足语要比名词短语的宾语更为复杂，因而更难于加工。还有大量的证据(Ferreira and Henderson，1990；Mitchell and Holmes，1985；Rayner and Frazier，1987)表明，当句子补足语的补足标示词(complementizer)出现时比不出现时容易加工。另外，Rayner 和 Frazier(1987)还发现，有补语标示词的句子(如例句 1)和有直接宾语的名词短语的句子(如例句 2)相比，加工难度相差不多。

例句 1　The drug dealer discovered that an undercover FBI agent was living next door.(毒品贩子发现一个联邦调查局特工便衣就住在他们的隔壁)

例句 2　The drug dealer discovered an undercover FBI agent in the house next door.(意义同上句)

三、语义信息

有许多眼动研究考察语义和语用信息在多大程度上影响最初的句法分析。人们通过分析眼动数据来研究句法分析。有人(Rayner et al. ,1983)在实验中呈现有暂时句法歧义的句子。他们发现，尽管所呈现的刺激不符合最小附加原则的语用信息，但这并不影响最初的句法分析。换言之，能够获得的语用信息并不能消除园径效应带来的问题。还有人(Ferreira and Clifton，1986)发现，对不符合最小附加原则的句子的最初句法分析不受前面语义语境的影响。也有研究者表示质凝。有人(Taraban and McClemland，1988)发现，不符合最小附加原则句子的阅读时间比符合最小附加原则的句子的阅读时间短。

第四节　阅读过程中语篇加工的眼动研究

在理解课文过程中，阅读者不仅要将句子中的信息进行综合，而且还要将句子之间的信息联系起来，从而形成有条理的语篇表征。语篇(discourse)是指介于句子和段落之间的一个语言单位，它是句子和句子组合而成的与上下文相关联系而又相对独立的一段话或一个片断。有关这方面的眼动研究可以分为三类：第一，句子和子句句尾整合；第二，先行词搜索；第三，精细推理。下面分别加以介绍：

一、句子和子句句尾加工

句子和子句句尾加工(sentence and clause wrap-up)。有人(Just and Carpenter,1980)通过眼动研究发现,对一个句子句尾词的注视时间通常比较长。Rayner 等(1989)进行了如下的实验:要求被试阅读一些短文,短文中有一些目标词,这些目标词有的在句中,有的在句尾。目标词在句尾时,与目标词在子句句尾时相比,对前者凝视时间(gaze duration)较长。在第二个实验(1989)中,被试阅读一些句子,这些句子中,有的目标词在子句句尾,有的不在。当目标词在子句句尾时,与不在子句句尾相比,对前者目标词的注视时间较长。

上述的研究表明,读者在阅读过程中,试图在一个句子或一个子句的范围内对信息进行整合。这些整合过程是在句尾进行的,所以,在句尾处表现出了较长的注视时间。

二、先行词搜索

在课文中找出代词所指代的先行词的过程就是先行词搜索(antecedent search)。例如,在下面的句子:张老师是一位优秀教师,他待人十分和气。用“他”指代“张老师”。而找出这种指代关系的过程就是先行词搜索。指代有两种,一种是代词指代(pronominal reference),另一种是名词指代(noun-to-noun reference)。代词指代是指用代词指代先行词。上述的例子就是属于这种情况。在读者阅读过程中遇到诸如“他”或“她”这样的代词时,读者一定要找出其先行词是什么。有时这个过程十分简单,阅读过程未受到影响,这种情况可以通过眼动记录分析来研究。有研究(Clifton and Ferreira,1987)表明,在一项由被试自己控制阅读速度的阅读研究中,当先行词不是句子的主题或更准确地讲是前面句子中主句的论据时,先行词搜索会变得比较困难。在另一项研究中(Ehrlich and Rayner,1983),主试变化代词和先行词之间的距离,主要包括近距离和远距离两种实验条件。在远距离条件下,先行词和代词之间加入了一个新的内容。他们比较了对与代词邻近的词的注视时间,结果发现,在近距离条件下的注视时间短,而在远距离条件下的注视时间长。实验者得出结论,先行词搜索在读者注视代词的时候就已经开始了。但是,当先行词难于回忆时,可能要在看完代词后的第一次或第二次注视时才完成先行词的搜索。

名词指代是指用名词或名词短语指代先行词。例如,当某个读者遇到名词短语“这只鸟”时,由于没有一定的语境故不知道它指的是什么鸟,所以需要通过搜索先行词来获得有关信息。在通常情况下,代词除了表示性别和单复数之外,很少有其他的语义信息。因此,在有些条件下,要通过若干次的注视进行先行词搜索。相反,名词通常有较多的语义内容,它可以促进先行词的搜索。

三、精细推理

在一个语段表征中,最简单的连接方式是一个词通过课文中的另一个词来获得它所代表的意义。不过,在课文中有些信息并没有十分明确地给出来,可以通过读者推断出来,这就是精细推理。目前有关语篇理解的一些模型通常假设,读者会激活所有有关的知识以便理解课文。所得到的课文表征是读者将推断出来的内容与课文中表述的信息结合起来而形成的。

有关即时(on-line)的精细推理的证据很少。眼动研究表明,精细推理的确是即时进行的。这些研究也区分了下述两种情况:一种情况是读者进行推断,另一种是读者等待更多的信息。在一项研究(O'Brien et al.,1988)中,考察了对文章最后一个句子中的目标词注视时间:

He threw the knife into the bushes,took her money,and ran away.(目标词是 knife)

(他将刀子扔进草丛,抢走了她的钱,逃跑了。)

有三种实验条件,第一种实验条件是目标词在前面的课文中已经明确地提到了(如前面的句子中提到"用刀子捅了她")。第二种实验条件是目标词在前面的课文中被明显地暗示过(如前面的句子中提到了"用他的凶器捅了她")。结果发现,对目标词的注视时间在两种实验条件下没有差异。这个结果表明,在第二种实验条件下,对"刀子"这个概念读者通过前文进行了精细推理。第三种实验条件是前文并没有明显暗示"刀子"这个概念(如课文中只是提及"用他的凶器攻击了她"),结果表明,这种条件下对目标词的注视时间比其他两种实验条件下对目标词的注视时间长。这个实验说明,对目标词"刀子"的注视时间较长是由于读者要在记忆中搜索它的先行词。该实验还说明,对先行词的搜索过程是即时进行的。

后来的一些研究表明,即时精细推理是在更加特定的情境下发生的。他们只是在语境有较强限定的条件下才发现即时精细推理。有一项研究(Garrod et al.,1990)发现,只有在两个名词之间存在指代关系时,才出现即时的精细推理。如在下面的第二句。

(1) She saw a cute red-breasted bird…She hoped the robin would...;

(2) She saw a cute red-breasted bird…She hoped a robin would....

以上介绍了句子和子句句尾加工、先行词搜索和精细推理,从介绍中可以清楚地看出,对目标词的注视时间可以受高级心理加工过程的影响。

第五节　阅读过程中眼动的个体差异与年龄差异

一、阅读过程中眼动的个体差异

一个人在阅读一篇文章的过程中,其自身在一些眼动指标上是存在较大差异的。一个人尚且如此,那么人与人之间在眼动指标上存在着很大差异就不足为奇了。

早在 20 世纪初,就有人(Dearborn,1906)对 4 名成人被试阅读报纸时的眼动进行了摄影记录。表 5.3 是记录结果:

表 5.3　四名被试阅读报纸时的眼动情况

被　试	每行的注视次数	每次注视的平均时间/ms
1	3.8	161
2	3.9	216
3	5.5	255
4	5.4	402

从表 5.3 可以看出，这 4 名被试之间存在着较大的差异。例如，第一名被试与第三名被试在每行注视次数上相差 1.7 次；第一名被试与第四名被试在每次注视的平均时间上相差 241ms。

有人（Anderson，1937）比较了 50 名阅读能力好的和 50 名阅读能力差的读者的眼动模式，结果发现：两组被试的眼动阅读模式差异显著。两组被试在阅读比较难的文章时，注视频率、回视频率和注视持续时间均有所增加。好的阅读者在阅读较难的材料时，能灵活地调整自己的眼动模式。

在另一项研究（Walker，1938）中，分析了好的阅读者的眼动特点，发现在阅读简单和复杂材料的时候，注视次数分布比较均匀，在文章的开始几行的注视停留时间比较长，而且他们注视了课文内容的 80％。

在《视觉心理学》（Brandt，1945）一书中引用了如下的研究成果。①几何。在两个学期末对几何成绩好者与差者的眼动进行比较发现，当成绩差者做对某道题时，其注视次数是成绩好者的注视次数的两倍。成绩差者的眼动很盲目，缺乏系统性。②代数。成绩差的学生有较多的注视次数，表现出了盲目的眼动模式。③算术。在检查一道复杂的除法题时，算术好的学生的眼动更具有系统性。④地理。在看地图时，阅读好的学生注视次数少且具有系统性。⑤智力测验。能力差的学生与能力强的学生相比，前者的注视次数多，眼动缺乏有效性。

还有人（Gilbert，1959）发现，阅读差的读者与阅读好的读者相比，前者表现出较长的注视持续时间，较多的注视次数，较多的回视。研究者还发现，即使两个被试的阅读速度都比较慢，但是他们之间仍然存在差异。他比较了两个阅读较慢的读者，第一个人以 186 字/min 的速度阅读一篇简单的文章，其理解成绩较好。对她的眼动记录结果表明，她阅读每 100 个字时，有 80 次注视，平均注视时间为 213ms。她的平均注视时间比一般阅读速度慢的读者的平均注视时间短得多。第二个被试阅读简单文章的速度为 176 字/min，对她的眼动记录表明，每阅读 100 个字时，有 50 次注视，平均注视时间为 313ms。虽然两个被试都表现出较慢的阅读速度，但是两个人的具体表现形式则不同。有人考察了阅读好的和阅读差的被试阅读时的眼动情况。每次眼注视的时间用 20ms 为单位。实验结果发现：①阅读好的被试阅读一行需要 1s，阅读差的被试阅读同一行则需要 3.04s；②当课文容易或只要求提取课文大意时，注视次数就少，注视的平均持续时间也比较短。所以，注视的次数和每次注视持续时间与阅读能力、阅读材料难度及阅读要求有关。

在下面一项实验中，研究者考察了 10 名阅读好的大学生的阅读情况，包括他们阅读时的平均注视时间、平均眼跳距离、回视在阅读中所占的百分比及每分钟阅读字数等。从实验中的数据可以看出，这 10 名读者虽然都是阅读技能较好的读者，但是在眼动指标上存在较大的个体差异。例如，被试 1 比被试 2 的阅读速度快，是由于被试 1 的平均注视时间短，眼跳距离大。所以，提高阅读速度可以通过增加眼跳距离、减少注视持续时间两种途径，或二者兼而有之，见表 5.4。

表 5.4　10 名阅读好的大学生的眼动数据比较

被　试	注视持续时间/ms	眼跳距离/字符数	回视/%	字数/min
1	195	9.0	6	378
2	227	7.6	12	251
3	190	8.6	11	348
4	196	9.5	15	382
5	255	7.7	19	244
6	206	7.9	4	335
7	205	8.5	6	347
8	247	6.7	1	257
9	193	8.3	20	314
10	241	7.2	14	230
平均数	215.5	8.1	10.8	308

注:① 4 个字符空间相当于 1 度视角。

② 回视是以回视在总注视中占的百分比为指标的。

③ 在这些被试中,平均注视持续时间与平均眼跳距离的相关为 0.81,即阅读速度,快的读者平均注视持续时间短,平均眼跳距离大。

有人(Rothkopf,1978)提出,眼动模式中的个体差异非常重要。他们在一项研究中,要求被试阅读文章,阅读文章之前先将问题告诉他们。结果发现,实验中所有的被试均表现为如下特点,当阅读到与问题答案有关的内容时,平均注视时间增加,眼跳距离减小。不过,当阅读到与问题答案有关的内容时,被试有三种不同的眼动模式:第一种是注视时间增加;第二种是眼跳距离减小;第三种是与原来的眼动模式没有区别。

有人(Rayner and Pollatsek,1989)总结了有关阅读过程中个体差异的实验,指出好的阅读者与差的阅读者之间,就其感知水平而言,一次注视所获得的内容是没有什么区别的。有实验研究(Underwood and Zola,1986)表明,好的阅读者与差的阅读者在知觉广度上没有差别。Rayner 认为,尽管在阅读好的被试之间,在眼动模式上存在明显的个体差异。但是,就其本质而言,大多数阅读者所做的事情是相同的。在他用动态窗口技术进行的一系列实验中证实了这一点。在这些研究中,窗口的大小是以同样的方式影响所有的被试。例如,在使用小窗口时,读者会减少眼跳距离(增加注视次数),增加注视持续时间。当使用较大窗口时,情形刚好相反。Rayner 指出,即使在眼动特征上的确存在个体差异,这些差异也不足以解释阅读水平的差异。图 5.12 是不同水平阅读者在眼动方面的差异。

二、阅读过程中眼动特点的年龄差异

阅读是一种比较复杂的技能。随着年龄的发展,在不断的学习过程中,这种技能逐渐发展。通过眼动分析可以清楚地了解这种阅读技能的发展变化。有人(Buswell,1922)对不同年龄阶段的学生进行阅读的眼动研究,发现了如表 5.5 所示的发展趋势。

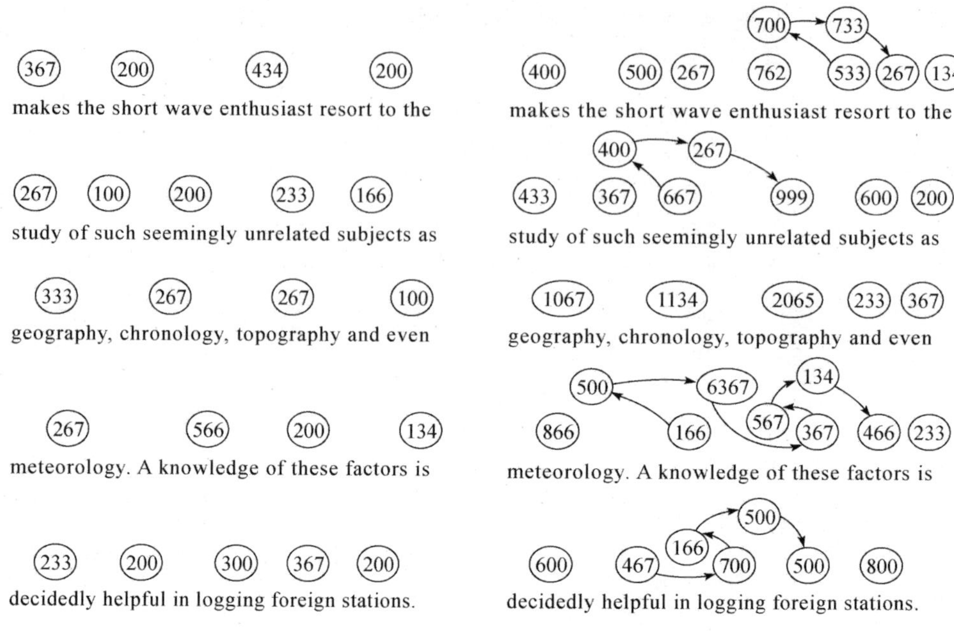

图 5.12 好的读者(左侧)与差的读者(右侧)的眼动比较

好的读者注视次数较少,注视持续时间较短。文字上面圆圈中的数字代表注视时间。注视点是按照先后顺序的。箭头代表回视。(Buswell,1937)

表 5.5 阅读过程中眼动的发展特征

眼动指标	年级												
	1	2	3	4	5	6	7	8	9	10	11	12	大学
注视次数/百字	224	174	155	139	129	120	114	1.9	1.5	1.1	96	94	90
回视次数/百字	52	40	35	31	28	25	23	21	20	19	18	17	15
阅读广度/字数	0.4	0.57	0.65	0.72	0.78	0.83	0.88	0.92	0.95	0.99	1.04	1.06	1.11
注视持续时间/ms	330	300	280	270	270	270	270	270	270	260	260	250	240
每分钟阅读的字数	80	115	138	158	173	185	195	204	214	224	237	250	280
每行注视次数	15.5	10.7	8.9	7.3	6.9	7.3	6.8	b	7.2	5.8	5.5	6.4	5.9
注视持续时间/ms	432	364	316	268	252	23	240	—	244	248	224	248	252
每行回视次数	4.0	2.3	—	1.4	1.3	1.6	1.5	—	1.0	0.7	0.7	0.7	0.5

注:① 上半部分的数据取自 Taylor(1965)的研究,下半部分取自 Buswell(1922)的研究。
② 阅读广度是用一段文章的字数除以注视次数得出的。
③ b 表示这个年级的研究数据未予报告。

在另一项研究中,Gilbert 对一年级到九年级学生和大学生的眼动进行了考察。眼动指标包括:注视频率、回视、注视停留时间等。要求一至九年级学生阅读同一篇文章,结果发现,阅读随年级增长而逐渐熟练。到五年级,阅读技能已基本成熟。阅读技能发展较好的读者,阅读技能增长最快的是在开始的四个年级。阅读技能发展较慢的读者,其阅读技能则是随着年级而逐渐发展的。大学生的眼动模式比九年级学生略显优势。

还有研究(Ballantine,1951)考察了二、四、六、八、十、十二等年级学生阅读时的眼动情况,考察的眼动指标包括注视次数和回视次数等。每个年级有20个被试,所有被试均阅读一篇适合二年级阅读水平的文章,还要阅读一篇适合自己所在年级阅读水平的文章。实验结果表明:第一,从二年级到四年级,注视次数和回视次数逐渐减少,只是从八年级到十二年级的进步很小或没有进步。第二,每行的回视一直到八年级是逐渐稳步减少的。上述这两种变化趋势从二年级到八年级相对而言一直是比较显著的。但是,十年级和十二年级则没有这些显著的趋势。

Morse(1951)研究了五年级和七年级学生阅读时的眼动。五年级的阅读材料有三种:第一种是适合五年级阅读水平的文章,第二种是适合七年级阅读水平的文章,第三种是适合三年级阅读水平的文章。七年级的阅读材料也有三种:第一种是适合七年级阅读水平的文章。第二种是适合九年级阅读水平的文章,第三种是适合五年级阅读水平的文章。每个年级的被试有54名。实验结果表明:①在阅读适合七年级和五年级阅读水平的文章的时候,七年级学生的阅读模式比五年级学生的阅读模式的效率高。②七年级学生阅读适合五年级阅读水平的文章时的眼动模式比五年级学生阅读适合三年级阅读水平的文章时的眼动模式更为有效。③两个年级的学生随着阅读材料难度的增加,眼动模式没有明显的变化。Morse认为这个结果表明,这些学生不能有效地根据阅读材料的难度来改变自己的眼动模式。

20世纪60年代末70年代初,有人(Nodine and Evans,1969;Nodine and Lang,1971;Nodine and Simmons,1974;Nodine and Steuerle,1973)进行了一系列的实验,研究不同阅读水平的儿童对若干对字母或字母串进行异同判断时的眼动特点。实验中,要求被试注视一些假词(pseudoword)对,这些假词的中间字母有的很容易混淆,如ZPRN中的PR,这类字母称为具有高混淆性的字母;有的则不容易混淆,如EROI中的RO,这类字母称为具有低混淆性的字母。Nodine等发现,三年级学生与未学习过阅读的幼儿园儿童相比存在以下几点不同:①从注视模式中可以看出,年龄大的儿童对与问题有关的信息注视较多。②年龄大的儿童可以更有效地加工特征明显的信息。③与年龄小的被试相比,年龄大的儿童眼动扫视模式更有计划性、目的性。在Nodine的其他实验中,要求学前儿童与小学三年级学生区分不同字母或类似字母的符号。结果表明:①年龄小的儿童与年龄大的儿童相比,前者从对一个字母到对另一个字母的注视转移次数较多。②学前儿童对两个字母有区别的地方不予注视(如G和C)。Nodine对他们的实验进行了总结,得出如下的几个结论:①学前儿童对自己眼动的认知控制没有达到年龄大一些儿童的水平;②学前儿童不能像年龄大一些儿童那样有效地使用边缘视觉;③学前儿童不能掌握字母的显著特征。

还有人(Spragins et al.,1976;Fisher,1976)的实验表明,副中央凹和边缘视觉的使用随阅读技能的增长而增长。被试为成人、五年级和三年级的学生。实验材料是成段的文章。这些文章有的是按正常格式打印的,有的是将单词中字母按大小写依次改变,如SpAcE等。单词之间的空格分为三种条件:第一种是正常的空格,第二种是将单词之间的空格用随机字母填充,第三种是取消空格。实验结果表明:就眼动的年龄差异而言,与三年级学生相比,成人加工效率受空间线索的影响较大(如单词间的空格)。当成人与儿童进行阅读和搜索任务时,眼动模式不同。儿童在进行阅读和进行搜索时相比,阅读时的注视次数较少,但平均注视时间增加了。另外,成人在完成这两项不同的任务时,注视次数和平均注视时间基本保持稳定不变，只是进行搜索比进行阅读时的眼跳距离更大。

在另一项研究中(Mackworth，1972)，被试为二年级、四年级和六年级的学生。要求他们进行完形填空测验，一个空有6项选择。被试完成任务过程中记录其眼动。结果发现：差的读者对错误选项的注视多于好的阅读者。例如，当该空需要填一个名词时，差的读者对选项中动词注视较多，这似乎表明，差的读者不能像好的读者那样，可以意识到句子中句法和语义之间的相关制约关系。

有人进行了这样的实验：被试为三年级、五年级和大学的学生。要求他们阅读两篇课文，记录其眼动，结果见表5.6。

表5.6 不同年级学生阅读时的眼动数据

	三年级	五年级	大学生
每分钟阅读字数	87.4	146.9	184.2
总注视次数	68.6	108.8	167.4
注视持续时间/ms	485	249	272
每行注视次数	9.8	8.37	6.2
一次注视到的字符数	48	5.9	7.2
每行回视次数	2.67	1.37	1.3

从表5.6可以看出，随着年龄增加，阅读速度加快，总注视次数、注视持续时间和每行注视次数减少。一次注视到的字符数增加，年龄发展趋势很明显。

有人(白学军和沈德立，1995)用眼动仪对大学、小学五年级和小学三年级各30名视力正常的学生阅读课文时的眼动过程进行研究。

在分析不同年龄被试的眼动时，有时需要具体问题具体分析。Schlosberg曾经记录过6名成人阅读时的眼动。结果很令人吃惊：很多被试每行的注视次数比普通三年级小学生还多。这6位成人的眼动模式很有规律，没有回视。经过调查才发现，这6位成人的职业均为法官。这种阅读时的眼动模式可能与其职业有关。法官在阅读法律文件时，其中的每一个词都十分关键，所以阅读时十分认真仔细。这种职业习惯在实验室阅读其他材料时也表现了出来。

以上介绍了有关阅读过程中眼动的个体差异和年龄差异的一些实验研究。这些研究的结果基本上是一致的。不过，还需要更精确地考察阅读时眼动模式的个体差异和年龄差异，做到这一点还存在许多困难。因为对年龄较小的被试进行眼动研究并非易事，需要固定儿童或幼儿的头部才能保证精确地记录其眼动数据，而固定他们的头部会使其感到很不舒服。

第六节 快速阅读的眼动研究

一、快速阅读的概述

(一) 什么是快速阅读

什么是快速阅读？快速阅读是阅读能力中的一个重要组成部分，它是指读者应该能够在短时间内,迅速理解阅读材料中主要信息的阅读能力。快速阅读能力应该包含两个主成分:第一,具有较快的速度;第二,保证对阅读内容的准确理解。从这两个含义可以看出,快速阅读完全不是表面性的浏览,而是一种积极主动的、创造性的阅读理解过程。

对于快速阅读问题,张志公认为:“要读得快,同时就要理解得快,并且理解得准确,能够很快地从所读的东西中得到所需要的主要的东西,而没有重要的遗漏,没有错误地理解或者理解不太够的地方。读得快,也了解了。读得快,也要求记得快,要在几秒钟、几分钟总之很短的时间之内,把理解了的需要的东西输入到脑子里去。因此快速阅读的能力也包含着快速理解和快速记忆的能力。快容许快,不容许粗,更不容许错。快速阅读能力不是一个孤立的能力,理解、记忆、速度三个方面构成快速阅读能力的整体。”

图 5.13 是一般阅读者(normal reader)、经过训练的快速阅读者(speed reader)的注视情况。

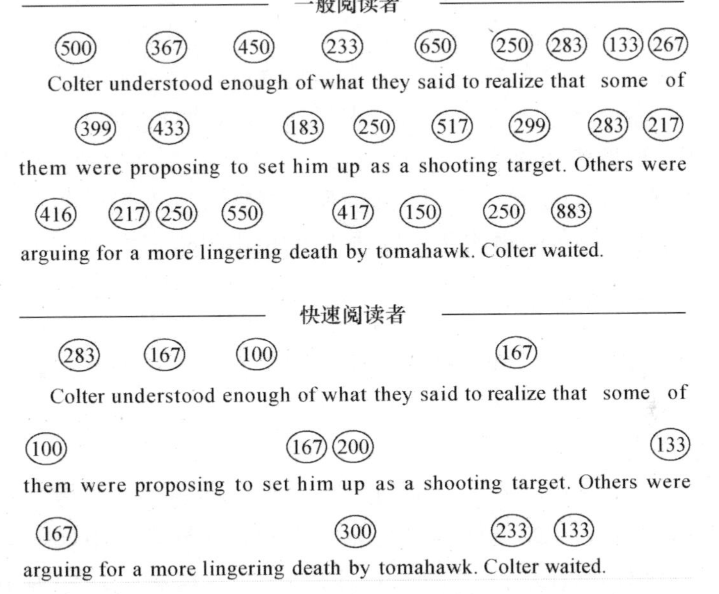

图 5.13　一般阅读者和快速阅读者阅读时的眼动特征

一般阅读者和快速阅读者都会在同一行中跳过一些字不读。而且他们都花较少的时间注视一个词。注视点的顺序是从左到右。(Just and Carpenter,1987)

(二) 快速阅读的意义

当今社会是一个信息社会,阅读是获得信息的一条主要途径。目前世界上的各种书刊、杂志的种类和数量不断增多。单就现在世界上的科学杂志而言,已经有数十万种之多。信息的增长速度令人吃惊。

在“信息爆炸”的今天,在各类专家所解决的科技问题越来越复杂的条件下,通过大幅延长阅读时间来获得知识的办法是不足取的。为了跟上本专业领域的发展水平,了解本专业的重要实验研究和发现,一个科技人员的阅读量很大。据估计,一个计算机专家每月必须阅读 40 本国内外的杂志。要在短时间内看完这么多的材料,用一般的阅读方法是很难完成的。如何在短时间里获得更多更有效的信息是现代社会中人们面临着的一个实际问题。

（三）快速阅读的计算

如何计算阅读的速度呢？对于快速阅读的成绩，采用两个公式来考察，一个是阅读速度的计算公式，另一个是有效阅读速度的计算公式。

公式一　阅读速度 = 字数 / 阅读时间

阅读速度反映了读者在单位时间内所读的字数，它在一定程度上反映了读者的阅读效率。但是，如果单纯用这样一个速度还不能够准确地反映读者的阅读效率。因为该公式只考虑到了阅读速度的快慢，但是没有考虑到阅读的质量如何，即读者对阅读材料的理解程度如何。所以，我们引进了阅读理解率这个概念。阅读理解率是正确回答问题的分数与问题的总分数之比，再乘 100%（阅读理解率＝正确回答问题的分数/问题的总分数×100%）。

公式二　有效阅读速度 = 阅读速度 × 阅读理解率

从这个公式可以看出，要考察一个人的快速阅读成绩，不能单纯考虑阅读速度或理解的准确率，应该将二者联系起来考虑。这也体现了快速阅读的特点，即在进行快速阅读时，不要只注重阅读速度或是阅读理解率，而要二者兼顾。那么，在阅读训练中，如何掌握这二者的关系呢？有关的阅读专家认为，阅读理解率应该为 70%～80%，如低于 70%，表明读得过快了，如高于 80%，则表明还可以适当提高阅读的速度。

（四）影响快速阅读的因素

经常有人提出这样的问题：我为什么就快不起来？以下几种因素可能是影响阅读速度的原因。

1. 边指字边阅读

有人在阅读时，为了集中注意力，用手指、笔或尺子逐字逐字地指着阅读。这种方法对初学者或许有用，但是对正常的读者是毫无意义的。这种方法不仅降低了读者的阅读速度，而且还会分散他们的注意力。事实上，任何一个人，只要到了学习阅读的年龄，一定能够不借助手指或尺子等指字阅读。

2. 头部随阅读移动

有人在阅读一段文章时，随着眼睛注视位置的不同，头部也跟着移动，当从左向右阅读一行文字时，其头部也会从左向右移动；当看到一行的末尾，要换行看下一行时，头部也会转回去。在实际生活中也存在着一种误解，即认为头部的移动有助于阅读。客观地讲，人的眼部肌肉完全能让视线从一个字移向另一个字，而不用颈部肌肉的帮助。值得说明的是，学生往往对自己在阅读时头部移动的坏习惯意识不到，这需要教师及时地提醒。

3. 默朗读

有些读者在阅读时，会轻微地读出字音来。默朗读有下面的几种情况：第一，默读时，只是默默无声地动动嘴唇。第二，默读时，不动嘴唇，只是舌头或喉部在运动。第三，默读时，只是声带在颤动。默朗读的最大弊端在于使阅读速度等同于说话的速度，从而使阅读速度大大地减慢了。

4. 逐字注视

在阅读过程中，阅读速度较快的人一次注视可以看清两三个词，而阅读速度较慢的人一次注视只能看清一个词，有时甚至不到一个词。有人采用速示器训练读者克服逐字注视的不良习惯。用速示器以少于10次/s的速度呈现一些词。被试在1/10s的时间内是来不及移动眼睛的。所以被试要在一次注视中，读出呈现的材料。所呈现的材料逐渐增多，从一个词到两个词、三个词，再增加下去。这种做法是否科学有待于做进一步的论证，但是，许多从事阅读训练教学的教师认为，这种训练方法可以在一定程度上纠正逐字注视和朗读的习惯。

5. 频繁回视

在阅读时，遇到了生字、难字或其他没有理解的内容时，往往会返回去再阅读刚才读过的内容，出现回视，这种回视是正常的。但是有些人在长期的阅读过程中形成了频繁回视的不良习惯。他们回视的次数已经超过了实际需要的次数。频繁回视的不良习惯是如何形成的呢？可能是由于学生开始学习阅读时，经常阅读那些难度过大的材料，从而导致了习惯性的回视。解决频繁回视的办法就是给学生阅读大量的难度适中的材料。

以上对影响速读的不良习惯进行了小结，这些不良习惯大多是在阅读过程中不知不觉形成的。如果读者有意识地改掉这些不良习惯，相信一定能够在原有的阅读基础上提高阅读速度，当然，改掉这些不良习惯并非易事，需要有一定的毅力和恒心，通过大量的练习才能奏效。

二、国外快速阅读研究的历史与现状

（一）国外快速阅读研究的历史与现状

1894年，Abel进行了考察大学生阅读速度的实验，被试为40名女大学生。被试阅读一篇短故事，过了一段时间后，要求其尽可能按原文进行回忆。实验结果表明：理解与阅读速度是相互独立的。研究者发现，从总体上讲，速读节省了时间，但是并不意味着增加阅读速度一定要影响对阅读内容的理解。此后，Huey和Dearborn都对速读问题做过研究。

人们在很久以前就认识到，在阅读中熟练的阅读者与不熟练的阅读者相比，前者的注视持续时间较短，注视和回视次数较少。Tinker在1946年撰文，对1935～1944年的速读及眼动训练进行了总结。他提出：①许多“眼动训练”导致了阅读水平的改善。②改善了的阅读水平在被试的眼动模式中有所反映。③通过训练眼动所获得的阅读水平的提高，与鼓励学生进行自由阅读所导致的提高，二者之间没有差异。④就这种眼动训练本身来说，并没有恰当的证据证明它可促进阅读，与眼动训练有关的实验中往往有其他因素的参与。这些实验从来没有排除动机因素的影响。⑤眼动训练过于强调眼动模式，而忽略了更重要的知觉和理解过程。这种眼动训练会破坏阅读习惯的灵活性和适应性，而灵活性和适应性是熟练阅读者的特征。⑥不要单纯地机械地训练眼动，而应该将它作为阅读理解训练的一种补充，以提高学生的动机水平。

Rayner对20世纪50～70年代中期的眼动研究进行了总结。在总结速读的眼动研究时，他认为：①这方面的实验研究缺乏严格的条件控制。这类实验通常要求被试速读一段文章同时记录眼动，可是在大多数情况下，被试阅读后只是被问及到一些很一般的理解问题，或根本就不进行阅读理解测验。②专家们对速读可以达到的速度意见不一致。③速读还缺乏一个令人满意的理论解释。

此后有研究者使用眼动仪对快速阅读进行了较为严格的实验。

有人考察了初步掌握快速阅读法的人的眼睛运动情况。所用的眼动仪是由 Yarbus 研制的，该仪器在第二章已经介绍过。实验是在前苏联医学科学院心理学研究所视觉感知过程实验室进行的。在实验前，被试学习了三个月的快速阅读法。实验时，被试坐在一张椅子上，在他面前摆着一张报纸，离读者眼睛的距离是 30cm。实验材料是报纸上的五段简讯。结果如下：①阅读速度是平均每分钟 4800 个字母；②从眼动轨迹上看，被试的注视点主要是在文章的关键词上，或者是与关键词有关的区域。库兹涅佐夫等认为，为了提高阅读速度，必须做到减少眼睛注视的次数，增加眼睛注视时接受词汇的数量，减少重读的次数。他们进一步提出，这些要求是快速阅读法不可缺少的。因为在采用这种方法的条件下，读者的目光主要是沿着假想的一条位于页面中间的的垂直线上下运动的，至于左右之间的摆动则是很不明显的。在采用传统的阅读方法时，读者的目光从左到右逐行逐行地运动，即先读完一行再读一行，而采用快速阅读法的条件下，目光运动的线路就短多了。

1982 年，有人对速读者进行了控制条件较严格的眼动研究。被试为刚参加过速读训练课程的 11 名学生和未经过速读训练的 24 名学生。被试分为三个组，要求一半未经过眼动训练的被试按平常的速度阅读，这组被试称正常阅读组。另一半则进行跳读，并要求他们以两倍于自己正常速度的速度进行跳读，这组被试称为跳读组。第三组被试是经过训练的速读组。实验是让他们阅读若干段从《读者文摘》和《科学的美国人》杂志上节选的文章，每段均由 2000 字组成。在练习时，告知跳读组被试的阅读速度。阅读结束后，要求被试回答 20 个问题，其中的 10 个问题是关于文章中比较重要的信息，另外 10 个问题则是文章中的细节问题。实验结果发现：①跳读组和速读组的阅读速度均比较快，但是，理解成绩却比正常阅读组的差。②速读组被试与跳读组被试相比，当两组被试以同样的速度阅读从《读者文摘》上节选的容易文章时，速读组对有关重要信息的问题的阅读理解成绩较好，但是，当阅读从《科学的美国人》上节选的比较难的文章时，速读组的阅读理解成绩并不比跳读组的好。③正常阅读组的被试几乎注视每一个实意词，注视时间的变化范围较大。而速读组被试平均注视的字数只是正常被试的一半，他们在阅读时，不仅跳过了功能词不读，也跳过了一些实意词不读。④阅读速度的差异不同。正常阅读组的被试在阅读一整段文章时，其阅读速度变化很小，相反，速读组和跳读组的阅读速度则存在着较大的变化。他们在阅读一段文章时，阅读速度的差异可达到每分钟 250 个字，这可能是因为他们在自己认为是重要的地方花费的时间较长之故。速读组被试在阅读时跳过了许多字词，那么，被试是否能用边缘视觉看到并且理解这些字词，而无需直接注视它们。事实并非如此，当实验者考察被试没有直接注视过的内容时，被试往往对有关的问题不能回答。

总之，研究者认为，速读是一种熟练的阅读，阅读速度的提高会影响阅读理解成绩。他们指出，速读和正常阅读所进行的心理加工过程是相同的，只是对各个成分的加工分配不同而已。速读在句子水平上的句法加工较少，而更多的是在篇章水平上的信息加工。

目前，快速阅读是各国教育界十分重视的一个课题。有人认为，世界范围内的速读已经从理论研究发展到实际训练，法国、美国、英国、前苏联、日本、巴西等国家先后成立了全国性的阅读指导组织，而速读是其重要训练内容。

（二）速读训练仪器简介

在速读研究的历史上，人们除了使用不同的训练方法外，还设计了一些训练用的专门仪器，虽然这些仪器已经过时，但是读者可以从历史这一角度反映人们对快速阅读的研究。

在20世纪40年代，有人（Dearborn and Anderson，1937）摄制了模拟阅读条件的影片，影片上有一个区域，它以有规律的跳跃动作沿字行前进，读者的眼睛跟随着这个区域运动。还有人使用节拍阅读器，使读物每次显示出每行的1/3，使被试按良好的模式进行眼动。这种训练方法也不能使被试每行只有三个注视点。

20世纪70年代末80年代初，人们不仅研制出了一些快速阅读训练用的仪器，而且将它们商品化。

1. 快速词语自动断续显示装置

快速词语自动断续显示装置（phrase-flasher）是美国Communications Academy公司生产的，见图5.14。该产品是一个长方形的盒子，上有一个显示窗口。在其内部插有一张词语卡，卡上有若干行单词或短语，显示窗口一次只能显示一行，显示的速度是可调的，当速度选好后，仪器就会自动断续地显示单词或短语。训练者可根据自己的情况选择显示速度。Educational-Instructional Systems公司生产的Vu-Mate装置是类似上面介绍的一种仪器，它是用于个人速读训练的。它的刺激呈现速度有1/25s、1/50s和1/100s。

图5.14　美国Communications Academy公司生产的快速词语自动断续显示装置（Liebert and Liebert，1979）

2. 眼动记录装置

眼动记录装置（reading eye）是由Educational Developmental Laboratories公司生产

的。该仪器可以在读者阅读时记录其眼动，通过考察其眼注视、回视、回扫和注视持续时间等来分析读者的阅读习惯，进而训练其阅读速度。通常，眼动情况被记录在带状记录纸上，由阅读专家来进行处理分析。事实上，该仪器就是一种眼动仪。此外，Educational-Instructional Systems 公司也生产名为 Eye-trac 的用于速读训练研究的眼动记录装置。

3. 速示投影仪

许多公司生产用于速读训练的速示投影仪（tachistoscopic projector）。例如，Educational Developmental Laboratories 公司生产的 Tach-X，可以快速在屏幕上呈现阅读材料，速度为 0.01～1.5s。另外，Ralph Gerbrands Company 生产许多投影速示器，但是，其产品过于昂贵。Psychotecnics 公司生产名为 Tachomatic X 500d 的速示投影仪，它每分钟可以呈现 60～1000 个字，该仪器也可以进行遥控。

4. 投影阅读仪

Psychotecnics 公司还生产一种用于个人速读训练的投影阅读仪（shadowscope reading pacer），见图 5.15。将书或其他的阅读材料放在书托上，一束一英寸见宽的光线沿着阅读材料从上向下移动。移动速度是可调的，每分钟该光线照射阅读材料的字数为 0～2000 个。该仪器的优点是，不用使用特殊的幻灯片，使用普通的阅读材料即可。美国 The Reading Laboratory 公司也生产类似的投影阅读仪。

图 5.15　Psychotecnics 公司生产的一种用于个人速读训练的投影阅读仪（Liebert and Liebert，1979）

三、中国快速阅读研究的历史与现状

20 世纪 30 年代，龚启昌进行过有关速读的研究。中国台湾台北师专附小谭达士于 1962 年开始从事速读研究。据资料介绍，学生经过短期训练，小学低年级学生每分钟可读 300～400 个汉字，中年级学生可达 1000 字左右，高年级学生高达 2000 个汉字。1966 年继续进行实验，撰写了速读训练的著作，对后来的研究有一定的影响。

现代速读训练在 1980 年以后开始逐渐受到重视。1981 年华南师大附小开展了实验，提出如下的速读策略：集中注意，全神贯注，眼脑直映，革除默念；不要指读，不逐字思索；尝试回忆，记忆要点；按词按句，成行成面地阅读。实验班的学生速读的速度达2100字/min，理解率为75%～80%。1985年，程汉杰在北京铁路二中进行速读训练，训练方式有：默读、忌复视、增大识别间距、辨文体、固定程序、调控注意力、推断阅读、协调速度与理解的关系、了解不同的进步方式和快速记忆等。学生一年后的阅读速度为862字/min，理解率为90.99%。后来，这个实验扩大到了铁路系统的多所中学。1987～1990年，在浙江舟嵊小学进行了速读实验，经过三年的实验，学生的速读达2100字/min，理解率为75%～80%。1988年，成立了"中学语文高效率阅读研究中心"等组织，目前，全国许多省市自治区均有这方面的理论研究和实验探索。另外近年来也加强了对国外的速读研究成果和专著的翻译介绍。

中国对速读的实验研究始于20世纪30年代，与国外相比，起步比较晚，但是到了80年代以后，速读研究开始受到重视，并取得了一定的成绩。特别是近年来有研究者开始以眼动为指标，对快速阅读进行了较为系统的研究。

四、小学生快速阅读的眼动研究

有人（闫国利等，2000）考察了快速阅读训练对小学生眼动模式的影响，试图从比较微观的角度（眼动特点）揭示快速阅读训练的有效性。

研究使用的实验仪器是美国应用科学实验室（ASL）生产的4200R型眼动仪。实验材料包括训练材料和测试材料（这两类材料均为记叙文）。这些材料包括阅读文章和相应的问题，是根据被试的阅读能力，由研究者与小学语文教师共同挑选、拟定的。训练材料供被试者进行快速阅读训练时使用，包括36篇阅读文章。测试材料包括2篇文章，供眼动测试时使用，文章显示在29英寸计算机监视器上。训练材料和测试材料中的问题都为单项选择题，每篇文章配有4个问题。

被试为天津市某小学五年级的两个教学班，实验班50人，对照班52人。实验班、对照班在开始训练前的语文考试成绩没有显著差异，试卷中阅读理解部分的得分也没有显著差异，故认为两个班阅读能力基本相同。眼动实验中，实验班选取17人，对照班选取18人。

每周由任课的语文教师主持，对实验班学生进行两次快速阅读训练，持续18周，共36次，每次训练15min左右。训练时将阅读材料和阅读后要回答的问题一起发给学生，但在阅读结束以前不允许学生翻看问题部分。每次训练的开始和结束时间由教师统一掌握。阅读结束后再让被试一起回答问题。训练时注意纠正被试不良的阅读习惯（逐字阅读、出声阅读、频繁回视等），使其掌握正确的快速阅读技术。

18周的训练结束后，请参加过快速阅读训练的部分被试和未参加训练的部分被试阅读呈现在29英寸监视器上的2篇文章，阅读完毕后回答问题（文章和问题分别呈现）。阅读过程中记录被试的眼动轨迹。将阅读2篇文章时的眼动记录结果进行统计。

结果发现，实验组和对照组被试之间的阅读成绩没有显著差异。比较两组被试的阅读速度，实验组的阅读速度比对照组的快一倍，并有显著差异。对两组被试的阅读时间进行比较，实验组和对照组被试在阅读总注视次数上存在显著差异。实验组被试比对照组被试的注视频率明显地高，而且差异达到显著水平。实验组被试比对照组被试的回视次数明显少，差异达到显著水平。该研究表明，快速阅读训练可以显著地提高小学生阅读速度而不影响其阅读成绩；快速阅读训练可以有效地减少阅读时间；快速阅读训练可以有效地减少注视次数、回视次数而提高注视频率。

五、大学生快速阅读的实验研究

影响阅读速度的因素有很多，不良的阅读习惯就是其中之一。对某大学不同年级120名大学生的阅读习惯进行了一次问卷调查。结果发现大学生中存在一些不良的阅读习惯，具体结果如表5.7所示。

表5.7 大学生中不良阅读习惯的调查结果

不良阅读习惯	占总人数的百分比/%
经常返回看刚看完的内容	16.67
阅读文章时，头部有时也随着动	34.17
读到重要之处时，手指沿着字行移动	22.33
阅读时常常出声地阅读	22
阅读时在每个字上都停顿	13.31

从表5.7中可以看出：有16.67%的人经常返回看刚读过的内容；有34.17%的人在阅读文章时，头部有时也跟着动；有23.33%的人在读到重要之处时，手指沿着字行移动；有22%的人在阅读时常常出声地阅读；有13.31%的人在阅读时，在每个字上都停顿。由于有些大学生存在着这样或那样的不良阅读习惯，所以他们的阅读速度不是很高。还需要指出的是，尽管有不良阅读习惯的人数所占的比例并不是非常高，但这些比例也足以引起教育者的注意。

国内还有一些相关的研究。例如，黄仁发对我国中小学生的调查发现，阅读时嘴动是影响阅读速度的一个重要因素，一般地说，这一现象在城市学生五年级至初一消失，而乡村学生则要晚一年的时间。也有人(戴小力和万云英，1987)发现，普通中学有一半的学生在阅读时有唇动、喉动、出声、指读等现象。

研究者认为，通过训练可以改掉这些不良习惯，提高阅读的效率，使读者可以进行快速阅读，在最短的时间内掌握更多的信息。有研究通过考察实验组(经过快速阅读的强化训练)同对照组(以一般正常速度进行阅读)之间眼动模式及阅读效率的区别，揭示快速阅读时的眼动特点，同时考察在阅读科技类文章时进行快速阅读的可能性。被试为三年级大学生30人，在参加实验前，均经过瑞文标准推理测验，未发现有智力异常者。将他们随机分成两组，每组15人。实验组被试首先接受一周快速阅读的强化训练，这个组称为快速阅读组。对照组被试不接受快速阅读训练，在实验时，要求他们按照平时的正常速度阅读课文，这个组称一般阅读组。实验仪器采用美国ASL生产的4200R型眼动仪。实验材料由4篇科技文章组成，每篇文章的字数在540字左右。每篇文章后均附有一个问题，因为有4篇文章，所以共有4个题，其中两个是属于记忆类问题，另外两个属于概括类问题。记忆类问题是要求被试回答出文章中涉及的某个细节，答案可以在文章中直接找到。

概括类问题要求被试对文章的中心思想进行一定的概括和推理，才能进行回答。将实验材料呈现在大屏幕显示器上。实验材料的呈现方式是将文章和问题分别呈现。实验时，主试先呈现文章，待被试阅读完文章后，清屏，再呈现问题。实验结果显示，大学生对两类问题回答的正确率是不同的：①在回答概括类问题时，两组被试的正确率的差异经卡方检验未达到 0.05 显著性水平。②在回答记忆类问题时，两组被试存在显著差异（卡方值是 5.142，$P<0.05$）。③实验组的被试回答记忆问题和概括问题的正确率不同，经卡方检验，差异达到了显著水平（卡方值是 3.846，$P<0.05$）。对照组被试在回答记忆问题和概括问题的准确率虽然有差别，但是经卡方检验，未达到显著性水平。对两组被试的阅读速度进行了比较，存在显著差异，实验组被试的阅读速度是 602 字/min，对照组被试的阅读速度是 285 字/min，相差约 317 个字。实验组被试的速度要远远大于对照组，且存在显著差异。

对被试阅读全文的注视时间进行了比较，实验组被试比对照组被试所用的时间短，差异达到了显著水平。考察被试对文章三个自然段的注视次数，发现两组被试之间存在显著差异。被试在阅读第一、第二、第三自然段时，实验组被试的注视次数明显地少于对照组被试，差异达到了显著性水平。两组被试在注视频率上没有显著差异，但是可以看出这样一种趋势：实验组被试的注视频率比对照组被试的注视频率略高。也就是说实验组被试通过提高单位时间内注视次数的方法来增加阅读速度，提高获取信息的效率。比较被试阅读课文的注视点平均持续时间，在阅读这三段文章时，实验组被试的每次注视点平均持续时间比对照组短，但是差异未达到显著性水平。这说明被试在阅读时，实验组被试的每次注视时间较短，而对照组被试每次注视所用时间较多。实验组被试在阅读时是通过减少每次注视所用时间来提高阅读速度的。对两组被试阅读课文时的眼跳距离进行比较，实验组被试比对照组被试的眼跳距离大，且达到了显著性水平。眼跳距离大，说明被试每次注视所获得的信息多。实验组被试的阅读知觉广度是 3.60 个字，对照组被试的阅读知觉广度是 2.75 个字。实验组被试的阅读知觉广度比对照组的大 0.85 个字。在本研究中，比较了这两组被试在阅读时回视次数的差别。实验组被试比对照组被试的回视次数明显少，而且，这种差异达到非常显著的水平。本研究表明，要充分地掌握文章的细节内容，需要有足够的阅读时间作保证；短期的快速阅读训练可以有效地减少回视次数。

六、快速阅读研究的思考

（一）快速阅读研究与训练应该注意的几个问题

1. 快速阅读训练方法问题

在我国的快速阅读训练方法中，一种比较流行的方法是通过扩大阅读的知觉广度来提高阅读速度。所谓扩大知觉广度就是扩大读者每次注视所能看到并能了解意思的字数。例如，中国台湾省台北师专附小谭达士 1962 年开始从事快速阅读研究，在他的训练方法中，就有“成句成行地读、成面地读”。1981 年在上海市华南师范大学附小进行了实验，实验中提出的快速阅读要求是按词按句、成行成面地阅读。

我们认为，对这种训练方法的提倡要谨慎。目前国外比较公认的眼动研究（McConkie and Rayner，1975）表明，人在阅读时的知觉广度是很有限的，这个研究是以英文为实验材料的。有关汉字的阅读知觉广度也有一些研究。早期的研究结果表明（Mile and Shen，1925），大学生对汉字阅读的知觉广度平均为 2 个字左右。还有研究（Sun et al.，1985）结果表明，大学生在阅读过程中，对汉字阅读的知觉广度平均为 2.6 个字。白学军和沈德立（1996）的研究结果发现，大学生的阅读知觉广度为 2.77 个字。从本实验可以看出，无论是以快速阅读方式进行阅读还是以正常的速度进行阅读，读者一次注视所能够看到的汉字不足 4 个。这说明人的阅读知觉广度是有限的。既然人的阅读知觉广度是有限的，那么在阅读训练中单纯强调增加每次注视所能看到字数的做法缺乏足够的科学依据的。很难想象，在一次注视最多只能看到并了解不足 4 个汉字字义的情况下，通过训练可以达到一次注视能看清并了解一行或若干行汉字的字义的程度，即达到所谓的“成行成面地进行阅读”的程度。

2. 快速阅读与阅读理解率问题

许多快速阅读训练的研究结果表明，经过快速阅读的训练，读者既可以较大幅度地提高阅读速度，同时，又可以使阅读理解不受影响。有人认为，快速阅读的理解率在 90%以上，而阅读速度为 704～1232 字/min。国外也有类似的快速阅读研究报告，指出快速阅读训练可以在阅读理解率不受影响的情况下成倍地提高阅读速度。这个观点是值得讨论的。

一般而言，阅读速度同阅读理解率是一种权衡关系，也就是说，在一定范围内，如果要提高阅读速度，阅读理解率必然要降低，如果提高阅读理解率，阅读速度就会慢下来。大幅度提高阅读速度，也就是增加单位时间内阅读汉字的数量。根据有关研究及本研究结果可知，人的阅读知觉广度是很有限的，所以阅读速度的增加肯定会导致读者在阅读中漏看一些字词，进而使读者对文章的阅读理解受到不同程度的影响。那么，为什么在我国的一些快速阅读研究中，读者虽然进行了快速阅读，而理解率却很高（90%以上）呢？我们认为问题可能出在对阅读理解标准的把握上。通常，阅读理解率的计算公式是：阅读理解率＝做对题目的分数/全部题目的分数。而针对文章所出的阅读理解题目是一个关键。问题可以有不同的类型、难度等特征。就类型而言，有的问题是直接可以在文章中找到答案的，有的需要读者在理解的基础上进行推理，有的问题是针对文章中的细节问的，有的是针对文章的主题和中心思想问的。结果可能就会出现这样的情况：同样的读者在读完同一篇文章后，当回答不同难度和类型的问题时，其正确率有所不同，也就得出了不同的阅读理解率。前文已经提到，Just 等对快速阅读的研究发现，实验组的读者对有关文章细节问题的回答成绩较差，而对有关文章中心思想和重要内容的问题回答成绩比较好。这个结果对我们是有启发的。不同实验所得的阅读理解率是存在差异的，这种差异与在不同的快速阅读实验中阅读理解题目的难易、类型等的不同可能有着直接的关系。

Just 等认为，为了更加客观地考察快速阅读的效果，在计算阅读理解率时，应该将不同类型的题目分开来计算，这样便于分析问题。在计算阅读理解率时，应将不同类型的问题（记忆类问题和概括类问题）分别来考虑。通过这样的分析，可以清楚地看出，经过快速阅读训练的被试对文章中心思想掌握得比较好，而对文章细节内容掌握的较差，也就是说，提高阅读速度对文章中心思想的理解影响较小，而对文章细节内容的理解影响较大。

3. 快速阅读所能够达到的速度问题

快速阅读训练可以使人达到多快的阅读速度，不同的研究得出了不同的结论。有人(祝新华，1993)提出，我国众多的快速阅读实验充分证明，经过一个时期(2～6个月)的科学训练，学生的阅读速度可以提高2～5倍。据此可以推论，我们目前的阅读速度只开发了人类1/5～1/4的潜能。

关于快速阅读的速度，国外也有过许多报道。有人(Thomas，1962)报道说，某个快速阅读者的阅读速度达10 000字/min，按照这个速度进行计算，这个读者每页大约只注视5次。另一项研究报告(McLaughlin's，1969)说，某个快速阅读者每分钟可达到3500字，每页只有15次注视。在国外的一些快速阅读训练招生广告中(Growder and Wagner，1992)声称无论你原来的阅读速度如何，参加完快速阅读训练班后，你的速度都会至少提高三倍，而阅读理解不受影响。有的训练班毕业学员报告说，其读速达到40 000～50 000字/min。如果以这个速度阅读小说《飘》，只需要12min。Growder和Wagner进行了这样的分析，假设一个人每分钟能够读3000字，也就是说他每分钟可以读7～10页书，每页看10～15s，每页大约有50次注视。通常，每页书有50行字，所以，读者在阅读时，每行只能注视一次。如果每行只注视一次，由于人的阅读知觉广度是很有限的，读者会有许多字是看不见的，也就是说，根据已知的眼动结果，读者是不可能通过一次注视看清楚一行字的。

有人(Carver，1985)对参加过快速阅读训练班的被试进行了系统的研究。参加实验的被试分为实验组和对照组，实验组是参加过快速阅读训练班的学员，这些学员是Carver在全国范围内找到的，他们的阅读速度比较快。其中有一名学员的阅读速度达81 000字/min。对照组被试有大学生、杂志编辑和参加过GRE和SAT考试且成绩优秀的人员。Caver对这两组被试进行了长达8.5h的阅读测验。结果发现，这两组被试的平均阅读速度是250～450字/min，实验组被试的阅读速度是最快的，达到444字/min，但是，该组的阅读理解分数也是最低的。当告知实验组，只考察其阅读速度而不考察阅读理解时，该组被试的阅读速度达到了900字/min。也就是说，当告诉实验组被试进行快速阅读而不考察其阅读理解成绩时，实验组被试用比开始快得多的速度进行阅读。从实验组被试的阅读速度上看，该速度并不像快速阅读广告上所说的那么快(5000字/min)。

此后，Carver用两项任务考察了实验组被试的跳读能力(skimming ability)。第一项任务是要求被试找出文章的最佳标题，文章是以三种不同速度进行呈现的，它们分别是7500字/min、1500字/min、300字/min。第二项任务是要求被试给若干篇6000字的文章写提要，文章呈现的速度分别是24 000字/min、6000字/min、1500字/min、375字/min。当文章以高速度呈现时，强迫被试进行跳读，专门学过该技巧的实验组被试应该取得比对照组好的成绩。但是，实验结果并非如此。第一项任务中，参加过快速阅读训练班的实验组被试并不比对照组好。在第二项任务中，只有当以1500字/min的速度呈现文章时，实验组被试的成绩好于对照组，而在其他三种速度呈现文章时，实验组被试的成绩并不比对照组好。

在实验的最后，要求被试回答文章中的一些细节内容，结果，无论是回忆在哪种速度下呈现的文章，实验组的回忆成绩均最差。Carver 的实验表明，即使参加过快速阅读训练，其阅读速度的提高也是一般的，而不是大幅度的提高。

综上所述，可以看出，通过快速阅读训练可以在一定程度上提高阅读速度，但是，到底能提高多少，还有待于进一步的研究。

（二）需要进一步研究的问题

1. 关于文章的文体与快速阅读的关系

以上研究所采用的文章文体是记叙文和科技说明文。阅读其他文体的文章，如议论文、散文等是否能得到同样的结论，尚需要进一步的研究。另外，是否存在哪类文章更适于快速阅读，也是值得探讨的课题。

2. 快速阅读的训练方法问题

不同的快速阅读专家提出了不同的训练方法：有的主张读者对每一行只看一眼，即只注视一次；有的主张读者的眼睛应该沿着页面的中心向下运动；有的提出以比较固定的距离进行跳读；有的提出如下阅读策略：集中注意力，全神贯注，按词按句，成行成面地阅读。这些阅读方法是否科学有效，还需要有关专家进一步的考察。本研究所使用的训练方法比较粗糙，而且训练时间较短。所以一定存在许多不足之处。今后，我们应该通过比较严格的实验，以心理学和教育学等学科为基础，寻找出一套系统的行之有效的训练方法，为中小学快速阅读教学服务，这是今后快速阅读研究的一个重要方向。

3. 快速阅读的速度与理解问题

快速阅读到底能够快到什么程度？当阅读速度是多少时阅读理解就会受到影响？这些都是有待研究的问题。当然，绝不能笼统地谈阅读速度和理解问题，阅读速度应该随文章的难度和文体的不同而有所不同。据我们所掌握的资料看，目前还没有人在这方面进行比较系统的研究。

4. 进行快速阅读训练的年龄问题

本研究是以大学生为被试进行的研究。快速阅读从什么年龄开始训练更为有效？即快速阅读训练是否也存在一个最佳年龄问题？搞清楚这个问题，对我们的中小学的阅读教学具有重要的实际意义。

最后，根据上述研究的结果对有关快速阅读的问题提出以下几点看法。

（1）在快速阅读训练中应该特别注意避免单纯强调阅读速度的训练。在有的快速阅读训练中，为了提高阅读速度，要求读者的眼睛沿着页面的中心向下运动。这种做法的确加快了阅读速度，但是往往不能有效地了解文章内容，即使每行有若干个注视点，也会丢失许多信息。我们认为，应该用理解的速度来调节阅读速度，而不是用阅读速度来调节理解速度。事实上，眼动只是阅读过程中的一个环节，而对阅读起制约作用的是大脑。纵观快速阅读的研究历史不难看出，如果一味追求训练读者的阅读速度，而忽视大脑对阅读的重要作用，这种旨在提高阅读速度的眼动训练往往是很难成功的。

（2）快速阅读训练要建立在科学研究的基础上。阅读过程本身就是一个十分复杂的认知过程,而快速阅读则更加复杂,应该加强相关的心理学研究,这是进行快速阅读训练的科学基础。虽然我国也有一些快速阅读研究,但是,从心理学角度对其进行深入探讨的研究为数并不多,对快速阅读的眼动研究更是屈指可数,这方面的工作有待于心理学工作者去加强。

(3) 快速阅读训练应该有心理学家参与。快速阅读是一个复杂的认知过程,阅读心理学家的参与,对于正确的指导和训练中小学生的快速阅读是十分重要的。否则,快速阅读训练的科学性和有效性可能会受到影响。

(4) 对国外快速阅读的眼动研究成果和方法不能全盘照搬。前文已经提过,英语是一种拼音文字,汉字是方块字,从阅读的眼动研究结果看,对两种文字的阅读存在着较大的差异。所以对于国外有关的成果和方法应该批判地加以吸收。

(5) 对快速阅读训练应该采取一个客观的态度。快速阅读在当今社会中具有重要意义。但是也应该承认,对快速阅读的一些问题尚未搞清楚。快速阅读教学在我国正处于探索阶段,所以我们对于这个问题要谨慎,不能急于求成,盲目推广。

第七节　阅读困难者的眼动研究

阅读是任何一个人都必须学习和掌握的技能。在现实生活中,有的儿童阅读技能发展较好,有的儿童直到长大成人也未能获得熟练的阅读技能。出现这种现象的原因之一就是阅读困难。阅读困难者的英文是 dyslexia,对阅读困难者的研究开展得比较早。随着认知心理学的兴起,人们将阅读过程也看作是一种认知过程。许多心理学家们又开始以新的角度重新考察阅读困难问题。以眼动为指标对阅读困难者进行研究在整个阅读困难研究领域中占有重要地位。本节将着重介绍对阅读困难者的眼动研究。

在有关差的阅读者(poor readers)、阅读困难者与眼动的关系上存在许多误解。存在误解的一个原因是对阅读困难这个概念没有一个公认的标准。有人(Rayner,1978)对差的阅读者和阅读困难者作了界定:差的阅读者是指无情绪或生理问题,但是阅读成绩落后于同年龄人 1～2 年。阅读困难者是指智力正常,无情绪或生理缺陷,对简单文章的阅读和理解都感到困难。图 5.16 是三个阅读困难者的笔迹,这些笔迹说明,他们在拼写、语法和书写方面都有困难。

对阅读困难者的眼动研究表明:阅读困难者的眼动模式不同于正常人,具体表现为每行的注视次数较多、注视点的持续时间较长、眼跳距离较短。关于阅读困难者存在不规则的眼动模式的较早报告是在 1920 年(Freeman),后来有人(Mosse and Daniels,1959)提出,阅读困难者的回视存在特殊的缺陷。他们认为,这与阅读困难者在理解上存在困难有关。

有研究(Dossetor and Papaioannou,1975)比较了阅读困难者与正常被试的眼跳潜伏期,结果发现,当目标刺激在右侧,正常被试向右侧的眼跳潜伏时间较阅读困难者长;当目标刺激在左侧,阅读困难者向左侧的眼跳潜伏时间较正常被试长。目标刺激是氙灯,它是在离注视点左侧或右侧 40°的地方。实验者认为,眼动可能是阅读困难的原因,眼动训练可能有助于阅读困难者提高阅读效率。

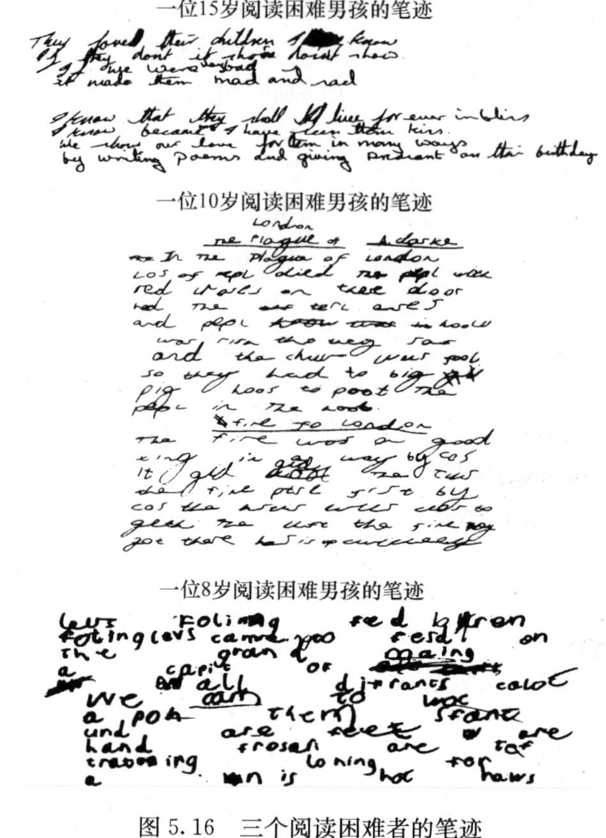

图 5.16　三个阅读困难者的笔迹

这三个读者分别是 15 岁、10 岁和 8 岁的男孩。这些笔迹说明,他们在拼写、语法和书写方面都有困难。(Critchely and Critchley,1978)

有人(Lesevre,1964,1968)要求被试完成阅读和非阅读任务,结果发现:①阅读困难被试的眼跳潜伏时间比正常被试的长。②正常被试在向右的眼跳潜伏时间要比向左的眼跳潜伏时间短,而阅读困难者则没有这种差异。③在阅读过程中,阅读困难被试没有表现出不断的从左向右的眼动模式。④阅读困难被试有许多短的注视。

还有人(Zangwell and Blakemore,1972)对一位 23 岁成人阅读困难者进行了个案研究。该被试可以识别用速示器快速呈现的字词。不过,在阅读过程中,他的眼动模式有许多是从右向左的眼跳。研究者认为,这种异常的眼动模式可以解释如下的现象:被试在阅读过程中倾向于将组成单词的字母顺序看颠倒,如将 SAW 看成 WAS。一些以眼动为指标对阅读困难者的研究(Ciuffreda et al.,1976;Pirozzolo and Rayner,1978)支持 Zangwell 和 Blakemore 的实验结果:即阅读困难者表现出较多的从右到左的眼跳模式。也有一些研究(Ciuffreda et al.,1976)未发现异常的从左到右的眼跳模式。

有人对两位阅读困难者进行了个案研究,一个被试名为珍妮,另一个名为达夫。珍妮的言语智商为 104,操作智商为 98;多夫的言语智商为 97,操作智商为 114。要求他们阅读一段文字材料,结果表明,正常读者和两位阅读困难者之间存在较大的差异,眼动模式也有很大的不同,见表 5.8。

表 5.8　正常读者和阅读困难者的眼动数据比较

	正常被试	达　夫	珍　妮
平均注视点持续时间/ms	220	310	335
向前的平均眼跳距离(字符数)	9	5.5	7
向后的平均眼跳距离(字符数)	3	5.5	8.5
回视频率/%	17	35	30

从表 5.8 中可看出，正常被试平均注视持续时间为 220ms，向前的平均眼跳距离为 9 个字符大小，向后的平均眼跳距离为 3 个字符大小，有 17%的眼动属于回视。被试直接注视到的词占文章总字数的 72%。相比之下，对于两个阅读困难者而言，被直接注视到的词占文章总次数的 90%。多夫的平均注视持续时间为 310ms，平均向前和向后的眼跳距离为 5.5 个字符(向前的和向后的眼跳距离没有差异)，有 35%的眼动是回视。珍妮的平均注视持续时间为 335ms，平均向前眼跳距离为 7 个字符，平均向后的眼跳距离为 8.5 个字符，有 30%的眼动属于回视。两个阅读困难被试的注视次数比正常被试多，而理解成绩则非常差。

有人(Pavlidis，1978)对 9 名阅读困难者和正常被试进行研究。在实验中，给他们看适合其阅读水平的阅读材料，要求他们理解课文内容。结果发现，这两组被试的眼动模式有显著的差异。阅读困难者的眼动模式是不规则的，而正常的阅读者则表现出系统的和一致的眼动模式。两组被试最大的差异表现在回视的数量、大小位置上。例如，正常被试都是回视比前进式的眼跳距离要小。而阅读困难者的回视距离的大小不同。有时，比前进式的眼跳距离要大。而且，与正常被试不同的是，他们经常出现两次或多次连续的回视。因为阅读困难者不能准确地用一次眼跳将眼睛从句尾移动到下行的句首，他们将回视打破成为小的眼跳，从而给人们这样的错觉：他们的阅读是从右向左进行扫视。

从以上的研究结果可以看出，阅读困难者的眼动模式与正常读者是不同的。但是，阅读困难者的这些不规则眼动是阅读困难产生的原因还是阅读困难的结果呢？有人(Tinker，1958)坚决主张眼动不是阅读困难的原因，它反映了其他的更深层次的问题。许多研究者总结了后来对阅读困难者的眼动的研究结果，都倾向于支持 Tinker 的观点。然而，此后有人(Pavlidis，1981，1985)对阅读困难者进行了眼动研究所获得的结果，使人们又重新审视 Tinker 的观点。

Pavlidis 认为，如果阅读困难的原因是生来就有的(如眼睛运动功能异常)，那么，阅读困难者的不规则眼动模式就不仅表现在阅读任务上，而且在其他与阅读紧密联系的非言语任务上(即在这种任务中，也要求阅读时所需要的那种技能)也有表现。Pavlidis 进行了两项实验。在第一个实验中，用 5 个小的发光二极管(LED)为刺激，被试为 12 名阅读困难儿童(平均年龄为 12.3 岁)和 12 名正常阅读者(平均年龄为 12.1 岁)。5 个灯是水平、等距排列的，每个灯相隔 4°视角。该实验是用灯光刺激代替阅读中遇到的单词，并且“刺激”眼睛像阅读时那样运动。每次只有一个灯闪亮，从左面第一个灯亮起，依次点亮，到最后一个，然后，再反方向逐个发亮。要求被试注视发亮的那个灯。实验结果表明，阅读困难者比正常被试有着更多的注视次数、向前的眼跳和向后的眼跳次数。但是，他们在从左向右和从右向左这两种眼跳模式上没有差异。阅读困难被试比正常被试有着更多的回视，且有显著的差异。在另一项研究中，使用同样的实验材料，比较阅读困难者与智力落后儿童的眼动模式，结果发现，阅读困难被试和智力落后被试在所有的眼动指标上都存在显著差异，而智力落后被试与正常被试则没有显著差异。Pavlidis 发现，在阅读文章时阅读困难者与正常被试是存在区别的。在以追踪注视发光二极管(LED)的实验中，发现了同样的差别。

Pavlids 的发现从应用的角度来看是有重要意义的。如果眼动是阅读困难产生的原因，那么鉴别一个人是否为阅读困难者只需要通过简单的眼动测试就可以诊断了。遗憾的是，后来有许多研究者都未能重复他的实验结果(Black et al.，1984；Brown et al.，1983；Olson et al.，1983；Stanley et al.，1983)。在这些实验中，均使用了 Pavlidis 的实验任务，却没有发现阅读困难者与正常被试有从右到左眼跳频率的差异。有人(Stanley et al.，1983)提出，他们在实验中没有发现视觉搜索任务阅读困难者和正常被试眼动模式上的差异。当要求被试阅读文章时，两组被试表现出较大的差异。还有人(Adler-Grinberg and Stark，1978；Eskenazi and Diamond，1983)报道了相同的发现。Pavlids(1981)也观察到了阅读困难儿童对某一目标保持注视的能力不如正常儿童。有人(Pirozzlo，1983)提出，在阅读困难者眼动模式有如下的特点：注视次数多、回视次数多等，这种不正常的眼动模式在正常年幼的儿童身上也可以观察到，正常成人在阅读生僻字词的时候也会出现这种眼动模式。如果阅读材料的难度降低，其眼动模式又恢复正常。所以，异常的眼动并非阅读困难者所独有，故认为异常的眼动模式是阅读困难的原因是不正确的。

那么，眼动和阅读困难之间的关系是什么呢？Rayner 认为，即使那些在阅读和非阅读任务上都表现出不规则眼动模式的那些阅读困难被试，他们的眼动模式可能反应了更加深一层的问题。Rayner 等进认为，导致发展性阅读困难的原因并不仅仅是一种，有些是由于语言问题，有些是由于知觉问题等。

除了以上的研究之外，Carpenter 等对阅读困难者和正常阅读者进行了一系列的研究。Just 和 Carpenter(1987)在研究中，要求阅读困难者阅读一系列短文(朗读或默读)，同时记录其眼动，见图 5.17 和图 5.18。在阅读完一段短文后，要求被试概括出文章大意并回答一系列的问题。文章的字数为 500～1000 字，是关于科学技术主题的，取自美国的杂志《科学的美国人》和《读者文摘》。

首先，研究者对阅读困难者的朗读过程进行了研究。结果发现，当阅读困难者朗读时，他们的阅读速度很慢，没有音调和表情的变化，在发音上出现很多错误。而且在阅读完毕后，回答阅读理解问题的正确率不高。一般阅读者的正确率为 60%，而阅读困难者的正确率为 45%。阅读困难者的平均阅读速度为 76 字/min，而正常大学生的读速为 154 字/min。在眼动模式上，阅读困难者存在很明显的问题，表现为较多的回视次数和较长的注视持续时间，特别是在读错的单词上，注视持续时间则更长。例如，在“commoners，capitalists and comrades”这个短语上注视 10s，在“young”这个词上注视 2.5s，在“the Hopburgkapelle”这个短语上注视 4s。这 5 个阅读困难被试的眼动特征非常相似。他们在第一次看句子中的单词时，注视持续时间都很长，出现过多的回视。对读错的词注视持续时间过长。一般而言，阅读困难者用 1663ms 注视一个读错的实词(content word)，用

2529ms 注视一个读错的专有名词(proper name)。相比之下,正常被试阅读一个有 6 个词组成的句子只需要用 2500ms。研究者认为,尽管阅读困难者在眼动模式上存在非常明显的不足,而这些特殊的眼动模式并不是阅读困难的原因,它只是反映了阅读困难者在字词识别和课文理解上存在着问题。

其次,研究者还考察了阅读困难者默读的过程,下图是他们默读时的眼动记录。一般而言,对每个词的注视时间平均为 460ms,即每个字约注视半秒钟。而正常的大学生注视一个词的时间比阅读困难者少一半。无论是正常读者还是阅读困难者,当遇到长词和低频词时,他们的注视持续时间都会增加,只是阅读困难者增加的幅度大一些罢了。相对而言,阅读困难者在句尾的注视时间显著少于正常阅读者。在阅读过程中如果遇到生字,阅读困难者的注视情况要依赖于生字所在的文章情况。如果阅读一篇通俗易懂的文章,遇到生词时,大部分阅读困难者将会很快地读过该词,因为他们相信根据上下文的关系可以推断同篇文章的大意。但是,当阅读一篇较难的科技文章时,大部分阅读困难者用较多的时间看生字词,因为,有时很难根据上下文的关系来推断文章的大意。

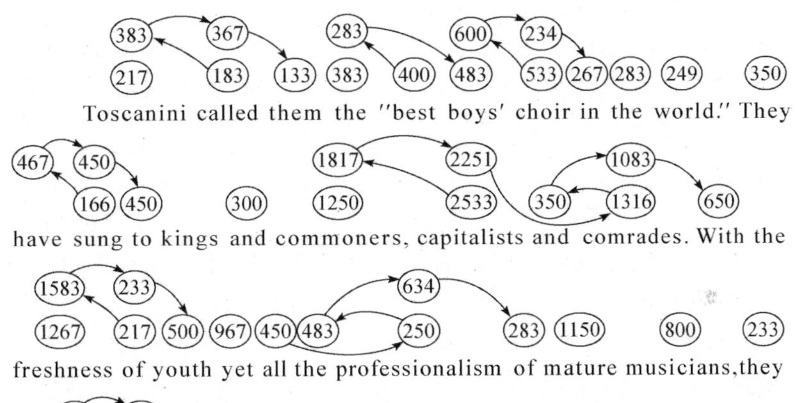

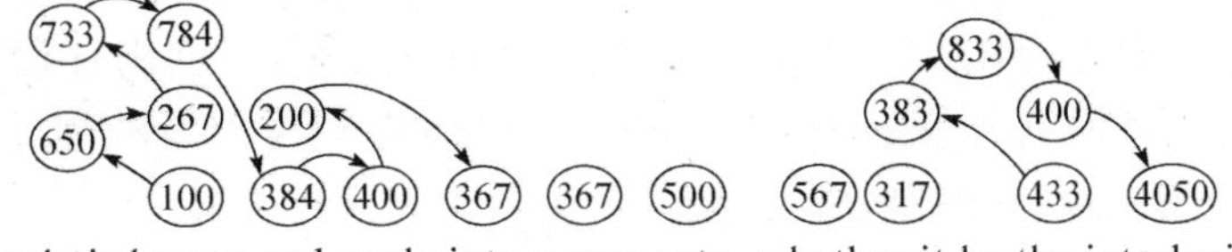

图 5.17　阅读困难者朗读文章时的眼动轨迹(Just and Carpenter,1987)

在圆圈中的数字是注视点的持续时间(毫秒),注视点是按照先后顺序的,但是,当回视出现时,箭头代表注视点移动的方向。从图中可以看出,被试有较多的回视次数和较长的注视持续时间

到目前为止,人们尚没有完全理解产生阅读困难的原因,但是有关专家已达成共识,即阅读困难有几种不同的类型,随着对不同类型阅读困难研究的深入,不仅对于理解阅读困难的本质有帮助,而且对于了解一般的阅读也有重要意义。

阅读困难儿童在西方英语国家中是一个比较严重的问题,所以受到各国教育部门的普遍关注。但是在以汉语为母语的中国人当中是否也存在阅读困难问题,目前尚无定论。主要有两种观点:一种是认为在学汉语的人群当中不存在阅读困难问题,这是因为汉语与英语不同,汉语是一种表意文字,它使得学习者能够对字词进行整体的反映,因此在阅读方面极少遇到障碍。国外还有研究(Rozin et al. ,1971)报告采用汉字配对的方法来矫正

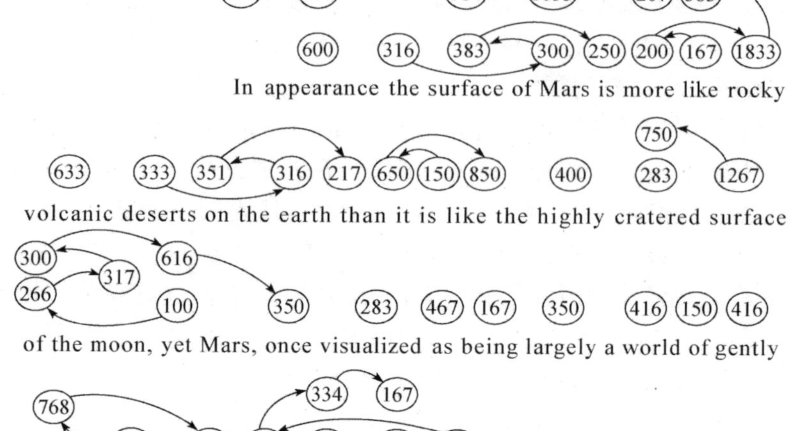

图 5.18　阅读困难者默读文章时的眼动轨迹(Just and Carpenter,1987)

在圆圈中的数字是注视点的持续时间(毫秒),注视点是按照先后顺序排列的。箭头代表回视。读者对第一句话阅读了两次。他们注视次数多于一般读者,注视持续时间也长于一般读者

英语阅读困难儿童,并且取得了成功。另一种观点认为我国学生在汉语学习中存在阅读困难问题。一项研究(张承芬等,1996)表明:中国学生在汉语学习中也存在阅读困难问题。研究者采用了目前国外较常使用的两种阅读困难的操作定义和新近提出的截点法,对中国学生学习汉语过程中的阅读困难问题进行了研究。结果表明,阅读困难在汉语学习者中同样存在,检出率分别为 4.55%和 7.96%。中国学生的阅读困难既表现在词汇上,也表现在理解上。研究者还发现,同为阅读困难者,男生和女生呈现出不同的特点。对于汉语学习者是否有像英语学习者中存在的阅读困难问题,目前尚存疑问。对汉语阅读困难者的眼动研究还没有开展起来,我们相信,随着对汉语学习者的阅读困难研究的不断深入,眼动记录方法必将发挥重要的作用。

本章对阅读的眼动进行了介绍,著名眼动研究专家 Rayenr(2004)在《心理与行为研究》杂志上撰文,对未来阅读的眼动研究方向进行了展望,他认为,未来的眼动研究发展方向有如下几个特点。

(1) 尽管对有关阅读中的眼动已经了解很多,阅读中基础的知觉和认知加工研究仍会继续。

(2) 阅读中眼动发展的 4 个时期是由能够模拟眼动行为的精细的模型作为标志的,未来将会有更为精细的眼动理论模型出现。

(3) 大多数的阅读中的眼动研究涉及的是熟练阅读者,也将会有越来越多的研究集中于处于早期阅读阶段的儿童的眼动研究。更为精细适用的眼动仪的出现,将会为眼动研究提供便利。

(4) 对于随着年龄增长,特别是老年阅读者的眼动特征还知之甚少,因此,将会出现一些有关阅读眼动研究中的老龄化效应的研究。

(5) 目前还没有有关出声阅读(朗读 oral reading)的眼动研究。主要是因为将出声记录装置与眼动仪同步记录联系在一起比较困难。但是技术的进步已经逐步使得这种状况成为可能。

(6) 绝大多数的眼动研究都是记录一只眼睛的运动轨迹(尽管双视野的信息是一样的)。我们需要获取更多更好的阅读过程中的两眼是怎样协同作用的信息。

(7) 眼动用于语篇加工的研究还很少,相信在未来的几年里这种情形将会有所改变。眼动将会越来越多地被运用于语篇加工的研究,以更多更好地了解即时加工的过程。

(8) 对于眼动以及阅读的研究大多数集中在拼音文字体系(尤其是英语)。对于其他非拼音文字体系(如中文和日语)等跨文化阅读的眼动研究也日显成熟。

(9) 近年来在音乐阅读(乐谱阅读)方面也出现了一些眼动研究,这一研究趋势将会更加突出。

(10) 近年来出现了有关文字与插图的眼动研究,插图和文字对我们的阅读非常有用,因此这方面的研究会越来越多。

推荐读物 Reichle E D, Rayner K, Pollatsek A. 2003. The E-Z reader model of eye-movement control in reading: comparisons to other models? Behavioral and Brain Sciences, 26(4): 445-76

眼动名著简介

《心灵之眼:眼动的认知和应用研究》

The Mind's Eye: Cognitive and Applied Aspects of Eye Movement Research

本书的是由 Hyona Jukka 教授、Radach Ralph 教授和 Deubel Heiner 编辑,由 North-Holland 出版社 2003 年出版。

目录

此书对 2001 年应用的眼动研究进行了综合的介绍,是在第十一届欧洲眼动大会的基础上出版的。此书介绍的研究范围广泛,从知觉研究到高级认知加工过程,既有基础研究,也囊括了应用心理学研究的成果。此书共有 5 个部分:视觉信息加工和眼跳;阅读和语言加工的眼动研究;阅读中眼动控制的计算模型;人-计算机交互作用的眼动研究,媒体和通信的眼动研究。每部分后面都有一节是由本领域的权威人士对这个领域进行了评价和展望。

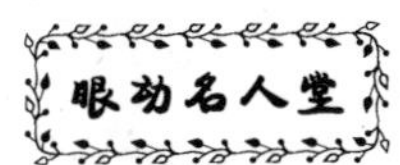

埃蒙德·伯克·休伊(Edmund Burke Huey,1870-1913)

休伊出生于1870年。在克拉克大学获心理学博士学位,他的导师是桑福德。1899年,他被授予博士学位。1900年他在美国心理学杂志上发表论文《生理和心理的阅读》。1908年,他出版了《阅读的心理学和教育学》。1912年他出版了《落后和低能儿童》。不幸的是,他的临床心理学的书稿在一场大火中被烧毁因而没有发表。

他对心理学作出了很大的贡献,他所研究的领域涉足教学阅读、特殊和有缺陷儿童的教育。他对眼动研究的贡献如下:①1897年研制了一台眼动仪,促进了眼动研究的发展。②改进已有装置,将熟石膏制成的环状物进行特殊处理,在不妨碍被试视觉的条件下盖在角膜上。将石膏环状物用砂纸进行打磨,使之薄且轻,并能准确轻柔地附着在角膜上。③1908年出版的《阅读的心理学和教育学》一书被认为是在这个时期内对阅读过程进行的最有创见性的分析,且对阅读做了最综合的研究的一部著作。④他对不同字体阅读的眼动研究发现,字体越小每行的注视次数越多。⑤通过研究,他发现阅读的大部分时间花在了注视上,而眼动本身并未用多少时间。

第六章　中文阅读的眼动研究

第一节　中文阅读的眼动研究历史

一、汉字与拼音文字的区别

中国是有着悠久文明历史的国家，汉字是世界上最古老的文字之一。如果从殷商时代的甲骨文算起，已经有3400年的历史了，因此汉字在人类文明中占有重要的地位。

世界上的文字可以大致分为两种，一种是拼音文字，如英语、法语等，一种是意音文字，如汉字。决定一种文字性质的有以下两个方面：第一，这种文字使用什么符号；第二是这种文字记录语言以下的哪一个层次，如词、语素、音节、音素等。拼音文字和汉字有着很大的区别。有人（马国荣，1990）认为，这两种文字的区别表现为以下三点：第一，汉字是由音符、意符、记号三类符号组成，拼音文字一般只用音符组成。文字使用的符号有三类：音符、意符和记号。音符是指与文字所代表的词在语音上有联系的字符，拼音文字中所有表示语音的字母是音符；汉字中表音的偏旁即声旁也是音符。意符是指与文字所代表的词在意义上有联系的字符。记号是指与文字所代表的词在意义与语音上都没有联系的字符。不过，汉字的意符的表意功能是有限的，只有一部分比较明确。汉字音符的表音功能是很差的，能准确表声、韵、调的字不到形声字总数的1/5。第二，汉字是语素文字。绝大多数汉字所表示的是一个语素，又是一个音节，这是汉字区别于其他文字的显著特点。英文是音素字母文字，一般来说一个字母表示一个音素。任何一种语音，它的音素不过几十个，音节也是有限的，而语素则是大量的。汉字是语素文字，决定了汉字的数量必定很多。语素文字这一特点是汉字数量多的根源。语素文字和意音文字是从不同角度给汉字起的两种名称，这两个名称可以共存。第三，汉字是方块形体的文字。方块汉字有三层结构。第一层是笔画，第二层是笔画组成的偏旁，第三层是由偏旁组成字。笔画、偏旁放在一个方格中，表现了汉字的密集性。而拼音文字用字母组成音节的排列是序列性的。方块字好处是看起来醒目，节省纸张。但是，同时也带来复杂性，即笔画多，部件繁，结构杂，使得汉字难写、难查、难用。

有人（陈洁，1988）认为，汉字是以形为主的非拼音文字系统，它与以音为主的拼音文字系统不同。拼音文字系统是按照发音的先后顺序，在一维空间上建立的一个线性序，然后将各种不同频率的声音，用很少量的可区别符号（如字母）记录下来，形成以形代音的拼音文字。汉字则不然，不但注意形-音结合，更注意形-意结合，通过方块字形与音节间形成的机械记忆达到形、音、意联系的自动化，这样，就形成了独特的“音形文字”。它不但在一维空间建立了一个用音描述文字符号的序，还在多维空间上建立了一个用形描述文字符号的序，因此包含的信息量比西方文字所包含的信息量多。汉字有如下几个特点：第一，常用汉字集中，信息量大。第二，“音节-字”单元化。汉字是与汉语口语的单音节相对应的。一个字代

表一个音节。一般来说，一个字既是书写单位，也是意义单位，由此构成一个认知单元，而且没有形态变化、简短，与人眼睛视网膜中央凹的视物聚焦广度比较匹配，阅读中可以减少视觉水平扫描和回视，易形成字的知觉整体性。而拼音文字(如英文)，一个字母代表一个音素，几个字母才拼成一个音节，几个音节的再联合方构成词素，而后再由词素构成单词，没有"音节-字"这一单元，因而多音节词较多。第三，同音字多。汉语单音节词由声母、韵母声调组成，是三维模式，并有四声表意的特点。第四，音意结构的形声字多。形声字由表意的形旁和表音的声旁构成，并占有相当的数量。形旁表意，可反映字义的概括性，声旁表音，又给读者线索，因而，可以使人见字知音，望文生义。所以，汉字是既表音又表意的意音文字。

正是因为汉字有其特殊性，所以以英文为阅读材料的眼动研究结果并不一定适用于中文。中文是世界上使用人口最多的文字之一，汉语也被作为联合国的工作语言之一，所以对中文阅读的研究有着重要意义。眼动仪是进行中文阅读研究的强有力的工具。下面介绍一些以中文为阅读材料的眼动研究。

二、对中文阅读的眼动研究

较早对中文阅读进行眼动研究的是沈有乾。1925 年，他与 Miles 在斯坦福大学使用照相记录法对阅读中文时的眼动进行了初步的研究。在这个研究中包括有两项实验。第一个实验是比较阅读横排版和竖排版的中文材料过程中的眼动，第二个实验是比较阅读英文和中文(横排)时的差异。

在第一个实验中，被试为 11 名在斯坦福大学的中国留学生。每个被试阅读四篇中文材料。这些材料选自杂志上的文章。每篇有 10～12 行。第一、第二篇是竖排版的材料，第三、第四篇是横排版的材料。竖排版的文章每一列有 35 个汉字，横排版的文章每一行有 23 个汉字。字体的大小是一致的。要求被试默读并理解文章。阅读速度由被试自己掌握。阅读过后，对被试进行理解测验(事先不告知被试)。实验结果如下：①平均注视停留时间。表 6.1 是 11 名被试在阅读这四篇文章时的平均注视停留时间。

表 6.1　阅读四篇文章时的平均注视停留时间(百分之一秒)及标准差

被　试	第一篇(竖排版)	第二篇(竖排版)	第三篇(横排版)	第四篇(横排版)
1	25(8.9)	26(9.3)	23(8.3)	27(8.2)
2	43(16.6)	41(16.9)	34(12.8)	36(13.1)
3	33(14.1)	35(14.6)	29(10.9)	—
4	27(7.5)	—	34(11.8)	—
5	34(10.9)	34(9.3)	28(6.1)	32(9.4)
6	31(11.1)	32(11.4)	29(9.1)	31(10.9)
7	31(10.4)	35(7.9)	33(12.7)	36(13.6)
8	29(10.4)	34(14.8)	29(10.9)	30(9.3)
9	27(7.6)	29(5.7)	—	30(7.0)
10	27(6.8)	28(9.3)	—	30(10.2)
11	—	29(11.2)	31(10.5)	—
平均数	32(11.4)	34(11.6)	29(10.0)	32(10.7)

注：①表中的括弧内数字是标准差。

②在计算平均数时，只考察在所有 4 篇文章上的眼动数据都有效的被试。

—表示该项记录结果无效，后同。

从表 6.1 中可以看出,无论是阅读横排版还是竖排版的中文材料,其平均注视停留时间均约为 0.3s。对 4 篇阅读材料的平均注视停留时间分别为 0.32s、0.34s、0.29s 和 0.32s。研究者还逐对比较了阅读横排版材料和阅读竖排版材料时的平均注视停留时间。4 组数据具体的配对比较如下:A—C,A—D,B—C,B—D,共比较了 32 对数据。其中,有 18 对数据表明阅读竖排版材料时的平均注视停留时间长,有 12 对数据表明阅读横排版材料时的平均注视停留时间长,有两对数据等值。②阅读广度。研究者还考察了被试一次注视所能看到的字数,见表 6.2。

表 6.2　一次注视看到的中文字数

被　试	第一篇(竖排版)	第二篇(竖排版)	第三篇(横排版)	第四篇(横排版)
1	2.1	2.5	1.6	1.8
2	1.3	1.7	1.0	1.2
3	2.2	1.5	1.4	—
4	2.9	—	2.8	—
5	2.2	2.1	2.3	1.7
6	2.7	3.3	2.1	2.0
7	2.6	3.2	2.8	2.3
8	2.0	2.1	1.4	1.6
9	2.7	3.2	—	2.2
10	2.7	2.6	—	2.2
11	—	2.0	1.8	—
平均数	2.1	2.5	1.9	1.8

注:在计算平均数时,只考察在所有 4 篇文章上的眼动数据都有效的被试。

从表 6.2 可以看出,被试一次注视所能看到的字数为 1.0～3.3 个,通常为 2 个字左右。阅读竖排版的材料时(第一篇和第二篇材料),一次注视所能看到的平均字数分别为 2.1 个和 2.5 个,阅读横排版的材料时(第三、第四篇材料),一次注视所能看到的平均字数分别为 1.9 个和 1.8 个。③阅读速度的比较。研究者对被试每秒钟阅读的字数进行了比较,结果如表 6.3 所示。

表 6.3　每秒钟所阅读的中文字数

被　试	第一篇(竖排版)	第二篇(竖排版)	第三篇(横排版)	第四篇(横排版)
1	8.2	9.4	7.0	6.8
2	2.9	4.2	2.9	3.3
3	6.4	4.3	4.6	—
4	10.7	—	8.2	—
5	6.5	6.3	8.2	5.4
6	8.8	10.6	7.4	6.6
7	8.3	9.0	8.4	6.5
8	6.9	6.1	5.0	5.3
9	9.9	11.0	—	7.4
10	9.8	9.1	—	7.4
11	—	7.1	5.6	—
平均数	6.9	7.6	6.5	5.7

注:在计算平均数时,只考察在所有 4 篇文章上的眼动数据都有效的被试。

从表 6.3 中可以看出,阅读速度为每秒钟 2.9～11.0 个汉字。阅读速度比较快的情况多是在阅读竖排版的文字时出现的。阅读竖排版的文字时的阅读速度(分别为 6.9 个汉字/s 和 7.6 个汉字/s)比阅读横排版的文字时的速度(分别为 6.5 个汉字/s 和 5.7 个汉字/s)略快。从表 6.3 中还可以看出,被试的个体差异比较大,同样一个被试在阅读不同文章时的一致性要比不同被试阅读同一篇文章时的一致性要大。阅读速度同注视停留时间与每次注视所能看到的汉字个数之间有函数关系。如果注视停留时间短,每次注视所能看到的汉字个数多,则阅读速度就快;如果注视停留时间长,每次注视所能看到的汉字个数少,则阅读速度就慢。④每行和每列的注视次数比较。每列文字的注视次数(在阅读第一、第二篇文章时)平均为 14～17 次,每行文字的注视次数(在阅读第三、四篇文章时)平均为 12～13 次。需要指出的是由于每行和每列的字数是不同的,所以,存在上述差异是不足为奇的。⑤研究者对上述三个表进行了比较,指出在阅读竖排版材料时,注视停留时间略长,但是每次注视所看到的字数较多。从阅读速度来看,阅读竖排版的材料似乎比阅读横排版的材料略显优势。但是,单纯就本实验结果而言,尚不能十分肯定地得出上述结论,因为阅读材料每行或每列的长度、标点和文章内容等均未作严格的控制。

在第二个实验中,比较被试阅读中文和英文时的眼动特点。中文为横排版材料,每篇中文阅读材料的篇幅均在 4 行以内。这些材料用速示器来呈现。中文字体大小为两种,一种为 4 号字,每行有 23 个汉字;一种为 5 号字,每行有 30 个汉字。英文材料字体的大小也有两种,一种是 9 点现代字体(9-point modern style),每行有 14～15 个英语单词;另一种是 12 点(12-point old style),每行有 13 个英语单词。无论是英文还是中文,每行的长度基本相同,均为 5.5 英寸,9 点字体除外,它每行文字的长度为 5 英寸。被试就是本文的两位作者。实验结果见表 6.4。

表 6.4　阅读中英文不同大小字体时的眼动数据比较

被试	语种	字体大小	每行注视次数	每次注视时间/s	每次注视所看到的字数	每秒钟阅读的字数
Miles	英语	9 点字体	10.5	0.30	1.4	4.7
Miles	英语	12 点字体	9.9	0.33	1.3	3.9
沈有乾	英语	12 点字体	11.9	0.32	1.1	3.4
沈有乾	汉语	4 号字	13.7	0.24	1.7	7.1
沈有乾	汉语	5 号字	16.4	0.27	1.8	6.7

虽然被试不一定具有代表性,但是这些眼动数据还是可以反映一定的问题。从表 6.4 可以看出:①在阅读较小字体的文字时,无论是英文还是中文,每行的注视次数均较多,每次注视所看到的字数也略多。②在阅读小号字体的英文和大号字体的中文时,注视持续时间分别短于阅读大号字体英文和阅读小号字体中文时的注视持续时间。③从阅读速度上看,阅读字体不同的英文材料时的阅读速度差异大于阅读字体不同的中文材料时的阅读速度差异。此外,对中文的阅读速度要快于对英文的阅读速度。④无论从每次注视时间还是从每次注视所看到的字数来看,都是中文优于英文。

研究者对实验结果进行了讨论。他们认为,就一般情况而言,可以说阅读中文的过程与阅读英文的过程基本相同。在阅读每行文字时都有一系列的注视停留和眼跳。每次注视停留都可以看清一个以上的字。阅读中文和英文时在每行的注视停留次数、每次注视所看到的字数、每秒钟阅读的字数等指标上的差异，是由于如下几个的原因。第一，汉字是方块字，而且汉字在结构上比英文更加紧凑集中。一个英文单词所占的空间位置往往可以容纳一个以上的汉字，所以，阅读两种文字时，每次注视所看到的字数是不同的。第二，对一个长英文单词适当位置的一次注视就可以识别这个词，而对占有同样大小空间位置的汉字却不一定完全能够看清楚。所以每行的注视次数是不同的。

后来，沈有乾于1927年对阅读中文时的眼动进行了进一步的研究。实验中，对阅读材料进行了严格的控制。共选择了12篇文章(它们是A1、A2、B1、B2、C1、C2、D1、D2、E1、E2、F1、F2)，每篇文章均有两种排版方式(即横排版和竖排版)。字体为4号字，每行有6.125英寸，每行有24～29个汉字，3～8个标点符号，共32个字符空间。每一篇文章均有18行或列。被试是13名在斯坦福大学就读的中国留学生。他们都参加过1925年的那个实验。被试分为两组，一组有6人，一组有7人。实验分两个阶段进行，每个阶段阅读不同的材料。实验材料的分配如表6.5所示。

表6.5 实验材料在两组被试中的分配

	第一组被试阅读的材料	第二组被试阅读的材料
第一阶段	(1) A1,竖排版	(1) A1,横排版
	(2) B1,横排版	(2) B1,竖排版
	(3) C1,竖排版	(3) C1,横排版
	(4) D1,横排版	(4) D1,竖排版
	(5) E1,竖排版	(5) E1,横排版
	(6) F1,横排版	(6) F1,竖排版
第二阶段	(1) A2,横排版	(1) A2,竖排版
	(2) B2,竖排版	(2) B2,横排版
	(3) C2,横排版	(3) C2,竖排版
	(4) D2,竖排版	(4) D2,横排版
	(5) E2,横排版	(5) E2,竖排版
	(6) F2,竖排版	(6) F2,横排版

要求被试在理解的基础上尽快阅读文章，并告知被试阅读后要回答问题。

实验结果如下。

(1) 每行的注视次数见表6.6。

表6.6 对每行汉字的平均注视次数

	全体被试平均数	全体被试的标准差	被试的平均数范围	不同材料的平均数范围
竖排版	15.0	3.32	11.3～25.3	12.9～17.6
横排版	18.3	5.86	12.5～38.5	13.7～23.8

从表6.6可以看出，在阅读竖排版的文章时，被试对每列汉字的平均注视次数为15次，而在阅读横排版的文章时，被试对每行汉字的注视次数为18.3次。从该表的其他三列内容可以看出，被试之间的差异也比较大。从被试阅读每行文字时的平均注视次数的

最上限来看，竖排版时为 25.3 次，横排版时为 38.5 次，这可能同被试在阅读的同时试图记住文章内容有关(因为实验前告知被试阅读后要回答问题)。该被试回答问题的成绩很好，但是阅读速度却几乎是所有被试中最慢的。为了获得更加准确的结果，研究者对同一被试在阅读横排版和竖排版的材料时每行汉字的平均注视次数进行了成对比较(舍弃不成对的数据)。结果发现，阅读横排版时每行的注视次数要比阅读竖排版时每行的注视次数平均多 2.4 次。研究者还对被试阅读第一行时的平均注视次数与阅读整篇文章时每行的平均注视次数进行了比较，结果见表 6.7。

表 6.7　阅读第一行的注视次数同阅读每行的平均注视次数差异比较

排版方式	平均数差异	标准差差异	平均数标准误差异	标准误的平均差异
竖排版	1.9	2.1	0.29	6.6
横排版	1.5	4.2	0.56	2.7
总数	1.7	3.4	0.32	5.3

从表 6.7 中可以看出，在阅读竖排版的汉字时，在第一行的注视次数比每行的平均注视次数大约多 2 次，在阅读横排版的汉字时，在第一行的注视次数比每行的平均注视次数大约多 1.5 次。

(2) 注视停留位置。被试往往注视每一行的第一个汉字，而每一行的最后一次注视大多不是注视一行中最后的一个汉字。有时最后一个注视点的位置离行尾的空间有三个汉字以上的距离。而且，一行中最后一次注视的持续时间通常比平均注视持续时间要短。这个结果或许在一定程度上可以解释如下的事实：有人(Crosland，1924)发现，校对员在每一行的行尾处易于出错。

(3) 眼跳距离。研究者对眼跳距离也进行了总结，结果见表 6.8。

表 6.8　眼跳距离

眼跳距离单位	眼跳距离			每行的距离	每个字所占的空间
	平均距离	最大距离	最小距离		
距离(英寸)	$\frac{3}{8}$	$1\frac{1}{8}$	$\frac{3}{32}$	$6\frac{1}{8}$	$\frac{3}{16}$
字数	2	6	$\frac{1}{2}$	32	1
视角	1°15′	3°45′	19′	20°	37.5′

研究者认为，眼跳角度的幅度非常小，比阅读普通英文材料的眼跳角度小得多。根据 Dodge 和 Cline 的研究(1901)，阅读英文时的眼跳角度为 2°～7°。

(4) 注视持续时间。结果见表 6.9。

表 6.9　对 111 次注视时间的统计分析

	平均注视时间(1/100s)			
	全体被试平均数	全体被试的标准差	被试的平均数范围	不同材料的平均数范围
竖排版	30.5	3.27	23～35	27～34
横排版	29.4	3.12	21～33	27～31

从表 6.9 中可以看出，阅读竖排版材料时，被试的平均注视时间为 0.305s，阅读横排版材料时，被试的平均注视时间为 0.294s。另外，为了比较阅读竖排版和横排版中文材料时的注视时间，将 40 对记录的有效数据进行了比较，结果表明，阅读竖排版文章时，注视时间比阅读横排版文章时的注视时间长 0.01s。研究还发现，随后立即伴有回视的第一次注视停留时间平均为 0.19s，而不伴有回视的第一次注视停留时间平均为 0.32s。研究发现，在一行中的第一次注视停留时间通常比平均注视停留时间要长(随后立即伴有回视的第一次注视停留除外)；而在一行中的最后一次注视停留时间通常比平均注视停留时间要短。对阅读速度的分析表明，一般的阅读速度是每秒钟5～7 个字。

(5) 回视。在阅读竖排版的文章时，平均有 44.5%的第一次句首注视之后伴有回视；在阅读横排版的文章时，平均有 50.7%的第一次句首注视之后伴有回视。在阅读竖排版中文材料时，平均每行的回视次数是 1.16 次，在阅读横排版中文材料时，平均每行的回视次数是 3.02 次。在阅读竖排版中文材料时，回视频率是每 9 次注视中有一次是回视；在阅读横排版中文材料时，回视频率是每 6 次注视中有一次是回视。

研究者最后得出如下结论：

(1) 汉字阅读与英语阅读的主要区别在于注视停留的空间分布。汉字是方块字，在一行中结构紧凑，故要求较小视角的眼动，且每行的注视次数多于阅读英文时的注视次数。

(2) 眼跳距离从 0.5～6 个字，平均为两个字。注视的停留时间平均在 0.3s 左右。

(3) 在一段中，第一行的注视次数较每行的平均注视次数多。一行中的第一个注视点的停留时间长于平均数，除非第一次注视后紧跟着是回视。一行中的最后一次注视位置通常不是句子中最后一个字，而且它的注视停留时间短于平均数。

(4) 阅读横排版的汉字时，注视停留时间短于阅读竖排版汉字的注视停留时间。

(5) 横排版阅读与竖排版阅读之间的差异可能是由于眼动机制的生理原因造成的。

以上对沈有乾使用中文为阅读材料进行的眼动研究进行了比较详细的介绍。就笔者所掌握的材料来看，他的实验是最早用眼动仪对中文阅读进行研究的实验，所以该实验具有特别重要的意义。有人(高尚仁，1988)认为，沈氏的实验在中文阅读心理方面具有重要的意义。除了在方法上有精密的测量之外，也涉及眼部生理现象对横直阅读的关系。此外，阅读时的资料处理能量，也从视觉知觉的观点提出重要的结论。

后来，有人(Wang，1935)对默读汉语时的眼动特征进行了研究。实验以 71 名在美国大学读书的中国学生为被试。阅读的材料有文言文和白话文等。结果表明，学生读白话文比读文言文的速度快。

还有人(Gray，1946)比较了正常读者在阅读包括汉语在内的 14 种语言时的眼动。阅读每一种语言的被试平均为 2～7 人。实验是在芝加哥大学使用照相法记录被试的眼动。虽然使用了 14 种语言为实验材料。记录被试在默读和朗读时的眼动。实验结果表明，对于成熟的读者来讲，无论语种如何，其阅读过程是基本相同的，具体表现在：①当读者理解课文意义时，沿着每行的字往下看，眼跳和注视交替出现。②每次注视能够识别 2～3 个字。③在阅读过程中，间或出现一些回视。尽管由于语言结构等因素的不同会对阅读过程有一些影响，但是，在阅读时也存在一些共性。这个研究结果被后来的实验所证实。Gray(1946)用日语和汉语为实验材料得到了与上述结果一致的结论。Tinker 认为，Gray 的这项研究对研究揭示阅读过程的本质有重要意义。

第二节　中文字词阅读的眼动研究

20 世纪 80 年代以后，中文阅读的眼动研究无论是在质量上还是在数量上，都比以前有所提高。这主要是因为：第一，随着国际交流的增多，一些中国的心理学工作者走出国门，在国外比较先进的眼动仪实验室进行了阅读研究，取得了一些成果。第二，我国一些大学或研究机构陆续从国外购置了眼动仪，为阅读的眼动研究创造了良好的工作条件。

知　识　栏

国外阅读的眼动研究起始于 19 世纪末，到现在已经有一百多年的历史了。而国内的眼动研究则起步较晚，20 世纪 80 年代以后，国内的眼动才开始起步。很多国内教学和科研单位已经或正在准备从国外购置眼动仪，越来越多的心理学家开始对眼动研究表现出浓厚的兴趣。为了促进国内眼动研究的发展，天津师范大学心理与行为研究院长、我国著名的心理学家沈德立先生，邀请国际著名眼动研究专家、美国马萨诸塞大学心理系资深教授 Keith Rayenr 教授，2004 年共同发起了中国国际眼动大会(China International Conference on Eye Movements)。第一届(2004 年)、第二届(2006 年)和第四届(2010 年)中国国际眼动大会都在教育部人文社会科学重点研究基地天津师范大学召开。

美国马萨诸塞大学 Keith Rayner 教授、Alexander Pollatsek 教授、Kyle Cave 教授，美国杜克大学的 Gary Feng 博士、美国 Michigan 大学的 Kavin Miller 教授和 Julie Boland 博士，芬兰图尔库大学 Jukka Hyönä 教授，英国南安普顿大学 Simon Liversedge 教授和 Valerie Benson 博士，德国波斯坦大学的 Reihold Kliegl 教授等国外大学和香港中文大学、北京大学、北京师范大学、华东师范大学和中山大学等二十多所国内大学的学者参加了这三次大会。此外，国外著名的眼动仪厂商，如美国 ASL 公司，加拿大 SR 公司和德国 SMI 公司，也参加了这三届大会，并展示了他们生产的最新眼动仪产品。

这几次大会取得了圆满成功，它已经成为连接国内外眼动研究专家的一个纽带和桥梁，为国内外的学者提供了一个交流学术思想、加强科研合作的重要平台，同时，它对促进国内眼动研究的发展起到了重要的作用。

一、汉语字词、词频、笔画、熟悉度和预测性的研究

词频、笔画数、熟悉度和预测性是影响阅读中眼动模式的一些重要变量。对于中文阅读，也有许多研究证实了词频效应的存在，同时也发现笔画对中文阅读没有影响。

(一) 词频和笔画数的研究

在一项研究(Just et al.，1983)中，考察了阅读中文时的眼动特点。阅读材料是科技文章，被试为中国留学生。实验结果发现：①对一个词的注视时间与这个词频率对数的相关为 0.71；②对这个词中字的注视时间与这些字的频率总和的对数相关为 0.50。这说

明,中文中一个词的意义常常是作为一个整体而通到的,因为词的注视时间是受词的频率所影响的。但是,由于这种注视时间也受到词中字成分频率的影响,尽管这种影响比较小,它同样说明,在中文阅读中可能存在某些词汇分解的现象。

孙复川等(Sun and Feng,1999)对汉字识别时的眼动进行了研究。通过对汉字识别的定量分析,发现识别汉字的注视次数和识别时间与汉字的频率有关,而与汉字的笔画没有关系。

陈凌育等(1999)考察了汉字识别的眼动特性。研究对字频和笔画数均做了控制。结果表明,汉字识别时间与笔画无关,而是存在识别时间随字频减小而增大的字频效应;识别眼动的注视次数也随字频减少而增多,注视时程基本不变。

Yang 和 McConkie(2001)对汉语研究进行了研究。在研究中,被试为 13 名中国学生,都有正常的视力。实验材料是 20 套材料,每一套材料由 5 个双字词组成,这 5 个双字词都可以替换在同一个句子的同一个位置上的词,替换以后,符合句法和语法规则。而这些词的词频(高-低)和复杂性(结构简单-结构复杂)不同。每组中的 5 个双字词具有如下的特征:

第一种,H-LL。H 代表这个词是高频词(每 88 万词中出现次数高于 300 次)。LL 代表组成词的第一个汉字和第二个字汉字都是结构简单的汉字(汉字的笔画少于 10 画)。

第二种:L-LL。第一个 L 代表该词是低频词(每 88 万词中出现次数不高于 300 次)。

第三种:L-HH。低频词,组成词的两个汉字都是结构复杂的汉字(每个汉字的笔画多于 13 画)。

第四种:L-HL。第一个 L 代表该词是低频词,组成这个词的第一个汉字是结构复杂的汉字,第二个是结构简单的汉字。

第五种:L-LH。该词是一个低频词,而组成这个词的第一个汉字是结构简单的汉字,而第二个汉字是结构复杂的汉字。

每一套材料均配有 5 个句子,每个句子都有一个可以替换这 5 个词的位置。所以每个词,都有对应的 5 个句子。基本句子有 100 个,替换单词以后共有 500 个句子。

实验结果发现:

(1) 眼跳距离。81.6%的眼跳都是前进式的眼跳,18.4%的眼跳是回视。眼跳的距离分别是 6.02 和 4.42,两者存在显著差异。与英语阅读一样,前进式的眼跳时间显著比回视的时间长。研究也发现,好的中文阅读者在眼跳距离上存在着较大的个体差异。

(2) 平均注视时间。研究考察了被试在回视和前进式眼跳之后的注视时间,经过方差分析,没有发现在回视和前进式眼跳之后的注视时间之间存在显著差异。

(3) 偏好注视位置(preferred viewing position)。研究者统计了被试在注视双字词的时候,其最初的注视位置的情况,结果没有发现读者在阅读中文时,有所谓的偏好注视位置。

(4) 跳读汉字的频率(frequency of skipping characters)。本研究使用的被试眼跳距离相当于两个汉字的距离,而这两个汉字上没有被直接注视,从这个意义上来说,这些汉字被跳读了(skipping)。有一种解释认为,简单的和常用的汉字或词不用被直接注视就可以被识别出来,研究者计算了在句子中,跳读一个、两个、三个不同类型汉字的频率,具体结果如表 6.10 所示。

表 6.10　跳读一个、两个、三个不同类型汉字的频率

汉字类型	H-LL	L-LL	L-LH	L-HL	L-HH
一个汉字	91.2	88.8	87.7	85.9	82.1
两个汉字	58.5	49.0	47.1	45.7	41.9
三个汉字	16.0	14.6	13.5	12.6	10.5

从表 6.10 中可以看出，被跳读的汉字类型依可能性从大到小排列是：H-LL，L-LL，L-LH，L-HL，L-HH。不同汉字个数（一个汉字，两个汉字，三个汉字）的跳读效应显著。

研究者还考察了 L-LL 和 H-LL 两种条件下的词频效应，结果发现，只有在跳读两个汉字的情况下，词频效应才显著。研究者还对 L-LL 和 L-HH 汉字结构效应也进行了考察，结果发现，在跳读的三种情况下都显著差异。

从上述结果可以看出，在阅读中文时，高频词和结构简单的汉字最有可能被跳读。此外，如果在一个汉语双字词中有一个汉字是结构简单的汉字，则当这个汉字在双字词中处于起始位置时被跳读的可能性要大于其处于后继位置时的。

（5）被回视的词的频率。在英语阅读中，人们发现，低频词比高频词更倾向于受到立即的回视（immedaite second fixaton），研究者假设在汉字阅读时也存在这同样的情况。

结果发现，有 21％的目标词受到了立即的回视。表 6.11 是 5 种不同的汉字类型的立即回视的概率。

表 6.11　5 种不同的汉字类型的立即回视的概率

汉字类型	H-LL	L-LL	L-LH	L-HL	L-HH
回视的概率	7.5	15.4	21.1	24.8	31.2

从表 6.11 可以看出，不同汉字类型之间的立即回视率差异显著。此外，对高频词（H-LL）的回视频率显著低于对低频词（L-LL）的回视频率。词频和字的结构对中文阅读的回视概率都有影响。

（6）凝视时间（gaze duration）。凝视时间是指在眼跳到另一个词之前，对该词的注视时间。如果对某个词只注视了一次，则初次注视和凝视时间是相同的。英语阅读的研究表明，对于较长和词频较低的词的凝视时间较长。研究者试图考察在汉语阅读中是否存在这种现象。

表 6.12 是被试对句子中的一字词、两字词、三字词、四字词的凝视时间的平均数和标准差。如表 6.12 所示，对于较长的字，平均凝视时间和标准差的数值也增加。大多数汉语的字词是由一个或两个汉字组成，每个汉字的平均阅读时间是 300～400ms。

表 6.12　在句子中的一字词、两字词、三字词、四字词平均凝视时间和标准差

词的长度	一字词	两字词	三字词	四字词
平均凝视时间/ms	306	362	472	628
标准差	38	59	87	192

表 6.13 是被试对于目标词凝视时间的平均数和标准差。方差分析表明,这些平均数之间有显著差异,事后检验分析表明,对高频词(H-LL)的凝视时间显著少于对低频词的凝视时间。而对结构复杂性汉字(L-HH)的凝视时间显著多于对结构简单汉字(L-LL)的凝视时间。因此,词频和字的结构复杂性会影响眼睛停留在该词上的凝视时间。

表 6.13　五种不同词频和结构的汉字的平均凝视时间和标准差

词的类型	H-LL	L-LL	L-LH	L-HL	L-HH
平均凝视时间/ms	321	355	359	384	401
标准差	44	56	57	67	73

闫国利等(2007)使用消失文本范式对词频效应进行了研究。研究采用由 Rayner 等发展的消失文本范式(disappearing text paradigm),考察在中文阅读过程的眼动控制因素。实验一考察当以双字词为消失单元时,需要呈现多长时间不会影响读者的正常阅读。实验二在实验一的基础上研究在消失文本下的词频效应,以此考察在阅读过程中影响眼动的因素。

实验一。被试为天津师范大学本科生 12 人,男 5 人,女 7 人。被试的视力或矫正视力正常,实验结束后可获得一份礼物。实验的正式材料为 90 个句子,平均每个实验条件下 15 个句子。每个句子均由 5 个或 6 个双字词组成,句长为 10 个或 12 个字。所编制的句子都非常简单,请 20 名被试对句子的难易程度进行 7 点评定,分值越低,越简单。所挑选的实验句分值均为 1～2,平均值为 1.65。实验采用单因素(延迟时间:40ms、60ms、80ms、100ms、120ms、控制组)被试内实验设计,6 种延迟条件采用拉丁方排列,呈现顺序在被试间平衡。

实验采用消失文本实验范式。消失窗口为 1 个词,如图 6.1 所示:在阅读过程中,当被试注视某个双字词时(a),不论注视点落在该词的首字还是尾字上,它都会在被试注视特定时间(40ms、60ms、80ms、100ms、120ms)后以词为单位消失(b),直到被试进行眼跳。控制条件下,汉字或词并不消失,与正常阅读相同。

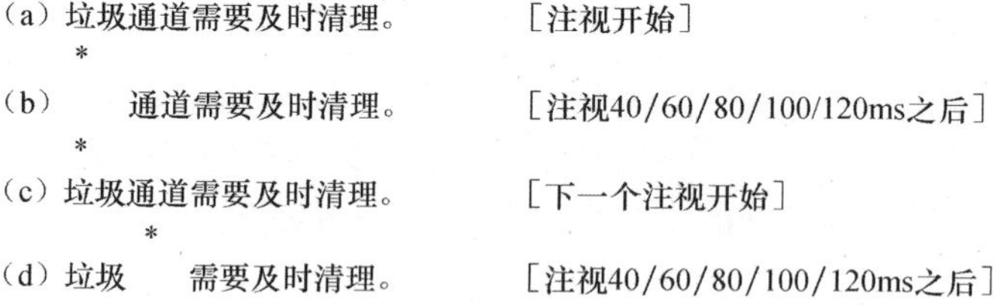

图 6.1　消失文本范式示意图

"*"代表注视点,中括号内容为对材料呈现的说明

实验采用加拿大 SR 公司生产的 EyelinkⅡ型眼动记录仪,呈现材料并记录被试的眼动。Eyelink Ⅱ型眼动记录仪的采样频率为 500 次/s,屏幕刷新频率为 150Hz。被试距离屏幕 75cm,在 2°视角内可以看到 3 个汉字,一个汉字的大小约为 21 像素×21 像素,实验材料采用 18 号字体呈现。结果发现,对于平均注视时间,延迟时间的效应显著。事后检验表明:40ms、60ms 的延迟时间与控制条件存在显著差异,被试对句子的平均注视时间

显著高于正常文本阅读条件。其他三种延迟时间与控制条件均不存在显著差异，另外各个延迟条件之间也没有显著差异，即当延迟时间大于或等于 80ms 时，消失文本下的平均注视时间与正常阅读条件相同。

对于平均眼跳距离，延迟时间的主效应差异显著。事后检验表明：5 种延迟时间下的眼跳距离均显著大于正常阅读条件，而各延迟条件之间没有显著差异。

对于平均注视次数、总注视时间、平均阅读速度，各实验条件之间没有显著差异。

从以上的数据可以看出，随着延迟时间的增加，平均注视时间随之逐渐降低，当延迟时间增至 80ms 时，延迟条件下的平均注视时间与控制条件没有显著差异，各延迟条件之间也没有显著差异。另外，对于平均注视次数、总注视时间和平均阅读速度这三个指标，延迟条件和控制条件之间没有显著差异，即实验材料呈现 80ms 后消失并不影响读者的正常阅读。

实验二试图考察在消失文本条件下是否存在词频效应。选取被试为天津师范大学本科生 16 人，男 4 人，女 12 人。被试的视力或矫正视力正常，实验结束后可获得一份礼物。根据《现代汉语频率词典》和《现代汉语分类词典》挑选词义相近、笔画数匹配但词频差异较大的名词词对，共 40 组（词频、笔画数见表 6.14）。

表 6.14　高频与低频词的词频、笔画数

	频率/(次/百万)	首字笔画数	尾字笔画数	整词笔画数
高频词	344.95	7.48	7.13	14.63
低频词	9.95	7.03	8.38	15.20

以筛选后得到的名词为关键词，一组近义词造一个句子，共造 40 个句子。这些句子都由双字词组成，包含 6 个或 7 个双字词，因此句长为 12 个或 14 个字。关键词处于句子的中间，以避免首尾效应。例如，“专家预测石油/原油价格将会持续上涨”，其中“石油”或“原油”为关键词，词义相近，但前者为高频词（245 次/百万），后者为低频词（23 次/百万）。

实验采用 2（呈现条件：正常文本、消失文本）×2（词频：高频、低频）重复测量拉丁方实验设计，呈现条件和词频均为被试内因素。4 种实验条件采用拉丁方排列，呈现顺序在被试间平衡。

结果分析发现，对于首次注视时间，词频主效应非常显著，高频词的首次注视时间显著低于低频词。呈现方式主效应不显著，读者在正常阅读条件下的首次注视时间与延迟 80ms 的消失文本条件不存在显著差异。词频和呈现条件的交互作用不显著。

对于凝视时间，词频主效应显著，高频词的凝视时间显著低于低频词。呈现方式主效应不显著。词频和呈现条件的交互作用不显著。

对于总注视时间，词频主效应非常显著，高频词的总注视时间显著低于低频词。呈现方式主效应不显著，词频和呈现条件的交互作用不显著。

从上述结果可以看出，不论是正常阅读还是消失文本条件，高频词的首次注视时间、凝视时间和总注视时间均显著低于低频词。说明即使在消失文本条件下，仍然存在显著的词频效应。

在另一项研究中，王文静和闫国利（2005）等采用眼动分析法考察先行词词频对代词加工的影响。结果表明,先行词的词频对其代词加工的难易没有影响,即当先行词为高频词时对代词后区域的阅读时间与低频条件没有差异。研究结果支持了代词加工的词条重新通达假说,该理论认为读者在加工代词时只需通达先行词的部分词汇信息。

Yan 等(2006)考察了汉语双字词的首字字频、尾字字频和词频对汉字识别的影响。结果发现,读者阅读包含目标词的句子时存在词频效应。此外,字频也影响对目标词的注视时间。首字字频比尾字字频对目标词注视时间的影响大。这种影响的程度随目标词的词频变化而变化,当目标词是高频词时,首字字频对其注视时间的影响不大,但是当目标词是低频词时,首字字频对其注视时间影响较大。

(二) 熟悉度和预测性的研究

张仙峰和闫国利(2005)采用眼动实验的方法,研究大学生词的获得年龄、熟悉度、具体性和词频 4 个变量在句子阅读中所产生的字词识别效应,以及效应作用的时间进程。对这 4 个变量与词阅读的首次注视时间、单一注视时间、凝视时间、总注视时间进行多元重复回归分析,结果发现:①词频的自然对数和熟悉度都非常显著地预测首次注视时间、总注视时间、凝视时间和单一注视时间。②获得年龄显著地预测了早期认知加工指标,首次注视时间、单一注视时间和凝视时间,而在总注视时间上不显著。

Rayner 等(2005)考察了词预测性对汉语阅读者的眼动特征的影响。研究中,目标词在句子语境中的可预测性分别为:高、中、低。阅读者对中、高预测性的目标词的注视时间短于对低预测性的目标词。相对于中、高预测性的目标词,阅读者也更有可能注视低预测性的目标词。这个结果证实了汉语阅读者同英语阅读者一样,在阅读过程中使用目标词的预测性信息。

二、语音在汉字加工中的作用

语音在汉字加工中的作用问题一直存在争议。关于这一领域主要存在两种观点。第一种认为语音信息在汉语阅读中的作用不像英语那么重要,即语音在中文阅读中仅发挥次要作用。Inhoff 等(1999)在《中文句子阅读中亚词汇和词汇信息的使用:来自眼动研究的证据》一文中即认为语音信息可能仅在拼音文字而非中文的阅读中有助于词义通达。

第二种观点认为语音在中文阅读中发挥特殊的重要作用,它能够很快取代正字法进行字意的通达,但就语音效应发生的阶段仍存在争议。首先,Pollatsek 等以眼动为指标,考察语音编码对汉字识别的影响。研究发现:在边缘视觉看到的与目标字同音的汉字有助于后来对目标字的识别,而且对高频的规则形声字的命名要快于对高频不规则形声字。因此,词汇和亚词汇语音编码均参与了汉字识别的早期加工。相反,Wong 和 Chen (1999)以及 Feng 等(1999)的研究则认为语音效应发生在较晚的阶段。Wong 等应用眼动技术考察了中文语篇阅读中对正字法和语音信息的使用。结果表明正字法操作能够产生对目标字位置的首次注视时间可靠而较早的破坏作用。相反,语音效应仅出现在对目标词位置相对较晚的加工阶段的测量中,而非在早期加工的测量中。这些结果支持了正字法而非语音在中文阅读中起较早且主导作用的观点。任桂琴等(2007)使用美国应用科学实验室生产的 504 型眼动仪,采用语音中介启动范式,对汉语词汇识别是否存在语音中介效应进行考察。结果发现:①被试对语音中介词的首次注视点持续时间、凝视时间均显著高于控制条件;②当语音中介词为低频词时,被试对语音中介启动词的总注视时间显著高于控制类型;③语音中介类型的正确率显著低于控制类型。实验结果表明,汉语词汇识别中存在语音中介效应。

Feng 等(2001)考察中英文读者在阅读中如何利用与语音和正字法(拼法)特征,作者应用 Daneman 和 Reingold(1993)的错误破坏范式,以眼动为指标,考察阅读中英文材料时的拼法错误效应。中国和美国的熟练读者用他们的母语阅读短文,这些短文含有偶然的拼法错误(spelling error)。结果表明,在有些条件下,非常早期的语音激活能够在英文中得到确认,而没有证据显示中文中也存在类似的语音激活现象。对于两种语言,同音异义错误在后期加工的测量中都有优势,说明语音有助于读者从错误的破坏效应中恢复。这些结果说明熟练读者能够利用特定正字法的独特特征,但这些正字法(拼法)效应最有可能在词汇通达的早期阶段进行。这两个研究均支持语音对汉语阅读有重要作用但发生较晚。

三、中文阅读过程中字形快速启动的眼动研究

有人(王文静和闫国利,2006)以字形相似的汉字为启动字,探讨字形信息激活在汉字识别中的时间进程。实验一采用命名任务考察三种启动时间条件下是否存在字形启动效应,结果发现当启动时间为 35ms 时,出现稳定的字形启动效应。实验二采用眼动记录法考察阅读过程中的快速启动,结果在三种启动时间条件下均未发现显著的启动效应。

四、其他

(一) 旋转汉字识别的眼动研究

孙复川等对旋转汉字的识别也进行了研究,该研究用客观眼动测量方法考察了单个旋转汉字的识别和由旋转汉字组成的短文的阅读过程,对心理旋转操作在旋转汉字辨认过程中的作用及其操作对象进行了探讨,结果表明:旋转汉字的识别时间和识别过程中的眼动注视次数都随旋转角度线性增加,眼动实验数据证实了旋转汉字识别过程中存在着方向归一化的心理旋转换作旋转汉字以不同方式组成短文的阅读眼动特征比较,证明了心理旋转过程中同时存在着对输入表象和认知框架的旋转操作。

旋转图像的识别是认知科学及计算机视觉中有意义的课题。Shepard 和 Metzler 以实验证明,受试者对旋转三维物体的图像进行配对比较时,反应时间随旋转角度倒 V 型地增加。Cooper 和 Shepard 以旋转的英文字母图形作为刺激的镜像判别实验,也得到类似结果。这些实验结果表明,在处理旋转图形信息的过程中,可能含有一个与物理旋转相类似的方向归一化操作,即心理旋转操作。

汉字是由笔画构成的二维方块图形,形状与人眼高分辨率的中央凹的盘状结构较匹配,且单个汉字就具有明确的意义。因此,汉字很适合作为研究图形识别和心理旋转机制的刺激材料,而且汉字识别机制的研究也很有意义。大脑在处理视觉信息的同时,也通过神经反馈控制眼球的运动,以便能以最有效的方式和速度来采集图形信息。因而眼动在

图形识别过程中必不可少。对眼动的研究表明，人在识别图形时，眼球的运动是由一系列的快速眼球跳动(saccade)和注视停顿(fixation pause)组成，注视部位与刺激图形的几何特征和关键内容的位置紧密相关。可见，眼球运动客观地反映了大脑的信息处理过程，可以作为探讨心理旋转机制的有效手段。

(二) 视角对高频汉字识别影响的眼动研究

黄希庭等(2004)用 EyeLinkⅡ型眼动仪为实验设备，以汉字与双眼形成的视角为自变量，研究了视角对高频汉字识别的影响特点。本实验中的视角分为 7 个水平：2°、4°、7°、10°、13°、16°、19°，通过自编程序，计算出固定距离条件中不同视角下汉字的大小，呈现在计算机屏幕上，要求被试发声识别汉字。通过对反应时、注视时间、注视次数、眼跳时间、眼跳次数、眨眼时间、眨眼次数的分析，结果发现：不同视角条件下的反应时总体差异不显著，反应时随视角的变化曲线为抛物线，开口向上；汉字识别的最适宜视角为 10°～11°。

(三) 阅读成语时最佳注视位置的眼动研究

陈燕丽等(2004)以大学生为被试，探讨阅读成语时最佳注视位置问题。按照成语结构，将其分为 4 种类型。实验一用 DMDX 系统完成，通过操纵被试首次注视成语的位置，要求他们完成成语语义判断任务。实验二用眼动仪完成，要求被试阅读句子，分析他们再注视成语的次数和时间。两个实验表明：在阅读成语时存在最佳注视位置，这个位置因成语结构的不同而变化。

(四) 不同书法知识经验者在书法字审美过程中的眼动研究

书法是一种特殊的艺术形式，它通过文字的点画书写和字形结构来反映事物的形体美和动态美。怎样欣赏书法所蕴涵的美？历来书法家有不同的观点，而且对于不同体的字，欣赏观点也不同。近年来，国内已经有人从心理学观点开展书法创作过程和书法欣赏的研究。

孙时进考察了大、中、小学生对颜、欧、赵、柳 4 种正楷书体爱好的比较研究，发现在对这 4 种正楷书体的喜爱程度上存在着年龄差异。郭可教等研究了书法负荷对儿童大脑的激活反应，发现书法负荷后反应时明显缩短，表明书法负荷提高了大脑的反应性。高定国研究了书法负荷对大脑两半球反应时的影响。对书法创作过程(即书写)进行系统的心理学研究的是高尚仁。

沈德立等(2000)使用眼动记录仪来分析不同书法知识经验者在欣赏书法作品时的眼睛注视过程，以揭示人们在欣赏书法作品时的心理活动特点。

研究者认为，对书法作品欣赏的过程也是一个认知加工过程。首先欣赏者必须对书法作品在书写时的用笔和字的结构进行视觉加工；然后将加工内容在大脑中进行综合，根据自己的审美标准(大脑中衡量有关书法作品是否美观的标准)对其加以比较分析；最后作出判断。在这一过程中，视觉加工起了重要作用。而视觉如何加工则受欣赏者书法经验的影响。因此，该研究设想书法经验丰富的欣赏者比书法知识贫乏的欣赏者对书法作品的加工更为深入。

被试为大学三年级学生。选择被试的途径是：首先让其所在的班级的老师和同学根据他们在毛笔书法方面的造诣进行提名；然后让他们完成一个书法知识方面的问卷；最后依据书法知识的成绩将被试分成两组。有较多书法知识经验者(即专家组)7人，书法知识经验较少者(即新手组)9人。

实验材料选取过程：

(1) 汉字结构类型的确定方法。按上海书画出版社出版的"中学生字帖"毛笔字课本中汉字结构的分类方法，确定出汉字的七种结构类型，即独体字，如"非"；上下结构字，如"柴"；上中下结构字，如"童"；左右结构字，如"经"；左中右结构字，如"倒"；半包围结构字，如"内"；全包围结构字，如"围"。

(2) 汉字的选择。采用随机的方法从上述"字帖"中选取每类结构的汉字各20个，然后请3名书法专家再从中选取10个最能反映不同书法水平的汉字。

(3) 将最后所选择的汉字请一名写毛笔字水平一般的大学生书写成大楷字，每个汉字书写两遍，共70对。每个字的大小为8cm×8cm。

(4) 将全部实验材料用摄像机制成录像带。每对字录1min，全部材料以正常速度播放。

(5) 实验材料用录像机通过彩色电视机呈现给被试，电视屏幕上所呈现的每个字的大小为15cm×15cm。实验是个别进行的，要求被试判断是左边的字还是右边的字书写得更美观。

研究结果发现，在本实验条件下，书法知识经验的多少明显影响他们对书写作品的审美过程，书法知识经验较多者比书法知识经验较少者对每个字的加工更为细致。

第三节　中文阅读知觉广度的眼动研究

阅读的知觉广度是指阅读者在阅读过程中每次注视能获取有用信息的范围，它是阅读研究中的最基本问题之一，也是一个具有重要实践价值的问题。Huey早在1908年就提出了阅读知觉广度的问题，此后许多研究者先后采用不同的研究方法考察了知觉广度问题。

McConkie和Rayner在1975年首次采用"呈现随眼动变化技术"(eye-movement-contingent display changes technique)研究阅读的知觉广度。自从呈现随眼动变化技术出现后，心理学家对不同文字系统的知觉广度进行了研究。Rayner(1998)总结了对于拼音文字来说(如英语、法语和荷兰语)，阅读知觉广度的范围是注视点左侧3～4个字母空间到注视点右侧14～15个字母空间。

不同年龄的阅读者具有不同的知觉广度，考察不同年龄阅读者的知觉广度对于了解阅读知觉广度的发展具有重要的意义。同时，该研究的结果对于指导小学的阅读教学具有一定的参考价值。

一、小学五年级阅读知觉广度的研究

(一) 研究目的

不同年龄的阅读者具有不同的知觉广度，考察不同年龄阅读者的知觉广度对于了解

阅读知觉广度的发展具有重要的意义，同时，该研究的结果对于指导小学的阅读教学具有一定的参考价值。闫国利等(2008)参考国外已有的研究范式，采用呈现随眼动变化技术考察小学五年级学生的汉语阅读知觉广度。

（二）研究方法

1. 被试

从一所普通小学的五年级学生中，随机选取了18名学生，其裸眼视力或矫正视力正常，平均年龄10.6岁。

2. 实验材料

从小学生课外读物中选择句子，句子长度控制为17～20个字，根据Inhoff和Liu(1998)的研究，句子中词语的长度对阅读的知觉广度影响不大，但在汉语阅读材料中双字词和单字词占多数，据此本研究所选择的句子都以单字词和双字词为主。以此标准共选择了112个句子。

3. 材料的难度评定

随机选择30名小学五年级学生(这些学生不参加后来的正式实验)和4名五年级语文老师对112个句子的难度进行评定。最终选择68个句子作为实验材料。教师对这68个句子的难度水平评定结果为1.9，学生的评定结果为1.5。从而保证了实验材料比较容易理解。

4. 掩蔽材料的选择

掩蔽汉字与原文中的汉字的笔画数相匹配，且掩蔽字与原文汉字的前后两个字没有任何语义联系。如图6.2所示：

(a) 动物通过学习能够做许多比较复杂的工作　　(实验句)
(b) 曲岛耿至枣亿笔基甜后朱牛硕泉讲忠下系　　(掩蔽材料)

图6.2　掩蔽汉字与原文中的汉字示例

5. 实验仪器

采用SR Research公司的EyelinkⅡ型眼动仪，其采样频率为500次/s。显示器屏幕刷新率为120Hz，屏幕分辨率为1024像素×768像素，显示器屏幕距被试的眼睛约80cm，每个汉字对应约0.7°的视角。

6. 实验材料的呈现

所有实验材料的字体均为宋体，宽度约为25像素，每一屏幕呈现一个句子，汉字间没有空格，黑底白字。在某些句子的后面随机地插入判断句，以考察被试是否认真阅读句子，整个实验共13个判断句。

7. 可视窗口的设定

本实验为单因素被试内实验设计。自变量为可视窗口的大小，参考Inhoff(1998)的研究结果，即成人阅读者的知觉广度为注视点左侧1个汉字到注视点右侧3个汉字的空间，本研究共设定8种可视窗口条件。无预视窗口条件下，每次注视中只有当前被直接注视的汉字可见，由此产生1个汉字可视的窗口条件。窗口外的其他汉字都由匹配好的掩蔽汉字替代。

分别在注视汉字右侧呈现 1～4 个汉字，以分别产生 2 个、3 个、4 个和 5 个汉字可视窗口条件，在下文中分别表示为 R1、R2、R3、R4，这 4 种为右侧窗口条件，以确定知觉广度的右侧范围。还有两种左侧窗口条件，以确定广度的左侧范围。该条件下，注视汉字、注视汉字右侧 4 个汉字和左侧分别 1 个和 2 个汉字在每次注视中呈现在可视窗口内，即窗口内分别有 6 个和 7 个汉字可见，在下文分别表示为 L1R4、L2R4。最后一个窗口条件为控制条件，即在每次注视中，整行句子全部呈现，即窗口大小为整句的句长。这 8 种可视窗口条件的例子呈现于图 6.3。

动物通过学习能够做许多比较复杂的工作 *	整行条件
曲岛耿至枣亿笔基做后朱牛硕泉讲忠下系 *	无预视条件
曲岛耿至枣亿笔基做许朱牛硕泉讲忠下系 *	R1 条件
曲岛耿至枣亿笔基做许多牛硕泉讲忠下系 *	R2 条件
曲岛耿至枣亿笔基做许多比硕泉讲忠下系 *	R3 条件
曲岛耿至枣亿笔基做许多比较泉讲忠下系 *	R4 条件
曲岛耿至枣亿笔够做许多比较泉讲忠下系 *	L1R4 条件
曲岛耿至枣亿能够做许多比较泉讲忠下系 *	L2R4 条件

图 6.3. 可视窗口条件下的示例

星号代表注视点的位置，加粗部分为窗口内可见汉字，右侧一列表示相应的窗口条件

8. 实验程序

本实验对被试个别施测。为确保实验数据的准确性，在实验过程中使用下颌托以减少实验中被试的头部运动。

首先进行校准，成功校准后开始实验。被试首先阅读 4 个练习句以熟悉实验程序，这 4 个练习句的可视窗口分别设定为 R2、R4、无预视和 R1 条件。正式实验中，每种窗口条件下都有连续的 8 个句子，这 8 个句子的顺序保持不变。采用拉丁方设计安排 8 种窗口条件的呈现顺序，产生 8 种不同的观看顺序。每个被试完成整个实验过程大约需要 30min。

9. 分析指标

参考国外的研究文献，本研究共选择了 4 个眼动指标，分别是凝视时间(gaze duration)、单字平均首次通过时间(mean first pass reading time per character)、平均注视时间(mean fixation duration)和平均眼跳距离(mean saccade size)。

凝视时间是反映首次加工的主要指标，它是指眼睛跳出兴趣区之前在该兴趣区上的所有注视点的时间之和。

单字平均首次通过时间是用整句的凝视时间之和(不包括首尾词)除以句子的总字数(仍不包括首尾词)得到的,它反映句子首次加工速度的指标。平均注视时间是求整个句子(除去首尾词)的所有注视点的平均时间,不仅包括首次加工的注视时间,还包括再加工的注视时间。在分析中将注视时间大于1500ms或小于50ms的数据作为极端数据从分析中剔除。因为,一般认为小于50ms的注视被试不能获得有效信息,而1500ms以上的注视则大多是由仪器或被试的误差造成的。

眼跳距离被研究者认为是研究知觉广度的一个很重要的指标。在本研究中计算平均眼跳距离时,只考虑向右方向的眼跳,对于向左方向的眼跳(即回视),Rayner(1986)认为回视数据不稳定,而且在Inhoff(1998)的实验中发现回视频率这一指标在分析中不敏感,因此在本研究中未采用回视这一指标。在统计分析中将大于3个标准差的眼跳距离作为极端数据被剔除。

10. 统计方法

窗口大小作为被试内变量,首先对所有指标进行被试内重复测量的方差分析,以检测8种不同窗口间是否有差异。窗口效应达到统计显著水平的,随后进行配对比较。共进行三类比较,第一类是将L2R4条件和整行条件相比较,以确认最大窗口条件下的句子阅读不受障碍。第二类比较是确定知觉广度的左侧范围,包括以R4条件为基准比较L1R4条件和R4条件,以及以L1R4条件为基准比较L2R4条件和L1R4条件。如果阅读者从注视点左侧汉字获得有用信息,那么L1R4条件应比R4条件下的阅读更有效,如果阅读者能从注视点左侧两个汉字获得信息,那么L2R4条件要比L1R4条件的阅读更有利。第三类比较是确定广度的右侧范围,是以R4条件为基准,将其分别和其他右侧窗口条件相比较,和基准条件相等的最小右侧窗口的大小就是广度的右侧范围。用SPSS11.5进行统计处理。

(三)结果分析

1. 不同窗口条件下眼动指标的方差分析

被试在凝视时间、单字平均首次通过时间、平均注视时间和眼跳距离4个指标上的平均值呈现于表6.15。

表6.15 被试在眼动指标上的平均值和标准误

窗口条件	眼动指标			
	凝视时间/ms	单字平均首次通过时间/ms	平均注视时间/ms	眼跳距离
无预视	666(67)	465(43)	462(18)	1.3(0.08)
R1	478(27)	316(17)	397(13)	1.2(0.10)
R2	412(25)	283(19)	365(15)	1.4(0.10)
R3	425(32)	259(23)	347(14)	1.6(0.12)
R4	396(25)	244(17)	346(12)	1.7(0.10)
L1R4	345(17)	199(11)	302(9)	1.9(0.12)
L2R4	331(16)	188(10)	296(9)	2.0(0.16)
整行	321(15)	174(11)	275(8)	2.0(0.14)

对每个眼动指标上的窗口限制效应(effects of window constraints)进行了方差分析，结果分别为：

凝视时间 $F(7,105)=19.09$，$MSE=21.40$，$P<0.01$。单字平均首次通过时间 $F(7,105)=30.54$，$MSE=14.22$，$P<0.01$。平均注视时间 $F(7,105)=52.81$，$MSE=9.94$，$P<0.01$。眼跳距离 $F(7,105)=22.04$，$MSE=0.095$，$P<0.01$。

可见在这 4 个眼动指标上存在显著的窗口限制效应。从表 6.15 可以看出随着可视窗口的增大，被试在句子阅读中凝视时间、单字平均首次通过时间和平均注视时间也随之变短，而且可视窗口的变大，也导致被试向右方向的眼跳距离随之增大。

2. 阅读知觉广度的结果分析

对每个指标进行了配对比较，首先进行第一类比较，即最大窗口条件 L2R4 和整行条件相比较，以确定最大窗口条件下的阅读活动不受任何障碍，且和整行条件功能相等。结果见表 6.16。

表 6.16　L2R4 条件和整行条件在每个指标上的配对比较结果

		眼动指标			
		凝视时间	单字平均首次通过时间	平均注视时间	眼跳距离
L2R4-整行	t	0.62	1.66	2.08	−0.29
	p	0.54	0.12	0.06	0.78

由表 6.16 可见，在所有指标上的配对比较 $ps>0.05$，因此可以确定该研究中设定的最大窗口条件和整行条件下的阅读活动没有差异，最大窗口条件是有效的。

随后进行第二类比较以明确知觉广度的左侧范围，结果见表 6.17。

表 6.17　左侧窗口条件在每个指标上的配对比较结果

		眼动指标			
		凝视时间	单字平均首次通过时间	平均注视时间	眼跳距离
R4-L1R4	t	2.61	3.23	4.91	−2.69
	p	0.020*	0.006**	0.000**	0.020*
L1R4-L2R4	t	1.04	1.32	1.47	−1.39
	p	0.313	0.207	0.163	0.186

从表 6.17 可以看出每个指标上的比较结果比较一致，L1R4 条件和 R4 条件相比，阅读中的眼动活动差异均显著，具体表现为，凝视时间少 51ms，单字平均首次通过时间少 45ms，平均注视时间短 44ms，向右方向的眼跳距离增大 0.2 个汉字，这表明注视点左侧第一个汉字的可视信息显著地影响阅读活动。L1R4 条件和 L2R4 条件的比较结果也比较一致，没有一个指标上的统计量达到统计显著水平，所有 $ps>0.1$，表明注视点左侧第二个汉字并不能提供额外的阅读信息。

确定知觉广度右侧范围的比较结果在这几个指标上似乎有较大的差异，分析结果见表 6.18。

表 6.18 右侧窗口条件在每个指标上的配对比较结果

		眼动指标			
		凝视时间	单字平均首次通过时间	平均注视时间	眼跳距离
无预视-R4	t	4.90	6.05	8.45	−4.82
	p	0.000**	0.000**	0.000**	0.000**
R1-R4	t	4.40	4.57	4.27	−7.72
	p	0.001**	0.000**	0.001**	0.000**
R2-R4	t	0.80	2.04	1.34	−5.22
	p	0.44	0.06	0.20	0.000**
R3-R4	t	1.04	1.02	0.05	−1.30
	p	0.2	0.32	0.96	0.21

统计分析表明,在无预视条件下,所有指标的观测值与注视点右侧最大窗口条件下(即 R4 条件)的观测值的差异均达到了统计显著水平,所有 $ps<0.01$。当窗口大小增大到注视点和注视点右侧两个汉字时(即 R2 条件),凝视时间、单字平均凝视时间和平均注视时间三个指标均达到基准水平,R2 和 R4 条件在这三个指标上的比较结果 $ps>0.05$。直到窗口增大到注视点和注视点右侧三个汉字时,向右眼跳距离才接近基准水平,R3 和 R4 条件下的眼跳距离相差仅 0.1 个汉字,$p>0.1$。

(四) 讨论

方差分析的结果表明可视窗口的大小对阅读者的眼动活动有显著的观看限制效应,说明副中央凹预视效应在阅读活动的作用。随着可视窗口的增大,阅读者的首次注视时间、凝视时间、单字平均凝视时间和平均注视时间随之减少,而向右方向的眼跳距离则随之增大。

进一步的配对比较显示,当注视点左侧一个汉字可见时,阅读活动已经达到了基准水平,而且所有眼动指标结果都一致,因此可以推断,小学五年级学生阅读知觉广度的左侧范围为注视点左侧一个汉字的空间,这与 Tsai 等和 Inhoff 等的研究结果是一致的。

对于知觉广度的右侧范围的比较,结果不甚一致。在凝视时间、单字平均首次通过时间和平均注视时间这三个眼动指标上的比较结果一致,当窗口大小达到注视点右侧两个汉字时,阅读活动都已基本达到基准水平。

但在眼跳距离这一指标上的比较结果却支持更大的广度空间,因为直到窗口大小达到注视点右侧三个汉字时,阅读者的眼跳距离才接近基准水平,从这一指标可以推测五年级学生阅读知觉广度的右侧范围可能有三个汉字的空间。在阅读知觉广度的众多研究中,研究者大都认为眼跳距离是一个非常重要的指标。Osaka(1992)研究了日语阅读中的知觉广度,在其研究中,他只报告了眼跳距离的数据结果。而在 McConkie 和 Rayner 等的多项知觉广度研究中也都采用了眼跳距离这一指标。Inhoff 等也采用了该指标,并认为该指标相对清晰地估计了阅读中的知觉广度。因此,我们认为,眼跳距离这一指标具有重要的参考价值。因此综合 4 个眼动指标的比较结果,可以推测五年级阅读者知觉广度的右侧范围在 2~3 个汉字的空间。

根据 Inhoff 等的研究结果，成人的知觉广度范围是从注视点左侧 1 个汉字到注视点右侧 3 个汉字，而本研究结果发现，小学五年级学生的知觉广度从注视点左侧 1 个汉字到注视点右侧 2～3 个汉字，说明五年级学生的知觉广度已经接近成人。Rayner 等也有类似的发现。Rayner(1986)曾对小学二年级、四年级、六年级和成人阅读者的知觉广度进行了发展研究，结果表明，小学二年级和四年级学生的阅读知觉广度较小，而六年级学生已基本达到成人阅读者的水平，知觉广度右侧范围约为 14 个字母空间。综合本项研究和 Rayner 的研究成果，研究者认为，因为小学五年级学生的阅读知觉广度正处于向成人水平发展的过渡阶段，尚不稳定，因此，知觉广度右侧的范围是 2～3 个字。

本研究同样揭示了阅读者知觉广度的不对称性。由于汉语通常是按照从左到右的顺序阅读，阅读者需要将注意不断地指向右侧以获得更多新的信息。Rayner 对英语阅读者的研究表明小学二年级学生的知觉广度已经具有不对称性。本研究的结果也表明小学五年级学生的汉语阅读知觉广度是不对称的。

（五）结论

通过本实验研究可以得出以下结论：①小学五年级学生的阅读知觉广度具有不对称性；②在本研究条件下，小学五年级学生的阅读知觉广度大约为注视点左侧 1 个汉字到注视点右侧 2～3 个汉字的空间。

二、高中二年级阅读知觉广度的研究

熊建萍等(2007)采用“呈现随眼动变化技术”对高中二年级学生中文阅读的知觉广度进行了眼动研究。结果发现，高中二年级学生的阅读知觉广度具有不对称性，大约为注视点左侧 1～2 个汉字到注视点右侧 3～4 个汉字的空间；高中二年级学生在正常阅读中的眼跳距离约为 3 个汉字的空间，在连续注视的过程中知觉广度有较小范围的重叠。

三、成年人汉语阅读知觉广度的眼动研究

有人对汉语阅读的知觉广度进行了研究。Tsai 和 McConkie(1995)使用呈现随眼动改变技术考察了中文阅读的知觉广度，结果发现，汉字的阅读知觉广度是从被注视的汉字左侧 1 个汉字到右侧 2 个汉字。Tsai 等(2000)对阅读知觉广度进行了研究，发现阅读知觉广度是从被注视汉字左侧 1 个汉字到右侧 4 个汉字之间。Chen 和 Tang(1998)使用自定速度的移动窗口技术(self-paced moving window technique)考察了汉字的阅读知觉广度，结果发现，成人的阅读知觉广度为被注视的汉字及右侧 2 个汉字。

Inhoff 和 Liu(1998)采用“呈现随眼动变化技术”对汉语阅读的知觉广度进行了实验研究。被试为中国留学生。研究设定的最小可视窗口为被注视的 1 个汉字，最大窗口为注视点左侧 2 个汉字和右侧 7 个汉字，共 10 个汉字的范围。注视点左右两侧的窗口大小是不对称的。该研究揭示了汉语阅读知觉广度的不对称性，范围大约从被注视汉字左侧 1 个汉字到右侧 3 个汉字之间。向右方向的眼跳距离为 2～2.5 个汉字的空间，表明连续注视的知觉广度有小范围的重叠。

从上述对汉字知觉广度的研究可以发现，目前的研究结果不甚一致。知觉广度范围

大约从被注视汉字左侧 1 个汉字到右侧 4 个汉字之间。有人认为(闫国利和白学军，2007)，出现这个现象的原因可能有如下几点：第一，不同研究者选取的阅读材料的难度不尽相同。阅读材料的难度会影响阅读知觉广度。第二，不同实验选取的被试不同。有的实验选取的被试是在国外的中国留学生，有的使用的在国内的大学生。第三，使用的技术不同。有的研究者使用的是呈现随眼动变化技术，有的是自定速度的移动窗口技术。

第四节　中文句子阅读的眼动研究

句子是独立表达完整语义的语言结构单位，而句子理解是在字词理解的基础上，通过对组成句子的各成分的句法分析和语义分析，获得句子语义的过程。我国有人对句子阅读理解过程进行了眼动研究，但是这个方面的研究较少。研究者主要集中考察了汉语歧义句的加工情况，以及动词信息和汉语句子的可继续性对句子加工的影响等问题。

一、汉语歧义句加工的眼动研究

沈德立和陈向阳(2000)在这个方面进行了初步的研究。研究主要考察不同年级学生阅读理解句子的即时加工过程，所探讨的问题为，一是不同年级学生阅读理解句子的成绩和眼动模式是否存在差异；二是在阅读理解句子时，语义信息对句法分析是否存在即时影响。

该实验采用 2(材料)×3(年级)的被试间设计。共有小学五年级、初中二年级和大学本科生三个年龄组。每个年龄组的被试为 30 名，随机分为两组，每组 15 人。实验材料为(1)、(2)两组成对的实验句，每组由 10 个中文句子组成。每一对句子除主语(两组句子的主语在长度和词频上是匹配的)不同外，其他词完全相同，如句(1)和句(2)。

(1) 师长提拔了团长器重的士兵。

(2) 连长提拔了团长器重的士兵。

每个实验句都包含有暂时的结构歧义。在动词“提拔”之后的名词“团长”在作句法分析时既可以解释为宾语，又可以解释为宾语的修饰成分，这个名词为结构歧义词。歧义词之后的“器重的士兵”是解歧区，它能消除歧义，表明“团长”一词只能作为宾语的修饰成分。(1)句的主语使得歧义词作为宾语在语义上是合理的，如“师长提拔了团长”在语义上是合理的，研究者将其称为“语义合理句”，而(2)句的主语使得将歧义词作为宾语在语义上是不合理的，如“连长提拔了团长”在语义上是不合理的，研究者将其称为“语义不合理句”。每一组实验句的句型都和上述例句的句型相同。实验句前半部分(师长/连长提拔了团长)的语义合理与否，用五点式量表请 35 名大学生(没有参加正式实验)进行了评定，“语义合理句”的等级为 4.17(5 为合理)，“语义不合理句”的等级为 1.34(1 为不合理)。研究发现：第一，在本实验条件下，虽然小学五年级学生、初中二年级学生与大学生对句子的阅读理解成绩的差异未达到显著水平，但是不同年级学生阅读句子的眼动模式有一定差别，眼动模式随年龄变化的总体趋势是阅读句子时的眼跳距离、注视频率均随年龄的增长而增加，而注视时间、注视点持续时间、注视次数则随年级升高而逐渐降低。其中小学五年级学生在上述各项指标上与初中二年级学生和大学生之间存在显著的差异。而初中二年级与大学生之间虽然在多项指标上存在一定的差距，但差异均未达到显著水平。眼动模式所反映出的加工差异，表明了从小学五年级到初中二年级也是学生对句子阅读理解能力发展的一个重要时期。第二，中文句子的早期加工不是单纯的句法分析，还包含了语义加工，语义信息对句法结构的构建存在即时的作用。至于语义信息是怎样影响句法加工的问题，仍需进一步探讨。由于句子加工的复杂性和本研究只是对该问题的初步探讨，本研究的结论是初步的，还需进一步加以验证。

张亚旭等(2002)采用了移动窗口和眼动记录两种范式考察了话语参照语境条件下汉语歧义短语的加工。以符合"VP＋N1＋的＋N2"格式的均衡型和述宾型两类汉语歧义短语为背景，在两个实验中，考察了话语参照语境影响歧义短语句法分析的机制以及时间进程。结果发现，在早于解歧区 1 的区段上就开始出现话语语境效应。这些发现表明话语参照语境可以通过概念期望机制起作用，而并非仅仅通过参照前提机制起作用。此外，实验还证明了话语参照语境在句子加工早期的作用。这一结果为句法歧义消解的参照理论和基于制约的模型提供了证据，而对宣称最初的句法分析独立于话语语境的花园路径模型提出了质疑。

武宁宁等考察了汉语歧义句阅读的眼动特征。结果发现：当后语境支持次要语法时，歧义词及后面第一个解歧区的总阅读时间加长，歧义词后的第二个解歧区的回扫次数增多，而当后语境支持主要语法时没有出现类似的现象，表明相对频率能够即时影响词类歧义解决过程，结果支持基于制约的模型。陈向阳考察小学五年级、初中二年级和大学本科学生阅读理解句子的即时加工过程。研究的结果发现：眼动模式所反映出的加工差异，表明了从小学五年级到初中二年级也是学生对句子阅读理解能力发展的一个重要时期。

闫国利等(2004)对工作记忆与歧义句加工的眼动特征进行了研究。实验设计为 2(工作记忆广度：高低)×2(续接方式：偏正、述宾)。研究采用"VP＋N1＋的＋N2"格式的述宾型歧义短语组成的句子为材料。这种短语既可按照偏正结构分析，也可以按照述宾结构分析，如"扣留田亮的房子"既可以理解为"(扣留田亮的)房子"("扣留田亮的"作为修饰语，"房子"作为中心词)；也可以理解为"扣留(田亮的)房子"("扣留田亮的房子"作为宾语)。这样，前者是偏正关系，后者是述宾关系，有人将这种歧义组称为偏正/述宾歧义短语。在本实验中，选取偏向述宾结构的偏正/述宾短语，将它分别按照偏正结构和述宾结构。对于这类短语，按照述宾结构解歧比按照偏正结构解歧更为合理，那么被试只是建构述宾结构一种表征，还是同时建立两种表征？工作记忆在其中起怎样的作用？研究结果发现：①在无前语境的暂时句法歧义句中，不同的续接方式在句子的最初加工过程中的作用不显著，而在最终的理解过程中作用显著。②工作记忆高有利于句子的理解，但对歧义短语的两种意思的提取和保持的作用不显著。

石东方等(1999)控制了汉语句子的及物动词与其直接宾语之间的搭配合适程度，分别利用听觉词汇监控和眼动技术，研究了动词的"宾语选择性限制信息"在句子加工早期的作用。实验发现动词与宾语搭配上的各种违反对目标名词(宾语)的加工产生了即时效应。结果表明，包括语义信息在内的各种词汇信息被通达后立即参与了汉语句子加工。

石东方等(2001)还考察了汉语句子可继续性对句子理解加工的即时影响。通过操纵动词与后接词的关系，来产生搭配异常并控制句子的可继续性，研究汉语词汇信息在句子加工中的即时作用。实验一利用跨通道技术,发现动-名词搭配异常对目标名词的加工有即时影响,形容词条件下可继续性对目标形容词的加工有即时影响;实验二采用眼动技术,发现名词条件和形容词条件下可继续性有显著的即时影响,结果显示,语义等多种词汇信息被通达后立即共同参与了汉语名词加工。

二、对句子进行词切分的眼动研究

在拼音文字系统(如英文)中,单词之间的空格能够促进阅读。当空格信息被消除后,阅读速度会显著下降到50%(Malt and Seamon,1978;Morris et al.,1990;Pollatsek and Rayner,1982;Rayner et al.,1998;Rayner and Pollatsek,1996;Spragins et al.,1976)。此外,Rayner等(1998)发现,空格不仅影响单词识别,还有助于眼跳计划。他们认为,当单词之间的空格被消除时:①读者对低频词的注视时间成比例地长于对高频词的注视时间(表明当去掉空格后,单词识别变得更为困难);②读者对词的注视发生更早(因为当去掉空格后,读者的平均眼跳距离更短)。

词空间信息在书面英文阅读理解中起着重要作用。然而,一个有趣的现象是,大量的语言(如中文)在其书面形式上表现为词之间没有空格。那么,在这种书写系统中,读者怎样计划眼跳和识别单词呢?中文是由一个一个的汉字组成的,大多数词由两个汉字构成,有些词只由一个汉字构成,有些词由三个或更多的汉字构成。相邻的字和词之间没有空格。每个字在其复杂性上存在差异,表现在①笔画数;②部件数(即指能够表音或表意的一定笔画的组合);③构词方式(即部首以不同的方式可以形成不同的字)。

另一个有趣的问题是人们对汉字怎样组成一个特定的词仍然不清楚,甚至是中国语言学专家对汉字构词这一问题上也很难达成一致意见。该观点产生一个问题,即在有空格的语言,如英文中,词是一个有意义的语言信息单位,但在无空格的语言如中文中,词是否具有同等的地位。中文书面语言的这些特点提出了一个有趣的理论问题,即在中文阅读的眼动控制中,是否与英文阅读一样,词起着关键性作用。

有研究(Bai et al.,2008)探讨中文阅读中空间信息对眼动行为的影响。具体考察了两个问题:第一,在无空格的中文文本中插入空格是否会促进阅读;第二,在中文阅读中,词还是字是基本的信息单位。

实验一以中文句子为实验材料,设置4种不同的空间条件:①控制条件或正常的无空格条件,句子以正常的无空格的形式呈现,每一个字与其相邻的字紧密相连。②字空格条件,在每一个字之间插入空格。③词空格条件,每一个词之间插入空格;为确定中国读者对词划分的一致性意见,由12名不参加正式实验的被试对句子中词边界的划分进行评定,结果发现一致性百分数达到95%,因此,读者基本认同实验句子中有关词的确定。④非词空格条件,在不同的字之间随机插入空格,使相邻的字形成非词。当然,非词条件可能存在一些潜在的问题,局部语义不正确,内在的韵律节奏不正常。然而,这一条件能够提供与其他条件相比较的有用的基线信息。

如果在词之间插入空格会促进阅读,那么在词空格条件下的阅读时间比正常的无空格条件、字空格条件和非词空格条件下的阅读时间短,特别是反映在句子阅读时间这一总体指标上,词空格条件下的阅读时间应该比其他三种条件下的阅读时间短。我们期望通过这一比较能够验证第一个理论问题，即中文文本中引入空格是否会促进阅读。

研究预期，在句子阅读时间上的差异能够验证第二个理论问题：词还是字是中文阅读的基本信息单位。如果字是基本的信息单位，那么在字空格条件下的句子阅读时间应该比词空格条件下的句子阅读时间短。相反，如果词是基本的信息单位，那么将会获得相反的模式。另外，将字空格、词空格和非词空格条件下的句子阅读时间与正常的无空格条件下的句子阅读时间进行比较，可以知道在这些条件下进行阅读是否会促进或干扰正常的阅读。

除了获得每种条件下的句子阅读时间，我们预期在不同空间条件下眼动控制的精确机制也可能存在差异。因此，可能在其他一些总体指标如平均注视时间、注视次数和眼跳距离上存在差异。

16 名天津师范大学的学生参加了实验。母语均为汉语，视力或矫正视力正常，他们都不知道实验的目的。60 个实验句子长度为 19～23 个字(平均为 20.8 个字)。30 名不参加正式眼动实验的被试在一个 9 点量表上对句子的合理性进行了评定，评分为 2.04(1＝非常通顺)。实验设置了 4 种空格条件：正常的无空格条件、字空格条件、词空格条件和非词空格条件，见表 6.19。

表 6.19　4 种空格条件举例

(1) 正常的无空格条件
科学技术的飞速发展给社会带来了巨大的变化。
(2) 字空格条件
科 学 技 术 的 飞 速 发 展 给 社 会 带 来 了 巨 大 的 变 化。
(3) 词空格条件
科学 技术 的 飞速 发展 给 社会 带来 了 巨大的 变化。
(4) 非词空格条件
科 学技 术的飞 速发 展给 社 会带来 了巨 大的 变 化。

实验共有 4 组材料，每一组包括 60 个句子。每种条件下有 15 个句子，实验条件按照拉丁方顺序进行轮组，在每一组内句子随机呈现。正式的实验句子之前有 16 个练习句子，每种空格条件下有 4 个句子。另外，还有 20 个填充句子(每种条件下有 5 个句子)，随机分布在每一组内。每一个填充句子之后呈现一个阅读理解题，要求被试做出“是/否”的回答。每个被试总共需要阅读 96 个句子。实验仪器为 SR Research 公司生产的 EyeLink Ⅱ眼动仪。该仪器的取样率为 500Hz，即每 2ms 记录 1 次眼动位置。刺激在一个 19 英寸的 DELL 显示器上呈现，刷新率为 1024 像素×768 像素。被试眼睛与屏幕之间的距离为 75cm。刺激以宋体形式呈现，每个汉字的大小为 21 像素×21 像素(在无空格条件下字间距为 1 像素)。每个汉字成 0.63°视角。

实验程序为每个被试单独施测。出示指导语，告知被试他们将阅读一些句子，这些句子将以不同的空间条件进行呈现。要求认真阅读句子，尽可能理解句子的意思。当阅读完一个句子后，按键进行翻页，进入下一屏句子的阅读。在有些句子呈现之后会随机出现一个阅读理解题，要求被试努力做出正确回答，并口头报告回答结果，由实验者记录回答结果。被试的下巴放在一个下巴托上，以确保头部的相对静止。在实验开始之前，先进行校准，成功校准后进入正式实验。整个实验大约持续 20min。

结果表明：16 名被试在阅读理解题中的总正确率为 92%，表明被试认真阅读并理解了实验句子。3 名被试在其中 4 个句子上因偶然按键使句子提前中止呈现，导致这 4 个句子上没有数据，在分析时将其删除。另外，删除被试追踪丢失，首次注视时间小于 80ms 大于 1200ms 以及大于或小于三个标准差的项目。总共剔除无效数据占总数据的 5.1%。

实验采取两种分析方式。在总体分析中，对落在每一个句子上所有注视点的眼动行为进行分析。我们计算了平均注视时间、平均眼跳距离、向前眼跳次数（从左向右的眼跳）、回视次数（从右向左的眼跳）、总注视次数、总的句子阅读时间（在句子阅读过程中落在句子上的所有注视点和眼跳的总和）和阅读速度（表 6.20）。

表 6.20　不同空间呈现条件下的总体眼动特征（括号内为标准差）

眼动指标	呈现条件			
	正常无空格	字空格	词空格	非词空格
平均注视时间/ms	246(34)	214(27)	227(24)	228(27)
平均眼跳距离/字	2.7(0.7)	4.2(0.7)	3.6(0.6)	3.2(0.6)
向前眼跳次数	11.4(2.8)	15.5(2.5)	12.9(2)	14.2(2.2)
总注视次数	17.7(3.5)	22(4.5)	19.3(3.4)	22.2(4.4)
回视眼跳次数	3.5(1.3)	4.3(1.6)	4.0(1.3)	4.6(1.6)
总的句子阅读时间/ms	5221(1495)	5686(1605)	5239(1156)	5867(1446)
阅读速度/(字/min)	239	220	239	213

除了总体分析，实验一进行了一系列的局部分析，即从不同空间条件下的句子中，选择一个更小的区域，即划分兴趣区，并对兴趣区的首次注视时间（落在词上第一个注视点的持续时间）、单个注视时间（落在词上的有且只有一个注视点时注视点的持续时间）、凝视时间（从注视点第一次落入词上开始，到离开该词为止的时间内，被试对词的注视时间的总和）、总注视时间（落在一个词上所有注视时间包括回视时间的总和）、第一遍阅读次数和总注视次数进行了分析。这些分析能够帮助我们了解到，当不同条件下字之间的空间信息没有总体分析时大，会出现什么样的结果。从每一个句子中选择由两个字（第四种局部分析中只包括单个的字）组成的 1～4 个兴趣区。这些区域不会出现在句子的开头和结尾，这样可以避免与阅读发生与结束有关的注视点的污染。4 种局部分析中所进行的比较见表 6.21。

表 6.21　局部分析举例

局部分析 1：词空格和非词空格条件下的词

国外 [旅行] 可以 让 [人们] 有 机会 [了解] 不同 的 [风俗] 习惯。

词空格

国 外[旅 行]可 以让 [人 们]有 机 会[了 解]不 同的 [风 俗]习惯。

非词空格

局部分析 2：字空格和非词空格条件下的词

科 学 技 术 的 飞 速 [发 展] 给 社 会 带 来 了 [巨 大] 的 变 化。

字空格

科 学技 术的飞 速[发 展]给 社 会带来 了[巨 大]的 变 化。

非词空格

续表

局部分析 3:正常的无空格条件和词空格条件下的词

科学技术的飞速[发展]给[社会]带来了巨大的变化。

正常的无空格

科学 技术 的 飞速 [发展] 给 [社会] 带来 了 巨大的 变化。

词空格

局部分析 4:字空格和非词空格条件下的字

科 学 技 术 的 飞 速 发 展 给 [社] 会 带 来 了 巨 大 的 变 化。

字空格

科 学技 术的飞 速发 展给 [社] 会带来 了巨 大的 变 化。

非词空格

---

4 种呈现条件进行重复测量的方差分析,并以被试(F_1)和项目(F_2)作为随机效应。

总体和局部分析的结果表明,与其他三种条件相比,非词空格条件下句子的阅读时间显著增加,表明该条件下呈现文本会干扰正常的阅读加工过程。第二个重要方面是词空格条件与正常的无空格条件下句子阅读一样容易。这些数据与第一个理论问题直接相关,即词之间的空间信息是否能促进阅读。实验一的数据表明,与正常的无空格条件相比,词之间插入空格没有促进阅读,但也没有对阅读产生任何程度上的干扰。相反,相对于正常的无空格条件,字空格条件和非词空格条件对阅读产生破坏。

在评价正常的无空格和词空格条件下的阅读结果时,还需要考虑其他可能影响结果的因素。文本呈现方式的熟悉性以及哪一个词被空格隔开,可能会影响文本加工的难度。可以设想,与不熟悉的视觉文本形式相比,被试在阅读较为熟悉的文本时阅读时间更短。同样地,关于第二个假设,词之间由空格隔开,有助于单词识别,因而在阅读词空格条件下的句子时阅读时间更短;而在正常的无空格文本中,单词识别更为困难。如果这两个假设是正确的,那么,这两个因素将以相反的方向作用于词空格和正常的无空格条件。我们对正常的无空格条件下的文本极其熟悉,但由于词之间没有切分,因而使单词识别变得更为困难。相反,词空格形式的文本,虽然读者不熟悉,但是由于词之间的良好切分,使单词识别更为容易。因此,这两种条件下的总阅读时间没有差异,且比字空格和非词空格条件下的阅读时间短。

实验一的结果十分清晰,但仍然存在一个混淆因素,即不同条件下句子的空间分布不同。也就是说,当在每一个字之间插入空格,比没有插入空格时,句子的空间分布更长。因此,该混淆因素使实验 1 的结果不是很清楚。实验二对实验一进行了重复验证。实验二中,使用同样的材料,但采取不同的处理方式,形成相同的四种条件,使不同条件下的文本的空间分布是一致的。为此,我们使用了灰条标记,见表 6.22。

表 6.22　实验二中刺激材料举例

(1) 正常条件

科学技术的飞速发展给社会带来了巨大的变化。

---

(2) 字条件

科学技术的飞速发展给社会带来了巨大的变化。

续表

(3) 词条件 科学技术的飞速发展给社会带来了巨大的变化。
(4) 非词条件 科学技术的飞速发展给社会带来了巨大的变化。

在实验二中,词间的边界信息用灰条标记,使不同条件下句子的空间分布是一致的。我们推断,如果词而不是字,是中文阅读的重要成分,我们应该获得与实验一相同的结果。被试为 24 名天津师范大学的本科生母语均为汉语,视力或矫正视力正常。与实验一相同,他们都不知道实验的目的。材料和设计同实验一。两个实验的主要区别在于对空格的操纵。实验二使用了灰条标记,产生 4 种条件:正常文本(正常条件);使用灰条标记每一个词(词条件);使用灰条标记不同的字以形成非词(非词条件);使用灰条标记每一个字(字条件)。见表 6.22。仪器和程序同实验一。结果表明,24 名被试在阅读理解题中的总正确率为 90%,再次表明被试认真阅读并理解了句子。然后根据追踪丢失、大于或小于三个标准差的标准,再次剔除一些无效项目。剔除数据占总数据的 3.8%。

与实验一相同,实验二采用重复测量的方差分析,并以被试(F_1)和项目(F_2)作为随机效应。总体分析的结果见表 6.23。

表 6.23 不同灰条标记呈现条件下的总体眼动特征(括号内为标准差)

	呈现条件			
	正常条件	字条件	词条件	非词条件
平均注视时间/ms	239 (29)	241 (27)	235 (28)	240 (31)
平均眼跳距离/字	2.76 (0.45)	2.74 (0.52)	2.73 (0.50)	2.72 (0.50)
向前眼跳次数	9.27 (1.90)	9.72 (1.99)	9.29 (1.67)	9.59 (1.84)
总注视次数	13.8 (3.5)	14.8 (3.8)	14.2 (3.4)	15.0 (3.7)
回视眼跳次数	2.66 (0.96)	2.76 (0.94)	2.69 (0.88)	2.86 (0.90)
总的句子阅读时间/ms	3745 (1078)	4006 (1120)	3808 (1088)	4083 (1166)
阅读速度/(字/min)	334	312	328	306

与实验一相同,实验二的结果也是非常清晰的。词条件与正常条件下的阅读没有差异,而且与字条件和非词条件相比,被试在词条件和正常条件下的阅读速度快。类似地,局部分析的结果表明,非词和字条件会干扰正常的阅读。并且还发现,在所有的指标上,字条件和非词条件对阅读产生了相同的破坏。最后,在句子阅读时间指标上,词条件与正常条件下的阅读没有差异。两个实验中的总体分析和局部分析的结果完全一致,并且支持词而不是字是中文阅读的重要单位。再次需要指出的是,正常条件和词条件下的阅读没有差异,该事实值得我们思考。中国读者没有在实验二中采用灰条标记词的阅读经验,

他们从学会阅读就在正常的文本呈现条件下进行阅读。然而他们在词条件下阅读仍然和正常条件下阅读一样好。

实验二的结果还清楚地表明,实验一的结果不能用空间分布上的差异来解释。在实验二中,文本的空间分布在四种条件下都是相同的。需要指出的是,两个实验的结果存在一些差异。特别是,在平均注视时间、眼跳距离和回视次数上,实验二没有表现出差异,而实验一在这些指标上都存在差异。当然,在实验一中表现出的差异很可能与文本的空间分布有关。例如,在字之间插入空格无疑会增加眼跳距离。但是,主要问题在于,中国读者在阅读有词边界切分的句子与正常的句子一样容易,而且都比字切分条件下的阅读更为容易。最后,有趣的是,实验二的总体阅读速率比实验一快。由于这是跨实验(不同被试)的比较,很难说出这反映了什么问题。然而,可能由于实验一中不常见的空格条件使被试采取了更为谨慎和精细的阅读策略。实验一中,在正常的无空格条件下的阅读速率比实验二慢,至少与该推测是一致的。

在开始提出的第一个理论问题,本实验的结果表明,词之间插入空格(或者用灰条标记词边界)没有促进中文阅读,至少与正常的无空格条件相比。另外,或许更为重要的是,通过使用空格或者灰条标记对词进行切分,并没有干扰正常的阅读。正如在实验一的讨论部分指出的是,当词被清晰地标记出来(相对于正常的文本呈现)时,促进和干扰因素可能存在一定权衡。

让我们回到我们所强调的第二个理论问题,即词还是字是中文阅读的基本单位。本实验的结果提供了相当明晰的验证,即对于中国读者来说,词具有心理的实在性,词比字更突出、更显著。具体地,我们发现,字之间插入空格(或者用灰条标记字)实际上会干扰阅读,然而词之间插入空格(或者用灰条标记词)不会对阅读造成干扰,而且这种呈现方式下的阅读与我们较为熟悉的正常的无空格条件下的阅读一样容易。如果我们不考虑我们对正常的无空格条件下的阅读经验,只从实验操纵来讲,那么字之间插入空格(或者用灰条标记字)使阅读速率减慢,而在词之间插入空格(或者用灰条标记词)并没有影响阅读,结果表明了词在中文阅读中的重要性。

与结论相对比,有人认为在中文阅读中,字比词更重要。例如,基于对中国读者眼动的回归分析,Chen 等(2003)认为字比词更突出。该结论与中国读者对词边界划分的异议相一致。另外,大量的中文眼动研究发现了词优效应(word-based effect,基于词的效应)。具体地,与英文读者不同,中国读者对高频词的注视时间比低频词短(Yan et al.,2006),对低预期词的注视时间显著长于高预期词(Rayner et al.,2005)。与英文读者相同,中文读者在高预期词的跳读率显著大于低预期词(Rayner et al.,2005),对高频词的跳读率显著大于低频词(Yan et al.,2006)。Yan 等还发现,字频会影响词的注视时间,但这种情况仅发生在低频词上。

最后,本研究以及其他研究表明了在中文阅读中词的重要性。有趣的是,Rayner 等(2007)最近在 E-Z 读者模型的背景下模拟了中文读者的眼动行为。在建模工作中,发现词是中文阅读的分析单位。的确,使用字频模拟,作为一个附加的预测因子,并没有增加数据的总拟合度。实质上,建模工作和本研究的结果都指出了中文阅读中词具有重要的心理实在性。

三、其他

许静和梁宁建(2007)进行了句子阅读的内隐自尊研究。研究采用具有生态效度的研究方法:在自然情境中,让被试阅读一些句子随后复述句子内容,观察和记录被试对不同兴趣区的注视时间、瞳孔大小等数据,分析与探讨被试的内隐自尊,以更好地理解内隐认知的深层机制。实验材料包括12个描述行为的句子,主语包括“我”、“他”和“她”三种情况,事件性质包括积极和消极两种,每种性质各两句,内容涉及学生被试较为熟悉的校园生活,如“我被评为优秀毕业生”、“他期末考试不及格”。研究结果发现:①在阅读句子同时记录到的眼动数据中发现内隐自尊的存在,被试更多注视成功结果时的自我,而较少注视失败结果时的自我。②个体对自我成功事件进行了较多深层次加工,赋予更多的信息加工负荷。这种积极的自我肯定认知偏向内隐地体现自尊,而且能够促进自尊。

第五节　汉语与其他语言阅读的比较研究

一、汉语与英语阅读的比较研究

汉语与英语是两种不同的文字体系。有人对这两种语言的阅读进行了眼动研究并得出了一些重要结论。

Feng(2006)认为,基于已有的相关研究,中文阅读和英文阅读的平均注视时间没有显著差别。1925年,沈有乾使用照相记录法比较了中英文阅读差异,结果发现读者对中文材料的平均注视时间为0.3s,阅读广度平均为2个字,无论从每次注视时间还是从每次注视所看到的字数来看,都是中文优于英文。

20世纪90年代,孙复川等对阅读中英文材料时的眼动特征进行了研究。实验组被试由两个小组组成,一个是由13名中国研究生组成,另一组是由13名英语国家的研究生组成。所有被试的裸眼视力或矫正视力正常。实验材料是从《科学的美国人》上选择的几段简单的科普文章以及相应的中文版翻译文章。总共选择了10段文章,每一段有110～150个汉字或者是70～100个英文单词。阅读材料在计算机上呈现。显示的范围是20°×20°视角。刺激与被试之间的距离是57cm,1°视角对应1个汉字。被试阅读时,使用眼动仪记录被试眼动情况。要求被试认真阅读文章,阅读完后,立即报告该文章的内容要点。为了保持实验的准确性,实验前后,均进行眼动校准。实验结果如表6.24所示。

表6.24　汉语阅读和英语阅读的眼动数据比较

	中国学生阅读中文	外国学生阅读英文
注视持续时间/ms	257	265
识别广度		
(汉字数/每次注视)	2.57	
(英文单词数/每次注视)	(1.71)	1.75
阅读速度		
(汉字数/min)	580	
(英文单词数/min)	(386)	382

从表 6.24 可以看出，中国学生阅读中文的注视持续时间在(257±63)ms；识别广度(recognition span)，即眼跳距离是每次注视为(2.6±0.5)字符空间，相当于每次注视为(1.7±0.3)个词；阅读速度是每分钟 580 个字，相当于每分钟 386 个词。而外国学生阅读相同内容的英文时，注视持续时间在(265±72)ms；识别广度，即眼跳距离是每次注视(1.8±0.6)字符空间；阅读速度是每分钟 382 个字。研究结果发现，阅读中文和阅读英文时的眼动数据没有差异。

研究者认为，尽管英语和汉语存在很大的差异，但是被试的眼动模式和眼动参数非常接近，这主要是因为他们阅读的内容是相同的。这种相同支持这样的观点，即阅读过程中的眼动主要是由内容决定的，而不是由不同语言的视觉特征决定的。

有人(Peng et al.，1983)采用电流记录法(electrooculographic procedures)比较了 23 名中文阅读者和 20 名英文读者阅读中英文故事时的眼动轨迹。结果发现：①中文阅读者和英文阅读者注视模式上没有显著差异；②在决定读者的眼动模式和注视停留时，认知因素比知觉因素有更重要的作用。

有人(Sun and Feng，1999)对汉字识别时的眼动进行了研究。研究发现，在识别单个汉字时，眼动模式与被试的知识和对该汉字的熟悉度有关。在实验中，要求被试在识别完汉字后立即闭上眼睛。当被试对这个汉字非常熟悉时，被试往往只用一次注视就可以识别出这个汉字。当被试遇到一个不熟悉的形声字(pictophonetic character)时，他往往是注视非偏旁的部分。通过对汉字识别的定量分析，识别汉字的注视次数和识别时间与汉字的频率有关，而与汉字的笔画没有关系。

有人(韩玉昌等，2003)考察了图画与中、英文词识别加工的眼动情况。该研究以前人的研究为基础，分别以图形、中文词、英文词为实验材料，使用传统的反应时指标，并充分利用眼动技术采集数据，通过分析来获得文字和图形识别加工的反应时特征和眼动模型。

实验结果显示，人眼对图画、中文词和英文词三种材料识别加工的眼动模式不同。在注视时间方面，图画的注视时间最短，英文词的注视时间最长，中文词的注视时间居中，在眼跳距离方面，图画的眼跳距离最大，英文的眼跳距离次之，中文的眼跳距离最小。在反应时方面，人眼对图画的反应时最短，英文词最长，中文词居中。

韩玉昌等(2003)考察了图画与中、英文词识别加工的眼动情况。实验结果表明：在注视时间方面，图画的注视时间最短，英文词的注视时间最长，中文词的注视时间居中；在眼跳距离方面，图画的眼跳距离最大，英文的眼跳距离次之，中文的眼跳距离最小。关尔群等发现：不同颜色对中、英文阅读成绩影响趋势一致。

王亚同(2005)对中加大学生英语课文阅读的眼动过程进行了考察。本研究以中国大学生和加拿大大学生为样本，探讨了两者之间英语阅读眼动过程的相同点与不同点。结果表明：①中国大学生关于通俗课文的阅读速度慢于加拿大大学生的阅读速度；②在阅读插图课文方面，加拿大学生明显优于中国学生；虽然中、加大学生的阅读速度都有所放慢，但是回视的次数减少了，这表明看插图占用了一定的时间却有利于课文理解；③在阅读难度较大的课文方面，加拿大学生也明显优于中国学生。这些区别的主要原因在于加拿大学生在阅读连贯的课文时能够更多地注视每个内容词即实词。

二、阅读汉语拼音的眼动研究

孙复川等还对中国学生阅读汉字和汉语拼音时的眼动进行了比较研究。在研究中，选取三组被试，他们是小学生、中学生和大学生。阅读材料是从小学课本中的文章选取的。每一段文章有汉字版和拼音版。实验结果见表 6.25。

表 6.25 三组被试阅读汉字和拼音的眼动数据比较

	被试组别		
	小学组	中学组	大学组
注视持续时间/ms			
汉字/ms	268±50	266±61	240±54
拼音/ms	326±65	326±70	353±77
识别广度			
汉字/(汉字数/每次注视)	2.08±0.62	2.11±0.59	2.61±0.56
拼音/(字符数/每次注视)	0.89±0.22	0.79±0.26	0.77±0.21
阅读速度			
汉字/(汉字数/min)	459±168	491±190	598±197
拼音/(字符数/min)	171±59	145±60	137±55

研究结果发现，阅读汉字和阅读拼音的注视持续时间的差异显著 $F(1,66)=26.47, P<0.001$。但是，这三组被试之间的注视持续时间却没有显著差异，交互作用也不显著。同样，识别广度和阅读速度也是这个趋势。阅读汉语拼音和阅读汉字时的识别广度和阅读速度均有显著差异，而这三组被试之间的注视持续时间却没有显著差异，交互作用也不显著。

研究者认为，从眼动指标来看，阅读汉字明显优于阅读拼音。中文中有大量的同音字，从而使拼音阅读比较困难。此外，由于汉字的使用频率远远大于拼音的使用频率，所以，根据此研究成果尚不能认为，汉字比拼音更适合阅读。

隋雪等(2005)以拼音诗和拼音短文为实验材料，利用眼动方法，采集 65 名儿童阅读拼音材料时的眼动参数，分析学习困难儿童阅读拼音的眼动特征。结果发现：①学习困难儿童阅读拼音更为困难，每次注视范围小；②学习困难儿童阅读拼音的注视点持续时间长，眼跳距离小，丢失时间多。结果显示，学习困难儿童阅读拼音眼动模式差，眼动模式与理解拼音成绩关系密切。

三、汉语与韩语阅读的比较研究

于鹏和焦毓梅(2006)以 36 名韩国大学生为被试，按照汉语水平随机分为高低两组，采用眼动仪记录他们在阅读同文体汉语、韩语篇章时的眼动数据，结果发现：第一，不同汉语水平韩国大学生阅读同一文体汉语、韩语篇章时，在阅读成绩、阅读时间、阅读速度和阅读效率等阅读理解指标上均存在显著性差异，韩语各指标均显著地优于汉语，说明阅读母语与阅读第二语言在阅读理解各指标上存在显著差异。数据同时显示，随着韩国大学生汉语水平的提高，在某些指标上逐渐接近母语水平。第二，不同汉语水平韩国大学生阅读同一文体汉语、韩语篇章时，在平均注视时间、注视频率和眼跳距离等眼动指标上均存在显著性差异，韩语各指标均显著地优于汉语，说明阅读母语与阅读第二语言在眼动各指标上存在显著性差异。数据同时显示，随着韩国大学生汉语水平的提高，在某些指标上逐渐接近母语水平。

四、不同文化语境与难度下第二语言阅读的眼动研究

左银舫和杨治良(2006)对不同文化语境与难度下第二语言的阅读进行了眼动研究。被试为第二语言为英语的 20 名视力正常的大学生。由大学外语课教学资深教师在大学英语四级、六级水平考试题中按要求挑选五段内容为学生不熟悉的、长度均为 300 个左右单词的阅读短文。其中一个作为准备实验材料，另四个按难度等级分为难易两类、按不同文化语境又分为两类。易材料为四级英语水平考试原题，而难材料为六级水平，文化语境按熟悉、不熟悉进行划分，所有材料没有标题。研究结果发现：第一，材料的文化语境与难度对大学生英语阅读的理解成绩、阅读速度与阅读效率是有影响的，其中材料的不同难度对大学生阅读成绩与阅读速度产生的差异显著，材料的文化语境对阅读成绩产生的差异非常显著。第二，不同文化语境阅读材料下大学生第二语言阅读的眼动模式具有差异，其中注视次数、回视次数和眼跳距离三个统计指标上的差异均显著。第三，不同难度的阅读材料下大学生英语阅读的眼动模式也存在差异，在注视次数、回视次数和眼跳距离三个统计指标上的差异均显著。

阅读不同文化语境与难度英语材料的眼动过程进行了记录。

结果发现：①不同文化语境与难度下大学生英语阅读的理解成绩、阅读速度与阅读效率是有差异的；②阅读材料的文化语境对大学生英语阅读的眼动模式构成影响，分别影响学生的注视次数、眼跳距离和回视次数；③英语阅读材料的难度也影响到学生阅读的眼动模式。

五、英语文章阅读过程中的文章标记效应研究

文章标记效应就是文章标记对文章阅读加工过程和文章理解与信息保持的促进作用。文章标记效应影响因素众多，但自 20 世纪 80 年代以来，大多数研究都证实了文章标记效应的存在，即文章标记有助于本民族语文章的阅读理解与信息保持。许多研究结果都证实被试对有文章标记的主题信息的回忆显著优于无文章标记的。策略转换假说认为，当被试阅读无标记的文章时，将使用线形策略，即将文章内容作为临时组织的一组事实或事件，来编码和回忆文章内容；而阅读有标记的文章时，将使用结构策略来编码和回忆文章内容，即读者在文章阅读时，注意的焦点是高水平的文章结构或文章的概念性结构，因此，读者能建构反映文章层级组织和文章的概念性内容上相对重要的整体表征。有无文章标记将直接影响读者阅读策略的选择。

曾新荣和闫国利(2007)利用眼动分析技术进一步探讨有标记组被试与无标记组被试在完成英语长文章阅读任务时的眼动模式，研究结果发现有、无标记组的注视模式存在差异，证明策略转换假设更具合理性。本实验为单因素被试间实验设计，自变量即文章中有、无文章标记。被试为天津某高职学院学生，共 30 人，裸眼视力或矫正视力正常，随机

将他们分为两组:有标记组 15 人和无标记组 15 人。实验材料即一篇难度适中的英语文章。实验所使用的仪器是加拿大 SR 公司所生产的 Eyelink Ⅱ型眼动仪。结果发现,被试在阅读有、无标记英语文章主题句中注视时间、注视次数、回视次数、向右眼跳次数和瞳孔直径等五项眼动指标上都存在显著差异,说明被试在阅读有、无标记文章主题句时,眼动模式是不同的。这一结果说明读者对文章中被标记的主题信息给予了更多的注意,进行了更多的加工,文章标记促使读者在信息的编码阶段就采取了不同的阅读策略。该实验结果支持了策略转换假说。

六、英语快速阅读的眼动研究

有人(丁小燕等,2007)试图在限定阅读时间的条件下,考察好的阅读者与差的阅读者在眼动模式上是否存在差异,以期对提高中国学生的英语阅读提供依据。被试为大学二年级学生,皆通过了国家四级考试,人数 48 名。本实验所使用的眼动仪是加拿大 SR 公司生产的 Eyelink Ⅱ型头盔式眼动仪,采样频率为每秒 250 次。阅读材料选取的是国际性的英语新闻。每篇的单词数在 150 个左右,生词量控制在 7 个左右,略高于英语四级 3%生词量的水平。研究结果发现:①高分者能更灵活地调整自己的眼动模式。②在平均注视时间、第一次注视时间上高分者显著地低于低分者,在眼跳次数上高分者显著地多于低分者。③在关键性语句上低分者眼跳速度显著地高于高分者,在干扰语句上低分者的第一次凝视时间显著地长于高分者。④在关键性语句上,高分者的瞳孔显著变大,而低分者未出现显著变化。⑤英文快速阅读过程中,阅读者的眼动策略影响阅读成绩。

第六节 语篇阅读的眼动研究

语篇(discourse),也可译成语段、篇章、课文、话语等,它是指介于句子和段落之间的一个语言单位,它是句子和句子组合而成的与上下文相关联而又相对立的一段话或一个片段。我国学者也对语篇阅读进行了初步的眼动研究。

一、工作记忆、两个前提间的关系以及表达方式对线性三段论推理的影响

白学军等(2004)探讨了工作记忆、两个前提间的关系以及表达方式对线性三段论推理的影响。

线性三段论推理也称关系推理。在线性三段论推理中,给被试呈现两个前提,每个前提都描述了两个术语间的关系。其中一个术语在两个前提中重叠。被试的任务就是利用这种重叠去推断线性三段论中三个术语之间的关系,然后回答有关关系的问题。一个典型的三段论问题就是:

如果 A 比 B 高,
如果 B 比 C 高,
那么谁最高?

被试为大学生,先测量他们的工作记忆容量,工作记忆容量按照 Daneman 和 Carpenter 的方法测量。根据测量的成绩,按上下一个标准差,最后选出工作记忆容量高和低的

被试 8 名。采用眼动记录法，探讨了工作记忆、两个前提间的关系以及表达方式对线性三段论推理的影响。本实验采用 2(表达方式：肯定、否定)×2(前提间的关系：同质、不同质)×2(工作记忆容量：高、低)的混合设计。通过分析总注视时间、第一次注视时间、第二次注视时间和回视等眼动指标，发现线性三段论推理过程既有语言加工的参与又有表象加工的参与。推理过程中的语言表征过程和空间关系的建立都受到工作记忆容量的影响，被试的工作记忆容量越高，就越容易建立语言表征和空间的关系。

二、工作记忆容量高和低的被试在语篇理解时类别指称对象提取的个体差异

阅读理解的目标就是建立语篇的连贯心理表征。被试通常利用一种上指示的语言装置来建立语篇的连贯心理表征。上指示词是指语篇中已经提到的人物、事物的表达。

张兴利等(2004)采用眼动记录法，探讨了工作记忆容量高和低的被试在语篇理解时类别指称对象提取的个体差异，以提高实验研究结果的生态学效度。语篇理解中类别指称对象的可提取性。实验采用 3(实验材料：指称对象、非指称对象、特别控制条件)×2(兴趣区：兴趣区 1、兴趣区 2)×2(工作记忆容量：高、低)三因素混合设计。实验选用 18 个不同总括类别的概念编写 18 个语篇。每一语篇包括四个句子，第一句给出一个总括类别概念(如交通工具)，第二句给出在第一句中总括类别概念的两个下位类别概念即两个样例(如飞机或轮船)，第三句中包括两个下位类别概念之一的上位类别概念(如空中交通工具)，第四句再次提到下位类别概念(样例)。

通过分析第一次注视时间、总的阅读时间和回视次数等眼动指标发现，类别指称对象提取过程中包含激活和抑制两种过程。被试在阅读完上指示表达之后，立即激活了可能的指称对象，但是对非指称对象的抑制却发生在后来的整合过程中；高工作记忆容量的被试能更有效地抑制非指称对象，更容易形成语篇的完整表征，有效提取类别指称对象。

三、隐喻表征性质研究

周榕(2002)以眼动为指标，考察了隐喻表征性质。结果发现：概念投射于另一语义域概念，由此产生的隐喻表征是一种自动加工，无需更多的认知资源；这种隐喻表征是长时记忆已有的知识部分，是预存性的。

第七节　不同文体阅读的眼动研究

一、记叙文阅读的眼动发展研究

记叙文是一种重要的文体。对于记叙文阅读的眼动研究比较少。20 世纪 90 年代，白学军等(1993，1994，1995，1996)以眼动为指标，考察了不同年龄阶段学生记叙文阅读的眼动研究，取得了一定的成果。

该研究考察了如下几个问题：第一，在记叙文阅读过程中，学生的眼动模式随年级的升高而变化；第二，在记叙文阅读过程中，学生的眼动随记叙文内容的重要性而变化；第

三,在记叙文阅读过程中,学生阅读记叙文有几种不同的方式;第四,学生阅读记叙文过程中,心理加工紧张性随阅读内容的不同而变化。

被试为大学生、高中生、初中生、小学五年级和三年级学生。所有被试在参加实验之前,完成瑞文推理测验。通过对测验结果的分析,未发现有智力低常者。实验仪器是美国应用科学实验室(ASL)生产的 3200R 型眼动仪。阅读材料是依据故事语法编写的描述日常生活事件的记叙文,共 6 篇。每篇记叙文由 6 句话组成(每句话的字数基本相等),并且在每篇文章后附有三个依据句子验证技术(sentence verification technology)编写的问题。例如,阅读记叙文的例子:

李丽娜周日在家做家务活,
她想用洗衣机洗五件衣服,
她找出衣服并放入洗衣机,
然后她往里注水并通了电,
最后她是用手把衣服洗完,
洗完衣服后她休息了一会。

问题:

李丽娜是洗了四件衣服?(记忆类问题)(不,是五件)
李丽娜打算用手洗衣服?(理解类问题)(不,打算是洗衣机洗)
李丽娜的洗衣机可能坏了?(推理类问题)(对,可能坏了)

实验分析的眼动指标包括:阅读速度、阅读效率、注视次数、注视点持续时间、眼跳距离、兴趣区和回视。

研究发现:第一,学生在实际阅读记叙文过程中,其阅读速度和效率随年级升高而不断提高。第二,随着年级的增加,学生阅读记叙文的注视时间、注视次数不断减少。第三,随着年级的增加,学生的注视频率提高,注视点持续时间减少,注视广度增大。第四,从回视次数上看,随着年龄的增长,学生回视次数减少。从回视方式上看,随着年级的增长,学生回视的目的性逐渐提高。

二、说明文阅读的眼动发展研究

说明文是一种重要的文体。在完成这样的题目时,如何进行有效地阅读非常重要。我国心理学工作者对不同年龄的学生阅读说明文的心理过程进行了眼动研究,下面将介绍有关的研究成果。

(一) 插图对说明文阅读理解影响的眼动研究

插图对于文章的阅读理解有促进作用,这种促进作用表现在可以对文章的阅读给予补充和修正,并可以帮助读者在头脑中建立、整合相关的心理表征。

沈德立等(2001)以眼动为指标,对初中学生阅读有、无插图的说明文进行了研究。被试为初中二年级学生 30 名,将这些被试分为两组,每组 15 名。使用美国应用科学实验室的 4200R 型眼动仪。该实验是 2(组别)×2(材料)的二因素混合设计,其中组别(有图和无图)是被试间因素,材料(难、易)是被试内因素。实验材料是 6 篇描述空间方位知觉的文章，难易各三篇。难度控制在初二年级学生能阅读理解的水平。每篇文章都附有一个针对文章的理解问题，这个问题需要对文章作出一定的推理和分析才能正确回答。

研究结果发现：①初中生阅读有、无插图课文的成绩、时间和速度存在显著差异，插图课文显著优于无图课文，插图对课文的阅读理解整合具有明显地促进作用。②初中生阅读有、无插图课文的注视次数和回视次数的眼动指标均存在非常显著差异，插图课文显著少于无图课文。③初中生阅读难易课文的成绩、时间和速度差异显著，易课文显著优于难课文。④初中生阅读难易课文的注视次数、眼跳距离和回视次数眼动指标均存在非常显著的差异，易课文显著优于难课文。

陶云等(2003a)采用眼动方法，对85名小学五年级、初中二年级和高中二年级学生阅读图文课文的阅读理解指标和眼动指标进行考察，结果表明：①学生阅读不同呈现方式和难度课文的阅读理解指标和眼动指标，一般都具有明显的年龄发展特征；②学生阅读不同呈现方式课文的阅读理解指标和眼动指标，有图课文大多显著优于无图课文；③学生阅读不同难度课文的阅读理解指标和眼动指标，易课文显著优于难课文。

（二）不同年龄学生说明文阅读的眼动研究

闫国利(1998)的一项研究试图探讨如下的几个问题：①不同年龄阶段学生在完成说明文的阅读理解问题时存在不同的眼动模式；②在完成说明文的阅读理解问题时存在着比较有效的眼动模式；③不同年龄阶段的学生在完成阅读理解问题时心理负荷的变化情况。

被试为小学三年级、初中二年级、高中二年级学生和大学生。本实验中使用的仪器是由美国应用科学实验室生产的4200R型眼动仪，该仪器以每秒50次的速度记录被试阅读时眼睛注视的位置、注视时间、注视次数、注视频率和瞳孔直径等指标。

实验材料：①每个年龄组的实验材料由4篇文章组成，总共有16篇。这些文章均为科普文章。文章多筛选自我国公开出版的杂志，如《少年科学》、《科学画报》和《科学实验》等，每篇文章的字数控制在350字左右。实验者选取科普文章是基于这样的考虑：科普文章的内容是被试不大熟悉的，这样可以在一定程度上控制知识经验的影响。每篇文章之后，都附有一个针对文章内容的理解问题，这些问题不能在文章中直接找到，都需要被试对原来文章作一定的概括才能回答出来，如概括文章的主题，说明文章的中心思想等。②每个年龄组的实验材料由四篇科普文章组成。每篇文章后均有一个问题。③实验材料的呈现方式是将每篇文章和题目同时呈现。每篇文章呈现时间不限。这样安排比较接近实际的阅读情境。要求被试阅读文章，同时记录其眼动轨迹。

实验结果所使用的分析指标有：阅读效率、阅读速度、兴趣区、注视次数、注视频率、注视点的平均持续时间、眼跳、回视、瞳孔直径变化。

研究结果发现：

(1) 从阅读速度、阅读理解的正确率及阅读效率上看，都表现出了明显的年龄特征。就阅读速度而言，具体表现为，从小学五年级到大学阶段，阅读速度不断提高。小学五年级到初中二年级，高中二年级到大学阶段是阅读速度提高比较快的两个年龄段。

(2) 随着年龄的发展，学生的阅读知觉广度是逐渐增加的。在阅读一般难度的科技文章时，小学五年级、初中二年级、高中二年级和大学学生的阅读知觉广度分别是 2.64 个、2.85 个、2.95 个和 3.01 个汉字。

(3) 本研究验证了 Just 和 Carpenter 的直接假说和眼-脑假说：人阅读时所注视的内容，正是他所加工的内容。

(4) 学生心理负荷与瞳孔直径的变化有一定的关系。心理负荷加大时，瞳孔直径也增加。当加工文章中的重要内容时，学生的瞳孔直径增加，当加工一般内容时，瞳孔直径变化不大。瞳孔直径可以作为考察阅读者心理负荷的一个重要指标。

(5) 本研究发现，学生在阅读课文时，表现出了两种不同的课文阅读方式，一类是循序扫描模式，即被试先看文章，然后再看问题；另一类是逆序扫描模式，即被试先看问题，然后再看文章内容，这样可以使被试有针对性地阅读课文。

随着年级的提高，使用逆序扫描模式的学生逐渐增多，使用循序扫描模式的学生逐渐减少，而不同扫描模式的使用同学生的工作记忆容量的发展可能有重要关系。所以，在中学和大学阶段使用这种方式进行阅读的比例较大。但是，由于小学生的工作记忆容量有限，他们不能有效地带着问题去阅读文章，所以在小学生中使用这种方式进行阅读的比例很小。据此我们认为，逆序扫描模式在大学和中学有一定的推广价值，但是，是否在小学中也大力提倡，还需要进一步研究。

(三) 不同结构说明文重复阅读时主题转换效应的眼动研究

文章的表征方式是文本阅读研究的一个核心问题。阅读理解的主要过程就是读者在头脑中构建一个与作者一致的主题结构表征，而文章中的各种标记可以易化读者对主题结构信息的加工，所以作者在写作时会充分利用文章的各种标记。有人(崔磊等，2006)对不同结构说明文重复阅读时主题转换效应进行了眼动研究。

本实验采用 3(重复阅读次数：第一遍、第二遍、第三遍)×2(句子类型：主题转换句、顺接句)×2(材料类型：平行材料、总分材料)混合实验设计，其中材料类型是被试间变量，重复阅读次数、句子类型是被试内变量。以 36 名大学生为被试。

实验材料是一篇说明文，主要介绍了一个虚拟国家各个方面的特点。实验材料分为 9 个段落，第一段是引言，简要地介绍了该国家的特征，共 122 个汉字，剩下的 8 个段落分别介绍了这个国家 8 个方面的特征：地形、气候、出口、进口、人口、文化、教育和政治。实验材料分为两种结构类型：一种是平行材料，即段落内部各个句子为平行关系，每个段落包括三个句子，大约 80 个汉字；另一种是总分材料，每个段落包括 4 个句子，每段大约 105 个汉字，第一个句子为该段落主题句，是对段落内容的总结，大约 25 个汉字，后三个句子跟平行材料的三个句子完全相同，这样，总分材料比平行材料每个段落多一个主题句。根据 Lorch 的观点，段落的主题句就是文章的标记性内容，所以，平行材料可以看作是无标记材料，总分材料可以看作是有标记材料。本实验把每个段落开头第一个句子称为主题转换句；剩下的句子中，除去结尾句之外的所有句子称之为顺接句。所以，平行材料每段的第一个句子为主题转换句，第二个句子为顺接句；总分材料每段的第一个句子，即主题句为主题转换句，第二、第三个句子均为顺接句。主题转换句和顺接句是本实验的目标句，实验对这两种句子的字数、词频、复杂程度都进行了匹配控制。

研究结果发现：

(1) 无论文章是否存在标记，读者在阅读时都会主动构建文章主题结构的心理表征，并且以此表征来指导随后的阅读，这一结果支持了共同策略假设理论。

(2) 虽然读者在阅读时都会主动构建文章主题结构的心理表征，但有、无标记文章构建表征的效率与完善性仍然存在一定的差异。

(四) 说明文和记叙文阅读的发展研究

有学者(Chen and Ko，2010)从发展的角度探究了中国儿童阅读说明文和记叙文的眼动模式。实验要求二到六年级的儿童阅读两种题材(说明文和记叙文)的短文，同时记录其眼动。结果发现，所有儿童对低频词的注视时间更长，而且对实词的注视时间也较长。说明，儿童使用了一种与熟练阅读者一样的基于词的加工策略。然而，只有年龄大的儿童的重读时间(rereading time)受文章体裁的影响。总之，在本研究中，高年级同学的眼动模式与熟练的汉语读者是一致的，但是，低年级的儿童在阅读汉语文本时，对词的特性的敏感度比对文本水平的敏感度更高。

三、寓言阅读的眼动发展研究

考察儿童阅读和理解寓言的实验研究并不多见，而以眼动为指标考察儿童寓言阅读理解过程的实验研究更是非常少。有人探讨了如下几个问题：①不同年级学生对同一难度寓言的阅读理解成绩和眼动模式是否存在差异。②同一年级学生对不同难度寓言的阅读理解成绩和眼动模式是否存在差异。③同一学生在阅读同一篇寓言中重要性不同的内容时，其眼动模式是否存在差异。

本实验采用2(材料)×3(年级)的混合设计。实验使用的仪器为美国应用科学实验室生产的4200R型眼动仪。被试为小学五年级、初中二年级和高中二年级三个年龄组被试。

本研究的准备实验材料为1个寓言，正式实验材料为6个寓言，分为难易两种。每种难度各由3个寓言组成。全部实验材料是从30个寓言中筛选出来的。这些材料选自《配图寓言词典》、《中外寓言大王》和《世界寓言故事精选》等读物。因为本研究要考查学生在阅读过程中的回视情况，而屏幕上呈现的内容又有限，故在选取实验材料时对寓言的长短作了一定的限制，即每个寓言都只有一个段落，其长度都在130个字符左右(包括标点符号)，但每个寓言的结构是完整的。

寓言按难度等级分为两类——易材料和难材料。实验材料呈现的时间不限，直到被试报告能说出寓言的寓意为止，这样的安排比较接近实际的阅读情境。

本研究得出如下结论：

(1) 不同年级学生对同一难度寓言阅读理解成绩的差异，在小学五年级与初中二年级之间显著，在初中二年级与高中二年级之间不显著。

(2) 不同年级学生阅读同一难度寓言的眼动模式也有一定差异。在小学五年级与初中二年级之间有4项指标(即注视次数、回视次数、注视点持续时间和眼跳距离)差异显著或非常显著；在初中二年级与高中二年级之间只有一项指标(即眼跳距离)差异显著。上述差异说明，从小学五年级到初中二年级是阅读理解寓言能力发展的一个重要时期。也就是说，对寓言真正理解的关键年龄在初中，高中只是进一步完善的阶段。

(3) 同一年级学生对不同难度寓言的阅读理解成绩存在显著差异；其眼动模式也存在一定差异，但材料难度对不同年级学生的眼动模式的影响不同：就小学生而言，材料难度主要只影响其眼跳距离；就初中二年级学生而言，材料难度主要只影响其注视次数；就高中二年级学生而言，材料难度主要只影响其注视点持续时间。

(4) 同一年级学生在阅读寓言中重要性不同的内容时，其眼动模式差异表现为阅读重要信息时，在每个字上平均注视时间增加、眼跳距离减小、注视点持续时间加长、瞳孔直径增大(表明心理负荷增大)。

第八节　图文阅读的眼动研究

一、学前儿童图文阅读的眼动研究

学前儿童的图文阅读主要是图画书的阅读(picture book)。图画书通过文字和图画共同传递故事信息，图画和文字是图画书两种基本的表达方式，图画书中的文字和图画相辅相成，各自为故事的表达发挥着独特的作用。有学者认为，图画书的独特性就是表现在用两种不同的符号语言表达故事信息并形成一个整体的意义(康长运，2002)。图画书是幼儿阅读的主要材料。

国外有不少学者探讨幼儿图画书阅读的眼动特点。有研究考察了图画书的文字排版方式和画面吸引力等方面的特征对幼儿分享阅读过程的影响(Evans and Saint-Aubin，2005)，还有研究考察幼儿在分享阅读方式下眼动轨迹，结果发现，儿童在分享阅读中是通过倾听成人的叙述和探究图画来理解图画书内容，很少将注意力放在文字部分；另有学者考察儿童阅读图画书时的发展特征，儿童随着文字部分难度的变化而出现对文字注意的发展性变化，结果显示儿童随着年龄的增长更多的关注文字部分。

近年来，由于眼动仪在国内的普及，我国也有研究者开始以眼动仪为工具，探讨学前儿童对图画书的阅读。高晓妹和周兢(2010)考察了 162 名 3～6 岁学前儿童的图画书阅读，研究发现，在阅读图画书时，幼儿表现出视线集中在图页中承载丰富信息的区域。信息的新旧、色彩、区域的位置和面积等都会对儿童视觉关注的先后顺序产生影响。金慧慧(2010)进行了成人陪伴对 2～3 岁婴幼儿阅读影响的眼动研究，研究发现，当有成人陪伴阅读时，婴幼儿的注意力水平更高，更倾向于注视有意义信息和故事主角信息。2～3 岁婴幼儿已经具备一定阅读能力，成人的陪伴和有策略的指导可以进一步促进婴幼儿阅读能力的发展。

韩映虹等(2011)以瑞典 Tobii 眼动仪为工具，以 31 名 5～6 岁的大班幼儿为被试，采用实验室实验法考察不同阅读方式(自主阅读和聆听阅读)对学前儿童图画书阅读的影响。结果表明：①5～6 岁学前儿童可以采取自主阅读方式进行图画书阅读；②较之自主阅读方式，聆听阅读方式更有利于儿童对图画书的信息进行较为深入的加工和理解，表现为儿童能够较好地理解故事情节的变化；③自主阅读方式下，儿童对图画故事书的掌握是一种自我探索的过程，且更加倾向于从文字区域获取故事的相关信息；而在聆听阅读方式下，儿童通过成人朗读的帮助，更多地从图画上获取信息。

此外，韩映虹和闫国利(2010)撰文介绍眼动分析法在学前儿童认知研究中的应用，这些研究对于推动我国学前儿童阅读的眼动研究具有重要的意义。

二、小学生阅读图文课文的眼动研究

阅读课文不只限于阅读文字，也包括阅读课文之中的图画、图解、图表、插图等其他阅读材料。换言之，对图文课文的阅读本身就是同时对课文文字和图画的阅读。有人(陶云和申继亮，2003)研究采用眼动分析法，主要从不同呈现方式、阅读材料的难度以及两者之间的关系对小学五年级学生图文课文的眼动过程和特点进行分析探讨。本研究是 2(呈现方式)×2(难度)的二因素混合设计。其中，呈现方式(图文、文字)是被试间因素，难度(难材料、易材料)是被试内因素。实验材料为 7 篇描述空间方位知觉的情景说明文，其中 1 篇为准备实验材料，6 篇为正式实验材料(难、易各 3 篇，交替呈现)。

实验得出以下结果：

(1) 小学生阅读不同呈现方式课文的阅读成绩具有非常显著差异，图文课文优于文字课文。

(2) 小学生阅读不同呈现方式课文的注视次数、注视频率、眼跳距离和回视次数存在显著差异，图文课文显著少于或低于文字课文，而注视点持续时间则相反。

(3) 小学生阅读不同难度课文的眼动指标，文字课文只有注视次数一项眼动指标具有显著差异，而图文课文有注视频率和回视次数二项眼动指标具有显著差异，图文课文多于文字课文。

韩玉昌等(2003)采用 2×3 两因素混合实验设计，使用美国应用科学实验室(ASL)生产的 EVM3200 型眼动仪，对小学一年级学生阅读配有不同背景插图应用题的阅读理解指标和眼动指标进行考察。结果表明：第一，无论应用题难易，小学一年级学生对有背景插图应用题的理解均优于对无背景插图应用题的理解。第二，复杂背景的插图有利于小学一年级学生理解难应用题；简单背景的插图有利于小学一年级学生理解易应用题。第三，眼动实验结果表明，该版本的小学一年级数学新教材插图效果较好。

三、初中生阅读图文课文的眼动实验研究

陶云等(2003)采用眼动分析法从年龄、阅读材料的呈现方式和难度，以及三者之间的关系，对图画与课文文字在阅读过程中的相互影响进行分析探讨。

从天津市的中小学中随机抽取小学五年级、初中二年级和高中二年级三个年龄组的智力正常(用瑞文标准推理测验选取)、裸眼视力在 1.0 以上的被试 90 名。每一年龄组 30 名，分为两组，每组 15 名。

本研究是 3(年级)×2(呈现方式)×2(难度)的三因素混合设计，其中年级(小学五年级、初中二年级和高中二年级)、呈现方式(有图、无图)是被试间因素，难度(难、易)是被试内因素。实验材料为 7 篇描述空间方位知觉的文章，其中 1 篇为准备实验材料，6 篇为正式实验材料(难、易各 3 篇，交替呈现)。每篇文章后面有一个针对文章的理解问题。

研究结果表明：

(1) 不同年级学生阅读不同呈现方式和难度课文的阅读理解指标和眼动指标，一般都具有明显的年龄发展特征。其中从小五到初二主要是学生阅读不同呈现方式易课文阅读理解能力发展的一个重要时期；而从初二到高二则主要是学生阅读无图难课文阅读理解能力发展的重要时期。

(2) 不同年级学生阅读不同呈现方式课文的阅读理解指标和眼动指标，有图课文大多显著优于无图课文。图对课文的阅读理解整合具有明显地促进作用。不同年级学生阅读不同难度课文的阅读理解指标和眼动指标，易课文显著优于难课文。

四、大学生阅读插图文章的眼动研究

程利和杨治良(2006)考察了 33 名视力正常的二年级大学生，用眼动仪记录他们阅读不同难度的无插图、黑白插图、彩色插图文章时的眼动过程。

实验材料为 5 篇文字材料，准备材料 1 篇，正式实验材料 4 篇。在正式实验材料中有 2 篇是关于外国文学作品介绍的，比较容易理解(以下简称易材料组)；另外 2 篇是关于作品的背景、思想与评价的，比较难理解(以下简称难材料组)。每篇实验材料都分为无插图、黑白插图和彩色插图三种呈现方式。黑白插图组、彩色插图组的实验材料与无插图组的实验材料完全相同，只是插图组的实验材料配有一幅与文字内容有关联的图片，两个插图组的图片内容相同、颜色不同，文字与图片在同一张幻灯片上，实验时交替出现不同难度的材料。文章的内容是被试没有接触过的，并设有一个针对文章的理解问题，被试需要对文章作出一定的推理和分析才能正确回答。

研究结果发现：

(1) 不同呈现方式下材料的阅读效果不同，无论对易材料的阅读还是对难材料的阅读，都表现为彩色插图组的阅读指标显著优于无插图组。

(2) 不同呈现方式下阅读材料的眼动模式也有一定差异，表现为彩色插图的注视次数明显低于无插图组，回视次数也低于无插图组，但是差异不显著，眼跳距离明显小于无插图组。

(3) 大学生对不同难度材料的阅读成绩和阅读时间存在显著差异，其眼动模式亦存在一定差异，表现为注视次数、回视次数的差异非常显著。

(4) 无论从阅读指标还是从眼动指标来看，黑白插图的效果都不好。

本章全面系统地回顾了汉语阅读的眼动研究，笔者认为，关于汉语阅读的眼动研究，有如下几个问题需要注意。

(一) 眼动研究的理论价值问题

眼动研究为汉语阅读研究提供了强有力的研究工具，它在阅读研究中的重要理论价值主要表现在两个方面：一方面验证已有的词识别、句子理解、语篇理解的相关理论；另一方面是有助于建构和验证阅读的眼动理论模型。

目前，西方已经提出了一些较有影响的眼动理论模型来解释阅读过程。眼动研究作为一种构建和检验眼动理论模型的重要手段是不可或缺的。具体而言，眼动模型中的一些基本假设往往是建立在前人的一些眼动研究成果上的。此外，眼动的理论模型建立后，其不断地修正和完善大都是在检验后人相关的眼动实验的过程中完成的。

（二）眼动指标的使用与分析问题

虽然目前国内阅读的眼动研究开始增多，但是，对很多细化的指标的使用还不够普遍，如单一注视时间、注视概率、回视路径时间、第一遍回视概率和跳读概率等。随着我国眼动研究的深入展开，我们将会使用更丰富、更细致的眼动指标来揭示汉语阅读这一复杂的认知过程。

（三）阅读中眼动控制机制的研究问题

目前我们对汉语阅读中眼动控制机制的研究较少，如在汉语阅读中哪些因素影响眼睛下一步向何处移动？引起回视的因素是什么？引起跳读的因素是什么？眼睛在何时移动？这些方面的研究对于深入探讨阅读过程的本质具有重要意义。

（四）汉语阅读的眼动理论模型的建立问题

由于英语阅读的眼动研究开始较早，心理学家们已经提出了一些较为成熟的眼动理论来解释英语的阅读过程。但是，由于汉语阅读的眼动研究起步较晚，目前尚没有一个认知加工的眼动理论模型来解释和预测汉语阅读过程，加强这个领域的理论探索将是今后的一个重要发展趋势。

（五）汉语阅读研究的系统性问题

目前我国学者对汉语阅读的眼动研究虽然已涵盖了字词、句子、语篇和不同文体等方面，所涉及的领域越来越广泛和深入，但由于我们的研究正处于起步阶段，且研究者感兴趣的领域不同，导致研究比较零碎，不够系统。这是国内学者应该关注的一个问题。

第九节　中文阅读的眼动研究范式

人们在阅读时，眼球运动表现为一系列的注视和眼跳。通过眼动记录技术，对读者的眼动数据进行实时记录，然后将眼动数据与认知过程对应起来，研究者就能够对心理活动进行精细的分析，有效推测个体的内在认知过程。随着计算机在眼动仪中的应用，眼动仪在数据采样速度和精度上都得到前所未有的提高。眼动仪使用的便捷，使得越来越多的研究者运用眼动指标来研究阅读时的认知加工过程。

在以眼动为指标研究阅读过程时，一个重要的问题就是如何选择一个恰当的眼动范式研究所关心的问题。当前阅读眼动研究中常用的实验范式有：移动窗口范式、移动掩蔽范式、边界范式、快速启动范式和消失文本范式。本节将对这些范式进行详细介绍和初步地评价，以期对阅读的眼动研究起到借鉴和参考的作用。

一、眼动研究范式

（一）移动窗口范式

移动窗口范式（moving window paradigm）是 McConkie 和 Rayner 为研究阅读知觉广度而设计的。该范式的基本程序是在计算机屏幕上呈现句子，但是句子被其他刺激掩蔽[如在英文中，用符号“x”为掩蔽刺激；在汉语研究中，通常使用与被掩蔽字匹配的汉字（在字的结构、字的笔画数等方面）或符号为掩蔽刺激（如“x”）]。当读者阅读时，在其注视点周围将呈现一个正常的文本区域，形成一个可视窗口。窗口内的文本是正常显现的，而窗口外的内容则被掩蔽，并且窗口会随着眼睛注视点而相应地移动，而先前注视的字（或词）则又被掩蔽。因此，读者注视句子的哪个位置，那里就有一个窗口内正常呈现的句子可供阅读。由于呈现内容的变化发生在注视过程中，所以被试会意识到这种变化。但是，由于这种变化非常快，所以对阅读者的影响不大。以注视字左侧一个字和右侧两个字，窗口大小是四个字为例，该范式的示意图见图 6.4。

(a) 英语老师正在填写自愿申请书。　　[原句]

(b) 英语老师××××××××××。　　[第一次注视]
　　*

(c) ××××正在填写×××××。　　[第二次注视]
　　*

(d) ×××××××××自愿申请×。　　[第三次注视]
　　*

图 6.4　移动窗口范式示意图

*表示读者眼睛的注视点，下同

通过控制窗口大小，研究者可以精确地控制读者一次注视所能获得的信息范围。在研究中，研究者设置的窗口通常是由小到大，如 Inhoff 和 Liu 在研究中文阅读知觉广度时，对移动窗口大小为 1～10 个汉字，共设置了 10 个窗口来研究汉语阅读时的知觉广度。该范式的实验逻辑是：当窗口小于阅读知觉广度时，正常阅读受到影响，该窗口条件下的眼动指标与正常阅读条件下存在显著差异；当窗口大小与读者的阅读知觉广度等同时，在该窗口条件下阅读的各项眼动指标与正常阅读不存在差异。

移动窗口范式是研究阅读知觉广度的一个经典范式，在不同语种的阅读知觉广度研究中得到广泛的应用。国外用该范式对阅读知觉广度进行了大量的研究后，得出比较一致的结论，对于母语是拼音文字（如英语、法语和荷兰语）的读者来说，阅读知觉广度范围为注视点左侧为 3～4 个字符空间，右侧为 14～15 个字符空间。对中文研究表明，其阅读知觉广度大约是注视点左侧一个字、右侧 3～4 个字空间。

运用该范式，研究发现读者的注视点两边的阅读知觉广度具有不对称性：对于从左往右阅读的文字系统来说（如英语和汉语），读者的注视点右侧阅读知觉广度大于左侧；对于从右到左阅读的文字系统（如希伯来语）时，其读者的注视点左侧阅读知觉广度范围大于右侧。Osaka 对日语阅读知觉广度的研究发现，水平阅读和垂直阅读的知觉广度都是不对称的。可见阅读知觉广度的不对称性与文字的排版方向有关。此外，应用该范式，研究者发现读者的年龄和阅读技能、工作记忆容量和阅读材料的难度都会影响阅读知觉广度的大小。

（二）移动掩蔽范式

移动掩蔽范式(moving mask paradigm)是 Rayner 和 Bertera 为研究中央凹视觉区在阅读中的作用而开发出来的。在该范式中，读者当前注视点区域的文本被掩蔽，而正常的文本呈现在掩蔽区域外。由于视觉掩蔽与读者的眼睛注视点同步，因此读者注视哪里，哪里的文本就被掩蔽，而掩蔽区外则呈现正常文本，所以读者在中央凹视觉区无法获得有用信息，示意图见图 6.5。

(a) 英语老师正在认真填写志愿者申请书。　[原句]
(b) ××××正在认真填写志愿者申请书。　[第一次注视]
　*
(c) 英语老师××××填写志愿者申请书。　[第二次注视]
　*
(d) 英语老师正在认真××××者申请书。　[第三次注视]
　*

图 6.5　移动掩蔽范式示意图

在移动掩蔽范式中，无论读者注视哪里，哪里的文本就被掩蔽，与移动窗口范式刚好相反，但是与移动窗口相似的是，通过控制掩蔽范围的大小来精确的控制读者一次注视获取的信息量。因此该范式的实验逻辑是：当掩蔽范围大于读者阅读时获取信息范围时，阅读受到破坏，无法获得信息，其眼动指标与正常阅读条件下存在显著差异；当掩蔽范围小时，对阅读造成的影响也比较小。

通过控制掩蔽范围的大小，研究者可以从相反的角度验证阅读知觉广度和阅读知觉广度范围内信息的重要性。Rayner 和 Bertera 的研究发现当注视点周围 7 个字符被掩蔽时，读者仍可以进行阅读；当掩蔽注视点周围 11～17 个字符，即掩蔽范围等于阅读知觉广度时，阅读无法正常进行。读者只知道有一些单词和一些字母串，但无法说出它们是什么。因此与移动窗口范式研究得出的结果一致。此外，通过控制掩蔽呈现时间，研究者可以考察读者获取字词信息所需要的时间。例如，Blanchard 等对目标词呈现 50ms、80ms 或 120ms 后掩蔽，发现如果文本呈现时间在 50ms 以上，那么阅读成绩几乎与无掩蔽一样。因此他们推论，读者在阅读注视的最初 50ms 可以获得绝大多数信息。总之，运用该范式，研究者可以研究不同掩蔽范围和掩蔽时间对阅读造成的影响。

（三）边界范式

边界范式(boundary paradigm)是 Rayner 为考察研究阅读过程中中央凹视觉区域外的信息线索对阅读的影响而设计的，可以很精确地考察阅读过程中注视点右侧获取信息的范围、类型和副中央凹处信息加工情况。该范式的具体程序是：首先在句子中确定一个目标刺激所在的位置，然后在目标位置的左侧设定一个边界(该边界只在实验程序中设定，不在屏幕上呈现)。在读者的眼跳越过边界之前，目标位置呈现的是预视刺激；一旦读者的眼睛跳过这个看不见的边界位置时，目标词位置上的预视刺激在眼跳过程中被目标刺激所代替。用这种方法可以考察读者副中央凹视觉区域是否可以获得某种语言信息，如音、形、义等信息。以考察副中央凹视觉区能否获得字形预视信息为例，该范式的具体示意图见图 6.6。

(a) 英语老师正在认真|填写志愿者申请书。　[原句]

(b) 英语老师正在认真|慎写志愿者申请书。　[当前注视点]

*

(c) 英语老师正在认真|填写志愿者申请书。　[越过边界之后]

*

图 6.6　边界范式示意图

“|”表示边界位置，在实验过程中被试是看不到的。“慎”为预视单词，与目标词“填”形似

如图 6.6 所示，当读者的注视点越过边界位置时，目标刺激“填”替代预视刺激“慎”。由于这种变化速度极快，并且是在读者眼跳的过程中发生的，因此读者一般不会意识到这个变化，但是这种预视信息的变化会对读者的眼动产生影响。目前，也有研究发现，有少数被试注意到越过边界时目标词的变化，这可能是因为不同人的非中央凹视觉区加工程度或觉察程度不同，具有高觉察水平的人可能会发现目标词的改变。一般在正式实验过程中，被试若注意到短暂的变化，要求其主动报告，然后在数据处理时予以删除。

边界范式的独特之处在于严格规定了视觉区域，能对眼跳过程中何种信息得到加工进行研究，并且该范式对正常的阅读几乎不会产生干扰。该范式的实验逻辑是：如果读者对位于副中央凹位置上的信息已经进行加工，那么把预视条件（即与目标刺激具有相关特征）和控制条件（即与目标刺激不存在任何共同语言信息）下的目标刺激处的眼动指标相比较时，预视条件下会存在促进效应；反之，如果无差异，则表明副中央凹视觉区无法获得预视信息。

运用边界范式对英文阅读研究发现，读者能从当前注视词的下一个词中获取稳定的预视信息，即与没有任何预视信息条件（如在目标词处呈现非词、随机字母串）相比，读者在有效预视信息条件（如在目标词处呈现与目标词字形相似、同音的字）下对目标词注视的时间更短，这种预视效应一般为 30～50ms（Rayner，2009）；而 Hyönä 等（2004）对 7 个运用边界范式所获得的实验结果进行元分析，发现预视效应为 40～50ms。目前，对拼音文字的研究表明，读者能获得如下的预视信息，如单词首字母信息（Briihl and Inhoff，1995；Johnson et al.，2007）、字形信息（Drieghe et al.，2005；White et al.，2005；Williams et al.，2006；Yan et al.，2009）和语音信息（Ashby et al.，2006；Ashby and Rayner，2004；Chace et al.，2005；Miellet and Sparrow，2004；Sparrow and Miellet，2002；Yen et al.，2008）。但是，对于是否能获取高级的语言信息如语义信息，仍没有比较明确的结论（Rayner，2009；Rayner et al.，1998；白学军等，2009；王穗苹等，2009）。有许多研究结果表明副中央凹不能获取语义信息（Altarriba et al.，2001；Henderson and Ferreira，1993；Rayner et al.，1986；Rayner et al.，1998；Rayner and Morris，1992）；但也有研究发现了副中央凹能够获取语义信息（Inhoff et al.，2000；Kennedy and Pynte，2005；Murray and Rowan，1998）。对于读者是否能从副中央凹视觉处获得高级的语义信息是当前阅读的眼

动控制模型中仍然存在争论的一个焦点问题(Reichle et al.,2006;Richter et al.,2006)。

对中文阅读的眼动研究也发现存在副中央凹预视效应。有研究表明,在中文阅读过程中存在字形和语音的副中央凹预视效应(Liu et al.,2004;Tsai et al.,2004)。Yan 等(2009)的研究表明,中文阅读中存在字形、语义预视效应,但是没有发现语音预视效应。对于语义预视效应,最近的实验研究表明,读者在中文句子阅读过程中,能够从副中央凹处获得语义信息(Yan et al.,2009;Yang et al.,2009;王穗苹等,2009),而且也能从当前注视字右侧第二个字获取一些预视信息(Yang et al.,2009)。

(四) 快速启动范式

为研究阅读任务中启动时间的进程,Sereno 和 Rayner 设计出快速启动范式(fast priming paradigm)。在该范式中,句子中的目标刺激位置前设有边界(该边界只在实验程序中设定,不在屏幕上呈现)。在读者的眼跳越过边界之前,目标刺激位置起初是一个掩蔽刺激(如字符"×");当读者的眼跳越过该边界时,启动刺激代替掩蔽,但呈现的时间很短暂,之后目标刺激代替启动刺激。以考察读者是否能获得字形启动效应为例,其示意图见图 6.7。

(a) 英语老师正在认真填写志愿者申请书。　　[原句]

(b) 英语老师正在认真|×写志愿者申请书。　　[当前注视点]
*

(c) 英语老师正在认真|慎写志愿者申请书。　　[越过边界,未超过 35ms]
*

(d) 英语老师正在认真|填写志愿者申请书。　　[35ms 之后]
*

图 6.7　快速启动范式示意图

"|"表示边界位置,在实验过程中被试是看不到的。当被试越过边界时,启动刺激"慎"替代"×",短暂呈现 35ms 后,被目标刺激"填"替代

该范式与边界范式相比,其相似之处在于两者都设置不可见的边界;不同之处在于,在边界范式中,只有目标刺激替代预视刺激,而在快速启动范式中,启动刺激先替代首先呈现的掩蔽刺激,之后启动刺激又被目标刺激替代,因此目标刺激位置处刺激变化的次数更多、更复杂。该范式的实验逻辑是:如果读者获得目标位置上启动刺激的信息,那么通过对启动条件下目标区域的眼动指标与控制条件(启动刺激与目标刺激不存在任何语言信息)相比较会存在促进效应;相反,如果不存在差异,则表明启动效应未出现。

在该范式中,被试对目标词阅读时间的长短可以反映出启动词对语言加工的影响,可以考察注视过程中信息加工的时间进程。Sereno 和 Rayner 对阅读中快速启动效应的研究表明,当启动刺激呈现 30ms 时就产生了显著的启动效应。Lee 等对阅读过程中字音、字义和字形代码的启动时间进程进行了研究,发现启动时间为 29～35ms 时,同音启动显著;显著的同义启动只发生在启动时间为 32ms。在 Lee 等的另一实验中,用该范式对阅读过程中子音和母音的加工进行研究发现,子音的加工比母音快,为英语阅读中子音和母音的区别提供了证据。王文静和闫国利运用此方法考察中文阅读过程中的快速启动,实

验结果发现，在 35ms、43ms 和 57ms 三种启动时间下，并没有发现显著的启动效应。

使用该范式必须注意的是，启动刺激呈现时间很短，必须小于计划一次眼跳的最短时间，即 100～150ms，如 35ms、43ms 和 57ms。由于启动刺激呈现的时间是在读者视觉阈限之下，所以在运用该范式研究阅读中的启动效应时，启动效应往往显得很微弱，甚至很难发现。

（五）消失文本范式

Rayner 等为考查读者在阅读过程中信息的提取时间设计出消失文本范式。该范式的具体程序是：当读者注视一个字或词时，从注视开始到给定时间之后，注视字词就“消失”，即注视点处变成空白；直到下一个新的注视开始时，原来消失的注视字词重新出现，而新的注视字词会在呈现相同的时间后消失。因此在该范式中，当前注视字词的呈现时间是有限的，研究者可根据研究需要事先设定好呈现时间。以两个汉字呈现时间为 80ms 为例，该范式示意图见图 6.8。

```
(a) 英语老师正在填写志愿者申请书。        [注视开始]
      *
(b)     老师正在填写志愿者申请书。        [80ms 之后]
      *
(c) 英语老师正在填写志愿者申请书。        [下一个注视开始]
          *
(d) 英语    正在填写志愿者申请书。        [80ms 之后]
          *
```

图 6.8　消失文本范式示意图

从图 6.8 中可以看到，读者看当前注视词的时间是有限的，80ms 后就消失变成空白。因此，该范式的实验逻辑是：通过对不同消失时间条件下的眼动指标与正常阅读条件下的眼动指标相比较，可以得出读者在阅读过程中视觉刺激的获得和在阅读过程中信息的提取时间。

Rayner 等让读者在正常阅读条件下或消失文本条件下（注视某词 60ms 后，此词消失）阅读包含高频或低频目标词的句子。实验结果发现，尽管注视词在 60ms 后消失，仍存在明显的词频效应，读者对低频词的注视时间长于对高频词的注视时间。该结果说明，虽然视觉信息的编码在阅读过程中十分重要，但是控制阅读过程中眼动则是与理解注视词有关的认知加工，与眼动控制的认知-控制模型的理论假设一致。Liversedge 等应用该范式，研究发现在英文阅读过程中不存在间隔效应（gap effect，指被试在注视目标刺激出现之前注视点首先消失，其眼跳时间比注视点一直存在时要短），但是认知、词汇加工仍持续进行，其视觉信息仍影响阅读中的眼动控制。在随后的研究中，Rayner 等的研究发现，当前注视词 N 在出现 60ms 之后消失，几乎不会干扰正常的阅读过程，但是当单词 $N+1$ 消失（在注视单词 N 时消失或者 60ms 之后消失），结果对阅读过程产生相当大的干扰，证实了注视点右侧词的加工对顺利阅读的重要性。总之，运用该范式，研究者发现在英文阅读过程中，单词只需要呈现 60ms，阅读就能正常进行。

国内学者闫国利等以大学生为被试，采用以词为单位的消失文本范式对中文阅读进行研究，结果发现，双字词在80ms后消失不会影响正常阅读，并且在80ms消失条件下，不论是正常阅读还是消失文本条件下均出现了显著的词频效应；而对老年读者的研究表明，视觉刺激呈现200ms消失时，老年被试的阅读才能正常进行。此外，闫国利等还考察了在消失文本条件下，中文阅读中词的预测性效应，结果发现在消失文本条件下，出现了显著的预测性效应，结果支持眼动的认知控制模型。

在此，需要说明的是，英文阅读中单词消失60ms和中文阅读中双字词消失80ms情况下阅读能正常进行，并不表明加工一个英文单词和中文词分别只需要60ms和80ms，而只是说明在该时间内，视觉信息编码已经完成。之后，读者需要对视觉编码的信息进行更高水平的加工，需要将近用150ms的时间计划下一个眼跳。所以在阅读过程中，读者的平均注视时间为200～250ms。

二、眼动研究范式的展望

以上对移动窗口范式、移动掩蔽范式、边界范式、快速启动范式和消失文本范式的具体实验程序和主要研究结果进行了介绍。这5个范式的基本原理都是基于呈现随眼动变化技术（eye-movement-contingent display-changes technology），即通过眼动仪追踪读者的眼睛注视的位置来引发屏幕上呈现内容的变化。由于在显示器上发生变化所需时间不超过5ms，所以读者可以随意移动自己的眼睛，而不影响实验材料的即时呈现。总之，该技术能精确地控制读者当前注视点的位置和加工信息，具有其他阅读研究方法所无法比拟的优势，因此得到研究者的广泛应用。

目前，越来越多的研究者开始对阅读的眼动研究表现出浓厚的兴趣，国内也涌现出大量以眼动为指标的论文。随着眼动仪制造成本的降低，眼动仪将成为心理学研究的常规仪器，国内的许多大学和科研机构都陆续购置眼动仪并开展相应的研究。展望阅读的眼动研究范式的今后发展趋势，主要有如下几个特点。

（一）眼动研究范式在验证当前阅读的眼动理论模型中起着重要的作用

应用上述范式可以深入探讨阅读过程的本质，验证和完善当前阅读的眼动理论模型。例如，利用消失文本范式，研究发现在消失文本条件下存在词频效应，这说明系列认知加工影响读者的眼动过程，即读者眼睛注视在单词位置上的停留时间取决于单词的频率，与阅读中的眼动控制模型假设一致。例如，E-Z读者模型。利用边界范式可以考察阅读中存在何种预视效应，可以探讨副中央凹-中央凹效应。此外利用移动窗口范式和移动掩蔽范式能对阅读中的基本问题进行研究，而移动掩蔽范式和消失文本范式可以研究阅读中信息提取的时间进程。这些研究结果可为阅读的眼动理论模型提供基础数据，在验证当前阅读的眼动理论模型中起着重要的作用。因此，利用这些范式来考察阅读过程的本质，不仅深化了我们对语言理解的认识，而且也为今后的研究提供基础和框架。

（二）不同眼动研究范式的有效结合及其在场景知觉等研究领域的迁移

在眼动阅读研究中，有效地采用不同眼动范式考察阅读问题有利于探讨阅读过程中的实质，使得实验得出的结果更具有说服力。例如，采用移动窗口范式和移动掩蔽范式分别对知觉广度进行研究，两者的结论可以互相验证，即当移动掩蔽范式的窗口与移动窗口范式的窗口一样大时，读者就无法进行阅读。利用移动掩蔽范式和消失文本范式的研究均一致表明，词的视觉信息只需要呈现 50～60ms 时间，阅读就能正常进行。因此，不同范式之间互相整合往往更能有效地研究问题。

此外，阅读的眼动研究范式可以迁移到其他认知领域的研究，即用现有的阅读的眼动研究范式的原理，来研究其他认知加工的领域。例如，有研究者尝试采用移动窗口范式和移动掩蔽范式对图画观看、场景知觉和视觉搜索等方面进行研究。国内已有研究者采用消失文本范式和移动窗口范式考察情景图片知觉的眼动过程。总之，阅读的眼动研究范式不仅适用于阅读的研究，而且对于其他领域，如图画观看、场景知觉等领域的研究，也具有启发意义。

（三）眼动研究范式和脑成像技术的结合

眼动技术虽然能有效地获得个体在认知过程中的眼动数据，从眼动行为层面来对认知过程进行研究。但是却不能直接揭示认知加工的生理机制。因此，有研究者试图把眼动技术和脑成像技术相结合，如 ERP 和 fMRI 等方面的技术，以此来精确地了解阅读的认知加工过程。目前，德国 SMI 公司、美国应用科学实验室（ASL）和加拿大 SR Research 公司均有此类产品。这种结合将心理学中的行为实验与认知神经科学的实验结合起来，这不仅带来了研究方法上的突破，而且为深入探讨认知加工过程的本质提供了一个全新的研究思路，必定会丰富认知科学的研究成果，并且能为研究提供多维的指标。眼动范式和脑成像技术相结合是当前认知领域研究的一种新趋势，但是也存在一些技术细节上的问题，如眼动技术和脑成像技术进行同步记录的问题。相信随着相关技术的成熟，这些问题将会得到解决。

（四）眼动研究范式与中文阅读的眼动研究

国外学者在探讨阅读过程中开发出了一系列的眼动研究范式，并使用这些范式对西文阅读进行了深入的研究，获得了丰硕的研究成果，而且，基于这些研究成果提出了一些颇具影响的阅读眼动控制模型。但是，与有着一百多年研究历史的西文的眼动研究成果相比，中文阅读的眼动研究只是刚刚起步，还存在着不少问题，如中文阅读的眼动控制机制、眼动理论模型的建立和中文阅读研究的系统性等问题。因此，如何应用国外的眼动研究范式来开展中文阅读的眼动研究，进一步揭示中文阅读过程的实质，将是汉语阅读研究中需要关注的一个重要课题。

最后值得一提的是，使用这些范式需要注意的技术问题。

1. 提高校准精确度

因为这些实验范式都是通过眼动仪追踪读者的眼睛注视位置来引发屏幕上呈现内容的变化，如果校准不精确，眼动仪计算出来的注视点位置和读者实际注视的位置存在差距，使得实验程序变化不准确，影响读者的阅读，并且记录下来的眼动数据无法反映出真实的阅读情况。在阅读研究中，校准精确度小于 0.5°比较理想。

2. 合理选择眼动指标

眼动仪可以提供大量丰富的眼动指标，但是不同的眼动指标所反映的认知加工过程不一样。一般把眼动指标分为整体分析和局部分析指标两种类型，其中整体指标反映的是阅读过程中的整体加工情况，如平均注视时间、注视次数和平均眼跳距离等；而局部指标反映的是某一特定区域的即时加工情况，如单一注视时间、首次注视时间和凝视时间等。局部指标只是在有目标词的情况下才使用。因此，只有选择合适的眼动指标才能对实验结果进行有效的分析。

推荐读物

沈德立，白学军，闫国利. 2001. 学生汉语阅读的眼动研究. 北京：教育科学出版社
沈德立，白学军，闫国利. 2008. 眼动研究在中国. 天津：天津教育出版社

眼动名著简介

《学生汉语阅读的眼动研究》

该书由沈德立担任主编，白学军、闫国利担任副主编。由教育科学出版社于 2001 年出版。

目录

在国外，眼动研究已经有了近百年的历史，而中国的眼动研究是在 1925 年沈有乾在斯坦福大学用眼动仪研究中文阅读开始的。我国著名的心理学专家沈德立教授率先在探索国外研究经验和原有的研究基础上，使用眼动仪做了大量的研究。《学生汉语阅读的眼动研究》是沈德立教授及其弟子们完成国家教委人文社会科学"九五"规划重点研究项目的丰硕成果，同时也对我国大陆学者眼动研究从历史到现状作了概括总结。我国著名眼动研究专家韩玉昌教授评价说，这部著作填补了我国心理学界眼动研究的空白。该书于 2006 年获得了"第四届全国普通高等学校人文社会科学优秀科研成果"一等奖。

眼动名人堂

沈有乾（1899～?），字公健，江苏吴县人，心理学家、逻辑学家和统计学家，中国心理学和逻辑学研究的先行者之一。

早年就读于北京清华学校，1921 年赴美深造，师从美国哲学家、数理逻辑学家谢佛（Henry Maurice Sheffer），获得斯坦福大学博士学位。回国后先后在光华大学、浙江大学、暨南大学和复旦大学教授逻辑学、心理学和统计学。20 世纪 40 年代再次赴美，曾任联合国秘书处考试与训练科长、纽约市立大学皇后学院教授等。主要著述有《心理学》、《教育心理学》、《论理学》、《现代逻辑》、《初级理则学纲要》、《试验设计与统计方法》等。

沈有乾 1925 年在美国《实验心理学》杂志上发表了第一篇中文阅读的眼动研究论文“竖排版和横排版中文阅读的眼动研究”。

1925 年，他与 Miles 在斯坦福大学使用照相记录法对阅读中文时的眼动进行了初步的研究。这个研究包括两项实验。第一个实验是比较阅读横排版和竖排版的中文材料过程中的眼动。第二个实验是比较阅读英文和中文（横排）时的差异。1927 年，沈有乾对阅读中文时的眼动进行了进一步的研究。沈有乾的实验是最早用眼动仪对中文阅读进行研究的实验，所以该实验在汉语阅读的历史上具有特别重要的意义。

第七章　图画观看、视觉搜索和模式识别的眼动研究

有关图画观看、模式识别与眼动关系的经典研究要算是Buswell(1935)和Yarbus(1967)的实验了。他们的许多研究成果直到今天仍然被广泛引用。20世纪70年代以来,有关眼动与图画观看、视觉搜索和模式识别之间关系的研究取得了丰硕的成果。

第一节　阅读与图画观看、视觉搜索和模式识别的概述

一、阅读与图画观看、视觉搜索和模式识别的区别

阅读过程与图画观看、视觉搜索和模式识别过程虽然都是用眼睛去获得视觉信息,但是它们之间存在差异。有人(Rayner,1977)提出,许多理论家经常假设,他们从一种特殊任务上获得的眼动模式也适用于另一项信息加工任务。不过,当两项任务迥然不同时,要想将从一项任务上获得的研究结果推广到另一项任务上去,则要谨慎一些。这种情况的典型例子就是将对图画观看获得的眼动结论推广到阅读上。事实上,图画观看中的注视模式不一定适用于阅读。当然,图画观看和阅读这两项任务有共同的地方。如有人发现,在观看图画时,从副中央凹和边缘视觉获得的信息可以指导眼睛向信息丰富的区域移动。阅读中也存在类似的情况。但是,更需要注意的是,阅读过程与图画观看过程之间存在着重要的差异:第一,在最初看一幅新图画时,重要信息的位置并非一目了然,所以,看图与阅读相比,前者更是一个不断搜寻探索的过程。而在阅读中,被试事先比较清楚往哪里看,只要按文章一行一行的顺序阅读下去即可。第二,图画知觉中的重要信息比阅读中的重要信息更直观。因为,在阅读中,信息是以句法和语义的形式表现出来的。它们并没有明显的视觉特征。所以,很难单凭看一眼就可以了解文章的哪一部分有趣,哪一部分重要。而图画则不同,往往通过短时间的注视就可以找到图画中有趣和重要的区域。第三,对阅读的知觉广度和眼动导向研究表明,副中央凹视觉在阅读中起着重要作用。但是就获取离中央凹不同距离的信息而言,阅读和图画观看是不同的。在图画观看情况下,人们往往能获得离中央凹更远距离上的信息。

二、有关的研究成果

图画观看与模式识别中的平均注视时间要比阅读中的长。图画观看和模式识别的平均注视时间为300～350ms(Buswell,1935;Yarbus,1967)。还有研究(Jeannerod et al.,1968)表明,刺激的复杂程度也影响平均注视时间。有研究(Farley,1976)发现,观看线条画(line drawings)时,平均注视时间的范围是125～1000ms,平均注视时间的分布不是正态分布而是偏态分布,大多数平均注视时间少于333ms,第一次注视显著地长于随后的平均注视时间。不过,也有研究(Loftus and Mackworth)说明,第一次平均注视时间比随后

的平均注视时间短。

有关眼跳距离方面的研究表明,在大多数情况下,观看图画时的平均眼跳距离大于阅读时的平均眼跳距离,而观看图画时的平均眼跳时间长于阅读时的眼跳时间。有人(Antes,1974)发现,观看图画时的眼跳距离为 3.5°,阅读时的眼跳距离为 2°。有人(Farley,1976)认为,观看图画时的眼跳距离存在很大差异,且图画的大小也影响平均眼跳距离。还有研究(Jeannerod et al.,1968)表明,在图画观看和模式识别中,有 85%的时间用于注视。

第二节　眼动与图画观看、视觉搜索和模式识别

一、眼动与图画观看

(一) 图画观看的眼动研究

当一个人面对一幅图画时,他(她)的观看过程是怎样的呢? 先看什么地方,后看什么地方,眼动轨迹是怎样的,这是一个十分有趣的问题。早在本世纪初,有人(Stratton,1902,1906)记录了被试在观看一个圆形时的眼动轨迹,结果发现,被试的眼动轨迹并不是圆形的。有人(Yarbus,1967)在一项实验中也发现了类似的结果:要求被试尽量平滑地注视几个几何图形,避免出现眼跳动,但是,实验结果表明,眼动轨迹与几何图形并不是完全一样,眼动轨迹不是平滑的直线或曲线,而是有许多不连续的停顿,有关内容参见第一章第二节。

20 世纪 30 年代,Buswell 对图画观看进行了系统的研究,这是一个比较经典的研究。在研究中,Bushwell 用照相记录法记录了 200 名被试的眼动。被试是 12 名小学生,44 名高中生,144 名成人。在这些成人被试中,有 47 名艺术学校的学生,这些学生已经经过了 2~5 年的训练,还有 14 名被试也有较多的艺术方面的专业知识。其余的成人被试大多数是大学生。在这些研究中,使用了 55 张不同的图片。这些图片大致可以分成八组:1~16 张图片是绘画,其中有彩色的,也有黑白的;17~22 张是花瓶和碟子;23~30 是家具及艺术设计;31~35 是雕塑或博物馆中的展品;36~39 是花毯和布的图案设计;40~47 是建筑和内部设计;48~50 是海报;51~55 是几何图形、侧面剪影、轮廓画。他得出了如下一些事实。

(1) 图画观看中,有两种知觉模式(patterns of perception)。一种是一般查询模式(general survey)。在这种模式中,读者通常在图画的主要部分有一些短暂的注视停留。另一种模式是,一系列持续时间较长的注视通常是集中在图片中的一小部分区域,说明读者在详细地审视图片中的细节部分。一般而言,第一种模式通常发生在观看图片的开始阶段,而第二种模式通常是在观看图片的第二个阶段。大部分被试在看图片时,通常只是观看很短的一段时间,只出现第一种知觉模式。很可能大部分美术馆的参观者通常是用第一种知觉模式来欣赏图画。

(2) 随着一个人看一幅图画的时间的增加,注视停留时间也相应增加。较短的注视停留时间说明读者进行的是较简单的视知觉过程,而较长的注视停留时间说明读者进行

着较高级的心理过程。

(3) 存在着非常大的个体差异。一般而言，由被试个体的特征引起的注视停留时间的差异比由图画不同引起的注视停留时间的差异要大。

(4) 颜色对注视位置和注视停留时间的影响比预期的要小。研究中使用了相同的图片，一张是黑白的，一张是彩色的，被试的确对颜色鲜明的地方给予了更多的注意，但是，比预期的要少。

(5) 艺术专业的学生与非艺术专业的学生在眼动模式上存在一定的差异，特别是在注视持续时间上。艺术专业学生的注视持续时间比较短，而非艺术专业的学生注视持续时间则较长。对这些被试进行了艺术欣赏测验，并考察测验成绩与眼动模式的关系，但未发现有什么显著关系。

(6) 儿童与成人在观看图片时的眼动模式没有显著差异。儿童的眼动模式，至少在实验中选用的六年级学生，其眼动模式与成人的眼动模式非常相似。同样，儿童的注视持续时间与成人没有显著差异。

(7) 看图片之前的指导语对眼动特征具有显著的影响。

此外，他的研究还表明，人们在观看图画时，并不是盲目注视图画的。大部分注视点集中在感兴趣的区域上。Buswell(1935)在实验中，要求被试观看一幅哥特式教堂的图画，并记录其眼动轨迹。结果表明，他们的眼动轨迹与教堂的圆柱和拱形结构基本吻合。在另一项研究中，要求被试观看一幅以海浪为主题的画，被试的眼动轨迹与海浪的起伏基本吻合。见图 7.1。

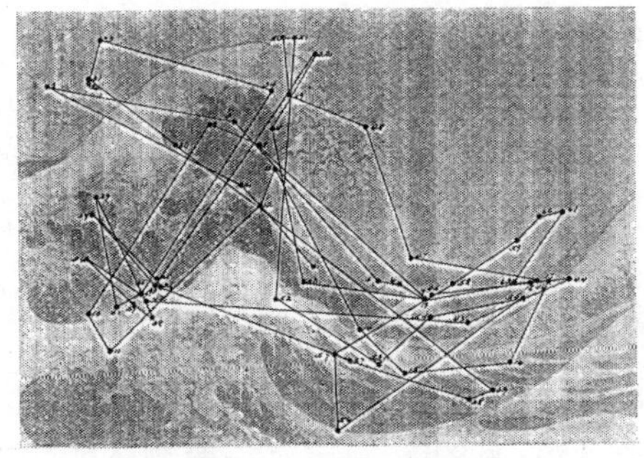

图 7.1　被试观看一幅以海浪为主题的画时的眼动轨迹(Bushwell，1935)

此后，许多研究者想更精确地确定被试感兴趣的区域是什么。有人(Berlyne，1958)呈现下面的图画(图 7.2)，要求被试注视。在这些图画中，每对图画中有一个是信息多的，另一个是信息少的(图 7.2)。结果发现，被试倾向于花较多的时间去注视信息多的图片。

在一项研究(Mackworth and Morandi，1967)中，将一幅图画分割成大小相等的若干块，并分别呈现给被试，让每个被试评定每块图画所含信息量的大小。然后，让另一组被试看这张完整的图画，同时记录其眼动。发现被试在看图画时，眼睛注视的位置相对集中于被评定为信息量大的区域。他们还发现，在看图画时，眼睛注视位置的相对集中不随时间而变化，开始 2s 注视的位置与若干秒钟之后的注视位置相似。因此，研究者认为，边缘视觉所获得的信息使眼睛不断地运动到图画的重要区域。有人(Antes，1974)对 Mackworth

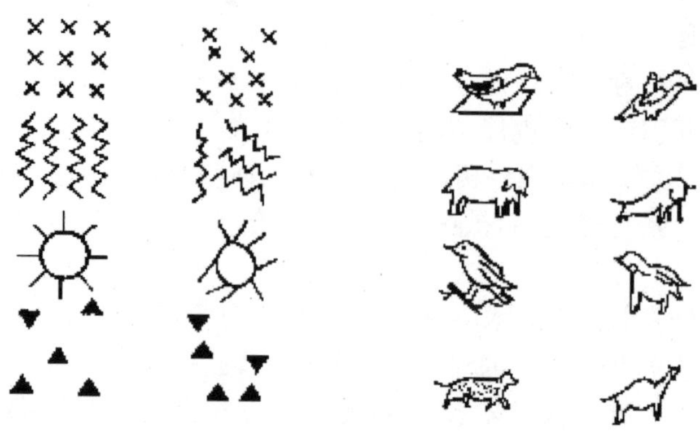

图 7.2 Berliner 使用的实验材料

和 Morandi 的实验做了进一步的研究。在实验中，要求一组被试(20 名)评定图画不同部分的信息量，要求另一组(20 名)被试观看图画，同时记录眼动。每个被试看 10 幅画，每幅画看 20s。结果表明，被试最初出现了许多长距离的眼跳以便注视信息多的区域，但是注视时间比较短。随后，被试对这些区域的注视次数逐渐减少，而对信息少的细节注视时间增加，眼跳距离变短。Antes，Mackworth 和 Morandi 的研究结果是存在差异的。Mackworth 和 Morandi(1967)的研究结果是，当被试观看图画时，他会马上注视信息多的区域，这一点同 Antes 的实验结果是一致的。但是，Mackworth 同 Morandi 认为，随着观看图画时间的增加，被试仍然更多地注视信息多的地方。而 Antes 的研究表明，观看图画的最初几秒钟内，被试注视信息多的地方，但是，在随后的时间里，则对图画中的一些信息量少的细节部分注视较多。不过另一项研究(Nodine et al.，1978)发现，边缘视觉获得的信息在图画观看中是很重要的，但是他们并没有发现随着观看图画时间的增加，平均注视持续时间或眼跳距离有差异。不过，在被评为信息量大的区域上的注视时间长。还有研究(Hochberg and Brooks，1978)发现，被试通常注视在被评定为最主要的区域上。有人(Loftus and Mackworth，1978)发现，被试对信息量大的区域注视早，注视次数多，注视持续时间长。

此外，还有人发现，当观看图画时，被试对图画中出现的意想不到的物体(如在农场上有一条章鱼，见图 7.3)比对一般物体的注视次数多，注视时间长。

图 7.3 Loftus 等在实验中使用的材料

Friendman 进一步发现，当事先告知被试图画中会出现意想不到的物体时，会减少注视持续时间。有人(Verschueren and Levy-Schoen,1973)发现，图画中缺少人们期望的物体时，也会增加注视持续时间。

有人(Yarbus,1967)以眼动为指标，对图画观看进行了比较广泛系统的研究。研究结果如下。

(1) 在观察一幅画时，对该画的某些组成部分(element)注视多，对有的组成部分则注视少或不予注视。对某个组成部分的注视多少并不取决于构成该组成部分的内容多寡。

(2) 一幅画中的最亮部分与最暗部分并不一定是最吸引人注意的地方。眼动记录表明，只要有重要的信息，无论它在图画中是亮的部分还是暗的部分，都会吸引人的注意。

(3) 如果图画中某一组成部分的颜色没有特殊的意义或与这幅画的意义关系不大，则颜色对眼动特征没有影响。Yarbus 使用同一幅画的黑白和彩色两张图画要求被试观看，结果表明，颜色对注视点的分布没有显著影响。

(4) 图画中的物体或人物的轮廓(outline)本身对眼动特征没有影响。Yarbus 作了一个十分形象的比喻：人观看一个物体的眼动轨迹与盲人触摸一个物体时的活动情况是不同的。盲人在触摸一个物体时是沿着物体的轮廓进行的，因为轮廓对于盲人形成表象是非常重要的。而当图画出现在眼前时，观察者就没有必要特别注意那些边界和轮廓。只是当轮廓包含有重要信息时，才会引起观察者的注意。

(5) 在注视一幅画之前，给被试 7 种不同的指导语，结果出现了不同的注视模式。被试在看图画《意外的归来》时，往往将注视点集中在与任务有关的图画部分上。这 7 种指导语分别是：①要求被试自由欣赏；②要求被试观察家里的物质条件，这时被试主要注意那位妇女的衣服和屋子里的陈设(沙发椅子，凳子和台布等)；③要求说出图画中每个人的年龄，这时被试将所有注意都集中在图画中人物的脸上了；④要求被试推测意外来客进门之前屋里的人正在干什么，这时被试的注视主要集中在桌子上的物品、女孩和妇女的手和乐谱上；⑤要求记住每个人穿的衣服，这时被试主要注视图画中人物的衣服；⑥要求记住屋子里每个人的位置和陈设的位置，这时被试扫视了整个屋子和屋子里的所有物体；⑦要求被试推测意外来客与家里人之间的距离，这时被试则在儿童的脸和意外来客的脸之间进行了较多的注视，具体情形见图 7.4。

(6) Yarbus 认为，对一幅画的知觉是由一系列的观察循环(cycles)组成的，每个循环都有许多相同之处(即每个循环都有许多大致相同的注视轨迹)。在注视一幅画过程中，观察者的眼睛经常返回去注视图中被其认为重要的部分。如被试自由观看一张少女头部图片 3min 时，对这幅画的观看主要就是对姑娘的眼睛、嘴唇等部位的交替注视。当增加观察者观察同一幅画的时间时，观察者则仍然将增加的时间主要用于观察已观察过的图中重要的部分。

有人(Norton and Stark,1971)提出了一种视觉模式知觉理论(theory of visual pattern perception)，该理论主张，模式特征的加工是一个系列过程，在学习和识别时，从视觉刺激中提取信息具有一个固定的顺序，并且记住了这个顺序。他们进一步推测，第一次注视这个刺激与再认它的注视顺序应该相同。他们提出了一些证据支持上述假说。Nor-

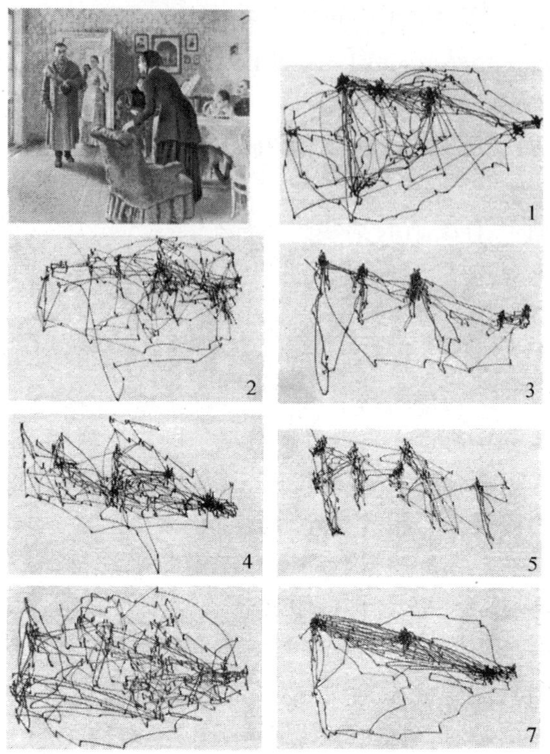

图 7.4　观看《意外的归来》时的眼动轨迹

ton 和 Stark 发现，当被试观看一幅图画时，他们的眼睛常常按着一个固定的路线间歇地、重复地去扫描它，形成一定的扫描路线，见图 7.5。

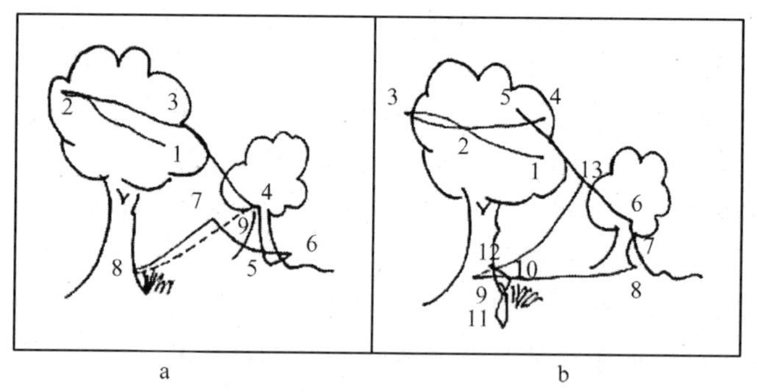

图 7.5　一个被试对一张树的图画观看 75s 的扫描路线
这是 5 次观察中的 2 次(图 a 和图 b)。在图 a 中 8 和 9 两次注视之间的
虚线代表这个眼跳动的记录被一次眨眼打断了

他们发现，不同被试对同一张图画的扫描路线是不同的。同一被试观看不同图画时的扫描路线也不同，见图 7.6。

典型的扫描路线大约包括 10 次注视，持续 3～5min。扫描路线常常占被试观察时间的 25%～35%，其余时间是不太规则的眼动。

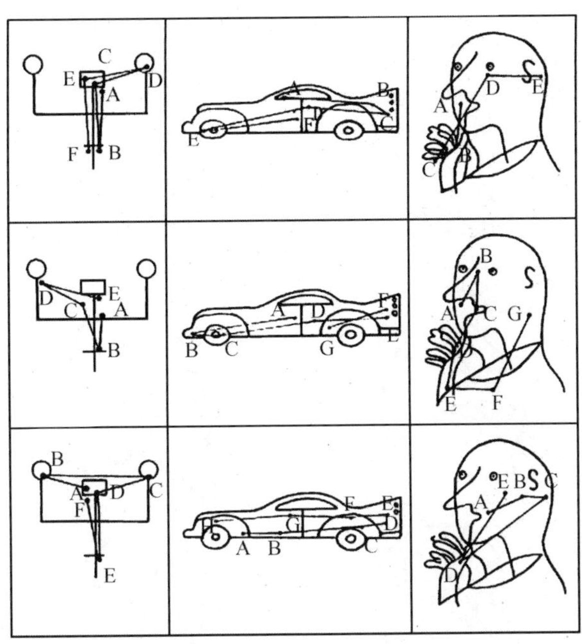

图 7.6　三名被试对三幅图画表现的各种扫描路线

每一横行是一个被试对这三张画的扫描路线，从竖行可以看出三名被试对同一张图画的扫描路线也有很大不同

Norton 和 Stark 又提出了所谓“特征环”的概念，它是指感觉和动作记忆痕迹的顺序，记录了客体的一个特征和达到下一个特征所需要的眼睛运动。特征环建立了客体特征和眼动的一个固定顺序，相当于对物体的扫描路线。他们认为，当被试第一次看到一个物体并熟悉它时，就会用眼睛扫描它，且形成一定的扫描路线，这时，他也就建立了一个特征环的记忆痕迹。当他们随后再见到同一物体时，被试会用在他们记忆中该物体的内部表象去与它匹配，从而再认它。匹配过程包括验证连续的特征和执行各特征之间的眼睛运动，是由特征环指挥的。Norton 和 Stark 用实验验证了他们的观点。实验分两个阶段，即学习阶段和再认阶段。在学习阶段，让被试观看 5 张从未看过的图画，每张看 20s，随后，马上进入再认阶段，将刚看过的 5 张画和另外 5 张被试从未看过的画混在一起。将这 10 张画随机地给被试呈现 3 次，被试可以对每张图画观看 5s。在学习阶段和再认阶段均记录被试的眼动。结果表明，在学习阶段，被试看图画时明显地表现出一定的扫描路线。在再认阶段，被试看图画时的眼动轨迹与学习阶段的眼动轨迹大致相同。也就是说，被试在学习阶段形成的扫描轨迹的特征环，在再认阶段，将特征环和这张图画相匹配，使学习和再认阶段对同一张图画表现出来大致相同的扫描轨迹，见图 7.7。

但是，也有人（Haber and Hensherson，1973）提出，很难了解被试如何按照他们的注视顺序来储存信息。

有人（Locher and Nodine，1974）使用了随机几何图形（random shapes）为实验材料，研究被试在学习和再认两个阶段中的眼动扫描轨迹。结果发现，无论随机几何图形的复杂程度如何，有半数以上的眼动记录结果显示，在再认和学习阶段，对同一图形的扫描轨迹是一致的。但是，出现这种一致性并没有提高再认成绩。再认是通过统计再认中的错

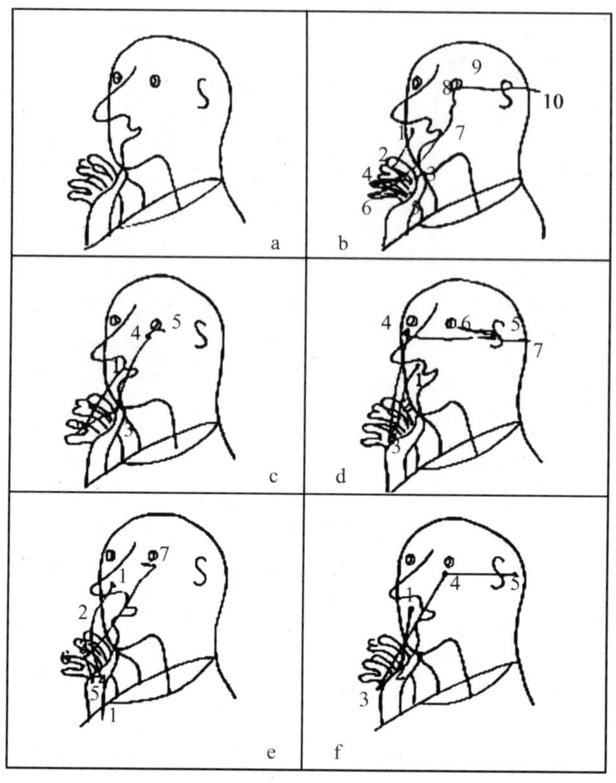

图 7.7 一个被试看图画 a。当他熟悉这张图画时，出现了一个扫描路线(b、c)。在再认阶段，每次在他观看类似图画中的一系列熟悉的和不熟悉的图像当中，确认这张画时，这种扫描路线也出现了(d、e)。这个特定的被试对这张特定的图画的扫描路线，在 f 图中以理想化的形式表示出来

误和被试重新画出(回忆)所看图形的情况来计算的。

当被试自由地观看简单几何图形时，他们会集中注视这些图形的各个角。朱森和米歇尔斯在波尔都大学进行了下面的实验：以简单多边形的线条画为实验材料，要求被试对多边形看 8s，同时记录了注视情况。结果表明，被试对图形的各个角注视最多，见图 7.8。

在有关人面知觉的眼动研究中，有人(Walker-Smith et al.，1977)发现，尽管存在着很大的个体差异，但是，这些被试的眼动轨迹还是存在着一个大致相同的扫描顺序。实验中一个有趣的发现是，被试通常只注视人面的半边，很明显，被试是在假设另一半的面部特征与被注视的这半边的特征是相同的。另一项研究(Locher and Nodine，1973)发现，当被试注视对称图形时，注视点集中在对称图形的一侧；而遇到不对称图形时，注视点则是散布在整个图形上的。

有人(Paker，1978)提出，在再认图画时，被试使用了边缘视觉和副中央凹视觉所获得的信息。在实验中，第一阶段为学习阶段，给被试呈现一个刺激图画。在再认阶段，分为两种情况，一种是仍然要求被试看最初看过的图画，一种情况是对原来的图画进行了修改，然后再让被试看。结果表明，当再认阶段看原来看过的图画时，则学习阶段和再认阶段的视觉扫描轨迹有较高的一致性。当再认阶段所看图画是经过修改的时候，则被试常常放弃学习阶段所采用的扫描模式，而眼跳到变化了的部分进行注视。这说明，边缘视觉

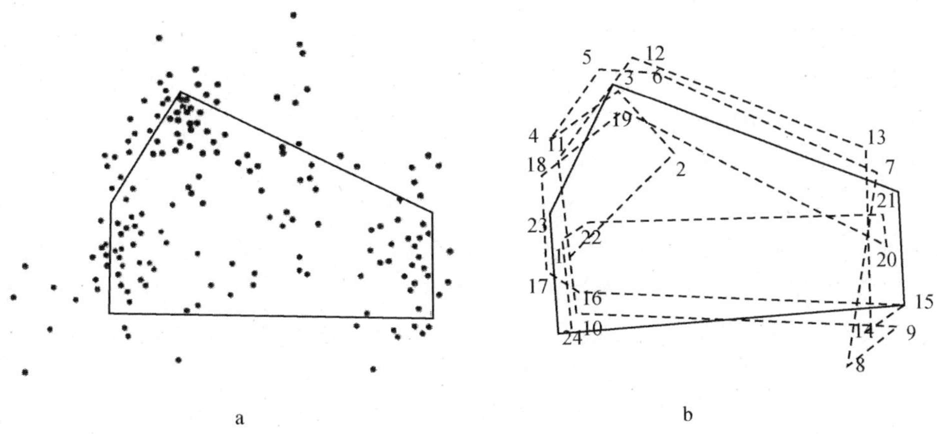

图 7.8　被试对多边形图画看 8s,同时记录其注视情况

图 a 是这些多边形中的一个,点表明 7 名被试的注视情形;图 b 是一个被试看 8s 时的注视轨迹

和副中央凹视觉是很重要的,并且存在着一种被试所偏爱的扫描轨迹(preferred scan path),同时学习的扫描轨迹在再认阶段并不是必不可少的因素。

还有人(Furst,1971)发现,当要求被试若干次观看同样的一幅画时,就会出现习惯化现象,表现为注视次数减少。而且,主试逐渐可以预测被试注视图画中物体的位置和注视物体的次序。研究者还发现,较长距离的眼跳之后伴有较长时间的注视。

Nodine 等的研究发现,长距离的眼跳之前通常是时间较短的注视。然而,阅读研究中却没有类似的发现(Andriesson and de Voogd,1973;Rayner and McCnkie,1976)。这里,再一次说明图画观看与阅读时的眼动是存在差异的。

曹晓华和曹立人(2005)对不规则几何图形的识别取样进行了眼动研究。他们针对不同显示条件、不同显示方式下的图形识别眼动模式。

实验被试为 12 名大学生,男女各半,视力(或矫正视力)正常。实验的作业任务是图形认同,即在屏幕上先后呈现两个图形,第一幅呈现的图形称为目标图形,第二幅呈现的图形称为比较图形。要求被试按键判断目标图形与比较图形是否相同。

实验采用 2×2 的被试内实验设计,实验的自变量为图形的显示条件和显示方式,各含 2 个水平。显示条件的 2 个水平为“良好显示条件”和“不良显示条件”。良好显示条件的操作定义是:目标图形为黄色,背景为灰色,实测亮度分别为 78 140cd/m^2 和 2143cd/m^2,目标-背景对比度为 31∶126。不良显示条件的操作定义是:目标图形为黄色,背景为灰色,实测亮度分别为 1150cd/m^2 和 1160cd/m^2。显示方式的 2 个水平为“旋转方式”和“非旋转方式”。旋转方式的操作定义是:比较图形以目标图形顺时针或逆时针旋转 45°后的形式在计算机屏幕上呈现。非旋转方式的操作定义是:目标图形和比较图形以相同的相位呈现。

研究结果发现:①作业难度加大,被试在图形识别中的有效取样时间下降,作业绩效也下降。②不良视觉条件下,图形识别中信息取样点数目减少,眼动扫视路径变短。③在识别旋转图形时,有效取样时间下降,取样点数量增加,眼动扫视路径增长。④显示条件与显示方式的交互作用对图形识别的反应时、注视点数目和扫视路径的影响十分显著。

在另一项研究中，曹晓华等(2005)考察了认知方式对不规则几何图形识别绩效的影响，并且把人格特征这一影响作业绩效的重要变量引入图形识别研究中。该研究以眼动仪为主要实验设备，考察场独立性、场依存性认知方式等因素对图形识别绩效的影响。研究以场独立性和场依存性人格特征的大学生为被试。实验图形为不规则多边形 10 幅，边数为 5～8 直线边，都是同一圆的内接多边形。外切圆约占 32°视角，圆心是显示器中心。图形显示在外切圆范围内，外切圆并不呈现在显示器上。多边形图形面积是 324～490cm^2，离散度为 0.16～0.70。被试的实验任务就是图形认同作业，即在屏幕上先后呈现两个图形，第一幅呈现的图形称为目标图形，第二幅呈现的图形称为比较图形。要求被试按键判断目标图形与比较图形是否相同。

该实验为 2×2×2 的 3 因子混合实验设计，3 因子分别为人格类型、显示条件和显示方式。人格类型有场独立性和场依存性两个水平，为被试间设计。显示条件有良好显示条件和不良显示条件两个水平，显示方式有非旋转和旋转两个水平，这两个因子为被试内设计。

实验结果发现：①认知方式对不规则几何图形识别绩效的影响差异显著，场独立性被试的作业绩效高于场依存性被试；②随作业难度加大，条件对场依存性被试作业绩效的影响十分显著地高于场独立性被试。

（二）人面观看的眼动研究

Yarbus 对人面观看也进行了研究，结果发现，注视点相对集中在几个区域上。在一项实验中，记录被试观看 19 世纪末俄国著名的批判现实主义画家列宾的一幅名画《意外的归来》时的眼动轨迹。结果表明：人面是被注视最多的地方。在观看人面时，观察者通常将大部分注意力放在人的眼睛、嘴唇和鼻子等处，而脸的其他部分则只是被大致地注视了。在被试自由观看一张少女头部图片 3min 时，其眼动轨迹主要注视图片上那位少女美丽传神的眼睛，而对唇和鼻子注视略少(图 7.9)。令人惊奇的是，当观看狮子头部的图画和一只大猩猩的雕塑时，被试对它们的大部分注视也集中在眼、鼻子和嘴上。Yarbus 认为，人的眼睛和嘴唇等器官是脸部最能够传情的部位，所以被注视的次数较多。

曹晓华和曹立人(2007)考察了人脸图形识别取样的眼动特征。研究以中国人脸图形为实验材料，通过对不同显示条件，不同显示方式下人脸图形识别的眼动数据分析，揭示人脸图形识别的取样特征。研究以眼动为指标，以 12 名大学生为被试，采用 2×2 被试内实验设计。实验材料为 20 幅年龄为 20～30 岁的中国人脸照片扫描图形，大小相似，男女各半。得出如下结论：①显示条件和显示方式对人脸图形识别绩效的影响显著；②随着作业难度加大，被试图形识别的首视点注视时间显著增加；③人脸图形识别中，显示条件影响信息取样注视比率，而显示方式影响信息取样点数量。

杨文等(2008)考察了 38 名大学生在欣赏带有文字介绍的人面照片时的注视过程，以揭示人们在欣赏摄影作品时的心理活动特点和规律。研究者通过分析被试开始的 4 个注视点来分析大学生观看人面图片时的偏好注视位置。

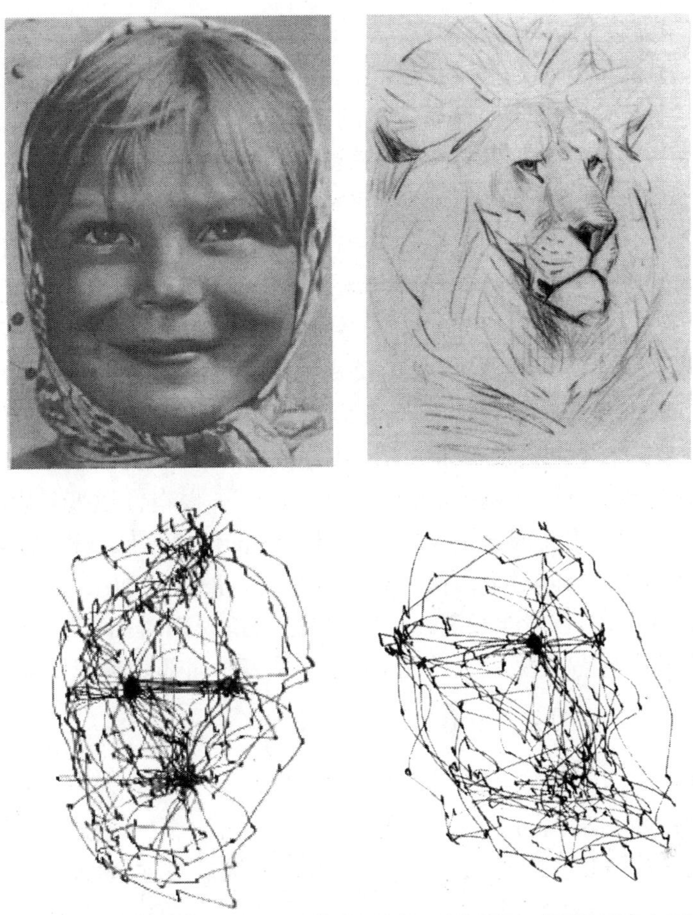

图 7.9　读者观看人面和狮子头部时的眼动轨迹(Yarbus,1967)

第一个注视点分布最多的位置是眼睛和鼻子(各占 43.6%和 31.0%);第二个注视点分布最多的位置是眼睛和文字(各占 27.7%和 31.2%);第三个注视点分布最多的位置也是眼睛和文字(各占 28.2%和 39.5%);第四个注视点分布最多的位置仍然是眼睛和文字(各占 20.0%和 41.6%),具体情况见表 7.1。

表 7.1　前 4 个注视点的注视位置分布百分比　(单位:%)

注视位置	第一个注视点	第二个注视点	第三个注视点	第四个注视点
鼻子	31.0	22.7	16.4	14.5
眼睛	43.6	27.7	28.2	20.0
嘴	8.2	10.4	7.7	8.5
文字	9.3	31.2	39.5	41.6
其他	7.9	7.9	8.2	15.3

这说明,在观看附有文字介绍的人面照片时,人们倾向于先看图片然后再看文字,图片中最先被注意同时又是注视最多的部分是眼睛,说明人面最引人关注的位置是眼睛。实验参与者在大约第三个注视点时就已经完成了对整个图画部分更改的加工。这说明,被试在观看明星头部照片时,首先看的是眼睛,而且在随后的注视中,对眼睛的注视也很

多。说明人面最引人关注的位置是眼睛。

隋雪和任延涛(2007)通过记录被试面部表情识别过程中的眼动数据，来探讨面部表情识别的即时加工过程，识别不同性质表情的眼动模式，以及对面部不同部位信息的依赖程度。在实验一中，利用眼动记录技术记录被试识别不同性质面部表情的即时加工过程，考查面部表情的三种性质(正性、中性、负性)对识别过程的影响，并假设加工不同性质面部表情的眼动有规律性，并且时间进程和准确性不同。在实验二中，利用遮蔽技术对实验一的材料进行遮蔽处理，考查眼睛的作用与嘴和鼻子的作用之间有什么差异，在不同部位信息缺乏的条件下，即时加工过程如何改变，并假设面部表情识别对面部不同部位信息依赖程度不同，面部不同部位信息缺乏，眼动模式发生根本性改变。

实验结果发现：①被试对不同性质面部表情识别的即时加工过程存在共性，其眼动轨迹呈逆"V"形；②被试对不同性质面部表情的识别存在显著差异，在行为指标和眼动指标上都有体现；③对不同部位进行遮蔽后，眼动模式发生了根本性改变，遮蔽影响面部表情识别的反应时和正确率；④面部表情识别对面部不同部位信息依赖程度不同，眼部信息作用更大。上述结果提示，个体对不同性质面部表情识别的即时加工过程具有共性，但在不同性质面部表情识别上的心理能量消耗不同；并且表情识别对面部不同部位信息依赖程度不同，对眼部信息依赖程度更大。总之，实验结果表明面部表情识别对面部不同部位信息依赖程度不同。

(三) 眼动与图画记忆

在一项考察眼动与图片再认关系的研究(Loftus，1972)中，给被试呈现 90 对图片，每对图片呈现 3s，让被试识记，同时记录其眼动，然后让被试对这些照片进行再认。为了控制被试对每张图片的注视次数，给每张图片进行了赋值，分值有 1 分、5 分和 9 分，这个分值直接与被试实验后的报酬有关，告知被试，如果被试能够将分值高的图片正确再认出来，则得到的报酬高。实验者假设，被试对分值高的图片比对分值低的图片注视次数多。实验结果发现：①注视次数是影响再认成绩的重要自变量，对图片的注视次数越多，对该图片的再认成绩越好；②当图片的分值不同，而对这些图片的注视次数相同时，则再认成绩同图片的分值没有函数关系，这说明对高分值的图片再认成绩好，完全是由于对这些图片的注视次数决定的；③图片的分值越高，对图片的平均注视时间越长(表 7.2)，然而，对高分值图片多出的平均注视时间并没有对再认成绩产生任何影响。由于再认成绩在一定程度上反映了从图片中提取信息的数量，这说明在注视高分值的图片时，每次注视多出来时间并没有获得更多的信息。

表 7.2 不同注视次数(i)条件下平均注视时间与图片分值的关系

分 值	平均注视时间/s				
	$i=3$	$i=4$	$i=5$	$i=6$	$i=7$
1	0.292	0.292	0.290	0.279	0.300
5	0.325	0.311	0.311	0.304	0.300
9	0.350	0.369	0.369	0.308	0.311

此外，Loftus 的研究还发现，延长图片呈现时间并不能提高再认成绩，但是如果延长

呈现时间导致了更多的注视次数，则再认成绩会提高。Loftus 的发现说明，每次新的注视能够增加新的信息，从而有助于通过连续的注视对信息进行加工整合。这种对新信息的整合，比单纯通过延长注视时间获得更多的信息重要。在 Loftus 的第二个实验中，给被试呈现单独的图片，呈现时间为 300～5000ms。被试在识记图片时，记录其眼动，随后进行图片再认测验。

实验结果如下：①在图片呈现时间相同的条件下，对该图片的注视次数越多，则对它的再认成绩也就越好。例如，图片被呈现 3s 后，一个被试对图片有 15 次 200ms 的注视，另一个被试对同样的图片有 10 次 300ms 的注视，则第一个被试的再认成绩好于第二个被试。②在注视次数相同的条件下，再认成绩与图片的呈现时间没有关系。比如，当图形呈现 3s 时，被试有 12 次注视，当图形呈现 5s 时，被试也注视了 12 次，实验结果表明被试在这两种条件下的再认成绩没有差别。

在 Loftus 的另一项实验中，只要求第一组被试看所呈现的两张图片中的一张，不用看另一张，并使被试相信，不要求注视的那幅图片事后不会测验。对于第二组被试，被试可以看任何一幅图画，或两张都看，总之，可以随自己意愿去看。在第二种实验条件下，尽管被试知道这两张图画都有可能要求再认，但是他还是只注视了两个图画中的一个。实验结果表明，在后一种实验条件下，被试对未予注视的图片的再认成绩高于概率水平。而在前一种条件下，被试对未予注视的图片的再认成绩只是等于概率水平。很显然，当被试明白未被注视到的图画也有可能要求其进行再认时，他会有一些选择性注意，可以使被试注意到边缘信息。

有人(Tversky，1974)对 Loftus 的实验进行了更进一步的研究，考察注视模式与记忆之间的关系。在实验中，要求被试观看字词或图形，使被试认为他们既有可能接受回忆测验，也有可能接受再认测验。然而，事实上最后要求被试两种测验都要完成。研究者发现，对字词予以较多的注视，则回忆成绩好，而对图予以较多注视则回忆和再认的成绩较好。因而，此项研究结果同 Loftus 的刚好相反。在解释这种差异时，Tversky 认为有以下几点原因。

(1) 两个实验使用的刺激不同。Loftus 使用的是图画，而她使用的是线条画(line drawings)。

(2) Tversky 对刺激的呈现时间是固定的，那么很有可能出现这样的情况：当注视次数减少时，注视持续时间变长，每次注视获得较多的信息。她认为，减少注视次数，延长每次注视时间，这种注视模式在她的这项研究中可能是颇为有效的策略。

(3) 在 Tversky 的实验所使用的图画中，因为每对图画有许多相同的特征，要将两者区分开来并不容易。而 Loftus 的实验中，图画之间差别很大，易于区分。对这些刺激只要进行粗略的扫描即可。最后，Tversky 认为，Loftus 所发现的有关注视次数与再认成绩之间关系的结论不具有普遍意义。

还有人(Noizet and Pynte，1976)以线条画为实验材料进行了实验。按垂直排列的方式呈现线条画，线条画的内容是一些物体，要求被试看这些线条画，但是不告诉他们看完图画后是否进行测验。所画物体的英文名称拼写有的由 4～5 个音节组成，有的只有一个音节。实验结果表明，当该物体英文名称拼写由 4～5 个音节组成时，对该图画的注视时间长，而当该物体英文名称拼写由一个音节组成时，对该图画的注视时间短。

有人(Nelson and Loftus,1980)考察了眼动与图画观看之间的关系。实验中,给被试成对地呈现两幅画,一幅为目标画,一幅为干扰画。内容大都是自然景物(如海滩)和生活场景(如街道、住宅等)。在每两幅画中,目标画和干扰画上的内容只有一个细节不同。例如,在一幅画中,有一个建筑物,旁边有一个柴堆,柴堆上有一把油漆滚刷,而在另一幅画中,其他内容相同,只是柴堆上放了一只垒球球棒。这个细小的差异称为关键细节(critical detail,CD)。用幻灯呈现图片,被试看完图片后,完成再认测验。共有 4 个实验。在第一个实验中,被试为 12 名大学生,实验材料为 78 对彩色图片。图片呈现的时间分为 3 种,它们是 250ms、500ms 和 1000ms。这 3 种呈现时间,可以允许被试对每张图分别有大约 1 次、2 次和 4 次的注视。每对图片呈现的时间是随机安排的。被试看完图画后,进行再认测验。实验结果发现,注视点离关键细节的距离越远,再认成绩越差,如果关键细节与被试观看此图注视点之间的最近距离大于 2°视角,则对这幅画的再认成绩不高于概率水平。

在第二项实验中,被试为 8 名大学生,实验材料有所增加,有 80 对彩色图片和 48 对黑白图片。图片呈现时间有两种,一种是 650ms,一种是 3000ms。实验程序同实验一。实验结果与实验一基本相同,即注视点离关键细节的距离越远,再认成绩越差(再认成绩用回答正确的概率来表示),只是在相同的距离上,对再认成绩的影响略有不同,见表 7.3。

表 7.3　再认成绩(正确概率)与注视点至关键细节之间最近距离的关系

项目	刺激	与关键细节的距离(视角的度数)		
		0°	0.5°～1.7°	1.8°以上
实验一	彩色图片(78 对)	0.861	0.628	0.503
实验二	黑白图片(48 对)	0.811	0.652	0.612
	彩色图片(80 对)	0.804	0.739	0.606

在实验三和实验四中,实验者控制了被试注视点的注视位置及注视次数(因刺激呈现时间所限,每幅图片只能注视一次),实验结果也证实了实验一、实验二所得出的结论,同时发现,在观看图画过程中,边缘视觉获得的信息也被储存了起来,另外,从以上 4 项实验还得出如下结论:注视次数对于记忆图画内容有重要作用。因为,注视次数越多,记住图画特征的可能性就越大,则有助于在再认测验中获得好成绩。

还有一项研究(Christianson et al.,1991)考察了注视与情绪事件记忆之间的关系。

被试为 163 名大学生,分为三组:第一组称为情绪组,被试所看的图片中有这样一幅:一位妇女受伤倒在自己的自行车旁,头部正流着血,远处有一辆汽车;第二组为中性组,所用的图片上其他的场景同情绪组的一样,只是那位妇女正骑着自行车,远处有一辆汽车;第三组称为不寻常组,他们看的照片是这样的:那位妇女在大街上,肩上扛着一辆自行车,远处有一辆汽车。

每组被试看 15 张图片(图片用幻灯机呈现),每张图片呈现 2.70s。被试看过图画后,要求他们回答下列问题:①那位妇女穿的衣服是什么颜色的?②远处的那辆汽车的颜色是什么?回答完这些问题后,再完成再认测验,选择出已经看过的照片。

实验结果表明:

(1) 情绪组被试比其他两个组被试对第一个问题的回答成绩好,差异显著($P<$

0.01)，而三组被试之间对第二个问题的回答成绩没有显著差异。此外，情绪组与其他两组的再认成绩也表现出了同回忆测验一致的结果。

(2) 眼动数据表明，情绪组被试对图片中妇女的注视次数多，注视持续时间短，而其他两组被试对图片中妇女的注视次数少，注视持续时间长，且差异显著[$F(2,162)=3.50$，$P<0.05$]。

(3) 从三个组中选择出对图片中妇女注视次数相同(均为3～6次)的被试进行比较，当对妇女的注视次数相同时，情绪组的被试仍然比其他两组的被试对第一个问题的回忆成绩好。这表明，情绪组被试对情绪事件的细节(如妇女衣服的颜色)记忆效果好，不能完全归结于对该细节注视较多。

在一项研究(方芸秋，1991)中，以眼动和反应时为指标，研究了27名大学生对语言刺激和图形刺激的不同记忆。实验材料包括96张刺激图片，用幻灯机呈现。其中一半作为原始刺激，另一半作为比较刺激。刺激图片包括两种材料和两种排列方式，材料内容是几何图形或相应的文字称谓。共用了6个几何图形，它们是三角形、圆形、正方形、箭头、椭圆形和菱形，每一张刺激包含3个成分。两种排列方式是水平排列或倒三角形排列。因此刺激材料和排列方式构成4种刺激模式(图7.10)。

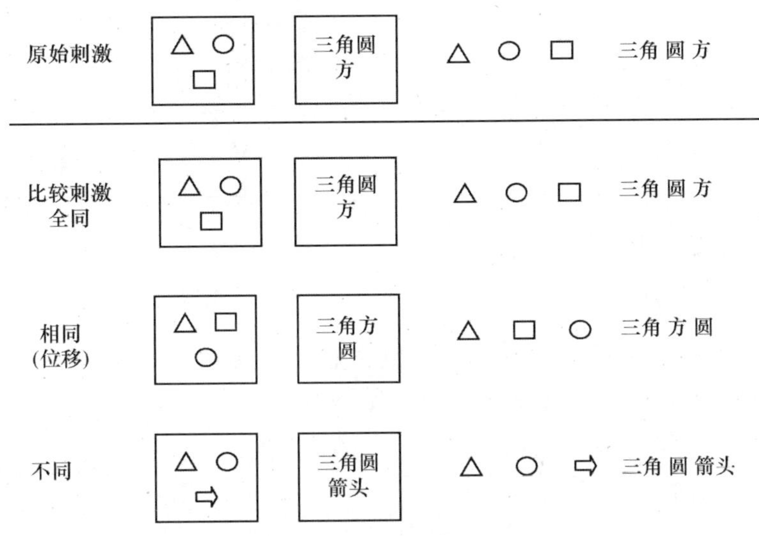

图7.10 实验所用的刺激模式

每对刺激包括一张原始刺激，一张比较刺激，它们的排列方式一致。在48对刺激中，一半具有相同成分，被试对它们的正确反应为“相同”。另一半具有不同成分，被试的正确反应为“不同”。相同成分的成对刺激又分成全同和位移两种情况。前者成分和位置全同，后者是比较刺激的成分与原始刺激的成分相同，但是，其中两个成分的位置颠倒。实验时，先呈现一张幻灯图片(原始刺激)，然后再呈现另一张幻灯图片(比较刺激)，要求被试辨别比较刺激是否与原始刺激相同。实验结果如下：

(1) 刺激的材料特征(包括图形材料和文字材料)和刺激的排列方式(包括水平排列和倒三角形排列)两个因素基本上以同样的方式影响着储存和提取时间，即文字材料—水平排列的刺激需要更紧张地注视扫视，图形材料—倒三角形排列的刺激则需要较少的注视扫视。对上述结果进一步分析可以看出，对4种刺激模式的平均注视时间，在储存和提取时相还存在差别。从表 7.4 中可以看出，对图形刺激的注视时间百分数，其储存时相略长于提取时间；而对文字刺激的扫视时间百分数，提取时间略长于储存时间。

表 7.4　对 4 种刺激模式的平均注视时间百分数

刺激分类	储存时间		提取时间
文字材料-水平排列	26.1		27.4
		<	
文字材料-三角排列	23.3		25.0
图形材料-水平排列	26.5		25.3
		>	
图形材料-三角排列	24.1		21.9

注：表中的差异有统计学意义（$P<0.05$）。

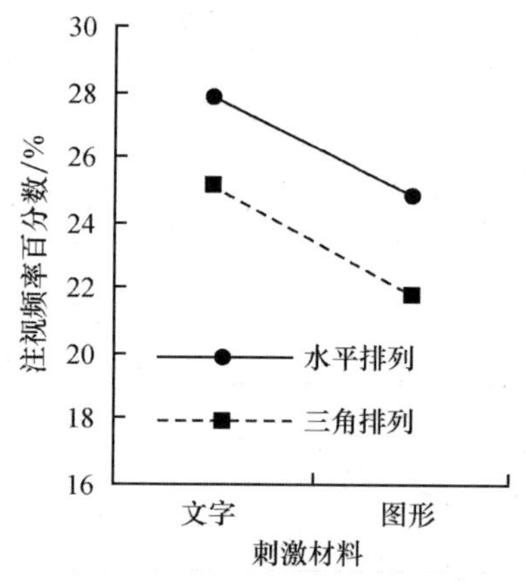

图 7.11　储存时间的注视频率百分数

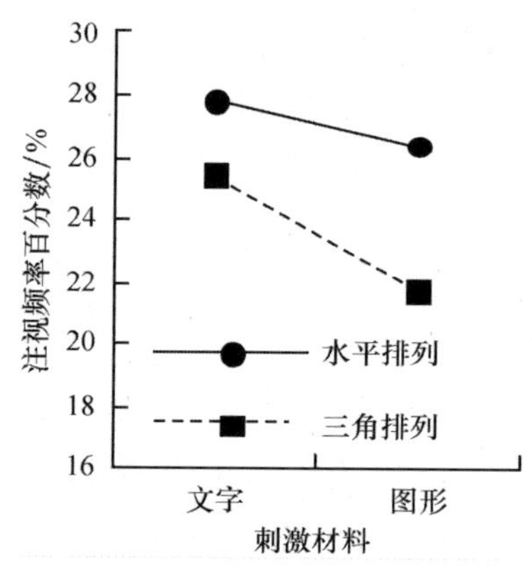

图 7.12　提取时间的注视频率百分数

（2）视觉扫视对于全同的刺激，其扫视紧张度低，具体表现为所需的平均注视频率和注视时间百分数均低于对位移刺激的反应。见图 7.13。

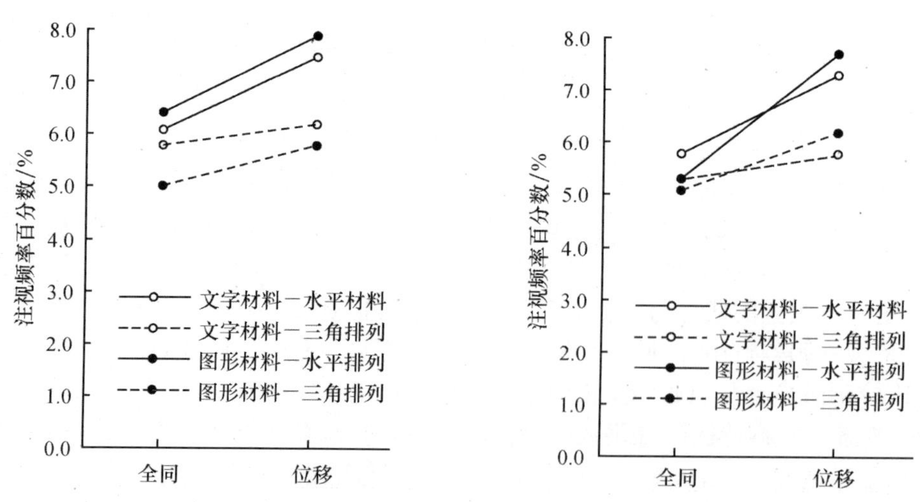

图 7.13　两种相同反应的注视频率和注视时间百分比

(3) 眼睛对文字刺激的有次序的扫视活动，即按自上到下、自左至右的扫视(称之为对三个成分的1—2—3顺序扫描)多于对图形刺激的扫视(表7.5)。因此，对文字材料的记忆与序列性编码的联系更为紧密。

表7.5　1—2—3顺序扫视的百分数

刺激分类	反应选择	
	相同	不同
文字材料-水平排列	51.16	53.52
文字材料-三角排列	51.02	46.93
图形材料-水平排列	41.73	31.94
图形材料-三角排列	33.47	30.67

(四) 眼动与语言

语言可以影响眼动模式，下面介绍这方面的一些研究成果。

有人(Cooper，1974)要求被试听一些语段(discourse)，同时记录被试的眼动。在被试面前，有一些线条画，上面画有语段中提到的许多物体。研究者发现，被试会立即去注视语段中提到的物体。

在另一项类似的研究中，给被试呈现4个物体的简图(如汽车、飞机、房子和狗)，然后问这样的问题:你能说出汽车是由什么制造出来的？实验结果发现:①当被试回答问题时，倾向注视简图中的汽车;②在提问题之前，如果将简图拿走，被试仍然倾向去注视该物体原来所在的位置。

有人(Carpenter and Just，1972)对句子—图片确认(sentence-picture verification)进行了眼动研究。实验一中，给被试呈现句子，要求其阅读，随后句子消失，再呈现图片。具体情形如下：

在图7.14a中，呈现的是句子。在图7.14b中，有两组点子，一组点子多，称大组;一组点子少，称小组。大组总是在图的下部，小组总是在图的上部。被试在正式实验前，了解这种刺激的位置安排，但是不知道哪一组点子是红色，哪一组是黑色。所以在实验中，被试要注视这两组点子来了解它们的颜色。注视哪一组呢？实验者认为，被试将根据对句子的内部表征决定去注视哪一组点子。实验中使用的是三种带有不同限量词的句子来描述图形中点子的特性，第一种是带有限量词“few”(几乎没有、少数的)的句子，“few”从句法上讲是否定的，心理学要考察的是对它的加工是否同对一个否定词的加工一样。如果“few”被内部表征为对“many”(许多)的否定，那么，被试读到“few”后，就会去注视大组的点子。第二种是带有限量词“many”(许多)、“most”(大多数)的句子，它们是肯定的意思，它们所指的是图形中大组的点子，所以被试会去注视图形中的大组。第三种句子是带有限量词“minority”的句子，它指的是图形中的小组点子，所以被试会去注视小组，实验结果如表7.6所示。

Few of the dots are red

刺激图片a

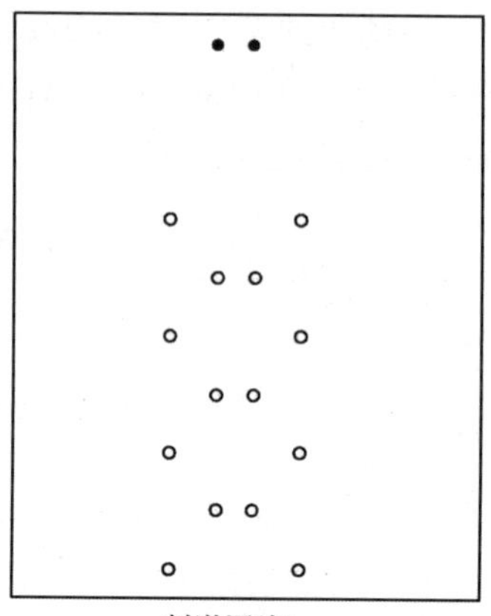

刺激图片b

图 7.14 实验中使用的刺激图形

表 7.6 阅读不同类型句子后对图形的注视情况 (单位:%)

限量词(假设的表征)	对大、小组点子的注视的情况			
	小组点子	大组点子	两组均不看	错误
"minority" (肯定,小组点子)	43	23	25	9
"few" (否定,大组点子)	26	36	30	8
"many" (肯定,大组点字)	6	59	31	4

从表 7.6 可以看出,当阅读带有限量词"few"的句子后,被试倾向注视大组中的点子,当阅读带有限量词"minority"的句子后,被试倾向注视小组中的点子。在 18 名被试身上均表现出了这种趋势。

实验者认为,他的这个实验有两个重要意义:第一,它考察了否定句的语义结构,像"Few of the dots are red"这句话被表征为对大组点子的否定;第二,该实验具有重要的方法论贡献(methodological contribution)。该实验说明,眼动轨迹可以用来考察人是如何表征语言信息的。在本实验中,表面上相同的两个句子,如"Few of the dots are red"和"A minority of the dots are red",而被试在阅读它们时却表现出了不同的眼动轨迹。事实上,眼动轨迹反应了被试的内部表征(internal representations)。

图 7.15 实验中使用的刺激图形

在实验二中,研究者考察了注视持续时间是否能够反映构成理解基础的心理活动。实验中,要求被试验证十字的方位,如"在东方"或"不在东方",有一个方位上有十字,其他三个方位均为星号。刺激图形如图 7.15 所示。

被试注视屏幕的中央,如果准备完毕就按键,屏幕就会出现如刺激图形,当被试阅读句子并进行反应时,记录其反应时和眼动数据。要求被试先阅读句子,然后,可以看图形的任何位置。为了便于分析，实验者将屏幕平均分成 3×3 个方块，所有落在同一个方块内的注视点均视为等同的。将反应延迟时间分成 4 部分：第一部分是对句子的最初注视（initial fixation）时间，第二部分是对该句子的后续注视（subsequent fixation）时间，第三部分是被试对句子中提及的位置注视的时间，第四部分是被试对其他部分的注视时间。实验结果见图 7.16。

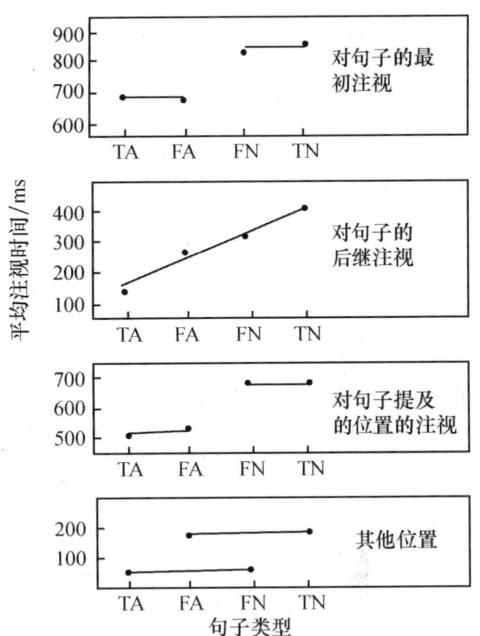

图 7.16　对刺激显示的不同部分的注视持续时间

TA 代表真实肯定句，TN 代表真实否定句，FA 代表虚假肯定句，FN 代表虚假否定句

结果表明，一个人对不同位置的注视时间的确反映了开始所假设的心理活动情况。

(1) 在第一部分中，对句子的最初注视时间受是否有否定句的影响。当句子为否定句时，被试对句子的注视时间较长。

(2) 在第二部分中，对句子的后继注视持续时间是由如下两个因素决定的：一个是句子是否为否定句，另一个是句子表述的内容是否与事实相符。

(3) 在第三部分中，对句子中提及的方位的注视时间是由该句子是否定句还是肯定句来决定的。当句子是否定句时，注视持续时间较长。

(4) 在第四部分中，对其他位置的注视时间是由句子里提到的位置上是否有加号决定的。当句子里提到的位置上没有加号时，注视时间较长，具体而言就是在虚假肯定和真实否定的条件下。实验者认为，这个实验证明，注视时间反映出了被试在理解句子时的心理活动，所以，同眼动轨迹一样，注视时间也可以用来研究理解过程。

二、眼动与视觉搜索和模式识别

在视觉搜索任务中，给出一个目标刺激，要求被试在一个复杂的显示模式中找出该目标刺激，或者要求被试判定该目标刺激在刚才的刺激呈现中是否出现过。

Rayner(2004b)对视觉搜索领域的研究进行了总结，认为，有关视觉搜索研究的重要结果有：

(1) 知觉广度的大小随着刺激排列的密度不同而不同。

(2) 被试倾向于注视与目标有关的重要物体，如果给被试呈现一个与目标相似的分心物体时，也同样会吸引被试的注意。

(3) 视觉搜索中的注视与认知之间的关系没有阅读过程中的注视与认知之间的联系紧密。

本节将着重介绍以眼动为指标，对场景知觉、图画观看、视觉搜索和模式识别的一些研究成果。

模式识别是认知心理学在知觉领域中研究的重要课题之一，模式识别是指个体将知觉对象的基本特征与储存在记忆中的特征相匹配，以作出肯定或否定判断的过程。有关视觉搜索的眼动研究有许多，下面介绍一些主要的研究成果。

Gould 及其同事对视觉搜索时的眼动特点进行了一系列系统广泛的研究。实验中，通常在一个 3×3 排列模式的中心位置上给被试一个目标点排列模式（target dot pattern），要求被试判断有多少个点排列模式与目标点排列模式相同。主试操作若干个变量，包括与目标刺激模式的相似程度、与目标模式相同的点排列模式个数等。Gould 根据实验指出：①对某一特定模式的注视持续时间与该特定模式同目标刺激的相似性之间存在着系统的关系，被试对某一刺激模式注视持续时间越长，该刺激模式与目标刺激模式越相似。②直接注视某刺激模式的概率与该刺激模式同目标刺激的相似性之间也存在紧密的关系：被试更有可能直接注视与目标刺激比较相似的刺激。③注视所呈现刺激的顺序与这些刺激同目标刺激的相似程度之间存在系统的关系。④被试对目标刺激比对非目标刺激的注视时间长。⑤对中央目标刺激的反复注视不多，但是，开始时对其注视的持续时间比较长，这说明被试用了较长的时间来知觉目标刺激。⑥因为对目标刺激的重复注视较少，有可能在被试注视其他刺激时，其边缘视觉在知觉着目标刺激。

下面介绍 Gould 等的两项比较典型的研究。在第一项研究（Gould and Schaffer，1965）中，考察了搜索数字的眼动模式。在实验中，要求被试（三名）在一个 6×6 数字矩阵中搜索某个数字，并说出该数字矩阵中出现了几次（出现频率）。数字矩阵中使用的数字是从 2～9 中的数字。告知被试任何一个数字出现的概率有 8 种（0～7）。被试总共看 176 个数字矩阵。被试在搜索数字时，记录其眼动。

实验结果如下：

（1）目标数字出现概率对搜索时间有显著影响，具体表现为：目标数字在矩阵中出现概率越高，搜索时间越长（$F=5.89$，$df=7/14$，$P<0.01$）；所搜索的数字不同，对搜索时间也有显著影响（$F=6.25$，$df=7/14$，$P<0.01$），见表 7.7。

表 7.7 目标数字出现概率对搜索时间影响及不同搜索数字对搜索时间的影响

目标数字出现概率	0	1	2	3	4	5	6	7
平均搜索时间/s	4.32	4.80	5.04	5.08	5.67	5.48	5.99	5.57
搜索的数字	2	3	4	5	6	7	8	9
平均搜索时间/s	5.98	5.20	4.96	5.46	5.92	3.32	4.94	5.77

（2）在本实验条件下，练习对眼动数据没有显著影响。

（3）在每次视觉搜索时，被试并没有注视 6×6 数字矩阵中 36 个数字中的每一个数字，平均每个数字矩阵注视 18 次。

（4）对数字的平均注视时间是 0.31s。对目标数字的平均注视时间是 0.32s；对非目标数字的平均注视时间是 0.30s。对目标数字和非目标数字的平均注视时间之间没有显著差异。

（5）将数字矩阵平均分成 3×3 个区域，然后计算每个区域注视点的分布百分数，结果如表 7.8 所示。

表 7.8　注视点在矩阵的九个区域分布的百分数

		上		
	9.8	14.9	13.7	
左	5.0	14.2	12.2	右
	3.7	10.8	15.7	
		下		

从表 7.8 可以看出，对最左边的三个区域的注视百分数(18.5%)比对最右边三个区域注视的百分数(41.6%)少。对最上方的三个区域的注视百分数(38.4%)比对最下方的三个区域的注视百分数(30.2%)多。也就是说，注视次数的在数字矩阵上的分配不是均匀分布的，对上面的注视比对下面的注视多，对右边的注视比对左边的多。

(6) 一般的搜索模式是从矩阵的上方开始，从左向右进行扫视。

第二项研究(Gould and Peeples，1970)中，考察了被试进行视觉搜索时的眼动模式，刺激材料的模式如图 7.17 所示。

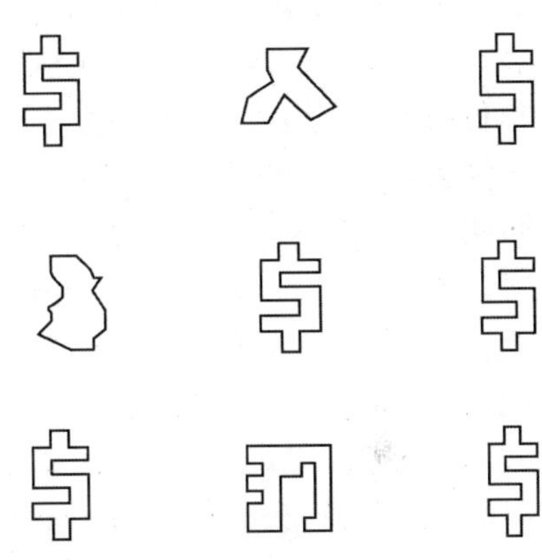

图 7.17　刺激材料模式图

图 7.17 的中央包括一个标准刺激模式，其周围有 8 个刺激模式。目标刺激模式是与标准刺激模式完全相同的刺激模式，在刺激图形上，一般有 1～7 个目标刺激模式，图 7.17 中有 5 个。刺激模式有三种类型，它们是无意义模式(M)、物体模式(O)、符号模式(S)。要求被试先注视标准刺激模式，然后再判断有几个目标刺激。实验条件有 6 种，它们是 S-M、M-O、M-S、O-M、O-S 和 S-O。其中，第一个字母代表目标刺激类型，第二个字母代表非目标刺激类型。比如，第一个实验条件是 S-M，意思是在该实验条件下的每一个刺激图形，其目标刺激类型是符号刺激模式，而非目标刺激类型均为无意义图形模式。上图就是这种实验条件下的一张刺激图形。

实验结果如下：

(1) 刺激图形上的刺激模式类型对总视觉搜索时间(M=2.49s)、判断目标刺激数量时的错误率(少于 2%)、注视次数(M=9.7)和注视持续时间(M=256ms)均没有显著影响。这说明图形的意义性对眼动的影响不大，在进行模式比较时，主要是依据刺激的外形特征。

(2) 对 6 种实验条件的结果进行分析发现，对一张刺激图形的平均注视时间长短是受刺激图形上非目标刺激的类型制约的。如图 7.18 所示。

(3) 当非目标刺激是物体模式时，平均注视持续时间最短，而当非目标刺激是符号模式时，平均注视持续时间最长，且两者之间(M-O、S-O 同 O-S、M-S)差异显著(Duncan range test，$P<0.05$)，见图 7.19。

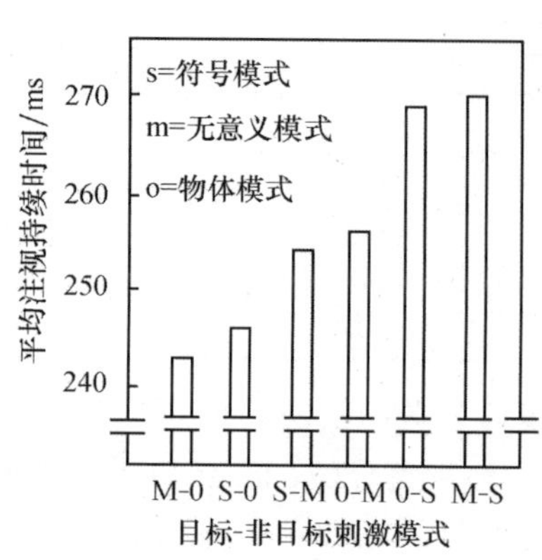

图 7.18 被试在不同刺激模式下的平均注视持续时间

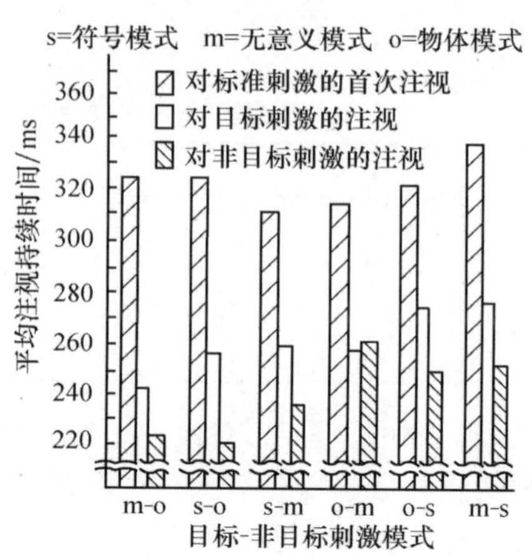

图 7.19 被试在不同刺激模式下对标准刺激、目标刺激和非目标刺激的平均注视持续时间

从图 7.19 可以看出，尽管标准刺激和目标刺激是完全相同的，但是，被试对标准刺激的平均注视持续时间(324ms)长于对目标刺激的平均注视持续时间(263ms)，且差异极显著，$F(1,418)=27.47$，$P<0.001$。对目标刺激的平均注视持续时间(263ms)显著长于对非目标刺激的平均注视持续时间(242ms)，$F(1,4)=20.51$，$P<0.05$。这是因为，当比较所注视的目标刺激和标准刺激时，需要将两个图形的若干特征进行一系列的比较，从而判断两个图形是否完全匹配。

(4) 从图 7.19 还可以看出，非目标刺激类型比目标刺激类型对注视持续时间的影响大。非目标刺激的类型显著地影响对非目标刺激本身和目标刺激的注视持续时间。$F(5,20)=4.28$，$P<0.01$。

有人(Williams，1966，1967)发现，在实验中，被试使用了边缘视觉信息去选择下次注视的位置。实验者在一个约 40°的视角范围内呈现 100 个几何图形，这些图形共有 5 种颜色、4 种大小、5 种形状。在每个图形内有一个两位数。被试的任务是找出目标数。在不同的实验中，给出被试有关图形的信息多少是不同的，在有的实验中，只告诉被试目标数，有的只给出内含目标数的图形的特征(如红色、小的、三角形)。

实验结果发现，当只告诉被试要找的数字信息时，被试在视觉搜索中，往往不表现出明显的选择性注视，当给出颜色、大小和形状三种信息的一种时，颜色信息使被试表现出明显的选择性注视，它可以使搜索时间降低 80%。当只给出大小信息时，一般不会使搜索时间降低 80%。当所要找的图形是所有图形中最大或最小的时候，仍然可以大大降低视觉搜索时间。这些结果说明，在目标刺激搜索过程中，当被试知道图形的特征后，他们能够使用副中央凹视觉和边缘视觉的信息去指导眼睛运动到有该特征的图形上。

有人(Zusne and Michaels，1964)要求被试扫视随机图形并记录其眼动。他们发现，被试通常从图形的某些位置开始扫视，且他们的眼动按图形的轮廓运动。有人(Richards and Kaufman，1969)发现，当给被试呈现的图形完全落在中央凹范围内或视角小于 5°时，则存在一个注视点的重心(center of gravity)，被试倾向于注视图形的重心。不过，当图形变大时，这种注视图形的重心倾向便消失了。有人(Baker and Loeb，1973)发现，当所注视的图形不同时，注视持续时间的差异很大。对图形周边有变化的地方注视时间长，对被评为较重要的图形部分的注视时间也长。这些研究与 Buswell(1935)有关图形观察的结果一致：眼睛沿着轮廓去注视。有人(Schoonard et al.，1973)对善于视觉搜索的人进行了研究发现，搜索策略的差异是很重要的。Boynton 等指出，好的搜索者有许多短时间的注视，而差的搜索者有许多长时间的注视，而短时间的注视很少。在研究中(Christie and Just，1976)给被试一个目标句，并要求其在刚才读过的一段文章中找出这个目标句。实验者发现，不管原来那段文章是正常的还是结构被打乱的，被试最初的注视点大都能落在目标句所在的位置上。

为了研究目标刺激在不同位置上出现概率不同对注视点分布的影响以及被试扫视策略的变化，王坚(1992a)考察了不同目标概率对视觉搜索中扫视模式的影响。实验的刺激显示画面由 8 个目标位置、一个起始位置和光标组成(图 7.20)。

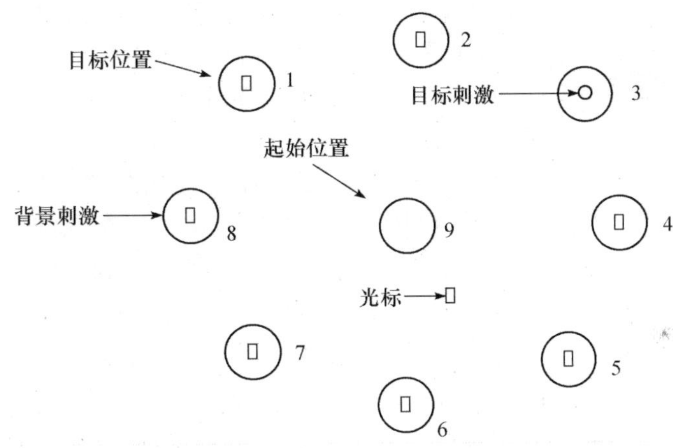

图 7.20　实验中目标显示画面

目标位置和起始位置是直径为 10mm 的红色正方形。实验中所用的背景刺激是一个边长是 4mm 的正方形，一直出现在 8 个目标位置的中心，目标刺激是一直径为 3mm 的圆。目标刺激和背景刺激的周长基本相等且都为绿色。目标刺激以一定的概率出现在 8 个目标位置上，取代背景刺激，其中在目标位置 4 出现的概率为 0.8，其他 7 个目标位置上出现的概率为 0.2，被试已知道这一概率。实验要求被试觉察在目标位置上出现的目标刺激，当目标刺激出现时，就按鼠标器上的左键，然后迅速把显示器上的光标移向目标刺激出现的目标位置中，再移回起始位置。被试为 4 名成人。

实验结果表明：①不同目标概率会引起平均注视时间长短的变化；②注视点分布不但与目标概率有关，而且与被试所用的扫视策略有关；③时间序列分析结果表明以前数个注视点位置会对下一个注视点的位置产生影响，并可以用 ARMA(2,0)或 ARMA(2,2)表示；④频谱分析结果表明，在目标概率不同时被试会使用不同的扫视模式，扫视模式在 X 方向和 Y 方向也不相同。

王坚(1992b)在另一项研究中，考察了视觉搜索中等概率目标觉察的扫视模式。该研究考察了在目标概率相等的条件下,注视点在空间中的分布以及扫视过程的特征,了解视觉搜索觉察的模式,以便进一步利用眼动数据进行人类信息加工过程的研究。被试有4名,实验的刺激显示画面与图7.20相同。实验要求被试觉察在目标位置上出现的目标刺激,当目标刺激出现时,就按鼠标器上的左键,然后迅速把显示器上的光标移向目标刺激出现的目标位置中,再移回起始位置。

实验结果表明:①当目标概率相等时,注视点的分布与目标概率的分布一致;②在视觉搜索中,被试的搜索模式存在着统计依次性,即具有固定的注视模式;③时间序列分析结果表明,扫视模式也表现在下一个注视点的位置取决于以前数个注视点的位置,可以用ARMA(2,2)或ARMA(3,3)来拟合;④频谱分析结果表明被试使用相同的低频扫视模式。

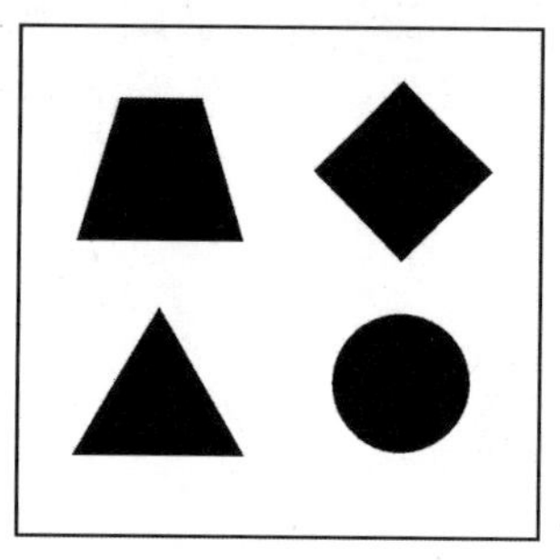

图7.21 形状的顺序性材料

在另一项研究中,我国心理学工作者(韩玉昌,1997)考察了被试在观察不同形状和颜色时眼睛运动的顺序性问题,顺序性是指在视觉信息加工过程中的时间和空间序列问题。实验分两个部分,第一个部分是研究被试在观察不同形状时的顺序性问题。实验材料是4种几何图形,它们是三角形、菱形、圆形和梯形。图形刺激共4幅,下面是其中的1幅(图7.21)。

被试是11名大学二年级的文科学生,4种图形在四个象限中分布位置已经做了均衡性的处理,仪器是ASL生产的3200R型眼动仪。研究所采用的眼动指标有:注视次数,指被试观看图片时,视线在注视目标上停留时间超过100ms、面积不大于1°×1°视角的停留点的数目;注视点停留时间,指被试的视线在每个注视点上的停留时间;首次注视点的数目和分布特征,首次注视点是指被试观看每幅图片时的第一个注视点。实验时,被试坐在高背椅子上,让被试闭上眼睛,拉开幕布,要求被试睁开眼睛看呈现的第一幅图片,仪器自动记录被试眼动10s。然后暂停记录,被试闭上眼睛,呈现第二张图片,再让被试睁开眼睛观看图片,眼动仪记录10s……直到看完所有图片,实验结果如表7.9和表7.10所示。

表7.9 注视每种形状时的注视次数、注视停留时间及首次注视点数

	三角形	菱形	圆形	梯形
注视次数	209	212	191	186
注视停留时间/s	82.00	96.78	81.64	83.90
首次注视点数	17	11	10	6

表7.10 每种形状的注视点分布和首次注视点的分布

每种形状注视点的分布						每种形状的首次注视的分布					
象限	三角形	菱形	圆形	梯形	$\sum R$	象限	三角形	菱形	圆形	梯形	$\sum R$
一	55	62	60	52	229	一	5	3	5	0	13
二	68	64	68	58	258	二	10	6	5	5	26
三	46	45	29	40	160	三	0	1	0	1	2
四	40	41	34	36	151	四	2	1	0	0	3

从表7.10可以看出:①在菱形上的注视点最多,其后依次是三角形、圆形、梯形,经F

检验，$P<0.05$，差异较显著；②注视停留时间最长的为菱形，其后依次为梯形、三角形和圆形，但是经 F 检验，$P>0.05$，差异不显著；③三角形上的首次注视点最多，其后依次为菱形、圆形和梯形，经 F 检验，$P<0.01$，差异显著。④从表可以看出，形状的注视点数目和首次注视点数目在四个象限中的分布，均是在第二个象限最多，经 F 检验，$P<0.001$，差异非常显著，显示在第二象限（视野的左上角）具有较强的诱目性效应（即某些颜色具有"易于引起注意、引人注目"的性质）。

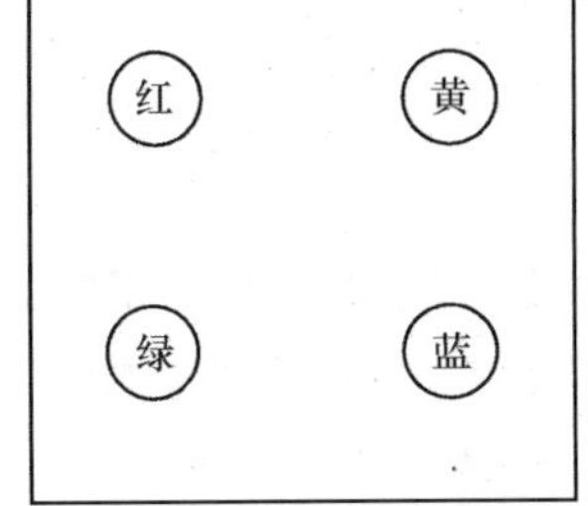

图 7.22　颜色的顺序性

第二部分是研究被试在观察不同颜色时的顺序性问题。心理学的早期研究涉及颜色的诱目性问题。在本项研究中，给被试呈现红、绿、黄、蓝 4 种不同颜色，共有 4 幅图，图 7.22 是其中的一幅。

4 种颜色在四个象限中的分布位置已经做了均衡性处理，被试同实验一，实验结果见表 7.11。

表 7.11　注视每种颜色时的注视次数、注视停留时间及首次注视点数

	绿	黄	红	蓝
注视次数	192	198	203	206
注视停留时间/s	95.18	81.96	89.44	85.60
首次注视点数	12	14	9	9

从表 7.11 可以看出：①蓝色的注视点数最多，其后是红、黄、绿。经 F 检验，$P>0.05$，差异不显著；②对每种颜色的注视停留时间，绿色最长，其后依次为红、蓝、黄，经 F 检验，$P>0.05$，差异不显著；③颜色的首次注视点数，黄色最多，其后为绿、红、蓝，经 F 检验，$P<0.01$，差异显著。此外，每种颜色的注视点和首次注视点在四个象限中的分布情况见表 7.12。

表 7.12　每种颜色的注视点分布和首次注视点的分布

每种颜色注视点的分布						每种颜色的首次注视点的分布					
象限	绿	黄	红	蓝	$\sum R$	象限	绿	黄	红	蓝	$\sum R$
一	65	62	58	57	242	一	3	3	1	2	9
二	66	72	63	64	265	二	7	8	8	7	30
三	28	39	38	42	147	三	2	2	0	0	4
四	33	25	44	43	145	四	0	1	0	0	1

从表 7.12 可以看出，颜色的注视点数目和首次注视点数目在四个象限中的分布，均是在第二象限最多，经 F 检验，$P<0.001$，差异非常显著，显示在第二象限（视野的左上角）具有较强的诱目性效应。

总结该实验结果，有以下几点应该注意。

（1）人在观察不同形状和颜色时，视觉上的选择表现出顺序性的规律，即对视觉信息的认知具有系列加工的特点。在时间上有先后之别，在空间上有上下左右之别。实验结果发现，在观看几何图形时，对三角形的注视点和首次注视点多；在观看颜色时，对黄色的首次注视点多；这说明三角形和黄色更具有诱目性。

(2) 一个目标的注视点的分布、观察者的注意从一个注视点移动到另一个注视点的顺序和观察者的认知模式，均与目标的特性有关。

(3) 对形状和颜色的注视点和首次注视点在第二象限都是最多的，其次是在第一象限，在第三、第四象限则是最少的。这说明，视觉刺激的位置，即空间序列在视觉的顺序性中具有强烈的效应。这提示我们在研究视觉顺序性问题时，空间位置可以作为一个重要变量，这也为视频信息的应用领域研究提供了一个重要的原则。

(4) 从实验结果来看，首次注视点这一变量，比注视点次数和注视停留时间更为灵敏。有人(李杨和丁锦红，2007)考察了视野位置及刺激特征对目标搜索的影响。实验为2×3×3 的组内设计，3 个因素分别是静态特征(颜色和形状)、动态特征(突现物与目标相同、突现物与目标不同和无突现物)以及视野位置(中央凹区、副中央凹区和边缘视野区——半径分别为 1°、6°和 11°视角)。

测试图片由 4 个不大于 1.5°×1.5°视角的图形构成，各图形有不同的颜色或形状，中间有一个符号。4 个图形共圆(假想圆环半径为 1°、6°或 11°视角)并处于不同象限，图片呈现之前呈现线索。线索由“＋”(1 个)和“3”(3 个或 4 个)构成，“＋”呈现在屏幕的正中，“3”位于刺激图形所在的位置。当“3”为 3 个时，测试图片中将有一个图形出现在线索提示之外，此图形称作“突现”刺激，此组为突现组。实验中总刺激数为 192 个，分 4 组进行。被试为 21 名大学生，视力或矫正视力正常，色觉正常。

研究结果发现:①在视觉搜索中，对形状特征和颜色特征的加工存在时间和位置上的分离，并且形状更容易受突现的影响;②选择性注意存在明显的空间位置效应，符合注意的“透镜”模型，并且反应时随视角增加是由眼跳错误率的增加引起的;③在选择性注意中内源性和外源性眼动各有其特点，并且它们的作用情况受到视野位置的影响。

丁锦红等(2004)采用眼动追踪的方法对在不同方向(上、下、左、右)及距离(2.0°和4.0°视角)上先后出现的特征组合不同的图形识别过程进行了研究。结果表明:首先，对由不同颜色和形状构成的图形的识别受到图形特征组合的影响，视觉系统对颜色和形状的加工存在明显差异，与颜色加工相比，视觉系统需要更多的时间才能完成形状识别。此外，虽然图形识别的速度和准确性受运动方向与距离的影响较小，但在不同运动方向和距离上，视觉系统是通过改变眼动的时间和空间特性来完成识别任务的，视觉系统在识别过程中的这种时间与空间的整合特点还有待于进一步研究。

丁锦红等(2007)采用视觉搜索任务对 33 名大学生在不同视野中目标搜索过程的眼睛运动进行记录，以探讨不同视野位置的视觉搜索的差异性。研究结果表明，视觉搜索存在明显的空间不对称性，它主要体现在左右视野之间的差异上，具体表现在搜索反应时、平均注视时间以及眼睛跳动等方面。视觉搜索中存在很强的策略，其中主要为水平搜索或垂直搜索。此外，长期的练习和习惯也将影响视觉搜索过程。

第三节　眼动与图画观看、视觉搜索和模式识别的发展研究

一、婴儿图画观看的眼动研究

视觉是最重要的感觉之一，所以对婴幼儿的视觉发展情况进行研究具有特殊意义。

许多心理学家以眼动为指标，对婴幼儿的视觉进行了研究。对婴儿进行视觉研究的重要方法之一是采用偏好法，即给婴儿呈现一对刺激，考察其对哪个刺激的注视时间长，说明该刺激能够吸引婴儿的注意，就认为婴儿对两个形状不同的刺激能够加以区别。下面介绍有关的研究成果。

(一) 婴儿观看几何图形的眼动研究

Fantz 用偏好法对婴儿的视觉进行了一系列的研究。他使用了一个特殊的婴儿房间，称为观察小屋，其情形如图 7.23 所示。

一个婴儿躺在小床上，在婴儿的头部上方有一块平的灰色顶篷，在它上面由实验人员放着两个刺激图形。婴儿可以躺着观看上方的图形。婴儿躺在小屋里，观察人员可以通过小屋顶上的小洞向里观看，观察儿童的瞳孔在看到视觉刺激物时所引起的角膜反应。一旦观察者看到婴儿的一只眼睛或两只眼睛中有了这种角膜反应时，就马上开始记录婴儿注视时间，当婴儿将眼睛闭上或将视线移开时，便停止记录时间。也可以将注视过程拍摄在胶卷或录像带上，便于实验后作进一步的分析。采用这种研究方法，Fantz(1958)及其同事们对婴儿的图形观察进行了研究。在他的一项研究中，考察婴儿对图形的偏爱，结果表明，出生后一周到 6 个月的婴儿注意红-白方格多于注意红方格。他的研究还发现(Fantz，1965)，出生后不到 5 天的婴儿喜欢黑-白图形。出生不到 24h 的婴儿，对离眼睛 9 英寸远的 1/8 英寸宽的条纹画面注视时间比对全是灰色的画面的注视时间长。对刺激图形的偏好随年龄增长而有变化。在一个研究中，给婴儿呈现一个“靶心”图和一个横条图。这两个图形的宽度基本相同，见图 7.24。

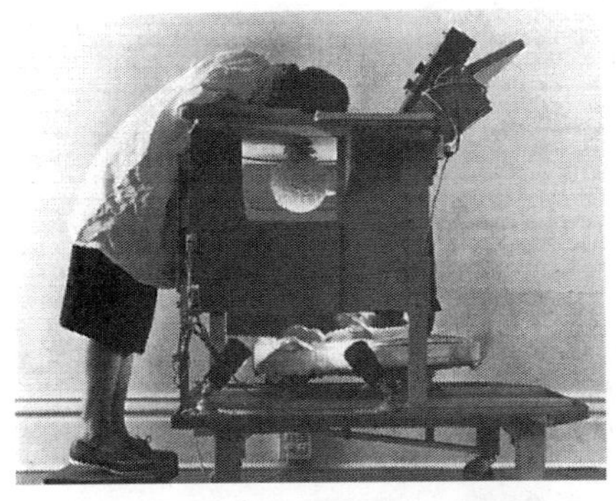

图 7.23　研究婴儿注视情况的观察小屋

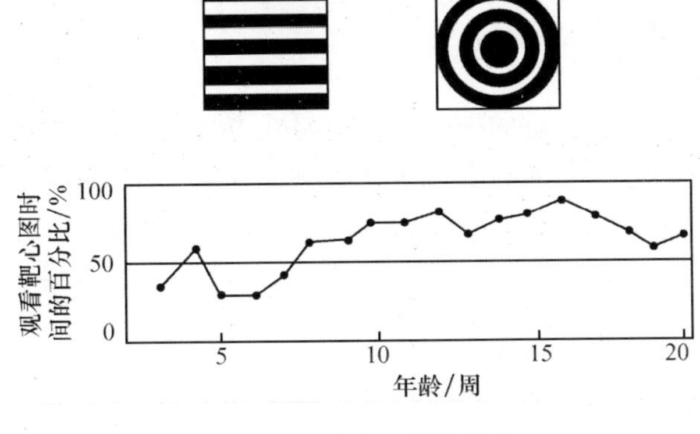

图 7.24　婴儿的视觉偏爱

结果发现，随着儿童的成熟，他们在观看靶心图上使用的时间占更大比例。年龄在 8 周以下的婴儿更喜欢注视横条图，而 8 周以上的婴儿更喜欢注视靶心图。这说明，随着年龄增加，婴儿开始喜欢更加复杂的图形。

在研究(Fantz,1961)中,被试为年龄不同的婴儿,每次只给被试呈现一个刺激。刺激包括有一张与人脸相类似的图形、靶心图和其他一些圆形图,记录被试注视每一个图形的时间,一旦被试将视线转移到其他的地方就马上停止计时,实验结果见图 7.25。

从图 7.25 可以看出:①无论是乳儿还是婴儿,都是对图形有选择地予以注视;②他们对复杂的和具有社会性的刺激注视时间长,而对简单的和非社会性的刺激的注视时间短。

另一项研究(Brennan et al.,1966)考察了年龄对婴儿选择复杂性刺激的影响。以出生后 3 周、8 周和 14 周的婴儿为被试。刺激材料是一个普通的灰色方块和三个格式方块,格式方块 A 有 4 个方格(2×2),B 有 64 个方格(8×8),C 有 576 个方格(24×24)。每个图形进行 4 次实验,每次呈现 30s,记录下注视每一图形所用的时间,见图 7.26。

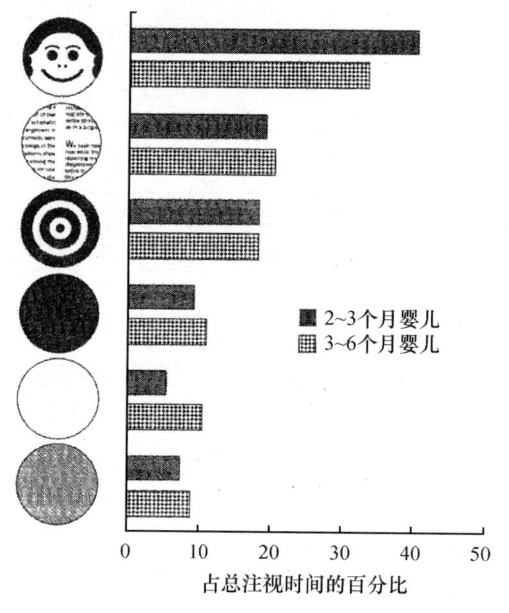

图 7.25 婴儿对面孔、一块印刷品、一个靶心和红、白、黄单色圆盘的注视情况

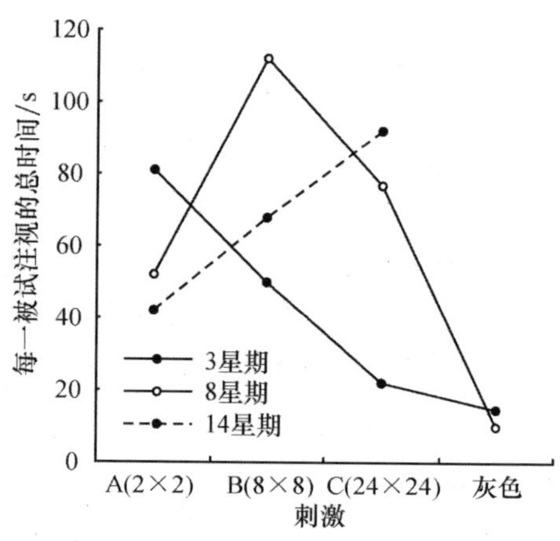

图 7.26 3 周、8 周、14 周的婴儿注视不同图形所用的时间

从图 7.26 可以看出:①所有的被试均是对格式方块的注视时间比对灰色方块的注视时间长。②最受注意的方格刺激与婴儿的年龄有一定的关系。3 周的婴儿注视最多的是 2×2 的方格,而很少注视 24×24 的方格,8 周婴儿最多注视的是中等复杂程度的 8×8 方格,14 周的婴儿最多注视最复杂的方格(24×24),对最简单的方格(2×2)注视最少。分析以上两个结果,可以认为,较大的婴儿比较偏爱较复杂的图形。

知 识 栏

婴儿喜欢注视漂亮的人脸。Langlois(1987)等进行了一项研究。他们先让女大学生对一组成年女性的照片进行评价,并按要求选出 8 张她们认为是漂亮的照片及 8 张不漂亮的照片。但这两个组照片的总体漂亮程度均属于中等,即没有特别漂亮的和特别不漂亮的,而且照片中的人物都是深色的头发、中性的表情、不戴眼镜。研究者将这些照片两两一组地呈现给 2～3 个月及 6～8 个月的婴儿。结果发现：所有婴儿注视漂亮人脸的照片的时间更长，而这种视觉偏爱与婴儿自己母亲的漂亮程度并无相关。研究者认为，婴儿之所以喜爱注视漂亮的人的面孔，是因为这种面孔具有更明显的垂直对称性等方面的特点。

资料来源：陈英和，1999。

（二）婴儿观看人面图的眼动研究

在对婴儿进行的视知觉研究中，有许多是以人面图形为刺激材料的。有研究表明，当婴儿只有 1～3 个月大的时候，就可以通过视觉辨别出自己的母亲和陌生人。在 Fantz(1961)的一项研究中，被试为 49 名 4 天到 6 个月大的婴儿。实验材料有 3 个：第一个是人面图形，在红色背景上的黑色面容，第二个是杂乱拼凑的图形，第三个是一个椭圆图形，它是由黑白两部分组成的，该图形是对照刺激。在实验中，将这三个图形进行组合，呈现给被试看，刺激模式及实验结果见图 7.27。

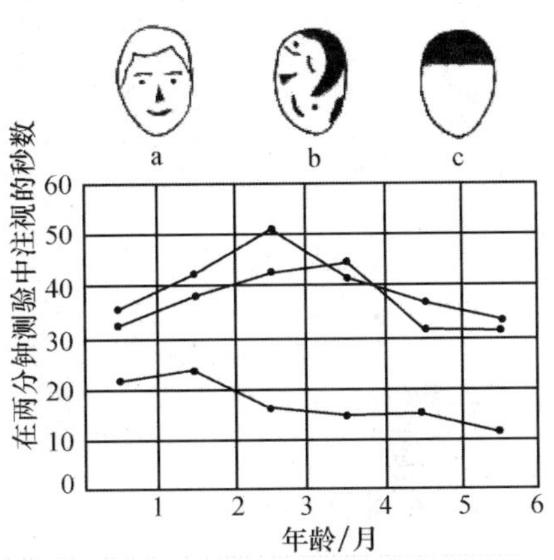

图 7.27　新生儿和年龄较大儿童对三种图形的注视情况

实验结果表明：①无论年龄如何，被试对第三个图形比对其他两个图形的注视少。②被试对第一个人面图形的注视时间比对第二个杂乱图形的时间略长，不过没有统计差异。婴儿对比较复杂的人面图形和杂乱图形的注视较多，而对比较单调的对照图形注视较少，这说明婴儿偏爱复杂的刺激。

有研究(Thomas,1965)发现，婴儿注视棋盘方格图形多于注视面孔图形。Silbiger(1968)发现，如果在人面图形和非人面图形的复杂性相等的情况下，被试更多的是注视人面图形。

有研究表明，出生 2 个月后，婴儿能从人的眼睛开始辨认面孔。Fantz(1966)发现，给婴儿呈现用点排列成眼的图形和没有中心内容的画，婴儿对第一个刺激注视较多。Ahrens(1954)的研究表明，3 个月的婴儿，对画得逼真的眼睛的注视比不逼真的眼睛的注视多。在 5 个月时，婴儿对嘴的注视增加了。有研究(Haith et al.,1977)发现，1 个月大的婴儿通常扫视人面的外部轮廓，而 2 个月大的婴儿则扫描人面的内部细节。Salapakek(1975)也有类似的发现，见图 7.28。

有人(Kagan,1967)认为，单纯用注视作为衡量注意的指标是不够的，他还选择了微笑和心跳作为衡量注意的指标。在研究中，选取 22 个 4 个月大的婴儿为被试，给他们呈现 4 种不同刺激的幻灯片：一个人面孔的照片（正常照片），一个那张面孔的胡乱拼图照片（在照片上，那个人的五官被胡乱地拼凑了起来，称混乱的照片），一个人面孔的简图（正常图解），一个该简图面孔的胡乱拼凑图（混乱的图解）。实验结果表明，婴儿对两个正常的人的面孔注视时间相等，但是对于正常照片比对正常图解表现出更多的微笑，心跳减慢较多。在一项实验中(Gunn et al.,1982)，考察了 11 名唐氏综合征儿童和正常儿童的注视

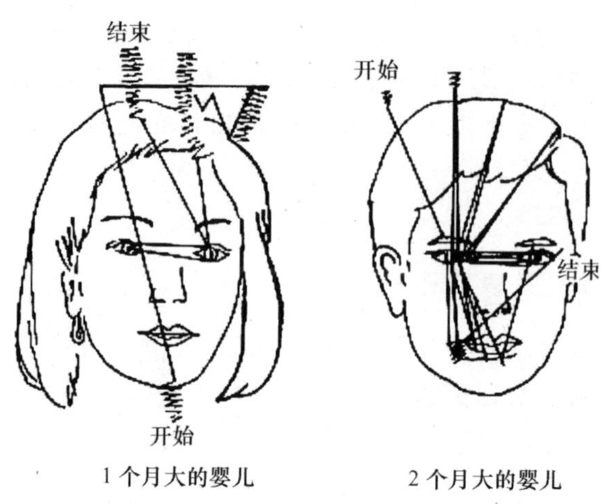

图 7.28 一个月和两个月大的婴儿对人面的扫视轨迹

左图的眼动轨迹中，在下巴和发型轮廓上有许多小的水平线，表明 1 个月的婴儿集中注视人面的外部轮廓，右图的眼动轨迹中，在嘴和眼睛上有许多小的水平线，表明 2 个月的婴儿集中注视人面的内部特征

行为。在他们 6 个月和 9 个月大的时候，记录这些儿童对母亲的注视情况。结果发现，患有唐氏综合征的儿童对母亲的注视时间比正常儿童多一倍。

（三）婴儿观看图形的眼动研究

Salapatek 与其同事们以眼动为指标，对婴幼儿审视图形时的眼动特点进行了一系列研究。这些研究说明，新生儿有选择地对图形的单个特点进行反应。随着婴儿能力的增长，他们对刺激图形的外围轮廓和内部区域都予以注视。这说明，婴儿的形状知觉也不断发展着。Salapatek 等(1966)在一项研究中考察了婴儿对图形轮廓的注视情况。婴儿被放在小床上，在其上方 9 英寸的地方显示刺激。来自视觉显示器标识灯光的射束在被试的角膜上反射出来，反映了眼睛的运动方向，并由一个对准眼睛的照相机记录下来。被试分为两组，一组是实验组，一组是控制组。实验中，给实验组被试呈现一个在白色背景上的黑色三角形，给控制组被试呈现一个黑色圆形。

实验结果发现：①实验组的被试对三角形角的部分注视较多，不少婴儿往往对某一个角顶加以注视；②控制组被试对黑色图形不同部分的注视没有显示出差异；③在实验组中，较少对整个刺激加以扫视。研究者认为，婴儿在出生后很短的时间内至少辨别出了形状的一个方面，但是由于没有扫视三角形的边，所以，他们没有感知到整个图形。

Salapatek 等(1975)的另一项研究中，以婴儿为被试，随机呈现 5 种简略图形，每一种 50s，记录他们的眼动。研究者将 1 个月和 2 个月婴儿注视的情况进行了比较，结果发现，1 个月的婴儿趋向于注视图形的单一特点，而 2 个月的婴儿对图形的注视范围扩大。

Salapatek 等还发现，1 个月和更小的婴儿把他们的注意集中在刺激图形轮廓的外边部分，而不注视图形的中心区域。2 个月的婴儿则不同，他们既注视图形的外围轮廓，又注视图形的中心区域。例如，当单独呈现一个小的方形时，1 个月的婴儿会去注视它，当它被套在一个大的方形里面被呈现的时候，则很少被婴儿注视。相比之下，2 个月的婴儿则既注视小的方形又注视大的方形。对人面注视的研究也得到了类似的结果。

由于1个月大的婴儿很少注视内部的特征，所以，通常人们假设新生儿也是如此。但是有研究发现，婴儿有些特征在刚刚出生时是有的，但是不久便消失了。所以为了进一步搞清楚新生儿对图形的注视情况，有人(Maurer，1983)进行了实验。在实验一中，被试为78人：30名新生儿，平均年龄是2.2天；24名1个月的婴儿；24名2个月的婴儿。刺激材料有三个：一个大的正方形，一个小的正方形，第三个是大的正方形套小的正方形(复合图形)。表7.13是不同年龄婴儿对小正方形所在位置注视的时间百分比情况。

表7.13　不同年龄婴儿对小正方形所在位置注视的时间百分比(实验一)

	小正方形	大正方形	复合图形
新生儿	56	29	38
一个月大的婴儿	94	09	39
两个月大的婴儿	90	49	78

实验结果如下：

(1) 2个月的婴儿在扫视复合图形时，对套在大正方形里的小正方形的注视时间约占总注视时间的3/4，他们有注视内部图形的倾向。

(2) 新生儿和1个月的婴儿则用约2/3的注视时间注视复合图形中的大正方形，他们有注视外部图形的倾向。在对复合图形中小正方形的注视时间分配上，2个月的婴儿组同新生儿和1个月婴儿组差异显著。

(3) 当只呈现大正方形时，2个月婴儿同1个月的婴儿相比，对正方形内部区域的注视时间有显著差异，前者的注视时间长。这说明2个月的婴儿更趋向于注视刺激图形内部的区域。

在实验二中，实验设计与实验一基本相同。刺激材料分3种，一种是人面部的简图(包括后两种内容)，一种是人面的内部特征(眼睛、眼睫毛、鼻子和嘴)，一种是人面的外部特征(脸形)。被试是30名1～5天大的新生儿，24名1个月大的婴儿。实验结果表明，两组被试都没有表现出注视人面外部特征的倾向。新生儿用2/3的总注视时间观看人面的内部特征，而1个月的婴儿用了一半的总注视时间观看人面的内部特征。

二、图画观看、视觉搜索和模式识别的眼动发展研究

与成人相比，儿童的注视时间长(Mackworth and Bruner，1970；Zaporozhets，1965)，眼跳距离短(Mackworth and Bruner，1970)。Gatev(1968)的研究表明，1～6岁，眼跳有着显著的年龄变化。当眼跳振幅相同时，年龄大的儿童眼跳持续时间长，速度慢。Gatev认为，这是由于眼球的转动惯量(moment of inertia)受年龄变化的影响所致。

Mackworth和Bruner(1970)给儿童呈现如下的图画：在画的某些特定区域上，有的很不清楚，有的不清楚，有的清楚。在看清楚的图画时，儿童对图画的观察往往是不恰当的。他们注视到的内容是成人注视内容的2/3，他们往往漏看了许多重要区域，儿童的小的眼跳次数是成人的一倍。在观看模糊的图画时，成人很熟练地从模糊的图片中找出有重要信息的区域，而儿童则不然。成人在需要理解的图画区域上的注视增加了40%，而儿童则没有任何变化。另外，只有成人才出现较长距离的眼跳，跳到重要区域，这说明，对

年龄大、较熟练的观察者来说，副中央凹视觉和边缘视觉起重要作用。

有人(Vurpillot,1968)研究了儿童观察图画时的搜索策略。被试为 78 名 3～9.5 岁的儿童，分成 4 个年龄组。刺激是画有两幢楼房的图片，楼房的形状是相同的。每幢楼房有 5 行窗子，每行有 2 个窗子，共 10 个窗子。刺激图片共有 6 张，分成 2 组，每组 3 张。一组是图片上两幢楼房的窗子是完全相同的。另一组图片上两幢楼房的窗子是不同的，在该组的 3 张图片中，第 1 张图片上 2 幢楼房有 1 对窗子不同，第 2 张图片上 2 幢楼房有 3 对窗子不同，第 3 张图片上 2 幢楼房有 5 对窗子不同，见图 7.29。

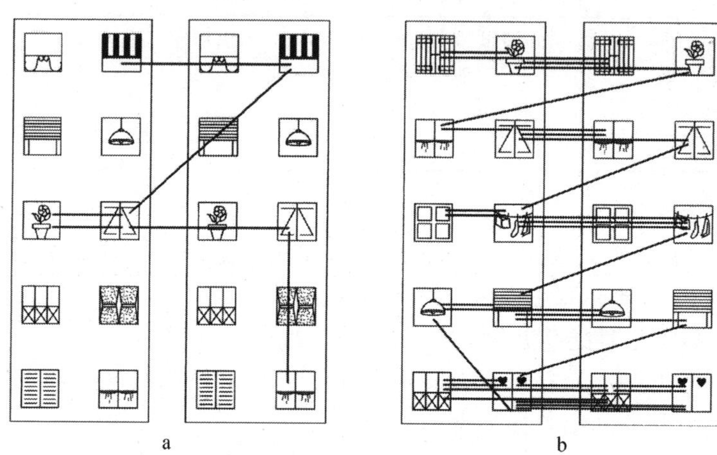

图 7.29　Vurpillot 使用的实验材料

给儿童呈现图片，要求其判断图片上两幢楼房的窗子是否相同。要完成上述任务，注视应该是一个系统的过程，即应该是一列窗子一列窗子地进行比较，或一行一行地比较，而不能毫无计划性地随意看。这种系统化的注视模式还可以使被试很容易记住哪些窗子比较过，哪些没有，从而减轻记忆负担。实验结果表明：①6 岁以下的儿童只看了刺激图片中的部分内容就做出判断。②部分 5 岁的儿童在判断前已能对两幢楼房的窗子进行成对地比较，大部分 6 岁以上的儿童都能采取这种正确的策略进行比较(表 7.14)。这说明，随着年龄增长，儿童注视的系统性目的性不断增强。

表 7.14　对两幢楼房的窗子进行成对地比较的人数

	每组被试的平均年龄/岁			
	3.11	5.0	6.6	8.9
人数	0/18	7/20	16/20	18/20

注：在人数一项中，分子代表对两幢楼房的窗子进行成对比较的人数，分母代表该组被试的总人数，如 0/18 代表 3.11 这个年龄组的被试共有 18 人，而对两幢楼房的窗子进行成对地比较的人数为零。

在一项研究(Zaporozhets,1965)中，被试为 4～7 岁的儿童，要求他们观察同样的图形，结果发现不同年龄被试对图形的扫描模式不同，见图 7.30。

图 7.30 是 3 个不同年龄水平的儿童对图形扫描的眼动模式图，从图中可以看出，随着年龄的增长，儿童注视的范围不仅扩大了，而且，他们对物体的探索也逐步变得更加系统化。

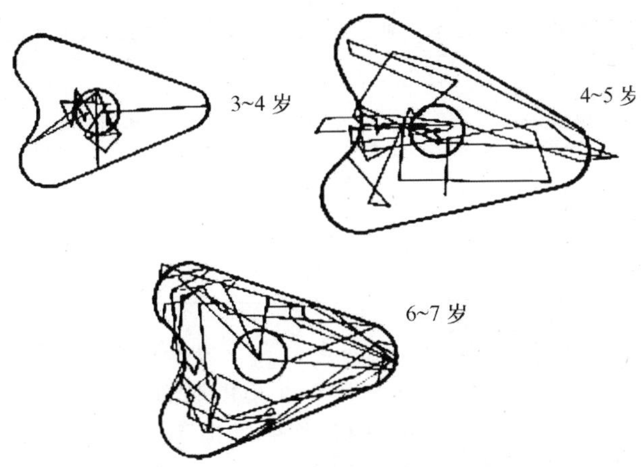

图 7.30　3 个不同年龄水平的儿童对视觉形状进行扫描的眼动模式

20 世纪 60 年代，王志清(1963)对眼动在学前儿童视觉和认知发展中的作用进行了研究，用电影记录法记录眼动。实验中，采用了不规则的图形和童话中的插图作为刺激物呈现，图形的大小为 30cm×40cm。被试为幼儿园 3 岁、4 岁、5 岁和 6 岁 4 个年龄班的儿童，共 24 人，分成两个组，每组 12 人。第一组被试的任务：①观看图形，要求儿童仔细观看图形 20s，并且记住它，以便在其他图形中认出这个图；②用指示棍以 5s 和 15s 左右的两种速度沿着图形的轮廓移动，要求被试用眼睛追随指示棍的尖端；③再现图形的表象，要求被试观看空白的屏幕想象刚刚看过的图形，想象的时间是 15～20s(随年龄增减)。第二组被试的任务：①认知图形，要求被试认真观看并记住画在纸上的图形，然后对即将呈现在屏幕上的图形进行认知；②观看图画 40s，观看后讲出内容；③在图画中找出指定的对象(在普希金童话内的一张插图中找出小鸟，另一张插图中找出刺猬)。

实验结果如下。

(一) 观看图画时的眼动

(1) 3 岁儿童眼动的轨迹只在图形内的某一部位，看不到追踪探查轮廓的情况。所以他们的眼动轨迹与图形轮廓是很不符合的，见图 7.31。

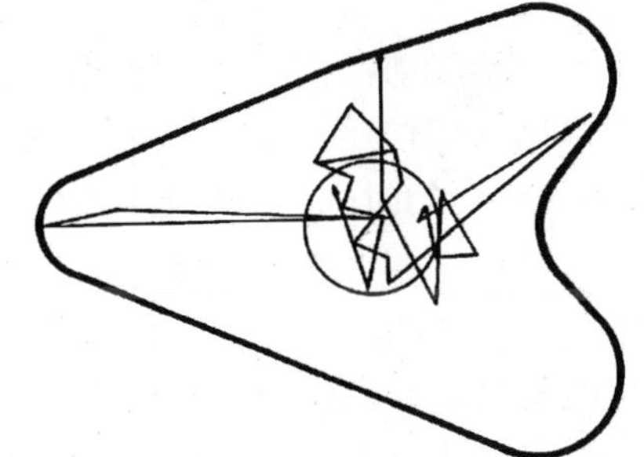

图 7.31　一个 3 岁被试观看图形 20s 的眼动轨迹

从纸上的其他图形中认知所观察过的图形时，3 岁儿童成绩较差，他们认知形状的错误为 50%左右，经常不能区分两个差别较大的图形。研究者认为，3 岁儿童可能首先是将图形从背景中分离出来，在这种活动中，大小和面积比物体外形起着更重要的作用。

(2) 眼动的主动性是随着年龄的增长而增长。表现为儿童的注视次数减少，眼睛运动的次数增加，见表 7.15。

表 7.15 完成感知和认知活动时眼运动和注视次数的对比(以 128 张胶片计算)

年龄组	运动数量		注视次数	
	感知运动	认知运动	感知运动	认知运动
3 岁	25.5	40.8	102.9	87.1
4 岁	34.7	35.5	93.3	92.5
5 岁	27.1	31.6	100.9	96.4
6 岁	38.5	26.1	89.3	101.7

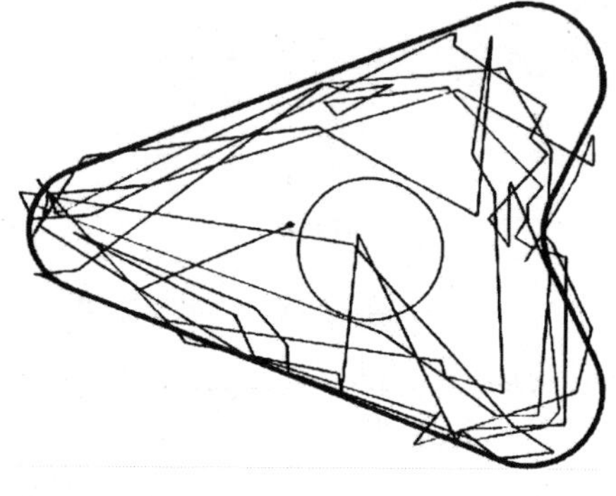

图 7.32 一个 6 岁被试观看图形 20s 的眼动轨迹

4 岁和 5 岁儿童眼动的特征在很大程度上仍然保持 3 岁儿童的特征,4 岁和 5 岁儿童眼动数量增加,但是他们的追踪探查运动的发展、运动的轨迹更符合刺激图形的轮廓。4 岁的儿童认知图形的错误率为 3%,5 岁儿童能更正确地认知客体。

(3) 6 岁儿童的运动轨迹几乎完全符合图形的轮廓,他们几乎是重复图形的所有特征,儿童的视线沿着图形轮廓走了若干次,并对具有特征性的地方进行了注视,具体情形见图 7.32。

此外,从表 7.15 也可以看出,6 岁儿童的眼睛运动数量要比 3 岁儿童多得多,这时,他们已形成了对图形的追踪探查运动。6 岁儿童的眼睛运动已获得了百分之百的正确性。

(二) 追随运动客体时的眼运动

3 岁儿童能控制自己的视线,沿着一定的路线追随不同速度的运动客体,说明他们已经具备追踪探查运动的能力。在这项任务上,没有明显的年龄差异。

(三) 再现图形的表象

3~5 岁的儿童无法完成这项任务,只有 6 岁儿童在想象图形时有相应的眼动轨迹。

(四) 认知图形

(1) 在感知活动中,儿童眼动的数量是随着年龄的增长而增多的,但是在认知活动中,结果却相反,眼睛运动的数量随着年龄的增长而减少。在完成认知图形的任务时,认知所需要的时间随着年龄的增长而减少。

(2) 3 岁儿童在认知图形时的眼动轨迹是复杂紊乱的,见图 7.33。

(3) 4 岁儿童在完成认知任务时的眼动轨迹已与完成感知任务时的运动轨迹有所不同,眼动数量也少于 3 岁儿童。

(4) 从 5 岁儿童的眼动轨迹特点看,他们基本具备了认知时所要求的活动方法。

(5) 6 岁儿童完全具备了认知任务的活动方法,能分解出要求认知客体的内容,见图 7.34。

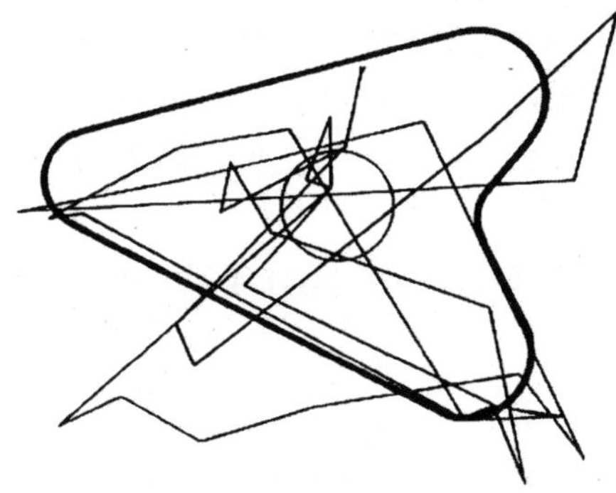

图 7.33　一个 3 岁被试认知图形 9s 的眼动轨迹

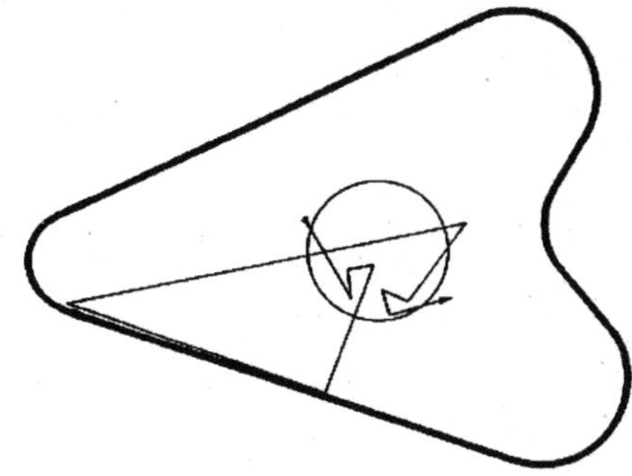

图 7.34　一个 6 岁被试认知图形 4s 的眼动轨迹

（五）观看图画

从观看图画时眼运动的状态和注视次数来看，6 岁儿童的注视次数多于较小年龄儿童。但是，从观看图画时眼运动轨迹上，难以找出比较主要的年龄差异。这说明，3 岁儿童已能认知与生活经验有关的材料。

（六）在图画中找出指定对象

各年龄组的被试都能完成这个任务，寻找小鸟和刺猬的平均时间由 3 岁儿童的 8.3s 减少到 6 岁儿童的 3.5s。对眼动轨迹分析发现，除 3 岁的被试外，在寻找小鸟时，所有的被试都能立刻把自己的视线指向图画的上方，这可能是与鸟往往在高处的概念相联系着的。研究者通过对以上眼动研究总结指出，在完成不同的任务活动中，不同年龄阶段儿童的眼动有不同的特征。然而，这并不应该把它看作是孤立的、绝对的年龄特征指标，必须结合感知内容加以考虑。

王志清(1965)在另一项研究中，考察了学前儿童的眼动和物体知觉的发展。本研究与上一个研究的实验设计和条件基本相同，但是增加了被试的人数。被试为幼儿园 3 岁、4 岁、5 岁、6 岁各年龄班的 80 名儿童。全部被试分成两组，每组 40 名，包括每个年龄班 10 名儿童。两组被试分别完成下列任务：第一组是观察不规则的几何图形，观察时间是 10s，要求儿童仔细看过屏幕上的图形后，回答此图像什么，并在纸上画出刚看过的图形，同时在三个相似的小图形中辨认刚看过的图形，以检验儿童所形成的几何图形的表象；第二组是观察纸上的几何图形后，对呈现在屏幕上的图形进行认知，然后再以辨认图形测验检验认知效果。实验用电影记录法记录眼动。

实验结果如下。

（一）观察图形

(1) 3 岁儿童观察图形时眼动的主动性较小。他们的眼动轨迹是杂乱的，只限于所观察图形的某一部分，他们只做一些单一的、向相反方向的扫视。在所有的 3 岁儿童的眼动记录中，未发现与图形轮廓相对应的，特别是分出形状特征的那种眼动轨迹。3 岁和 4

岁的儿童的眼动轨迹比较相似，只从少数 4 岁被试杂乱的眼动轨迹中看出区分某些形状特征的眼动轨迹。眼动轨迹基本与图形轮廓相吻合，这是 5 岁和 6 岁儿童眼动记录中的共同特点。此外，5 岁和 6 岁儿童的眼动范围明显加大，少数被试在观察图形时表现出单一方向上的反复扫视。

(2) 从眼动幅度的指标分析结果可以看出，在观察图形时，随着年龄的增长，眼动的平均幅度(即眼跳距离)也逐渐加大(表 7.16)。

(二) 认知图形

(1) 从眼动轨迹来看，认知图形时眼动的发展趋势与观察图形时相反。随着年龄的增长，眼动轨迹趋向于简单化，它与形状的相应性也逐渐不显著，眼动的范围也逐渐变小。6 岁儿童的眼动轨迹有如下特征：眼动范围只局限于图形的一小部分，眼动轨迹非常简单，虽然与图形轮廓不符合，但也不紊乱。5 岁被试也具有同样的特点。大多数 3 岁和 4 岁的被试的眼动轨迹是复杂的，眼动范围也较大，同时有幅度较大的眼动。

(2) 认知图形时，眼动幅度是随年龄的增长而减少的，各年龄间的眼动幅度变化较大，其变化趋势与观看图形时相反(表 7.16)。

表 7.16 观察与认知图形时眼动幅度数量表 (单位：°/次)

年龄组	观察图形	认知图形	年龄组	观察图形	认知图形
3 岁	2.15	2.72	5 岁	2.47	2.24
4 岁	2.28	2.45	6 岁	2.55	1.84

研究者根据所得结果提出如下观点：

第一，感知图形的实验结果说明，随着年龄的增长，儿童的眼动范围逐渐增大；眼动轨迹由杂乱的在单一方向来回扫视的状态逐渐变为扩展的、有条理的状态；眼动的幅度明显加大。从眼动轨迹和图形相应的情况可以看出，3 岁和 4 岁儿童观察的只是图形的某一部分和图形的轮廓，至于那些图形的代表性特征往往不被他们注意到，我们所看到的那种来回扫视的轨迹可能无助于建立图形的形象。所以，研究者认为，3 岁和 4 岁儿童还不能够很好地观察形状，建立表象。从眼动的结果看，他们还没有形成较完善的感知动作。

第二，对认知图形时的眼动分析说明，无论是眼动轨迹或是眼动幅度都表明了眼动是随年龄的增长而趋于缩减的规律。年龄越大，眼动轨迹越简单，与所认知的图形的对应性越不明显，眼动幅度越小。从这个结果分析可以看出学前儿童认知动作的发展规律，而且可以进一步了解学前儿童一般感知活动。事实上，6 岁儿童已较好地(5 岁儿童是开始)形成了依存于不同任务的较完善的感知和认知方法，即在观察图形时，他们能对图形的轮廓及其代表性的特征仔细进行追踪探查，从而建立对被感知对象的明确表象；在认知图形时，能把已有的表象与认知对象进行对比，辨认出认知对象与表象的共同特征，而不需要重新建立表象。所以，感知器官的动作作用减小，边缘视觉起了重要作用。有人(Olson，1970；Pecheux，1976；Vurpillot and Taranne，1974)发现，与大龄儿童和成人相比，年幼儿童在观看图画时缺乏系统策略。在模式识别任务中，有人(Whiteside，1974)发现，年幼儿童倾向于扫视全部刺激内容，但他们的眼动模式和刺激之间缺乏一致性，成人注视的范围比儿童小，但眼动轨迹与刺激之间一致性很高。

守恒是皮亚杰理论中一个比较重要的概念，其意义是指物体从一种形态变为另一种形态时，它的物质含量既没有增加，也没有减少，是不变的。有各种不同的守恒，如数量守恒、体积守恒和液体守恒等。儿童通常要到 8～11 岁，才能获得守恒概念。有人(Boersma et al.，1969；Boersma et al.，1970；Boersma and Wilton，1974；O'Bryan and Boersma，1971)对能够完成皮亚杰守恒作业和不能完成守恒作业的被试的眼动轨迹进行了研究。结果发现，守恒者比非守恒者有较多的视觉探寻活动(visual exploratory activity)。从以上的研究中可以看出，眼动发展的年龄特征是很明显的。特别是成人与儿童之间，存在显著差异。随着年龄的增长，人的知识经验和技能不断得到完善，其眼动模式也变得具有目的性和系统性，他们的注视时间主要花在与任务有关的部分的注视上。而且，随着年龄的增长，对非中央凹视觉(如边缘视觉等)的利用更加有效。需要强调的是，说成人能够对非中央凹视觉(如边缘视觉等)的利用更加有效，并不是指成人的非中央凹视觉比儿童的好，只是成人能够比儿童更好地利用非中央凹视觉获得信息。

电视作为一种重要的大众媒体，已经得到广泛的普及。对儿童观看电视时的眼动研究也是一个重要的课题。较早用眼动研究视觉运动画面的是 Wendt(1952)，他用一架原始的眼动照相机记录了成人观看电影时的眼动。20 世纪 60 年代，他的思想被 Wolf 用于研究电视教学节目上，研究选取的被试是初中生和高中生。Wolf 使用了头盔式 Mackworth 照相机，研究被试眼动的类型、吸引被试注意的视觉因素类型及高智商和低智商儿童的注意模式。对观看电视节目进行眼动研究在 70 年代又引起了人们的注视，兴起了一个新的高潮。其代表人物是 O'Bryan，他与美国儿童节目《芝麻街》、《电气公司》的节目制作人合作进行了一系列的研究(O'Bryan and Silverman，1972；O'Bryan，1974，1975)。

在研究中，O'Bryan 以 9～11 岁的儿童为被试，要求他们观看教育性阅读节目《电气公司》，儿童被分成 3 组，第一组是阅读能力强的被试，第二组是阅读能力差的被试，第三组是阅读能力很差的被试。实验结果表明，3 组被试在眼动模式上有较大的差异。

一般而言，阅读能力强的被试能够系统地阅读电视上的文字材料，而不被无关内容所干扰，他们能够迅速地注意到新的视觉刺激。阅读能力差的被试易于分心，表现出了不熟练的阅读模式。而阅读能力很差的被试表现出了盲目的、缺乏目的性的眼动模式，大部分阅读材料被忽视掉了。O'Bryan 的眼动研究结果使《电气公司》的节目制作人改变了节目的设计。

有人(Flagg，1978)以 4 岁(17 人)和 6 岁(22 人)儿童为被试，研究了重复观看同样的电视节目对被试眼动模式的影响。实验中，要求被试观看两盘大约 10min 的录像带，看节目中间有一次休息。这两盘录像带包括三段《芝麻街》短片(A、B、C)，这些片子从未播放过，或者已有许多年未播放过，这些材料对所有的被试来说是不熟悉的。在这两盘带子上，每个片子均重播几次：短片 A 重复 5 次，短片 B 重复 4 次，短片 C 重复 2 次。这三段节目取材于日常生活事件并且大部分是儿童熟悉的。

该实验结果表明：①在观看不熟悉的《芝麻街》节目和以后重复观看同样节目的过程

中,4 岁和 6 岁儿童的眼动模式没有显著差异。②在观看最初重复播放的节目和以后继续重复的节目时,被试的眼动情况有变化。随着节目重复次数的增加,被试的平均注视持续时间也增加了,而注视点之间的平均距离减小了,即眼跳距离减小了。③在最初的节目重复时,儿童注意信息多的区域,在后来的节目重复中,儿童注意信息少的区域和与主题不十分相关的细节。

有人(Hattori,1980)通过考察不同年龄儿童的图形推理能力考察了他们的眼动模式。被试为幼儿园的儿童、二年级和六年级的学生。给他们两行刺激图形,第一行为黄色十字和绿色三角,第二行为绿色三角和绿色十字。要求被试根据这些图形进行肯定推理、部分否定推理和否定推理。实验结果发现,二年级的学生开始使用与幼儿园儿童不同的扫视模式,六年级儿童才开始利用边缘视觉。

有人(Sigman and Coles,1980)对儿童和成人在完成模式识别任务时的眼动模式进行了研究。被试为 3~6 岁儿童和成年人。给被试呈现一个标准刺激(图 7.35a)20s,要求被试认真看并尽可能记住它,然后进行再认测验,即同时呈现两个刺激图形 10s,一个是目标刺激,一个是非目标刺激。非目标刺激有三种,一种是将标准刺激中某个方格中的元素改变,并将另一个方格中的元素空间位置改变(图 7.35b);一种是将标准刺激中某个方格中的元素改变(图 7.35c);第三种是将标准刺激中某个元素的空间位置改变(图 7.35d)。让被试找出与标准刺激相同的目标刺激。

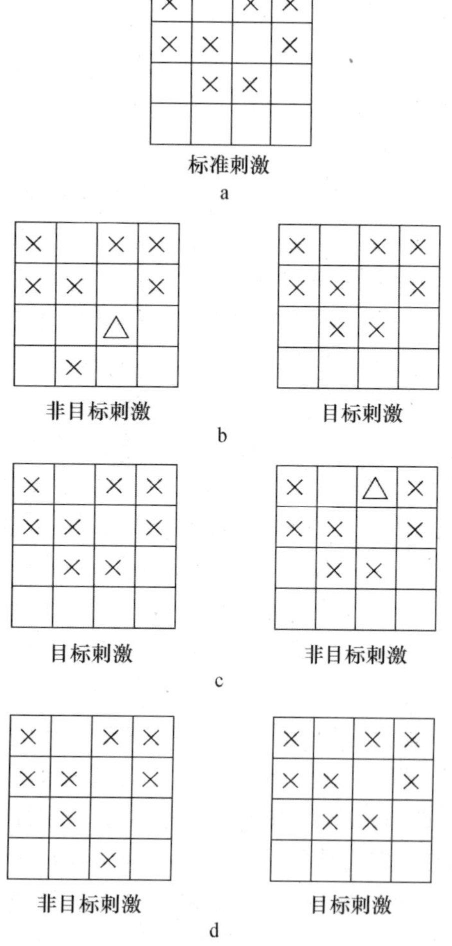

图 7.35 实验中使用的刺激材料

实验结果表明:①在观看标准刺激时,年龄小的被试扫描范围大,成人在扫描时范围集中几个位置上,且重复注视这些位置的次数也比儿童多;②能够正确再认的年龄较大的儿童被试观察图形时的眼动模式与成人相似;③不能正确再认图形的 4~6 岁被试,在完成再认测验时花较多的时间注视非目标刺激中与标准刺激不同的地方。这说明学前儿童能够找到与任务有关的视觉信息,但是他们还不能有效地利用这个信息去解决问题。

有人(Hainline and Lemerise,1982)以婴儿为被试,考察他们对不同大小几何图形的注视模式。被试为 1 个月、2 个月和 3 个月的婴儿,按年龄分成 3 组,每组 12 人,共 36 人。刺激图形包括圆形、方形和三角形,每种图形有大、中、小三种。实验结果发现:①图形大小明显地影响被试的注视模式;②在注视几何图形时,对图形的注视点的空间分布没有年龄差异。

还有人(Nodine,1983)以幼儿园的幼儿、小学一年级和三年级的学生为被试,分别以非词(pseudo words)、类似字母的符号(letter like symbols)和字母为实验材料,将它们成对地呈现,然后判断两者是否相同。要作出正确判断,对于成对呈现的刺激,被试必须先注视其中的一个刺激,找出其中的显著特征,然后,再查看另一个刺激是否在相同的位置上也有同样的特征,这就是所谓的"成对比较策略"(paired-comparison strategy)。实验要考察的问题有两个:第一,字母的哪些特征吸引被试的注意?第二,这些特征是如何被用来进行异同判断的?

在实验中发现:①随着年级的增长,被试对刺激的显著特征的注视增多,见表 7.17。②年龄大的儿童不仅能够注视两个字母之间的显著特征,而且能够更有效地使用成对比较策略进行异同判断。这种有效性表现在:这些儿童与年龄小的儿童相比,较少的成对比较次数就可以正确作出异同判断,见表 7.18。

表 7.17　对每对刺激显著特征注视的比率

年级	非词	类似字母的符号	字母
幼儿园	0.56	0.36	0.24
一年级	—	—	0.27
三年级	0.65	0.41	0.29

表 7.18　对每对刺激显著特征进行成对比较的次数

年级	非词	类似字母的符号	字母
幼儿园	6.04	2.5	3.1
一年级	—	—	2.2
三年级	4.48	1.3	1.5

在以上的研究中,眼动随着年龄不同而表现出不同的特征。不过,在有些研究中,眼动并没有表现出年龄特征。有人(Mackworth and Otto,1970)给被试呈现一个 4×4 矩阵排列的 16 个白色几何图形,将其中一个图形突然变成红色,结果发现被试用了图形呈现时间的 2/3 去注视变红的那个图形。变化后对这个图形的注视时间是变化前对这个图形的注视时间的 16 倍,被试的年龄对这个结果没有影响。研究者认为,2～3 岁和 6～7 岁的儿童在视觉定向反应(visual orienting response)和习惯化(habituation)的产生速度上是相同的。

另一个研究(Girgus,1976),考察了在进行眼动与不进行眼动这两种条件下对形状的知觉的影响。被试为 4.6～21.7 岁的儿童和成人。刺激材料有 3 种,它们是不同形状的图形,有十字形、E 形和 H 形。研究者使用了圆孔观看技术(aperture-viewing technique),图形是通过圆孔呈现的。呈现条件有 3 种,第一种是刺激图形固定不动,圆孔在刺激图形上以一定的速度移动,被试的眼睛必须对圆孔进行追随运动;第二种条件是圆孔在刺激图形上进行跳动,被试需要进行眼跳动;第三种条件是圆孔静止不动,而刺激图形在圆孔后面进行移动,被试注视那个圆孔即可。实验结果发现,在要求被试进行眼动(条件 1 和条件 2)的实验条件下,可以提高对图形形状信息的加工成绩,不同年龄组的被试成绩均有所提高,而没有表现出明显的年龄特征。实验者认为,本研究结果没有能够支持许多理论家所主张的眼动在对儿童的图形形状加工中具有重要作用的观点。

隋雪(2006)考察了学习困难儿童观看图片过程的认知加工及眼动特性。实验要求被试观看图片后回答相关问题,并对观看过程中的眼动情况进行记录。结果发现,与学习优秀儿童、学习一般儿童相比,学困儿童提取图片信息的效率低,完成认知任务的质量差;在眼动参数上,学困儿童的注视次数多,眼跳距离小,与其他两组儿童相比差异显著。结果提示,学困儿童认知加工效率低与眼动模式差关系密切。

在另一项研究中,隋雪等(2006)考察了学习困难儿童视觉搜索的眼动情况。实验材料分为 3 种:材料 1 是由不同几何图形组成的搜索图片,搜索目标是三角形;材料 2 是由不同数字组成的搜索图片,搜索目标是数字 6;材料 3 是由不同英文字母组成的搜索图片,目标是英文字母 G。用 Microsoft PowerPoint 软件把实验材料制作成幻灯片,在微机显示器上呈现。采用 3(组别)×3(材料)×2(年级)的三因素混合实验设计。其中,组别与年级为被试间变量,组别为学困儿童、一般儿童和学优儿童 3 组;年级为三年级和五年级;材料为被试内变量。因变量包括搜索时间和搜索的眼动指标。研究结果发现,学困儿童的眼动效率低与视觉搜索效率低关系密切。

李秀红等(2007)考察了汉语阅读障碍儿童图画知觉过程的眼动特征及其视觉认知加工特点,为针对性的矫治方法的建立提供了直接的依据。实验以眼动仪为工具,分别记录 28 名儿童对 3 幅图画知觉过程的眼动数据,其中汉语阅读障碍儿童 14 名,对照组儿童 14 名,分析其关于注视和眼跳相应的 9 项眼动指标。结果发现:图形记忆与加工能力的缺损不是汉语阅读障碍儿童的主要特征。但当图画背景复杂时,汉语阅读障碍儿童的注意广度变小,注视效率降低。

有人(沃建中等,2006)考察了不同推理水平儿童在图形推理任务中的眼动特征。实验以矩阵填充任务为材料,以眼动仪为研究工具,以 3～6 年级学生为被试,探讨图形推理中儿童推理过程的特征和策略使用的差异,以及推理能力高低组儿童完成图形推理任务的眼动模式差异。在该实验条件下,得出以下结论:第一,8 岁以上儿童已经具备解决矩阵填充任务的逻辑思维能力,但高低水平组儿童在解决任务的能力水平上存在差异,高水平儿童的反应时较快、正确率较高;第二,在儿童推理的过程中,不同维度对推理过程的影响存在一定的层次——对形状、颜色维度的识别最容易,对大小维度的识别次之,对方向维度的识别最难;第三,高低水平组儿童获得策略的时间进程不同,差异主要产生在推理开始后的 5～11s 这个阶段,在这一阶段中,高水平组儿童对方向这一较难维度的识别和正确答案的识别都快于低水平组儿童,体现了高水平组儿童更强的信息加工能力。

有人(曹晓华和林柳波,2008)为探讨儿童图形识别绩效及时空特性,以小学三年级、六年级各 24 名学生为被试,20 个不规则几何图形为刺激材料,以眼动仪为主要设备进行实验研究。结果发现:六年级学生的非旋转不规则几何图形识别绩效显著高于三年级,儿童在非旋转显示方式下的图形识别绩效显著高于旋转显示方式;六年级学生图形识别中平均注视时间、首视点注视时间显著减少,注视比率、注视点数目和扫视距离显著增加;在图形识别的正确率、扫视总距离和扫视平均距离方面,学生年级和显示方式的交互影响显著。

推荐读物

Noton D,Stark L. 1981. 眼睛运动和视知觉. 见:生理心理学. 汤普森,孙晔,等译. 北京:科学出版社:184-196

Loftus G R. 1972. Eye fixation and recognition memory for pictures. Cognitive Psycholoy,3:525-551

Rayner K. 1978. Eye movements in reading and information processing. Psychological Bulletin,85(3):618-660

Rayner K. 2004. Eye movements,cognitive process,and reading. 心理与行为研究,2(3):482-496

Yarbus A L. 1967. Eye movements and vision. NewYork:Plenum Press:105

眼动名著简介

《人们如何看图片》

艺术知觉心理学的研究

How People Look at Pictures

A Study of the Psychology of Perception in Art

该书是由美国芝加哥大学的 Guy Thomas Buswell 教授撰写,由芝加哥大学出版社于 1935 年出版。

目录

第一章 绪论

第二章 看图时兴趣的中心和知觉的模式

第三章 注视停留时间

第四章 知觉模式的变化与图形特征的关系

第五章 知觉模式与个体差异的关系

第六章 知觉模式与图画观看指导的关系

第七章 结论

这部著作对于眼动研究历史具有重要的意义。因为,该书首次探讨和记录了被试观看复杂图片时的眼动。在他的研究中,记录了超过 200 名被试的眼动情况。这些被试观看 55 幅图片,其中包括油画、雕塑、花毯、图案、建筑、内装饰等,为复杂图案知觉的研究积累了丰富而宝贵的资料。

《阅读过程和场景知觉中的眼动导向》

Eye Guidance in Reading and Scene Percetption

此书是由英国诺丁汉大学心理系 G. Underwood 教授编辑,由 Elsevier 出版社于 1998 年发行。

目录

前言
第一章　眼动导向和视觉信息加工：阅读、视觉搜索、图片知觉和驾驶
第二章　认知过程研究中对眼动测量的定义和计算
第三章　眼动和阅读时间的测量
第四章　阅读过程中决定词的注视位置的因素
第五章　回视及其与单词识别的关系
第六章　跳读：阅读中眼动控制理论的启示
第七章　副中央凹区域上的词汇对中央凹区域注视时间的影响：来自加工权衡关系的证据
第八章　副中央凹的作用
第九章　阅读过程中中央凹加工负荷和注视位置效应
第十章　阅读和眼动控制的个体差异
第十一章　阅读中的眼动控制：综述和模型
第十二章　场景观看中的眼动：综述
第十三章　眼动导向和视觉搜索
第十四章　场景中预视对物体的知觉
第十五章　视野的功能分区：移动掩蔽和移动窗口
第十六章　电影胶片知觉：电影胶片的加工
第十七章　动态场景的视觉搜索：事件类型和经验在驾驶情境中的作用
第十八章　新手司机能够看到多少？要求对新手和老手司机的视觉搜索策略的影响
第十九章　新手司机的眼动策略的发展
第二十章　司机的眼睛告诉了汽车大脑什么？

书中的内容是源自欧洲认知心理学学会的会议，该会议于 1996 年在德国的 Wurzburg 举行。这部专著对于阅读中的眼动指标、副中央凹对于中央凹的影响效应等问题进行了深入的探讨，同时，此书对于汽车驾驶员的眼动特征也进行了十分广泛和深入的考察，是一本眼动研究者必备的参考书。

眼动名人堂

盖伊·托马斯·巴斯韦尔(Guy Thomas Buswell，1891～1994 年)，美国心理学家，生前担任美国伯克利大学名誉教授。巴斯韦尔是继道奇(Dodge)之后，对 20 世纪早期的眼动研究发展起到重要推动作用的学者之一。

巴斯韦尔在大学期间阅读了芒斯特伯格(Munsterberg)的《心理学与工业效率》一书，由此对心理学产生了浓厚的兴趣。他的大学学习曾两度中断，第一次为筹集学费而离开了 3 年，之后又在一战期间作为美国陆军通信兵应征入伍。1917 年，他重返大学，在贾德(Judd)的指导下获得博士学位。1949 年从芝加哥来到伯克利，1958 年成为伯克利大学名誉教授，1974 年被选入“阅读名人堂”。

在眼动的阅读研究方面巴斯韦尔取得了卓越的成就，同时在观看图片的眼动研究方面，他也作出了巨大贡献。这项研究反映在他的专题著作《人们怎样观看图片》(*How people look at pictures*)中(Buswell，1935)。这部著作所记录的 200 个被试在观看不同

图片时的眼动数据对当今的眼动研究工作仍具有重要的价值。通过对图片所进行的眼动研究，巴斯韦尔发现，被试的注视点会集中在一个特殊的“兴趣区”内，并且对于图片的观看，存在很大的个体差异。

巴斯韦尔的这部著作阐明了眼动研究在 20 世纪早期的快速发展，并且引发了关于眼动与视觉经验之间关系的大讨论。

巴斯韦尔的研究第一次系统地探索了人们在观看复杂图片时的眼动过程，而不再仅限于文本阅读。所以，在某种意义上，他的研究称得上是眼动研究历史上的一次伟大变革。

第八章　真实情景知觉的眼动研究

对人类视知觉的研究，大致可以分为3个层次。第一层次水平的或者是早期的视觉研究关注深度、颜色、材料以及对表面或边界的表征(Marr，1982)；第二层次水平的视觉研究关注于形象与空间之间关系的提取，但是，这一水平的研究并不关心意义获得；第三层次水平的视觉研究则关心的是视觉表征及其意义获得过程，包括对与认知和知觉相关的加工和表征的研究，也包括诸如信息获得、视觉信息的短时记忆以及情景或刺激物的识别等的研究。本章将主要介绍有关情景知觉及意义获得的眼动研究。

第一节　情景与情景知觉

我们每天都生活在真实情景之中，情景中的刺激物以及其所包含事件的位置和属性会引导我们的思考和行动。因此，了解人们对情景的知觉有助于更好地认识视觉系统的特点，有助于更深入地理解认知心理加工的过程，拓展心理学研究的领域，并可以丰富相关的理论建构。

有人(Rayner，2004b)对这个领域的研究进行了归纳和总结。他认为，人们对情景知觉的了解，之所以没有对阅读过程深入，首先是因为情景与阅读相比，有很多不好控制的视觉因素；其次是因为情景知觉的任务也没有阅读任务定义明确。然而，我们仍然能通过眼动研究得到许多有关情景知觉的研究成果。在这一领域已经有如下一些重要的发现。

(1) 情景知觉的知觉广度远大于阅读的知觉广度。眼睛注视的过程中，可以获得更多的信息，同时注视的时间和眼跳距离均长于阅读过程的注视时间与眼跳距离。

(2) 眼跳过程中不能获取视觉信息。

(3) 有关情景的扫描路径是比较一致的。被试看一个情景2～3遍时，扫描路径(或是注视情景中物体的顺序)非常相似。但是，被试总是会在需要的时候偏离最初的扫描顺序。

(4) 被试总是固定地注视情景中富含信息的部分，而且能够快速地搜索到情景中相对重要的部分。

(5) 被试眼睛下一个目标对搜索受到情景中较突出的或是重要事物的影响，通常更快地倾向于情景中比较重要的部分。关于什么时候会移动眼睛，目前还不是很清楚。

一、情景概念的界定

情景(scene)是真实世界中各个分散的刺激物及其背景构成的、具有语义一致性的视觉图景。其中背景是较大范围的、具有不可移动的表面与结构，而客观刺激物是小范围的，是在情景中移动的或者是能够被移动的非关联实体(Henderson，2005)。真实情景是由具体的独立刺激物和相应背景构成的空间层次(hierarchical spatial structure)结构。背景和独立刺激物的空间排列要符合情景的物理特征及其功能，即必须在空间许可的条件下形成具体的情景。

空间许可(spatial licensing)包含两个方面的内容:首先,它应该是在宇宙的物理限制之内,包括重力、空间、时间等。例如,在同一时间内,不可能有两个事物同处于同一个空间位置;其次,它应该受到客观刺激物属性及其功能所确定的语义的限制。例如,在书桌上放置一个台灯,很多人都不会觉得奇怪,但是,如果在书桌上放置一只皮鞋,就会让人觉得不可思议。当然要确定是否违背了物理限制,通常还要受对刺激物属性的了解和刺激物的语义特点的影响。

毋庸置疑,一个合理的情景,其基本的物理属性与其语义约束应该是相一致的。目前,很多关于情景识别的研究,大多是基于不同情景所具有的独特知觉特征和语义属性进行的。研究者通过对情景知觉特征和语义属性的操作或控制,考察观察者在不同条件下的行为反应或认知神经变化,以此来推断情景知觉的信息加工过程。

二、情景的基本特点

(一) 情景的复杂性

日常生活中我们所遇到的情景是非常复杂的,有些情景可能包含着大量的刺激物,而这些刺激物有着不同的形状、不同的大小,甚至是不同的意义。如此大量的信息我们是如何加工处理的呢?

根据Broadbent(1958)和Chun(2001)等的观点,我们的大脑不可能在短时间内加工如此丰富的情景信息,而往往是“超载的”。因此,情景的复杂性在一定程度上导致了人们对其理解的困难;而且,可能会需要极其复杂的注意选择系统,以觉察复杂情景中的重要信息。

在一些实验研究中,研究者采用了“变换盲视”技术。一个典型的例子是(图 8.1),

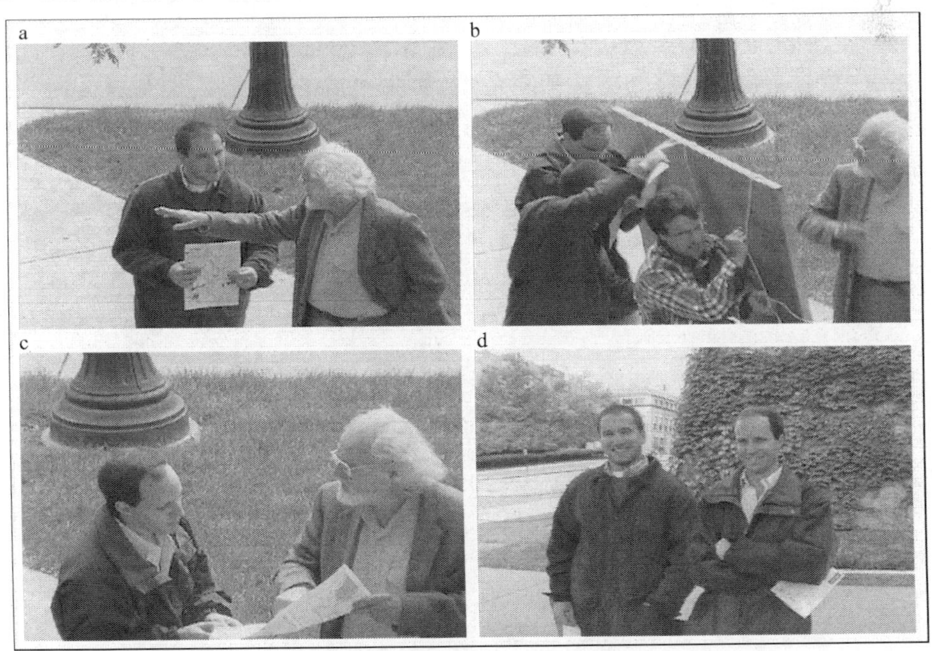

图 8.1 真实生活中的变换盲视图示(Simons and Levin,1998)

在真实的生活情景中，有一个人去向一位行人打听去某处的道路，而此时恰好有一个门板挡住了被问者的视线，就在这时，藏在门板后的另一个人迅速的替换了刚才的问路者。然而让人惊奇的是，被问者竟然不能察觉问路者的不同(Simons and Levin，1998)。Resink(1997)的研究也发现，如果干扰了视觉注意的连续性，人们对前后呈现图片的一些属性也不能准确的觉察。在一些使用闪烁任务的研究中，研究者同样发现，被试对于上述过程中一座桥梁的消失和重新出现并没有觉察；而且，即使情景没有变换，被试在眼睛移动条件下，对情景变换的觉察仍然会很困难(Irwin，1991)。

这些证据表明，在人们眼睛移动的条件下，实际上仅有很少的一些情景信息得到保持。尽管这种推论稍显绝对，但是，根据近来一些关于情景中刺激物记忆的研究，可以认为人们在实际生活中仍然需要持续不断地应付大量视觉信息。

（二）情景的结构性

真实的客观世界并不是无序的，不是总在发生变化的；相反，情景包含一定的结构。通过这种相对稳定的结构，我们可以了解情景所包含刺激物的一些基本规则。例如，卡车行驶在路上，窗户安装在墙上等。即使是面对一些新奇的情景，我们也可以根据已有的经验去知觉和判断。

根据 Henderson(1999，2005)关于情景的界定，他认为情景中包含一些“可以移动或者正在移动的”刺激物，那么，刺激物移动引起的情景变化会不会妨碍我们对情景的知觉呢？实际上，在真实情景中，刺激物的位置变化也必然符合一定的规则。例如，火车是沿着轨道运行的，苹果树上的苹果总是会掉到地上来的等。因此，有了结构、有了规则，我们就可以对情景及情景内容作出预期。

（三）情景的意义性

实际上，情景不仅仅具有结构性和复杂性，更为重要的是，情景具有意义性。我们生活的世界，一般都是可以用语义加以标识的。例如，图 8.2 描述的情景可以标识为“操场”或“操场上有一个人”，图 8.3 可以标识为“一个人翻越铁路围栏”。

图 8.2　操场情景

图 8.3　翻越栏杆情景

情景的意义性对于情景知觉加工的研究是具有重要意义的。正是因为特定的情景具有特定的语义，所以，人们可以通过变换觉察、闪烁技术研究不同情景及情景中刺激物的意义获得。Potter(1975)对情景意义获得研究发现，如果每张情景图片以 133～300ms 的速度快速呈现，人们能够在系列情景图片中准确地判断目标图片，或者可以对目标图片进行言语描述。之后，Renninger 和 Malik(2004)的研究发现，对情景和情景中单一刺激物的识别在准确性上是相同的。也就是说，在快速呈现条件下，人们不仅能够准确识别情景中的刺激物，也能够准确地识别情景，如对情景的命名、确定情景的类型等。

三、情景知觉概述

情景知觉是人们在浏览环境过程中的视觉加工，它不仅包括对环境中某个或一些独立刺激物的知觉，也包括对与其相关的位置、空间层次关系以及意义的加工。如果不去认真细致地思考情景知觉对生活的影响，我们可能会认为它是一个极其简单的事情。例如，在过马路的时候，人们并不了解自己是如何知觉到道路上的行人、过往的车辆；但是，当我们尝试去理解知觉的马路情景“究竟有多精细”、“究竟是如何知觉到红绿灯”这些问题的时候，会发现这并不是很容易的事情。

从 20 世纪 30 年代中期 Buswell(1935)的经典研究开始，研究者实际上已经获得了一些关于情景信息加工的认识。Resink 认为，人们对情景的知觉可以分为 3 个水平(图 8.4)。①初级水平，“情景地图”提取。当我们看到一个海岸情景时，首先会形成一个如同草图一样的情景梗概，它包含了情景的基本内容。②中级水平，刺激物提取。在提取情景梗概的基础上，人们会对某一些独立的、分散的刺激物进行表征，如海上航行的船舶、天空中的飞鸟、岸上的石头等。③高级水平，情景意义提取。这一水平的加工将会更加复杂，人们可能会在中级水平的基础上对情景进行语义加工。

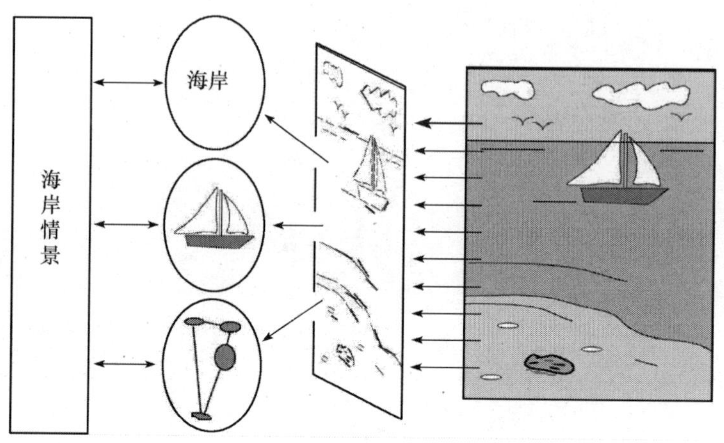

图 8.4 情景知觉的三级加工图解(Resink,2000)

尽管目前我们尚不能完全了解情景知觉三级加工的本质，但是，仍然可以根据现有的研究总结一些基本认识。

(一) 情景知觉的初级水平加工

人们对情景的知觉是从“绘制情景地图”开始的，或者我们可以将其称之为“草图”。当我们处在某一情景条件下的时候，不同的情景内容会以不同的方式投射到视网膜上，根据不同的光线模式，我们就可以形成“情景地图”。这种情景地图是对视野范围之内每一个情景内容属性的描述，而这种描述可能仅仅是以一些图像特征为前提的，如情景内容的颜色、大小、形状等；也有可能是以更为复杂的，如三维结构、表面曲线等情景属性为前提的。

图 8.5 显示的是一个马路情景，对这一情景的初级水平加工，穿“橘红色”T 恤衫的行人、“蓝色”的天空、“白色”的斑马线等可能会成为情景地图的内容；也有可能根据三维结构或表面曲线等属性，描述近前的小轿车、远处的树木等情景内容。Rensink(2000)的研究发现，在缺乏注意参与的条件下，在对情景中刺激物及背景的序列扫描过程中，初级水平的情景表征是很容易发生改变的，而且，有可能在投射映像保持一定时间之后消失。所以，情景地图的有效保持需要眼睛的注视。也正是因为如此，尽管情景地图绘制了情景的详细内容，但它是不稳定的，而这种易变的初级水平的视觉加工不能帮助我们形成一个相对稳定的情景知觉。

(二) 情景知觉的中级水平加工

既然初级水平的“情景地图”并不能形成相对稳定的情景知觉，那么，人们又是如何知觉情景的呢？因此，更高水平的信息加工对于情景知觉是有必要的。

图 8.5　真实情景图片

在中级水平的情景知觉加工过程中，需要短时记忆的参与。人们可以通过短时记忆储存不同的“情景地图”，而一系列的情景地图最终可以帮助储存刺激物结构、情景的空间层次结构以及情景的梗概，从而使我们形成稳定的情景知觉。另外，尽管初级水平的视觉加工存在着不稳定性，但是，人们仍然可以通过移动眼睛获得信息；而且，在注意条件下，人们可以获得诸如形状、位置以及刺激物在情景中的布置等信息。例如，图 8.5 中，人们可以在初级加工中获得小轿车的形状以及在情景中的空间位置等信息，这些表征将在短时记忆中得以保持，而且可以使注意集中在小轿车这一刺激物信息上。

但是值得注意的是，短时记忆的容量是有限的，少量信息的累积是可以实现的，然而，对于大量的情景信息，短时记忆的储存很可能就显得无能为力了。因此，人们必须要在注意参与的条件下，通过移动眼睛获得刺激物信息，并形成情景的空间层次结构。情景空间层次结构可以被表征为“概要地图”(schematic map)，实际上仅仅是对情景中各个独立刺激物位置的描述，并不是对它们的结构或者属性的描述。但是，对于我们的日常生活来讲，这种“概要地图”表征已经足以使我们采取恰当的行动，如在马路上躲让来往的行人和车流。

(三) 情景知觉的高级水平加工

在成长过程中，人们会接触各种各样的情景。通过长期的学习，我们可以形成情景图式(scene schema)，它是长时记忆中各种独立刺激物以及相互关系的表征。Friedman (1979)认为情景图式包含了对情景中刺激物的预期约束，而且，对于要完成的任务也是有重要意义的。

相对于简单的结构，情景图式包含的内容可能更为复杂。比方说，图式就像是一个情景内容清单，既包含着情景中的各种刺激物，也包含着情景的空间层次结构。在图 8.5 所描述的情景中，行人、小轿车、树木以及天空中的电线等都是情景图式的内容；同时，刺激物的位置及空间关系同样也是情景的内容。

（四）情景知觉各级加工的相互作用

情景知觉的三级加工并不是独立的三个层次，而是彼此相互联系、相互作用的。从低级水平的初级加工到高级水平的高级加工，实际上是一个动态的信息加工过程。

在浏览情景的时候，根据浏览者视觉系统可获得的信息，低水平的初级加工可以提供一个持续变换的情景地图。情景地图中的刺激物、情景梗概以及空间层次结构等属性可以激活情景图式，之后的加工将试图确认情景地图以及它能够提供的信息。当遇到一个不可预期的刺激物时，更复杂的认知加工可能会重新对该刺激物以及情景梗概进行评估，或者会习得一种新的联系。与此同时，空间层次结构则可以为注意定向提供引导。

第二节 情景知觉过程中的注视控制研究

在真实情景的快速浏览过程中，人们并不是对每一个目标都予以注视，而是有选择地注视他们感兴趣的情景区域或者某些刺激物。图 8.6 显示的是一个浏览者在进入房间之后，眼睛扫描的路径，可以清楚地看到，墙上的艺术作品、桌子上的花瓶、沙发上的靠垫引起了他的注意，而他对诸如地板、墙壁等并没有给予注视。这表明，人们对情景的浏览是有选择、有指向的。

图 8.6 情景浏览过程中的眼动扫描（Henderson and Hollingworth，1999）

人们在情景浏览过程中的这种指向性引起了很多研究者的关注，他们试图揭示这种指向性的内在心理机制。Henderson(2007)提出了注视控制的概念，他认为注视控制(gaze control)就是指服务于情景认知加工的实时注视定向过程。一方面，由于当视觉中央凹指向某一兴趣区域时，注视的位置是相对稳定的，从而可以获得有效的认知加工信息；另一方面，注视控制的过程是面临一系列决策的过程，观察者必须要对其正在注视的或者是要去注视的位置做出判断和选择，因此对即时信息的实时加工则会影响观察者的决策判断和注视位置的重新定向。注视控制实际上既是获得有效信息的保证，又是视觉信息认知加工影响的结果。目前，关于注视控制的研究主要集中于“什么信息”具有注视控制作用，即“what”的问题；而对于此，存在着语义信息控制和知觉属性控制的争论。

一、语义信息的注视控制研究

在 Loftus 和 Mackworth(1978)的一项研究中使用情景线条画作为实验材料，在情景线条画中，研究者对目标刺激的语义信息进行了控制和操作。语义信息被定义为在某一情景中，目标刺激出现的可预期程度。其中不可预期的刺激物带有更高的信息量；相反，可预期的刺激物所包含的语义信息量较低。在实验中，研究者要求被试浏览情景线条画，这些线条画既包含高信息量的刺激物，又包含低信息量的刺激物。例如，把一个农场情景和水下情景进行配对，使情景中可能会包含一条章鱼或者一辆拖拉机。被试对每一个情景浏览 4s 的时间，并在随后进行再认测试(memory recognition test)。通过对被试眼动特征的分析，研究者得出了三个重要的研究结论：第一，对于语义信息区域的注视密度大于非信息区域，这表明注视位置是受情景中语义信息控制的；第二，在情景浏览的过程中，与语义信息一致的刺激物相比，观察者倾向于首先注视语义信息不一致的刺激物，这表明中央凹外型区域(extra foveal)的语义能够控制注视位置的变化；第三，在第一次眼跳之后，观察者更倾向于直接注视语义信息刺激物，因为指向目标刺激物的平均眼跳距离大于7°视角。这些资料表明被试是根据对情景区域的语义分析，选择注视的位置。

De(1990)等对视觉搜索任务中的语义信息进行了操作，要求被试在情景线条画中搜索非语义信息刺激物。与 Loftus 和 Mackworth 的研究不同，De 等并没有发现语义信息刺激比非语义信息更能引起初始注视或者更早注视的证据。结果显示，观察者对两种刺激物的前 8 次注视是相同的，而且在前 8 次之后，浏览者更倾向于注视非信息刺激物而不是信息刺激物。因此，这些相反的结果对语义分析能够控制注视位置这一假设提出了质疑。Henderson(1999)等的研究为此也提供了实验证据，他们发现被试对语义信息靶子刺激和非语义信息靶子刺激在第一次或第二次眼跳之后的注视相同，而且在对靶子刺激的初始注视之前，被试在情景中的平均眼跳次数以及指向目标刺激的初始眼跳(大约是3°)都是相同的，与语义信息是无关的。这说明在情景浏览过程中，观察者并不是首先去注视语义信息的靶子刺激，眼睛并不受单个刺激物语义分析的影响。在视觉搜索任务的实验中，被试在实验开始之前对靶子刺激物进行命名，然后给被试呈现情景线条画，并要求被试尽可能判断靶子刺激是否出现在情景中。他们用此来检测语义信息和初始注视位置之间的关系。如果初始眼动被注视点之外的语义信息靶子刺激所吸引，这说明与非语义信息刺激相比，被试更容易发现语义信息刺激。但是结果却与其相反，观察者对非语义信息靶子刺激的注视次数比语义信息刺激更多。因此,没有证据表明眼睛能够完全被语义信息刺激物所吸引。

二、知觉信息的注视控制研究

Mannan(1995)等的研究表明情景的知觉特征对观察者在情景浏览过程中的注视位置存在着影响。在研究中,他们给被试呈现高适过滤、低适过滤以及没有过滤的三类真实情景的照片,每张照片呈现的时间是3s,结果发现对于没有过滤和低适过滤的照片,被试的注视位置非常相似,特别是在浏览的最初1.5s之内。另外,即使在被试无法描述低适过滤水平情景的语义内容的条件下,也发现了相同的结果。对于没有过滤和低适过滤水平的照片,观察者眼动初始眼跳的方向也是相似的。Mannan等总结他们的研究结果时认为初始注视是受局部视觉信息的控制而不是语义信息的控制。在此之后的一些研究中,Mannan(1996)等试图具体地区分是哪些视觉特征对初始注视的位置起控制作用。他们认为情景局部区域的最大亮度、最小亮度、图像对比、最大化的局部正性生理比较、最小化的局部负性生理比较、边缘密度以及高空间频次7个空间特征起着重要的作用。

事实上,与Loftus和Mackworth的研究相比,因为Mannan等的研究所使用的材料有更多的视觉复杂性,进行语义分析的难度更大,所以才被认为是视觉特征控制了眼睛的注视。同时,如果重新回顾Buswell和Yarbus等的经典研究就会发现,他们关注的是语义信息是否对情景区域的注视密度产生影响,而并非是语义信息对初始注视位置的影响。且在Loftus和Mackworth的研究中,也发现观察者对于信息区域的注视密度更大;后来有研究也支持了这一观点。例如,Hollingworth和Henderson(1999)的研究发现当情景的某个区域被首先注视时,在这一区域的注视点个数和从其他区域回视这一区域的注视点的个数更多地集中于语义信息刺激物。因此,完全地否定语义信息对注视的控制也是不恰当的。

三、注视控制研究的新进展

有关语义信息控制和视觉属性控制的争论推动了真实情景知觉的眼动控制研究。相关的研究结果都表明,注视位置并不是随机的。在情景浏览中,第一次注视的时间更多地受到情景视觉特征和情景整体语义特征的影响,而局部情景区域的语义信息的影响并不明显。但是随着浏览的进行以及对局部区域的注视和语义分析,一旦这个区域被注视了,那么语义分析就会以中央凹视力为基础,而对这一区域的直接回视以及较晚的回视产生影响。因此,情景中的注视位置是以局部信息区域的视觉特征、关于情景类别的知识以及关于情景的总体视觉特征的综合为基础的。近来的研究主要关注于自下而上和自上而下两种注视控制的研究。

(一) 情景信息为基础的注视控制

在探讨自下而上的情景属性对注视的控制问题时,有研究者通过对每一个注视点中心情景区域的分析来确定其是否与其他没有被选择的区域之间存在差别。研究者用这种“情景统计”的方法已经发现注视点位置的空间频次和边缘密度较高(Mannan et al.,

1997)，而且注视情景区域的局部对比度和两点相关也高于非注视区域(Krieger et al.，2000)。

Itti 和 Koch(2000)以及 Torralba(2003)等则用计算机模型对情景的视觉属性进行了模拟，并用来预测注视位置。其中以初级视觉属性为基础的视觉优势点模型应用“优势点图”的方法发现，图片的视觉属性可以引起对那些在颜色、亮度、对比度、边缘定向以及多重空间比例等方面不同于其他区域的外显标记区域的表征。同时，这一模型中所模拟的视觉优势区与观察者的注视点是一致的。

(二) 知识驱动的注视控制

在情景知觉过程中，人类的眼动控制是灵活的。它不仅依赖于可应用的视觉输入，而且依赖于认知系统，包括对当前情景信息的短时记忆、长时储存以及空间和语义信息的加工。事实上，在意义情景的浏览过程中，注视位置是很少受视觉优势点影响的，而对有关目标刺激属性和意义的知识有更多的要求。在知识驱动的注视控制研究中，Henderson 和 Ferreira(2004)引入了情景性知识(episodic scene knowledge)的概念。这种知识主要包括短期情景知识和长期情景知识，其中短期情景知识能够帮助观察者对当前感兴趣的或者包含有丰富信息的情景给予回视，长期情景知识则能够保证在与环境相互作用的过程中目标刺激能够引起人们的注视。

在知识驱动注视控制的研究中，引入的第二类知识是情景图式知识(scene-schema knowledge)。它是关于一些特殊类型情景的一般语义和空间知识。图式知识包括一个刺激物可能会在某种特定的情景中出现、与某种情景相联系的一些规则、关于情景的一般性知识等信息。当对情景有了理解以及情景图式被快速提取时，图式知识就会对情景区域的初始注视起约束的作用。

最后一类知识是任务相关知识(task-related knowledge)，包括一些关于给定任务的一般性“注视控制原则”和相应的策略，以及一些基于正在进行的知觉和认知加工的决策控制等。对于任务的改变、注视的分配依赖于观察者是否正在搜索某一个目标刺激或者试图去记忆某种情景。曹立人和张利英(2007)的研究为此提供了实证的支持，他们发现在关于自然物三维图形的识别中，个体会根据纠错信息的不同而调整视觉搜索策略的应用。

第三节 情景知觉过程中的意义获得

人类的视觉系统能够在很短的时间之内获取大量的信息，而且能够对事物或情景的属性做出判断。早期的研究认为对情景的识别接近于 100ms(Potter，1976)，而最近的研究表明，其实人类识别情景的时间还要更短一些(45～135ms)。那么在如此短的时间之内人们获得了什么信息呢？这些信息又是如何促进识别的呢？

一、情景知觉过程中刺激物的识别

(一) 情景中刺激物识别一般过程

Potter(1976)的研究发现，人们在识别情景的过程中并不是对情景的总体特征进行描述,而往往是对情景中的某一独立的刺激物进行描述,因此他认为人们对情景的识别是以某一个独立的刺激物为基础的,而并不是基于对整个情景的识别。尔后的一些研究也为这一结论提供了证据支持。例如,De 等(1990)的研究认为情景的属性可以根据一个或几个关键刺激物的属性或者它们之间的关系来确定。那么,情景中的独立刺激物的属性又是如何识别的呢?情景中刺激物的识别可以认为是对情景中最突出的刺激物的语义标识(determine the referent)。Hollingworth 和 Henderson(1998)认为刺激物识别的一般过程可以分为以下三个阶段(图 8.7):首先,将视网膜成像转换为一系列的原始视觉信息,如表面、边界等;其次,由这些原始的视觉信息建构成情景中刺激物标记的结构描述;最后,这些结构描述与储存在长时记忆中的表述进行比较。如果两者是匹配的,那么就会产生识别,而且记忆中储存的有关刺激物的语义信息也可以得到充分利用。

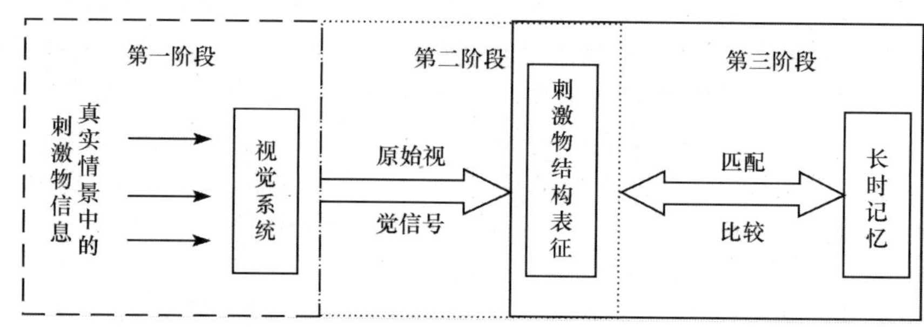

图 8.7 真实情景中刺激物识别的一般过程(白学军和康廷虎,2008)

根据刺激物识别的一般过程来分析,第一、第二阶段是将视网膜信息转换为结构描述的过程;第三个阶段则是知觉和认知的结合点,在这一阶段,知觉信息必须要与记忆表征建立起联系。因此可以认为情景中刺激物的识别是刺激物视觉信息和情景意义相互作用的结果。但是,情景意义对刺激物识别的影响发生在哪一个阶段呢?在不同的阶段其影响作用是否相同呢?基于对刺激物识别过程中情景意义影响作用的不同认识,主要形成了三种不同的理论模型。

(二)情景中刺激物识别的理论模型

1. 知觉图式模型

知觉图式模型(perceptual schema model)是在 Bruner(1957)等提出的知觉信息编码调节假设的基础上形成的,同时它与有关视觉约束满足问题(constraint satisfaction problem)的理论是一致的。这一模型认为在刺激物识别的过程中,源于对某一种情景类型构成知识的预期和情景中刺激物标记的知觉分析会产生交互作用。根据这一观点,对情景类型(一种图式或者是框架)的记忆表征包含了关于目标及其空间关系的信息。情景图式的早期激活有益于随后呈现的语义一致刺激物的知觉分析;相反,它会对语义不一致刺激物的知觉分析产生抑制作用。因此,与对情景不一致刺激物的识别相比,对情景一致的刺激物的识别更加容易。除此之外,与情景不一致刺激物的结构描述相比,与情景一致刺激物的结构描述更为精细。在视觉系统的结构水平上,知觉图式模型假设知觉过程和认知过程并没有明显的区别。

2. 启动模型

启动模型(priming model)认为背景效应是在刺激物标记的结构描述与长时记忆表征不相匹配的阶段产生的。根据这一模型,情景图式的激活启动了长时记忆中储存的有关语义一致刺激物类型的记忆表征。这种启动可以认为是对选择一个特定的刺激物表征作为匹配所必需的知觉信息的标准调节。因此,对选择启动刺激物表征而言,需要被编码的知觉信息相对较少,而选择非启动刺激物表征的信息则相对较多(Friedman 1979)。与知觉图示模型相似的是,启动模型也认为对与情景一致的刺激物的识别要比不一致的刺激物的识别更加容易。但与知觉图式模型不同的是,启动模型认为情景知识仅对确定一个特殊刺激物类型的标准产生影响,而对刺激物标记的知觉分析并没有直接影响。

3. 功能分离模型

功能分离模型(functional isolation model)认为刺激物的识别与在情景知识基础上产生的预期是分离的。这一模型与 Biederman(1987)和 Bulthoff(1999)等提出来的目标识别理论是一致的。他们认为仅自下而上的视觉分析对于区别两个刺激物类型而言就已经足够了,并不需要自上而下的情景意义加工。因此这一模型也与知觉过程和认知过程的结构分离(architectural division)理论是一致的(Pylyshyn,1998)。功能分离模型假设对刺激物的知觉分析的实验检验将会发现刺激物识别和情景意义之间并不存在相互影响的关系。当然他们认为在实验中也可能会出现背景效应,但这种效应实际上是因为对情景约束(scene constraint)影响的敏感性引起的,并不受情景意义的影响。

(三) 情景中刺激物识别的相关研究

1. 眼动研究范式

早期的眼动研究中,研究者把注视的持续时间作为刺激物识别的测量指标。Friedman(1979)发现,与不一致目标刺激物相比,对语义一致目标刺激的首次注视的时间更短,对这种差异的解释为启动模型提供了支持。但是如果把注视持续时间的差异仅仅归因于识别过程显然是不可能的,因此对于注视持续时间的解释也受到了质疑。第一,这种差异可能缘于将一个已经识别的刺激物整合为一个概念表征时所面临的困难;第二,指导语中对于记忆测验引导可能会使被试更长时间地注视刺激物;第三,一旦识别发生,不一致刺激物可能会更加吸引被试的注意,从而导致更长时间的注视。

De 等(1990)的研究也发现,与语义不一致刺激物相比,对于语义一致的刺激物的首次注视时间比较短。但是值得注意的是这种效应仅仅出现在目标刺激物与随后出现的情景相关的条件下,因此在浏览之初,背景效应(context effect)的缺乏为功能分离模型提供了支持。另外,我们也可以发现这种在情景浏览(scene viewing)之后才获得的背景效应很难对情景浏览本身产生影响,但是对于为什么背景效应仅仅出现在情景浏览之后这一问题尚没有清晰的回答。一种可能是,被试在最开始浏览的时候忽略了情景,而在积累了足够多的局部信息之后才发现了情景意义(Rayner and Pollatsek,1992)。对于这一解释的批判则认为在首次注视情景的过程中情景的识别已经发生了,甚至这种识别的发生并不是与执行某种任务的过程相关联的(Hollingworth and Henderson,1998)。

关于这一推论的不同解释,眼动研究范式尚不能提供一个充分的方式去判定哪种解释是正确的，哪一种解释是错误的，因为还没有直接的证据表明首次注视持续时间反映的是刺激物的识别，还是随后的加工起作用的结果。由于眼动研究范式不可能解决情景背景是否对刺激物的识别产生影响这一问题，因此只有对不同的注视持续时间所反映的刺激物类型加工过程有了更多的了解之后，才能对这一问题做出回答。而且对情景背景与刺激物知觉的相互作用做出界定也是非常有必要的。首先，如果情景意义要对一致刺激物的识别产生影响，那么情景就必须要被较早地识别，这样才能对与其一致的刺激物的识别产生影响，否则就无法判断情景背景效应是何时发生的。目前的研究认为对于情景识别的必要信息可以在很短的时间范围之内获取，这可能是因为它是基于整体信息而不是情景局部特征的。其次，情景意义必须对包含在该情景中的刺激物具有明显的约束作用，而且长时记忆中储存的有关情景类型的知识必须要包含这些约束条件。Henderson (1999)等的研究支持这一假设，他们发现被试对与情景一致的刺激物的判断要比对与情景不一致的刺激物的判断更加容易。因此有充分的证据表明，如果视觉系统的结构允许情景知识和刺激物识别之间存在相互作用，那么情景背景约束（scene-contextual constraint）就会被应用，而且可以对刺激物的识别产生很大的影响作用。

2. 刺激物觉察范式

在刺激物觉察范式（functional isolation model）中，把快速呈现情景中目标刺激的觉察准确性作为刺激物识别的测量指标。Biederman 等(1973)分析了情景背景对刺激物识别的影响。他们在研究中应用了两类情景，第一种情景为正常情景（normal scenes），即是描述一般环境的图片；第二种情景是错乱情景（jumbled scenes），这种情景是将一张照片剪切成 6 个矩形的图片，然后重新组合而成。在两种情景中，目标刺激物的位置是一致的，但是图片的结构却发生了变化。在实验中，首先给被试呈现一个掩蔽刺激和一个表示刺激物位置的线索，随后快速呈现不同的情景。结果发现被试对正常情景中的刺激物的觉察更加准确，而对错乱情景中刺激物的觉察准确性较差。这一结果已经被广泛地用于支持知觉图式模型，但也受到了很多人的质疑。因为对情景的重新组合则会形成新的情景轮廓，而 Biederman 等的研究缺乏对不同情景视觉复杂性的控制。除此之外，正常情景并不能反映刺激物知觉分析过程中的差异，与错乱情景相比，被试对线索区域和情景的空间关系的编码更加有效，因此他们更容易在测试的刺激物中选出目标刺激物。

近年来，一些有关刺激物觉察的实验研究开始关注于对同一情景条件下，被试对与情景一致的刺激物和不一致刺激物的觉察问题。这些研究利用信号检测的方法（signal detection measures）对知觉分析水平上背景的影响和知觉分析后效水平的影响进行了分离。其基本的逻辑是感受性可以作为背景对知觉过程产生影响的指标，而反应偏好则可以作为背景后效的指标。Biederman 等(1982)在研究中要求被试判断目标刺激是否出现在一个快速呈现的情景的某一特定位置。结果发现，当刺激物与情景意义的约束一致时，被试觉察的敏感性更好，在所有的冲突条件下，其敏感性均较差；同时与结构冲突（structural violations）相比，语义冲突（semantic violations）的影响也是比较明显的。Boyce 等(1989)通过对情景的整体意义以及与目标刺激相联系的其他刺激物的语义特点的操作，试图探究觉察过程中引起一致刺激物和不一致刺激物出现差别的原因究竟是情景整体意义的影响，还是其他与之相关的语义刺激影响的结果。他们发现在目标刺激物与整体情景相一致时觉察敏感性更好，并不存在目标刺激物与情景中其他刺激物语义一致的效应。因此，这些研究为知觉图式模型提供了强有力的证据。

但是由此也引发了一些关于这种范式的方法论问题的争论。首先，有理由相信信号检测的方法并不能完全将反应偏好和感受性分离。除此之外，Biederman 等(1982)的研究并没有控制目标刺激和情景的语义一致性，而是应用对一致和不一致的平均计算来确定误报的发生概率。Hollingworth 和 Henderson(1998)重复了 Biederman 等的研究，他们在第一个研究中也采用了信号检测的方法，而在第二个实验中应用校正错误设计测量了被试对同一个刺激的觉察。结果发现，应用信号检测方法得出的结果与 Biederman 等的研究结果是一致的；然而在第二种条件下，他们发现被试对于一致刺激物和不一致刺激物的觉察是不同的。这些结果表明在以前的刺激物觉察的试验中一致刺激物的优势效应可能是因为对反应偏好没有很好地控制引起的，而不是情景背景对刺激物知觉分析的影响。另一个值得注意的问题是被试有可能在目标刺激物出现之前就已经对其可能出现的位置区域进行了搜索。如果语义一致刺激物的空间位置更容易被预测的话，即使是对一致刺激物和不一致刺激物类型的知觉中不存在差异，那也可能对一致刺激物的觉察会更加容易。Henderson(1997)等的研究的确发现对语义一致刺激物的定位要比不一致刺激物更容易。在此后的一项研究中，研究者在情景之后呈现了刺激物标记，从而使被试不能应用他们的策略。与前人的研究结果不同，他们发现对语义不一致的刺激物的识别存在着明显的效应。

二、情景知觉过程中的情景识别

（一）情景识别的一般认识

人类的视觉系统能够在短时间之内获得大量的情景信息，而且可以对其予以理解。Potter(1975)的研究发现，在每张情景图片以 133～300ms 速度快速呈现的条件下，人们也可以获得情景的内容和意义，他们能够在系列情景图片中准确地判断目标图片，或者对目标图片进行言语描述。更让人觉得不可思议的是，人们可以在一瞥之间知觉到情景中的刺激物、情景空间层次结构，以及情景的概念属性，甚至是一些情绪成分(Maljkovic and Martini，2005)。Oliva(2005)将情景信息构成的整体称之为情景梗概(scene gist)；Itti 和 Rees(2005)对这一概念做了进一步扩展，他们认为情景梗概包括了不同水平的视觉信息，如颜色、情景轮廓等低水平特征，形状、区域结构、语义知识等中高水平信息，因此对情景梗概的表征可以分为知觉和概念两个水平。其中知觉梗概是指对情景结构的表征，概念梗概则包括根据情景浏览获得信息推论产生的语义信息。概念梗概会因知觉梗概的不同而不同，即情景知觉梗概发生了变化，情景概念梗概也会随之发生变化。

对于情景梗概，Loschky 和 Sethi(2005)认为是视觉系统形成一个关于外部世界的空间表征；而且这种表征包括了知觉表征和语义表征。因此，情景梗概的获得实际上就是情景的识别，是人们对所浏览情景赋予意义的过程。一般认为，情景的识别是空间层次、情景图式以及那些没有看到的情景区域的激活过程。在研究中，有研究者发现对情景和情景中单一刺激物的识别在准确性上是相同的(Renninger and Malik，2004)。也就是说，在快速呈现条件下，人们不仅能够准确识别情景中的刺激物，也能够准确的识别情景，如对情景的命名、确定情景的类型等。

在 Renninger 和 Malik(2004)的研究中，18 名大学生参加了实验，他们使用了 1000 张包括描述海滩、山峰、森林、城市、农场、街道、卧室、厨房等的 10 类图片。在实验中，又根据自然—人工、室内—室外两个维度将图片分为自然的户外情景、人为的户外情景、人为的室内情景等 3 种类型，如图 8.8～图 8.10 所示。

图 8.8 自然的户外情景图例

图 8.9 人为的户外情景图例

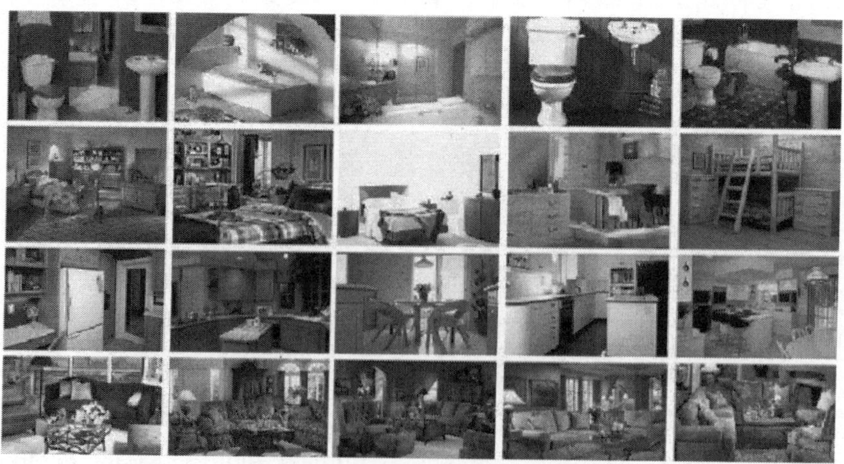

图 8.10 人为的室内情景图例

图 8.8 显示的是自然的户外情景，主要包括描述海滩、森林、山峰等的图片；图 8.9 显示的是人为的户外情景，包括描述城市、农村、街道等的图片；图 8.10 显示的是人为的室内情景，包括卫生间、卧室、厨房、客厅等的图片。

在实验中，首先让被试注视灰屏上的注视点"＋"，持续 2000ms 之后呈现情景图片，情景图片呈现的时间分为 4 个水平，即 37ms、50ms、62ms、69ms，随后呈现掩蔽刺激，持续 20ms 时间，之后呈现 500ms 的灰屏。然后，要求被试在 2500ms 之内作出判断，即判断图片属于哪一种类型，如要求被试判断图片是描述"城市"，还是"厨房"。

图 8.11 显示的是 Renninger 和 Malik(2004)的数据分析结果。可以看出，随着呈现时间的增长，被试的识别正确率也随之增大。值得注意的是，即使是在 37ms 条件下，被试对情景识别的正确率也为 75％～80％，显著高于概率水平；在 69ms 条件下，正确率基本上达到了 90％。这一研究表明，人们在 70ms 之内，就可以识别情景。

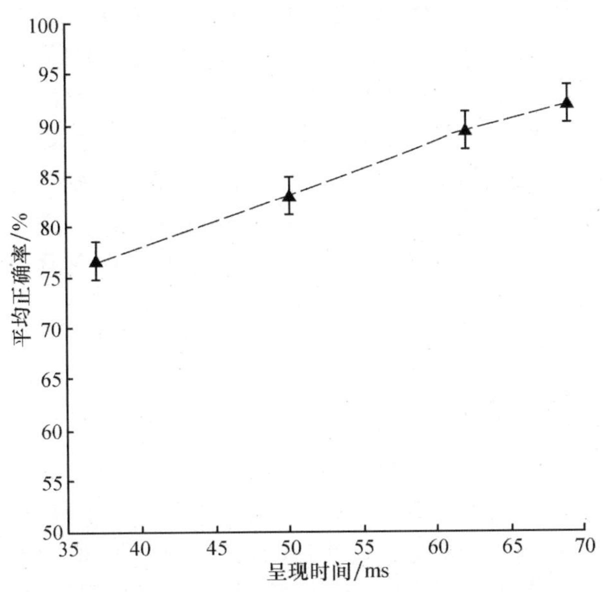

图 8.11　不同呈现条件下的识别正确率

(二) 情景识别的相关研究

情景识别的研究主要集中于两个问题：第一，情景识别的时间过程；第二，情景识别过程中所应用信息的类别。

1. 情景识别的时间过程

20 世纪 60 年代末到 70 年代中期，Potter(1969，1975，1976)指导了一系列有关情景识别的时间过程以及记忆编码的研究。在这些研究中，他们给被试呈现了一些情景照片，要求被试搜索目标情景。结果发现，如果在情景图片呈现之前，对目标情景进行言语描述，那么，被试就能够非常容易地觉察目标情景。即使呈现的时间仅有 113ms 被试也能够准确判断。据此，Potter(1976)认为对情景的识别时间接近于 100ms。Schyns 和 Oliva (1994，1997)的研究则认为，情景照片识别的时间为 45～135ms。这一结果表明在识别情景的过程中，一些必要的信息可以在很短的时间之内被提取，但是这并不能说明完成识别所需要的精确时间是多少。当然，情景和刺激物识别速度的比较对于了解情景背景和刺激物识别之间的关系也是非常重要的。

2. 情景识别过程中的信息获得

研究者关心的另一个问题是：在情景的识别过程中，人们到底应用了什么信息？目前的研究主要集中于局部信息和整体信息的争论。如前所述，Potter(1976)的研究发现人们在情景快速呈现的条件下，能够准确识别目标情景。但值得注意的是，在他们的研究中，对情景的言语描述并不是对情景的整体特征进行描述，而只是对情景中的某一个独立的刺激物的描述，如说"一个小孩正在抓一只蝴蝶。"因此，可以认为情景识别绩效可能是缘于被试对局部信息的加工，即情景识别有赖于被试对情景中某一个独立刺激物的识别，而并不是基于对整个情景的识别。

情景属性可以根据一个或几个关键刺激物属性(Friedman，1979)以及各刺激物之间的关系概括出来(De Graef et al.，1990)。情景的识别可以根据那些依赖于独立刺激物属性的情景水平的信息来完成(Biederman，1981，1988)。很多研究结果支持了后者，认为早期的情景加工是以整体情景信息而不是以局部刺激物信息为基础的。Schyns 和 Oliva(1994)的研究表明，通过低空间频次的信息也可以进行情景识别。除此之外，识别也可以在一个非常短暂的浏览过程中完成(50ms)。在这一过程中，尽管整体信息和局部信息并没有显示出明显的限制，但是被试倾向于依赖对低频次信息的解释，而不是对高频次信息的解释。

(三) 情景识别的相关理论

1. 直觉整合模型

在情景浏览过程中，人们会移动眼睛获取视觉信息，那么，在不同注视区域所获得的信息是如何加工的呢？McConkie 和 Rayner(1976)提出了直觉整合模型(intuitive visual integration model)，该模型认为从注视点获得的信息，会整合到一个缓存加工器中，就如同形象储存，这使得信息在眼跳的过程中得以保持，而在眼跳结束之后，新获得的信息也将被储存到这个缓存加工器中，并与第一次获得的信息相整合，从而形成完整的视觉表征(Peterson and Rhodes，2003)。

根据这一模型，每一个注视点都将形成一个单一的表征(Trehub，1991，1994)。在这种条件下，即使是出现在同一位置的系列刺激没有在视网膜的同一位置，观察者也应该能够对这种系列刺激予以整合。但是，为了完成整合，每一次注视首先需要调整，以与真实情景中客观刺激物位置的内在模型相一致。

2. 特征整合理论

20 世纪 70 年代末，Treisman 和 Gelade(1980)提出了视觉注意的特征整合理论(feature integration theory，FIT)。根据 Treisman 等的观点，视觉加工过程可以分为两个阶段。

第一阶段，特征登记阶段。这一阶段的注意加工是人们对周围环境进行指向性的搜索。视觉系统从光刺激模式中抽取各个独立的特征，包括颜色、大小、方向以及运动等。

这是一种平行的、自动化的加工，是通过对各个维量特征进行独立的表征和加工，形成特征地图(feature map)的过程。

第二阶段，特征整合阶段。知觉系统把彼此独立的特征联系起来，形成对某一物体的完整表征。这一阶段的加工是有意识的序列加工，需要对各个特征进行定位，形成位置地图(map of locations)，如图 8.12 所示。

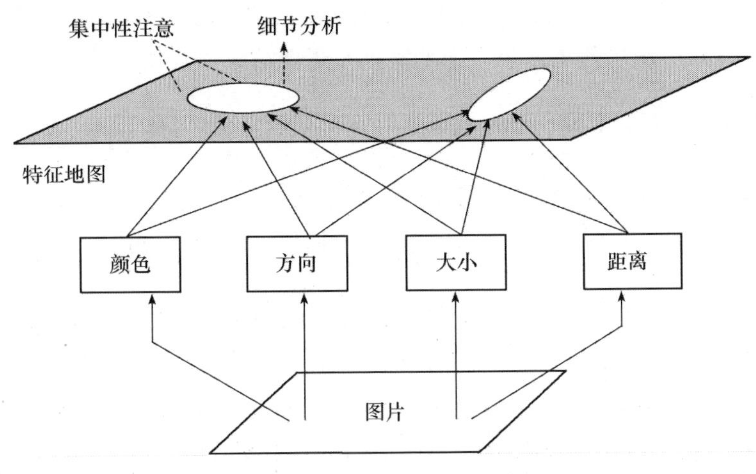

图 8.12　特征整合理论模型图示

根据这一理论，在情景识别的早期阶段，人们是把情景中一些简单和有用的信息编码成一些特征模块。这些模块尽管不能为以后的认知加工直接提供空间信息，但是其保持着外部世界的空间关系。因此，在特征模块的基础上，通过集中注意和序列加工，各个独立的特征模块组成一个暂时性的物体表征，并与识别网络(recognition network)中已储存的对物体的描述进行比较，从而达到识别的目的。因此，可以认为情景的识别是视觉特征分析和识别网络共同作用的结果；但是，在特征整合理论中更强调自下而上的知觉特征加工。

3. 双通道加工模型

研究发现，人的视觉加工分为腹侧通路和背侧通路。腹侧通路，即"what"通路，主要加工刺激信息，负责视觉认知功能；而背侧通路，即"where"通路，可以加工空间信息，如物体的运动、位置等信息。双通道尽管不是绝对独立的，但是，双通道模型有助于我们理解情景识别及其相关研究结果。Pohl(1973)的研究发现，在选择任务中，背侧通道加工的削弱有损于空间线索的应用；腹侧通路的削弱则会降低刺激物形象线索。在工作记忆的研究中，Kohler 和 Kapur(1995)也发现空间位置可以激活背侧通道加工，刺激物形象信息则可以激活腹侧通道加工。

虽然对于情景的长时记忆表征，并没有直接的证据表明情景信息的双通道加工特征，但是，情景空间层次信息和刺激信息对脑区的激活存在着不同。Epstein 和 Kanwisher(1998)的研究发现，海马旁回区(the parahippocampal place area，PPA)对情景局部空间层次信息更加敏感；而 Murray 和 Richmond(2001)的研究发现，在对刺激物及不同刺激物之间关系的知觉和记忆过程中，嗅缘皮质(perirhinal cortex)起着重要作用。

根据已有研究结果,Chun(2003)提出了情景识别的双通道加工模型(dual-path model of scene processing)。他认为,当某种情景进入视野之后,空间层次结构的整体特征将会激活海马旁区,背侧通路开始加工情景空间信息,人们可以在 200ms 之内获得情景梗概,而且这种整体特征会引导人们对情景其他信息的搜索。随后,即可激活嗅缘皮质,腹侧通路可以对情景中的刺激物予以表征。双通道加工通过相互作用。例如,整体空间层次信息的 PPA 加工可以引导眼动,并获得刺激物信息;反过来,刺激物信息可以帮助 PPA 加工区别空间层次结构的不同。如此,即可实现情景信息的知觉和识别。

推荐读物

Henderson J M, Hollingworth A. 1999. High-level scene perception. *Annual Review of Psychology*, 50: 243-271

Henderson J M. 2005. Introduction to real-world scene perception. *Visual Cognition*, 12(6): 849-851

Chun M M. 2003. Scene perception and memory. *Psychology of Learning and Motivation: Advances in Research and Theory*, (42): 79-108

Itti L, Koch C. 2000. A saliency-based search mechanism for overt and covert shifts of visual attention. *Vision Researches*, 40(10-12): 1489-1506

眼动名著简介

《眼动:心灵和大脑之窗》

Eye movements: a Window on Mind and Brain

该书由 Roger P. G. Van Gomple, Martin H Fisher, Wayne s Murray 和 Robin L. Hill 编辑,于 2007 年由 Elsevier 出版社出版。

第十一章 阅读中的眼动控制模型:当前理论争论的理论基础
第十二章 阅读过程中词汇歧义对眼动影响的模型
第十三章 阅读过程中对眼跳长度的动态编码
第十四章 阅读中注视点错误着陆的分布估计的整合算法
第五部分:眼动与阅读研究
第十五章 词和句子阅读中的眼动
第十六章 语义透明度对英语复合词识别影响的眼动研究
第十七章 阅读中的副中央凹预视和语素加工
第十八章 中央凹负荷和副中央凹加工:词跳读
第十九章 字母编码的灵活性:副中央凹位置上临近字母颠倒效应
第六部分:作为探讨口语加工方法的眼动研究
第二十章 眼动和口语加工
第二十一章 视觉情境范式条件下视觉加工对由语音驱动眼跳的影响
第二十二章 视觉情境范式条件下视觉世界中停顿干扰(filled pause disfluenceies)的加工
第二十三章 期望错误中的言语-注视校准(Speech-to Gaze Alignment)
第二十四章 加工描述事件的初始歧义和非歧义德语 SVO/OVS 德语句式的加工时间比较
第七部分:作为探讨注意和场景知觉的眼动研究
第二十五章 视觉凸显性不能够解释真实场景中视觉搜索的眼动特点
第二十六章 一致性、凸显性和主旨在自然场景的物体搜索中的作用
第二十七章 眼跳搜索:注视的持续时间
第二十八章 在视觉搜索任务中场合和指导语对眼动的影响
第二十九章 物体搜索和眼动注视捕获中的场景环境缺失效应
第三十章 学会往哪里看
第三十一章 在自然和人造环境中的眼动行为
第三十二章 绕过障碍物导航时的目标导向的注视模式与一个新路径选择模型
第三十三章 现在别看:错误导向的魔术

本书稿件的来源主要是第十二届欧洲眼动大会,这个大会于 2003 年在英国的邓迪大学召开。在文章中,作者们报告了最新研究成果。此书内部丰富,资料翔实,是一本较为权威的眼动研究参考书。

眼动名人堂

乔治·马尔科姆·斯特顿(George Malcolm Stratton,1865~1957 年)

1865 年出生在美国加利福尼亚州奥克兰,他的父亲是一位土木工程师,于 1860 年来到加利福尼亚州。斯特顿 1888 年毕业于加利福尼亚大学。大学时代他受到了自己非常崇拜的一位哲学家胡伟森(Howison)的深刻影响。1934 年,他和贝克曼(Buckham)合作出版了这位哲学家的传记。在中学教了一年书后,他在耶鲁大学获得了哲学硕士学位。

1890 年,他回到加利福尼亚大学成为一名研究人员。从 1894 年开始,他到莱比锡冯特实验心理学学院做了两年的研究员。1896 年,他获得了博士学位,接着以心理学教师身份回到了加利福尼亚大学。1899 年,他在美国加州大学创建心理实验室,并于 1904 年去约翰斯·霍普金斯大学担任心理学教授和心理实验室主任。1908 年,他回到了加利福尼亚大学工作,直到辞世。1908 年,担任了美国心理协会的主席。1925～1926 年,被选为国际研究理事会人类学和心理学分会的主席。

作为一名杰出的心理学家,他在知觉、记忆、情绪等很多领域作出了贡献。他在眼动研究领域作出了如下的贡献:①采用普通照相法记录角膜反光。②突显了眼跳在阅读中的重要性。在记录被试观看一个圆圈时的眼动轨迹发现,眼睛并不做圆周运动,而是沿直线跳动,中途有一些注视点。③试图在视觉认知现象和眼动之间建立起联系。

第九章　眼动与其他心理活动

除了用眼动研究阅读、图片观看、视觉搜索和模式识别之外，心理学家们还对视错觉、双关图形、问题解决和个性特征等问题进行了眼动研究，本章将介绍有关内容。

第一节　眼动与视错觉、双关图形

一、眼动与视错觉

（一）什么是视错觉

人的眼睛有时并不能对外部世界进行正确的反映，而是会出现视错觉。视错觉是指对客观事物不正确的视知觉，下面（图 9.1）是几个典型的视错觉。

在缪勒-莱耶尔错觉图形中，两个箭杆是等长的，但是，看起来下面的箭杆比上面的箭杆长；在横竖错觉图形中，垂直线和水平线的长度是相等的，但是，主观感觉是垂直线比水平线长；在 Oppel-Kundt 错觉中，有 4 个等距排列的圆点（距离为 a），其长度与线段 b 的长度是相等的，但是，看上去 a 比 b 长；在 Poggendorf 错觉图形中，那两条斜线其实是可以连成一条直线的，但是看起来却是错位了。

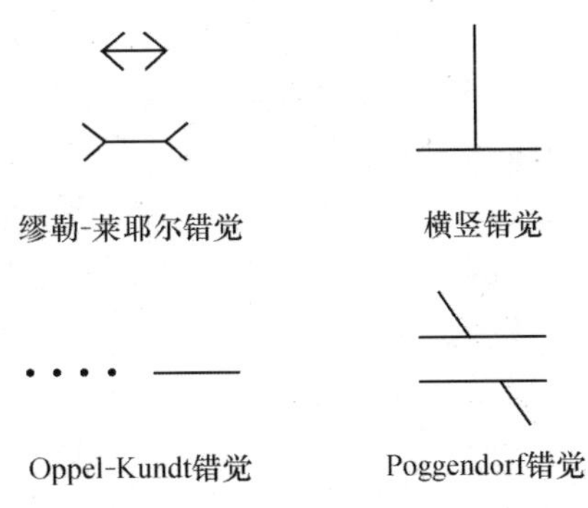

图 9.1　错觉图形

（二）对视错觉的眼动研究

心理学研究中较早发现的错觉现象大多属于视错觉。视错觉是一种十分有趣的心理现象，心理学家们很早就提出理论试图解释它。其中有一种理论被称为“眼动理论”，该理论认为，对物体长度的印象是由于眼睛沿着一端至另一端的扫描运动获得的。例如，在观看横竖错觉时，眼睛垂直移动比横向移动费力，即看竖线比看横线费力，因此看起来竖线比等长的横线长。再如，在观看缪勒-莱耶尔错觉图形时，向外伸展的箭头使眼睛移动的距离较大，向内收缩的箭头使眼睛移动的距离较小。但是，这种理论被后来的许多实验否认了。下面介绍一些以眼动为指标对视错觉进行的研究。

有一些眼动研究似乎支持视错觉产生的眼动理论。有人（Festinger et al.，1968）发现，当注视缪勒-莱耶尔错觉图形过程中，在允许被试进行眼动与不允许眼动（只能注视）的两种条件下，第一种条件可以使错觉减少。在另一项研究中（Coren and Hoenig，1972），考察被试在注视 Oppel-Kundt 错觉时，也发现了上述的特征。实验中，被试分为两组，每组均有 15 人，要求他们观看该错觉图形。一组被试可以在错觉图形上进行眼跳，另一组被试只能注视图形 a 和线段 b 之间的连接处，不能进行眼跳。对于眼跳组来说，随着时间的推移，错觉出现的百分比显著减少，而注视组则没出现此现象，见图 9.2。

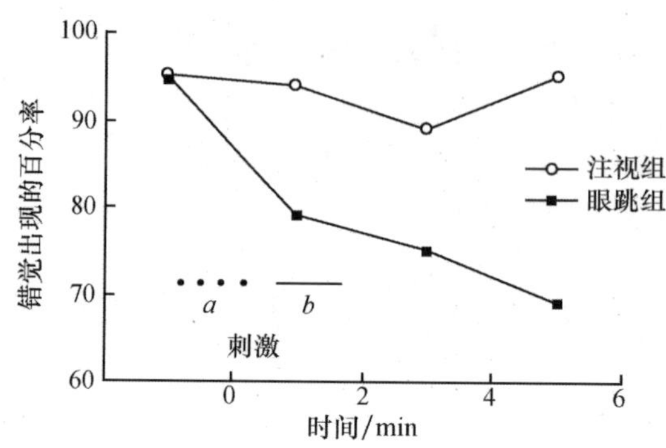

图 9.2　两组被试观看视错觉图形的时间与错觉出现百分率之间的关系
图中的刺激是实验使用的错觉图形

但是，有许多眼动实验并不支持视错觉产生的眼动理论。有人（Judd et al.，1905）为了考察上述的眼动理论，进行了如下的实验：让被试观察几种错觉图形，同时用电影摄影机拍摄眼动轨迹。结果表明，在观看缪勒-莱耶尔错觉图形时，对有向内收缩的箭头的那条线注视多，而对另一条有向外伸展的箭头的那条线注视少，这个结果并不支持眼动理论。因为，按照该理论，对看上去短的那条线的注视应该少，对看上去长的那条线的注视应该多。所以实验者认为，眼动理论不能对错觉的产生进行明确解释，该实验结果也不支持错觉眼动理论。

此外，也有许多研究表明，无论是否有眼动，错觉都会发生。例如，Pulfrich 效应（Kirkwood et al.，1969）、缪勒-莱耶尔错觉（Bolles，1969）、视觉诱导运动（Brosgole et al.，1968a）和游动效应（Brosgole et al.，1968b），无论是否进行眼动，在观看时，这些错觉都会发生。因此，眼动本身并不是产生大部分视错觉的原因，有些错觉（Coren et al.，1975）在追随眼动中比在眼跳过程中更明显。

Yarbus 使用自制的眼动仪对视错觉进行了研究。一方面，他通过仪器使被试无法进行眼动，在这种条件下，被试观看缪勒-莱耶尔错觉图形和 Poggendorf 错觉图形时仍然产生了错觉。因此，许多视错觉的产生与眼动的关系不大。另一方面，Yarbus 允许被试进行眼动，让其观察缪勒-莱耶尔错觉图形，并记录眼动轨迹。发现看带内向箭头的线段时眼动范围大，看带外向箭头的线段时眼动范围小。关于视错觉与眼动的关系，Yarbus 认为，不同的视错觉是以不同的方式在不同程度上对眼动产生影响的。同时，有一些视错觉对眼动没有任何影响。眼动不参与视错觉的产生，视错觉本身决定了被试的眼动模式。

有人（Holcomb and Holcomb，1977）用双关图形（如丑妇与少女双关图形）为实验材料，记录的眼动结果支持 Yarbus 的观点。

20 世纪 80 年代，有人（Coren，1986）用眼动仪进行了视错觉实验。下面分别加以介绍。第一个是重心视错觉实验，实验材料见图 9.3。

图 9.3 中的“•”是目标点，“×”是无关点。当给了图 9.3a 的实验材料后，眼睛的中央凹落在目标点与无关点当中，图 9.3b 与图 9.3c 中，两个目标点的距离都是 8cm，无关点与相邻目标点之间的距离均为 1cm，所不同的是在图 9.3b 中，两个无关点在目标点之外，而图 9.3c 中，两个无关点在目标点之内，被试距离实验材料 40cm，要求被试从一个目标点扫视到另一个目标点。实验结果表明，在图 9.3b 的条件下，眼睛扫视距离比实际距离（8cm）多了 4.1ms；在图 9.3c 的条件下，眼睛扫描距离比实际距离少了 3.2ms。

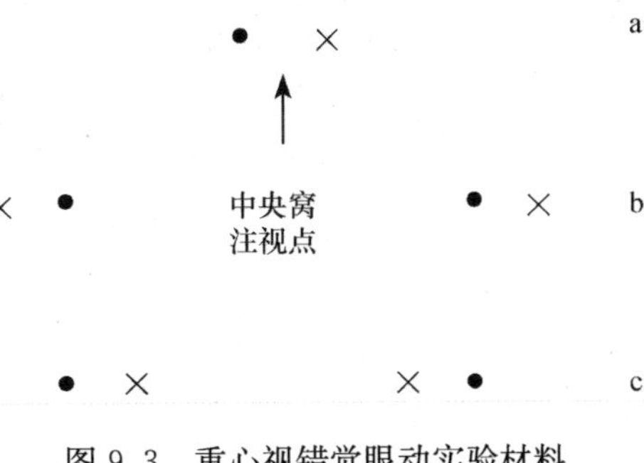

图 9.3　重心视错觉眼动实验材料

为了进一步研究眼睛扫描距离与无关点刺激的关系，设计了下面的实验：图 9.4a 是实验材料。

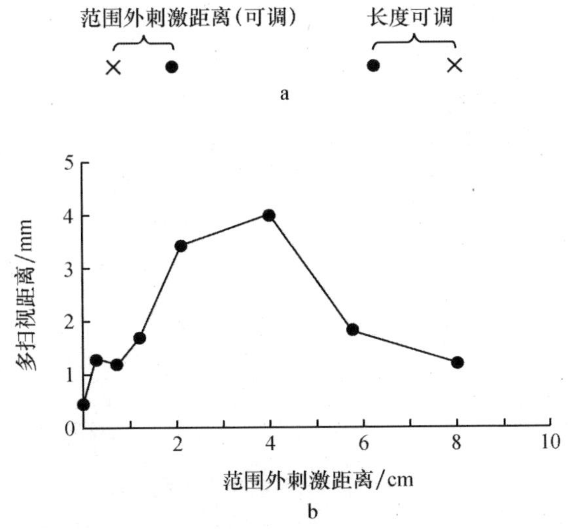

图 9.4　重心视错觉眼动实验

左边“×”与目标点之间的距离称范围外刺激距离，此距离分别取值是 0.25cm、0.5cm、1cm、2cm、4cm、6cm 和 8cm。当左边“×”变动时，被试眼睛从一个目标点扫视到另一个目标点的多扫视距离也在变，实验结果如图 9.4b 所示：当范围外刺激距离在 4cm 时，多扫视距离值最高。重心视错觉的实验表明，当目标点外有其他无关刺激点时，图形的重心可能要变化。

Coren 的第二个实验是以眼动为指标对缪勒-莱耶尔错觉图形进行的研究。上面介绍过，该错觉是两只箭杆长度一样，但是一支箭将两个箭头朝内，另一支箭将箭头朝外，看起来两个箭杆长度不一样长。Coren 在实验中，考察将箭翼的长度改变，是否对视错觉产生影响。图 9.5a～c 是不同箭翼长的缪勒-莱耶尔错觉图形，分别测试被试眼睛扫视的距离，实验结果如图 9.5(d)所示。

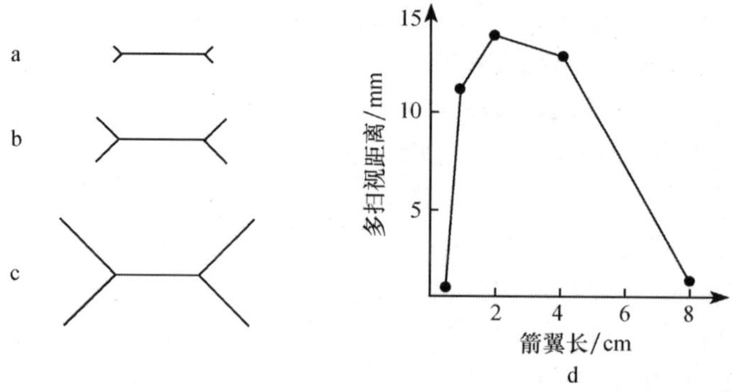

图 9.5 缪勒-莱耶尔错觉眼动实验

不同箭翼长度将影响对箭杆长度的认知，在箭翼长度是 2cm 时，人的视觉系统认为箭杆最长。

此外，实验还考察了缪勒-莱耶尔错觉图形中，箭翼角度与认知箭杆长度的关系。图 9.6a 是箭翼角度的变化情况，当 s1 小于 s2 时，a1 大于 a2。

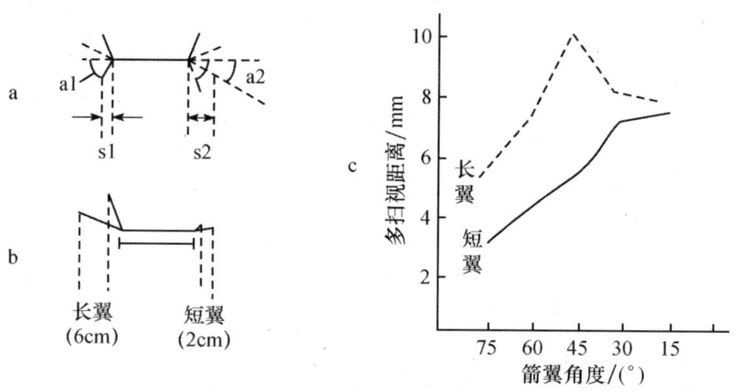

图 9.6 缪勒-莱耶尔错觉眼动实验

图 9.6b 是箭翼长度变化与双翼同时旋转一定角度的情况，这些变化都可能影响对箭杆长度的判别。图 9.6c 是当箭杆长为 8cm，箭翼长分别是 2cm 和 6cm，箭翼与水平线角度分别是 15°、30°、45°、60°和 75°时对箭杆长度判定的实验结果。当要求被试从箭杆的一端扫视到箭杆的另一端时，眼动距离要多扫视一段距离。实验结果表明，在长翼、箭翼角度为 45°情况下，眼动扫视距离最长；在短翼、箭翼角度 15°情况下，眼动距离达到短翼时的高峰。

有人(任桂琴等，2005)使用美国应用科学实验室生产的 504 型眼动仪，以错觉量和眼动特征为指标，考察了缪勒-莱耶尔错觉的产生及其作用过程。实验设计为 2(箭杆)×2(箭翼)×2(ML 图形)三因素被试内设计，箭杆的两个水平是 S(箭杆为 10cm)和 L(箭杆为 20cm)；箭翼的两个水平是 S(箭翼为 1cm)和 L(箭翼为 2cm)；ML 图形的两个水平是 ML1(原始 ML 图形)和 ML2(原始 ML 图形的变式)。实验中使用两类 ML 图形、ML1 是箭翼能提供深度线索的原始 ML 图形，即 Franz Müller-Lyer 于 1889 年首次给出的图形。深度线索指视网膜上与场景深度有关的二维信息。ML2 是原始 ML 图形的变式,即分别在标准 ML 图形的两端以箭杆的两个端点为圆心,以箭翼的长度为半径作圆得到的 ML 图形。两类 ML 图形中箭杆的长度分别为 10cm 和 20cm,箭翼的长度分别为 1cm 和 2cm,图形中箭翼与箭杆之间的夹角分别为 60°和 120°。以 3 种条件产生的 8 个图形(箭头指向外)为标准图形,每个标准图形的下面有 4 个比较图形(箭头指向内),箭杆的长度分别为 11cm、10cm、9cm、8cm 和 21cm、20cm、19cm、18cm,箭翼的长度、箭翼与箭杆的夹角均与相应的标准图形相同。比较图形以拉丁方顺序排列在标准图形的下面。

研究结果表明:第一,在 ML 错觉中,较长箭杆促进长度的准确判断,较长箭翼干扰长度的准确判断,减弱 ML 图形的总长度线索有助于降低错觉量;第二,箭杆与箭翼的交互作用对注视时间产生显著影响;第三,被试通过整合两条矛盾的线索进行长度判断,实验结果支持矛盾线索理论。

二、眼动与双关图形

(一) 什么是双关图形

双关图形(ambiguous figure)也称两可图形,是指在不同时间内可以被看成两种不同对象的图形,下面举几个典型的例子。

从图 9.7 中可以看出两个空间位置不同的立方体;图 9.8 既可以被看成是一个酒杯,也可以被看成是两个人面的侧视图;图 9.9 既可以被看成是有着三个阶梯的楼梯,也可以看成是倒置的有两级阶梯的楼梯。

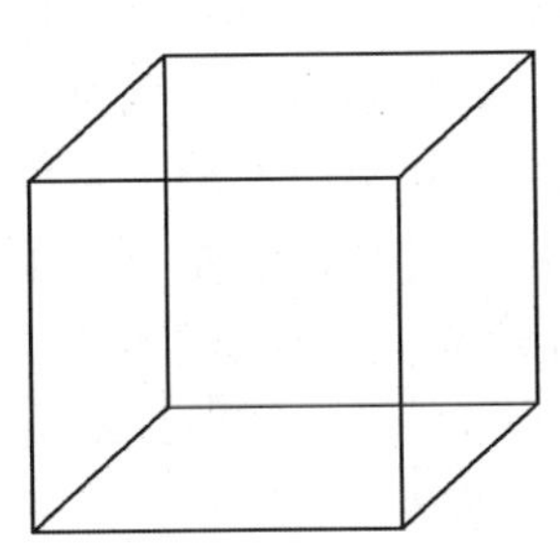

图 9.7 耐克尔方块

图 9.8 鲁宾人面-花瓶双关图

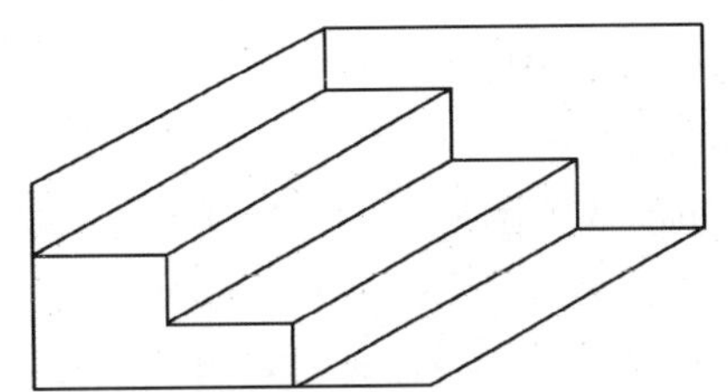

图 9.9 Schroder 楼梯

(二) 对双关图形的眼动研究

对双关图形的眼动研究已经有很长的历史了。其中一个令人感兴趣的问题是眼动和图形的转换之间的关系问题:眼动是双关图形转换的原因还是转换的结果?较早对双关图形进行的一项研究(Flugel,1913)中,要求被试在几个不同的条件下,对若干个双关图形进行观察。结果发现,图形的转换是由于眼动引起的。需要注意的是,这项研究并没有对被试进行直接的眼动记录,只是根据被试的内省报告得到的结论。有研究表明,图形转换后出现了眼动。Glen(1940)的研究发现,眼动频率同图形的转换频率之间的相关很低。实验者认为,有众多的因素影响眼动同图形转换之间的关系。

表 9.1 对双关图形的眼动结果

眼动指标	眼动数值
眼动次数(M)	332
图形转换次数(R)	236
图形转换后的眼动次数($M-R$)	109
图形转换后眼动占总眼动次数的百分数	33

有人(Sisson,1935)使用楼梯双关图形为实验材料对被试的眼动进行了研究。被试为 13 名大学生和教师,要求他们注视楼梯图形上的一个红色十字,尽可能保持注视点不变。当图形出现转换时,被试就按压一个键,与此同时,用照相法记录被试的眼动。结果见表 9.1。

实验结果表明:

(1) 图形转换前后均有眼动。大部分眼动(67%)发生之后并没有出现图形转换。在 236 次的图形转换中,有 92%的转换之前的一定时间内没有眼动发生。经过对记录结果的分析,实验结果并不支持图形的转换是由眼动引起的这一观点。

(2) 将耐克尔图形的大小减少一半,有 7 名被试参与实验。结果发现,对小耐克尔图形的转换并不比对大耐克尔图形的转换快。

(3) 一些中枢因素(而不是眼动,眼动只是外周因素)参与了图形转换过程。在知觉图形时,知觉中枢的变化引起了外周的变化。在以楼梯双关图形为实验材料的另一项研究中(Pheiffer et al.,1956),发现图形转换是在眼动之前发生的,眼动是双关图形发生转换的结果,而不是原因。

在 Flamm 和 Bergum(1977)的研究中,以鲁宾人面-花瓶双关图和耐克尔方块图为实验材料,被试为 9 名大学生,要求被试注视这两种双关图形 1.5min。结果发现:①在观看耐克尔方块图时的转换次数显著多于观看鲁宾人面-花瓶双关图时出现的转换次数;②在图形转换之前和之后均伴有眼动发生,故这两种双关图形的转换与眼动的发生没有关系。

人们对被试在观看双关图形时的注视位置和注视持续时间也进行了研究。有人(Sakano,1963)以鲁宾人面-花瓶双关图和丑妇与少女双关图为实验材料,实验中使用了不同的指导语。结果发现,不同的指导语使被试产生了不同的扫视模式。当指导语要求被试注视双关图形中的一个图形时,被试对图形的注视往往局限在一个特定的区域,这表明眼动至少有助于保持双关图形中另一个图形的出现。还有人(Ellis and Stark,1978)以耐克尔方块图为实验材料要求被试注视,结果发现,图形转换与较长时间的注视有关。

有研究表明,当被试控制眼睛运动的肌肉瘫痪时,图形的转换仍然存在,这说明图形转换的发生是没有眼动参与的。还有研究发现,当固定视网膜成像的时候,图形转换仍然发生。

有人(Gale and Findlay,1983)对老妇与少女双关图形进行了比较系统的研究。研究使用的双关图形见图 9.10。

实验者将该双关图的面部特征分为 4 个元素,如图 9.10 所示。结果发现,接近 YE 元素的注视位置导致被试报告看到了少女,而接近 M 元素的注视位置导致被试报告看到了老妇。后来,Gale 和 Findlay 对眼动在知觉该双关图形中的作用进行了研究。实验前,先让被试熟悉双关图形中的两个图形,然后让他们保持注视其中的一个图形,再保持注视另一个。最后,给被试呈现经过修改的双关图形,让被试进行知觉。下面将不同实验条件的结果进行介绍:①当被试注视双关图形中的不同图形时,其眼动模式也不同,具体表现为注视点的分布不同。当要求被试注视双关图形中的少妇时，注视点通常分布在人面的上半部分，而要求被试注视双关图形中的老妇时，注视点主要分布在元素 E/EC 和 M 上，而对 YE 元素注视很少。②通常在我们观察双关图形一定时间后，图形转换就会发生。实验发现，当被试观看双关图形一段时间而发生图形转换时，被试的注视位置也发生了变化。当图形转换成少女时，则被试对元素 YE 注视较多，而当图形转换成老妇时，则对元素 M 注视较多。③将图形中的 YE 元素略去，被试则首先报告看到了老妇。眼动记录结果显示被试第一次眼动是在人面的上半部分。当略去图形中的 M 元素，则被试首先报告看到了少妇，这与他们第一次眼动所在的区域有关。这表明，当被试注视双关图形相应的位置时，尽管该位置上的元素没有出现，被试仍然能够进行图形的转换。④当分别略去 M、CL、和 E/EC 元素时（YE 元素除外），则对略去的相应区域的注视时间没有显著影响（同所有元素均存在时相比较）。这说明对图形的知觉依赖于观察者的图式（schema）。⑤有些情况下，在被试报告图形转换之前，被试的注视位置发生了变化，即从对某一元素的注视转移到对另一个元素的注视，而该元素有利于知觉双关图形的另一个图形。但是在大部分的被试报告图形转换之前，并没有发现被试的注视位置从一个元素转移到了另一个元素。最后，研究者认为，眼动不单纯是由观察者的图式决定的，也不单纯是由刺激本身决定的，而是由两者的相互影响而决定。

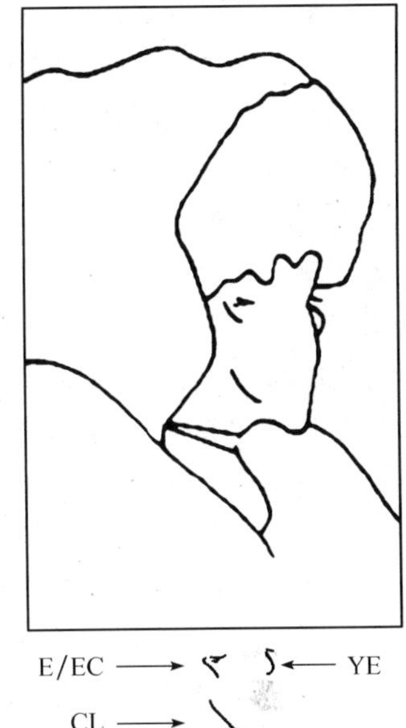

图 9.10　老妇与少女双关图形（下面是该图的 4 个面部特征）

第二节　眼动与思维和问题解决

一、眼动与思维

分类是最基本的思维活动，它一直是现代心理学研究中的一个热点问题。

戴斌荣等(2007)考查了材料呈现方式、维度数量对小学生分类活动的影响。被试为天津市某小学五年级学生，智力、视力正常。

实验材料共 3 套，第一套是准备实验材料，共 14 张，其中两张为样例，主要用来帮助被试理解指示语的。在这套材料中，两张样例分别是由 6 个不同的几何图形组成的，通过每次分别交换两张样例中对应位置的一个几何图形，共形成 12 张不同的图片。第二、第三套是正式实验材料，每套有两张样例，且在两套中是一样的，它们是由两个类似于墨渍图的不规则的平面几何图形构成。在第二套材料中，将两张样例图形等分成 4 份，通过每次分别交换两张样例中对应位置的一个等份，共形成 8 张不同的图片。在第三套材料中，将两张样例图形等分成 8 份，通过每次分别交换两张样例中对应位置的一个等份，共形成 16 张不同的图片。为了简洁，后面把第二、第三套材料分别称为 4 维和 8 维材料。

材料呈现方式共 2 种：全部呈现（简称为“全部”）和逐一呈现（简称为“逐一”）。全部呈现：一次全部呈现样例和待分材料图片，要求被试自由分类。逐一呈现：每次呈现样例和 1 张待分材料图片，要求被试分类，分完这 1 张后，撤走这 1 张，接着呈现下 1 张待分材料图片，直到分完所有材料图片为止。分类标准根据被试分类的结果和解释的理由，把分类标准细分为按一维特征、整体相似性和其他分类。具体地，凡是与某张样例在某个维度上具有相同特征的所有图片都被分到一个类别中，相反在这个维度上不具有这一特征的所有图片都被分到另一个类别中，而且解释的理由也是基于一维特征的，这样的结果就被称为按一维特征分类；凡是与某张样例相比仅有一个维度特征不同而其他维度特征都相同的所有图片都被分为一类，而且解释的理由也是基于整体相似性的，这样的结果就被称为按整体相似性分类。除了上述两种情况外，把其余的分类统称为“其他”。

实验设计采用 2（呈现方式：全部和逐一）×2（材料维度：4 维和 8 维）的被试间设计。

研究结果发现：①材料呈现方式与材料维度交互影响小学生的分类结果。表现为小学生对于 4 维材料的分类结果存在显著的呈现方式差异，对于 8 维材料的分类结果不存在显著的呈现方式差异。在全部呈现方式下，小学生的分类结果不存在显著的材料维度差异；在逐一呈现方式下，小学生的分类结果存在显著的材料维度差异。②小学生分类结果是否存在显著的呈现方式与材料维度差异，与他们在分类过程中的兴趣区数目、注视时间、注视次数、注视频率、注视点持续时间等眼动指标在相应条件下是否存在显著差异有一定的关系。

在另一项研究中，戴斌荣和阴国恩（2005）使用 ASL504 型眼动仪，采用 2×3 的混合实验设计，记录和分析 24 名被试在两种材料呈现方式下，对图片分类结果和分类过程中的眼动数据进行了分析。结果表明：①大学生分类结果存在显著的呈现方式差异，但不存在显著的材料类别差异；②大学生在分类过程中的兴趣区数目、注视时间、注视次数、注视频率、注视点持续时间等眼动指标存在显著的呈现方式差异，但材料类别差异不显著。

二、眼动与问题解决

问题解决是指在一定的问题情境下，通过思考与推理而达到目的的过程，它是一系列有目的指向的认知操作过程。问题解决是认知心理学研究中的一个重要内容。需要说明的是这里所讲的问题与通常我们所讲的问题是不一样的，一些轻而易举就能够解决的事情不能称为问题。如有人问你“5+5=?”“你多大年龄了?”这些内容在日常概念中是属于问题，但是，它们并不是我们这里所指的问题。我们讲的问题是指个体必须花费一定的精力，找到办法以达到目的的难题。例如，今年高考落榜，下一步打算怎么办？门锁的钥匙丢了，怎么进家门等。在认知心理学里，有关问题解决的研究中，有一些是以眼动为指标进行的，下面予以简要介绍。

有研究（Gould and Schaffer，1965）在屏幕的中央呈现 3 个数字，同时在屏幕的每个角上均呈现 3 个数字，要求被试将屏幕中央呈现的 3 个数字加起来，然后再找出屏幕哪个角上的数字之和等于屏幕中央上 3 个数字之和。实验时，记录被试的眼动。实验结果表明：被试对一组 3 个数字的注视时间取决于这 3 个数字之和的大小，同时，注视时间还取决于屏幕 4 个角上的 3 个数字之和与屏幕中央 3 个数字之和是否接近。在另一个研究中(Rosen，1975)，要求被试进行心算，被试要将若干列的数字相加，在加到某一个数字时，打断被试的运算。一种情况是当打断被试运算过程的同时，改变呈现的数字；另一种情况是不改变呈现的数字。之后，要求被试重新进行运算。眼动结果表明：当数字没有改变时，最初进行的心算对后来的运算有促进效应，表现为对没有改变的数字数列的注视持续时间较短，而且计算出结果的总时间也比较短。

有人(Just and Carpenter，1976)认为，在问题解决过程中，眼注视模式通常与被试的口头报告有紧密的联系，有研究证实了这个观点。在一项研究(Winikoff，1967)中，考察了眼注视与解决密码算术题过程中的口头报告之间的关系，密码算术题是类似下面这样的题。

```
    D O N A L D
  + G E R A L D
  -------------
    R O B E R T
```

其中 D=5

在这个式子中共有 10 个字母，其中每一个字母分别只代表数字 0～9 中的一个数，要求被试找出每个字母代表哪个数字。口头报告法是要求被试一边解题一边口头报告自己是怎么想的，被试解题的同时记录其眼动轨迹。实验结果表明：在解题过程中，被试倾向注视正在计算或试图回忆其数值的字母上。

在另一项研究(Teichner and Price，1966)中，将若干字母按照一定的规律进行排列，要求被试接着往下排列，同时记录其眼动。结果表明：在开始的 5s，被试有较多的前进式的注视，在后 5s，则出现较多的回视。那些解决了问题的被试表现出了较少的注视次数和回视次数。有人(Kaplan and Schoenfeld，1966)进行如下的实验：要求被试参加一种字谜游戏，这种游戏是变化某单词中字母顺序以构成另一个词，如由 lived 变换成 devil。在该实验中，给被试 40 个由 5 个字母组成的单词，要求其进行字谜游戏。在这 40 个单词中，开始的 20 个单词可以用相同的规律就能够顺利完成字谜游戏，后 10 个单词则需要采用另一个规律才能完成，最后 10 个单词所用的规律与前面的两个均不相同。被试在解决问题的同时，记录其眼动。对眼动结果的分析表明：①能够正确解决字谜游戏的被试有一种明显的眼动模式。他们找到了解题规律，按恰当的顺序注视字母，每次注视一个字母，只用 5 次注视即可解决问题；②当解题原则变化时，他们的眼动模式也随着变化。

眼动与决策时的口头报告也存在一定的关系。有人(Russo and Rosen，1975)在实验中给被试若干种选择，如汽车的型号、年代等，让其报告其选择的结果。眼动记录结果表明：眼动轨迹与正在加工的那个内容是紧密联系的。此外，还有人用眼动为指标，对被试完成选择和判断任务中的策略问题进行了研究。

心理旋转(mental rotation)是 20 世纪 70 年代初心理学家 Shepard 等在研究表象时提出的。在实验中，呈现一对三维物体的图形，要求被试判断这两个物体除了方位之外是否完全相同。实验表明，被试在完成任务过程中，对图形的表象进行了心理旋转，而且，这两个物体之间角度差别越大，心理旋转的时间越长。眼动模式反映了人潜在的心理操作，那么，在心理旋转的过程中，被试的眼动情况是怎样呢？

有人(Carpenter and Just，1976)进行了这方面的实验。实验中，给被试呈现一对三维图形的两维再现图，要求被试判断这两个图形是否相同，同时记录被试的眼动。实验结果发现，被试在进行心理旋转时的眼动过程可以分成三个明显不同的阶段：第一，搜索阶段；第二，转换和比较阶段；第三，确认阶段。在第一个阶段，被试搜索两个图形中大致相互对应的部分，选出两个图形大致上可以相互转换的部分。在第二个阶段，被试对两个图形中被选择出来的部分进行相互转换，转换的每一步都可能伴有心理旋转，并比较两部分图形的方向是否一致。从眼动轨迹上可以看出，被试在两个图形的相应部位来回反复注视。在第三阶段，被试主要考察使用同样的旋转角度，是否也能使两个图形的其他部分转换成为一致的图形。

李美华等(2007)考察了执行功能水平不同的大学生心理旋转的特征。执行功能是指在完成复杂的认知任务时，对各种认知过程进行协调，保证认知系统以灵活、优化的方式实行特定目标的一般性控制机制。研究者用实证的方法来检验大学生的不同执行功能发展水平是否与心理旋转能力有关。

被试为 68 名大学生，先进行工作记忆、抑制控制、认知灵活性测试，然后将工作记忆、抑制控制、认知灵活性各项测试成绩高于平均数的被试作为执行功能高水平者，低于平均数的作为执行功能低水平者，各 17 人，共 34 人参加了眼动实验。实验材料是根据 Shepard 和 Metzler 所设计的三维立体图形来设计的。有三种情况，分别是平面对、立体对、正像与镜像对。第一种情况是相同的两个图形在纸面上相差一定的角度，经过旋转能够重合，称为平面对；第二种情况是相同的两个图形在垂直于纸面的面上相差一个角度，经过旋转也能够重合，称为立体对；第三种情况是两个图形成正像与镜像的关系，无论如何旋转也不能重合。根据上面的原则，设计出四种基本图形：平面对、立体对、正像-镜像对 1 与正像-镜像对 2，分别以 0°、30°、60°、90°、120°、150°、180°共 7 个角度旋转，共组成 28 对图形为正式实验材料，另有三对图形作为练习。

实验设计是 2(执行功能水平：高、低)×2(学科：文科大学生、理科大学生)×7(旋转角度：共 7 个)三因素混合实验设计，因变量为注视时间、瞳孔直径、注视次数。

研究结果发现：①执行功能水平高的大学生比水平低的大学生心理旋转能力强，但水平高的大学生的心理负荷较水平低的大学生大；理科大学生比文科大学生心理旋转能力强。②大学生心理旋转中的注视时间、注视次数、注视瞳孔直径总体情况是随着角度的增大而增加。③无论是执行功能水平高与低，还是文、理科生都是对右图注视总时间长、注视总次数多、注视总瞳孔直径大。这说明这次眼动实验的注视模式是左右模式，但以偏右模式为主。④在实验材料容易的条件下，执行功能水平高的大学生心理旋转能力不如执行功能水平低的大学生，但是在实验材料难的条件下，执行功能水平高的大学生心理旋转能力比执行功能水平低的大学生强。同时，无论实验材料难或易，都是理科大学生心理旋转能力比文科大学生心理旋转能力强。

有人(祁乐瑛和梁宁建，2008)采用 EyelinkⅡ眼动记录仪，探讨 17～38 岁的被试在有外部参考框架时，心理旋转中的眼动特征。结果表明：①外部刺激和外部参考框架同时呈现时，内部参考框架可以随着外部参考框架的方向变化而修正，心理旋转通过框架旋转完成；②外部参考框架对于旋转角度远离直立方向的心理旋转作用小于旋转角度接近直立方向的；③有外部参考框架时，以直立方向为准，顺时针的心理旋转与逆时针的心理旋转没有差异，旋转遵循“最短加工路径”原则。

第三节　眼动与个性研究

个性心理特征主要包括能力、气质和性格等，其中以性格为核心。个性心理特征是一个人身上经常表现出来的，稳定的心理特征。以眼动为指标进行个性心理特征的研究并不多，现在介绍所掌握的一些材料。

一、能力研究

能力是指人们成功地完成某种活动所必需的个性心理特征。有人(Simpson，1942)发现，注视次数、回视频率与学业成绩、能力的相关度为－0.52～－0.38；注视停留时间与学业成绩和能力没有显著相关；阅读的测验分数与学业成绩和能力呈正相关，比眼动指标与学业成绩的相关度要高。

还有人(Imus et al.，1943)发现，眼动指标与能力、学业成绩和阅读测验成绩的相关度为0.07～0.38。在另一个类似的研究中(Leavell and Sterling，1938)，以儿童为研究对象，发现眼动指标同能力的相关是从低水平到中等水平。还有人(Brant)考察了在进行智力测验时的眼动，结果发现，能力差的学生与能力强的学生相比，前者的注视次数多，眼动效率低。

有人(Nettelbeck et al.，1986)研究了智力落后成人(mentally retarded adults)的眼动对视觉辨别准确性的影响。被试为10名智力落后成人和10名智力正常成人，让他们完成视觉辨别任务，结果表明：①在视觉辨别任务中，智力落后成人比智力正常成人较多地注视目标之外的刺激；②在字母辨别任务中，智力落后成人在最初的注视中，注视分布比较散乱。实验者认为，智力落后成人的中枢知觉加工速度明显地比正常成人慢。

能力倾向测验也称性向测验(aptitude test)，它是对个人特殊潜在能力的测定。通过这类测验，可以发现个人的能力倾向，预测以后的学习成绩。有人(Snow，1978)对认知能力倾向的个体差异进行了眼动分析。被试是48名中学生。实验材料为8种能力测验，它们是词汇测验、言语类比测验、瑞文推理能力测验、镶嵌图形测验、折纸测验、纸形板测验(paper form board)、Street格式塔填充测验和Harshman格式塔填充测验。从每一种能力测验中选出6个项目进行测验，对被试进行测验的同时，记录其眼动。实验结果表明：①眼动指标与一般能力(G)的联系比与特殊能力的联系更为紧密；②通过对两名被试(一人具有较强的一般能力，另一个人则一般能力略差)的眼动分析发现，在一般能力上有差异的被试，其眼动模式在完成折纸测验时也存在着差异，而在言语测验时没有显著差异，见图9.11。

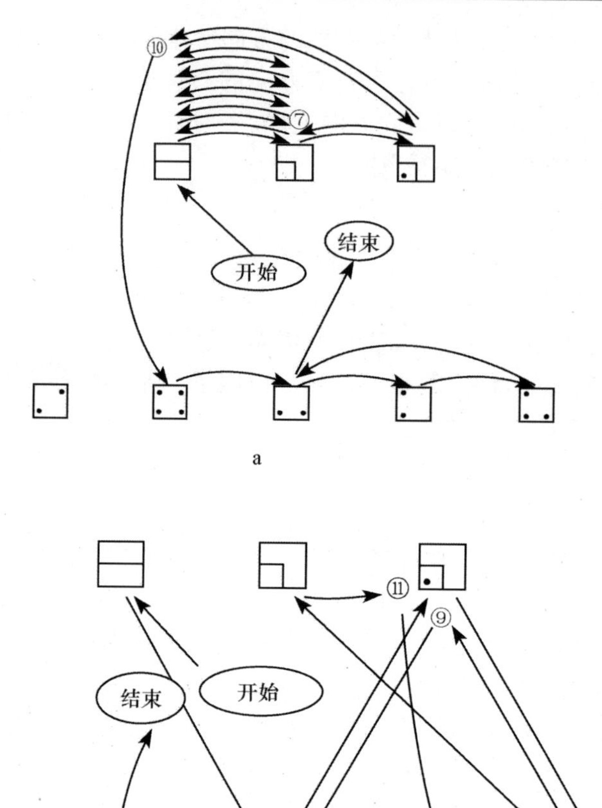

⑩
⑦
结束
开始
⑪
⑨
结束
开始
⑥

CALAMITOUS
⑥
结束
开始
③ CLAM-
OROUS
DISCONTENTED
DISAS-
TROUS
UNCOUTH

a

b

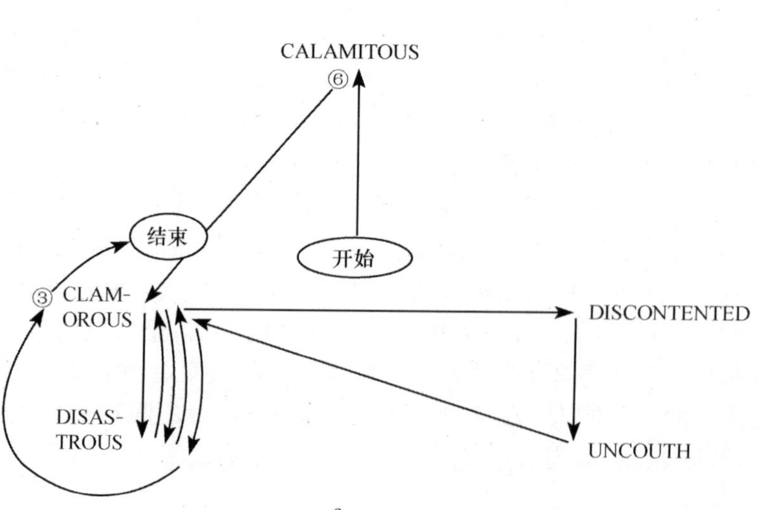

c

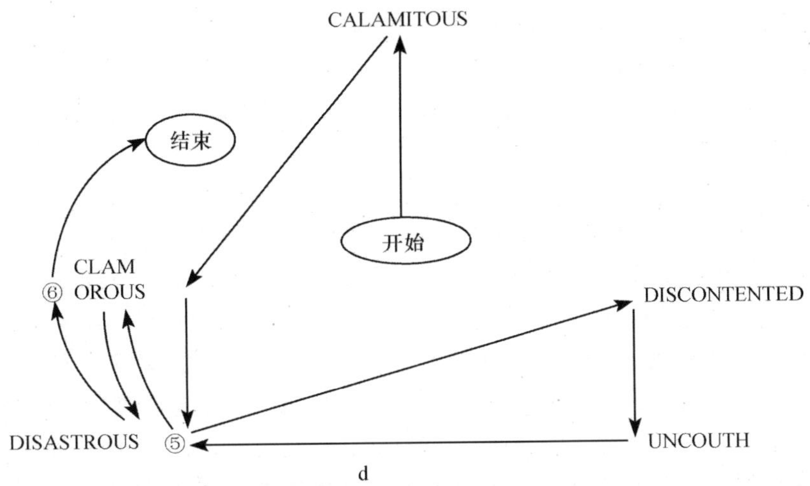

图 9.11　a 和 c 是一个一般能力高的被试在完成折纸测验和言语测验时的眼动轨迹，b 和 d 是一个一般能力低的被试在完成折纸测验和言语测验时的眼动轨迹，被圈起来的数字代表较长的注视时间(用胶片的画面数来测量，4 个画面=1s)

实验发现，这两个被试在流体分析能力(fluid-analytic ability)和空间能力上的差异比在言语能力上的差异大。这些从对他们的眼动记录结果的分析上就可以反映出来。眼动模式在空间能力测验上的差异比在言语能力测验上的差异大。折纸测验中，被试的任务是查看上面一行图形，了解这张纸的折叠过程，当纸折叠完毕后，在纸上打孔，然后判断当纸打开后，纸上有几个孔，孔都在什么位置上。下面有五个选择，从中找出与判断一致的答案。从图中的眼动记录可以看出，一般能力强的被试(图 9.11a)在上面一行刺激图形上进行了系统的分析，特别是对刺激图形的第一个和第二个之间进行了较多的注视。当对刺激图形进行系统分析以后，被试才开始看多项选择图形。而一般能力低的被试观察刺激图形的眼动模式则是没有系统的，无规律的。他不断盲目地从刺激图形跳到选择图形上。被试最后报告说，他不能将纸的折叠过程视觉化，答案是猜测的。

在言语测验上，一般能力高的被试对刺激词看了 1.5s，然后比较了两个最有可能的答案。一般能力低的被试只用了 0.5s 的时间注视了刺激词，在比较两个最有可能的答案之前，先扫视了多项选择，被试对两个最有可能的答案分别花了约 1s。而二者之间的注视转移较少。被试报告说他正在分析选择词的词根。研究者指出，他的这项研究是初步的，尝试性的，有待于进一步深入探讨。

有人(Rhenius and Heydemann，1984)研究了被试在完成瑞文推理能力测验时的眼动。被试为两组，一组是实验组，一组是控制组。实验组被试在完成测验的同时还要大声报告自己的思维过程，控制组被试则不必报告自己的思维过程。被试在做测验题时记录他们的眼动。实验结果表明：①两组被试在眼动模式上没有显著的差异；②由被试报告的 83%的解决问题步骤有比较一致的眼动模式与之相对应。

二、性格研究

性格是指人对现实的态度和行为方式中的比较稳定的具有核心意义的心理特征。在性格的分类方法中，有一种是 Witkin 等提出的按照认知方式来划分的方法，分为场独立型和场依存型。场独立型的人倾向于更多地利用本人储存的信息为参照体系，在认知和行为中较少受到客观环境线索的影响；而场依存型的人则倾向于更多地利用外在参照标志。有些研究以眼动为指标考察这两种类型人的差异。在一项研究中(Conklin et al.，1968)，让场独立型和场依存型的学生完成填图测验，同时记录其眼动。被试为 16 名男同学和 16 名女同学。结果表明：①两类学生在平均注视时间上没有区别；②场独立型的学生比场依存型的学生的眼跳距离大。这个结果表明，场独立型的学生试图通过对不完整图形随机的大范围的眼动，获得一个完整的结构；③场独立型的学生与场依存型的学生相比，前者的眼动模式更加有效，他们能够注视具有比较重要信息的地方。

场独立型和场依存型可以通过镶嵌图形测验和棒框测验来鉴定。镶嵌图形测验(embedded figure test，EFT)是 1962 年由 Witkin 等设计的，它由一系列简单与复杂的图形组成，要求被试在复杂的图形中找出简单的图形来，能快速发现嵌入复杂图形中简单图形的人，属于场独立型的人，反之属于场依存型的人。棒框测验(rod and frame test，RFT)中，在一个暗视场背景上有一个倾斜的亮方框，方框内有一个可自由转动的棒，要求被试把倾斜的棒调到垂直位置。如果不受方框影响，可以较准确地将棒调至垂直位置上的人，属于场独立型；若受方框影响较大，调棒的误差大，则属于场依存型。

有研究(Boersma et al.，1969)考察了不同类型学生解决镶嵌图形问题时的眼动情况。被试为 16 名场独立型和 16 名场依存型的大学生，要求他们完成镶嵌图形测验。结果显示：①场独立型的学生与场依存型的学生相比，前者在简单图形和复杂图形之间的注视转移次数较多；②男性被试比女性被试在进行视觉搜索时，表现得更加慎重。有人(Blowers and O'Connor，1978)发现，在进行棒框测验(RFT)时，场依存型的人比场独立型的人有着更多的眼动次数。他们发现，在进行 RFT 测试时，场依存型的被试在视野范围内进行了较多的视觉搜索，但是不能有效地注视与任务有关的部分。此处，还有人对反省型儿童(reflexive children)和冲动型儿童(impulsive children)及成人在完成图形匹配测验时的眼动特征进行了研究。结果发现：①反省型被试比冲动型被试注视次数多；②反省型被试比冲动型被试对刺激图形注视的更加详尽；③成人比儿童的眼动模式更为有效。

罗夏墨迹测验是由瑞士神经科医生罗夏(H. Rorshach)编制的一种测验方法，测验材料由 10 张墨迹图组成，将墨水滴在纸上，然后把纸对折，打开后就成为对称的墨迹图。测验方法是被试看图时，说出联想出的内容，罗夏测验是一个著名的性格测验。有人(Blake，1948)以 20 名大学生为被试，要求他们看罗夏墨迹图，同时记录其眼动。结果发现，当被试看第 4、第 6 和第 9 张墨迹图时的注视次数最多，注视持续时间最长。有人(Exner，1980，1983)用眼动仪记录了正常成人被试观看罗夏墨迹图时的眼动轨迹。图 9.12 是一个 19 岁女性被试在观察墨迹图时前 500ms 的眼动轨迹。

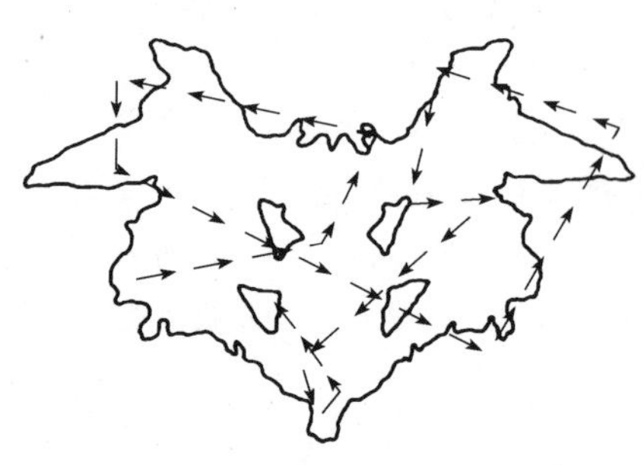

图 9.12 一位 19 岁女性在开始 500ms 内观看罗夏墨迹图的眼动轨迹

推荐读物

Rayner K. 1998. Eye movement in reading and information processing. Psychological Bulletin, 124(3): 373-422

Rayner K. 2004. Eye movements, cognitive process, and reading. 心理与行为研究, 2(3): 482-496

Rayner K. 2009. Eye movements and attention in reading, scene perception, and visual search. The Quarterly Journal of Experimental Psychology, 62(8): 1457-1506

眼动名著简介

《认知与文化的眼动研究》

Cognitive and Cultural Influence on Eye Movements

本书由 Keith Rayner、沈德立、白学军和闫国利编辑，由天津人民出版社于 2008 年出版，由天津人民出版社/英国 Psychology Press 共同发行。

第一部分：简介

第一章　阅读、视觉搜索和场景知觉中的眼动

第二部分：阅读中的眼动控制模型

第二章　阅读过程中 E—Z 读者模型的眼动控制

第三章　阅读中的眼动控制

第四章　通过 E—Z 读者模型来建构中文阅读的眼动控制模型

第三部分：眼动和视觉加工

第五章　阅读中的双眼运动

第六章　特殊人群的眼动导向

第七章　使用眼动来探讨复杂的视觉比较

第八章　使用眼动来研究和改进驾驶安全

第四部分：场景知觉、场景搜索和心理旋转的眼动研究

第九章　情绪性场景能够捕获人的眼球

第十章　搜寻多种目标的眼动

第十一章　心理旋转中的眼动和个体差异

第五部分：中文阅读的眼动研究

第十二章　中文阅读的眼动研究

第十三章　中文阅读的知觉广度

第十四章　中文阅读的词汇加工和眼动

第十五章　中文阅读中的词切分

第十六章　中文阅读中的句间和句内加工的即时性

第十七章　拼音在中文初学者汉语阅读中的作用

第六部分：文化的眼动研究

第十八章　如何看待这个问题:视觉场景中眼动模式的文化差异
第十九章　眼动、个体差异和文化效应
第二十章　正字法和眼动:正字法连接假设

这本书介绍了国际眼动研究领域的最新进展,深入探讨了认知因素与文化差异这两个重要变量对眼动的影响。本书基于在天津师范大学召开的第二届中国国际眼动大会的基础上成书的。全书用英文写作,分 6 个部分,共 20 章,深入探讨了阅读的眼动控制模型、眼动与视觉加工、场景知觉、视觉搜索和心理旋转中的眼动研究成果,特别介绍了汉语阅读的眼动研究与文化差异对于眼动的影响。

因为撰稿人全部为该领域的专家,所以本书具有较强的专业性、国际性和前沿性,适合研究生和从事眼动研究的科研人员阅读和参考。

眼动名人堂

查尔斯·哈伯德·贾德(Charles Hubbard Judd,1873～1946)

1873 年出生在印度巴勒里。1879 年,在他 6 岁的时候随家人来到美国。高中毕业后,他进了美国康涅狄格州的韦斯利安学院,并在 1894 年获得了学士学位,接着他进入德国莱比锡大学工作。在那里他师从冯特,两年后获得博士学位。冯特实验心理学的研究方法对他产生了巨大的影响,他孜孜不倦地在美国心理学和教育界提倡科学的研究方法。1907 年,他将冯特的《心理学概要》这本书译成英语,这部著作使美国科学心理学有了长足的进步。1896 年,他受聘韦斯利安学院并成为心理学系的创建者。接着他开始在纽约大学任心理学教授,然后在辛辛那提大学担任心理学和教育学教授。1902 年,贾德到耶鲁大学去创办心理学系,1904 年成为了那里的助理研究员,1907 年成为心理学教授和实验室的主任。

贾德在耶鲁大学期间,开始研究眼动。他对斯特顿和道奇的眼动研究工作印象深刻,并认为他们所使用的眼动仪装置存在局限。针对他们的不足,他发明了一种敞开式的眼动追踪技术,在眼角膜上粘上细小的氧化锌用来成像。这样眼动的运动可以从两个维度来识别,并且也不需要黑暗的环境。这个装置的另一个显著的优点在于可以记录双眼的眼动情况。

第十章　眼动的应用研究

眼动作为心理学研究中的一项重要指标，被广泛地运用于应用心理学的研究领域。本章将简要介绍眼动研究在学科教育、特殊教育、工效学、运动心理学、广告心理学、驾驶心理学、航空心理学等领域的应用情况。

第一节　眼动在教育领域中的应用

一、眼动研究在学科教育领域中的应用

学科教育的眼动研究是目前国内心理学界的一个热点问题，研究最多的学科领域是语文、数学和英语。本节主要介绍数学学科的眼动研究。

有人(尹文刚等，2004)采用眼动技术和实验神经心理学的方法对珠心算的认知过程进行了实验研究。该研究试图通过实验的方法，对受过珠心算训练的学生与未受过训练的学生进行眼动和大脑功能偏侧化等方面的神经心理学研究，探讨珠心算的视觉扫描过程和珠心算训练对学生的注意和记忆机能的作用。被试为小学生 22 人。实验组为接受过三年珠心算训练的儿童，共 10 人；控制组为没有接受过珠心算训练的儿童，共 12 人。实验组和控制组儿童在学习成绩、运动技能以及行为表现方面没有明显差异。研究发现，在竖式运算时，接受过珠心算训练的儿童与没有接受过珠心算训练的儿童相比其眼动轨迹显著不同；神经心理实验的结果表明，训练组儿童在数学运算能力、数字记忆空间、注意力、大脑功能偏侧化等方面均与非训练组儿童有显著差别。

有人(冯虹等，2007)对解数学应用题进行了眼动研究。本研究以不同年级学生为被试，记录解题过程中的眼动指标，以分析学生问题表征的层次和问题表征策略，试图了解不同年级被试的问题表征过程。被试分别来自小学五年级、初中二年级、高中二年级和大学二年级，所有被试智力正常。小学五年级、初中二年级优生与差生的界定：分年级进行统一测验，标准分 2 以上为优生，标准分 2 以下为差生；高中二年级优生与差生的界定：中考数学成绩 110 分以上为优生，80 分以下为差生；大学二年级优生与差生的界定：高考数学成绩 140 分以上为优生，90 分以下为差生。可利用数据中，小学五年级优生 9 人，差生 10 人；初中二年级优生 8 人，差生 6 人；高中二年级优生 7 人，差生 8 人；大学二年级优生 8 人，差生 7 人，共 63 名。用 16 道比较应用题对不参加实验的 100 名小学五年级学生和 10 名小学数学教师进行测试，要求他们对题目的难度进行 3 个等级的评定：难、一般、容易。从教师和学生评定的材料中选取 4 道(2 道一致、2 道不一致)一般难度的题目为正式实验材料。实验使用 ASL504 型台式眼动仪。实验采用 2(题目一致性)×2(数学成绩)×4(年级)的混合设计。其中题目一致性有一致和不一致 2 个水平，采用被试内设计；数学成绩分为优生和差生 2 个水平；年级有小学五年级、初中二年级、高中二年级和大学二年级

4 个水平;数学成绩和年级均为被试间变量。

研究结果发现:第一,不同年级学生解算术应用题时存在不同的眼动模式,随着年级的增高,学生解题过程中的各种眼动指标之间的差异逐渐缩小;第二,不同数学成绩学生解题时存在不同的眼动模式,数学成绩优生在表征“关系句”、“关系词”和“数字”时的眼动模式与数学成绩差生差异显著,学生解一致性不同的比较应用题时的眼动指标差异显著。

有人(张锦坤等,2006)探讨了大学生解决三步比较应用题的表征策略,同时考查在应用题中插入无关信息(进一步增加难度)对个体表征应用题的影响,以期作进一步的探讨。被试为 21 名大学生,主要考虑到他们已具备较充分的加减乘除方面的基础数学知识及基本阅读能力,从而避免因基础知识方面的缺乏及背景熟悉度方面的差异等而带来对实验目的的干扰。根据被试在实验题上的回答情况将其分为两组,即高正确率组:在实验题上完全正确或仅发生 1 道错误;低正确率组:在实验题上的错误题数达到 4 道或以上。实验采用 EyelinkⅡ眼动仪。16 道三步式比较应用题,即实验题,分为 4 种类型,即一致性未插入无关数字信息,一致性插入无关数字信息,不一致性未插入无关数字信息,不一致性插入无关数字信息。每种类型有四道题,加法列式和减法列式各两道。所谓一致性指关系词与实际运算操作一致,如题目是“比……多”则采用加法;不一致性指关系词与实际运算操作不一致,如题目是“比……多”,而实际运算应用减法。无关信息指在解题过程中无需使用的信息。每道题的字数控制在 70 字左右。

为防止在实验过程中被试形成解题定势,研究者设计了 30 道相对简单的一步或二步综合应用题,将 16 道正式实验题插入其中,并按 4 种类型进行拉丁方排列。16 道实验题的每道题包含 3 种信息,关系词(如比……多),数字(如 20kg),变量名(如“甲地牛奶每千克卖 6 元”中的“甲地牛奶”),未插入无关信息的题每道题有 2 个关系词、4 个数字、6 个变量名,插入无关信息的题比未插入的题多 1 个数字和 1 个变量名。根据有关研究,学生在试图对应用题形成心理表征的过程中将不断地重读题句,注视具体数字、变量名、关系词等,而对数字、关系词和变量名的注重程度不同表明采用的策略不同。实验材料还包括用于记录被试答题及回忆题目情况的记录表,记录答题对错及被试回忆题目时产生错误的类型。

本研究采用 2(正确率:高、低)×2(题型:一致、不一致)×2(无关信息:插入、未插入)的三因素混合实验设计。正确率高低为被试间因素,题型一致与不一致与无关信息插入与未插入为被试内因素。研究结果发现:①大学生被试解三步式比较应用题存在直译策略和问题模型策略;②解题正确率高者解难度较大的应用题时倾向于对应用题情境进行加工,即采用问题模型策略,正确率低者未表现出这一倾向,往往采用直译策略。

二、眼动研究在特殊教育领域的应用

(一)学优生和学困生的眼动研究

有人(隋光远等,2006)进行了数学学困生在内源和外源注意条件下数字比较的眼动研究,数字比较是指个体加工数字刺激,形成相应的数字心理表征,并运用其进行数量比较的过程。本研究试图考察小学儿童在不同注意条件下的数字比较是否存在差异。

研究选取小学三年级、六年级数学学习困难和正常组儿童为被试，以期发现数字比较的个体和年级差异。内源提示是位于屏幕中央的黑色箭头，大小为3.1°(宽)×2.3°(高)，亮度为2.7cd/m²。外源提示为出现在屏幕外围的黑色十字星形，其大小为3.7°(宽)×4.7°(高)，亮度为2.7cd/m²。目标刺激材料为4.3°(宽)×3.3°(高)的黑色阿拉伯数字，数字均为两位数。十位数距离(十位数与5的差值)有4种：1(如64、67、48、46)、2(如73、78、32、37)、3(如82、83、24、28)、4(如91、92、18、19)。个位数距离(个位数与5的距离)也是4种。数字距屏幕中心上、下方5.2°，左或右6.1°呈现。采用六因素混合实验设计。六个自变量为：组别(正常组儿童、数困儿童组)、年级(三、六)、内源提示效度(有效、无效)、外源提示效度(有效、无效)、十位数距离(1、2、3、4个水平)、个位数距离(1、2、3、4个水平)。其中，组别、年级为被试间变量，内源和外源提示效度及十位数距离和个位数距离为被试内变量。因变量为反应时、注视持续时间、注视点数、瞳孔直径、眼跳距离、注视位置。

研究结果发现：①三年级和六年级儿童的眼动特征有差异，六年级绩效好于三年级；②数学学困生和正常组儿童在加工速度、知觉广度和加工策略上有差异，数学学困生的绩效不如正常组儿童；③不同注意导向条件对数学学困生和正常组儿童的数字距离效应影响不同，内源性和外源性注意提示效度影响正常组儿童的数字距离效应，但不影响数学学困生的数字距离效应；④本研究实验结果支持数字比较的整体加工模型。

有人(韩玉昌等，2005)采用眼动实验法，从不同年级、材料、性别和组别角度，分析小学学困生阅读过程中的眼动特征，并与学优生、正常生相对比，探讨学困生在阅读过程中存在的问题。

该实验的被试筛选标准以儿童上学期期中和期末考试成绩为准，主课(语文、数学)平均成绩居全班第一个10%、中间10%和最末的10%分别为学优生、正常生和学困生；班主任对其能力的综合评定分别为：优、正常和差；总智商(瑞文推理)在90以上；没有明显躯体和精神疾病，无脑损伤病史；排除父母离异等家庭因素导致的学困生。根据组标准，从大连市北甸小学三年级、五年级学生中选取被试，所有被试视力在1.0以上。利用美国应用科学实验室生产的3200型眼动仪记录数据。

本实验的实验材料为科技说明文和记叙文各一篇。材料的筛选过程为：选取两种短文各7篇。在大连北甸小学，选取三年级、四年级、五年级各一个班，共120人，让学生读短文，然后回答：以前是否读过这些文章？能否读懂？在报告为未读过的短文中，读懂人数超过80%的，作为实验材料。

实验采用四因素混合设计，其中，年级(小学三年级、小学五年级)、组别(学优、正常、学困)和性别(男、女)为被试间变量，材料(科技说明文、记叙文)为被试内变量。

研究结果发现：①小学学困生文章阅读的注视次数多，每次注视范围小，与正常生和学优生相比，差异显著；②小学学困生文章阅读的注视点持续时间长，加工速度慢，与正常生和学优生相比，差异显著；③小学学困生文章阅读的眼跳距离小，与正常生和学优生相比，差异显著；④小学学困生文章阅读的回视次数多，与正常生和学优生相比，差异显著。

(二) 聋哑学生认知的眼动研究

有人(贺荟中,2004)进行了聋生与听力正常学生在背景知识参与下的整体连贯水平的研究。聋生选取的标准:①好耳听力损伤程度在 90dB 以上;②失聪年龄在 4 岁前(语言发展前);③除听力障碍外,没有其他障碍;④没有在普通学校读过书;⑤智力正常。以此为标准,从天津市聋哑学校高四年级选取 13 名聋生,从普通高中选取 13 名无视听障碍的高一学生为被试。

该实验采取 2×2 的混合实验设计。被试内变量为语篇种类,两个水平,分别是整体连贯水平版和控制版;被试间变量为被试类型,两个水平,分别是语言发展前全聋哑学生实验组和低于其 3 个年级的听力正常学生控制组。本实验采用 6 篇正式实验材料,实验仪器为 4200R 型眼动仪。

研究结果发现:①聋生阅读记叙文的整体能力与听力正常学生有差距,主要表现在文章阅读的整体效率显著低于听力正常学生;②聋生除在注视次数的眼动指标上与听力正常学生有显著差异外,在其他眼动指标上均未见差异;③聋生虽然与低于听力正常学生在文本信息的储存、局部连贯和背景知识参与条件下建立文本整体连贯的能力上没有差异,但这是以反复回视、增加注视点等为代价的。阅读能力高的全聋生在背景知识参与条件下建立文本连贯的能力比听力正常学生高。

有人(乔静芝,2009)采用刺激呈现随眼动变化技术,对语言发展前全聋大学生与低于其 2～3 个年级健听大学生的中文阅读知觉广度进行了比较研究。实验仪器为 Eyelink2000 型眼动仪。研究采用 2×8 两因素混合实验设计,自变量一是被试类型,有 2 个水平,分别是语言发展前全聋大学生和健听大学生;自变量二是可视窗口的大小。在该实验条件下,得出如下结论:①聋人与健听大学生中文阅读的知觉广度均具有不对称性,知觉广度的右侧范围大于左侧范围;②聋人大学生的知觉广度范围是注视点及注视点右侧 2 个或 3 个汉字的空间,知觉广度为 3～4 个字;③健听大学生的知觉广度范围是注视点左侧 1 个汉字到右侧 2～3 个汉字的空间,知觉广度为 4～5 个字。

第二节　眼动在工效学研究中的应用

一、什么是工效学

工效学(ergonomics)是研究如何使人一机一环境系统的设计符合人的身体结构和心理特点,实现人、机、环境之间的最佳结合,使人们更容易、更有效、更舒适和更安全地进行工作。1959 年,国际人类工效学学会成立,出版了《工效学》和《应用工效学》等杂志。在工效学研究中,有人以眼动为指标,对有关问题进行了探讨,下面介绍有关的实验。

二、眼动在工效学研究中的应用

早在国际人类工效学学会成立之前,就有人在 20 世纪 30 年代进行过与工效学有关的心理学研究。有人(Taylor,1937)发现,阅读白底黑字的速度比阅读黑底白字的速度快。这种差别是由于被试在阅读这两种文字时，注视持续时间相同，而注视频率不同所致。有人(Luckiesh，1944；Luckiesh and Moss，1942a)考察过不同照明条件对阅读过程中眼动的影响。在1英尺烛光的照明条件下，要求被试进行阅读，然后，再在100英尺烛光的照明条件下阅读，同时记录被试的眼动。结果表明：在100英尺烛光条件下的阅读速度显著快于在1英尺烛光照明条件下的阅读速度。研究者认为，这种差别主要是由于注视持续时间的差异造成的。还有人以眼动为指标，考察印刷字体的清晰度的影响作用。Bell(1939)发现，在阅读印刷字体与手写字体的文字时，未发现眼动模式的差异，但是在阅读印刷字体与草体、手写字体与草体时，它们之间在眼动模式上存在差异。这种差异主要表现在注视频率的变化上，而不是注视持续时间上。

还有人(Tinker and Paterson)在1939～1944年进行了字体清晰度与眼动关系的研究，结果表明：①阅读全部用大写字母印刷的文章与阅读用小写字母印刷的文章时，前者的注视次数多，且阅读速度较慢；②阅读古英语字体和现代字体时，对前者的阅读速度慢，且注视次数多；③阅读十点字体与六点字体时，对后者的阅读速度慢，注视次数多，注视持续时间长；④在白色背景上印有黑色字体与在深绿色背景上印有红色字体，对后者阅读的速度慢，注视次数多，回视多，注视持续时间长。

有人(Tinker，1958)总结了1945～1957年有关印刷版面格式(typography)与眼动关系的研究。Hackman和Tinker以眼动为指标(包括知觉时间、注视频率、注视持续时间和回视频率)，考察读者阅读在不同底色的纸上印有不同颜色文字时的情况。研究者使用拉丁方实验设计，被试为49人。实验结果表明：黄底黑字、白底红字、红底绿字和白底黑字的字体清晰度最好。而紫底黑字、白底淡黄字和绿底红字的字体清晰度最差。

刻度盘的大小直接影响人的认读效果。有人(White，1949)对刻度盘的认读进行了眼动研究。实验用眼睛注视次数、每次注视时间、观察刻度盘总时间、反应时和错误次数等为指标，在视距是75cm的条件下，对直径为25mm、44mm和75mm的仪表进行了比较研究。实验结果如表10.1所示。

表10.1 圆形刻度盘的直径与认读的关系

刻度盘的直径/mm	眼球注视的平均次数	注视的平均时间/s	观察刻度盘的总时间/s	平均反应时间/s	错误率/%
25	2.8	0.90	0.82	0.76	6
44	2.6	0.26	0.72	0.72	4
70	2.9	0.25	0.75	0.73	12

从表10.1可以看出，对直径是44mm的仪表认读效果最好。

20世纪80年代，有人(Kolers et al.，1981)以眼动为指标，考察了阴极射线管显示器(CRT display)的清晰度问题。用CRT呈现阅读材料，阅读材料是由各自独立的20篇文章组成，每篇约为300字，每段文章之后有10个问题。文章呈现时有两种不同的行间距，两种不同的字符密度，5种不同的向上滚动的速度(scroll rates)，这5种不同的速度是：第一为零，即静止不进行滚动；其他4种速度是以被试本人所偏好的滚动速度为基准，分为偏好速度，慢于偏好速度10%的速度，快于偏好速度10%的速度，快于偏好速度20%的速度。被试为 20 名大学生。结果见表 10.2。

表 10.2　眼动数据统计表

自变量		因变量					
		总注视次数	每行注视次数	一行注视到的字数	注视频率	平均注视时间/s	总用时/s
行间距	一个字符	241.0	6.25	1.31	2.69	0.263	89.21
	两个字符	233.5	6.30	1.36	2.67	0.264	87.29
	$F(1,76)$	9.12*	11.4*	10.87*	1.36	0.01	7.41*
每行的字符数	小(80)	212.7	8.00	1.46	2.62	0.282	81.32
	大(40)	261.8	4.82	1.20	2.74	0.245	95.19
	$F(1,76)$	381.62*	2472.7*	285.8*	33.97*	148.5*	387.71*
滚动速度	0　静止	227.7	6.19	1.38	2.56	0.275	89.00
	－10％ 慢速	267.8	7.22	1.18	2.68	0.266	99.92
	1 偏好速度	250.4	6.74	1.26	2.70	0.261	93.33
	＋10％ 快速	229.5	6.19	1.36	2.70	0.258	84.53
	＋20％ 特快	210.8	5.70	1.48	2.75	0.256	76.71
	$F(4,76)$	62.19*	66.12*	46.78*	9.57*	4.93*	119.56*

* $P<0.01$。

实验结果表明:①被试对两字符行间距比单字符行间距的阅读效果略好。单字符行间距与两字符行间距比,在前一种条件下的阅读时,每行的注视次数多,一次注视所获得的单词量小,总阅读时间长。②每行字符的密度有两种,一种是 80 个,一种是 40 个,被试对前者每行的注视次数少,但是每次注视的时间长,每次注视到的单词多。通过对字间距和行间距的研究结果,可以认为,当文字安排在空间上比较紧凑时,阅读效果好。③就向上滚动速度而言,速度增加时,阅读效果较好,表现在每行的注视少,每次注视到的单词多,而且平均注视时间减少。

有人(Masaru et al.,1989)研究了视觉显示终端(VDT)的分辨率对可读性(readability)的影响。研究者使用了两种具有不同分辨率的 VDT,一种分辨率为 1664 像素×1200 像素,一种为 720 像素×350 像素。前者分辨率高,后者为一般的分辨率。实验中,将 3 种不同大小字体(中号、小号和特小号)的阅读材料分别呈现在两种分辨率的 VDT 上,表 10.3 是两种 VDT 的特征情况。

表 10.3　两种 VDT 的特征指标

	点　阵	字符大小/mm	背景色	字符颜色	CRT 大小/英寸
高分辨率 VDT	12×14	2.4×3.3	白	黑	19
一般分辨率 VDT	8×9	2.3×2.7	绿	黑	12

要求被试尽快阅读 VDT 上呈现的小说,并记录其眼动。每次呈现的文章内容基本相同,行数相同(18 行/页),每行的字数基本相同(73 个字符/行)。实验结果表明:①在两种分辨率 VDT 上,当阅读特小号字体时,平均注视时间存在差异;②在两种分辨率 VDT 上,进行阅读时的注视次数没有差异;③阅读不同大小字体的文章时,注视次数也没有显

著差异。总之,本项实验结果表明:VDT 的分辨率对较大字符的可读性无显著影响,而对于较小的字符,高分辨率的 VDT 会提高可读性。

随着工效学的兴起和发展,人们对在工厂的质量控制检查中,如何提高视觉检验(visual inspection)效率的研究重视起来。Schoonard 等(1973)考察视觉检验员在检查不同类型集成电路芯片的眼动模式时发现,最快最准确的检验员,其注视次数最少。Schoonard 等研究 5 名受过高级训练的检验员,他们每天要检查数千块复杂的集成线路板,检验时,往往是一次要看若干个不同的目标。通常每次注视时间为 200ms,这要比受训练较少的检验员在较简单的任务中的注视时间还要短。

在另一项研究中(Togimi,1984),选取 4 名被试,让其注视 2.35m 处屏幕上呈现的 2～10 个黑色圆点(直径为 1.5cm),总共在屏幕上呈现 27 幅黑点数不同的图。在有的图中,黑点是对称分布的,有的则不是对称分布的。图的呈现时间有三种:0.5s、1.0s 和 2.0s。要求被试尽快数出有多少个黑点,同时记录其眼动。

实验结果表明:①在视觉搜索任务中,延长每次的注视时间,是取得高效率的一个主要因素;②增加注视次数虽然也能提高视觉搜索效率,但是不如延长每次注视时间有效;③视觉搜索是由注视时间和注视次数之间的关系决定的。在有限的时间内,延长每次注视时间,减少注视次数,可以缩短搜索时间;④表现较好的被试搜索时间较短,但是,视觉搜索速度较慢;⑤数黑点的正确率不仅与搜索时间有关,也与注视时间和注视次数有关。这说明搜索策略对于高效率的视觉搜索有重要作用;⑥在搜索时,延长每次注视时间有助于获得较大的有效视野,并保持稳定的视敏度;⑦不同被试在注视时间上有显著差异。

在生产过程控制中,如何及时有效地处理临时出现的故障,也属于工效学研究的范畴。有人(Moray and Rotenberg,1989)研究了操作人员在控制一个模拟水加热系统(thermal hydraulic system)时的眼动轨迹。该模拟水加热系统共有 4 个子系统,这 4 个子系统之间是协同工作的,每个子系统都有规定的参数指标。当系统发生故障时,这些参数会变化,要求被试处理这些故障,将各子系统的参数调至规定的数值上。在实验过程中,主试有意设置故障,让被试来处理。整个实验在计算机上操作完成。实验者认为,本实验的眼动研究结果对大部分有关生产过程的控制研究提出了疑问。因为大多数有关生产过程控制的研究主要是考察生产系统的工作状态和操作员外显的控制行为,而不考察操作员的眼动情况,这样会使大量的重要信息丢失。本研究揭示,在没有外显的控制行为发生时,控制员仍然进行着紧张的眼动活动,因此一个操作员没有对生产过程控制进行外显的操作,并不能说明他没有加工与生产过程控制有关的信息。研究者认为,眼动记录法揭示了许多生产过程操作员的行为信息,而这些信息用通常的研究方法是得不到的。

工效学自创立以来,发展速度很快,特别是 20 世纪七八十年代以来,各种产品的生产者逐渐意识到忽视人类工效学的原理与数据所带来的严重后果,这门学科逐渐地受到了广泛重视,而且以眼动为指标对工效学进行的研究逐渐增多。中国国家标准局也设有“全国人类工效学标准化技术委员会”。我们相信,随着工效学的深入发展,眼动仪在工效学的研究中也将起到更大作用。

有人(臧传丽等,2007)以眼动为指标考察了呈现方式、速度和窗口大小对阅读效率的影响。动态文本的呈现方式、速度和窗口大小是影响读者阅读效率的主要因素。他们的研究采用多因素实验设计，运用眼动记录法来探讨动态文本阅读的认知加工特点。被试为 27 名大学生，视力或矫正视力正常，母语均为汉语。实验材料共有 24 篇短文，平均长度为 228 个字，每篇短文后均附有 4 个问题，每个问题有 4 个选项。请 5 位不参加正式实验的研究生在未阅读短文的情况下，直接对选择题进行猜测作答，答对率为 28.8%。另请 5 名研究生在阅读每篇短文后，完成选择题，再对短文阅读理解的难易程度进行评定。根据难度评价的结果，对每种实验条件下材料的难易度进行匹配。在正式实验时，为抵消材料顺序对实验结果的影响，实验采用多层次 ABBA 法呈现材料。在 24 篇短文中，4 篇用于练习材料，另 20 篇用于正式材料，采用由加拿大 SR Research 公司开发的 Eyelink Ⅱ 型头盔式眼动仪。

实验采用 2(呈现方式：平滑滚动引导式、RSVP)×5(呈现速度：120 字/min、240 字/min、360 字/min、480 字/min、600 字/min)×3(窗口大小：5 字、10 字、15 字)的多因素混合实验设计。其中，呈现方式和呈现速度为被试内变量，窗口大小为被试间变量。关于窗口大小，Inhoff 等运用移动窗口范式进行知觉广度的研究发现，中国读者的知觉广度从注视点左侧 1 个汉字延伸到注视点右侧 3 个汉字的范围，即当移动窗口不小于 5 个汉字范围时，被试的阅读速率与正常阅读条件下(完全呈现整行汉字)的阅读速率一样快。在该项研究的基础上，将动态文本呈现的窗口大小设置为 3 个水平：5 字、10 字和 15 字。

平滑滚动引导式和 RSVP 显示方式模式分别见图 10.1 和图 10.2(图中原文为：英国人特别注重下午 4:30 以后的一次下午茶)。

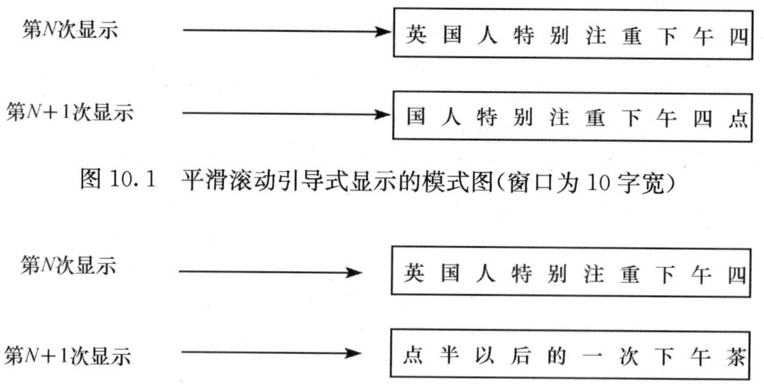

图 10.1　平滑滚动引导式显示的模式图(窗口为 10 字宽)

图 10.2　RSVP 显示的模式图(窗口为 10 字宽)

研究得出以下结论：①当呈现速度较快(≥360 字/min)时，与 RSVP 条件相比，被试在平滑滚动引导式条件下平均注视时间短、注视次数多、眼跳距离小，阅读理解率高，且被试更偏爱此种呈现方式；当呈现速度较慢(≤240 字/min)时，两种呈现方式在平均注视时间和注视次数上没有差异。②在平滑滚动引导式条件下，被试在 3 种窗口大小中各项指标上没有差异；在 RSVP 条件下，与 5 字窗口相比，大窗口(10 字或 15 字)条件下平均注视时间更短，但眼跳距离较大，可能会加重读者的认知负荷。

有人(冯成志等，2004)对眼动交互中边框和视标对作业绩效的影响进行了研究。研究人机界面设计中的眼动交互反馈方式，为优化基于视线追踪技术的人机界面设计提供工效学依据。12 名被试在交互对象有无边框提示和当前注视位置有无视标反馈的 4 种组合条件下，通过眼动交互完成目标选择任务，由计算机自动记录作业时间、选择错误和超时数目。结果发现，有无当前注视位置的视标反馈对作业时间有显著影响，有视标反馈可加速目标字母的搜索与定位过程和目标激活过程，由视标反馈所引起的作业时间下降，主要由目标定位时间的缩短所致；边框提示对用户的作业绩效无显著影响。根据上述结果可得以下结论：对当前注视位置提供视标反馈是一种有效的反馈方式，基于视线追踪的人机交互系统应为用户提供这种反馈信息。

有研究（王雪艳等，2005）探讨了读者在阅读科普杂志目录时的眼动特征。实验仪器为美国应用科学实验室生产的 504 型眼动仪。实验设计为 2（插图颜色：彩色、黑白）×2（插图注解：有、无）×2（文字颜色：黑和蓝）。被试为 10 名大学生。研究发现：第一，被试对彩色插图的注视时间和注视次数比黑白插图的多；第二，被试对有注解的插图注视时间和注视次数要比无注解插图的多。研究结果说明，所阅读目录中的信息量决定读者的注意力。

有人（曹晓华和周峰，2007）考察了商标识别绩效。以 12 名大学生为被试，研究商标识别的眼动特征，探讨了文本类型、商标结构和商标的熟悉度对被试商标识别的影响。实验以眼动仪为主要实验设备。研究结果表明：第一，被试对商标的识别过程中，商标结构会对商标的识别产生显著影响，中间混合型设计能显著提高识别绩效；第二，文本类型对消费者对商标的识别有显著影响，被试对中文文本商标识别绩效好于英文商标。

有人（任衍具等，2008）利用眼动仪视频叠加的方法，记录 12 名大学生被试操作虚拟现实软件过程中的行为和眼动指标，考察了被试在化身和方向键两种版本的桌面虚拟现实系统中的浏览行为。结果表明，化身组和方向键组的被试在浏览时间、注视点总数、平均注视时间上无显著差异；方向键组被试比化身组被试更多地注视操作区域（化身或方向键），意味着方向键版本需要更多的操作和控制；化身组和方向键组被试都表现出明显的学习效应。本研究表明眼动视频叠加是评估虚拟现实系统的有效手段。

第三节　眼动在广告心理学研究中的应用

一、广告心理学

随着改革开放的不断深入发展，广告业在我国迅速兴起。在日常生活中，广告随处可见。广告是一种信息传递方式，其目的在于推销商品。而广告心理学是将心理学的基本原理用于广告中，通过对消费者的心理过程和特点的研究，设计出最能激起消费者购买欲的广告。心理效应测定是广告心理学研究的重要内容。测定广告心理效应的方法包括：①广告媒体的认知测量；②广告媒体的记忆测量；③视向心理测量；④意见测量等。其中，视向心理测量是考察当人们观看广告时，最先注视其中的哪一部分，然后，再将视线逐渐转移到哪些部分上。在视向心理测量中经常使用的实验仪器就是眼动仪。下面介绍国外相关的一些研究成果。

二、广告心理学中眼动研究的发展阶段

广告制作人最感兴趣的内容之一就是想了解购买者在观看广告时的眼动情况，而眼动仪刚好满足了这种需要。通过眼动仪，可以将顾客注视广告时的眼动轨迹记录下来。通过分析眼动仪记录的数据，可以清楚地了解顾客注视广告画面的先后顺序，对广告任何一部分注视的时间、注视次数、眼跳情况、瞳孔直径变化情况等。通过对上述内容的进一步分析，可以了解到被试是否按广告制作人的意图去注视广告了，是否漏看了广告中的重要信息，厂商、商品名称等是否容易引起注意等，从而对广告的布局、插图和文案进行合理的安排。总之，眼动仪在广告视觉效果评价中有重要地位。

纵观国外广告心理学的研究历史，可以分为 3 个阶段：第一个阶段是 20 世纪 20～40 年代，属于初期研究阶段；第二个阶段是 20 世纪 50～70 年代，属于中期研究阶段；第三个阶段是 20 世纪 80 年代至今，属于深入研究阶段。

（一）初期研究阶段（20 世纪 20～40 年代）

国外在 20 世纪 20 年代就有人以眼动为指标研究广告心理学。虽然在这个时期眼动仪的精度并不十分理想，还有的研究根本没有使用眼动仪而只是凭借肉眼进行观察，但是这些探索对后来的广告心理学研究有重要的参考价值。

有人（Nixon，1924，1926）将两件东西安排在一个陈列橱窗中，使过路的人能看到。实验者使用观察法，从一个单向屏幕后面观察他们的眼动情况。实验者可以相当准确地看出哪一件东西首先吸引过路人的注意，哪一件东西使他们注意的时间最长。在实验室中也可以进行同样的实验。有人对杂志左页上和右页上广告的注视情况进行过研究，大部分研究结果认为人们更注意杂志右页上的广告。但是，眼动研究并不支持上述结论。有人（Hackman and Guilford，1936）使用眼动仪对眼动情况进行了照相记录，考察被试在阅读材料时，第一次眼动的方向是倾向朝自己视野的左侧移动还是右侧移动。但是实验结果未发现被试第一次移动有向左或向右的偏向。后来，有人利用照相法研究眼动，考察被试注视广告的情况。研究利用特制的照相机，可以准确地看出眼睛注视了什么地方和在某处看了多长时间，将洗出来的影片投射到原来的布局上，就可以画出被试在查看一组图画或一页广告时眼睛直接注视的地方。图 10.3 就是一个被试在观看一页图画时注视点的顺序。

有人（Brandt，1942）用眼动仪测量了被试对阅读材料左侧和右侧的注视持续时间，结果发现存在很小的差异。Brant（1945）用眼动仪进行了一系列可用于广告设计的研究。他用一个完全对称的设计图案，要求被试注视，结果发现，被试倾向先注视材料上方的一点，然后注视中间的左侧位置。这个发现为广告设计提供了一个有用的原则。由于顾客对广告的第一眼注视的位置在哪里往往会影响一个广告的效果，所以了解顾客第一眼的注视位置是很重要的。Brant 认为，眼动仪揭示了看广告的人是否按广告设计者所希望的注视顺序注视了广告，为了解广告设计效果提供了客观的基础。

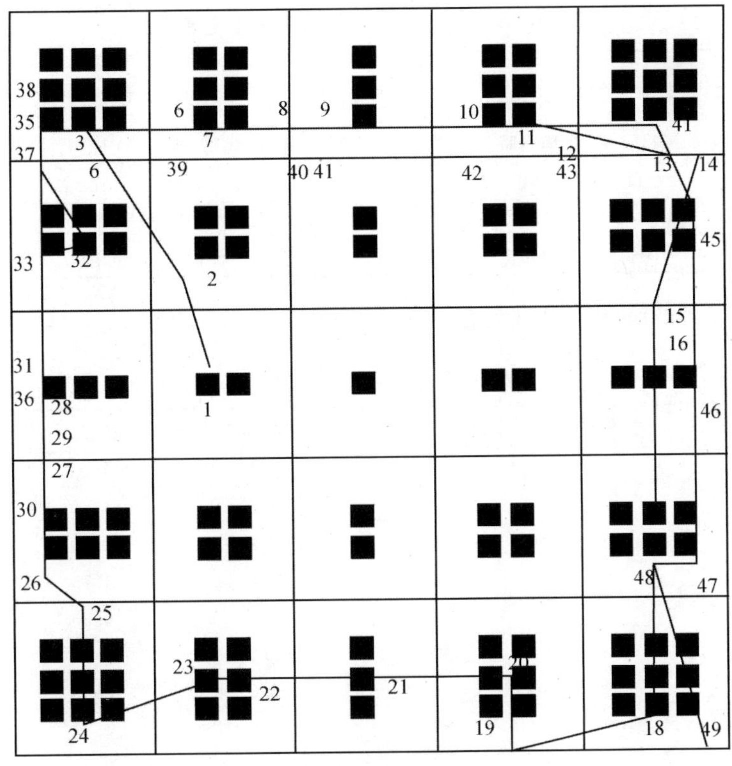

图 10.3 一个被试观看一页广告时的眼动轨迹

有人(Thompson and Luce,1940)用眼动仪记录了读者阅读杂志上广告的眼动情况。读者有 25 人,让他们注视一幅铁路广告。大多数读者都是先读广告的标题,然后看广告中的图案,最后看广告的文字说明。

(二) 中期研究阶段(20 世纪 50~70 年代)

随着眼动记录技术的发展,对广告心理学的眼动研究也不断深入。20 世纪 70 年代,日本著名的电通广告公司曾经对 1969 年 7 月 30 日刊登在《日本经济新闻》上的一张佳能照相机广告进行了眼动研究。被试为 6 名成人,男女各半。图 10.4 是佳能照相机广告示意图。

图 10.4 佳能照相机广告示意图

有一个被试的注视轨迹是这样的:先从猫的右眼开始,然后是鼻、右耳、大标题的一部分、经过猫的右脸、胡须、照相机、标题、文本左边、标准字体等周围,停留时间较长。但是,广告正文(文字说明部分)的右边部分几乎未被注视到,具体注视情况见表 10.4。

表 10.4 一名男性被试对广告注视情况

注视顺序	1	2	3	4	5	6	7	8	9
注视时间/s	1.00	0.25	0.50	0.75	0.25	0.75	0.25	0.50	0.50
注视部位	猫右眼	猫耳、额	猫右眼	猫鼻	猫右眼	猫耳、额	大标题	猫耳、额	猫胡须
注视顺序	10	11	12	13	14	15	16	17	18
注视时间/s	0.25	0.50	0.50	1.00	0.50	1.25	0.25	0.25	0.75
注视部位	照相机	小标题	照相机	小标题	照相机	标识	照相机	广告正文	小标题

实验者将 6 名被试的结果进行总结，具体数据见表 10.5。

表 10.5 视向测验统计结果

注视内容	注视人数	总注视次数	平均注视次数	总注视时间/s	平均注视时间/s
大标题	5	7	1.4	4.00	0.57
猫左眼	5	10	2.0	4.50	0.45
猫右眼	6	13	2.2	6.50	0.50
猫鼻	5	8	1.6	4.75	0.59
猫胡须	5	9	1.8	6.50	0.72
猫耳、额等	6	19	3.2	10.75	0.57
小标题	4	8	2.0	3.50	0.44
相机	5	13	2.6	7.50	0.58
广告正文	2	2	1.0	0.50	0.25
标识	4	5	1.3	4.25	0.85
其他部分	4	8	2.0	3.50	0.44
广告框外	3	4	1.3	2.25	0.56

从表 10.5 可以看出：①所有被试都是先从猫的眼睛及鼻子部分看起，注视上边的大标题(Cat's-eye Canonet)之后，再将视线向下方的照相机移动；②大多数被试对插图“猫”的注视较多，尤其对其右边部分的注视多，而且反复看的人也多；③对大标题和商标标识的平均注视时间较长；④对广告正文注视较少。也就是说，这幅广告的文案部分不如插图部分吸引人的注意力。

有人(Russo，1978)对顾客观看超级市场货架上的商品的眼动轨迹进行了研究。实验场景是模仿一个超级市场的商品陈列情况，要求被试观看这些商品，并记录眼动情况。结果发现，被试观看超级市场商品的眼动模式可以分为三个阶段：第一个阶段是浏览阶段(overview)。在该阶段，只是对商品进行浏览，没有对商品的重复注视。第二个阶段是比较阶段(comparison)。反复注视两种商品，进行比较。第三阶段是检查阶段(checking)。在该阶段，没有重复注视，对未选中的商品看最后一次。

(三) 深入研究阶段(20 世纪 80 年代至今)

20 世纪 80 年代以后，眼动记录技术有了迅速的发展，使广告心理学的眼动研究无论是在数量上，还是在质量上都有所提高。

有人用眼动仪进行了广告效果研究，发现有 90%的观看广告的人都是先看广告中的图片，然后再看广告中的文案部分。

在另一项研究(Mullen and Johnson，1990)中，使用应用科学实验室(ASL)生产的头盔式眼动仪对读者注视报纸上的广告情况进行了研究，被试为潜在购买者与非潜在购买者。结果发现，有98%的潜在购买者对相应的广告注视了一次或多次，而只有77%的非潜在购买者阅读了这些广告。在看广告的潜在购买者中，有38%的人对广告注视了4次以上。这说明他们不仅观看了广告，也阅读了广告的文案。而在非潜在购买者中，有14%的人阅读了广告的文案。潜在购买者比非潜在购买者对广告观看和阅读的次数多、时间长。此外，研究结果表明，每个人对同一页内容的扫描模式都不同，而且，同一个人看不同内容的报纸时，扫描模式也不同。研究没有发现一个扫描报纸的共同模式。

有人以眼动为指标，对一幅杜松子酒广告进行了研究。有10名被试参与实验，要求他们注视这幅广告并记录眼动。结果发现，这10名被试中，有9人没有阅读广告中的文案和在广告右侧较远位置上的杜松子酒瓶。后来，广告制作人对原来的广告进行了两项修改：第一，酒瓶图案加大；第二，文案字体加大，使其变得醒目。结果发现，经过修改的广告效果比修改前的效果好。

20世纪90年代，美国ASL生产了一种便携式数据记录系统，该系统可以与头盔式眼动仪连接，可以在超级市场等场景进行研究。

有人(Lohse，1997)对被试阅读电话号码本上的广告进行了眼动研究。在这项实验研究中，为了排除经验对被试的影响，研究者编制了一个有32页的电话号码本(黄页)，这个黄页上的字体、颜色等与真的黄页都是一样的。研究者对如下的变量进行了控制：广告类型、广告在黄页上的位置、广告的大小、颜色、图形、广告的排列顺序位置、广告中信息的种类。眼动数据表明，该研究的结果与对杂志、产品目录和报纸上的广告的研究结果一致，广告的大小、图像、颜色都影响对广告的注视。具体的研究结果如下。

(1) 颜色和图像。带有图像的彩色广告更吸引人的注意，与黑白色彩的广告相比，人们对彩色广告扫描的速度快、注视的次数多、注视的时间长。被试对彩色广告注视的内容多于对黑白广告的注视，而且，往往使先看彩色的广告后看黑白的广告。被试注视彩色广告的时间比注视黑白广告的时间多21%。

(2) 广告的大小。广告的大小影响人的注意情况，一般而言，广告越大，被试越有可能去注视这个广告。在研究中发现，有93%的大幅广告都被注意到了，而只有26%的一般普通大小的广告被注意到。

(3) 广告在印刷品上的位置大大影响人对广告的注视。通常，人们阅读印刷品都有一个扫描顺序，而这种扫描通常不是将印刷品上的东西都读完，所以，总有一些广告是被试从来不看的。

作为一个广告，通常有这样几个部分：标题、图像、正文(文案)、pack shot。有人(Rosbergen et al.，1999)考察了重复出现的广告对人的注意的影响。研究结果发现：①注视持续时间随着注视内容的不同而不同。对于文字的注视时间最长，其次是标题，对于图像和pack shot的注视时间最短。另外，对于重复出现的广告，被试的注视时间逐渐减少。②被试对广告的注视顺序通常是：图像、正文、最后是pack shot。通过对扫描模式的分析和建模得出如下的预测结果：①对正文注视的时间要比对图像的注视时间多3倍；

②当广告重复呈现1～3次时，对广告的注视时间将减少50%；③大部分的眼跳(70%)发生在正文之中；④广告中不同成分之间的眼跳通常从pack shot开始或结束。

研究者将研究结果与建立的模型进行了比较，得到如下结果：①当被试注视广告时，注视的顺序通常是标题，然后在图像和标题之间出现眼跳，注视主要集中在图像。不过，图像多次重复呈现以后，被试对广告注视的模式有所改变。标题和图像得到了1/6的注视，被试将一半的注视时间用于正文，不过被试通常是注视完标题和图像以后才注视正文的。②被试最后才注视pack shot，尽管被试注视这个部分的时间是十分有限的，但是大部分广告重要成分之间的眼跳都是从pack shot开始或者是终止于pack shot。

在另一项研究中(Wedel and Pieters，2000)，研究者认为，虽然人们都认为眼动是人的注意的一个重要的指标，但是，人们忽视了在眼动过程中，信息储存在长时记忆中的过程的研究，研究者试图提出一个模型来解释这个问题。该模型认为，对广告的注视与广告品牌的记忆有一定的关系。研究者给被试观看杂志中的广告，然后要求被试再认广告中的品牌。获得的数据包括对广告的注视频率、记忆的准确性和回答问题的延迟时间。研究者假设，注视次数，而不是注视时间与被试从广告中获取的信息的数量有关，对广告中某一部分的注视次数会增加对该部分的记忆。Wedel和Pieters将该模型运用在对88名消费者的研究中，给这些被试呈现65张出现在杂志上的广告。研究者报告说，对图案和品牌名称的注视会促进对品牌的记忆，但是对正文的注视并没有增加对品牌的记忆。在注视过程中，被试从广告中获取的信息越多，对品牌回忆的反应时越短。研究者还发现了系统的近因效应(recency effect)，越是靠后出现的广告，对它的再认成绩就越好。此外，也存在着微弱的首因效应(primacy effect)。

Rayner(2001)等考察了24名大学生观看印刷广告时的眼动特征。在这项研究中，刺激是48页的(22cm×29cm)广告，这些广告是取自1999年英国的秋季和冬季发行的一些大众杂志。在这些广告中，有如下的内容：10个汽车广告、8个护肤用品广告(洗发和洗浴)、8个手表广告、4个刮胡刀广告、4个商品广告、2个立体声器材广告、洗衣粉广告、1个洗衣机广告、钢笔广告和许多个人用品广告。这些刺激被分为4组：关键性广告是实验主要研究的广告(8个汽车广告、8个护肤品广告)，两套插入刺激(fillers)广告，一套包括16个广告的陪衬刺激(foil)，这些刺激不用于研究之用，只是在再认测验中充当陪衬的刺激。

因为实验使用的刺激是现实生活中真实的广告，它们无论是在广告设计和内容上都有较大差异。研究者对每个广告中的信息进行了粗略的计算，具体做法是统计广告中的文字的数量，汽车广告的平均字数是121.1，范围是在12～252。护肤产品广告的平均字数是166.8。研究者也计算了广告中的物体的数量，汽车广告通常只有汽车一个物体，有时有几种不同的颜色(物体的平均数=1.4，范围=1～3)，而护肤广告中通常除了包括产品之外，还有人物(物体的平均数=4.6，范围=2～10)，这两种广告的物体平均数的差异显著。

所有被试都看同样的关键性广告，并进行同样的再认测验。在每种指导语条件下，有一半的被试学习第一套插入刺激，其中包括3个手表广告、1个剃须刀广告、1个洗衣机广告、1个食品广告，还有2个内容不明确的广告(1个是汽车广告，另1个是喷发定型剂)。

另一半被试则学习第二套插入刺激，其中包括 3 个手表广告、1 个剃须刀广告、抗菌膏广告、1 件男用夹克广告，还有两个内容不明确的广告（1 个是啤酒广告，另 1 个是洗衣粉广告）。

实验程序：被试随机分在两种指导语的实验条件之中。在汽车指导语组（简称汽车组）中，告诉被试，假设他们刚刚搬到英格兰，需要从一些汽车广告中挑选出一种。在护肤指导语组（简称护肤组）中，告诉被试，假设他们刚刚搬到英格兰，需要购买护肤用品和洗浴用品。告知两组被试，要他们想象是在看杂志中的广告，要他们尽可能多地记忆汽车和护肤产品的品牌名称。被试观看 24 幅广告（8 个汽车广告、8 个护肤产品广告和 8 个插入刺激广告）。被试看完呈现在屏幕上的广告后，要求被试尽可能回忆产品广告的名称，然后，将这 24 幅广告和另外被试没有看过的 24 幅广告混合在一起，要求被试对看过的图片进行再认。最后，再问被试喜欢哪些广告，不喜欢哪些广告。

研究结果发现：

(1) 无论被试在哪个组，也无论是看何种广告（汽车或护肤广告），被试对广告中图案的平均注视时间要长于对文字部分的平均注视时间。此外，在观看图案时的眼跳距离要大于观看文字部分的眼跳距离。

(2) 我们将文字部分分为大字体部分和小字体部分。对广告中大字体部分的注视持续时间要短于对小字体的注视持续时间，在大字体部分的眼跳距离要大于在小字体部分的眼跳距离。

(3) 尽管研究者报告，实验中得到的眼动轨迹很难进行量化，但是他们还是发现了一些特殊的眼动特征。他们发现，看广告时，最初的注视点通常是在广告中央的位置，这是因为，当给被试呈现一幅广告的时候，被试最初注视的位置通常是中央的位置。被试的注视通常有比较一致的眼动轨迹。他们通常先注视广告中大字体的字（标题），无论这个标题在什么位置。此后，被试要么大致看看图案，要么看完标题后，再看广告中小字体的文字介绍，最后看图案。

(4) 在一般情况下，被试在第三个注视点开始注视广告中的文字部分。在大部分的情况下（86%），对文字部分的第一次注视是注视大字体的部分。

(5) 尽管被试花费了相当长的时间阅读广告中的文字部分，但是，很少将全部的文字读完。当文字较少的时候，如只有 3 行，被试通常能够将他们读完。不过，当文字部分较多时，如超过 15 行文字时，没有一个被试将所有的文字部分读完。研究者发现了一个有趣的现象，当广告中的文字部分较多的时候，被试的注视时间与当广告中的文字部分较少的时候的阅读时间大致相等。

(6) 被试几乎无一例外地都看了产品的标识（brand logo），有时发生在扫视的开始，有时发生在刚看完广告中的文字部分。

(7) 读者注视文字的时间要显著长于注视图案的时间，对文字的注视次数要多于对图案的注视次数。

(8) 不同指导语对平均注视时间的主效应和注视次数的主效应不显著，广告类型对注视时间和注视次数的主效应不显著。不过，读者的确花了较多的时间注视与指导语相关的广告（如汽车指导语组的被试对汽车广告的注视），汽车组被试对汽车广告中的文字部分注视的时间和次数都比较多。在三因素(第一个因素是指导语,第二个因素是广告区域:文字部分和图案部分,第三个因素是广告类型:汽车和护肤广告)交互作用中,在注视时间和注视次数上都十分显著,结果见表 10.6。

表 10.6　汽车广告组和护肤广告组的注视时间(s)和注视次数比较

	汽车广告							
	文字部分				图案部分			
	注视时间		注视次数		注视时间		注视次数	
组别	M	SD	M	SD	M	SD	M	SD
1	6.06	3.85	25.80	14.60	2.23	0.54	10.30	3.80
2	2.90	3.35	12.80	12.30	1.67	0.93	7.50	3.80
M	4.48		19.30		2.00		8.90	
	护肤广告							
	文字部分				图案部分			
	注视时间		注视次数		注视时间		注视次数	
组别	M	SD	M	SD	M	SD	M	SD
1	4.30	4.01	19.90	17.80	1.32	0.66	6.20	3.10
2	5.16	3.41	24.60	14.60	2.00	0.95	9.30	4.10
M	4.73		22.25		1.66		7.75	

注:1 组代表汽车广告组。2 组代表护肤广告组。

(9) 就一个广告而言,文字占用的空间要比图案占用的空间小。因此,看图案的时间似乎被夸大了,这主要是因为图案占的空间较大造成的。因此,研究者计算了每个广告的文字部分和图案部分所占的像素是多少。注视时间则采取如下的计算方法:在不同区域每个像素的平均注视时间。总体而言,得出的结果与前面的结果一致,结果见表 10.7。

表 10.7　每个像素的平均注视时间　(单位:ms)

	汽车广告				护肤广告			
	正文		图案		正文		图案	
组别	M	SD	M	SD	M	SD	M	SD
1	0.112	0.019	0.020	0.002	0.053	0.013	0.016	0.003
2	0.054	0.019	0.015	0.002	0.064	0.013	0.024	0.003
M	0.083		0.018		0.020		0.020	

结果发现,第一,被试注视汽车广告的时间要长于对护肤广告的注视时间,不同的被试差异显著;第二,在观看汽车广告时,被试对文字的注视比对图案的注视要多,这可能是由于汽车广告中的物体比较少(汽车广告和护肤广告中的平均字数没有差异),广告的不同部分与广告类型之间在注视时间和注视次数上的交互作用非常显著。

(10) 在自由回忆(free recall)任务中产生的 110 个产品名称中,被试正确回忆了其中的 89%。从总体上看,被试的再认成绩是非常优异的。尽管被试关注广告中的正文,但是对产品名称的记忆成绩不理想。平均而言,被试对看过的 24 个产品名称中,只回忆出了不足 4 个产品名称。

本项研究结论主要有：①研究的结果对应用研究和广告发展具有一定的参考价值。给被试提出要求会影响他们的眼动轨迹，这说明，在今后的研究中，一定要考虑被试看广告的目的。研究者指出，研究数据表明一个广告能够吸引或维持被试的注意，这可能是由于主试给被试的指导语造成的。如果使用不同的指导语，被试对广告的注视可能是不同的。②第二个发现是被试在看广告的时候，看正文部分的时间要多于看图案的时间，这与一些广告公司的研究结果是不一致的。Rayner 等的研究成果表明，被试对广告中正文部分的注视时间比以前人们认为的要多。研究者提出，目前，还没有一个认知加工的理论模型可用来解释和预测读者在看广告时的眼动模式。

此外，还有研究者考察了广告布局的眼动研究。有人(Duchowski)考察了两名大学生(分别来自计算机系和市场研究系)观看广告的眼动情况。结果表明，被试注意看广告中的一些显著特征，如脸、正文等。

在另一项研究中，被试是来自计算机系、市场研究系和工业工程系的大学生。研究者使用一个赛车的不同方位的照片，分别是，右前侧的照片(front-right view)、左前侧的照片(front-left view)、左侧照片(left view)和右侧的照片(right view)，这些位置是在实况转播情况中最常见到的位置。对这些图片划分了兴趣区域(region of interest)，分别是汽车发动机机罩、汽车的中部和后部等。控制组看的刺激图片中，汽车上的广告内容均被去掉了，试图消除广告中文字的影响。研究者比较了两组被试的注视时间和注视次数。对实验数据的分析表明，汽车形状本身就会影响被试的注视情况，而不是汽车上的广告内容。对于看汽车后侧图片的被试，汽车的后部吸引不少被试的主要注意力；而给被试看汽车左侧或右侧的图片时，汽车的中部吸引了被试的大部分注意。研究者也指出，由于本项研究的被试较少，所以所得出的结论不具有代表性。

有人(程利等，2007)考察了浏览不同呈现方式、不同位置的网页广告的眼动过程。被试为随机抽取的华东师范大学本科生 25 名，平均年龄为 19 岁。实验仪器为加拿大 SR 公司生产的 Eyelink 眼动仪。实验是采用 3(位置)×3(呈现方式)的二因素被试内实验设计。选取网页的横幅广告为实验材料，共 7 页，均来自国内大的门户网站的广告，其中准备材料 1 页，正式实验材料 6 页。正式实验材料包含手机、汽车、网站邮箱、银行、手提电脑、网上购物 6 个主题的广告。在每一页网页上同时出现 3 个广告，分别采取动态彩色、静态彩色、静态黑白 3 种呈现方式(以下简称动画组、彩色组、黑白组)，同时 6 页材料分别采用不同的上、中、下位置进行呈现，使得 3 种不同呈现方式网页的总体位置保持一致。黑白组、彩色组与动画组的网页广告大小完全相同，采用 200 像素×300 像素大小。实验时交替出现不同主题的网页广告。浏览完毕后，被试要进行记忆测验，填写一份问卷，要求被试判断是否见过该网页广告(文字描述)以及确定的程度，主要是考查被试对所浏览网页广告的记忆情况。被试的判断共分为肯定见过、好像见过、好像没见过和肯定没见过 4 个等级，分别评定为 3、2、1 和 0 分，同时，选出印象最深的广告选项。

该实验研究结果发现：①不同呈现方式下，浏览网页广告的眼动模式表现出显著的差异，动画组和彩色组的注视次数和注视时间都明显高于黑白组，差异非常显著，瞳孔直径没有显著差异；②不同呈现方式下，网页广告的记忆成绩差异显著，进一步 LSD 表明，彩色组与黑白组之间存在显著的差异，彩色组的成绩优于黑白组；③网页广告的不同位置对被试的记忆成绩与眼动模式有一定的影响，表现为注视次数、注视时间有显著差异，上部与中部的注视次数增加，注视时间长，记忆成绩也表现为差异显著，中部与上部的记忆效果较好；④大学生浏览网页广告的首次注视点的位置表现出非常显著的差异，中部与上部显著高于下部。

有人(杨海波和段海军，2005)以大学生为被试，利用眼动法和主观评定法，分析了大学生在评估不同颜色(银白色、红色)、不同外形(椭圆形、圆形、长方体形和四棱柱形)MP3播放器外观设计时的眼动特征。结果发现：对于MP3播放器的外观来说，被试最关注的区域是功能键区域，即关注MP3播放器的人机交流功能；对于不同外形的MP3播放器，被试对圆形MP3播放器最感兴趣。

有人(杨海波，2006)以大学生为被试，利用眼动记录技术，结合言语理解中的歧义句研究范式，将品牌名称嵌入句子环境中，探讨消费者评估不同类别著名品牌的延伸效果时的认知加工特点。结果发现：①消费者对不同类别的品牌延伸产品进行评估时的心理过程相同；②品牌延伸必须在一定的范围内进行，最好是在品牌主打产品所在类别的内部进行延伸。也有人(白学军等，2006)以EyeLinkⅡ型眼动仪探讨被试在观看香水广告时的眼动特征。实验设计为4(香水瓶位置：左上角、右上角、左下角、右下角)×3(背景图案：人物、广告词、风景)×2(兴趣区：香水、背景)的被试内设计。结果发现：①当香水瓶位于广告的下半部分时能够吸引消费者更多的注意；②当以人物为背景图案时，被试对位于广告左下角的香水瓶的注意更多；当以广告词为背景图案时，被试对位于广告左上角的香水瓶的注意更多；③被试对香水广告版面设计时背景图案为风景的香水广告的喜爱甚于人物(名人或模特)和广告词。

以上回顾了国内外广告心理学的眼动研究。从上面介绍的内容可以看出，20世纪80年代以前，国外这类的实验并不多，国内则几乎没有这方面的研究。究其原因主要有3个：①由于眼动仪的价格较贵，用眼动仪进行广告研究成本也较高；②眼动仪只能对被试个别测量，费时费力，故这种评价广告的方法效率较低，时间上很不经济；③进行广告研究还有一些相对简单易行且经济的方法，如问卷法、访谈法等，这些方法也有较理想的研究效果。

不过，作为一种重要的心理学仪器，眼动仪在广告心理学研究中的作用是其他方法所不能替代的。20世纪80年代以来，广告心理学的眼动研究蓬勃发展，并呈现出如下发展趋势：

(1) 广告心理学领域的眼动研究的繁荣时期即将到来。随着眼动记录技术与计算机技术的完美结合，加之其他相关技术的飞速发展，眼动仪的造价已经大幅度下降，这为广告心理学眼动研究的广泛开展提供了可能性。同时，眼动仪的性能也有了较大的提高，如眼动数据的记录精度和速度。再如，目前的许多眼动仪，既可以研究静态的广告，也可以研究动态的广告。这一切吸引着众多的广告心理学家和认知心理学家的研究兴趣，预示着广告心理学领域的眼动研究的繁荣时期即将到来。

(2) 认知加工的眼动模型的建立。从广告心理学的眼动研究历史可以看出，尽管在这个领域有一些研究成果，但是，尚没有发现一些共同的规律，这与缺乏相应的理论探索有关。到目前为止，虽然有一些解释阅读过程的眼动理论模型，但是，还没有一个认知加工的眼动理论模型来解释和预测读者在看广告时的认知过程。不过,已经有一些心理学家意识到这个问题,他们已经开始在这个方向进行了初步的探索。笔者相信,加强这个领域的理论探索将是今后研究的一个重要趋势。

(3) 生态学效度的提高。生态学效度就是指研究的外部效度。广告心理学领域的眼动研究出现这样一个趋势,就是尽可能使实验情境与真实情境更加接近,这样获得的实验结果更具有实际意义。例如,Rayner 等的实验材料直接取自英国的大众杂志,Russo 等的实验就是在一个模拟的超级市场中进行的。

第四节　眼动在交通心理学研究中的应用

人是构成交通系统诸因素中最不稳定的因素,也是造成交通事故的主要原因。在交通心理学中,汽车驾驶员心理学是其中的一项重要内容。有人对汽车驾驶员的特点进行了概括:第一,输入、输出的信息多;第二,信息变化大;第三,连续处理信息的时间长;第四,即时性的信息筛选,驾驶员必须对行车中的各种信息进行及时的筛选,选择重要的信息进行反应;第五,高速度的信息处理;第六,高速运动使驾驶员的视觉特征产生了变化,视野收缩,视力下降。上面所论及的几个方面,都与驾驶员的视觉有密切关系。还有人提出了不同工龄驾驶员存在不同程度的不良注视模式。这些不良注视模式的提出是基于调查和总结,如果能够通过眼动仪对这些问题做进一步的研究,使注视模式以量化的形式表示出来,这对驾驶员的培训具有重要的参考意义。遗憾的是,由于种种原因,国内对驾驶员的眼动研究几乎是一个空白。事实上,通过眼动仪分析驾驶员在驾驶汽车时的眼动情况,可以了解驾驶员对视觉信息进行加工时的心理特征。国外在 20 世纪 60 年代就已经开始通过眼动分析方法对驾驶员进行眼动研究,随着眼动记录和分析技术的飞速发展,特别是 80 年代以后,这个领域的研究在国外已经成为一个热点。本文将介绍国外的相关研究,以期给国内同行一些启发。

一、驾驶行为的眼动研究

眼动分析是通过分析人的注视时间、注视次数、眼跳、回视等眼动指标来揭示人的心理活动的方法,可以对驾驶员的心理活动进行实时分析(real time analysis),获得驾驶员在驾驶过程中每一时刻的视觉信息,这种信息对于深入分析在驾驶汽车时的注视特点并揭示驾驶员的心理特征具有重要作用。

(一) 驾驶经验对驾驶员眼动特征的影响

驾驶经验对驾驶行为有重要的影响,这种影响可以从驾驶员的眼动特征上表现出来。在考察驾驶经验对眼动影响的这类实验研究中,使用最多的是“新手-专家范式”。这种范式就是要求新手驾驶员和经验丰富的驾驶员完成同一项任务,然后考察和研究他们在完成同一项任务时所表现出来的差异。

Cohen 和 Fisher(1978)在一项研究中考察了不同经验水平驾驶员在拐弯时的眼动情况。被试为 15 名经验丰富的老驾驶员和没有经验的新手驾驶员,要求他们驾驶汽车进行左拐弯和右拐弯，同时记录他们的眼动。结果表明，老驾驶员在向左拐弯与向右拐弯时相比，前者的平均注视持续时间较长，眼动幅度较大，而新手驾驶员则没有这种差别。

Dishart 和 Land(1998)提出，熟练的驾驶员在看前方的路时，可以从道路视像的两个部分获得视觉信息，以便在弯道内驾驶时保持正确的位置。第一部分在驾驶员前方 0.75～1.00s 处(秒是弧度单位)，包括了转弯点(tangent point)，它被用于前瞻性机制(feed ward mechanism)中，这种机制可以保证驾驶员提前做好准备来通过转弯处。另一部分较近，在驾驶员前方 0.5s 处，它被用于反馈机制(feed back mechanism)中，这种机制可以使驾驶员能够对行驶的汽车在车道上的位置进行微调。当车快碰到两边的车道线时，驾驶员会通过方向盘，调整车的位置。这个实验揭示出，大多数人，不管是熟练的驾驶员还是不熟练的驾驶员，都表现出反馈机制，但前瞻性机制却多表现于熟练的驾驶员。Dishart 和 Land 的实验发现，在初学驾驶时，驾驶者对其前方 0.75～1.00s 处(包含转弯点)的注视次数随着经验的增多而增多。

有一项经典实验研究(Mourant and Rockwell，1972)比较了新驾驶员和老驾驶员开车时的眼动模式。在这项研究中，被试为 6 名 16～17 岁的男性新手驾驶员和 4 名经验丰富的老驾驶员。实验时，要求他们在居民区附近的道路和一条高速公路上开车，同时记录他们的眼动情况。实验结果表明：①新手驾驶员在驾驶时，注视范围比老驾驶员小；②新手驾驶员在驾驶汽车时，紧盯前方的车辆，并对车辆右侧注视较多；③新手驾驶员对后视镜注视较少，而老驾驶员则注视多；④在高速公路行车时，新手驾驶员常出现追随眼动，而老驾驶员只进行注视，无追随眼动发生。上述结果说明，新手驾驶员在驾驶过程中不能够熟练有效地获得有用的信息。所以，研究者建议，新手驾驶员要达到一定的驾车水平后才能在公路上驾驶汽车。

Theeuses(1996)的研究发现，有经验的驾驶者会把眼睛直接指向那些容易出现危险刺激的位置，当危险刺激以异常的方式出现时，他们的驾驶行为将受到较大影响。这个研究还发现，在有一定难度的(带中央分隔带)复式车行道(dual-carriage way)上驾驶时，有经验者与新手相比，水平方向的搜索较多而注视持续时间较少，这可能是因为前者相关的驾驶经验较多。

Miltenburg 和 Kuiken(1990)的研究是让新手驾驶员看 6 个一般交通场景的录像，并记录他们的眼动。该研究选取了 47 名被试(从驾驶经验少于一年的新手驾驶员到驾驶经验超过 5 年、行程超过 100 000km 的有经验的驾驶员)，按照驾驶经验的多少分为 4 组，分别为经验丰富组、有经验组、没有经验组、新手组。实验发现，在一个场景中穿过十字路口(intersection)时，前两组的注视比第三组简捷(briefly，视觉注视持续时间短)，第三组比第四组简捷。

(二) 不同路况和实验场景对驾驶员眼动特征的影响

汽车驾驶员在开车的过程中，会遇到不同的路况信息，与此同时，驾驶员也会表现出不同的眼动模式。此外，不同的实验场景对驾驶员的眼动模式也有一定的影响。

有人研究了一个汽车驾驶员在驾驶汽车经过某建筑工地时的眼动情况。结果发现：①驾驶员在拐弯、斜坡处的注视时间较长，这大概与这些地方容易出交通事故有关；②当汽车在转弯、斜坡处行驶时，驾驶员的注视点大部分集中在近处，而当通过事故多发地段后，注视点又指向前方。研究者还探讨了实验场景对眼动特征的影响。在实验中，驾驶员在实验室和公路两种实验场景下驾驶汽车。在实验室条件下，被试注视一张幻灯片，幻灯片上是一个道路的场景，要求被试看幻灯片时，假设自己在开车；另一组被试在公路上驾驶汽车，记录两组被试的眼动情况。结果表明，两组被试在注视频率上存在差异。另外，在实验室条件下的注视时间比在公路条件下的要长。

Chapman 和 Underwood 的研究(1998)中，选取大量的熟练和不熟练的驾驶员为被试，记录他们在看危险路况情景录像时的眼动。研究结果发现，不同类型的场景中的眼动表现出了较大的差异。在农村场景中，被试报告出的危险事件较少，注视时间较长。在城市的场景中，两组被试都报告了更多的危险事件，平均注视时间较短。

(三) 注意分配对驾驶员眼动的影响

人的认知资源或能量是有限的，同时进行的两种或多种任务会对认知资源产生竞争。如果驾驶员在驾驶时打电话交谈，驾驶任务和谈话任务就会对认知资源产生竞争，注意会从驾驶上转移到打电话的谈话上，导致驾驶员不能注意到驾驶情境中的有效信息，驾驶表现变差。

Strayer 和 Johnston(2003)研究了驾驶时打电话交谈对注意的影响。这项研究使用高保真驾驶模拟器，被试为 20 名拥有驾照的本科生，有两种实验条件：条件一是仅要求被试完成驾驶任务，条件二是边，打电话交谈边完成驾驶任务。在完成任务后，向被试呈现一些广告牌，要求被试辨别这些广告牌是否在驾驶情景中出现过。实验结果表明，两种条件下被试对视频中呈现的广告牌的注视概率相等。然而，不打电话时被试对所注视的广告牌的认出率比打电话时多两倍。上述结果说明，虽然驾驶时打电话的被试注视了广告牌，但却不能对所看到的广告牌进行加工，这就是“看了但是没有看到错误”(looked but failed to see error)，即虽然眼睛看到了物体，但是大脑没有对所看到的物体进行加工。

Balk 等(2006)使用驾驶模拟器，研究了手机的使用对驾驶员的注意和眼动的影响。在这项研究中，被试为 16 名拥有驾照的本科生，8 名被试在完成驾驶任务的同时要进行一项语言学习任务(用来模拟打电话交谈)，另外 8 名被试仅完成驾驶任务。实验结果表明：非语言学习组的被试对视频中车辆的总注视次数多于语言学习组，总注视时间长于语言学习组。

(四) 性格特征对驾驶员眼动的影响

性格是指人对现实的态度和行为方式中的比较稳定的具有核心意义的心理特征。有研究发现，性格特征对驾驶行为有一定的影响。Shinar 等(1978)研究了场依存型与驾驶员视觉搜索之间的关系。通过镶嵌图形测验筛选出场依存型的人为被试。在研究中，要求被试在模拟条件下进行驾驶，记录其眼动情况。结果发现：①场依存型被试的视觉搜索效率较低，他们将注视范围局限在较小的区域内。②当视觉刺激变化时，他们需要更多的时间加工视觉信息。

（五）影响驾驶员眼动特征的其他因素

除了以上谈到的几个因素之外，还有一些因素影响驾驶员的眼动特征，下面介绍相关的实验研究。

Cohen 和 Fisher(1978)还进行了这样的研究：被试为 6 名驾驶员，要求他们在汽车风挡雨刷打开和关闭两种条件下驾驶汽车，同时记录他们的眼动。眼动指标包括注视持续时间、眼动方向等。结果表明，风挡雨刷是否打开对眼动模式没有影响。

有人(Ho et al.，2001)研究了汽车驾驶中干扰物(clutter)、照明(luminance)、年龄的影响，他们记录了被试对道路上的交通标志物的视觉搜索情况。在视觉搜索任务中，先给被试呈现一个标志物(traffic sign)，然后给他一个场景，要求他搜索这一目标标志物。该研究发现：①老年驾驶者的准确性一般比年轻驾驶者低。白天的准确性不依赖于目标刺激的出现，而在夜晚情景中，场景中有目标标志物时的错误率大于场景中没有目标标志物时的错误率。白天，干扰物多时的错误率会大于干扰物少时的错误率，而夜晚情景时，干扰物的作用不显著。②反应时的记录显示了青年人的反应通常会快于老年人的反应。反应时的长短依赖于干扰物的多少和刺激呈现的情况。③年长者的注视次数多于年轻者。在干扰物多、没有标志物时的注视次数多于干扰物少、有标志物时的注视次数。在干扰物多的情况下，夜晚情景时的注视次数多于白天。④青年人的平均注视时间短于老年人的平均注视时间，干扰物多时的平均注视时间长于干扰物少时的平均注视时间。与白天相比，夜晚干扰物多的情况会导致注视时间更长。⑤最后一次注视时间反映了对最后注视物体与目标刺激的比较。在加工的最后一个阶段，年龄造成的差异更加明显，这种年龄造成的差异在场景中有标志物时的显著水平大于场景中没有标志物的显著水平。现在年老的汽车驾驶者的人数正在急剧上升，因此研究者建议道路工程专家应该考虑减少那些引人注目的标志物(如广告牌等)的数量，去掉那些多余的标志物，将那些对安全起重要作用的标志做得更醒目一些。

还有人(Sivak et al.，1986)通过对司机注视前方汽车尾部位置的研究，发现了汽车刹车灯的最佳安装位置。被试为 6 名年龄在 18～26 岁的司机，当他们在交通拥挤的市区，跟随前面的车辆缓慢行驶时，记录他们的眼动情况。所使用的眼动仪是头盔式的眼动仪。实验结果表明，被试开车时，对前面汽车的后窗注视较多，而较少注视靠汽车下部刹车灯附近的位置(通常标准的刹车灯是靠汽车下部安装的)。所以研究者建议，将刹车灯靠汽车上部安装可以减少事故，因为司机往往倾向注视前方汽车的上部而不是下部。

（六）驾驶员眼动特征的理论模型

有人(Liu，1998)提出了一个预测汽车驾驶员行为的模型——隐含马尔可夫动态模型(hidden Markove dynamic model，HMDM)。在这个模型中，可以通过观察驾驶员的行为来预测驾驶员的行为目的。在此基础上，Liu 又提出了一个预测和分析驾驶员注视特征的模型，他指出分析驾驶员的眼动情况可以为智能汽车系统(intelligence vehicle system)提供有用信息。通过这一智能汽车系统可以识别或预示出驾驶员在某一种已知情况下进行某种行为的意图，并根据这种预示作出相应的行为。这个系统可以改善驾驶员和未来汽车系统之间的交互作用，减少肇事率。他认为，隐含马尔可夫动态模型可根据已知的眼动模式推测驾驶员的当前状态，如注意路上的汽车、检查车的当前位置、将车的位置调到路中央等。通过马尔可夫(Markove)注视分析系统可以识别注视模式的特征，它不仅可以在操作开始后识别驾驶员的操作，还可以预示驾驶员的操作意向，因此这个分析系统对实际应用具有重要的意义。

二、眼动技术在研究交通心理学的特点

（一）重视研究的外部效度

从上面介绍的一些实验中可以看出，研究者都尽力使实验情境接近真实情境，有的实验就是在真实的场景下完成的。这样获得的实验结果更具有实际意义。

（二）采用新手-专家范式

这种研究范式主要是考察专家和新手对路况进行观察时，在注视次数、注视时间和扫描轨迹之间的差异。这种研究范式有利于找到一种高效、实用的注视模式，对于培养和提高新驾驶员的业务水平具有重要的实际意义。

（三）建立分析和预测驾驶员认知加工的眼动模型

从驾驶心理学的眼动研究历史可以看出，尽管在这个领域有一些研究成果，但是，尚没有发现一些共同的规律。这与缺乏相应的理论探索有关。到目前为止，虽然有一些解释阅读过程的眼动理论模型，但是，还没有一个公认的认知加工的眼动理论模型来解释和预测驾驶员的驾驶行为。不过，已经有一些心理学家意识到这个问题，他们已经开始在这个方向进行了初步的探索。笔者相信，加强这个领域的理论探索将是今后研究的一个重要趋势。

随着经济的发展，在我国，汽车驾驶不再单纯是一种职业，它已经成为现代人所必须掌握的一门技能。我国能够驾驶汽车的人员大量增加，这也带来了一个新的问题，即交通事故不断增加。所以加强对驾驶员的心理学研究，对于预防交通事故的发生有重要意义。

第五节　眼动在航空心理学研究中的应用

一、航空心理学

航空心理学是心理学的一个重要分支，它主要是研究航空环境中飞行员的行为特点和航空设备设计中人的因素的问题，具体而言，它研究的主要内容包括：第一，航空环境中飞行员的行为反应特点；第二，飞行器设计与使用中的人机关系问题；第三，选拔和训练飞行员的方法。随着航空事业的发展，有关的学者就开始注意到驾驶员的能力和新环境对驾驶员的影响等问题了。

航空心理学的建立要从第一次世界大战期间重视对设备性能的改善和飞行员的选拔

算起。早期的航空心理学开始主要是研究选拔和训练飞行员，后来，则偏重于研究飞机控制、仪表显示等。第一次世界大战后，美国、英国、法国、意大利和德国等都十分重视航空心理学的研究。1939 年，美国成立了全国航空心理学研究联合委员会，大大推动了美国航空心理学研究的开展。第二次世界大战期间，航空心理学主要从事选拔和培训飞行员的工作，研究内容主要包括：疲劳、目标检测、警觉等。第二次世界大战后，航空心理学发展十分迅速。在美国，刊载有关航空心理学文章的杂志有：《人的因素》、《航空、宇宙和环境医学》、《人类工程学》、《应用人类工程学》等。航空心理学从建立到现在已有 80 多年的历史了，在这期间，人们进行了大量的研究。这些研究中，有些就是以眼动为指标进行的，本节将主要介绍这方面的研究。

二、航空心理学中的眼动研究

以眼动为指标对飞行员进行的一项比较早的研究（Tiffin and Bromer，1947）是这样的：被试为经验丰富的飞行员（称老飞行员）和经验较少的飞行员（称新飞行员）。在他们驾驶飞机（机型为 Piper Cub J-3 airplane）着陆前的 5～10s，用电影摄影机拍摄他们的眼动轨迹。结果表明：两组被试的眼注视模式没有显著的差别，研究者建议不要过于强调新学员在着陆时必须遵循某种注视模式。

飞机座舱的仪表盘上有许多仪表，飞行员对这些仪表的注视时间和注视次数的分配是不同的，通过眼动情况可以了解飞行员的注视模式，并对仪表在仪表板上的安排提供参考意见。有人（Fitts et al.，1950；Milton，1952）研究了 C45 型飞机着陆时飞行员的眼动情况。研究者考察了两种着陆系统：一种是仪表着陆系统（instrument low approach system，ILAS），另一种是地面控制进场（ground controlled approach，GCA）。仪表着陆系统也称盲目着陆系统，是指在看不清天地线和地标的情况下，利用无线电波引导飞机进场、着陆。它由地面和机载无线电设备组成定向信标台和下滑信标台，分别发出用于指示飞机与跑道线相对位置和飞机实际高度与着陆所需要调整的高度的相对差值的无线电波束，机载设备接收这些信号，飞行员据此进行飞机的进场和着陆。地面控制进场是利用地面雷达和无线电引导进入场地着陆的过程。除了研究飞行员在这两种着陆系统的过程中的眼动外，也研究了其他仪表飞行，用电影摄影机拍摄飞行员的眼动。具体情形是这样的：在仪表板上装有一个镜子，它可以反射飞行员的眼动情况，摄影机在飞行员的身后，对镜子中反射的飞行员眼动情况进行拍摄。被试为 40 名飞行员。

实验结果表明：

（1）这 40 名飞行员注视一个仪表的平均时间是 0.6s，注视仪表的时间占总时间的 97%。

（2）在 ILAS 飞行中，飞行员主要是依靠着陆下滑指示仪（cross pointer）和方向仪（directional gyro）来调整飞行高度和方向，以便着陆，见图 10.5。

从图 10.5 中可以看到，飞行员对每一个仪表 1min 内的平均注视次数最高达 30 次（着陆下滑指示仪），最低是 1 次（转弯倾斜仪，turn and bank）。用注视次数乘以注视时间，可得出每分钟对一个仪表的总观察时间。当进行 ILAS 着陆时，总时间的 2/3 都用在观察着陆下滑指示仪和方向仪两个仪表上。而且，飞行员每隔 2s 用着陆下滑指示仪校正

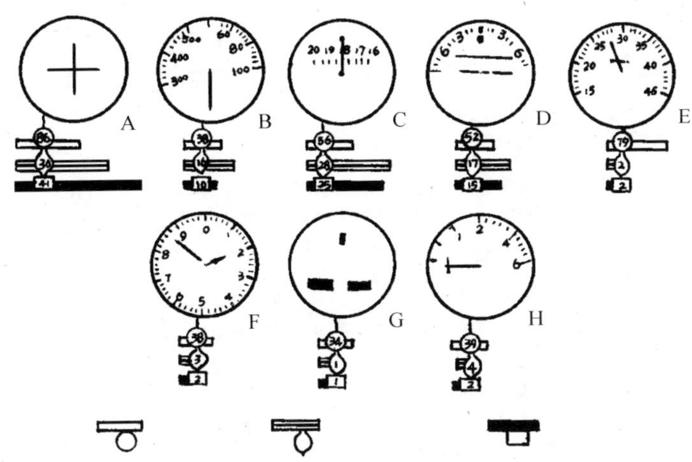

图 10.5 ILAS 着陆的仪表注视时间及注视次数

Ⅰ注视周期长度(1/100s);Ⅱ每分钟注视次数(次);Ⅲ每一仪表被注视时间的比例(%)。A. 着陆下滑指示仪,B. 空速表,C. 方向仪,D. 人工地平仪,E. 发动机仪表,F. 高度表,G. 转弯倾斜仪,H. 上升速度表

一次方向,每隔 2s 校正一次航向,每隔 4s 校正一次空速(air speed)和人工地平仪,对其他的仪表每分钟只检查 2~3 次。

(3) 从图 10.6 可以看出,仪表之间的眼动频率是不同的。最频繁的运动是在着陆下滑指示仪和方向仪之间的眼动,占 29%,但是,这两个仪表之间的距离却是较远的,所以,从本实验来看,这种仪表安排对于 ILAS 着陆来讲是有待改进的。

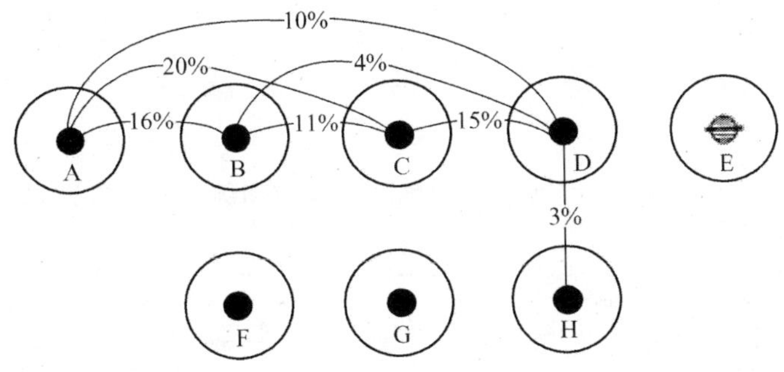

图 10.6 ILAS 着陆的仪表之间眼动值(基于 40 名飞行员的材料,低于 20%的数值未计)

(4) 在 GCA 着陆系统中,从图 10.7 可以看出,最重要的仪表是方向仪,下滑指示仪则不起作用了。由于不用观察下滑指示仪,所以对于其他仪表的观察时间就相应地增加了。这些仪表在注视时间和观察率方面大致与 ILAS 着陆系统相似。图 10.8 说明,这种仪表的安排方式是比较合理的,这表现在最常用的仪表和联系最密切的仪表是集中在一起的。

(5) 图 10.9 和图 10.10 是上升转弯操纵中的眼动情况。从图 10.9 可以看出,最常用的仪表都是集中在一起的。从眼注视和运动的各种数字来看,各种仪表的安排也是很均匀的。因此,可以推论,C45 型飞机的仪表安排比较适合上升、下滑、转弯的仪表飞行。

在雷达观测中,根据不同的任务,被试的眼动情况也不同。有人(Gerathewohl,1952)

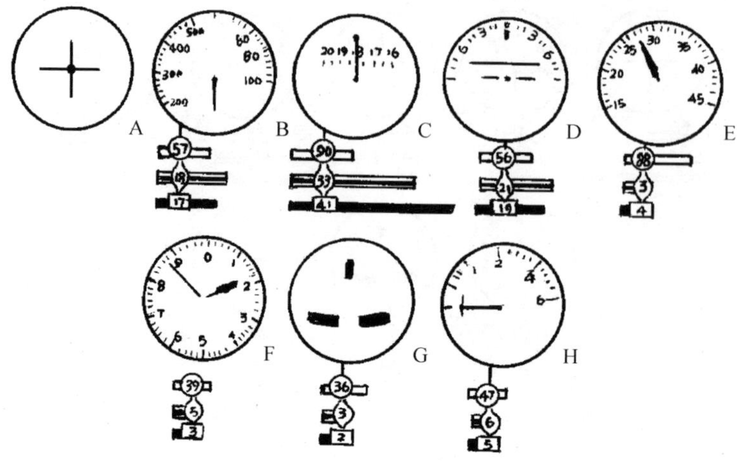

图 10.7　GCA 着陆的仪表注视时间及注视次数(图例见图 10.5 说明)

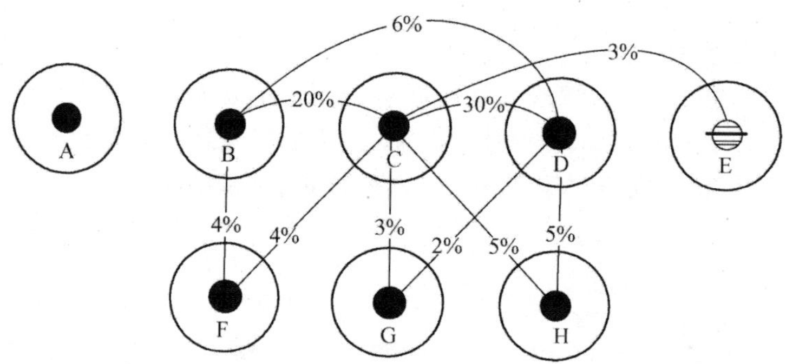

图 10.8　GCA 着陆的仪表之间的眼动值(图例见图 10.5 说明)

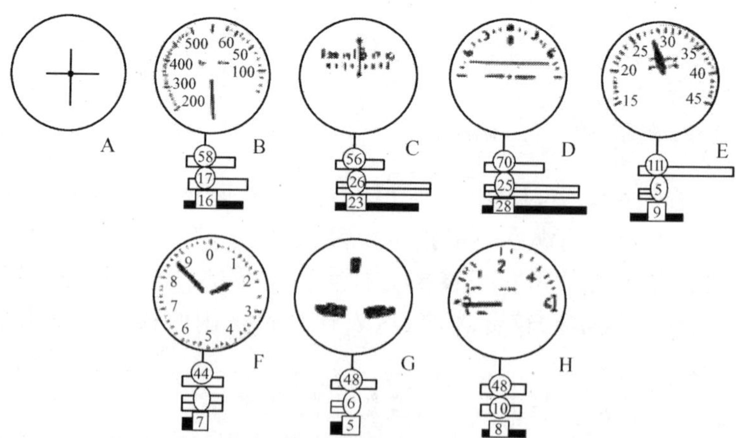

图 10.9　上升转弯的仪表注视时间及注视次数(图例见图 10.5 说明)

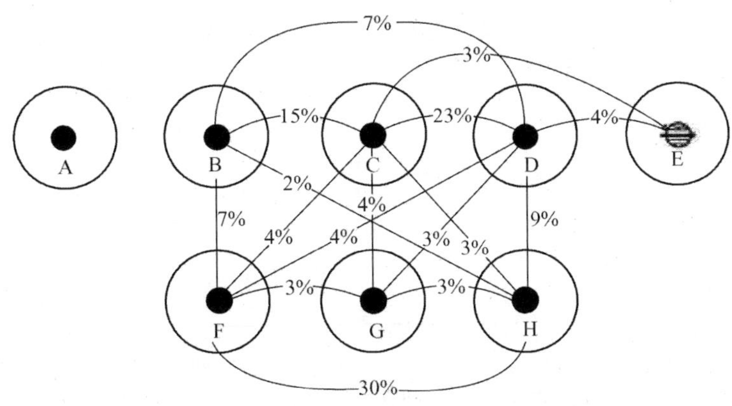

图 10.10　上升转弯的仪表之间眼动值(图例见图 10.5 说明)

用照相法研究了 4 种飞行任务的眼动情况。第一种任务是空中定向,呈现给被试一幅雷达空中地图,要求他根据全景雷达(PPI scope)的扫描来核对这幅地图。被试要找出荧光屏上的显影部分是地图上的哪一部分。这时,主要有两种眼睛运动,一种是眼睛普遍找寻荧光屏的圆周式运动,另一种是视觉在某些显著地点停留和转移的直线运动。第二种任务是领航,告诉被试飞机是在地图某一部位的上空飞行,被试从荧光屏上的显影来断定飞机的航向。这时,在圆周运动与直线运动之间,直线运动占优势。注视的时间比在空中定向稍长,注视与注视之间的运动量较大。第三种任务是目标辨认,在荧光屏上所显示的地图上有几个目标,它们按一定形式排列,被试要辨认目标的形状和排列形式。在这种情况下眼睛几乎没有圆周运动,而是由一个目标转移到另一个目标,主要是水平和斜线方向的运动,注视时间也是较长的。第四种任务是轰炸,被试观察荧光屏,当轰炸环与目标的边缘靠近时,要求被试投弹。这时主要是注视。一般来讲,在空中定向和领航中,眼睛的运动是探寻式的,这时眼球的跳动是圆周和直线形式的,注视时间较短,次数较多。在目标辨认和轰炸任务中,眼球运动是较稳定的运动,注视时间长久,次数少,注视间时间(inter-fixation time)也有减少的趋势。同时,注视的稳定性和两眼的配合也有转好的趋势,见表 10.8。

表 10.8　不同飞行任务下的眼动情况

任务	直线圆周运动		每秒注视次数	注视久暂/ms	注视时间/ms	眼动方向/%			两眼同步最大误差	注视稳定性最大误差
	直线	圆周				垂直(ms)	水平(ms)	斜线(ms)		
空中定向	3.8	4.1	2.2	428	35	26.1	29.5	48.0	2.2	2.4
领航	3.3	2.5	2.0	474	31	25.5	21.3	53.2	1.4	1.8
目标辨认	1.1	0.3	1.2	832	31	19.7	24.9	55.4	1.6	1.8
轰炸Ⅰ	1.1	0.1	0.9	1276	16	55.4	16.2	28.4	0.9	1.0
轰炸Ⅱ	1.0	0.0	0.6	1816	21	40.3	28.7	31.0	0.5	1.1

有人(Enoch,1959)用空中地图做实验,发现呈现物的大小对于注视次数、注视时间及眼动距离都有影响。大呈现物有使注视次数增加、注视时间减少的趋势,见表 10.9。

表 10.9 呈现物大小与注视次数、注视时间的关系(观测空中地图)

呈现物	视角/°	注视总次数	平均注视久暂/s	平均注视间距离/°
2	3	142	0.578	0.87
3	6	308	0.468	1.82
4	9	589	0.348	2.13
5	18	581	0.361	3.72
6	24	451	0.355	4.33
7	51	911	0.307	6.30

有人(Gerathewohl and Strughold,1954)研究了驾驶两种飞机时的眼动情况。一种是驾驶 C47 飞机,研究发现,眼睛在各种仪表间运动所需要的时间,即眼睛跳动的时间范围是 105～200ms,这些时间只是眼睛由一个对象跳动到另一个对象所需要的时间,并没有包括观察和辨认每一个仪表本身的时间。另一种是驾驶 F80 型飞机,结果发现,眼睛在常用仪表之间跳动的时间范围是 105～200ms。在驾驶时,飞行员除了观察机舱外面,还要经常检查两个仪表,一个是空速表,另一个是喷口温度表。眼睛主要是完成一个三角形路线的运动,因此,眼睛跳动本身就占据了 365ms。如果辨认每一个仪表的平均视觉时间是 300ms,加上观察舱外的时间,眼睛运动和注视的总时间将是 $1\frac{1}{3}$s,其中 1/4s 是眼睛的跳动。如果考虑到观察其他仪表,以及眼睛对舱内仪表视觉和对舱外远距离对象视觉的调节时间,总时间将更长些。一架飞行速度为 1000km/h 的飞机,在眼睛完成一次三角路线的运动和注视的时间内,飞机将飞行大约 370m,这个距离是相当大的。在这个距离内,飞行员不能保持对窗外的视觉,很可能看不到突然出现的目标,而造成严重后果。因此,飞行员应该了解有关眼动方面的知识,使他们对眼动的时间有足够的估计。同时,飞机工程设计中也应该重视眼动的研究,合理安排仪表,使观看仪表的眼动和注视时间减少到最小,以保证飞行员的视线尽可能地维持在舱外观察上。

有人(荆其诚,1964)对飞机着陆时的眼睛运动进行了总结:飞机在着陆时飞行员要判断飞机的高度、地面物体的大小、清晰度以及运动速度都可能是估计飞机高度的依据。为了获得地面物体清晰的知觉,物体的视像必须在视网膜上保持一定的静止时间。高速飞机在低空飞行时,地面物体的移动速度很大,飞行员要以适当速度的眼睛运动追随地面物体,使视网膜获得较清晰的视像,以知觉地面物体的大小、清晰程度,做出距离判断。在这种情况下,眼睛运动速度本身也可能是飞机与地面相对运动刺激的一种信号,这与地面物体大小、清晰度的知觉构成一种综合信号,是判断距离和高度的依据。在飞机着陆时,很可能由于对物体的距离知觉不准确,而仅仅根据眼睛运动角速度一种信号,做出飞机高度的错误判断。眼睛也不能停留在一个物体上时间太久,否则会影响飞行中朝向远方的视觉。在着陆中,飞行员向舱外观察时,眼睛的运动不能混乱。眼睛随着地面物体的运动方向做有规律的、短暂的追随运动,然后再跳动到前方,再追随新的物体,这样不断地追随—跳动有助于对物体的清晰知觉和对高度的判断。物体的运动速度在每秒 80°～150°的范围内,一个训练有素的飞行员可以很顺利地完成眼睛的有规律的运动,并获得良好的视觉判断。飞行员的视觉离开跑道,观察其他物体会造成不规律的眼睛运动,影响着陆判断。同时,飞行员观察其他物体以后将视线转回到跑道上,眼睛恢复正常运动需要一段时间,这对于飞行员的着陆动作有害,飞行员应该克服这种不良的习惯。高速飞机在着陆时,眼睛运动的角速度较大,眼睛的跳动次数较多,眼睛的运动较为混乱,不利于着陆判断。因此,在着陆时应将视线更多地指向前方。一个经常飞低速飞机的飞行员,在换高速飞机时,在着陆动作中应该注意打破原来的视觉习惯,将视线指向更远的前方。

有研究(Llewellyn-Thomas,1968)考察飞机着陆时飞行员的眼动发现:在着陆时,飞行员并不注视仪表板,在飞机触地之前几秒内,飞行员注视所期望的着陆点,眼球几乎不动。

有人(Kamyshov and Lazarev,1969)对62名飞行员在71次实际飞行和93次模拟飞行中的眼动模式进行了研究,实验结果表明:①当驾驶舱内仪表指针移动时,注视时间变长;②仪表的刻度盘的形状对注视持续时间没有影响。

有人(Mizumoto and Kiyeshi,1973)对飞行员觉察其他飞机时的视觉特征进行了研究。当一架飞机迎面飞行过来时,用眼动仪记录飞行员眼动。结果表明:①当飞机从对面呈0°角或12°角的方向飞行过来时,飞行员很难觉察到对面的飞机;②当飞行员了解对面开来飞机的方向时,他能从较远处觉察那架飞机;③觉察飞机时,最典型的眼动模式是首先在水平方向上进行视觉搜索,然后是垂直方向上的视觉搜索。

仪表飞行(instrument flight)是指在看不清楚天地线和地标的情况下,飞行员完全根据机载仪表指示判断飞机内外状态时的飞行活动。有人在一个战斗机模拟飞行器中分别记录12名飞行员在仪表飞行条件下的眼动模式,这12名飞行员都有500～2500h的飞行经验,要求他们重复5次做GCA着陆。实验结果表明:这些熟悉GCA着陆系统的飞行员在整个实验中成绩都很好。对眼动数据的分析表明,被试内和被试间不存在显著差异。他们的注视模式有以下特点:①飞行员对位置指示仪(position indicator)注视较多,在大多数情况下,有约64%的注视时间是花在位置指示仪上的;②按对仪表注视频率的高低来排列,这些仪表依次为:位置指示仪、空速表(air speed)、测高仪(altimeter)、垂直速度表(vertical speed)、发动机仪表(motor indicator)、地平仪(stand-by horizon);③注视模式是一种系统的连续的模式,比较有效的一种注视模式是一种呈星状的注视模式,其特点是以注视某个仪表为主,注视完其他仪表后经常再返回到该仪表上来;④阅读符号显示(symbol displays)比阅读字母数字显示(alphanumeric displays)要快。

有一项研究(Itoh et al.,1990)对飞行员的眼动和心理负荷进行了工效学评价。被试为5名经验丰富的飞行员,他们驾驶飞机模拟器在正常和非正常两种情境下飞行。实验结果表明:被试对高度表注视较频繁,对其他仪表注视相对较少。

国内学者(柳忠起和袁修,2006)分析眼动指标在定量测量飞机驾驶员的注意力分配规律和工作负荷变化中的作用。要求4个被试在飞行模拟器上完成了3个不同阶段的模拟飞行任务,同时用眼动仪器记录了注视、扫视、瞳孔尺寸方面的眼动指标,划分为座舱外景和内部仪表两个兴趣区域对数据进行了对比和认知分析。被试在外景有更多的注视点、更长的注视时间,在仪表上的平均瞳孔尺寸比外部视景要大,平均扫视幅度随任务难度增大而减小。眼动指标可以客观地反映驾驶员的注意力分配规律和工作负荷变化;视觉飞行规则下,飞行员主要从外景获取视觉信息,大部分注意力都集中在外景。

以上介绍了几项以眼动为指标对飞行员注视模式的研究。由于掌握资料有限,故介绍的内容较少。事实上,国外这方面的研究是很多的,对飞行员在飞行过程中的眼动模式进行研究是十分重要的。据有关研究显示,飞行员在飞行过程中的主要活动就是通过视觉获得驾驶信息。驾驶信息主要来自下列几种主要的仪表:航空地平仪、升降速度表、高度表、速度表和位置指示器等。在这些仪表中,有的仪表只能用来校正操纵动作,如升降速度表和航空地平仪,其他仪表主要用于检查,使用频率少一些。根据飞行员利用仪表读数进行检查和操纵飞机的不同目的,分为检查信息和校正信息。对检查信息的注视时间往往很短,感知这种信息的时间平均为 5s,但是有时可达到 20s 以上。假设飞行员根据信息判定飞机偏离了规定飞行状态,他就要根据仪表提供的信息进行操纵动作,这时,他每隔 1～2s 注视 1 次仪表。假若要改正飞机倾斜角度和恢复被破坏的水平飞行状态需要约 10s,而飞行员在这段时间内需要注视驾驶仪表 10～15 次。眼睛注视仪表的顺序与信息内容和该信号对驾驶飞机状态的使用价值有关。驾驶方式不同,在同一次飞行中飞机稳定性和操纵性的变化,飞行员都有着不同的注视仪表的眼动模式。这一切都要求我们对不同情况下飞行员的眼动模式进行认真的研究,从而提高培养和训练飞行员的水平。

第六节　眼动在体育心理学研究中的应用

运动心理学是心理学的一个分支,它主要是研究在体育运动中心理活动规律的科学。20 世纪七八十年代以来,运动心理学发展迅速,它与相关科学的渗透越来越明显,如与生理心理学、社会心理学、各项竞技运动和认知心理学等学科的联系。此外,运动心理学的研究也不断发展,特别是在研究手段上也越来越先进,眼动仪在运动心理学研究中的应用也逐渐增多。本节主要介绍这方面的一些研究成果。

在任何一项团体体育项目中,都存在着瞬息万变的比赛局面,运动员应该能够及时迅速地搜寻到有用的视觉信息,同时做出相应的动作反应。运动员在比赛中的视觉搜索及注视情况,可以通过眼动仪来进行研究。

一、对篮球运动员的眼动研究

在篮球运动中,一个运动员在做出动作反应(传球、运球或投篮、跑位等)之前,必须从赛场上选择和分析有用的视觉信息,如此时此地各个运动员在场上的位置情况。在一项研究中(Bard and Fleury,1981),对经验丰富的老队员和缺乏经验的新运动员进行了考察。

在实验一中,给他们用幻灯机呈现典型的篮球比赛中的一个进攻场景。呈现幻灯片后,要求被试尽快地回答持球运动员下一步应该做什么,记录其反应时及注视情况。每张幻灯片呈现的场景只有一个正确答案,答案的选择有如下几种:投篮、运球和传球。实验以反应时和注视次数等为指标。实验结果表明:老队员比新队员的注视次数少,老队员为

3.3 次，新队员为 4.9 次，但是这两组被试在反应时上没有显著差异。问题解决的方式（传球、运球或投篮等）不同，明显影响注视次数和反应时。

这些发现提出了一个有趣的问题：每张幻灯片上呈现的比赛场景中的组成因素都是相同的（都是 10 个队员，1 个篮球），但是，每张片子上所呈现的信息量是不同的。这些信息导致被试采取不同的搜索策略。因此，随着问题解决方式和被试经验水平的不同，研究者又进一步考察注视的变化情况。实验结果发现，第一，视觉搜索并不是穷尽赛场上所有的刺激。无论是老队员还是新队员，都倾向于选择特定的信息，一旦获得足够的信息，就马上做出反应。不过，老队员倾向反复注视进攻-防守队员，新队员则不注视防守队员，而只注视自己的同伴队员。第二，老队员注视重要的空当较多（空当是指从持球的队员到篮筐之间无对方防守队员的区域），这说明老运动员能够注意到比较重要的关键信息。在上述实验中，每个赛场场景只有一种解决问题的可能，但是，在实际的比赛中，运动员经常面临解决问题的多种选择。所以，为了使实验更接近实际，研究者又进行了第二项实验。仍然用幻灯机呈现一场篮球赛进攻时的场景，告知被试这个比赛场景中，进攻队员的下一步行动有若干个选择，实验结果见表 10.10。

表 10.10　反应时、注视次数与赛场复杂水平之间的关系

		复杂水平 1	复杂水平 2	复杂水平 3
老队员	反应时/s	0.940	0.811	0.783
	注视次数	4.33	3.52	3.24
新队员	反应时/s	1.361	1.080	1.000
	注视次数	5.09	4.59	4.18

注：当进攻队员的下一步行动只有一种选择时称赛场复杂水平为 1；当有两种选择时，复杂水平为 2；当有三种选择时，复杂水平为 3。

实验结果表明：①老队员比新队员的注视次数少；②选择数量（即赛场复杂水平）的增加可以促进决策过程，缩短反应时。实验者进一步比较了实验一和实验二中，当比赛场景只有一种问题解决的方法（赛场复杂性为 1）时注视特点的差异。第一个实验中，告知被试只有一种解决途径，没有其他选择（无选择组），第二个实验中，使用相同的幻灯片，但是告知被试有 1～3 种解决问题的方法（有选择组）。经比较实验结果发现：全部被试在无选择条件下，与在有选择条件下相比，前者的决策时间短，注视次数少，见表 10.11。③两实验条件对新队员的影响比对老队员的影响大。这说明，老队员经验丰富，比赛场景的一些变化对他们影响不大。

表 10.11　两种不同实验条件下的反应时、平均注视次数比较

		无选择组	有选择组
老队员	反应时/s	0.840	0.937
	注视次数	3.30	4.33
新队员	反应时/s	1.221	1.361
	注视次数	4.76	5.09

通过对以上两个实验的介绍,可以看出:第一,搜索模式与任务类型有紧密的关系。被试只选择那些有利于解决问题的因素去注视。第二,边缘视觉(peripheral vision)可以帮助被试寻找重要的信息去注视。第三,实验要求会影响被试的注视模式和搜索策略。第四,搜索模式与被试本身的特征有关:老队员与新队员比,前者的注视次数少,反应时短。

预程序运动控制(preprogrammed motor control)假说是关于运动员在瞄准远距离灌篮时视觉搜索的假说,该假说认为相关视觉信息在最终的投篮运动之前就被检测到了。Oudejans 等(2002)研究了篮球运动员灌篮时的视觉控制,其研究结果支持了上述假说。

张运亮等(2004)研究了我国不同训练年限的青年男子篮球后卫运动员的眼动特征。结果发现,第一,篮球后卫运动员的训练年限明显影响其对篮球的比赛图片信息的加工效率;第二,在注视篮球比赛实景图片时,不同训练年限的篮球后卫运动具有不同的注视模式。

二、对冰球运动员的眼动研究

冰球比赛和篮球比赛一样,赛场都是瞬息万变的。对于冰球比赛的守门员来讲,尤其如此。他必须在这种动态环境中,不断地获得重要信息,迅速做出动作反应。有人对冰球守门员进行了两项眼动研究。

一项研究是在赛场上进行,但只使用了两个进攻队员;另一项实验在实验室进行。在第一项研究中,比赛场景是这样的:进攻队员进行击射(slap shot)或扫射(sweep shot),考察守门员的眼动情况。实验结果表明:无论是经验丰富的老守门员还是新手,都是对曲棍和冰球的注视次数多,两组被试的眼注视分配模式是不同的,见表 10.12。

表 10.12 两组守门员注视分布的百分比

	老守门员		新守门员	
	曲棍	冰球	曲棍	冰球
击射	71	29	30	70
扫射	60	40	87	13

从表 10.12 可以看出,当进攻队员采取击射动作时,老守门员有 71%的注视是在曲棍上,而新守门员只有 30%的注视是在曲棍上。在进攻队员采取扫射动作时,老守门员对曲棍和冰球的两者的注视分配差距不大,而新守门员则差别较大,新守门员往往把注视集中在曲棍上。

在第二项实验中,一个进攻队员在带球 1s、2s 和 4s 后进行扫射,记录守门员的眼动情况。实验结果与第一项实验结果类似,守门员的注视分配情况如下:两组守门员都是集中注视曲棍和冰球,新守门员对冰球的注视次数比老守门员多。

上述两项实验表明:经验丰富的老守门员对外界刺激反应较快,他们可以根据曲棍的位置和速度来判断和预测进攻运动员的击球情况。他们对冰球注视次数较少。新守门员则不能像老守门员那样有效地判断进攻队员的击球情况。

三、对足球运动员的眼动研究

足球是一项深受世界各国人民喜爱的体育运动，运动心理学家们对足球运动员进行了广泛的研究，其中也有眼动研究。

有人(Werner and Pauwels,1993)以眼动为指标，对足球运动员(专家组)和没有比赛经验的足球队员(新手组)进行研究。研究者使用动态的声像手段(audio-visual aids)，如16mm电影胶片，在一个10m×10m的屏幕上放映，屏幕上的景物与实物大小一样。为了进一步增强生态学效度，要求被试进行动作反应。

有30名男性被试参加了实验。专家组平均年龄为25.7岁，由15名职业足球队员组成，他们约有10年的参赛经验。新手组平均年龄为21.3岁，由15名大学体育系本科生组成，他们几乎没有足球参赛经验。

实验材料是首先从欧洲杯足球赛和世界杯足球赛中选取一些比赛场景片断，这些场景包括30种不同的情况，如发任意球、罚球、越位、带球、射门和传球等。

然后，在一个真正的足球场上(场地周围有广告)，按照上述实况录像复现比赛中的一些片断，用一台摄像机代替一名足球运动员及其站位，拍摄一些需要该位置上运动员作出动作反应的真实情境，如队友将球传过来，或需要该运动员罚点球的场面等。所拍摄的内容就是实验材料。整个实验的场景如图10.11所示。

图10.11 实验场景简图

将拍摄的片子放映在离被试9m远的大型屏幕上。要求被试参与到影片比赛的情境中去，屏幕上放映的是足球从一个队员传到另一个队员的场面，过一会儿，对方队员带球朝被试方向跑来，要求被试尽快地作出反应。在被试脚前有一个真的足球，供被试反应之用。

实验结果表明：①专家组比新手组的反应时短，且这种差异显著，专家组比新手组能够更迅速找到解决问题的办法，并且能够作出更正确的反应；②专家组和新手组在注视时间上没有显著差别，专家组的平均注视时间为471ms，新手组的平均注视时间为445ms；③在注视次数上，专家组(M=1.71)与新手(M=2.24)之间存在显著差异，这表明专家组以更直接的方式搜索信息；④在注视位置上，两组被试的一个共同点为他们在进行视觉搜索时，都不是将赛场上所有的视觉刺激看完后再做决定，而是选择那些自认为有用的信息，一旦觉得掌握了足够的信息时，就迅速作出反应。但是，两组被试也存在差异。在传球情境下，专家组更多的是注视自由后卫(free back)和空当(free space)。新手组则更多的注视进攻队员、球门和球。传球前，专家组对将要接球的队员、自由后卫和空当注视较多。

总之，通过对眼动数据的分析表明，专家组由于长期的比赛经验，其视觉搜索模式是十分经济有效的，与新手组比，专家组的注视次数少，平均注视时间短，反应时短。

四、对排球运动员的眼动研究

为了解排球运动员的视觉信息加工的特征，有人(张学民等，2008)采用眼动记录技术对国家级运动员(专家运动员)、普通运动员和普通大学生观察运动情境图片时的眼动规律进行研究，同时，也探讨不同难度的视觉情境信息对眼动规律的影响。实验发现专家组在对排球情境图片信息的加工时，其首次注视点时间较长，注视次数少，注视时间较长，与新手组有显著差异，图片材料的不同对于被试的首次注视点、首次注视点时间以及瞳孔直径有显著影响。通过实验探究，得出如下结论：①高水平运动员处理运动情境信息的过程中，在反应速度和准确性方面具有明显的优势；②高水平运动员处理运动情境信息的过程中，在寻找关键信息的能力方面具有明显的优势；③高水平运动员更容易辨别和将注意力高度集中在关键的运动情境信息上面。

五、对网球教练员观看网球动作时的眼动研究

网球教练员通常能够通过视觉搜索找到队员动作的关键因素，并给予运动员及时准确的反馈，要做到这一点，教练员应该知道如何进行有效的视觉观察。对视觉观察的有效性进行研究，眼动仪是一个非常有用的仪器。

有人(Petrakis，1993)对网球教练员观看网球运动员发球时的眼动进行了研究。被试有 12 名，6 名是没有教练员经验但是有平均 6 年打网球的经验(称新手组)，6 名是有经验的网球教练员(称专家组)，他们有平均 11 年的教练员经验，平均 15 年以上的打网球经验。眼动仪是 NAC Eye Mark Recorder，型号为 Model 4。被试坐在离网球运动员 4.3m 远的地方，要求被试现场观看该运动员的 5 次正手击球和 6 次发球，用眼动仪记录其眼动情况。

实验结果发现：①两种不同动作在总注视次数上没有显著差异。两种不同动作在平均注视时间上有差异($P<0.05$)，说明专业水平不影响注视时间。②在观看正手击球和发球时，两组被试的注视位置存在较大差异。正手击球时，对注视位置的卡方检验，差异显著($P<0.01$)；发球时，对注视位置的卡方检验也显著($P<0.01$)。具体表现为，专家组对运动员身体的中间部位(臀部和胸部)注视次数较多，新手组对运动员身体的靠上部位注视次数较多。在观看发球时，专家组被试注视次数主要集中在运动员的头部、肩部和球拍，新手组则主要集中在运动员的头部和球拍，见图 10.12、图 10.13，专家组的扫视轨迹比新手组更加紧凑集中。

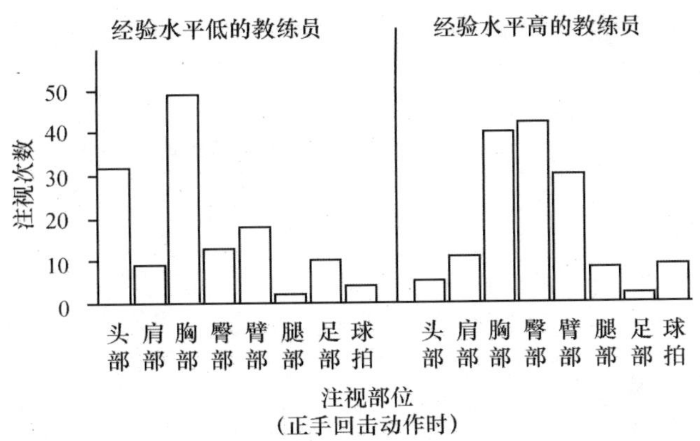

图 10.12　不同经验水平的网球教练员在指导学员的正手回击动作时，对学员身体不同部位注视次数的分配模式

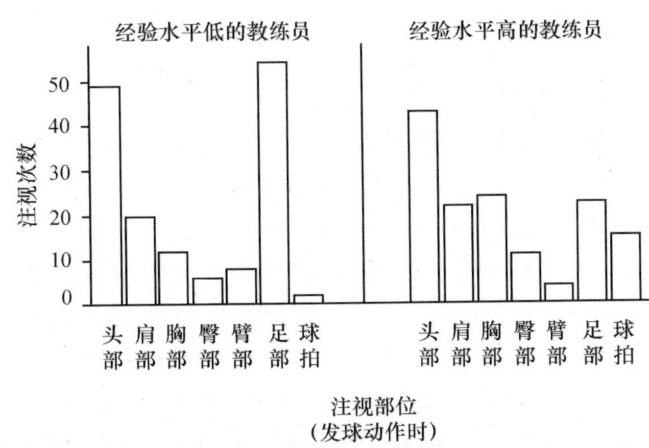

图 10.13　不同经验水平的网球教练员在指导学员的发球动作时，对学员身体不同部位注视次数的分配模式

六、观看铅球运动员动作时的眼动研究

有人(Mockel and Heemsoth，1984)对铅球项目进行了眼动研究。根据对铅球投掷动作知识的了解程度，将被试分为 3 组，第一组是知之甚少组，有 22 名被试；第二组为中等水平组，有 14 名被试；第三组是专家组，有 12 名被试。实验材料是运动员投掷铅球的示范教学片，该片在 1.22m×0.77m 的屏幕上放映。用 NAC-Ⅳ Eye Mark Recorder 眼动仪记录被试的眼动。

实验前，另外请 3 名铅球教练员观看这部投掷铅球的示范教学片，同时要求他们对运动员投掷铅球的每一个动作进行分析，并标出运动员做每一个动作时应该观察的重要身体部位 1～2 个。当被试注视的位置与教练员注视位置相同，则计为击中一次。在正式实验中，要求被试观看教学片，并记录其眼动。

实验结果表明，铅球投掷知识的了解水平的不同，击中的频率也不同，知识水平高，击中频率就高。3组被试间的击中次数有显著的差异。3名教练员对运动员不同动作的注视情况见表10.13。

表10.13 三名教练员对运动员不同动作的注视位置

动　作	注视位置
1 预备姿势	肩部,左臂,铅球
2 预摆	臀部
3 侧蹲	臀部,膝部,非用力腿
4 滑步	膝部,非用力腿
5 右脚为用力脚	臂—臀—足轴
6 左脚为用力脚	左足
7 臂部用力,脚跟向外运动	臀部
8 臂部用力,臂部呈90°	肩部,臀部
9 将球掷出	肘部,手部
10 动作还原	弯身部位

七、对乒乓球运动员的眼动研究

在乒乓球运动中,假如一个运动员能在每一时刻都注视到适当位置,就能够更准确地预测乒乓球的运动轨迹以及球下落的时间。有人(Rodrigues,2002)对正手击球时运动员的头部、眼睛及手臂的运动情况通过眼动分析进行了研究。16个成年自愿者参与实验,将他们分为经验丰富的专家组和缺乏经验的新手组,专家组平均年龄为27.9岁,新手组平均年龄为26.6岁。被试的对手是一个经验丰富的乒乓球运动员,他每次以同样的方向与速度给被试发球,然后要求被试在3种情形下将球击回到发球人球案的左方或右方区域。实验者通过一个激光发射装置给予被试击球方向的提示线索,线索光线的给予分为3种情况:一是前线索,在被试的对手发球前用激光光线告之被试将球击回的区域;二是初期线索,球在空中飞行的早期告之被试;三是晚期线索,球在空中飞行的晚期告之被试。结果表明,在前线索和初期线索情形下,专家组和新手组的视线都能当球在空中时就追踪到球,并且能在球与球拍接触前将注视点保持在球之前某个稳定的位置,但专家组比新手组追踪到球的时间更早,而且记录下的结果比新手组更准确。

八、对台球运动员的眼动研究

台球运动是大众喜闻乐见的运动项目之一,有人(William et al.,2002)针对这一运动进行了眼动研究。被试为专家台球运动员和新手台球运动员各12人,以静止注意时间为指标,分别进行了两个实验。"静止注意时间"(quiet eye duration)被定义为先于运动开始之前对目标的最后一次注视。实验中使用应用科学实验室(ASL)生产的4000SU眼动仪记录被试的静止注意时间。在实验一中,与新手运动员相比,专家运动员在动作的准备过程中有更长的静止注意。静止注意时间的增长和击中难度有函数关系,所有被试对成功击球的静止注意时间比对失败击球的静止注意时间长。在实验二中,参与者在三种时间限制的条件下击球,在这个过程中研究者操纵静止注意,结果发现,静止注意越短则操作成绩越差,这与参与者的技术水平无关。

九、对棒球运动员的眼动研究

有人(张森和李京诚,2008)对中学生棒球练习者的眼动特征进行研究。实验采用被试内设计,应用 iViewX 头盔式眼动仪对中学生棒球练习者与普通中学生注视棒球投球视频的眼动特征进行比较。结果发现:两组被试的注视时间、注视次数、出手追球差及主要注视位置等均存在显著差异,而投球方式对各指标的影响则没有显著性差异。经分析得出以下结论:①棒球运动水平是影响被试对各个位置注视时间和次数的主要因素,专业组的注视过程较为全面、细致,且注视轨迹比较紧凑;②专业组在球出手后开始视觉追踪球的启动时间明显快于非专业组被试;③两组被试注视位置的最大差异是对"球出手附近"的注视,专业组对球出手的动作有一个预判的过程。

十、拳击运动员的眼动研究

有人(Ripolli et al. ,1993)研究不同水平拳击运动员观看拳击录像时的眼动情况。被试为 3 组,每组 6 人,一组是国家级选手(专家组),第二组为中等水平组(一般组),第三组为新手组(新手组)。拍摄一个国家级拳击运动员的示范动作,包括进攻、躲闪和佯攻。然后在 Sony 彩色 VPH600QJ/QM 大屏幕投影仪上放映,屏幕大小为 200cm×170cm。在 60s 内,有 22 个动作,其中有 10 次进攻、7 次躲闪和 5 次佯攻。被试坐在离屏幕 3m 远的地方观看,同时用操纵杆对拳击运动员的动作做出反应,在被试反应过程中,用 NAC-V 型眼动仪记录被试的眼动情况。

该实验结果表明:

(1) 总注视次数与被试的专业水平有关。专家组的平均注视次数 $M=43.3$,一般组的平均注视次数 $M=105.8$,新手组的平均注视次数 $M=122.67$,分析表明存在差异,进一步进行 Fisher 检验发现,专家组与一般组差异显著($P<0.03$),专家组与新手组有差异($P<0.03$),而一般组与新手组差异不显著。专家组分别比一般组和新手组少注视 2 倍和 3 倍。这表明,总注视次数随着专业水平提高而减少。

(2) 3 组被试的注视分布均主要集中在身体的上部(头部、拳/臂和躯干)。根据 Kurskal-Wallis 检验,3 组被试在注视头($H=10.15$,$P<0.01$)和拳/臂上($H=7.49$,$P<0.02$)存在差异,而 3 组被试在注视躯干时没有差异。根据 Whitney U 检验作进一步考察,发现专家组与其他两组被试在注视头部和拳/臂上差异显著。根据 Wilcoxon 非参数分析发现,专家组注视头部较多($P<0.026$),新手组注视拳/臂部位较多($P<0.046$),而一般组对这几个部位的注视没有显著差异。见表 10.14。

表 10.14　三组被试对拳击运动员不同身体部位注视分布的百分数　(单位:%)

身体部位	专家组	一般组	新手组
头部	42.6	29.9	19.7
拳/臂	22.6	34.9	33.8
躯干	20.3	24.9	17.6
骨盆	3	2.3	9.9
腿部	0	2	5.4
其他	11.5	6	13.6

(3) 专家组和新手组被试对头部和拳/臂的总注视时间是有显著性差异的，而对躯干的总注视时间没有显著差异。专家组对头部的总注视时间长，新手组对拳/臂部位注视时间长，见表 10.15。

表 10.15 三组被试对身体不同部位的总注视时间 (单位:s)

身体部位	专家组	一般组	新手组
头部	40.9	22.4	9.2
拳/臂	6.23	18	29.6
躯干	7.7	17.2	8.2

(4) 对于专家组而言，对头的平均注视时间与对拳/臂和躯干的平均注视时间之间存在差异；对于新手组而言，对拳/臂的平均注视时间与对头部和躯干的平均注视时间之间存在差异；而一般组则没有差异。这说明头部对于专家组的注视模式有重要影响，拳/臂对于新手组的注视模式有重要影响，见表 10.16，3 组被试的注视轨迹见图 10.14。

表 10.16 三组被试对身体不同部位的平均注视时间 (单位:ms)

身体部位	专家组	一般组	新手组
头部	2423	768	336
拳/臂	640	618	909
躯干	584	630	484

图 10.14 不同水平被试观看拳师动作时的眼动轨迹

箭头表示注视点移动的方向，每个箭头的粗细表示从某注视点向另一个注视点移动次数的多少，越粗表示越多，越细越少，而虚线表示最少

总结上述实验结果，可以看出：第一，被注视次数较多的身体部位大都是总注视时间和平均注视时间较长的部位；第二，注视模式与被试的专业水平有紧密的关系，每组被试都有自己认为重要的视觉线索，他们都有着不同的注视模式；第三，专家组的注视模式与其他两组被试相比，有着比较经济的注视特点，如注视次数少等；第四，专家组在注视时，常常在他们认为重要的几个部位之间反复注视，形成了一个环形的注视模式，即在身体重要的部位之间反复循环注视；而新手组注视时则是一种线性注视模式，没有形成一个环形的注视模式。

十一、观看体操运动员时的眼动研究

有人(Bard et al. ,1980)对体操裁判员观看体操运动员平衡木项目时的眼动进行研究。裁判员分为两组,一组是由经验丰富的老裁判员组成(专家组),另一组是由没有经验的新裁判员组成(新手组)。两组被试在观看运动员在平衡木上的动作时,注视的位置存在差异。专家组对运动员身体的上部(头部和臂部)注视较多,而新手组对运动员的腿部注视较多。研究者还发现,专家组和新手组在观看体操录像时,他们之间的注视次数没有差异,而动作类型则显著地影响两组被试的注视次数。两组裁判员在观看运动员的自选动作时,注视次数较多,而在观看规定动作时,注视次数较少。

在另一项实验(Neumaier,1982)中,当体操运动员和非体操运动员注视体操动作时,注视区域主要集中在运动员的头部和身体的中间部位,体操运动员的眼动轨迹较非体操运动员的眼动轨迹更为紧凑、集中。

蔡庚等(2001)通过对不同等级裁判员评分过程中注视的次数、注视的时间进行分析,探究裁判员眼球运动和女子跳马运动评分客观性之间的关系。该实验采用耐克公司生产的 EMR-600 角膜反射眼动仪对被试进行测试,被试全为女性。根据裁判等级,将被试分为 3 组,国际级裁判 2 名(高水平裁判组),一级裁判 2 名(中等水平裁判组),二级裁判和三级裁判各 2 名(低水平裁判组)。运用角膜反射技术,测定了被试观看 1995 年世界杯体操比赛女子跳马团体的录像时注视点停留次数、注视时间、停留时间以及移动速度等指标,揭示女子跳马运动评分时,裁判员的注视运动特征及不同等级裁判员注视运动的变化规律。结果表明随着裁判水平的提高,评分趋向于更接近运动员的实际得分,验证了高水平的裁判员评分比低水平裁判员的评分更准确,客观性更强,但在注视次数和注视时间方面,新手和专家之间没有显示出明显的差异。

十二、自行车运动员专项认知水平眼动特征的研究

在竞技运动的实验中可以看到,优秀运动员在各种比赛条件下,都能表现出较好的应变能力,技术和战术运用合理、准确,呈现良好的竞技能力及节省化状态,其主要原因是对专项运动信息的认知加工能力突出。所以,从运动员的专项认知角度,探讨专项运动心理能力的发展特征,揭示有关专项心理能力的培养机制,是当今运动心理学的重要研究课题。

有人(张忠秋等,2001)利用眼动仪,对竞技自行车运动的专家和初学组的眼动特征进行实验对比研究,探讨专家组和初学组在自行车专项认知水平特征方面的差异。专家组为 10 名具有 6 年以上专业自行车训练和比赛经验的优秀自行车运动员,新手组为 10 名专项自行车初学者。研究使用美国应用科学实验室(ASL)生产的 4200R 型眼动仪。实验材料是从自行车专家认定的不同专项技术水平运动员比赛录像中选取的,应用爱杰录像分析系统,制作选取了共 6 组对比图像。全部实验材料制成电脑图像文件,该文件通过 29 英寸显示器呈现给被试,屏幕上所呈现的每个运动员骑行动作图像大小为 12cm×12cm。实验时,每次在显示器上呈现一对不同专项技术水平的自行车运动员的骑行动作图像,让被试者判断是左边还是右边的运动员为最好的骑行动作,当被试做出判断后,眼

动仪停止记录。

研究结果发现。

(一) 注视时间

专家组在判断最好骑行技术动作时,注视时间比新手组要长,且差异显著。其原因可能是专家组在对各骑行动作进行判断时,由于骑行动作较为复杂,考虑的维度也较多;而新手组则只从表面上比较骑行动作,没有考虑动作细节,所以注视时间少。具体情况见表 10.17。

表 10.17 两组被试判断左右两边最好骑新动作时的平均注视时间 (单位:s)

动作图形位置 判断结果	左边			右边		
	n	左	右	n	左	右
专家组	42	5.21±3.34	4.11±3.45	78	4.56±3.63	5.35±3.67
新手组	83	4.32±3.17	3.63±3.24	37	4.04±3.55	4.49±3.76

注:$P<0.05$。

从表 10.17 中可以看出,与新手组相比,专家组对判断为更好的骑行技术的注视时间长于判断为较差动作的注视时间。具体结果如下:

(1) 当被试对两个骑行动作进行比较,认为左边骑行动作比右边骑行动作更好时,专家组和新手组对左边骑行动作的注视时间显著长于对右边骑行动作的注视时间。

(2) 当被试判断结果认为右边骑行动作比左边骑行动作更好时,两组被试对右边骑行动作的注视时间也显著长于对左边骑行动作的注视时间。

(3) 对于判断为更好的和较差的骑行动作,专家组的注视时间显著地长于新手组。当被试判断左边骑行动作比右边骑行动作更好时,专家组对左边骑行动作的注视时间比新手组长,对于较差的右边骑行动作的注视时间,也是专家组比新手组长。同样,当判断右边骑行动作比左边骑行动作更好时,专家组对右边骑行动作的注视时间比新手组显著要长;对较差骑行动作的注视时间也是专家组比新手组显著要长,以上差异有统计学意义,均为 $P<0.05$。上述结果表明,专家组对每个骑行动作的加工都要比新手组更为仔细。

(二) 注视频率

注视频率是指单位时间内注视的次数。专家组在单位时间内注视的次数没有新手组多,经过检验,两组之间差异显著($P<0.05$),说明新手组在对骑行动作进行判断时,对每个骑行动作的加工速度比专家组要快,这可能与新手组对每个骑行动作加工不仔细有关。

(三) 注视部位和注视轨迹

对于优秀自行车运动员来说,通过视觉搜索找到骑行动作的关键因素是非常重要的。从两组被试判断较好骑行动作时的注视部位比较情况可以看出,在观看骑行动作时的注视部位存在显著差异($P<0.05$)。具体表现为,专家组对运动员身体的手臂部和膝踝部注视次数较多,新手组的重点注视部位突出。统计结果表明,专家组被试注视点集中主要

兴趣区次数明显比新手组多。

本项研究得出如下结论:①在本实验条件下,专项骑行技术动作知识经验的多少明显影响被试对骑行技术动作的判断过程。②专项骑行技术动作知识经验较多者,对专项骑行动作技术动作的注视时间比专项骑行技术动作经验较少者显著要长,但是注视频率则相反,表明专项骑行技术动作经验较多者对每个骑行动作的加工更为细致。③无论是专项骑行动作知识经验多者,还是专项骑行动作知识经验少者,对判断为最好骑行动作的注视时间均比对判断为较差的骑行动作的注视时间要长。④专家组被试注视点集中在主要信息区的次数明显比新手组多;在注视轨迹方面,专家组的注视轨迹比新手组更加紧凑、集中,而新手组相对比较散乱,表现出专家组对视觉信息搜索的有效性更强。

十三、国际象棋选手的眼动研究

国际象棋运动虽然不像其他运动那样有剧烈的身体运动,但竞争性同样激烈,像其他运动一样,也有人进行象棋方面的眼动研究。

有人(Tichomirov and Posnyanskaya,1966;de Grooot and Jongman,1973)对象棋大师的眼动进行了研究,发现他们通常只成对地注视与进攻或防守有关的棋子。也有人(Rayner,1978)对象棋大师的眼动进行了研究,结果发现,他们通常只成对地注视与进攻或防守有关的棋子。

在一项实验(Reingold et al. ,2001)中发现,国际象棋大师在短暂地观看有规律地摆放的棋子的位置后,重新摆放这些棋子时比经验不足的新手更准确。结合使用移动窗口等技术发现,国际象棋名家在观察有规律摆放的棋子位置时具有非常大的视野范围。另外,在一项观看一个 3×3 的小型棋盘过程中,专家组都比新手组的注视少,而且大部分的注视集中在个别棋子之间,而不是散乱的棋子上。

十四、板球的眼动研究

板球项目是锻炼手眼的协调能力,集上肢动作控制能力、技巧与力量为一体的综合性运动,比赛项目为团体赛。板球(cricket),又名木球,一向被人称颂为“绅士的游戏”。板球中所用的球中心为软木,外表为红色皮革。红色皮革用线缝制起来,这部分叫做“缝线”。快投手们都让球的这部分先着地,借助场地的作用,就可以让球偏离原来的方向,增加击球的难度。以前,板球队员们都穿白色 T 恤衫,随着彩色衣服的使用,有时也使用白色的球。

板球在中国是一个新的比赛项目,尚处于起步阶段,中国需要在培养板球意识方面多做工作。在板球运动比赛中,板球运动员在比赛中是否一直盯住球就是最后的策略?选择怎样的视觉搜索和观看策略才能在比赛中更有效地发挥是板球运动中的很关键的问题。在训练中,教练经常会指导运动员盯住球,但是在实际比赛中,当球移动很快时,一直观看球的策略也不一定生效。Michael 和 Mcleod(2000)利用眼动仪对板球运动员的打球策略进行了研究。被试为 3 个不同水平的板球运动员,分别为专家级板球运动员、业余运动员和新手运动员,三者在能力水平上差别明显。采用头盔式眼动仪(采样率为 50Hz)记录板球运动员左眼视野以及中央凹凝视的方位。实验在牛津大学板球学院户外板球练习场进行，每个被试均佩戴头盔式摄像头、携带一个视觉记录仪器的背包，并穿着正常的板球运动员的运动服装。实验中由一台设置好的发球机以 25m/s 的恒定速度（中等速度）进行发球，发球机距运动员 18.5m 远，要求运动员以自然的方式打球，对发球机发出的球进行进攻式击球或者防守式击球均可。每次从发球机发出的球的角度并不相同，以至于球在离开机器后弹跳的时间有所不同。因此球弹跳的位置也不同（距离运动员 3～12m）。

研究发现了板球运动员在运动中总体的眼动策略。眼睛最开始注视发球机的出球孔，在球从出球孔发出一直到进入视野的这段时间眼睛的凝视都是稳定的。在球即将落地之前发生眼跳，这时中央凹凝视点不再聚焦于球上，而是落在球下方某个角度的一点，该点即为接近球落地后弹跳起来的位置，中央凹凝视点会一直在此停留直到球发生弹跳。像这种预判式的眼跳已发生于乒乓球和棒球运动中。在球落下和弹起的这段时间，眼睛和头部的交互式的垂直反向旋转将中央凹凝视保持在一个大体的水平上（图 10.15）。

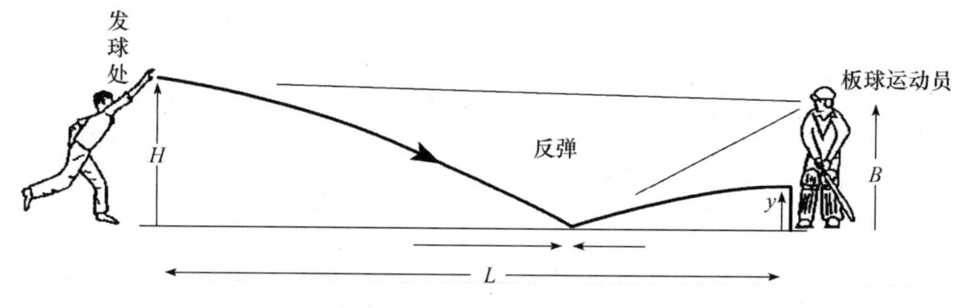

图 10.15　实验场景解释

Michael 等的研究发现顶级板球运动员更加关注球运行轨迹的早期信息，也就是早期的预判。通过板球射出的最初信息能够判断出球整个的运动轨迹，从而决定运动员接下来的策略，这对运动员接下来能否以正确的方式击球有很大的帮助。板球运动员在板球发出到板球弹起这段时间内并没有一直注视球。通过对比不同水平板球运动员，初次眼跳的潜伏期长短就可以区分出板球运动员的好坏，并且板球运动员的眼球运动策略对于他们在运动中技能的提高有一定的帮助。此研究也证明，在板球运动中没有必要全程注意板球的轨迹，只需要关注球从发球机发出的时刻、球弹起的时刻以及球弹起后的 200mm 的三个时间段就足以成功击球。

以上介绍了眼动仪在运动心理学研究中的应用。通过上述实验，可以看出，以眼动仪为工具，对运动心理学的研究具有下面的几个特点。

(1) 提高了研究的生态学效度。生态学效度就是指研究的外部效度。这些实验都尽力使实验情境与真实情境两者更加接近，这样获得的实验结果更具有实际意义。例如，在 Werner 对足球运动员的研究中，使用大型屏幕放映比赛场景，屏幕上的队员和足球与实物大小相同，而且被试的脚下放有一个真足球，便于被试进行反应；在 Petrakis 对网球教练员观看正手击球和发球时的眼动研究中，被试是在网球场现场观看这两种动作的。据统计（张力为和任未多，1995），1993 年在《国际运动心理学杂志》、《运动心理学》和《运动与锻炼心理学》这 3 种权威刊物上发表的论文中，现场实验占 27.42%，实验室实验占 11.29%，前者的比重大大超过了后者。

(2) 在新近的一些考察视觉观察模式的研究中，大多采用新手-专家范式(novice-expert paradigm)。这种研究范式主要是考察专家和新手之间进行视觉观察时，在注视次数、注视持续时间和扫描轨迹之间的差异。这种研究范式有利于找到一种高效、实用的注视模式，对于培养和提高新手的业务水平具有重要的实际意义。

(3) 有利于了解运动员在比赛过程中每一时刻的视觉活动。这种信息一方面有利于运动员赛后获得准确的反馈信息，另一方面有利于教练员有的放矢地对运动员进行指导。

(4) 眼动记录方法可以获得运动员在运动过程中每一时刻的视觉信息，这种信息是其他研究方法所不能获得的。

推荐读物

Duchowski A T. 2003. Eye Tracking Methodology: Theory and Practice. Sporinger-Verlag: London Limited

眼动名著简介

《心灵之眼：眼动的认知和应用研究》

The Mind's Eye: Cognitive and Applied Aspects of Eye Movement Research

本书的是由 Hyona Jukka 教授、Radach Ralph 教授和 Deubel Heiner 编辑，由 North-Holland 出版社 2003 年出版。

目录

此书对 2001 年认知和应用的眼动研究进行了综合的介绍。该书的书稿是在第十一届欧洲眼动大会的基础上出版的。此书介绍的研究内容范围广泛,包括知觉研究到高级认知加工过程。此书的内容既有基础研究,也囊括了丰富的应用心理学研究成果。在每部分后面,由该领域的权威人士对这个领域进行了评价和展望。

眼动名人堂

伊万杰利斯塔·普金野(Jan Evangelista Purkinje,1787～1869 年),捷克生理学家,生于波希米亚。1818 年于布拉格大学获医学博士学位,任职于布拉格大学和布勒斯劳大学。1839 年在布勒斯劳大学建立了世界上第一个生理学研究所。在实验生理学、显微技术、神经解剖学、组织学、胚胎学、药物学和视觉诸领域有诸多研究和发展。是除歌德和黑林外,用现象学方法研究感觉和知觉的又一学者。

以其名字命名的生理结构有“普金野细胞”“普金野纤维”等。他创造了“间接视觉”这一术语。1825 年提出的“普金野现象”是其在心理学上的主要成就。其全部研究集为《普金野全集》(12 卷)。

普金野首次描述视觉调节现象,并测量了当人注视远近不同的物体时,角膜和晶状体前后表面反射光的变化,该研究称为“苏逊图像”(Sanson images),又称“普金野图像”(Purkinje images)。

普金野图像是由眼睛的若干光学界面反射所形成的图像。角膜所反射出来的图像称为第一普金野图像;从角膜后表面反射出来的图像称为第二普金野图像;从晶状体前表面反射出来的图像称为第三普金野图像;从晶状体后表面反射出来的图像称为第四普金野图像。与前三个不同,图像四是一个倒转的像。

第一和第四普金野图像通过双普金野成像技术(Dual-Purkinje-Image technique)可以用来追踪眼睛的注视位置。双普金野成像技术比其他技术更精确,取样频率更高,可以达到 4000Hz。这个技术的缺点是第四普金野图像相当微弱,所以周围的亮度必须严格控制。用普金野图像进行眼动测量的仪器叫双普金野眼动仪(Double-Purkinje Eye Tracker),在 20 世纪 70 年代初问世。双普金野眼动仪是目前世界上精度最高的眼动仪之一。

参考文献

艾森克，基恩. 2004. 认知心理学(第四版). 高定国，肖晓云译. 上海：华东师范大学出版社：479，482-484

奥·库兹涅佐夫，列·赫罗莫夫. 1985. 快速阅读法. 扬春华，王靖元译. 北京：中国青年出版社：144-150

白学军，胡笑羽，闫国利. 2009. 中文阅读的副中央凹-中央凹效应：词 n 的语义透明度对词 n－1 加工的影响. 心理学报，41(5)：377-386

白学军，康廷虎，闫国利. 2008. 真实情景中刺激物识别的理论模型与研究回顾. 心理科学进展，16(5)：679-686

白学军，沈德立. 1995. 初学阅读者和熟练阅读者阅读课文时眼动特征的比较研究. 心理发展与教育，2：1-7

白学军，沈德立. 1996. 不同年级学生读课文时眼睛注视方式的研究. 心理科学，1：6-10

白学军，闫国利. 1993. 儿童理解课文时的眼动过程的研究. 天津师范大学学报，6：12-18

白学军，张兴利，史瑞萍. 2004. 工作记忆、表达方式和同质性对线性三段论推理影响的眼动研究. 心理与行为研究，2(3)：519-523

白学军，张钰，姚海娟，等. 2006. 平面香水广告版面设计的眼动研究. 心理与行为研究，4(3)：172-176

白学军. 1994. 不同年级学生课文理解过程中眼动的实验研究. 北京师范大学博士学位论文

贝纳特. 1983.《感觉世界》感觉和知觉导论. 旦明译. 北京：科学出版社：227-228，230-231

卞迁，齐薇，刘志方，等. 2009. 当代眼动记录技术述评. 心理研究，2(1)：34-37

别列戈沃伊，扎娃洛娃，等. 1985. 航空航天实验心理学. 薛胜，张彪，等译. 北京：人民军医出版社：90-109

蔡庚，猪淏公宏，季浏. 2001. 女子跳马运动评分过程中裁判员的眼动研究. 山东体育学院学报，17(4)：45-46

曹立人，张利英. 2007. 三维图形识别中纠错信息对认知策略的影响. 见：第十一届全国心理学学术会议论文集：225

曹晓华，曹立人，马恭湘. 2005. 认知方式对不规则几何图形识别绩效影响的眼动研究. 人类工效学，11(3)：9-12

曹晓华，曹立人. 2005. 不规则几何图形识别取样特征的眼动研究. 心理学报，37(6)：748-758

曹晓华，曹立人. 2007. 人脸图形识别取样的眼动特征. 心理科学，30(2)：316-319

曹晓华，林柳波. 2008. 儿童图形识别绩效发展的时空特性. 人类工效学，14(1)：52

曹晓华，周峰. 2007. 商标识别绩效的眼动研究. 人类工效学，1：4-6

陈洁. 1988. 汉字认知研究评述. 应用心理学，3(2)：50-55

陈凌育，赵信珍，孙复川. 1999. 汉字识别的眼动特征——字频效应及信道容量. 生物物理学报，15(1)：91-97

陈庆荣，邓铸. 2006. 阅读中的眼动控制理论与 SWIFT 模型. 心理科学进展，14(5)：675-681

陈庆荣. 2010. 汉语理解的句法启动研究：来自 ERP 和眼球运动的证据. 南京师范大学博士学位论文

陈向阳. 2000. 不同年级学生阅读课文和句子的眼动过程研究. 天津师范大学博士学位论文

陈烜之，熊蔚华. 1995. 中文阅读之句法分析历程初探. 心理科学，18(6)：321-325

陈燕丽，史瑞萍，田宏杰. 2004. 阅读成语时最佳注视位置的实验研究. 心理科学，27(2)：278-280

陈英和. 1999. 认知发展心理学. 杭州：浙江人民出版社：121

陈玉英，隋光远，瞿彬. 2008. 自主控制眼跳：实验范式、神经机制和应用. 心理科学进展，16(1)：154-162
程利，杨治良，王新法. 2007. 不同呈现方式的网页广告的眼动研究. 心理科学，30(3)：584-587
程利，杨治良. 2006. 大学生阅读插图文章的眼动研究. 心理科学，29(3)：593-596
崔磊，王穗苹，赵娟，等. 2006. 不同结构文章重复阅读时主题转换效应的眼动研究. 心理发展与教育，22(4)：77-82
戴斌荣，阴国恩，俞国良. 2007. 材料呈现方式、维度数量对小学生分类活动影响的眼动研究. 心理科学，30(4)：820-823
戴斌荣，阴国恩. 2005. 材料呈现方式对大学生分类活动影响的眼动研究. 心理与行为研究，3(3)：173-177
戴小力，万云英. 1987. 中小学生默读能力的比较研究. 心理发展与教育，(3)：18-24
邓铸. 2005. 眼动心理学的理论、技术及应用研究. 南京师大学报(社会科学版)，(1)：90-95
丁锦红，李杨，胡荣荣，等. 2007. 视觉搜索中空间不对称性的眼动研究. 心理科学，30(1)：116-119
丁锦红，王丽燕，郭春彦. 2004. 时-空整合影响图形识别的眼动研究. 心理科学，27(2)：477-479
丁锦红，张钦，郭春彦. 2006. 眼睛运动如何与记忆相关？心理科学进展，14(1)：1-6
丁小燕，孔克勤，王新法. 2007. 英文快速阅读的眼动特点与阅读成绩的关系. 心理科学，30(3)：535-539
樊志育. 1995. 广告效果研究. 北京：中国友谊出版公司：66-72
方芸秋. 1991. 多重编码中的眼动模式. 心理科学，(4)：2-7，51
冯成志，沈模卫，陈硕，等. 2004. 眼动交互中边框和视标对作业绩效的影响研究. 应用心理学，10(1)：9-12
冯虹，阴国恩，安蓉. 2007. 比较应用题解题过程的眼动研究. 心理科学，30(1)：37-40
冯虹，阴国恩，闫国利. 2005. 几何解题过程的眼动及视觉工作记忆模型：OGRE 模型. 心理科学，28(5)：1201-1203
高定国. 1993. 书法负荷对大脑两半球反应时影响的探索性研究. 心理科学，(4)：251-253
高尚仁，张人骏. 1988. 台湾心理学. 北京：知识出版社：151-153
高尚仁. 1986. 书法心理学. 台北：东大图书公司
高尚仁. 1992. 书法艺术心理学. 香港：香港文化艺术教育出版社有限公司
高晓妹，周兢. 2010. 汉语儿童图画书阅读的视觉关注特点研究. 幼儿教育(教育科学版)，5：23-26
高晓卿，王永跃，葛列众. 2005. 眼动技术与脑电技术的结合. 人类工效学，11(1)：36-44
关尔群，韩玉昌，隋雪. 2004. 阅读不同颜色中、英文时的眼动特征. 心理与行为研究，2(3)：529-533
关善玲，闫国利. 2007. 移动窗口条件下不同工作记忆者阅读差异的眼动研究. 心理与行为研究，5(4)：309-313
郭可教，高定国，高尚仁. 1993. 书法负荷对儿童大脑的激活效应的实验研究. 心理学报，(4)：408-414
韩映虹，刘妮娜，王佳，等. 2011. 5-6 岁幼儿在不同阅读方式下观看图画书的眼动研究. 幼儿教育(教育科学版)，(1-2)：46-51
韩映虹，闫国利. 2010. 眼动分析法在学前儿童认知研究中的应用. 心理科学，33(1)：191-193
韩玉昌，任桂琴. 2003. 小学一年级数学新教材插图效果眼动研究. 心理学报，35(6)：818-822
韩玉昌，隋雪，任延涛. 2005. 小学学习困难生阅读过程中的眼动特征. 心理科学，28(3)：550-553
韩玉昌，杨文兵，隋雪. 2003. 图画与中、英文词识别加工的眼动研究. 心理科学，26(3)：403-406
韩玉昌. 1991. 汽车交通心理学. 大连：大连海运学院出版社：43-44
韩玉昌. 1997. 观察不同形状和颜色时眼运动的顺序性. 心理科学，20(1)：40-43
贺荟中. 2004. 聋生与听力正常学生语篇理解过程的认知比较. 上海：复旦大学出版社
赫斯. 1981. 态度和瞳孔的大小. 汤普森主编，孙晔等编译. 生理心理学. 北京：科学出版社：347-348
胡笑羽，刘海健，刘丽萍，等. 2007. E-Z 读者模型的新进展. 心理学探新，27(1)：24-29
黄绮华. 1986. 速读训练加快了阅读速度. 见：小学语文教学改革经验集. 上海：上海教育出版社

黄仁发. 1990. 中国儿童青少年语言发展与教育. 见:朱智贤. 中国儿童青少年心理发展与教育. 北京:中国卓越出版社:198
黄希庭,蔡治,陈丽君. 2004. 视角对高频汉字识别的影响. 心理科学,27(4):770-773
金慧慧. 2010. 成人陪伴对 2-3 岁婴幼儿阅读影响的眼动研究. 幼儿教育(教育科学版),5:27-30
荆其诚,焦书兰,纪桂萍. 1987. 人类的视觉. 北京:科学出版社:40-41
荆其诚. 1964. 国外眼动的应用研究. 心理科学通讯,1:27-43,28-30
康长运. 2002. 图画故事书与学前儿童的发展. 北京师范大学学报(人文社会科学版),4:20-27
孔勇,孙复川. 1992. 无眼动条件下中文阅读的研究. 生物物理学报,8(3):521-526
李美华,白学军,闫国利. 2007. 执行功能水平高与低的大学生心理旋转眼动实验. 心理学探新,27(3):55-60
李秀红,静进,杨斌让,等. 2007. 汉语阅读障碍儿童图画知觉过程的眼动实验研究. 中国心理卫生杂志,21(1):6-9
李杨,丁锦红. 2007. 视野位置及刺激特征对目标搜索影响的眼动研究. 心理科学,30(2):344-347
利伯特,等. 1983. 发展心理学. 刘范,等译. 北京:人民教育出版社:188,191-193
刘丽萍,刘海建,胡笑羽. 2006. SWIFT-Ⅱ:阅读中眼跳发生的动力学模型. 心理与行为研究,4(3):230-235
刘利春,沈模卫,高涛. 2003. 注意在内源性眼跳计划中的作用. 应用心理学,9(4):38-43
刘伟,袁修干. 2000. 人的视觉-眼动系统的研究. 人类工效学,6(4):41-44
刘乙力. 1984. 心理活动中的瞳孔变化及其机制的探讨. 外国心理学,4:29-32
柳忠起,袁修干. 2002. 在模拟飞机降落过程中的眼动分析. 北京航空航天大学学报,28(6):703-706
马国荣. 1990. 现代汉语. 北京:北京师范学院出版社:89-92
彭聃龄,谭力海. 1991. 语言心理学. 北京:北京师范大学出版社:125-126,287-288
祁乐瑛,梁宁建. 2008. 心理旋转中的外部参考框架的眼动研究. 心理科学,31(4):809-813
乔静芝. 2009. 聋人与健听大学生中文阅读知觉广度的眼动研究. 天津师范大学硕士论文
任桂琴,韩玉昌,任延涛. 2005. Müler-Lyer. 错觉作用机制的眼动研究. 心理科学,28(4):906-908
任桂琴,韩玉昌,周永垒,等. 2007. 汉语词汇语音中介效应的眼动研究. 心理科学,30(2):308-310
任衍具,禤宇明,傅小兰. 2008. 桌面虚拟现实系统的眼动评测. 人类工效学,14(2):5-9
沈德立,白学军,闫国利. 2000. 不同书法知识经验者在书法字审美过程中的眼动特点研究. 心理学报,(增刊):56-59
沈德立,陶云. 2001. 初中生有无插图课文的眼动研究. 心理科学,24(4):385-388
沈模卫,张光强,符德江,等. 2002. 阅读过程眼动控制理论模型:E-Z Reader. 心理科学,25(2):129-133
沈玮,何存道. 1994. 事故驾驶员与安全驾驶员人格特征的比较研究. 心理科学,17(5):282-286
石东方,舒华,张厚粲. 2001. 汉语句子可继续性对句子理解加工的即时影响. 心理学报,33(1):7-12
石东方,张厚粲,舒华. 1999. 动词信息在汉语句子加工早期的作用. 心理学报,31(1):28-35
舒华,储齐人,孙燕,等. 1996. 移动窗口条件下阅读过程中字词识别特点的研究. 心理科学,19(2):79-83
隋光远,吴燕,曹晓华. 2006. 数困儿童在内源和外源注意条件下数字比较的眼动研究. 心理科学,29(3):583-587
隋雪,韩玉昌,任延涛. 2005. 学习困难儿童阅读拼音过程的眼动特征. 中国特殊教育,64(10):8-12
隋雪,李立洁. 2003. 眼球运动研究概况. 辽宁师范大学学报(社会科学版),26(1):43-45
隋雪,钱丽,王小东. 2006. 学习困难儿童视觉搜索的眼动研究. 中国特殊教育,78(12):67-71
隋雪,任延涛. 2007. 面部表情识别的即时加工过程. 心理学报,39(1):64-70
隋雪. 2006. 学习困难儿童观看图片的眼动研究. 中国特殊教育,74(8):61-65

孙复川,吴冰. 1999. 旋转汉字识别的眼动特性. 心理学报,31(1):7-14,521-526
谭士达. 1977. 速读教学. 台湾:幼狮文化事业公司
陶云,申继亮,沈德立. 2003. 中小学生阅读图文课文的眼动实验研究. 心理科学,23(2):199-203
陶云,申继亮. 2003. 不同呈现方式和难度影响图文课文即时加工的研究. 心理学探新,(2):26-29
田静. 2009. 朝向和反向眼跳任务中的方位效应. 天津师范大学硕士学位论文
田静,王敬欣,张赛. (印刷中). 眼跳任务中的偏心距效应. 心理与行为研究.
王坚. 1992a. 视觉搜索中等概率目标觉察的扫视模式. 应用心理学,7(2):1-7
王坚. 1992b. 目标概率对视觉搜索中扫视模式的影响. 应用心理学,4(7):25-33
王穗苹,黄时华,杨锦绵. 2006. 语言理解眼动研究的争论与趋势. 华东师范大学学报(教育科学版),24(2):59-65
王穗苹,佟秀红,杨锦绵,等. 2009. 中文句子阅读中语义信息对眼动预视效应的影响. 心理学报,41(3):220-232
王文静,闫国利,白学军. 2006. 汉语阅读中先行词词频对代词加工影响的眼动研究. 心理学探新,26(3):30-34
王文静,闫国利. 2005. 汉语阅读中先行词词频对代词加工影响的眼动研究. 心理学探新,99(26):30-34
王文静,闫国利. 2006. 中文阅读过程中字形快速启动的眼动研究. 心理与行为研究,4(3):213-217
王雪艳,白学军,梁福成. 2005. 科普杂志目录编排效果的眼动研究. 心理与行为研究,3(1):49-52
王亚同. 2005. 中、加大学生英语课文阅读眼动过程比较研究. 青海师范大学学报,2:127-129
王志清. 1963. 眼睛运动在学前儿童视觉和认知发展中的作用. 心理学报,1:48-54
王志清. 1965. 学前儿童的眼动和物体知觉的发展. 心理学报,3:259-263
沃建中,李琪,田宏杰. 2006. 不同推理水平儿童在图形推理任务中的眼动研究. 心理发展与教育,3:6-10
吴捷,刘志方,胡晏雯. 2009. 词窗口条件下老年阅读者信息提取过程的眼动研究. 心理发展与教育,4:63-67
武德沃斯,施洛斯贝格. 1965. 实验心理学. 曹日昌,等译. 北京:科学出版社:75,402,480,473-474,476-477,482-483,488-489
武宁宁,舒华. 2003. 汉语词类歧义解决. 心理科学,26(6):1052-1055
向洋,宋海涛,陈东义,等. 2007. 眼动跟踪系统中的检测算法. 舰船电子工程,1:23-26
熊建萍,闫国利,白学军. 2007. 高中二年级学生中文阅读知觉广度的眼动研究. 心理与行为研究,5(1):60-64
许静,梁宁建. 2007. 句子阅读的内隐自尊研究. 心理科学,30(2):297-300
闫国利,白学军,陈向阳. 2003. 阅读过程的眼动理论综述. 心理与行为研究,2(1):156-160
闫国利,白学军. 2007. 汉语阅读的眼动研究. 心理与行为研究,5(3):229-234
闫国利,伏干,白学军. 2008. 不同难度阅读材料对阅读知觉广度影响的眼动研究. 心理科学,31(6):1287-1290
闫国利,胡晏雯,刘志方,等. 2009. 消失文本条件下注视点右侧词对中文阅读影响的眼动研究. 应用心理学,15(3):201-207
闫国利,姜茜,李兴珊,等. 2008. 消失文本条件下词的预测性效应的眼动研究. 应用心理学,14(4):306-310
闫国利,吕勇,刘金明. 2000. 小学生快速阅读的眼动研究. 天津师范大学学报(社会科学版),4:27-30
闫国利,田宏杰,白学军. 2004. 工作记忆与汉语歧义句加工的眼动研究. 心理与行为研究,2(3):524-528
闫国利,王文静,白学军. 2007. 消失文本条件下认知控制的眼动研究. 心理学探新,4:37-41
闫国利,熊建萍,白学军. 2008. 小学五年级阅读知觉广度的眼动研究. 心理发展与教育,24(1):72-77
闫国利,张兰兰,郎瑞,等. 2008a. 大学生英语阅读知觉广度的眼动研究. 心理研究,1(2):80-85

闫国利. 1998. 阅读科技文章的眼动过程研究. 华东师范大学博士论文
杨海波,段海军. 2005. MP3 播放器外观设计效果的眼动评估. 心理与行为研究,3(3):199-204
杨海波. 2006. 不同类别品牌延伸认知效果的眼动评估. 心理与行为研究,4(3):194-199
杨文. 2008. 专家与新手观看明星黑白头像图片的眼动研究. 天津师范大学硕士论文
杨雄里. 1996. 视觉的神经机制. 上海:上海科学技术出版社:3-23
杨永胜,丁锦红. 2008. 系列眼跳的产生及其心理学意义. 心理科学进展,16(2):240-249
尹文刚,舒华,蒋志峰,等. 2004. 珠心算过程的眼动和认知研究. 心理与行为研究,2(3):513-518
于鹏,焦毓梅. 2006. 韩国大学生同文体汉韩篇章阅读眼动研究. 云南师范大学学报(对外汉语教学与研究版),4(5):34-38
袁诚. 1989. 汽车驾驶心理学. 北京:解放军出版社:31
袁慧晶,王涌天,刘越. 2005. 一种眼动测量的图像分析方法. 北京理工大学学报,25(9):827-830
臧传丽,白学军,闫国利,等. 2007. 动态文本最优化呈现的眼动研究. 心理与行为研究,5(1):53-59
曾新荣,刘志方,张兰兰,等. 2009. 英语文章阅读过程中的文章标记效应研究. 心理学探新,1(29):32-36
曾新荣. 2007. 英语文章阅读过程中的文章标记效应研究. 天津师范大学高校硕士论文
张必隐. 1992. 阅读心理学. 北京:北京师范大学出版社:74-75,136
张承芬,张景焕,殷荣生,等. 1996. 关于我国学生汉语阅读困难的研究. 心理科学,19(4):222-226
张锦坤,沈德立,臧传丽. 2006. 算术应用题表征策略的眼动研究. 心理与行为研究,4(3):188-193
张力为,任未多. 1995. 现代运动心理学研究综述. 心理学报,4:386-394
张名魁,孙复川. 1989. 高抗干扰性的红外光电反射眼动测量仪. 生物医学工程学杂志,6(4):282-286
张森,李京诚. 2008. 中学生棒球练习者眼动特征的实验研究. 首都体育学院学报,20(5):78-81
张述祖,沈德立. 1995. 基础心理学. 北京:教育科学出版社:206
张仙峰,闫国利. 2005. 大学生词的获得年龄、熟悉度、具体性和词频效应的眼动研究. 心理与行为研究,3(3):194-198
张兴利,白学军,闫国利. 2004. 类别指称对象提取过程的眼动研究. 心理与行为研究,2(3):539-544
张学民,廖彦罡,葛春林. 2008. 排球运动员在运动情境任务中眼动特征的研究. 体育科学,6(28):57-61
张亚旭,舒华,张厚粲,等. 2002. 话语参照语境条件下汉语歧义短语的加工. 心理学报,34(2):126-134
张运亮,李宗浩,孙延林,等. 2004. 专家与新手篮球后卫运动员的眼动研究. 心理与行为研究,2(3):534-538
张志公. 1983. 谈谈培养学生速读能力问题. 见:张定远. 阅读教学论集. 天津:新蕾出版社:147
张忠秋,闫国利,吉承恕. 2001. 自行车运动员专项认知水平眼动特征的实验研究. 中国体育科技,37(8):6-8
章明. 1991. 视觉认知心理学. 上海:华东师范大学出版社:212-215
周榕. 2002. 隐喻表征性质研究. 外语教学与研究,34(4):271-277
朱智贤. 1989. 心理学大词典. 北京:北京师范大学出版社:616-617
朱祖祥. 1990. 工程心理学. 上海:华东师范大学出版社:151-152
祝新华. 1993. 语文能力发展心理学. 杭州:杭州大学出版社:177
左银舫,杨治良. 2006. 不同文化语境与难度下第二语言阅读的眼动追踪研究. 心理科学,6:1346-1350.
Aaronson D, Ferres S. 1984. The word-by-word reading paradigm: An experimental and theoretical approach. *In*: Kieras D, Just M. New Methods in Reading Comprehension Research. Hillsdale: Erlbaum: 31-68
Abel L A, Douglas J. 2007. Effects of age onlatency and error generation in internally mediated saccades. Neurobiology of Aging, 28: 627-637
Abrams S G, Zuber B L. 1972. Some temporal characteristics of information processing during reading.

Reading Research Quarterly,8:40-51

Adler G H,Fliegelman M. 1934. Archives of Opthalmology,12:475

Adler-Grinberg D,Stark L. 1978. Eye movements,scanpaths and dyslexia. American Journal of Optometry and Physiological Optics,55:557-570

Ahern S K,Beatty J. 1979. Pupillary responses during information processing vary with scholastic aptitude test scores. Science,205(21):1289-1292

Ahern S K,Beatty J. 1981. Physiological evidence that demand for processing capacity varies with intelligence. *In*:Friedman M,Dos J P,O'Connor N. Intelligence and Learning. New York:Plenum:201-216

Ahrens R,1954. Beiträge zur entwicklung des physiognomie-und mimikerkennes. Zeitschrift Für Experimentelle Und Angewandte Psychologie,2:412-454,599-633

Allik J,Toom M,Luuk A. 2003. Planning of saccadic eye movement. Psychological Research,67(1):10-21

Altarriba J,Kambe G,Pollatsek A,et al. 2001. Semantic codes are not used in integrating information across eye fixations in reading:Evidence from fluent Spanish-English bilinguals. Perception & Psychophysics,63:875-890

Amelia R H,Olk B,von Mühlenen A,et al. 2004. Integration of competing saccade programs. Cognitive Brain Research,19:206-208

Anderson I H,Swanson D E. 1937. Common factors in eye movements in silent and oral reading. Psychological Monograph,48:61-69

Anderson I H. 1937. Studies in the eye movements of good and poor readers. Psychological Monograph, 48:1-35

Andreassi J L. 1973. Alpha and problem:A demonstration. Perceptual & Motor Skills,36:905-906

Andrew J K. 2004. The superior colliculus. Current Biology,14:335-338

Andriesson J J,de Voogd A H. 1973. Analysis of eye movement patterns in silent reading. IPO Annual Progress Report,8:29-35

Antes J R. 1974. The time course of picture viewing. Journal of Experimental Psychology,103:62-70

Arnold D C,Tinker M A. 1939. The fixational pause of the eyes. Journal of Experimental Psychology,25: 271-280

Ashby J, Rayner K. 2004. Representing syllable information during silent reading: evidence from eye movements. Language and Cognitive Processes,19:391-426

Ashby J,Treiman R,Kessler B,et al. 2006. Vowel processing in silent reading:evidence from eye movements. Journal of Experimental Psychology:Learning,Memory,and Cognition,32:416-424

Bai X J,Yan G L,Liversedge S P,et al. 2008. Reading spaced and unspaced Chinese text:Evidence from eye movements. Journal of Experimental Psychology: Human Perception and Performance, 34(5): 1277-1287

Baker M A,Loeb M. 1973. Implications of measurement of eye fixations for a psychophysics of form perception. Perception & Psychophysics,13:185-192

Balk S A,Moore K S,Steele J E. et al. 2006. Mobile phone use in a driving simulation task:Differences in eye movements. Journal of Vision,6(6):872

Ballantine F A. 1951. Age changes in measures of eye-movements in silent reading. In Studies in the psychology of reading. University of Michigan Monographs in Education, No. 4. Ann Arbor: Univer of Michigan Press:65-111

Balota D A,Pollatsek A,Rayner K. 1985. The interaction of contextual constraints and parafoveal visual information in reading. Cognitive Psychology, 17(3): 364-390

Bard C, Fleury M, Carriere L, et al. 1980. Analysis of gymnastics judges' visual search. Research Quarterly for Exercise and Sport, 51: 267-273

Bard C, Fleury M. 1981. Considering eye movement as a predictor of attainment. *In*: Cockerrill I M, McGillivary W W. Vision and Sport. Cheltenham: Stanley Thornes Publishers: 28-41

Barlow H B. 1952. Eye movements during fixation. Journal of Physiology, 116(3): 209

Bauer L O, Strock B D, Goldstein R, et al. 1985. Auditory discrimination and the eye blink. Psychophysiology, 22: 629-635

Bayle E. 1942. The nature and causes of regressive movements in reading. Journal of Experimental Education, 11: 16-36

Beatty J, Kahneman D. 1966. Pupillary changes in two memory tasks. Psychonomic Science, 5: 371-372

Beatty J, Wagoner B L. 1978. Pupillometric signs of brain activation vary with level of cognitive processing. Science, 199(4334): 1216-1218

Beatty J. 1975. Prediction of detection of weak acoustic signals from patterns of pupillary activity preceding behavioral response(Tech. Rep. No. 140). Los Angeles: University of California, Department of Psychology

Beatty J. 1982. Task-evoked pupillary responses, processing load, and the structure of processing resources. Psychological Bulletin, 91: 276-292

Becker W, Jurgens R. 1979. An analysis of the saccadic system by means of double-step stimuli. Vision Research, 19: 967-983

Bell G H, Weir J B. 1947. Vision during glancing movements of the eyes. Trans Ophthalmol Soc U K, 67: 221-228

Bell A H, Everling S, Munoz D P. 2000. Influence of stimulus eccentricity and direction on characteristics of pro- and antisaccades in non-human primates. Journal of Neurophysiology, 84(5): 2595-2604

Bell H M. 1939. The comparative legibility of typewriting, manuscript, and cursive script: Ⅱ. Difficult prose and eye movement photography. Journal of Psychology, 8: 311-320

Berlyne D E. 1958. The influence of complexity and novelty in visual figures on orienting responses. Journal of Experimental Psychology, 55(3): 289-296

Biederman I, Mezzanotte R J, Rabinowitz J C. 1982. Scene perception: detecting and judging objects undergoing relational violations. Cognitive Psychology, 14: 143-177

Biederman I, Glass A L, Stacy E W Jr. 1973. Searching for objects in real-world scenes. Joumal of Experimental Psychology, 97(1): 22-27

Biederman I. 1981. On the semantics of a glance at a scene. *In*: Kubovy M, Pomerantz J R. Perceptual Organization. Hlilsdale, New Jersey: Lawrence Erlbaum: 213-263

Biederman I. 1987. Recognition-by-components: a theory of human image understanding. Psychology Review, 94(2): 115-147

Biederman I. l988. Aspects and extensions of a theory of human image understanding. *In*: Pylyshyn Z. Computational Processes in Human Vision: An interdisciplinary perspective. Norwood: Ablex: 370-428

Black J L, Collins D W K, DeRoach J N, et al. 1984. A detailed study of sequential saccadic eye movements for normal-and poor- reading children. Perceptual and Motor Skills, 59: 423-434

Blake R R. 1948. Ocular activity during administration of the Rorschach test. Journal of Clinical Psychology, 4: 159-169

Blanchard H E, Pollatsek A, Rayner K. 1988. The acquisition of parafoveal word information in reading. Paper Presented at the Annual Meeting of the Midwestern Psychological Association, Chicago

Blowers G H, O'Connor K P. 1978. Relation of eye movements to errors on the rod-and-frame test. Perceptual and Motor Skill, 46: 719-725

Boersma F J, Muir W, Wilton K, et al. 1969. Eye movements during embedded figures tasks. Perceptual and Motor Skills, 28: 271-274

Boersma F J, O'Bryan K G, Ryan B A. 1970. Eye movements and horizontal décalage: Some preliminary findings. Perceptual and Motor Skills, 3: 886

Boersma F J, Wilton K M. 1974. Eye movements and conservation acceleration. Journal of Experimental Child Psychology, 17: 49-60

Bojko A, Kramer A F, Peterson M S. 2004. Age equivalence in switch costs for prosaccade and antisaccade tasks. Psychology and Aging, 19: 226-234

Bolles R C. 1969. The role of eye movement in the Muller-Lyer illusion. Perception & Psychophysics, 6: 175-176

Bouma H, de Voogd A H. 1974. On the control of eye saccades in reading. Vision Research, 14: 273-284

Bour L J, Van Gisbergen J A M, Bruijins J, et al. 1984. The double magnetic induction method for measuring eye movement: results in monkey and man. IEEE Trans Biomed Eng, BME-31, 5: 419-427

Bour L J, Van Gisbergen J A M, Bruijins J, et al. 1984. The double magnetic induction method for measuring eye movement: Results in monkey and man. IEEE Transactions on Biomedical Engineering, BME-31(5): 419-427

Boyce S J, Pollatsek A, Rayner K. 1989. Effect of background information on object identification. Journal of Experimental Psychology: Human Perception and Performance, 15(3): 556-566

Bradshaw J L. 1974. Peripherally presented and unreported words may bias the meaning of a centrally fixated homograph. Journal of Experimental Psychology, 103: 1200-1202

Brandt H F. 1945. The Psychology of Seeing. New York: Philosophical Library: 31

Brant H F. 1942. An evaluation of the attensity of isolation by means of ocular photography. American Journal of Psychology, 55: 230-239

Brennan W M, Ames E W, Moore R W. 1966. Age differences in infants' attention to patterns of different complexities. Science, 151: 354-356

Briihl D, Inhoff A W. 1995. Integrating information across fixations during reading: The use of orthographic bodies and of exterior letters. Journal of Experimental Psychology: Learning, Memory, and Cognition, 21: 55-67

Broadbent D E. 1958. Perception and Communication. London: Pergamon Press

Brockmole J R, Hambrick D Z, Windisch D J. 2008. The role of meaning in contextual cueing, evidence from chess expertise. The Quarterly Journal of Experimental Psychology, 12(1): 1-11

Brockmole J R, Henderson J M. 2005. Object appearance, disappearance and attention prioritization in real-world scenes. Psychonomic Bulletin & Review, 12(6): 1061-1067

Brosgole L, Cristal R M, Carpenter O. 1968. The role of eye movement in the perception of visually induced movement. Perception & Psychophysics, 3: 166-168

Brown B, Haegerstrom-Portnoy G, Adams A J, et al. 1983. Predictive eye movements do not discriminate between dyslexic and control children. Neuropsychologia, 21: 121-128

Bruner J S. 1957. On perceptual readiness. Psychological Review, 64: 123-151

Buchner E F. 1909. Review of E. B. Huey: The psychology and pedagogy of reading. Psychological Bulletin, 6: 147-150

Bulthoff H H, Edelman S Y, Tarr M J. 1995. How are three-dimensional objects represented in the brain? Cerebral Cortex, 3: 247-260

Buswell G T. 1922. Fundamental Reading Habits: A Study of Their Development. Chicago: University of Chicago Press

Buswell G T. 1935. How People Look at Pictures. Chicago: University of Chicago Press: 142-144

Buswell G T. 1937. How Adults Read. Chicago: Chicago University Press

Buswell G T. 1937. How adults read. *In*: Supplementary Educational Monographs. No. 45. Chicago: University of Chicago Press

Butler K M, Zacks R T, Henderson J M. 1999. Suppression of re? exive saccades in younger and older adults: Age comparisons on an antisaccade task. Memory and Cognition, 27: 584-591

Butler K M, Zacks R T. 2006. Age deficits in the control of prepotent response: Evidence for an inhibitory decline. Psychology and Aging, 21(3): 638-643

Byford G H. 1959. Eye movement recording. Nature, 184: 1493-1494

Byford G H. 1962. A sensitive contact lens photoelectric eye movement recorder. IRE Transactions on Bio-Medical Electronics, BME-9: 236-243

Cabel D W J, Reingold I T E, Munoz D P. 2000. Control of saccade initiation in a countermanding task using visual and auditory stop signals. Experimental Brain Research, 133: 431-441

Calvo M G, Meseguer E, Carreiras M. 2001. Processing ambiguous verbs: Evidence form eye movements. Psychological Research, 65: 158-169

Calvo M G. 2001. Working memory and inferences: Evidence form eye fixations during reading. Memory, 9(4): 365-381

Campbell F W, Wurtz R H. 1978. Saccadic omission: Why we do not see a grey-out during a saccadic eye movement. Vision Research, 18: 1297-1303

Carmichael L, Dearborn W G. 1947. Reading and Visual Fatigue. Boston: Houghton Mifflin

Carpenter P A, Just M A. 1978. Eye fixations during mental rotation. *In*: Senders J W, Fisher D F, Monty R. Eye Movements and the Higher Psychological Functions. New Jersey: Lawrence Erbaum Associates: 115-132

Carpenter P T, Just M A. 1972. Semantic control of eye movements during picture scanning in a sentence-picture verification task. Perception and Psychophysics, 12: 61-64

Carpenter R H S. 2004. Contrast, probability, and saccadic latency: Evidence for independence of detection and decision. Current Biology, 14: 1576-1580

Carpenter R H. 2000. The neural control of looking. Current Biology, 10(8): 291-293

Carver R P. 1971. Pupil dilation and its relationship to information processing during reading and listening. Journal of Applied Psychology, 55: 126-134

Carver R P. 1985. How good are some of the world's best readers? Reading Research Quarterly, 4: 389-419

Chace K H, Rayner K, Well A D. 2005. Eye movements and phonological parafoveal preview: Effects of reading skill. Canadian Journal of Experimental Psychology, 59: 209-217

Chapman P R, Undrwood G. 1998. Visual search of dynamic scenes: Event types and the role of experience in viewing driving Situations. *In*: Underwood G. Eye Guidance in Reading and Scene Perception. Oxford: Elsevier: 369-394

Chen H C, Lau V W, Wong E K F. 1998. Reading Chinese: Implications from character reading times and eye movement data. Paper Presented at the First International Workshop on Written Language Processing, Sydney

Chen H C, Song H, Lau W Y, et al. 2003. Developmental characteristics of eye movements in reading Chinese. *In*: McBride-Chang C, Chen H-C. Reading Development in Chinese Children. Westport: Praeger: 157-169

Chen H C, Tang C K. 1998. The effective visual field in reading Chinese. Reading and Writing, 10: 3-5

Chen H C, Tang C K. 1998. The effective visual field in reading Chinese. Reading and Writing: An Interdisciplinary Journal, 10: 245-254

Chen M L, Ko H. 2010. Exploring the eye-movement patterns as Chinese children read texts: A developmental perspective. Journal of Research in Reading, 34(2): 232-246

Chen T, Chen Y F, Lin C H, et al. 1998. Quantification analysis for saccadic eye movements. Annals of Biomedical Engineering, 26: 1065-1071

Christianson S A, Loftus E F, Hoffman H, et al. 1991. Eye fixations and memory for emotional events. Journal of Experimental Psychology: Learning, Memory, and Cognition, 17(4): 693-701

Christie J M, Just M A. 1976. Remembering the location and content of sentences in a prose passage. Journal of Educational Psychology, 68: 702-710

Chun M M, Wolfe J M. 2001. Visual attention. *In*: Goldstein B. Blackwell Handbook of Perception. Oxford: Blackwell Publishers Ltd: 272-310

Chun M M. 2003. Scene perception and memory. Psychology of Learning and Motivation: Advances in Research and Theory, (42): 79-108

Ciuffreda K J, Bahill A T, Kenyon R V, et al. 1976. Eye movements during reading: Case reports. American Journal of Optometry & Psysiological Optics, 53: 389-395

Clark B. 1934. A camera for simultaneous record of horizontal and vertical movements of both eyes. American Journal Psychology, 46: 325-326

Clark M R. 1975. A two-dimensional purkinje eye tracker. Behavior Research Methods & Instrumentation, 7(2): 215-219

Clifton C, Ferreira F. 1987. Discourse structure and anaphora: Some experimental results. *In*: Coltheart M. Attention and Performance Ⅻ: The psychology of Reading. London: Erlbaum: 635-654

Cohen A S, Fisher H. 1978. Influence of windshield wipers on looking behavior in car drivers. Psychological Abstract, 60(3): 679

Collewijin H, van der Mark F, Jansen T C. 1975. Precise recording of human eye movements. Vision Research, 15: 447-450

Conklin R C, Muir W, Boersma F J. 1968. Field dependency-independency and eye movement patterns. Perceptual and Motor Skills, 26: 59-65

Cooper R M. 1974. The control of eye fixation by the meaning of spoken language. Cognitive Psychology, 6: 84-107

Cords R. 1927. Graefes Arch Ophthal, 118: 771

Coren S K, Hoenig P. 1972. Eye movements and decrement in the Oppel-Kundt illusion. Perception & Psychophysics, 12: 224-225

Coren S, Bradley D R, Hoenig P, et al. 1975. The effect of smooth tracking and saccadic eye movement on the perception of size: The shrinking circle illusion. Vision Research, 15: 49-55

Coren S. 1986. An effect component in the visual perception of direction and extent. Psychology Review. 93(4):39-410

Cornsweet T N, Crane H S. 1973. Accurate 2-dimensional eye-tracker using first and fourth Purkinje images. Journal of the Optical Society of America, 63:921-928

Cornsweet T N. 1958. New technique for the measurement of small eye movements. Journal of the Optical Society of America, 48(11):808

Crevits L, Vandierendonck A. 2005. Gap effect in reflexive and intentional prosaccades. Neuropsychobiology, 51(1):39-44

Critchely M, Critchley E A. 1978. Dyslexia defined. London: William Heinemann Medical Books, Ltd

Crosland H R. 1924. An investigation of proof-readers' illusions. University of Oregon Publ, 2(6):135

Dafoe J M, Armstrong I T, Munoz D P. 2007. The influence of stimulus direction and eccentricity on pro- and anti-saccades in humans. Experimental Brain Research, 179:563-570

Dambacher M, Gollner K, Nuthmann A, et al. 2007. Approaching normal reading: SOA, frequency, and predictability, effects on event related potentials, 93. The Proceedings of the 14th European Conference on Eye Movements, August 19-23, Potsdam, Germany

Daneman M, Reingold E M. 1993. What eye fixations tell us about phonological recoding during reading. Canadian Journal of Experimental Psychology, 47:153-178

De Graef P, Christiaens D, Ydewalle G. 1990. Perceptual effects of scene context on object identification. Psychology Research, 52(30):317-329

de Groot A, Jongman R. 1973. Perception and Memory in Chess: An Experimental Analysis of the Master's Professional Eye. RITP Memorandum No. 24. Holland: University of Amsterdam

Dearborn W F, Anderson I H. 1937. A new method for teaching phrasing and for increasing the size of reading fixations. Psychol Rec, 1:459-475

Dearborn W F. 1906. The psychology of reading. Arch Philos Ps Sci Meth, 4:483, 485, 487

Delabarre E B. 1898. A method of recording eye-movements. American Journal of Psychology, 9:572

DenBuurman R, Boersema T, Gerrisen J F. 1981. Eye movements and the perceptual span in reading. Reading Research Quarterly, 16:227-235

Diefendorf A R, Dodge R. 1908. An experimental study of the ocular reactions of the insane from photographic records. Brain, 31:451-489

Dimigen O, Sommer W, Dambacher M, et al. 2007. Co-registration of eye movements and event-related brain potentials: A new tool to investigate eye movement control in reading. The Proceedings of the 14th European Conference on Eye Movements, August 19-23, Potsdam, Germany

Dishart D C, Land M F. 1998. The development of the eye movements strategies of learner drivers. *In*: Underwood G. Eye Guidance in Reading and Scene Perception. Oxford: Elsevier: 419-430

Ditchburn R W, Ginsborg B L. 1953. Involuntary eye movements during fixation. Journal of Physiology, 119(1):1

Ditchburn R W. 1973. Eye Movements and Visual Perception. Oxford: Clarendon Press: 33-77

Dixon W R. 1951. Studies of the eye-movements in reading of university professors and graduate students. *In*: Morse W C, Ballantine E A, Dixon W R. Studies in the Psychology of Reading. Ann Arbor: University of Michigan Press: 113-178

Dodge R, Benedict F G. 1915. Psychological Eeffects of Alcohol. Washington D C: Carnegie Institution of Washington: 232

Dodge R, Cline T S. 1901. The angle velocity of eye-movements. Psychological Review, 8: 145-157

Dodge R. 1900. Visual perception during eye movement. Psychological Review, 7: 454-465

Dodge R. 1906. Recent studies in the correlation of eye movement and visual perception. Psychological Bulletin, 13: 85-92

Dodge R. 1907. An experimental study of visual fixation. Psychological Monograph, 8(4): 113-115

Dohlman G. 1935. Acta Oto-Laryng Suppl, 23: 50

Dossetor D R, Papaioannou J. 1975. Dyslexia and eye movements. Language and Speech, 18: 312-317

Douglas R M, Brian D C. 1995. Evidence for interactions between target selection and visual fixation for saccade generation in humans. Experimental Brain Research, 103: 168-173

Drieghe D, Brysbaert M, Desmet T, et al. 2004. Word skipping in reading: On the interplay of linguistic and visual factors. European Journal of Cognitive Psychology, 16: 1-2

Drieghe D, Rayner K, Pollatsek A. 2005. Eye movements and word skipping during reading revisited. Journal of Experimental Psychology: Human Perception and Performance, 31: 954-959

Drischel H, Lange C. 1956. Uber unwillklirliche augapfelbewegungen beim einaugigen fixieren. Pftiigers Arch Ges Physiol, 262(4): 307-333

Drischel H. 1958. Uber den Frequenzgang der horizon- talen folgebewegungen des menschlichen auges. Pfliigers Arch Ges Physiol, 268: 34

Duchowski A T. 2003. Eye Tracking Methodology: Theory and Practice. Sporinger-Verlag: London Limited: 196-197, 200-202

Duffy S A, Morris R K, Rayner K. 1988. Lexical ambiguity and fixation times in reading. Journal of Memory and Language, 27: 429-446

Duke-Elder W S. 1932. Textbook of Opthalmology. Vol 1

Eenshuistra R M, Ridderinkhof K R, van der Molen M W. 2004. Age-related changes in antisaccade task performance: Inhibitiory control or working-memory engagement? Brain and Cognition, 56: 177-188

Eenshuistra R M, Ridderinkhof K R, Weidema M A, et al. 2007. Developmental changes in oculomotor control and working-memory efficiency. Acta Psychological, 124: 139-158

Ehrlich K, Rayner K. 1983. Pronoun assignment and semantic integration during reading: Eye movements and immediacy of processing. Journal of Verbal Learning and Verbal Behavior, 22: 75-87, 484

Eimer M, Forster B, Van Velzen J, et al. 2005. Covert manual response preparation triggers attentional shifts: ERP evidence for the premotor theory of attention. Neuropsychologia, 43(6): 957-966

Ellis S R, Stark L. 1978. Eye movements during the viewing of Necker cubes. Pereption, 7(5): 575-581

Engbert R, Longtin A, Kliegl R. 2002. A dynamic model of saccade generation in reading based on spatially distributed lexical processing. Vision Research, 42: 621-636

Engbert R, Longtin A, Kliegl R. 2004. Complexity of eye movements in reading. International Journal of Bifurcation and Chaos, 14: 493-503

Engbert R, Nuthmann A, Richter M. 2005. SWIFT: A dynamical model of saccade generation during reading. Psychological Review, 112: 781-782

Enoch J M. 1959. Effect of the size of a complex display upon visual search. Journal of the Optical Society of America and Review of Scientific Instruments, (49): 280-286

Epelboim J, Suppes P. 2001. A model of eye movements and visual working memory during problem solving in geometry. Vision Research, 41: 1561-1574

Epstein R. Kanwisher N. 1998. A cortical representation of the local visual environment. Nature, 392: 598-601

Erdmann B, Dodge R. 1898. Psychologische Untersuchungen uber das Lesen. Halle: Max Niemeyer

Eriksen C W, ST James J D. 1986. Visual attention within and around the field of focal attention: A zoom lens model. Perception & Psychophysics, 40(4): 225-240

Eskenazi B, Diamond S P. 1983. Visual exploration of non-verbal material by dyslexic children. Cortex, 19: 353-370

Evans M A, Saint-Aubin J. 2005. What children are looking at during shared storybook reading: Evidence from eye movement monitoring. Psychological Science, 16: 913-920

Evdokimidis I, Tsekou H, Smyrnis N. 2006. The mirror antisaccade task: Direction-amplitude interaction and spatial accuracy characteristics. Experimental Brain Research, 174: 304-311

Everling S, Spantekow A, Krappmann P, et al. 1998. Event-related potentials associated with correct and incorrect responses in a cued antisaccade task. Experimental Brain Research, 118: 27-34

Exner Jr J E. 1980. But it's only an inkblot. Journal of Personality Assessment. 44(6): 563

Exner Jr J E. 1993. The rorschach: Comprehensive system. *In*: Exner J E. Basic Foundations, 3rd ed. Vol. 1. John Wiley & Sons, Inc

Fantz R L. 1958. Pattern vision in young infants. Psychological Record, 8: 43-47

Fantz R L. 1961. The origin of form perception. Scientific American, 204: 66-72

Fantz R L. 1965. Visual perception from birth as shown by pattern selectivity. Annals of the New York Academy of Sciences, 118: 793-814

Fantz R L. 1966. Pattern discrimination and selective attention as determinants of perceptual development from birth. *In*: Kidd A H, Rivoire J L. Perceptual development in children. New York: International Universities Press

Farley A M. 1976. A computer implementation of constructive visual imagery and perception. *In*: Monty R A, Senders J W. Eye Movements and Psychological Processes. Hillsdale: Erlbaum

Fecteau J H, Au C, Armstrong I T, et al. 2004. Sensory biases produce alternation advantage found in sequential saccadic eye movement tasks. Experimental Brain Research, 159: 84-91

Feinberg R. 1949. A study of some aspects of peripheral visual acuity. American Journal of Optometry and Archives of the American Annals of Optometry, 26: 49-56, 105-119

Feng G, Miller K, Shu H, et al. 2001. Rowed to recovery: The use of phonological and orthographic information in reading Chinese and English. Journal of Experimental Psychology: Learning, Memory and Cognition, 27: 1079-1100

Feng G. 2006. Eye movement in Chinese reading: Basic processes and corssilingustic differences. *In*: Li P. The Handbook of East Asian Psycholinguistics. Volume I. Chinese. Cambridge: Cambridge University Press: 187-194

Ferreira F, Clifton C Jr. 1986. The independence of syntactic processing. Journal of Memory and Language, 26: 348-368

Ferreira F, Clifton C. 1991. Effects of length and syntactic complexity in initiation times for prepared utterances. Journal of Memory and Language, 30: 210-233

Ferrieira F, Henderson J M. 1990. The use of verb information in syntactic parsing: Evidence from eye movements and word-by-word self-paced reading. Journal of Experimental Psychology: Learning, Memory, and Cognition, 16: 555-568

Festinger L, White C W, Allyn M R. 1968. Eye movements and decrement in the Muller-Lyer illusion. Perception and Psychophysics, 8: 35-42

Fisher D F. 1976. Spatial factors in reading and search: The case for space. *In*: Monty R A, Senders J W. Eye Movements and Psychological Processes. Hillsdale N J: Erlbaum

Fitts P M, Jones R E, Milton J L. 1950. Eye movements of aircraft pilots during instrument landing approaches. Aero Engin Rev, (9): 1

Flagg B N. 1978. Children and television: Effects of stimulus repetition on eye activity. *In*: Sender J W, Fisher D F, Monty R A. Eye Movements and the Higher Psychological Functions Lawrence Erlbaum Associates: 279-292

Flamm L E, Bergum B O. 1977. Reversible perspective figures and eye movements. Perception and Motor Skills, 44: 1015-1019

Flugel J C. 1913. The influence of attention in illusions of reversible perspective. British Journal of Psychology, 5: 357-397

Fogarty C, Stern J A. 1989. Eye movements and blinks: Their relationship to higher cognitive processes. International Journal of Psychophysiology, 8: 35-42

Ford A, White C T, Lichtenstein M. 1959. Analysis of eye movements during free search. Journal of the Optical Society of America, 46(3): 287

Frazier L, Rayner K. 1982. Making and correcting errors during sentence comprehension: Eye movements in the analysis of structurally ambiguous sentences. Cognitive Psychology, 14: 178-210

Frazier L. 1987. Sentence processing: A tutorial review. *In*: Coltheart M. Attention and Performance Ⅻ: The Psychology of Reading. Hillsdale: Erlbaum: 559-586

Friedman A. 1979. Framing pictures: the role of knowledge in automatized encoding and memory for gist. Journal of Experimental Psycholpgy: General, 108(3): 316-355

Friedman A. 1979. Framing pictures: the role of knowledge in automatized encoding and memory for gist. Journal of Experimental Psycholpgy: General, 108(3): 316-355

Friedman D, Hakerem G, Sutton S, et al. 1973. Effect of stimulus uncertainty on the pupillary dilation response and the vertex evoked potential. Electroencephalography and Clinical Neurophysiology, 74: 272-283

Furst C J. 1971. Automatizing of visual attention. Perception & Psychophysics, 10: 65-70

Gaarder K. 1960. Relating a component of physiological nystagmus to visual display. Science, 132(3425): 471

Gale A G, Findlay J M. 1983. Eye movement patterns in viewing ambiguous figures. *In*: Groner R, Menz C, Fisher D F, et al. Eye Movements and Psychological Functions: International Views. Lawerence Erlbaum Associates: Publishers: 145-168

Gamlin P, Twieg D. 1997. A Combined Visuak Display and Eye Tracking System for High-Field FMRI Studies. NSF Interactive Systems Grantees Workshop

Garrod S, O'Brien E J, Morris R K, et al. 1990. Elaborative inferencing as an active or passive process. Journal of Experimental Psychology: Learning, Memory, and Cognition, 16: 250-257

Gassovskii L N, Nikolskaya N A. 1941. Mobility of the eye during fixation. Problemy Fiziol Optiki, 1: 173

Gatev V. 1968. Studies on the temporal characteristics of the saccadic eye movements in normal children. Experimental Eye Research, 7: 231-236

Gerathewohl S J, Strughold H. 1954. Time consumption of eye movements and high-speed flying. Journal of Aviation Medicine, 25(1): 38-45

Gerathewohl S J. 1952. Eye movements during radar operations. Journal of Avian Medicine and Surgery, (23): 597-607

Gibert L C. 1959. Speed of processing visual stimuli and its relation to reading. Journal of Educational Psychology,50:8-14

Gilbert L C,Gilbert D W. 1942. Training for speed and accuracy of visual perception in learning to spell: A study of eye movements. University of California Public Education,7:351-426

Gilbert L C. 1940. A genetic study of growth in perceptual habits in spelling. Elementary School Journal, 40:346-357

Ginsborg B L. 1952. Rotation of the eyes during involuntary blinking. Nature,169(4297):412

Girgus J S. 1976. A developmental study of effect of eye movements on the processing of shape information. Journal of Experimental Child Psychology,22:386-399

Glen J S. 1940. Ocular movements in reversibility of perspective. Journal of General Psychology,23:243-281

Godijn R,Theeuwes J. 2003. Parallel allocation of attention prior to the execution of saccade sequences. Journal of Experimental Psychology:Human Perception and Performance,29(5):882-896

Goldstein R,Walrath L C,Stern J A,et al. 1985. Blink activity in a discrimination task as a function of stimulus modality and schedule of presentation. Psychophysiology,22:629-635

Gordon B. 1983. Lexical access and lexical decision:Mechanism of frequency sensitivity. Journal of Verbal Learning and Verbal Behavior,22:24-44

Gough P B,Stewart W C. 1970 Word vs. non-word discrimination latency. Paper Presented at Midwestern Psychological Association

Gould J D,Peeples D R. 1970. Eye movements during visual search and discrimination of meaningless, symbol,and object patterns. Journal of Experimental Psychology,85(1):51-55

Gould J D,Schaffer A. 1965. Eye movement patterns in scanning numeric displays. Perceptual and Motor Skills,20:521-535

Gowen E,Abadi R V. 2005. Saccadic instabilities and voluntary saccadic behavior. Experimental Brain Research,164:29-40

Gray W S. 1946. Summary of reading investigations. J educ Res,39:401-433

Gray W S. 1956. A study of reading in fourteen languages. *In*:The Teaching of Reading and Writing:An International Study. Chicago:Scott Foresman

Grings W W. 1954. Laboratory Instrumentation in Psychology. The National Press:217-219

Growder R G,Wagner R K. 1992. The psychology of reading. Oxford University Press,21-22

Gunn P,Berry P,Andrews R J. 1982. Looking behavior of down syndrome infants. American Journal of Mental Deficiency,87:344-347

Haber R N,Hersdenson M. 1973. The Psychology of Visual Perception. New York:Holt,Rinehart & Winston

Hackman R B,Guilford J P. 1936. A study of the visual fixation method of measuring attention value. Journal of Applied Psychology,20:44-59

Hainline L,Lemerise E. 1982. Infants' scanning of geometric forms varying in size. Journal of Experimental Child Psychology,33:235-256

Haith M M,Bergman T,Moore M J. 1977. Eye contact and face scanning in early infancy. Science,198: 853-855

Hakerem G. 1967. Pupillography. *In*:Venables P H,Martin I. Manual of Psychophysiological Methods. Amsterdam:North-Holland:335-349

Hakerem G,Sutton S. 1966. Pupilary response at visual threshold. Nature,212:485-486

Hamilton P G. 1940. The Visual Characteristics of Stutterers During Silent Reading. New York: Author, 35 Claremont Ave

Hanes D P, Wurtz R H. 2001. Interaction of the frontal eye field and superior colliculus for saccade generation. Journal of Neurophysiology, 85(2): 804-815

Hartridge H, Thomson L C. 1948. Methods of investigating eye movements. British Journal of Ophthalmology, 32(9): 581

Hattori M. 1980. The development of children's inference abilities in their relation to eye movements. Japanese Journal of Psychology, 51: 241-249

Hattori, Motoko. 1980. The development of children's inference abilities in their relation to eye movements. Japanese Journal of Psychology, 51: 241-249

Helmholtz H. 1925. Physiol Optics, 3

Helsen W, Pauwels J. 1993. A cognitive approach to skilled performance and perception in sport. *In*: d'Ydewalle G, van Rensbergen J. Perception and Cognition: Advances in Eye Movement Research. North-Holland: Elsevier Science Publishers: 127-139

Henderson J M, Brockmole J R, Castelhano M S. 2007. Visual saliency does not account for eye movements during visual search in real-world scenes. *In*: van Gompel R. Eye Movements: A window on Mind and Brain. Oxford: Elsevier

Henderson J M, Ferreira F. 1990. Effects of foveal processing difficulty on the perceptual span in reading: Implications for attention and eye movement control. Journal of Experimental Psychology: Learning, Memory, and Cognition, 16: 417-429

Henderson J M, Ferreira F. 1993. Eye movement control during reading: Fixation measures reflect foveal, but not parafoveal processing difficulty. Canadian Journal of Experimental Psychology, 47: 201-221

Henderson J M, Ferreira F. 2004. Scene perception for psycholinguists. *In*: J M Henderson, F Ferreira. The Interface of Language, Vision, and Action: Eye Movements and the Visual World, Psychology Press

Henderson J M, Ferreira F. 2004. The Interface of Language, Vision, and Action: Eye Movements and the Visual World. New York: Psychology Press

Henderson J M, Hollingworth A. 1999. High-level scene perception. Annual Review of Psychology, 50: 243-271

Henderson J M, Hollingworth A. 2003. Eye movements and visual memory: Detecting changes to saccade targets in scenes. Perception & Psychophysics, 65: 58-71

Henderson J M. 1997. Transsaccadic memory and integration during real-world object identification. Psychological Science, 8: 51-55

Henderson J M. 2005. Introduction to real-world scene perception. Visual Cognition, 12(6): 849-851

Henderson J M. 2007. Regarding scenes. Current Directions in Psychological Science, 16: 219-222

Hess E H, Petrovich S B. 1978. Pupillary behavior in communication. *In*: Siegman A W, Geldstein S. Nonverbal Behavior Communication. Hillsdale: Lawrence Erlbaum Associates: 159-179

Hess E H, Polt J M. 1964. Pupil size in relation to mental activity during simple problem solving. Science, 143: 1190-1192

Hess E H, Seltzer A L, Shien J M. 1965. Pupil responses of hetero-and homosexual males to pictures of men and women: A pilot study. Journal of Abnormal Psychology, 70: 165-168

Hess E H. 1972. Pupillometrics. *In*: Greenfield N S, Sternbach R A. Handbook of Psychophysiology. New

York: Holt, Rinehart & Winston: 491-531

Hess E H. 1975. The Tell-Tale Eye. New York: Van Nostrand Reinhold

Hicks R A, Williams S L, Ferrante F. 1979. Pupillary attributions of college students to happy and angry faces. Perceptual and Motor Skills, 48: 401-402

Higgins G C, Stultz K F. 1953. Frequency and amplitude of ocular tremor. Journal of the Optical Society of America, 43(12): 1136

Ho G, Scialfa C T, Caird J K, et al. 2001. Visual search for traffic signs: The effects of clutter, luminance, and aging. Human Factors, 43(3): 194-207

Hochberg J, Brooks V. 1978. Film cutting and visual momentum. *In*: Senders J W, Fisher D F, Monty A A. Eye Movements and the Higher Psychological Functions. Hillsdale: Erlbaum

Hoffman J E, Subramaniam B. 1995. The role of visual attention in saccadic eye movements. Perception & Psychophysics, 57(6): 787-795

Holcomb J H, Holcomb H H, 1977. Selective attention and eye movements while viewing reversible figures. Perceptual and Motor Skill, 44: 639-644

Hollingworth A, Henderson J M. 1998. Does consistent scene context facilitate object perception. Joumal of Experimental Psychology: General, 127(4): 398-415

Hollingworth A, Henderson J M. 1999. Object identification is isolated from scene semantic constraint: Evidence from object type and token discrimination. Acta Psychologica, 102(2): 319-343

Holmes V M, Kennedy A, Murray W S. 1987. Syntactic structure and the garden path. Quarterly Journal of Experimental Psychology, 39A: 227-294

Holt E B. 1903. Eye movement and central anesthesia. The problem of anesthesia during eye movement. Psychological Review Monographs, 4: 3-45

Huey E B. 1908. The Psychology and Pedagogy of Reading. New York: The Macmillan Company: 15-50, 171-172

Hyönäo J, Bertram R, Pollatsek A. 2004. Are long compound words identified serially via their constituents? Evidence from an eye-movement contingent display change study. Memory & Cognition, 2: 523-532

Häikiö T, Bertram R, Hyönä J, et al. 2009. Development of the letter identity span in reading: Evidence from the eye movement moving window paradigm. Journal of Experimental Child Psychology, 102(2): 167-181

Ikeda M, Saida S. 1978. Span of recognition in reading. Vision Research, 18: 83-88

Imus H A, Rothney J W M, Bear R M. 1943. Photography of eye movements. American Journal of Optometry and Physiological Optics, 20: 231-247, 1943

Inhoff A W, Briihl D. 1991. Semantic processing of unattended text during selective reading: How the eyes see it. Perception & Psychophysics, 49: 289-294

Inhoff A W, Liu W, Tang Z H. 1999. Use of prelexical and lexical information during Chinese sentence reading: Evidence from eye-movement studies. *In*: Wang J, Inhoff A W, Chen HC. Reading Chinese Script, A Cognitive Analysis. New Jersey: Lawrence Erlbaum Associates, Publishers: 207-220, 223-238

Inhoff A W, Liu W. 1998. The perceptual and oculomotor activity during the reading of Chinese sentences. Journal of Experimental Psychology: Human Perception and Performance, 24: 20-34

Inhoff A W, Radach R. 1998. Definition and computation of oculomotor measures in the study of cognitive processes. *In*: Underwood. Eye Guidance in Reading and Scene Perception Oxford: Elsevier Science

Ltd:29-53

Inhoff A W, Rayner K. 1980. Parafoveal word perception: A case against semantic preprocessing. Perception & Psychophysics, 27: 457-464

Inhoff A W, Rayner K. 1986. Parafoveal word processing during eye fixations in reading: Effects of word frequency. Perception & Psychophysics, 40: 431-439

Inhoff A W, Starr M, Shindler K L. 2000. Is the processing of words during eye fixations in reading strictly serial? Perception and Psychophysics, 62(7): 1474-1484

Inhoff A W, Topolski R. 1994. Use of phonological codes during eye fixations in reading and in on-line and delayed naming tasks. Journal of Memory and Language, 33: 689-713

Inhoff A W, Topolski R. 1992. Lack of semantic activation from unattended text during passage reading. Bulletin of the Psychonomic Society, 30: 365-366

Inhoff A W. 1982. Parafoveal word perception: A further case against semantic preprocessing. Journal of Experimental Psychology: Human Perception and Performance, 8: 137-145

Inhoff A W. 1984. Two stages of word processing during eye fixations in the reading of prose. Journal of Verbal Learning and Verbal Behavior, 23: 612-624

Inhoff A W. 1989. Lexical access during eye fixations in reading: Are word access codes used to integrate lexical information across interword fixations? Journal of Memory and Language, 28: 444-461

Inhoff A W. 1989. Parafoveal processing of words and saccade computation during eye fixations in reading. Journal of Experimental Psychology: Hunan Perception and Performance, 15: 544-555

Irwin D E, Colcombe A M, Kramer A F, et al. 2000. Attentional and oculomotor capture by onset, luminance and color singletons. Vision Research, 40: 1443-1458

Irwin D E. 1998. Lexical processing during saccadic eye movements. Cognitive Psychology, 36: 1-27

Itoh Y, Hayashi Y, Tsukui I, et al. 1990. The ergonomic evaluation of eye movement and mental workload in aircraft pilots. Ergonomics, 33(6): 719-733

Itti L, Koch C. 2000. A saliency-based search mechanism for overt and covert shifts of visual attention. Vision Researches, 40(10-12): 1489-1506

Jacobson E. 1930. American Journal of Physiology, 91: 567

Janisse M P. 1974. Pupil size, affect and exposure frequency. Social Behavior& Personality, 2: 125-146

Janisse M P. 1977. Pupilometry. Washington: Hemispheric Publishing

Javal L E. 1878. Essai sur la phsiologic de la Lecture. Ann D'Oculistique, 82: 242-253

Jeannerod M, Gerin P, Pernier J. 1968. Deplacements et fixations de regard dans l'exploration libre d'une scene visuelle. Vision Research, 8: 81-97

Joan M D, Irene T A, Doug P M. 2007. The influence of stimulus direction and eccentricity on pro-and anti-saccades in humans. Experimental Brain Research, 179: 563-570

Johansson G, Backlund F. 1960. A versatile eye-movement recorder. Scandinavian Journal of Psychology, 1(1): 181-186

Johnson R L, Perea M, Rayner K. 2007. Transposed-letter effects in reading: Evidence from eye movements and parafoveal preview. Journal of Experimental Psychology: Human Perception and Performance, 33: 209-229

Jones H W, Morgan D H. 1942. Twin similarities in eye movement patterns. Journal of Heredity, 33: 167-172

Judd C H, McAllister C N, Steele W M. 1905. General introduction to a series studies of eye movements by means of kinetoscopic photographs. Psychological Monographs, 7(1): 1-16

Juhasz B J, Rayner K. 2003. Investigating the effects of a set of inter-correlated variables on eye fixation durations in reading. Journal of Experimental Psychology: Learning, Memory, and Cognition, 29(6): 1312-1318

Just M A, Carpenter P A, Masson M E J. 1982. What eye fixations tell us about speed reading and skimming. Eye-Lab Technical Report: Carnegie-Mellon University

Just M A, Carpenter P A, Wu R. 1983. Eye fixations in the reading of Chinese technical text (Technical Report). Pittsburgh: Carnegie-Mellon University

Just M A, Carpenter P A. 1976. Eye fixations and cognitive processes. Cognitive Psychology, 8: 441-480

Just M A, Carpenter P A. 1980. A theory of reading: From eye fixations to comprehension. Psychological Review, 87: 329-354

Just M A, Carpenter P A. 1987. The Psychology of Reading and Language Comprehension. Boston: Allyn and Bacon

Just M A, Carpenter P A. 1992. A capacity theory of comprehension: Individual differences in working memory. Psychological Reviews, 99(1): 122-149

Just M A, Carpenter P A. 1993. The intensity dimension of thought: Pupillometric indices of sentence processing. Canadian Journal of Experimental Psychology, 47(2): 310-339

Just M A, Carprnter P A. 1976. Eye fixations and cognitive processes. Cognitive Psychology, 8: 441-480(a)

Kagan J. 1967. 见：利伯特，等. 发展心理学. 刘范等译. 北京：人民教育出版社，1983：191-192

Kahneman D, Beatty J. 1967. Pupillary responses in a pitch-discrimination task. Perception and Psychophysics, 2: 101-105

Kahneman D, Wright P. 1971. Changes of pupil size and rehearsal strategies in a short-term memory task. Quarterly Journal of Experimental Psychology, 23: 187-196

Kalesnykas R P, Hallett P E. 1987. The differentiation of visually guided and anticipatory saccades in gap and overlap paradigms. Experimental Brain Research, 68: 115-121

Kamyshov I A, Lazarev V G. 1969. Some features of changes in a pilots fixations in reading instruments during actual flight. Psychological Abstract, 44(5): 778

Kaplan I T, Schoenfeld W N. 1966. Oculomotor patterns during the solution of visually displayed anagrams. Journal of Experimental Psychology, 72: 447-451

Karslake J S. 1940. Journal of Applied Psychology, 24: 417

Kennedy A, Murray E S, Jennings F, et al. 1989. Parsing complements: Comments on the generality of the principle of minimal attachment. Language and Cognitive Processes, 4: 151-176

Kennedy A, Pynte J. 2005. Parafoveal-on-foveal effects in normal reading. Vision Research, 45(2): 153-168

Kennison S M, Clifton C. 1995. Determinants of parafoveal preview benefit in high and low working memory capacity readers: Implications for eye movement control. Journal of Experimental Psychology: Learning, Memory, and Cognition, 21: 68-81

Kenyon R V. 1985. A soft contact-lens search coil for measuring eye movements. Vision Research, 11: 1629-1633

Kirkwood B, Ellis A, Nicol B. 1969. Eye movement and the pulfrich effect. Perception & Psychophysics, 5: 206-208

Klare G R, Shuford E H, Nichols W H. 1958. The relation of format organization to learning. Educational Research Bulletin, 37: 39-45

Klein C, Fischer B, Hartnegg K, et al. 2000. Optomotor and neuropsychological performance in old age.

Experimental Brain Research, 135: 141-154

Klein C. 2001. Developmental functions for saccadic eye movement parameters derived from pro-and anti-saccade tasks. Experimental Brain Research, 139: 1-17

Kliegl R, Grabner E, Rolfs M, et al. 2004. Length, frequency, and predictability effects of words on eye movements in reading. European Journal of Cognitive Psychology, 16(1/2): 262-284

Klitz T S, Legge G E, Tjan B S. 2000. Saccade planning in reading with central scotomas: Comparison of human and ideal performance. *In*: Kennedy A, Radach R, Heller D, et al. Reading as a Perceptual Process. Oxford: Elsevier: 667-682

Kohler S, Kapur S, Moscovitch M, et al. 1995. Dissociation of pathways for object and spatial vision: A PET study in humans. NeuroReport, 6: 1865-1868

Kolers P A, Duchnicky R L, Ferguson D C. 1981. Eye movement measurement of readability of CRT displays. Human Factors, 23(5): 517-527

Konen C S, Kleiser R, Bremmer F, et al. 2007. Different cortical activations during visuospatial attention and the intention to perform a saccade. Experimental Brain Research, 182: 333-341

Krauskopf J, Cornsweet T N, Riggs L A. 1960. Analysis of eye movements during monocular fixation. The Journal of the Optical Society of America A, 50(6): 572

Krieger G, Rentschler I, Hauske G, et al. 2000. Object and scene analysis by saccadic eye movements: An investigation with higher-order statistics. Spatial Vision, 13(1-2): 201-214

LaGrone C W. 1942. An experimental study of the relationship of peripheral perception to factors in reading. J Exeper Educ, 11: 37-49

LaGrone T G. 1936. An analytical study of the reading habits of deaf children. Journal of Experimental Education, 5: 40-57

Lamansky S. 1869. Pflüger's Arch Ges Physiol, 2: 418

Land M F, McLeod P. 2000. From eye movements to actions: How batsmen hit the ball. Nature Neuroscience, 3(12): 1340-1345

Landolt A. 1891. Arch Ophthalm, 11: 385

Langlois J H, Roggman L A, Casey R J, et al. 1987. Infant preferences for attractive faces: Rudiments of a stereotype? Developmental Psychology, 23: 363-369

Leavell U W, Sterling H. 1938. A comparison of basic factors in reading patterns with intelligence. Peabody Journal of Education, 16(3): 149-155

Ledbetter F G. 1947. Reading reactions for varied types of subject matter: An analytical study of the eye movements of 11th grade pupils. The Journal of Educational Research, 41: 102-115

Lefton L A, Nagle J R, Johson G, et al. 1979. Eye movement dynamics of good and poor readers: Then and now. Journal of Reading Behavior, 11(4): 319-328

Legge G E, Klitz T S, Tjan B S. 1997. Mr. Chips: An ideal observer model of reading. Psychological Review, 104: 524-553

Lesevre N. 1964. Les mouvements ocularies d'exploration: Etude electro-oculographique comparee d'enfants normaux et d'enfants dyslexiques. Unpublished Doctoral Dissertation. France: University of Paris

Lesevre N. 1968. L'organisation du regard chez des enfants d'age scolaire, lecteurs normaux et dyslexiques. Revue de Neuropsychiatrie Infantile, 16: 323-349

Levin D T, Simons D J. 1997. Failure to detect changes to attended objects in motion pictures. Psychonomic Bulletin & Review, (4): 501-506

Liana M, Robert D R. 2004. Control of fixation and saccades during an anti-saccade task: An investigation in humans with chronic lesions of oculomotor cortex. Experimental Brain Research, 156: 55-63

Libby W L, Lacey B C, Lacey J L. 1973. Pupillary and cardiac activity during visual attention. Psychophysiology, 10: 270-294

Liebert B, Liebert M. 1979. A School Wide Secondary Reading Program: Here's How. New York: John Wiley & Sons: 323-331

Lima S D, Inhoff A W. 1985. Lexical access during eye fixations in reading: Effects of word-initial letter sequence. Journal of Experimental Psychology: Human Perception and Performance, Ⅱ: 272-285

Lima S D, Pollatsek A. 1983. Lexical access via an orthographic code? The basic orthographic syllable structure reconsidered. Journal of Verbal Learning and Verbal Behavior, 22: 310-332

Lima S D. 1987. Morphological analysis in reading. Journal of Memory and Language, 26: 84-89

Liu A. 1998. What the driver's eye tells the car's brain. *In*: Underwood G. Eye Guidance in Reading and Scene Perception. Oxford: Elsevier: 431-452

Liu W, Inhoff W, Ye Y, et al. 2004. Use of parafoveally visible characters during the reading of Chinese sentences. Journal of Experimental Psychology: Human Perception and Performance, 28(5): 1213-1227

Liversedge S P, John M F. 2000. Saccadic eye movements and cognition. Trends in Cognitive Science, 4(1): 6-14

Liversedge S P. 1998. Eye movement and measures of reading time. *In*: Underwooded G. Eye Guidance in Reading and Scene Perception. Oxford: Elsevier Science LTD: 55-77

Llewellyn-Thomas E. 1968. Movements of the eye. Scientific American, 219(2): 88-95

Locher P J, Nodine C G. 1974. The role of scan paths in the recognition of random shapes. Perception & Psychophysics, 15: 308-314

Locher P J, Nodine G F. 1973. Influence of visual symmetry on visual scanning patterns. Perception & Psychophysics, 13: 408-412

Loewenfield I E. 1966. Pupil size. Survey of Ophthalmology, 11: 291-294

Loftus G R, Mackworth N H. 1978. Cognitive determinants of fixation location during picture viewing. Journal of Experimental Psychology: Human Perception and Performance, 4(4): 565-572

Loftus G R. 1972. Eye fixation and recognition memory for pictures. Cognitive Psychology, 3: 525-551

Lohse G L. 1997. Consumer eye movements patterns on yellow pages advertising. Journal of Advertising, 26(1): 61-73

Lord M P, Wright W D. 1948. Eye movements during monocular fixation. Nature, 162(4105): 25

Lord M P, Wright W D. 1949. Nature, 163: 803

Lord M P. 1948. Proc Phys Soc, 61: 489

Lord M P. 1951. Measurement of binocular eye movements of subjects. Ophthalmologica, 35(1-2): 21

Lord M P. 1952. Binocular eye movements when convergence is subjectively changed. Nature, 169(4311): 1011

Lord M P. 1952. Eye rotations with changes of accommodation. Nature, 170(4329): 670

Loschky L, Sethi A, Simons D J, et al.. 2005. Using visual masking to explore the nature of scene gist, Psychonomics(ICIP)

Lowenstein O, Loewenfeld I E. 1964. The sleep-waking cycle and pupillary activity. Annals of the New York Academy of Sciences, 117: 142-156

Lowery H. 1940. On reading music. Diopt Rev & Brit J Physiol Optics, 1: 78-88

Luckeiesh M. 1944. Light, Vision and Seeing. New Yoek: D. Van Norstrang Co

Luckiesh M, Moss F K. 1941. The extent of the perceptual span in reading. Journal of General Psychology, 2: 267-272

Luckiesh M, Moss F K. 1942a. Reading as a Visual Task. New York: D Van Norstrand Co

Luckiesh M, Moss F K. 1942b. The task of reading. Elementary School Journal, 42: 510-514

Luckiesh M. 1944. Light, Vision and Seeing. New York: D Van Norstrand Co

Ludwig C J H, Gilchrist I D. 2002. Stimulus-driven and goal-driven control over visual selection. Journal of Experimental Psychology: Human Perception and Performance, 28(4): 902-912

Machado L, Rafal R D. 2000. Strategic control over saccadic eye movements: study of the fixation offset effect. Perception & Psychophysics, 62: 1236-1242

Mackworth J F, Mackworth N H. 1958. Eye fixations recorded on changing visual scenes by the television eye-marker. Journal of the Optical Society of America, 48: 439-445

Mackworth J F. 1972. Some models of the reading process: Learners and skilled readers. Reading Research Quarterly, 7: 701-733

Mackworth N H, Brunner J. 1970. How adults and children search and recognize pictures. Human Development, 13: 149-177

Mackworth N H, Morandi A J. 1967. The gaze selects informative details within pictures. Perception & Psychophysics, 2: 547-552

Mackworth N H, Otto D. 1970. Habituation of the visual orienting response in young children. Perception & Psychophysics, 7: 173-178

Mackworth N H, Thomas E L. 1962. Head-mounted eye-marker camera. Journal of the Optical Society of America, 52: 713-716

Maljkovic V, Martini P. 2005. Short-term memory for scenes with affective content. Journal of Vision, 5(3): 215-229

Malt B C, Seamon J G. 1978. Peripheral and cognitive components of eye guidance in filled-space reading. Perception & Psychophysics, 23: 399-402

Mannan S K, Ruddock K H, Wooding D S. 1996. The relationship between the locations of spatial features and those of fixations made during visual examination of briefly presented images. Spatial Vision, 10: 165-188

Mannan S K, Ruddock K H, Wooding D S. 1997. Fixation sequences made during visual examination of briefly presented 2d images. Spatial Vision, 11(2): 157-178

Mannan S, Ruddock K H, Wooding D S. 1995. Automatic control of saccadic eye movements made in visual inspection of briefly presented 2-D images. Spatial Vision, 9(3): 363-86

Manuel G C, Enrique M, Manuel C. 2001. Inferences about predictable events: Eye movements during reading. Psychological Research, 65: 158-169

Manuel G C. 2001. Working memory and inferences: Evidence from eye fixations during reading. Memory, 9(4/5/6): 365-381

Marcel T. 1974. The effective visual field and the use of context in fast and slow readers of two ages. British Journal of Psychology, 65: 479-492

Marr D. 1982. Vision. W. N. Freeman & Co, San Francisco.

Masaru M, Hacisalihzade S S, Allon J S, et al. 1989. Effects of VDT resolution on visual fatigue and readability:An eye movement approach. Ergonomics,32(6):603-614

Matin E. 1974. Saccadic suppression:A review and an analysis. Psychological Bulletin,81:899-917

Matsuda T,Matsuura M,Ohkubo T,et al. 2004. Functional MRI mapping of brain activation during visually guided saccades and antisaccades:Cortical and subcortical networks. Neuroimaging,1311:147-155

Matthews A,Flohr H,Stefan E. 2002. Cortical activation associated with midtrial change of instruction in a saccade task. Experimental Brain Research,143:488-498

Maurer D. 1983. The scanning of compound figures by young infants. Journal of Experimental Child Psychology,35:437-448

McConkie G W,Hogaboam T W. 1985. Eye position and word identification in reading. *In*:Groner R,McConkie G W,Menz C. Eye Movements and Human Information Processing. Amsterdam:North-Holland Press

McConkie G W,Kerr P W,Reddix M D,et al. 1989. Eye movement control during reading: Ⅱ Frequence of refiation a word. Perception & Psychophysics,46(3):245-253

McConkie G W,Kerr P W,Dyre B P. 1994. What are 'normal' eye movements during reading:Toward a mathematical description. *In*:Ygge J,Lennerstrand G. Eye movements in reading. Oxford,England: Pergamon Press:315-328

McConkie G W,Kerr P W,Reddix M D,et al. 1988. Eye movement control during reading:The location of initial eye fixations on words. Vision Research,28:1107-1118

McConkie G W,Rayner K. 1975. The span of the effective stimulus during a fixation in reading. Perception & Psychophysics,17:578-586

McConkie G W, Rayner K. 1976. Asymmetry of the perceptual span in reading. Bulletin of the Psychonomic Society,8:365-368

McConkie G W,Zola D,Wolverton G S. 1980. How precise is eye guidance? Paper Presented at the Annual Meeting of the American Educational Research Association. Boston:April

McConkie G W,Zola D. 1984. Eye movement control during reading:The effects of word units. *In*:Prinz W,Sanders A F. Cognition and Motor Processes. Berlin:Spriger-Verlag

McConkie G W. 1979. On the role and control of eye movements in reading. *In*:Kolers P A,Wrolstad M E,Bouma H. Processing of Visible Language. Vol. Ⅰ. New York:Plenum:

McConokie G W, Zola D. 1979. Is visual information integrated across successive fixations in reading? Perception & Psychophysics,25:221-224

McKoon G,Ratcliff R. 1986. Inferences about predictable events. Journal of Experimental Psychology: Learning,Memory,and Cognition,12:82-91

McLaughlin G H. 1969. Reading at impossible speeds. Journal of Reading,12:449-510

McSorley E,Haggard P,Walker R. 2004. Distracter modulation of saccade trajectories:Spatial separation and symmetry effects. Experimental Brain Research,155:320-333

McSorley E,Haggard P,Walker R. 2005. Spatial and temporal aspects of oculomotor inhibition as revealed by saccade trajectories. Vision Research,45:2492-2499

Melanie C D, Robin W. 2001. Curved saccade trajectories: Voluntary and reflexive saccades curve away from irrelevant distracters. Experimental Brain Research,139:333-344

Melanie C D,Robin W. 2002. Multisensory interactions in saccade target selection:Curved saccade trajectories. Experimental Brain Research,142:116-130

Meyers I L. 1929. Archives of Neurology and Psychiatry,21:901

Michael F L, McLeod P. 2000. From eye movements to actions: How batsmen hit the ball. Nature Neuroscience, 3(12): 1340-1345

Miellet S, Sparrow L. 2004. Phonological codes are assembled before word fixation: Evidence from boundary paradigm in sentence reading. Brain and Language, 90(3): 299-310

Mile R S, Shen E. 1925. Photographic recording of eye movements in the reading of Chinese in vertical and horizontal axes: Method and preliminary results. Journal of Experimental Psychology, 8: 344-362

Miles W R, Laslett H R. 1931. Eye movement and visual fixation during profound sleepiness. Psychological Review, 38(1): 1-13

Miles W R. 1924. Alcohol and Human Efficiency. Washington D C: Carnegie Institution of Washington

Miles W R. 1929. Horizontal eye movements at the onset of sleep. Psychological Review, 36: 122-141

Miles W. 1928. The peep-hole method for observing eye movements in reading. Journal of General Psychology, 1: 373-374, 3

Miltenbury P G M, Kuiken J J. 1990. The Effect of Driving Experience on Visual Search Strategies: Results of a Laboratory Experiment. Haren: Traffic Research Center, University of Groningen

Milton J L. 1952. Analysis of pilots' eye movements in flight. Journal of Avian Medicine and Surgery, (23): 67-76

Mitchell D C, Holmes V M. 1985. The role of specific information about the verb in parsing sentences with local structural ambiguity. Journal of Memory and Language, 24: 542-559

Mizumoto, Kiyeshi. 1973. Studies on pilot's visual characteristics on detecting other airplanes. (Japan) Reports of Aeromedical Laboratory. JASDF, 14(1): 30-41

Mockel M, Heemsoth C. 1984. Maximizing information as a strategy in visual search: The role of knowledge about the stimulus structure. *In*: Gale A G, Johnson C F. Theoretical and Applied Aspects of Eye Movement Research. North-Holland: Elsevier Science Publishers, B V: 335-342

Mokler A, Fischer B. 1999. The recognition and correction of involuntary prosaccades in an antisaccade task. Experimental Brain Research, 125: 511-516

Moray N, Rotenberg I. 1989. Fault management in process control: Eye movements and action. Ergonomics, 32(11): 1319-1342

Morgan D H. 1939. Twin similarities in photographic measures of eye movements while reading prose. Journal of Educational Psychology, 30: 572-586

Morris R K, Rayner K, Pollatsek A. 1990. Eye movement guidance in reading. Journal of Experimental Psychology: Human Perception and Performance, 16: 268-281

Morris R K. 1987. Eye movement guidance in reading: The role of parafoveal letter and space information. Unpublished Master's Thesis, University of Massachusetts

Morrison R E. 1984. Manipulation of stimulus onset delay in reading: Evidence for parallel programming of saccades. Journal of Experimental Psychology: Human Perception and Performance, 10: 667-682

Morse W S. 1951. A comparison of the eye movements of average fifth and seventh grade pupils' reading materials of corresponding difficulty. In Studies in the psychology of reading. University of Michigan Monographs in Education, No. 4. Ann Arbor: Univer of Michigan Press: 1-64

Moser H M. 1938. A qualitative analysis of eye movements during stuttering. Journal of Speech Disorders, 3: 131-139

Mosse H L and Daniels C R. 1959. Linear dyslexia. A new form of reading disorder. American Journal of Psychotherapy, 13: 826-841

Mourant R, Rockwell T H. 1972. Strategies of visual search by novice and experienced drivers. Human Factors, 14(4): 325-335

Mullen B, Johnson C. 1990. The Psychology of Consumer Behavior Hillsdale. New Jersey: Lawrence Erlbaum Association, Inc: 13-14

Munoz D P, Broughton J R, Goldring J E, et al. 1998. Age-related performance of human subjects on saccadic eye movement tasks. Experimental Brain Research, 121: 391-400

Munoz R H, Wurtz R H. 1992. Role of rostral superior colliculus in active visual fixation and execution of express saccades. Journal of Neurophysiology, 67: 1000-1002

Murray E A, Richmond B J. 2001. Role of perirhinal cortex in object perception, memory and associatons. Current Opinion in Neurobiology, 11: 188-193

Murray W S, Rowan M. 1998. Early mandatory pragmatic processing. Journal of Psycholinguistic Research, 27(1): 1-22

Myers D. 1986. Psychology. 3rd ed. Worth Publishers

Nachmias J. 1959. Two-dimensional motion of the retinal image during monocular fixation. The Journal of the Optical Society of America A, 49(9): 901

Nachmias J. 1960. Meridional variations in visual acuity and eye movements during fixation. The Journal of the Optical Society of America A, 50(6): 569

Navalpakkam V, Arbib M A, Itti L. Attention and scene understanding. *In*: Itti L, Rees G, Tsotsos J K. Neurobiology of Attention. San Diego: Elsevier: 197-203

Nelson W W, Loftus G R. 1980. The functional visual field during picture viewing. Journal of Experimental Psychology: Human Learning and Memory, 6(4): 391-399

Nettelbeck T, Robson T, Walwyn T, et al. 1986. Inspection time as mental speed in mildly mentally retarded adults: Analysis of eye gaze, eye movement, and orientation. American Journal of Mental Deficiency, 91(1): 78-91

Newhall S N. 1928. The American Journal of Psychology, 40: 628

Newman E B. 1966. Speed of reading when the span of letters is restricted. American Journal of Psychology, 79: 272-278

Nieuwenhuis S, Ridderinkhof K R, de Jong R, et al. 2000. Inhibitory in ef? ciency and failures of intention activation: Age-related decline in the control of saccadic eyemovements. Psychology and Aging, 15: 635-647

Nixon H K. 1924. Attention and interest in advertising. Arch Ps N. Y. #72. 1926. An investigation of attention to advertisements. N Y: Colunbia Univ Press

Nodine C F, Carmody D P, Kundel H L. 1978. Searching for NINA. *In*: Senders J W, Fisher D F, Monty R A. Eye Movements and the Higher Psychological Functions. Hillsdale: Erlbaum

Nodine C F, Evans J D. 1969. Eye movements of prereaders to pseudowords containing letters of high and low confusability. Perception and Psychophysics, 6: 39-41

Nodine C F, Lang N J. 1971. The development of visual scanning strategies for differentiating words. Developmental Psychology, 5: 221-232.

Nodine C F, Simmons F G. 1974. Processing distinctive features in the differnentiation of letterlike symbols. Journal of Experimental Psychology, 103: 21-28

Nodine C F, Steuerle N L. 1973. Development of perceptual and cognitive strategies for differentiating graphemes. Journal of Experimental Psychology, 97: 158-166

Nodine C F. 1983. A spatial relational logic behind visual differentiation: Gibsonian constructivism? *In*: Rayner K. Eye Movements in Reading: Perceptual and Language Processes. New York: Academic Press, Inc: 377-382

Noizet G, Pynte J. 1976. Implicit labeling and readiness for pronunciation during the perceptual process. Perception, 5: 217-223

Norton D, Stark L. 1971. 眼睛运动和视知觉. 见: 汤普森. 生理心理学. 孙晔, 等译. 北京: 科学出版社, 1981: 184-196

Noton D, Stark L. 眼睛运动和视知觉. *In*: 汤普森. 生理心理学. 孙晔等编译. 北京: 科学出版社: 184-196

Ohm J. 1914. Augenheilk

Olincy A, Ross R G, Youngd D A, et al. 1997. Age diminishes performance on an antisaccade eye movement task. Neurobiology of Aging, 18: 483-489

Oliva A. 2005. Gist of the scene. *In*: Itti L, Rees G, Tsotsos J K. The Encyclopedia of Neurobiology of Attention. San Diego: Elsevier: 251-256

Olk B, Chang E, Kingstone A, et al. 2006. Modulation of antisaccades by transcranial magnetic stimulation over the human frontal eye field. Cerebral Cortex, 16: 76-82

Olson D R. 1970. Cognitive development: The child's acquisition of diagonality. New York: Academic Press

Olson R K, Kliegl R, Davidson B J. 1983. Dyslexic and normal children's tracking eye movements. Journal of Experimental Psychology: Human Perception and Performance, 9: 816-825

Orschansky I Z. 1899. Physiol, 12: 785

Orschansky J. 1898. Eine Methode die Augenbewegungen direckt zu untersuchen(Ophthalmographie). Zbl Phys, 12: 785

Osaka N, Oda K. 1991. Effective visual field size necessary for vertical reading during Japanese text processing. Bulletin of the Psychonomic Society, 29: 345-347

Osaka N, Osaka M. 2002. Individual differences in working memory during reading with and without parafoveal information: A moving-window study. The American Journal of Psychology, 115: 501-513

Osaka N. 1987. Effect of peripheral visual field size upon eye movements during Japanese text processing. *In*: O' Regan J K, Levy-Schoen A. Eye Movements: From Physiology to Cognition. Amsterdam: Elsevier

Osaka N. 1992. Size of saccade and fixation duration of eye movements during reading: Psychophysics of Japanese text processing. Journal of the Optical Society of America, 9: 5-13

Osaka N. 1993. Asymmetry of the effective visual field in vertical reading as measured with a moving window. *In*: Ydewalle G, van Rensbergen J. Perception and Cognition: Advances in Eye Movement Research. North Holland: Amsterdam: 275-283

Oudejans R R D, van de Langenberg R W, Huntter R I. 2002. Aiming at a far target under different viewing conditions: Visual control in basketball jump shooting. Human Movement Science, 21: 457-480

Ozyurt J, DeSouza P, West P, et al. 2001. Comparison of Cortical Activity and Oculomotor Performance in the Gap and Step Paradigms. *In*: European Conference on Visual Perception(ECVP). Kusadasi: Turkey

O'Brien E J, Shank D M, Myers J L, et al. 1988. Elaborative inferences during reading: Do they occur online? Journal of Experimental Psychology: Learning Memory, and Cognition, 14: 410-420

O' Bryan K G, Boersma F J. 1971. Eye movements, perceptual activity and conservation development.

Journal of Experimental Child Psychology, 12:157-169

O'Bryan K G, Silverman. 1972. 转引:Flagg B N. 1978. Children and television: Effects of stimulus repetition on eye activity. *In*: Sender J W, Fisher D F, Monty R A. Eye Movements and the Higher Psychological Functions: 279-292

O'Bryan K G. 1974. 转引:Flagg B N. 1978. Children and television: Effects of stimulus repetition on eye activity. *In*: Sender J W, Fisher D F, Monty R A. Eye Movements and the Higher Psychological Functions: 279-292

O'Bryan K G. 1975. 转引:Flagg B N. 1978. Children and television: Effects of stimulus repetition on eye activity. *In*: Sender J W, Fisher D F, Monty R A. Eye Movements and the Higher Psychological Functions: 279-292

O'Regan J K, Levy-Schoen A, Pynte J, et al. 1984. Convenient fixation location within isolated words of different lengthy and structures. Journal of Experimental Psychology: Human Perception & Performance, 10:250-257

O'Regan J K, Levy-Schoen A. 1983. Integrating visual information from successive fixations: Does transsaccadic fusion exit? Vision Research, 23:765-768

O'Regan J K, Levy-Schoen A. 1987. Eye movement strategy and tactics in word recognition and reading. *In*: Coltheart M. Attention and Performance Ⅻ: The Psychology of Reading. London: Lawrence Erlbaum Associates: 363-383

O'Regan J K. 1975. Structural and Contextual Constraints on Eye Movements in Reading, Unpublished Doctoral Dissertation. England: University of Cambridge

O'Regan J K. 1980. The control of saccade size and fixation duration in reading: The limits of linguistic control. Perception & Psychophsics, 28:112-117

O'Regan J K. 1981. The convenient viewing position hypothesis. *In*: Fisher D F, Monty R A, Senders J W. Eye movements: Cognition and Visual Perception. Hillsdale: Erlbaum

O'Regan J K. 1990. Eye movements and reading. *In*: Kwler E. Eye Movements and Their Role in Visual and Cognitive Processes. Asmterdam: Elsevier: 395-453

O'Regan J K. 1992. Optimal viewing position in words and the strategy-tactics theory of eye movments in reading. *In*: Ranyer K. Eye Movements and Visual Cognition: Scene Perception and Reading. New York: Springer-Verlag: 333-354

Paker R E. 1978. Picture processing during recognition. Journal of Experimental Psychology: Human Perception and Performance, 4:284-293

Papin J P. 1984. Use of the NAC eye mark recorder to study visual strategies of military aircraft pilots. *In*: Gale A G, Johnson F. Theoretical and Applied Aspects of Eye Movement Research. Amsterdam: North Holland: 367-371

Park G E. 1936. Arch Ophthalm, 15:703

Park G E. 1936. J Ophthalm, 19:967

Pavio A, Simpson H M. 1966. The effect of word abstractness and pleasantness on pupil size during an imaginary task. Psychonomic Science, 5:55-56

Pavlidis G T. 1978. The dyslexics erratic eye movements: Case studies. Dyslexia Review, 1:22-28

Pavlidis G T. 1981. Do eye movements hold the key to dyslexia? Neuropsychologia, 19:57-64

Pavlidis G T. 1985. Eye movement differences between dyslexics, normal and slow readers while sequentially fixating digits. American Journal of Optometry and Physlological Optics, 62:820-822

Pecheux M. 1976. Localisation spatiale et activite oculomotorice: Une etude genetique. Annee Psychologique,76:7-24

Peng D L,Orchard L N,Stern J N. 1983. Evaluation of eye movement variables of Chinese and American readers. Pavlovian Journal of Biological Science,18(2):56-60,94-102

Peterson M A,Rhodes G. 2003. Perception of Faces,Objects,and Scenes,Advances in Visual Cognition. New York:Oxford University Press

Peterson M S,Kramer A F,Irwin D E,et al. 2002. Modulation of oculomotor capture by abrupt onsets during attentionally demanding visual search. Visual Cognition,9(6):755-791

Petrakis E. 1993. Analysis of visual search patterns of tennis teadchers. *In*:d'Ydewalle G,van Rensbergen J. Perception and Cognition: Advances in Eye Movement Research. North-Holland: Elsevier Science Publishers,B. V:159-168

Pheiffer C H,Eure S B,Hamilton C B. 1956. Reversible figures and eye movements. American Journal of Psychology,69:452-455

Pierrot-Deseilligny C,Muri R M,Ploner C J,et al. 2003. Decisional role of the dorsolateral prefrontal cortex in ocular motor behaviour. Brain,126:1460-1473

Pirozzlo F J. 1983. Eye Movements and Reading Disability,in Eye Movements in Reading Perceptual and Language Processes. Academic Press

Pirozzolo F J,Rayner K. 1978. Disorders of oculomotor scanning and graphic orientation in developmental Gerstmann syndrome. Brain and Language,5:119-126

Pohl Walter. 1973. Dissociation of spatial discrimination deficits following frontal and parietal lesions in monkeys. Journal of Comparative and Physiological Psychology,82(2):227-239

Pollatsek A,Bolozky S,Well A D,et al. 1981. Asymmetries in the perceptual span for Israeli readers. Brain and Language,14:174-180

Pollatsek A,Raney G E,La Gasse L,et al. 1993. The use of information below fixation in reading and in visual search. Canadian Journal of Experiment Psychology,47:179-200

Pollatsek A,Rayner K,Balota D A. 1986. Inferences about eye movement control form the perceptual span in reading. Perception & Psychophysics,40:123-130

Pollatsek A,Rayner K. 1982. Eye movement control in reading: The role of word boundaries. Journal of Experimental Psychology: Human Perception and Performance,8:817-833

Pollatsek A,Reichle E D,Rayner K. 2006. Tests of the E-Z Reader model: Exploring the inter face between cognition and eye-movement control. Cognitive Psychology,52:1-56

Pomplun M,Reingold E M,Shen J. 2001. Peripheral and parafoveal cueing and masking effects on saccadic selectivity in a gaze-contingent window paradigm. Vision Research,41:2757-2769

Posner M I,Rafal R D,Cohen Y. 1982. Neural systems control of spatial orienting. Philosophical Transactions of the Royal Society London,B298:187-198

Posner M I. 1978. Chronometric Explorations of Mind. Hillsdale: Erlbaum

Posner M I. 1982. Cumulative development of attentional theory. American Psychologist,37:53-64

Potter M C. 1975. Meaning in visual search. Science,187(4180):965-966

Potter M C. 1976. Short-term conceptual memory for pictures. Journal of Experimental Psychology: Human Learning and Memory,5(2):509-522

Potter M C,Levy E I. 1969. Recognition memory for a rapid sequence of pictures. Journal of Experimental Psychology,81(1):10-15

Poulton E C. 1962. Peripheral vision, refractoriness and eye movements in fast oral reading. British Journal of Psychology, 53: 409-419

Previc F H. 1990. Functional specialization in the lower and upper visual fields in humans: Its ecological origins and neurophysiological implications. Behavioral and Brain Sciences, 13: 519-542

Pylyshyn Z. 1999. Is vision continuous with cognition? The case for cognitive impenetrability of visual perception. Behavioral and Brain Science, 22: 341-423

Qiyuan J, Richer F, Waggoner B L, et al. 1985. The pupil and stimulus probability. Psychophysiology, 22: 530-534

Rashbass C. 1960. New method for recording eye movements. Journal of the Optical Society of America and Review of Scientific Instruments, (50): 642-644

Ratliff F A, Riggs L A. 1950. Involuntary motions of the eye during monocular fixation. Journal of Experimental Psychology, 40(6): 687

Ratliff F. 1952. The role of psychological nystagmus in monocular acuity. Journal of Experimental Psychology, 43: 163-172

Rayner K, ROtello C M, Steward A J. 2001. Integrating text and pictorial information: Eye movement when looking at print advertisements, Journal of Experimental Psychology: Applied, 7(30): 219 -226

Rayner K, Balota D A, Pollatsek A. 1986. Against parafoveal semantic preprocessing during eye fixations in reading. Canadian Journal of Psychology, 40: 473-483

Rayner K, Bertera J H. 1979. Reading without a fovea. Science, 206: 468-469

Rayner K, Carlson M, Frazier L. 1983. The interaction of syntax and semantics during sentence processing: Eye movements in the analysis of semantically biased sentences. Journal of Verbal Learning and Verbal Behavior, 22: 358-374

Rayner K, Duffy S A. 1986. Eye movements and lexical ambiguity. *In*: O'Regan J K, Levy-Schoen A. Eye Movements: From Physiology to Cognition. Amsterdam: Elsevier

Rayner K, Duffy S A. 1986. Lexical complexity and fixation times in reading: Effects of word frequency, verb complexity and lexical ambiguity. Memory & Cognition, 14: 191-201

Rayner K, Fischer M H, Pollatsek A. 1998. Unspaced text interferes with both word identification and eye movement control. Vision Research, 38: 1129-1144

Rayner K, Frazier L. 1987. Parsing temporarily ambiguous complements. Quarterly Journal of Experimental Psychology, 39: 657-673

Rayner K, Frazier L. 1989. Selection mechanisms in reading lexically ambiguous words. Journal of Experimental Psychology: Learning, Memory and Cognition, 15: 779-790

Rayner K, Inhoff A W, Morrison R E, et al. 1981. Masking of foveal and parafoveal vision during eye fixations in reading. Journal of Experimental Psychology: Human Perception and Performance, 7: 167-179

Rayner K, Juhasz B J. 2004. Eye movements in reading: Old questions and new directions. European Journal of Cognitive Psychology, 16(1/2): 340-352

Rayner K, Li X, Juhasz B J, et al. 2005. The effect of word predictability on the eye movements of Chinese readers. Psychonomic Bulletin & Review, 12: 1089-1093

Rayner K, Li X, Pollatsek A. 2007. Extending the E-Z Reader model to Chinese reading. Cognitive Science, 31(6): 1021-1033

Rayner K, McConkie G W, Zola D. 1980. Integrating information across eye movements. Cognitive Psychology, 12: 206-222

Rayner K, McConkie G W. 1976. What guides a reader's eye movements? Vision Research, 16:829-837

Rayner K, Morris R K. 1992. Eye movement control in reading: Evidence against semantic preprocessing. Journal of Experimental Psychology: Human Perception and Performance, 18:163-172

Rayner K, Pollatsek A. 1981. Eye movements control during reading: Evidence for direct control. Quarterly Journal of Experimental Psychology, 33:351-373

Rayner K, Pollatsek A. 1987. Eye movements in reading: A tutorial review. *In*: Coltheart M. Attention and Performance Ⅻ. London: Erlbaum

Rayner K, Pollatsek A. 1987. The Psychology of Reading. Englewood Clifs: Pentice Hall

Rayner K, Pollatsek A. 1989. The Psychology of Reading. Englewood Cliffs: Prentice Hall

Rayner K, Pollatsek A. 1992. Eye movements and scene perception. Canadian Journal of Psychology, 46(3):342-376

Rayner K, Pollatsek A. 1996. Reading unspaced text is not easy: Comments on the implications of Epelboim et al.'s study for models of eye movement control in reading. Vision Research, 36:461-465

Rayner K, Raney G. 1996. Eye movement control in reading and visual search: Effects of word frequency. Psychonomic Bulletin & Review, 3:238-244

Rayner K, Reichle E, Pollatsek A. 2005. Eye movement control in reading and the E-Z Reader model. *In*: Underwood G. Eye Guidance and Cognitive Processes. Oxford: Oxford University Press: 131-162

Rayner K, Rotello C M, Steward A J, et al. 2001. Integrating text and pictorial information: Eye movements when looking at print advertisements. Journal of Experimental Psychology: Applied, 7(3):219-226

Rayner K, Sereno S C, Morris R K, et al. 1989. Eye movements and on-line language comprehension processes. Language & Cognitive Processes, 4:1-50

Rayner K, Well A D, Pollatsek A, et al. 1982. The availability of useful information to the right of fixation in reading. Perception & Psychophysics, 31:537-550

Rayner K, Well A D. 1996. Effect of contextual constraint on eye movements in reading: A further examination. Psychonomic Bulletin & Review, 3940:504-509

Rayner K. 1975. The perceptual span and peripheral cues in reading. Cognitive Psychology, 7:65-81

Rayner K. 1975a. Parafoveal identification during a fixation in reading. Acta Psychologica, 39:271-282

Rayner K. 1977. Visual attention in reading: Eye movements reflect cognitive processes. Memory and Cognition, 4:443-448

Rayner K. 1978. Eye movement in reading and information processing. Psychological Bulletin, 85(3):618-660

Rayner K. 1979. Eye guidance in reading: Fixation locations within words. Perception, 8:21-30

Rayner K. 1983. Eye Movements in Reading, Perceptual and Language Process. Academic Press

Rayner K. 1986. Eye movements and the perceptual span in beginning and skilled readers. Journal of Experimental Child Psychology, 41:211-236

Rayner K. 1998. Eye movements in reading and information processing. Psychological Bulletin, 124(3):372-422

Rayner K. 2004. Eye movements, cognitive process, and reading. 心理与行为研究, 2(3):482-488

Rayner K. 2004. Future directions for eye movement research. Studies of Psychology and Behavior, 2(3):489-496

Rayner K. 2004b. Future directions of eye movement research. 心理与行为研究, 2(3):489-496

Rayner K. 2009. Eye movements and attention in reading, scene perception, and visual search. The Quarterly Journal of Experimental Psychology, 62(8): 1457-1506

Reichle E D, Pollatsek A, Fisher D L, et al. 1998. Toward a model of eye movements. Psychological Review, 105: 125-157

Reichle E D, Pollatsek A, Rayner K. 2006. E-Z Reader: A cognitive-control, serial-attention model of eye-movement behavior during reading. Cognitive Systems Research, 7: 4-22

Reichle E D, Rayner K, Pollatsek A. 1999. Eye movement control in reading: Accounting for intial fixation locations and refixations within the E-Z Readier model. Vision Research, 39: 4403-4411

Reichle E D, Rayner K, Pollatsek A. 2003. The E-Z Reader model of eye movement control in reading: Comparisons to other models. Behavioral and Brain Sciences, 26, 446-526

Reilly R G, O'Regan J K. 1998. Eye movement control in reading: A simulation of some word-targeting strategies. Vision Research, 38: 303-313

Reilly R G. 1993. A connectionist framework for modeling eye movement control in reading. *In*: d' Ydewalle G, Van Reansbergen J. Perception and Cognition: Advances in Eye Movement Research. Amsterdam: Noth Holland: 191-212

Reilly R, Radach R. 2002. Foundations of an interactive activation model of eye movement control in reading. *In*: Hyona J, Radach R, Deubel H. The Mind's Eye: Cognitive and Applied Aspects of Eye Movements. Oxford: Elsevier Science

Reingold E M, Charness N, Pomplun M, et al. 2001. Visual span in expert chess players: Evidence from eye movements. Psychological Science, 12: 19-23

Renninger W L, Malik J. 2004. When is scene identification just texture recognition? Vision Research, 44(19): 2301-2311

Rensink R A, O'Regan J K, Clark J J. 1997. To see or not to see: The need for attention to perceive changes in scenes. Psychological Science September, 8: 368-373

Rensink R A. 2000. Scene perception. *In*: Kazdin A E. Encyclopedia of Psychology. Vol. 7. New York: Oxford University Press: 151-155

Rensink R A. 2000. Visual search for change: A probe into the nature of intentional processing. Visual Cognition, 7(1/2/3): 345-376

Reulen J P H, Bakker L. 1982. The measurement of eye movement using double magnetic induction. IEEE Transactions on Biomedical Engineering, BME-29(11): 740-744

Rhenius D, Heydemann M. 1984. Thinking aloud during processing of Raven's matrices. Zeitschrift fur Experimentelle und Angewandte Psychologie, 31(2): 308-327

Richard G, Arthur F K. 2007. Antisaccade costs with static and dynamic targets. Perception and Psychophysics, 69: 802-815

Richards W, Kaufman L. 1969. "Center of gravity" tendencies for fixation and flow patterns. Perception and Psychophysics, 5: 81-84

Richter E M, Nuthmann A, Richter E D, et al. 2006. Current advances in SWIFT. Cognitive Systems Research, 7(1): 23-33

Riggs L A, Armington J C, Ratliff F. 1954. Motions of the retinal image during fixation. The Journal of the Optical Society of America A, 44(4): 315

Riggs L A, Niehl E W. 1960. Eye movements recorded during convergence and divergence. The Journal of the Optical Society of America A, 50(9): 913

Riggs L A, Ratliff F, Cornsweet J C, et al. 1953. The disappearance of steadily fixated visual test objects. Journal of the Optical Society of American, 37: 415-420

Ripoll H, Kerlirzin Y, Stern J F, et al. 1993. Decision making and visual strategies of boxers in a simulated problem solving situation. *In*: d'Ydewalle G, van Rensbergen J. Perception and Cognition: Advances in Eye Movement Research. North-Holland: Elsevier Science Publishers, B. V: 114-147

Robinson D A. 1963. A method of measuring eye movement using a sclera search coil in a magnetic field. IEEE Transactions on Biomedical Engineering, 10: 137-145

Rodrigues S T, Vickers J N, Williams A M. 2002. Head, eye and arm coordination in table tennis. Journal of Sports Sciences, 20: 187-200

Rosbergen E, Eedel M, Pieters R. 1999. Visual attention to repeated print advertising: A test of scanpath theory. Journal of Marketing Research. 36(4)

Rosen L D. 1975. Memory traces of transient cognitive proccsses.

Rothkopf E Z. 1978. Analyzing eye movements to infer processing styles during learning from text. *In*: Senders J W, Fisher D F, Monty R A. Eye Movements and the Higher Psychological Functions. Hillsdale N J: Erlbaum

Roy-Charland A, Saint-Aubin J, Evans M A. 2007. Eye movements in shared book reading with children from kindergarten to Grade 4. Reading and Writing, 20: 909-931

Rozin P P, Poritshy S, Sotshy R. 1971. American children with reading problems can easily learn to read English represented in Chinese characters. Science, 171: 1264-1267

Russo J E, Rosen L. 1975. An eye fixation analysis of multi-alternative choice. Memony & Cognition, 3: 267-276

Russo J E. 1978. Eye fixation can save the world: Critical evaluation and comparison between eye fixation and other information processing methodologies. *In*: Hunt H K. Advances in Consumer Research. Vol V. Ann Arbor: Association for consumer Research

Sakano N. 1963. The role of eye movements in various forms of perception. Psychologia (Kyata), 6: 215-227

Salapakek P. 1975. Pattern perception in early infancy. *In*: Cohen L B, Salapatet P. Infant Perception: From Sensation to Cognition. New York: Academic Press

Salapatek P, Kessen W. 1966. Visual scanning of triangles by human newborn. Journal of Experimental Child Psychology, 3: 155-167

Salvucci D D, Adnderson J R. 2001. Automated eye movement protocol analysis. Human Computer Interaction, 8: 101-145

Salvucci D D. 2000. An interactive model-based environment for eye-movement protocol visualization and analysis. *In*: Duchowski A T, Vertegaol R. Proceedings of the Eye Tracking Research and Applications Symposium. New York: ACM Press: 57-63

Salvucci D D. 2001. An integrated model of eye movements and visual encoding. Cognitive Systems Research, 1: 201-220

Saslow M G. 1967. Effect of components of displacement step stimuli upon latency for saccadic eye movements. Journal of the Optical Society of America, 57: 1033-1049

Sato T R, Watanabe K, Thompson K G, et al. 2003. Effect of target-distractor similarity on FEF visual selection in the absence of the target. Experimental Brain Research, 151: 356-363

Schlag-Rey M, Amador N, Sanchez H, et al. 1997. Antisaccade performance predicted by neuronal activity in the supplementary eye field. Nature, 390: 398-401

Schoonard J W, Gould J D, Miller L A. 1973. Studies of visual inspection. Ergonomics, 16: 365-379

Schott E. 1922. Deut Arch Klin Med, 140: 79

Schyns P G, Oliva A. 1994. From blobs to boundary edges: Evidence for time- and spatial-scale-dependent scene recognition. Psychological Science, 5: 195-200

Schyns P G, Oliva A. 1997. Flexible, diagnosticity-driven, rather than fixed, perceptually determined scale selection in scene and face recognition Perception, 26(8): 1027-1038

Seibert E W. 1943. Reading reactions for varied types of subject matter: An analytical study of eye movements of eighth grade pupils. Journal of Experimental Education, 10: 158-183

Sereno S C, Rayner K. 1992. Fast priming during eye fixations in reading. Journal of Experimental Psychology: Human Perception and Performance, 18: 173-184

Sereno S C, Rayner K. 2003. Measuring word recognition in reading: Eye movement and event-related potentials. Trends in Cognitive Sciences, 7: 489-493

Sergio T R, Joan N V, Williams A M. 2002. Head, eye and arm coordination in table tennis. Journal of Sports Sciences, 20: 187-200

Shackel B. 1960. Note on mobile eye viewpoint recording. Journal of the Optical Society of America, 50(8): 763

Shackel B. 1967. Eye movement recordings by electroculography. *In*: Venables P H, Martin I. Manual of Psycho Physiological Methods. Amsterdam: North-Holland: 299-334

Shen E. 1927. An analysis of eye movements in the reading of Chinese. Journal of Experimental Psychology, 10: 158-183

Shinar D, McDowell E D, Rackoff N G, et al. 1978. Field dependence and driver visual search behavior. Human Factors, 20(5): 553-559

Sigman M, Coles P. 1980. Visual scanning during pattern recognition in children and adults. Journal of Experimental Child Psychology, 30: 265-276

Silbiger F F. 1968. Facedness and complexity as determiners of attention in the human infant. Dissertation Abstracts, 28(11-B): 4783

Simons D J, Levin D T. 1998. Failure to detect changes to people in a real-world inter-action. Psychonomic Bulletin and Review, 5(4): 644-649

Simpson R G. 1942. The relation of certain functions to eye-movement habits. Journal of Education Psychology, 33: 373-378

Sisson E D. 1935. Eye movements and the schroder stair figure. American Journal of Psychology, 47: 309-311

Sisson E D. 1937. Habits of eye-movements in reading. Journal of Educational Psychology, 28: 437-450

Sivak M, Conn L S, Olson P L. 1986. Driver eye fixations and the optimal locations for automobile brake lights. Journal of Safety Research, 17(1): 13-22

Smyrnis N E, Stefanis I, Constantinidis N C, et al. 2002. The antisaccade task in a sample of 2,006 young males II. Effects of task parameters. Experimental Brain Research, 147: 53-63

Snow R W. 1978. Eye fixation and strategy analyses of individual differences in cognitive aptitudes. *In*: Lesgold A M, Pellegrino J W, Fokkema S D, et al. Cognitive Psychology and Instruction. New York: Plenum Press: 299-308

Solomon M R. 1992. Consumer behavior. *In*: Allyn, Bacon. A division of Simon & Schuser, Inc: 50-52, 120

Sparrow L, Miellet S. 2002. Activation of phonological codes during reading: Evidence from errors detection and eye movements. Brain and Language, 81: 509-516

Sperling G. 1960. The information available in brief visual presentations. Psychological Monographs, 74(489): 1-29

Spragins A B, Lefton L A, Fisher D F. 1976. Eye movements while reading and searching spatially transformed text: A developmental examination. Memory & Cognition, 4: 36-42

Stanley G, Smith G A, Howell E A. 1983. Eye movements and sequential tracking in dyslexic and control children. British Journal of Psychology, 74: 181-187

Stanners R F, Headley D B, Clark W R. 1972. The pupillary response to sentences: Influences of listening set and deep structure. Journal of Verbal Learning and Verbal Behavior, 11: 257-263

Stark L, Vossius G, Young L R. 1962. Predictive control of eye tracking movements. IRE Transactions on Human Factors in Electronics, HFE-3: 52-57

Stelmack R M, Mandelzys N. 1975. Extraversion and pupillary response to affective and taboo words. Psychophysiology, 12: 536-540

Sternberg S. 1975. Memory scanning: New findings and current controversies. Quarterly Journal of Experimental Psychology, 27: 1-32

Stewart M L, James C T, Gough P B. 1969. Word recognition latency as a function of word length. Paper presented at Midwestern Psychological Association

Stone L G. 1941. Reading reactions for varied types of subject mater: An analytical study of the eye-movements of college freshmen. Journal of Experimental Psychology, 10: 64-77

Stratton G M. 1902. Eye movements and the aesthetics of visual form. Philos St, 20: 336-359

Stratton G M. 1906. Symmetry, linear illusions, and the movements of the eye. Psychological Review, 13: 82-96

Strayer D L, Drews F A, Johnston W A. 2003. Journal of Experimental Psychology: Applied, 9(1): 23-32

Strayer D L, Drews F A, Johnston W A. 2003. Cell phone-induced failures of visual attention during simulated driving. Journal of Experimental Psychology, 9(1): 23-32

Strongin E L, Bull N, Korchin B. 1941. Visual efficiency during experimentally induced emotional states. Journal of Psychology, 12: 3-6

Strupp M. 2006. Have a look at eye movements. Journal of Neurology, 253: 1248-1250

Sun F H, Morita M, Stark L W. 1985. Comparative patterns of reading eye movement in Chinese and English. Perception & Psychophysics, 37: 502-506

Sun F, Feng D. 1999. Eye movements in reading Chinese and English text. *In*: Wang J, Infhoff A W, Chen HC. Reading Chinese Script, A Cognitive Analysis. New Jersey: Lawerence Erlbaum Associates Publishers: 189-204

Supper P, Cohen M, Laddaga R, et al. 1983. A procedural theory of eye movements in doing arithmetic. Journal of Mathematical Psychology, 27: 341-369

Suppers P. 1994. Stochastic models of reading. *In*: Ygge J, Lennerstrand G. Eye Movements in Reading. Oxford: Pergamon Press: 349-364

Suppes P. 1990. Eye movement models for arithmetic and reading performance. *In*: Kowler E. Eye Movements and their Role in Visual and Cognitive Processes. New York: Elsevier Science Publishing: 455-477

Sven-Thomas G, Sebastion P, Boris M V. 2007. The time course of visual distracter processing: Evidence from simultaneous recordings of eye movements and EEG/ERP. The Proceedings of the 14th European Conference on Eye Movements, August 19-23, Potsdam, Germany

Sweeney J A, Rosano C, Berman R A, et al. 2001. Inhibitory control of attention declines more than working memory during normal aging. Neurobiology of Aging, 22: 39-47

Taraban R, McClelland J L. 1988. Constituent attachment and thematic role assignment in sentence processing: Influence of content based expectations. Journal of Memory and Language, 27: 597-632

Tarrahian G A, Hicks R A. 1979. Attribution of pupil size as a function of facial valence and age in American and Persian children. Journal of Cross Cultural Psychology, 10: 243-250

Taylor E A. 1937. Controlled Reading. Chicago: Chicogo University Press

Taylor S E. 1965. Eye movements while reading: Facts and fallacies. American Educational Research Journal, 2: 187-202

Tecce J J. 1992. Psychology, physiology and experimental. *In*: McGraw-Hill. Yearbook of Science and Technology. New York: McGraw-Hill: 375-377

Teichner W H, Price L M. 1966. Eye aiming behavior during the solution of visual patterns. Journal of Psychology, 62: 33-38

Theeuwes J, De Vries G J, Godijn R. 2003. Attentional and oculomotor capture with static singletons. Perception & Psychophysics, 65(5): 735-746

Theeuwes J. 1996. Visual search at intersections: An eye-movement analysis. *In*: Gale A. Vision in Vehicles 5. Amsterdam: Elsevier: 125-134

Thomas E L. 1962. Eye movements in speed reading. *In*: Stauffer G. Speed Reading: Practices and Procedures. Vol. 10. Newark: University of Delaware Reading Study Center: 101-104

Thomas H. 1965. Visual-fixation responses of infants to stimuli of varying complexity. Child Development, 36: 629-638

Thompson H A, Luce L. 1940. What scanacord readings show. Advertising Selling, December, 33: 42-43

Tichomirov G K, Posnyanskaya E D. 1966. An investigation of visual search as a means of analyzing heuristics. Voprosy Psikhologii. 12: 39-53

Tiffin J, Bromer J. 1947. Analysis of eye fixation and patterns of eye movement in landing a piper cub J-3 airplane. Psychology Abstract, 21: 205

Tiffin J, Fairbanks G. 1937. An eye-voice camera for clinical and research studies. Ps Monogr: 215

Tinker M A, Paterson D G. 1939. Influence of type form on eye movements. J Exp Psychol, 25: 528-531

Tinker M A, Paterson D G. 1941. Eye movements in reading a modern type face and old English. Amer J Psychol, 54: 113-115

Tinker M A, Paterson D G. 1944. Eye movements in reading black print on white background and red print on dark green background. Amer J Psychol, 57: 93-94

Tinker M A. 1931. Apparatus for recording eye-movements. American Journal of Psychology, 43: 115-118

Tinker M A. 1946. The study of eye movements in reading. Psychological Bulletin, 43(2): 93-120

Tinker M A. 1958. Recent studies of eye movements in reading. Psychological Bulletin, 55(4): 92-120, 222-223, 215-231

Tinker M S. 1936. Eye movement, perception, and legibility in reading. Psychological Bulletin, 33: 275-290

Tinker M S. 1958. Recent studies of eye movements in reading. Psychological Bulletin, 55(4): 215-231

Toet A, Levi D M. 1992. The two-dimensional shape of spatial interaction zones in the parafovea. Vision Research, 32: 1349-1357

Togami H. 1984. Affect on visual search performance of individual difference in fixation time and number of fixations. Ergonomics,27(7):789-799

Torralba A. 2003. Modeling global scene factors in attention. Journal of Optical Society of America, 20(7):1407-1418

Trehub S E,Schneider B A,Thorpe L A,et al. 1991. Observational measures of auditory sensitivity in early infancy. Developmental Psychology,27(1):40-49

Trehub S E,Unyk A M, Henderson J L. 1994. Children's songs to infant siblings:Parallels with speech. Journal of Child Language,21:735-744

Treisman A,Gelade G. 1980. A feature integration theory of attention. Cognitive Psychology,12:97-136

Tsai C H,McConkie G W. 1995. The perceptual span in reading Chinese text:A moving-window study. Paper Presented at the Seventh International Conference on the Cognitive Processing of Chinese and Other Asian Languages,Hong Kong

Tsai J L,Lee C Y,Tzeng O J L,et al. 2004. Use of phonological codes for Chinese characters:Evidence from processing of parafoveal preview when reading sentences. Brain & Language,91:235-244

Tsai J L,Tzeng O J L,Hung D L,et al. 2000. The perceptual span in reading Chinese passage:A moving window study of eye movement contingent display. Paper Presented at the Annual Meeting of the Chinese Psychology Association

Tversky B. 1974. Eye fixation in prediction of recognition and recall. Memory & Cognition,2:275-278

Underwood G. 1980. Attention and the non-selective lexical access of ambiguous words. Canadian Journal of Psychology,34:72-76

Underwood G. 1981. Lexical recognition of embedded unattended words:Some implications for reading processes. Acta Psychologica,47:267-283

Underwood N R,McConkie G W. 1985. Perceptual span for letter distinctions during reading. Reading Research Quarterly,20:153-162

Underwood N R,Zola D. 1986. The span of letter recognition of good and poor readers. Reading Research Quarterly,21:6-19

Underwood N R. 1982. The span of letter recognition of good and poor Readers. Technical Report,21:6-19

Ungerleider L G,Haxby J V. 1994. "What"and "where" in the human brain. Current opinion in Neurobiology,4:157-165

Update90,Winter 1990 issue,ASL,Applied Science Laboratories,A Division of Applied Science Group,Inc

Uttal W R,Smith P. 1968. Recognition of alphabetic characters during voluntary eye movement. Perception & Psychophysics,3:257-264

Van Opstal A J,Hepp K. 1995. A novel interpretation for the collicular role in saccade generation. Biological Cybernetics,73:431-445

Verschueren M,Levy-Schoen A. 1973. Information inattendue et strategies d'exploration oculaire. Annee Psychol ogique,73:51-56

Vladimirow A D,Khomskaya E D. 1961. A photoelectric method of recording eye movements. Voprosy Psikhologii,(2):177

Volkmann F C,Schick A M L,Riggs L A. 1968. Time course of visual inhibition during voluntary saccades. Journal of the Optical Society of America,58:562-569

Volkmann F C. 1962. Vision during voluntary saccadic eye movements. Journal of the Optical Society of America,52:571-578

Vurpillot E,Taranne P. 1974. Jugement d'identite ou de non-identite entre dessins et exploration oculomotrice chez des enfants de 5 a 7 ans. Annee Psychologique, 74: 79-100

Vurpillot E. 1968. The development of scanning strategies and their relation to visual differentiation. Journal of Experimental Child Psychology, 6: 632-650

Waker-Simith G J, Gale A G, Findlay J M. 1977. Eye movement strategies in face perception. Perception, 6: 313-326

Walker R Y. 1938. A qualitative study of the eye movements of good readers. American Journal of Psychology, 51: 472-481

Walker R, David G, Walker M H, et al. 2000. Control of voluntary and reflexive saccades. Exp Brain Res, 130: 540-544

Walker R, McSorley E. 2006. The parallel programming of voluntary and reflexive saccades. Vision Research, 46: 2082-2093

Wang F C. 1935. An experimental study of eye movements in the silent reading of Chinese. Elementary School Journal, 35: 527-539

Warren A B, Jones V. 1943. Effect of acrophobia upon reading ability as measured by reading comprehension and eye movements in reading. Journal of Genetic Psychology, 63: 3-14

Weaver H W. 1943. A survey of visual processes in reading differently constructed musical selections. Psychological Monograph, 55: 1, 1-30

Wedel M, Pieters R. 2000. Eye fixations on advertisements and memory of brands: A model and findings. Marketing Science, 19(4): 297-312

Wendt 1952. 转引: Flagg B N. 1978. Children and television: Effects of stimulus repetition on eye activity. *In*: Sender J W, Fisher D F, Monty R A. Eye Movements and the Higher Psychological Functions: 279-292

Werner H, Pauwels J M. 1993. The relationship between expertise and visual information processing in sport. Cognitive issues in motor expertise. Advances in Psychology, 102: 109-134

White C T, Eason R G, Bartlett N R. 1962. Latency and duration of eye movements in the horizontal plane. Journal of the Optical Society of America, 52: 210-213

White S J, Rayner K, Liversedge S P. 2005. Eye movements and the modulation of parafoveal processing by foveal processing difficulty: A re-examination. Psychonomic Bulletin & Review, 12(5): 891-896

White W. 1949. The effect of dial diamter on ocular movement and speed and accuracy check rending groups of engine insturument. Technical report, 5826

Whiteside J A. 1974. Eye movements of children, adults, and elderly persons during inspection of dot patterns. Journal of Experimental Child Psychology, 18: 313-332

Williams C C, Perea M, Pollatsek A, et al. 2006. Previewing the neighborhood: The role of orthographic neighbors as parafoveal Previous in reading. Journal of Experimental Psychology: Human perception and Performance, 32: 1072-1082

Williams L G. 1966. The effect of target specification on objects fixated during visual search. Perception and Psychophysics, 1: 315-318

Williams L G. 1967. The effect of target specification on objects fixated during visual search. Acta Psychological, 27: 355-360

Williams M A, Singer R N, Frehlich S G. 2002. Quiet eye duration, expertise, and task complexity in near and far aiming tasks. Journal of Motor Behavior, 34(2): 197-207

Williams S L, Hicks R A. 1980. Sex, iride pigmentation, and the pupilary attribution of college students to happy and angry faces. Bulletin of the Psychonomic Society, 10:67-68

Winikoff A. 1967. Eye movements as an aid to protocal analysis of problem solving behavior. Unpublished doctoral dissertation. Carnegie Mellon University

Wolverton G S, Zola D. 1983. The temporal characteristics of visual information extraction during reading. *In*: Rayner K. Eye Movements in Reading: Perceptual and Language Processes. New York: Academic Press

Wong K F E, Chen H C. 1999. Orthographic and phonological processing in reading Chinese text: Evidence from eye fixations. Language and Cognitive Processes, 14:461-480

Woodmansee J J. 1967. The pupil reaction as an index of positive and negative affect. Paper presented at the convention of the American Psychological Association, Washington, DC

Woodworth R S. 1938. Experimental Psychology. New York: Holt

Yan G, Tian H, Bai X, et al. 2006. The effect of word and character frequency on the eye movements of Chinese readers. British Journal of Psychology, 97:259-268

Yan M, Richter E M, Shu H, et al. 2009. Readers of Chinese extract semantic information from parafoveal words. Psychonomic Bulletin & Review, 16(3):561-566

Yang H M, McClnkie G W. 1999. Reading Chinese: Some basic eye-movement characteristics. *In*: Wang J, Inhoff A W, Chen H C. Reading Chinese Script, A Cognitive Analysis. Mahwoh, New Jersey: Lawerence Erlbaum Associates: Publishers: 207-220

Yang J, Wang S, Xu Y, et al. 2009. Do Chinese readers obtain preview benefit from word n+2? Evidence from eye movements. Journal of Experimental Psychology: Human Perception and Performance, 35(4):1192-1204

Yang S N, McConkie G W. 2001. Eye movements during reading: A theory of saccade initiation time. Vision Research, 41:3567-3585

Yarbus A L. 1954. Investigation of the principles governing eye movements in the process of vision. Dokl Akad Nauk SSSR, 96(4):732

Yarbus A L. 1967. Eye Movements and Vision. NewYork: Plenum Press: 14, 19-21, 25-58, 103-105, 107-113, 115-116, 146, 203-206

Yen M H, Tsai J L, Tzeng O J L, et al. 2008. Eye movements and parafoveal word processing in reading Chinese. Memory and Cognition, 36(5):1033-1045

Zangwell O L, Blakemore C. 1972. Dyslexia: Reversal of eye-movements during reading. Veuropsychologia, 10:371-373

Zaporozhets A V. 1965. The development of perception in the preschool child. *In*: Mussen P H. European research in child development. Monographs of the Society for Research in Child Development, 30(2, Serial No. 100)

Zusne L, Michaels K M. 1964. Nonrepresentational shapes and eye movements. Perceptual and Motor Skills, 18:11-20

附录一

眼动研究大事记

1737 年　William Porterfield 在《爱丁堡医学论文和观察》杂志上发表"关于眼动"的论文。

1804 年　瑞士哲学家特罗克勒发现，有意识地专注于某一事物，视野周边的静止图像会逐渐消失。这是科学家最初注意到的与眼动有关的现象。

1860 年　德国科学家冯赫尔姆霍茨指出，让一个人的双眼保持静止是非常困难的，他还认为眼动能防止视网膜疲劳。

1879 年　法国科学家埃米尔·贾瓦尔发现，人们阅读时，眼睛并不能平稳地扫过一行字，而要在中途短暂地停留几次。

1891 年　法国科学家朗多观察了人们在阅读不同类型的文章时眼球运动的情况。他发现，人们在阅读外文文章、间距较远的单词及数字时，眼睛停留的次数明显增多。这一结果证明，眼动并非以规律性的、预定的路径运动，而是根据阅读材料的不同随时调整。这也是眼动研究史上的第一个实验证据。

1900 年　道奇在实验中证明，眼睛在移动过程中，并不能提取到有用的信息，只有视线停留时，才是提取信息的时刻。他的这一发现，转变了眼动研究的方向，科学家开始将注意力集中在眼球停留的时刻上。

1901 年　道奇和克莱因首次使用照相机记录眼动。他们用照相机拍摄了一系列眼动照片，通过分析这些照片来了解受试者的眼动特点。

1908 年　休伊出版了《阅读的心理学与教学法》，书中介绍了用眼动研究阅读的方法以及阅读时的眼动形式：注视与眼跳。

1922 年　巴斯韦尔和贾德利用反光镜和活动电影放映机(kinetoscope)，记录下了受试者阅读时，每次注视时眼球的位置以及持续时间。

1925 年　中国留学生沈有乾在美国斯坦福大学首次使用眼动仪对中文阅读进行了研究。

1928 年　迈尔斯使用窥视孔法(peephole method)研究眼动，他在阅读的材料中间穿一个直径为 0.25 英寸的小孔，与受试者面对面坐着，拿着材料并挡住自己的脸，然后通过小孔观察被试阅读该文章时的眼动。

1950 年　拉特利夫和里格斯开始使用视网膜稳定技术研究眼动过程。他们让受试者带上一片隐形眼镜，实验时，把隐形眼镜放置在眼睑内部，扣在角膜上面，再在隐形眼镜上贴上一面小镜子。当受试者发生眼动时，小镜子也随之运动，于是图像便与眼睛保持相对静止。

1953 年　阿瑟林斯基和克雷特曼发现，人们在睡眠过程中，也会出现快速眼球运动(rapid eye movement，REM)的现象。

1958 年　麦克沃斯等发明了一种电视眼动记录法。他们用一架电视摄像机将刺激景物拍摄下来，同时导入到两个电视屏幕上放映。受试者观察第一个屏幕的景物时，仪器将一个光源照射到他的眼睛角膜上，角膜的反光被另一电视摄像机拍摄下来，导入到第二个屏幕。于是在第二个屏幕上便出现刺激景物以及眼动的光点轨迹。

1963 年　罗宾逊首创电磁感应法，可以直接监视双眼的运动情况。方法是将受试者的眼睛麻醉，把一个装有探查线圈的隐形镜片吸附在眼睛上。线圈中存在感应电压，通过对感应电压的相敏检测，可以精确地测量水平和垂直方向的眼动。

1966 年　威廉姆斯研究了搜索数字式的眼动模式。他发现，当只告诉受试者要找的数字信息时，他们往往不会表现出明显的选择性注视，当给出颜色、大小和形状三种信息中的一种时，都会使受试者表现出明显的选择性注视。

1967 年　俄国心理学家亚尔布斯通过自制的眼动记录仪器对“看图过程”进行了较系统的研究，结果发现受试者在看图片时，对图片的某些组成部分注视较多，对有的组成部分则很少注视。

1973 年　科恩斯维和克兰利用普金野图像来记录眼动。普金野图像是由眼睛的若干光学界面反射形成的图像。用普金野图像进行眼动测量的仪器叫双普金野眼动仪(Double-Purkinje Eye Tracker)，该种类的仪器是目前世界上精度最高的眼动仪之一。

1981 年　第一届欧洲眼动大会在德国波恩召开，规模虽然非常小，但它却标志着眼动研究的繁荣时期即将到来。欧洲眼动大会每两年一次。目前，它的规模和范围早已超出了欧洲，成为各国眼动研究专家交流学术思想、加强合作的重要平台。

1989 年　中国科学院上海生理研究所的张名魁和孙复川开发了红外光电反射眼动测量技术。他们利用这种技术，进行了多次关于阅读眼动的研究。

20 世纪末　西安电子科技大学研制出了头盔式眼动仪，利用红外摄像法的原理获取双眼的图像，然后用高速信号处理的方法实时提取瞳孔中心的坐标，再与外景图像叠合。这是我国的第一台头盔眼动仪。

2004 年　第一届中国国际眼动大会在中国天津师范大学召开，它是由我国著名心理学家沈德立教授和世界著名眼动研究专家、美国马萨诸塞大学资深教授 Keith Rayner 共同发起的。该大会每两年一次。第二届在天津召开，第三届在珠海召开，第四届在天津召开。中国国际眼动大会对于促进我国的眼动研究发展起到了巨大的促进作用。

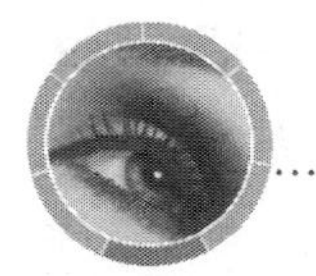

附录二 眼动研究专业词汇

abnormal eye movement	异常眼动
absolute threshold of vision	视觉绝对阈限
afterimage	后像
anticipatory eye movement	预期眼动
anti-saccade paradigm	反眼跳范式
aperture-viewing technique	圆孔观看技术
applied science laboratory, ASL	应用科学实验室
binocular coordination during reading	阅读中的双眼协调
binocular eye movement	双眼眼动
bite bar	把嘴板
blink	眨眼
blink suppression	眨眼抑制
boundary paradigm	边界范式
boundary technique	边界技术
China International Conference on Eye Movements	中国国际眼动大会
commutative eye rotation	代偿性眼转动
center of gravity	注视点的重心
central anesthesia	中枢麻醉
compensatory eye movement	补偿眼动
computational theory of vision	视觉计算理论
cones/cone cell	锥体细胞
congenital nystagmus	先天性眼球震颤
corneal reflection	角膜反射
corneo-retinal potential difference	角膜-网膜电位差
critical fusion frequency, CFF	闪光融合临界频率
cumulative window method	累积窗口法
difficulty of foveal processing	中央凹加工难度
disappearing text paradigm	消失文本范式
discontinuous eye movement	非连续性眼动
double magnetic-induction method	双磁感应法
drift	漂移

dual route processing model of word recognition	单词识别的双加工模型
dual-purkinje image, DPI	双重普金野图像
electronystagmography	眼球震颤电描记
electro-oculo graphy, EOG	眼动电图记录法
electrooculogram, EOG	眼电图
endogenous saccade	内源性眼跳
European Conference on Eye Movements, ECEM	欧洲眼动大会
eye ball accommodation	眼球调节
eye blink response	眨眼反射
eye ellipse	眼椭圆
eye microtremor	眼球微震颤
eye movement and movements of attention, EMMA	EMMA 模型
Eye Movement Equipment Database, EMED	眼动设备数据库
eye movement measure system	眼动测量仪
eye tracker calibration	眼动仪校准
eye tracker coordinate	眼动仪坐标
eye typing	视觉键盘输入
eye-mind assumption	眼-脑假说
eyemovement control	眼动控制
eye-tracking technology	眼动追踪技术
eye-voice span	眼音距
E-Z Reader Model	E-Z 读者模型
first fixation duration	首次注视时间
first pass reading time	第一遍阅读时间
first pass regression	第一遍回视
fixation	注视
fixation field	注视区域
fixation nystagmus	凝视性眼震颤
fixation pattern	注视模式
fixation pause	注视停顿
fixation span	注视广度
forward masking	前掩蔽
foveal	中央凹
foveal mask paradigm	中央凹掩蔽范式
foveal region	中央凹视觉区
gaze duartion	总停留时间、凝视时间
gaze-contingent display, GCD	随注视变化呈现技术
Glenmore model	Glenmore 模型

guidance by attentional tentional gradient, GAG	注意梯度指导理论
hidden Markove dynamic model, HMDM	隐含马尔可夫动态模型
horopter	视野单相区
human visual system, HVS	人类视觉系统
inferior oblique muscle	下斜肌
inferior rectus muscle	下直肌
infrared photography	红外照相法
initial fixation	最初注视
initial fixation position	最初注视位置
inter-word saccade	词间的眼跳
intra-word saccade	词内的眼跳
involuntary eye movement	不随意眼动
involuntary saccade	不随意眼跳
iodopsin	视紫蓝质
iris-scleral reflection method	虹膜-巩膜反射法
ISCAN	ISCAN 眼动仪公司
Journal of Eye Movement Research	眼动研究杂志
kinetoscopic eye tracker	电影胶片摄像式眼动仪
landing site distribution	眼跳落点分布
lateral rectus muscle	外直肌
letter identification span	字母识别广度
limbic sensing method	虹膜-角膜边界探测法
low-level eye control instruction	低水平眼动控制指令
masked priming paradigm	掩蔽启动范式
masking technique	掩蔽技术
medial rectus muscle	内直肌
memory-guided saccade	记忆导向眼跳
microsaccades	微小眼跳
microstructure	微观结构
mislocated fixation	错误着陆注视
models of eye movements in reading	阅读中的眼动模型
moving window method	移动窗口法
Mr. Chips Model	Chip 先生模型
Nixon effect	尼克松效应
nystagmus	眼球震颤
ocular deprivation	视觉剥夺
oculogyral illusion	动眼错觉
oculomotor control model	眼动控制模型

Oculomotor Geometry Reasoning Engine, OGRE	OGRE 模型
Oculomotor Model	眼球运动模型
optic axis	视轴
optic chiasm	视交叉
optic disk	视盘，即盲点
optic ganglion cell	视神经节细胞
optic nerve	视神经
optic tract	视束
optical guidance	视线指引
optical illusion	视错觉
optimal viewing position	最佳注视位置
oscillatory movement	视轴振动
parafoveal preview effect	副中央凹预视效应
parafoveal region	副中央凹视觉区
parafoveal-on-foveal effect	中央凹—副中央凹效应
peep-hole method	窥视孔法
perceptual span	知觉广度
perimeter	视野计
peripheral region	边缘视觉区
photo-electric method	光电法
photo-electric transducer	光电传感器
photographic eye tracker	照相式眼动仪
photokymogaph	感光记纹鼓
photoreceptor	感光器
pixel	像素
postsaccadic	后眼跳的
preferred scan path	偏好扫描路径，偏好扫描轨迹
preferred viewing location	偏好注视位置
primary oculomotor control, POC	初级眼动控制理论
priming task	启动任务
priming technique	启动技术
probability of fixation	注视概率
probability of letter sequences	字母顺序概率
probe word	探测词
prosaccades	朝向眼跳
pupil	瞳孔
pupilometer	瞳孔测量仪
Purkinje image	普金野图像

pursuit eye movement	追随眼动
pursuit movement	追随运动
Push-Pull Model	推-拉模型
Rapid Saccade Programming Model	快速眼跳动程序模型
rapid serial visual presentation,RSVP	快速系列视觉呈现
real-world scene perception	真实场景知觉
recency effect	近因效应
receptive field	感受野
recognition of spoken word	口语字词的识别
recognition span	识别广度
reaction time of vision transferring	视线转移反应时
regression	回视
regression count	回视次数
regression in count	回视入次数
regression out count	回视出次数
regression-path duration	回视路径时间
regressive eye movement	回视
re-reading time	重读时间
retinal image	视网膜像
retinascope	视网膜镜
return sweep	回扫
rhodopsin	视紫红质
rhythmical eye movement	有节奏的眼动
rhythmical reading	有节奏的阅读
rods	视杆细胞
saccade	眼跳
saccade distance	眼跳距离
saccade duration	眼跳时间
saccade inhibition	眼跳抑制
saccade landing position	眼跳落点,眼跳着陆点
saccade latency	眼跳潜伏期
saccade length	眼跳长度
saccade programming time	眼跳计划时间
saccade size	眼跳大小
saccade target	眼跳目标
saccade target selection	眼跳目标选择
saccade trajectory	眼跳轨迹
saccade-and-fixate strategy	眼跳和注视策略

saccade-contingent change	随眼跳改变
saccadic orienting	眼跳导向
saccadic programming	眼跳计划
saccadic selectivity	眼跳选择性
saccadic suppression	眼跳抑制
saliency map	显著特征地图,凸显地图
scan path	扫描轨迹,扫描路径
scanning pattern	扫描模式
scanning patterns	扫描模型
scene perception	场景知觉
scene recognition	场景识别
scene schema	场景图式
scene semantics	场景语义
scene viewing	场景视觉
schema	图式
sclera search coils system	磁感应眼动记录系统
second pass reading time	第二遍阅读时间
Sequential Attention Shift(SAS)	序列性注意转移理论
shadowscope reading pacer	投影阅读仪
shallow orthography	浅层正字法、浅层文字
short-range regression	短距离回视
single fixation duration	单一注视时间
skipping	跳读
smooth pursuit	平滑追踪
span of effective vision	有效视觉广度
spatial aspect of vision	视觉空间特性
speed reader	快速阅读者
speed-accuracy tradeoff	速度-准确率权衡
spillover effect	溢出效应
spreading activation	扩散激活
stabilized retinal image	稳定网像技术
stationary window method	固定窗口法
strabismus	斜视
Strategy-Tactics Model	战略-战术模型
subsequent fixation	后续注视
superior oblique muscle	上斜肌
superior rectus muscle	上直肌
SWIFT Model	SWIFT 模型

tachistoscopic display	速示呈现
tachistoscopic projector	速示投影仪
task-evoked pupillary responses, TEPR	任务-诱发瞳孔反应
temporal aspect of vision	视觉时间特性
the total perception span	总的知觉广度
thresholds for eye movement	眼动阈值
total fixation duration	总注视时间
total reading time	总阅读时间
transsaccadic integration	眼跳之间的整合
tremor	震颤
vestibularocular	前庭动眼神经的
video-oculo graphy, VOG	眼动摄像技术
visibility function	光亮度函数
vision	视觉
vision recognition distance	视觉再认距离
visual acuity	视敏度
visual adaptation	视觉适应
visual agnosia	视觉不识症
visual angle	视角
visual area	视区
visual axis	视轴
visual buffer model	视觉缓冲器加工理论
visual capture	视觉捕获
visual cliff	视崖
visual context	视觉皮层
visual contrast	视觉对比
visual control hypothesis	视觉控制假设
visual direction	视觉方向
visual display terminal, VDT	视觉显示终端
visual display	视觉显示器
visual distance	视距
visual ergonomics	视觉功效学
visual evoked potential	视觉诱发电位
visual exploratory activity	视觉探寻活动
visual field stability	视野稳定性
visual field task	视野任务
visual guidance	视觉导向
visual handicap	视觉残疾，视觉障碍

visual identity	视觉识别
visual illusion	视错觉
visual impairment	视觉障碍
visual inspection	视觉检验
visual mask	视觉掩蔽
visual memory	视觉记忆
visual neglect	视觉忽视
visual noise	视觉噪声
visual orienting response	视觉定向反应
visual pathway	视觉通路
visual perception	视知觉
visual pigment	视色素
visual preference	视觉偏好
visual processing skill	视觉加工技巧
visual register	视觉登记
visual search	视觉搜索
visual span	视觉广度
visual speech center	视语言中枢
visual stimulus	视觉刺激
visual threshold	视觉阈限
visual time error	视觉时间误差
visual-motor behavioral rehearsal	视觉-运动行为演练
visual-oculomotor system	视觉-眼球运动系统
visual-world paradigm	视觉—情境范式
visuometer	视力计
visuospatial	视空的

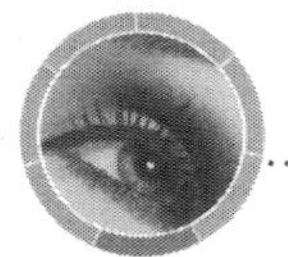

附录三

国外发表的中文阅读的眼动研究的主要论文索引

Aaronson D, Ferres S. 1986. Sentence processing in Chinese-American billinguals. Journal of Memory and Language, 25(1): 136-162

Bai X J, Yan G L, Liversedge S P, et al. 2008. Reading spaced and unspaced Chinese text: Evidence from eye movements. Journal of Experimental Psychology: Human Perception and Performance, 34(5): 1277-1287

Chen H C. 1992. Reading comprehension in Chinese: Some implications from character reading times. *In*: Chen H C, Tzeng O. Language Processing in Chinese. Amsterdam: North-Holland(Elsevier): 175-205

Chen H C, Lau V W, Wong E K F. 1998. Reading Chinese: Implications from character reading times and eye movement data. Paper Presented at the First International Workshop on Written Language Processing, Sydney

Chen H C, Tang C K. 1998. The effective visual field in reading Chinese. Reading and Writing: An Interdisciplinary Journal, 10: 245-254

Chen H C. 1999. How do readers of Chinese process words during reading for comprehension? *In*: Wang J, Inhoff A W, Chen H C. Reading Chinese Script: A Cognitive Analysis. Mahwah: Erlbaum: 257-278

Chen H C, Song H, Lau W Y, et al. 2003. Developmental characteristics of eye movements in reading Chinese. *In*: McBride-Chang C, Chen H C. Reading Development in Chinese Children. Westport: Praeger: 157-169

Chen M L, Ko H. 2010. Exploring the eye-movement patterns as Chinese children read texts: A developmental perspective. Journal of Research in Reading, 34(2): 232-246

Chua H F, Boland J E, Nisbett R E. 2005. Cultural variation in eye movements during scene perception. Proceedings of the National Academy of Sciences, 102: 12629-12633

Feng G, Miller K, Shu H, et al. 2001. Rowed to recovery: The use of phonological and orthographic information in reading Chinese and English. Journal of Experimental Psychology: Learning, Memory, and Cognition, 27: 1079-1100

Feng G. 2006. Eye mocement in Chinese reading: Basic processes and corssilingustic differences. *In*: Li P. The Handbook of East Asian Psycholingusistics. Vol. Ⅰ. Chinese. Cambridge: Cambridge University Press: 187-194

Feng G, Miller K, Shu H, et al. 2009. Orthography, and the development of reading processes:An eye-movement study of Chinese and English. Child Development,80:720-735

Hoosain R. 1991. Psycholinguistic Implications for Linguistic Relativity:A Case Study of Chinese. Hillsdale:Lawrence Erlbaum Associates

Hoosain R. 1992. Psychological reality of the word in Chinese. *In*:Chen H C,Tzeng O J L. Language Processing in Chinese. Amsterdam:North-Holland:111-130

Inhoff A W,Liu W. 1998. The perceptual span and oculomotor activity during the reading of Chinese sentences. Journal of Experimental Psychology: Human Perception and Performance,24:20-34

Inhoff A W, Liu W, Tang Z H. 1999. Use of prelexical and lexical information during Chinese sentence reading:Evidence from eye-movement studies. *In*:Wang J,Infhoff A W,Chen H C. Reading Chinese Script,A cognitive Analysis. New Jersey:Lawerence Erlbaum Associates Publishers:207-220,223-238

Inhoff A W, Wu C. 2005. Eye movements and the identification of spatially ambiguous words during Chinese sentence reading. Memory & Cognition,33:1345-1356

Just M A,Carpenter P A. 1987. The psychology of reading and language comprehension. Boston:Allyn and Bacon,Inc:305-306

Liu W, Inhoff W, Ye Y, et al. 2004. Use of parafoveally visible characters during the reading of Chinese sentences. Journal of Experimental Psychology:Human Perception and Performance,28(5):1213-1227

Mile R S,Eugene S. 1925. Photographic recording of eye movements in the reading of Chinese in vertical and horizontal axes:Method and preliminary results. Journal of Experimental Psychology,8:344-362

Peng D L,Orchard L N,Stern J N. 1983. Evaluation of eye movement variables of Chinese and American readers. Pavlovian Journal of Biological Science,18(2):94-102

Pollatsek A,Tan L,Rayner K. 2000. The role of phonological codes in integrating information across saccadic eye movements in Chinese character identification. Journal of Experimental Psychology:Human Perception and Performance,26:607-633

Rayner K, Li X, Juhasz B J, et al. 2005. The effect of word predictability on the eye movements of Chinese readers. Psychonomic Bulletin & Review,12:1089-1093

Rayner K,Li X,Pollatsek A. 2007. Extending the E-Z Reader model to Chinese reading. Cognitive Science,31(6):1021-1033

Rayner K,Castelhano M S,Yang J. 2009. Eye movements when looking at unusual/weird scenes. Are there cultural differences? Journal of Experimental Psychology:Learning,Memory,and Cognition,35:254-259

Ren G,Yang Y. 2010. Syntactic boundaries and comma placement during silent reading of Chinese text:Evidence from eye movements. Journal of Research in Reading,33:168-177

Rozin P P, Poritshy S, Sotshy R. 1971. American children with reading problems can easily learn to read English represented in Chinese characters. Science, 171: 1264-1267

Seibert E W. 1943. Reading reactions for varied types of subject matter: An analytical study of eye movements of eighth grade pupils. Journal of Experimental Psycholgy, 10: 158-183

Shen E. 1927. An analysis of eye movements in the reading of Chinese. Journal of Experimental Psychology, 10: 158-183

Sun F H, Morita M, Stark L W. 1985. Comparative patterns of reading eye movement in Chinese and English. Perception & Psychophysics, 37: 502-506

Sun F, Feng D. 1999. Eye movements in reading Chinese and English text. *In*: Wang J, Infhoff A W, Chen H C. Reading Chinese Script, A Cognitive Analysis. New Jersey: Lawerence Erlbaum Associates Publishers: 189-204

Taft M, Zhu X. 1997. Submorphemic processing in reading Chinese. Journal of Experimental Psychology: Learning, Memory, and Cognition, 23: 761-775

Taft M, Zhu X, Peng D. 1999. Positional specificity of radicals in Chinese character recognition. Journal of Memory and Language, 40: 498-519

Tsai C H, McConkie G W. 1995. The perceptual span in reading Chinese text: A moving-window study. Paper presented at the Seventh International Conference on the Cognitive Processing of Chinese and Other Asian Languages, Hong Kong

Tsai J L, McConkie G W. 2003. Where do Chinese readers send their eyes? *In*: Hyönä J, Radach R, Deubel H. The Mind's Eye: Cognitive and Applied Aspects of Eye Movement Research. Oxford: Elsevier: 159-176

Tsai J L, Lee C Y, Tzeng O J L, et al. 2004. Use of phonological codes for Chinese characters: Evidence from processing of parafoveal preview when reading sentences. Brain and Language, 91: 235-244

Tsai J L, Lee C Y, Lin Y C, et al. 2006. Neighborhood size effects of Chinese words in lexical decision and reading. Language and Linguistics, 7: 659-675

Wang F C. 1935. An experimental study of eye movements in the silent reading of Chinese. Elementary School Journal, 35: 527-539

Wang H, Pomplun M, Chen M, et al. 2010. Estimating the effect of word predicatability on eye movements in Chinese reading using latent semantic analysis and transitional probability. The Quarterly Journal of Experimental Psychology, 63: 1374-1386

Wong K F E, Chen H C. 1999. Orthographic and phonological processing in reading Chinese text: Evidence from eye fixations. Language and Cognitive Processes, 14: 461-480

Yan G, Tian H, Bai X, et al. 2006. The effect of word and character frequency on the eye movements of Chinese readers. British Journal of Psychology, 97: 259-268

Yan G, Bai X, Zang C, et al. 2010. Using stroke removal to investigate Chinese character identification during reading: Evidence from eye movements. Reading and Writing, in press

Yan M, Richter E M, Shu H, et al. 2009. Readers of Chinese extract semantic information from parafoveal words. Psychonomic Bulletin & Review, 16(3): 561-566

Yan M, Kliegl R, Richter E, et al. 2010. Flexible saccade target selection in Chinese reading. The Quarterly Journal of Experimental Psychology, 63: 705-725

Yan M, Kliegl R, Shu H, et al. 2010. Parafoveal load of word n+1 modulates preprocessing effectiveness of word n+2 in Chinese reading. Journal of Experimental Psychology: Human Perception and Performance, 36(6): 1669-1676

Yang J, Wang S, Xu Y, et al. 2009. Do Chinese readers obtain preview benefit from word n+2? Evidence from eye movements. Journal of Experimental Psychology: Human Perception and Performance, 35(4): 1192-1204

Yen M H, Tsai J L, Tzeng O J L, et al. 2008. Eye movements and parafoveal word processing in reading Chinese. Memory and Cognition, 36(5): 1033-1045

Yen M H, Radach R, Tzeng O J L, et al. 2009. Early parafoveal processing in reading Chinese sentences. Acta Psychologica, 131: 24-33

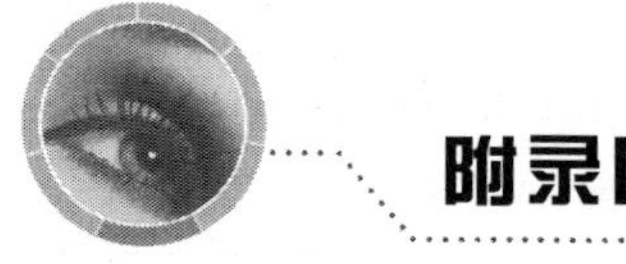

附录四

2000年以来的研究生眼动论文目录

陈向阳. 2000. 不同年级学生阅读课文和句子的眼动过程研究. 天津师范大学博士论文

陶云. 2001. 不同年级学生阅读有或无配图课文的眼动实验研究. 天津师范大学博士论文

许晓丽. 2001. 阅读中多媒体材料及其呈现方式的眼动研究. 辽宁师范大学硕士论文

王燕平. 2001. 基于红外电视法眼动仪新方案的设计与实现. 西安电子科技大学硕士论文

龚炼. 2002. 汉语文快速阅读研究试探. 首都师范大学硕士论文

任桂琴. 2003. 小学一年级数学新课本插图效果研究. 辽宁师范大学硕士论文

关尔群. 2003. 多媒体课件中不同色彩文字材料对阅读影响的眼动研究. 辽宁师范大学硕士论文

王丽燕. 2003. 工作记忆中的语音回路影响汉语阅读理解的眼动研究. 首都师范大学硕士论文

蔡治. 2003. 视角对汉字识别影响的研究. 西南师范大学硕士论文

杨震. 2003. 小学一年级语文标准实验教科书中课文插图评价研究. 辽宁师范大学硕士论文

张兴利. 2004. 青少年语篇理解中类别指称对象提取的心理机制. 天津师范大学硕士论文

隋雪. 2004. 学习困难生阅读过程的眼动特征. 辽宁师范大学博士论文

田宏杰. 2005. 词频、首字字频和尾字字频对双字词识别作用的发展研究. 天津师范大学硕士论文

史瑞萍. 2005. 句子理解中主题角色指派心理机制的发展研究. 天津师范大学硕士论文

李莉. 2005. 长距离依赖结构句子理解的研究. 天津师范大学硕士论文

周源源. 2005. 青少年工作记忆容量和预期推理的心理机制研究. 天津师范大学硕士论文

邢丹. 2005. 听力障碍儿童篇章阅读的眼动特征. 辽宁师范大学硕士论文

杨珍. 2005. 篇章阅读中信息整合过程的眼动研究. 湖南师范大学硕士论文

谢晓燕. 2005. 基于眼动技术和动态流通语料库(DCC)的汉语阅读注视块研究. 北京语言大学硕士论文

郭俊汝. 2005. 关于 Ebbinghaus 错觉认知方式的眼动研究. 辽宁师范大学硕士论文

付炜珍. 2005. 旋转图形加工的眼动特性. 首都师范大学硕士论文

王克芹. 2005. 平面广告不同排版方式的眼动研究. 上海师范大学硕士论文

张克满. 2005. 基于 DSP 技术的眼动图像采集系统研究与实现. 西北工业大学硕士论文

何桂华. 2005. 注视点线索、靶子亮度和反应方式对返回抑制的影响. 华南师范大学硕士论文

佟秀丽. 2005. 类比匹配中客体相似性影响机制的实验研究. 华南师范大学硕士论文

代小东. 2005. 图形加工中的语义距离效应. 首都师范大学硕士论文

张仙峰. 2006. 词的获得年龄、熟悉度、具体性和词频效应的发展研究. 天津师范大学硕士

论文
任桂琴. 2006. 句子语境中汉语词汇识别的即时加工研究. 辽宁师范大学博士论文
刘新颜. 2006. 不同类型学生阅读理解监控能力的发展研究. 天津师范大学硕士论文
王瑞明. 2006. 文本阅读中信息的协调性整合研究. 华南师范大学博士论文
李娜. 2006. 不同年级中学生阅读议论文过程的眼动研究. 湖南师范大学硕士论文
孙凌. 2006. 大一学生整体-分析型认知风格个体阅读不同难度中文说明文的眼动研究. 东北师范大学硕士论文
姚海娟. 2006. 不同认知风格个体顿悟问题解决的发展研究. 天津师范大学硕士论文
任延涛. 2006. 视觉搜索中的空间位置效应. 辽宁师范大学硕士论文
李杨. 2006. 视野位置及刺激特征对目标搜索影响的眼动研究. 首都师范大学硕士论文
严艳梅. 2006. 图片重复扫描路径的眼动研究. 首都师范大学硕士论文
胡荣荣. 2006. 图形加工中的信息转换特性. 首都师范大学硕士论文
张晓曼. 2006. 网页文字色彩搭配的眼动研究. 浙江师范大学硕士论文
吴燕. 2006. 学习障碍儿童外显视空间注意转移的眼动研究. 浙江师范大学硕士论文
何立国. 2006. 视觉心理表象的眼动机制. 西北师范大学硕士论文
田佳. 2006. 简单三维图形及其对应实体的取样策略研究. 浙江大学硕士论文
赵晓风. 2006. 人像辨认类型及辨认人像五官的眼动差异研究. 陕西师范大学硕士论文
李响. 2006. "女子篮球打法男性化"的眼动分析与对策研究. 辽宁师范大学硕士论文
马勇. 2006. 基于眼动分析的汽车驾驶员视觉搜索模式研究. 长安大学硕士论文
刘真. 2006. 广告心理效果测评的心理学实验方法研究. 陕西师范大学硕士论文
高磊. 2006. 篮球运动员运动决策准确性和速度差异及训练模式研究. 辽宁师范大学硕士论文
胡海龙. 2006. 网络游戏对青少年攻击性倾向影响的实验研究. 华东师范大学硕士论文
骆劲华. 2006. 不同年级学生在平面几何解题中添加辅助线过程的眼动研究. 湖南师范大学硕士论文
刘海健. 2007. 启动材料类型对言语产生影响的发展研究. 天津师范大学硕士论文
胡笑羽. 2007. 非注视词的词汇特性对注视词加工作用的发展研究. 天津师范大学硕士论文
臧传丽. 2007. 副中央凹加工中言语代码作用的发展研究. 天津师范大学硕士论文
王文静. 2007. 中文阅读过程中信息提取时间及词频效应的眼动研究. 天津师范大学硕士论文
熊建萍. 2007. 不同年级学生中文阅读知觉广度的眼动研究. 天津师范大学硕士论文
叶文玲. 2007. 中文阅读过程中注视点左右两侧注意资源分配的眼动研究. 天津师范大学硕士论文
李慧生. 2007. 初中语文学困生与学优生阅读差异性研究. 天津师范大学硕士论文
刘丽萍. 2007. 青少年阅读中词跳读的发展研究. 天津师范大学硕士论文
崔磊. 2007. 眼动控制中串行与并行模型的冲突. 华南师范大学硕士论文
黄时华. 2007. 中文句子和语篇阅读中的副中央凹信息加工的眼动研究. 华南师范大学硕士论文
段新焕. 2007. 汉语动作动词的性别编码及对认知的影响. 华南师范大学硕士论文

刘立立. 2007. 大学毕业生应聘简历的眼动研究. 东北师范大学硕士论文
田旻露. 2007. 体育院校不同专业学生英语阅读眼动特征的比较研究. 上海外国语大学硕士论文
李鹏程. 2007. 汉字模糊信息的线索搜寻与模式识别的眼动研究. 西北师范大学硕士论文
瞿彬. 2007. 网页视觉搜索的眼动研究. 浙江师范大学硕士论文
杨眉. 2007. 信息加工视域下的广告心理效果眼动研究. 西北师范大学硕士论文
张霞. 2007. 视觉表象操作加工的眼动实验研究. 华南师范大学硕士论文
周薇. 2007. 眼动视频图像处理与跟踪系统研究. 南京航空航天大学硕士论文
朱小虎. 2007. 主题统觉测验(TAT)眼动研究. 华东师范大学硕士论文
闫苍松. 2007. 环境主导注意项目运动员的视觉选择性注意特点研究. 辽宁师范大学博士论文
李强. 2007. 情绪面孔与不同灰度背景对瞳孔大小影响研究. 第四军医大学硕士论文
余芬芬. 2007. 内源性注意和外源性注意对数字加工影响的发展研究. 浙江师范大学硕士论文
何俊锋. 2007. 量化信息加工时的注意性扫描与眼动扫描的皮层定位初探. 华南师范大学硕士论文
张永博. 2007. 视觉记忆引导的目标定位特性研究. 首都师范大学硕士论文
陈玉英. 2007. 学习障碍儿童的眼跳研究. 浙江师范大学硕士论文
卜晓艳. 2007. ADHD 及其亚型的抑制和工作记忆的眼跳研究. 浙江师范大学硕士论文
伏干. 2008. 中学生字词阅读知觉广度的眼动研究. 天津师范大学硕士论文
王丽红. 2008. 老年人词频与语境效应及知觉广度的眼动研究. 天津师范大学硕士论文
张艳玲. 2008. 高、低工作记忆容量青少年学生进行模态推理过程的眼动研究. 湖南师范大学硕士论文
郑翠玲. 2008. 大学生内隐自尊的认知特点研究. 华东师范大学硕士论文
宋桂花. 2008. 大学生数学问题解决的表征策略研究. 华东师范大学硕士论文
王楠. 2008. 基于用户兴趣的虚拟会展平台研究. 浙江大学硕士论文
赵用强. 2008. 青少儿网球运动员决策速度和准确性的年龄差异研究. 湖南师范大学硕士论文
关善玲. 2008. 学生解应用题过程中比例定势现象的研究. 天津师范大学硕士论文
常河山. 2008. 消费者品牌决策及决策策略的认知加工机制研究. 华东师范大学博士论文
安顺钰. 2008. 基于眼动追踪的手机界面可用性评估研究. 浙江大学硕士论文
靖新巧. 2008. 大学生场认知方式对图形推理影响的眼动研究. 贵州师范大学硕士论文
张雪怡. 2008. 实景图片中大学生注意优先效应的眼动研究. 广西师范大学硕士论文
张丹. 2008. 罗夏墨迹测验的客观性评价. 华东师范大学硕士论文
王超. 2008. 高中生解答有无物理图力学问题过程的眼动研究. 湖南师范大学硕士论文
李路荣. 2008. 中小学生进行几何图形推理过程的眼动研究. 湖南师范大学硕士论文
高杨. 2008. 图式理论和快速眼动法对大学生快速阅读的影响. 吉林大学硕士论文
金俊清. 2008. 纵横汉字输入法的内隐学习研究. 华东师范大学硕士论文

曾宪红. 2008. 一般阅读者与熟练阅读者阅读文言文过程眼动特征的比较研究. 湖南师范大学硕士论文
李馨. 2008. 汉语双字词语义透明度的发展研究. 天津师范大学硕士论文
袁伟. 2008. 城市道路环境中汽车驾驶员动态视觉特性试验研究. 长安大学博士论文
付玉萍. 2008. 以汉语为第二语言的留学生高级阶段阅读眼动研究. 首都师范大学博士论文
李瑛. 2008. 视觉表象建构及表象扫描的眼动特征. 陕西师范大学博士论文
钱国英. 2008. 情绪记忆的特点研究. 华东师范大学博士论文
孙延林. 2009. 不同水平体操运动员的预期与视觉搜索特征的研究. 天津师范大学博士论文
王晓庄. 2009. 决策中的锚定效应发展研究. 天津师范大学博士论文
康廷虎. 2009. 情景识别过程中的信息搜索与整合. 天津师范大学博士论文
陶维东. 2009. 非面孔物体识别倒置效应. 西南大学博士论文
王洪彪. 2009. 羽毛球练习者知觉动作技能认知加工特征研究. 上海体育学院博士论文
郭应时. 2009. 交通环境及驾驶经验对驾驶员眼动和工作负荷影响的研究. 长安大学博士论文
祁乐瑛. 2009. 表象表征:心理旋转的实证探索. 华东师范大学博士论文
高晓妹. 2009. 汉语儿童图画书阅读眼动研究. 华东师范大学博士论文
曲孝丽. 2009. 当代青少年价值观的发展研究. 南开大学博士论文
蒋柯. 2009. 趋利避害. 华东师范大学博士论文
黄春瑞. 2009. 眼动跟踪算法及其在基于仿真假体视觉光幻视点定位中的应用. 上海交通大学硕士论文
李成. 2009. 大学生图文阅读中插图效应的眼动研究. 吉林大学硕士论文
齐薇. 2009. 汉字笔画的省略对中文句子阅读影响的眼动研究. 天津师范大学硕士论文
田瑾. 2009. 词切分对韩国、泰国留学生汉语阅读影响的眼动研究. 天津师范大学硕士论文
王李艳. 2009. 不同任务难度对学习障碍儿童返回抑制的影响. 浙江师范大学硕士论文
王琛. 2009. 图形搜索中视觉形状和语义范畴信息的加工. 首都师范大学硕士论文
叶小卉. 2009. GKT 测谎测试的眼动研究. 浙江师范大学硕士论文
陈阳. 2009. 城市道路环境中驾驶员工作负荷试验研究. 长安大学硕士论文
张彦改. 2009. 工作记忆和词汇信息对汉语阅读中跳读的影响研究. 辽宁师范大学硕士论文
王莹莹. 2009. 场独立型汉语母语者阅读英文说明文的眼动研究. 北京语言大学硕士论文
王小东. 2009. 工作记忆对视觉搜索的引导作用. 辽宁师范大学硕士论文
田静. 2009. 朝向和反向眼跳任务中的方位效应. 天津师范大学硕士论文
卢张龙. 2009. 词频和可预测性对汉语词语识别影响的发展研究. 天津师范大学硕士论文
张帆. 2009. 羽毛球运动员判断杀球线路的眼动特征与选择反应研究. 首都体育学院硕士论文
吕惠玲. 2009. 汉语句子歧义消除的眼动行为研究. 河南大学硕士论文
徐静俭. 2009. 对 Eyelink 和 Tobii 两种眼动仪测量性能的比较实验. 华东师范大学硕士论文
梁倩. 2009. 横竖错觉与不可能图形知觉的眼动研究. 华东师范大学硕士论文
邱爽. 2009. 中学生整体-分析认知风格对英语快速阅读眼动模式的影响. 东北师范大学硕

士论文
高涛. 2009. 不同认知灵活性小学生快速阅读训练及其眼动特征. 河南大学硕士论文
崔雪融. 2009. 面部表情信息上下不对称性的研究. 陕西师范大学硕士论文
张益荣. 2009. 汉语词汇识别中语音、字形激活效应的眼动研究. 陕西师范大学硕士论文
钱丽. 2009. 汉语发展性阅读障碍儿童词汇阅读的眼动研究. 辽宁师范大学硕士论文
徐增杰. 2009. 不同认知方式个体在语篇阅读理解中抑制干扰信息的研究. 山东师范大学硕士论文
周丽. 2009. 汉语惯用语加工的眼动研究. 湖南师范大学硕士论文
高博. 2009. 汉语阅读障碍儿童英语阅读中的眼动特征. 河南大学硕士论文
黄平. 2009. 身体自我概念水平对个体瞳孔直径变化的影响研究. 武汉体育学院硕士论文
何玲. 2009. 儿童和成人汉字识别的眼动研究. 浙江师范大学硕士论文
王荣. 2009. 认知老化过程中优势反应抑制的眼动. 天津师范大学硕士论文
张兰兰. 2009. 不同语法知识掌握水平对中文词切分的影响. 天津师范大学硕士论文
宫准. 2009. 情绪启动效应的发展与眼动研究. 天津师范大学硕士论文
何燕. 2009. 大学生进行归类不确定时特征推理过程的眼动研究. 湖南师范大学硕士论文
武媛媛. 2009. 眼动跟踪技术研究. 西安电子科技大学硕士论文
张祖涛. 2010. 基于采样强跟踪非线性滤波理论的驾驶员眼动跟踪技术研究. 西南交通大学博士论文
胡笑羽. 2010. 中文阅读的副中央凹-中央凹效应研究. 天津师范大学博士论文
臧传丽. 2010. 儿童和成人阅读中的眼动控制：词边界信息的作用. 天津师范大学博士论文
潘玲. 2010. 基于任务特性的前瞻记忆发展研究. 天津师范大学博士论文
周坤. 2010. 网上购物用户信息搜寻行为与网站设计研究. 大连海事大学硕士论文
严会霞. 2010. 基于 SVM 的眼动轨迹解读思维状态的研究. 太原理工大学硕士论文
徐俊霞. 2010. 呈现方式和命题属性对归纳推理多样性效应影响的眼动研究. 河南大学硕士论文
房启晓. 2010. 面向工程机械的工业设计程序与方法研究. 山东大学硕士论文
刘超. 2010. 基于眼动研究的工程机械驾驶室内饰评价方法研究. 山东大学硕士论文
赵光. 2010. 情景线索效应双加工模型机制的研究. 西南大学硕士论文
龚定一. 2010. 大学生阅读性感平面广告过程中的眼动研究. 上海交通大学硕士论文
周嘉宾. 2010. 眼动跟踪系统算法研究与实现. 西安电子科技大学硕士论文

后　记

心里一直怀有一个夙愿，想将2004年天津教育出版社出版的《眼动分析法在心理学研究中的应用》(1998年出版了第一版)一书从结构、章节和内容上进行增加和删改。这样做有下面几个原因。第一，近年来，一些初入眼动研究领域的心理学工作者、相关领域的研究人员或者研究生，打电话或者通过电子邮件向我问询眼动研究的发展状况和购买眼动仪的选型事宜。在回答这些问题的同时，自己也感到了一份责任，觉得出版眼动研究的入门书是非常必要的。第二，国外的眼动研究领域飞速发展，国内相关的研究刚刚起步，如果不对《眼动分析法在心理学研究中的应用》的内容及时更新，就无法满足初学者的需要，还可能产生误导。第三，也是最重要的原因，近20年来，在沈德立先生的率领下，天津师范大学心理与行为研究院拥有了一支眼动研究的团队，书中很多的成果就是我们这个团队共同努力的结果。所以，我想将这部书作为我们天津师范大学眼动研究团队集体的科研成果，也是对我们研究的一个小结。现在，看着已经完成的书稿，感到了一种前所未有的轻松与释然。回想起自己成长的道路，想起自己跟眼动研究结缘的这二十多年的历程，不禁心潮起伏，感慨万千……

1990年，天津师范大学从美国购进了ASL公司生产的眼动仪，恩师沈德立先生对我十分信任，将这台价值十几万美元的大型精密仪器交给我操作和保管。自己当年只有27岁，正是在专业和人生道路上彷徨、迷惘的年龄。恩师的重托，使得自己开始了与眼动仪和眼动研究的结缘，在某种意义上也确定了自己的研究方向。对于眼动研究领域，自己经历了从陌生、了解到热爱的过程。此后，自己一直在沈德立先生的指导下，坚持开展眼动研究工作。

在本书付梓之计，我十分激动。在此，我要感谢在人生成长的道路上给予我巨大帮助的恩师、同事、同学们和我的家人。

首先，我要将本书献给邹淑文先生，她是我在天津市第十六中学(现为耀华中学)读高中时的班主任，她的语文课讲得非常精彩，为人更是令人钦佩。我是她班上的一位普通学生，她对自己所有的学生都特别好，倾注了全部的爱心。在1981年高考期间，为了增加记忆力，她给我买了核桃，在我上大学的第一个中秋节，她还给我寄来了一盒月饼。先生的这些做法，使我感到了先生对我的殷切期望，也正是邹先生的这种期望，使我在中学和大学学习期间乃至工作以后都不敢怠慢。自己在北京师范大学教育系本科毕业以后，在天津师范大学教育科学学院获得了硕士学位，随后又考取了华东师范大学心理系的博士研究生。这一切，都与先生对我的关心与殷切期望分不开。也许，这就是教育心理学上说的皮革马利翁效应吧！使我感念至深的是，当事隔30多年之后，我向邹先生提起上述往事的时候，她已经忘却了。因为，她帮助过太多的同学，做过太多助人为乐的事情。邹先生的为人，一直是自己工作以后的学习榜样和努力方向。

其次，要将本书献给恩师沈德立先生和杨治良先生。我大学毕业后，来到天津师范大学教育系,一直在沈先生的指导下工作。他是我的硕士生导师,无论是做学问还是做人,我都从他身上学到了很多东西。他的人格魅力是大家公认的。我在学术生命上一点一滴的成长,无不凝结着恩师的关怀与指导。1990 年,当沈德立先生将眼动仪这台大型精密仪器交给我操作和保管时,自己深感责任重大,所以,一直努力工作,不敢有所松懈。恩师对我的教诲和希望,一直鞭策着我不断努力进取。近 20 年里,除了保质保量完成教育学院的教学任务之外,我的绝大部分时间是在眼动仪实验室里度过的,周六和周日也很少休息。我负责的眼动实验室几乎一周七天“全天候”向研究基地的老师和研究生开放。

2001 年,自己有幸考取国家教育部公派赴美国留学一年的资格,沈德立先生亲自安排文科基地的负责同志为我送行。临行前,沈先生对我只说了一句话:“国利,你出去,我放心!”我自己深深地知道这句话的分量,也知道这句话凝聚了恩师怎样的信任与期望。留学期满回国的那天,到达北京机场后已经是晚上,在机场的出口,我看到文科基地的阴国恩主任、张健主任和白学军主任及办公室吴捷主任一起来接我。更让我没有想到的是,汽车到天津后,没有直接送我回家,而是到了一家饭馆。在那里,沈先生已经订好了夜餐(当时已经接近午夜),给我接风洗尘。当我见到恩师时,激动的心情,难于言表。

沈德立先生给我提供了多次到国外学习进修的机会,我先后参加了第 12、第 13、第 14 届欧洲眼动大会(The European Conference on Eye Movements)。参加这些大会,使自己接触到了国际眼动研究的同仁与专家,了解了眼动研究的前沿。自己先后在美国、英国等国家进行过访学或者合作研究,这一切都为自己编著这部书打下了基础。

恩师杨治良先生是我的博士生导师,能够有这样一位德高望重的学术前辈作为导师是自己的荣幸。杨先生在国内的实验心理学领域居于令人仰视的地位,但是,他非常平易近人。杨先生不仅教我做学问,而且教我如何做人,他严谨的治学态度与谦和的为人准则使我获益匪浅。我还记得做杨先生的学生时,杨先生每到逢年过节,就把学生请到家里吃饭,还给我们零用钱。此外,李其维教授、缪小春教授、皮连生教授和陈国鹏教授,也给予了我莫大的帮助和关怀。在华东师范大学心理学系求学的三年是我终身难忘的三年!

在此,我也把本书作为献给恩师沈德立和杨治良先生的一份考试答卷,报答他们对我的厚爱、培养以及知遇之恩。

此外,还要感谢 Keith Rayner 教授。2001 年,作为教育部公派的访问学者,我来到了美国马萨诸塞州的马萨诸塞大学阿莫斯特校区,师从世界著名的眼动研究专家 Keith Rayner 教授。在美国期间,Keith Ranyer 教授在生活和科研条件方面给我提供了很多便利的条件,旁听了国际上一流的心理语言学专家 Keith Rayner、Alexander Pollatsek、Chuck Clifton 和 Lyn Frazier 等教授的课程,积极参与眼动实验室的项目。这些活动,使得自己在眼动研究领域领略到了世界一流学者的治学之道,同时也学到了国外先进的眼动仪实验室管理经验。此后,在协助沈德立先生发起“中国国际眼动大会”(China International Conference on Eye Movements)和促进天津师范大学与国外眼动合作研究的工作中,Keith Rayner 教授都给予了很大的帮助。目前,中国国际眼动大会已经召开了四届。我坚信,这个大会还会延续下去。这个大会对于推动中国的眼动研究事业起到了重要的作用。

2006 年,我和白学军教授来到英国南安普顿大学(University of Southampton)的心理学院进行访学，Simon P. Liversedeg 教授和 Valerie Benson 博士为我们提供了无私的帮助，而且，我们在一起探讨了很多中文阅读的眼动实验研究的思路，成功地开展了多项科研协作。近年来，我们还与南安普顿大学合作培养博士，并且互派研究生进行合作研究。

阴国恩教授一直是关心我成长的师长，每到人生的关键时刻，每当在学术上遇到难题时，他都会像大哥般的关心我，给我指点迷津，从而使问题迎刃而解，他是我心目中十分敬佩的学者。

白学军教授是我的同事，也是我的挚友。在眼动研究方面，我们互相支持、互相帮助、共同成长。在眼动研究事业上我们有着共同的志趣，在眼动研究这个学术领域，我们和所指导的研究生已经组成了一个初具规模的团队。在沈先生的率领下，我们这个团队友爱互助，在人际关系上和谐相处，在事业上拼搏求索。我们相继出版了《学生汉语阅读的眼动研究》、《*Cognitive and Culture Influence on Eye Movements*》、《眼动研究在中国》、《眼动分析法在心理学研究中的应用》等著作，这些专著为推动国内的眼动研究起到了重要的作用。

本书也是在沈德立先生指导下完成的，是集体智慧的结晶。以下是各章的编写人员情况：第四章由王敬欣、田静撰写，第八章由白学军、康廷虎撰写，第五章第一节由白学军、胡笑羽撰写，其余各章是由我在原来《眼动分析法在心理学研究中的应用》一书的基础上修改和增补完成的。

我给心理学专业的研究生开设了《眼动分析与心理学研究》课程，使用该讲义作为教材，在使用的过程中，同学们提出了许多宝贵的意见，在校对书稿的过程中也付出了大量劳动，在此，也向他(她)们表示深深的感谢。这些同学有：张兴利，李莉，杨林，李勇，田宏杰，尹红新，史瑞萍，王雪焰，孙红梅，杨海波，薛向军，刘新颜，王巧玲，姚海娟，赵冰，李宁宁，周源源，席洁，吉楠，张仙峰，李静，陈凤荣，李菲菲，熊建萍，刘丽萍，刘海健，王文静，叶文玲，关善玲、伏干、刘志方、齐薇、巫金根、张霞、姜茜、胡晏雯、卞迁、余莉莉、郭志英、曹玉肖、顾俊娟、韩维锦、寿永静、黄培培、刘妮娜、孙莎莎，迟慧、王芬、叶晓林等。本科生廖少君、李芳也参与了校对工作，应该说，这些可爱的孩子们给予了我非常多的帮助，在此也向他们表示衷心的感谢。特别要感谢巫金根、田迅和齐雪婷同学，他们也为书稿的修改做了大量的工作。

此外，还有吕勇博士(教授)、李洪玉博士(教授)、冯虹博士(教授)、陈向阳博士、陶云博士、戴斌荣博士、康廷虎博士、臧传丽博士、胡笑羽博士、王丽红博士、李馨博士、崔磊博士、陈顺森博士、侯友博士、王丽红博士、魏玲博士、张兰兰博士、孟红霞博士，他(她)们都给过我热心的帮助，在此，向他(她)们表示深深的感谢。

张巧明博士、杨青博士和王芬同学对全书进行了全面、认真地校对，并提出了很多宝贵的意见，在此对她们表示深深的谢意。

最后，我要感谢我的家人。

我想将本书献给我的父母，感谢他们的养育之恩。我的父母虽然文化水平不高，但是，他们对我的学习予以了全力支持。在我成长的过程中，他们用淳朴、善良的思想教育我，使我长大成人。记得在 1976 年上初中的时候，一位同我关系很好的同学多购买了一套上海人民出版社出版的《数理化自学丛书》物理分册，这套书在课外书多得令人眼花缭乱的今天看来实在是没有什么，但在那个年代却是一套非常畅销的课外书，很难买到。这位同学就兴冲冲到我家里问我要不要，我非常想要，但是由于当时家里的经济状况不好，所以母亲没有答应，同学只好悻悻地走了，当时我非常伤心地哭了起来，母亲看到我哭了，犹豫了一下，然后，从当月拮据的生活费里拿出了买书的钱，我拿着钱飞快地跑到了那位同学家将书买了下来。直到现在，自己每每想到这件事情，眼泪就要流出来。此后，自己在北京师范大学读本科的时候，父母也是从不太富裕的生活费中按月给我寄钱。当然，这些钱大部分被我用来买参考书了。父母的恩情，自己一生也无法报答。

我的爱人韩映虹在自己的工作十分繁忙的情况下，承担了大量的家务和教育爱子的义务，同时我的岳母也帮助我们承担了大量的家务，使我有时间安心地写作，自己很少有时间关心儿子的学习，每每念及这些，总有负疚之感。在此也向她(他)们表示特别的感谢和深深的歉意。

在写这部书的时候，我很少有休息时间，周末通常是在实验室度过的。就是到了春节，自己常常初一就开始来实验室工作了。不少研究生都开玩笑地说："闫老师已经把实验室当作第二个家了。"

回顾走过来的人生道路，真要感谢上帝，让我在人生的每个关键之处都遇到了德才兼备的好老师、好同事和好学生，同时也遇到了豁达贤惠的妻子，如果没有他(她)们的热心帮助与鼎立支持，自己将一事无成。同时我也要感谢天津师范大学，是她培养了我，为我提供了一个可以发展的平台，使我找到了在事业上的坐标。这一切，使自己常怀有一颗感恩之心。

"路漫漫其修远兮，吾将上下而求索"，我十分喜欢这个诗句，而且觉得自己的学术追求应该如此。

在此，我很想引述恩师沈德立先生在《中国社会科学家自述》一书中说的一段话，与我们的眼动研究团队共勉，并作为鞭策自己今后不断进取与求索的座右铭：

"人的一生能够有效地为祖国服务大约只有四五十年，对于一个专业工作者来说，这四五十年是十分珍贵的。因此，每个人应该在自己的专业领域充分地、甚至顽强地展现自己。但对个人职务和待遇，则应看得淡些，不去计较。"

回首自己二十多年的工作经历，对这段话有着深刻的体会。

本书引用了大量的国内外学者的研究成果，在此向他们表示诚挚的谢意。由于作者水平有限，书中肯定会有很多疏漏和不妥之处，恳请读者不吝赐教。对本书的意见可以发送到：psyygl@163.com，我们会认真考虑您的意见，以便在修订此书的时候予以参考。此外，作者也希望本书能够起到抛砖引玉的作用，期待更多的眼动研究专著问世，看到我国的眼动研究事业欣欣向荣、蓬勃发展。

感谢教育部人文社会科学重点研究基地项目(2009JJDXLX005)基金资助和天津师范大学社科处对本书出版的资助，使这本书得以问世。也衷心感谢科学出版社的编辑马跃老师为这本书的出版所做的辛勤工作。

闫国利

2011年仲夏

于天津师范大学心理与行为研究院眼动研究实验室